“十三五”国家重点出版物出版规划项目

“十二五”普通高等教育本科国家级规划教材

21世纪高等教育给排水科学与工程系列规划教材

建筑给水排水工程

第3版

主　编　李亚峰　张克峰

副主编　王全金　徐　学　王远红

参　编　(以姓氏笔画为序)

君萌萌　冯　历　刘　静　刘金香

余海静　余雅琴　陈冬辰　吴　昊

武　利　班福忱　崔红梅　鹿钦礼

蒋白懿　谭风训

主　审　尹士君

机械工业出版社

本书在第 2 版基础上，结合新规范、新标准、新技术对相关内容进行了更新，并根据教学需求适当调整了结构和内容。

本书介绍了建筑给水排水工程的基本知识、设计方法及设计要求，内容包括建筑给水系统，建筑消防给水系统（消火栓给水系统、自动喷水灭火系统），建筑排水系统，建筑热水系统，建筑中水系统，居住小区给水排水工程，专用建筑物给水排水工程以及建筑给水排水设计程序、施工验收、运行管理等。

本书可作为高等院校给排水科学与工程、建筑环境与能源应用工程、环境工程等专业教材，也可供从事建筑给水排水工程设计、施工的工程技术人员参考。

本书配有 PPT 电子课件，免费提供给选用本书作为教材的授课教师。需要者请登录机械工业出版社教育服务网（www.cmpedu.com）注册下载，或根据书末“信息反馈表”索取。

图书在版编目（CIP）数据

建筑给水排水工程/李亚峰，张克峰主编．—3 版．—北京：机械工业出版社，2018.3

21 世纪高等教育给排水科学与工程系列规划教材“十三五”国家重点出版物出版规划项目“十二五”普通高等教育本科国家级规划教材

ISBN 978-7-111-59165-8

Ⅰ.①建…　Ⅱ.①李…②张…　Ⅲ.①建筑工程—给水工程—高等学校—教材②建筑工程—排水工程—高等学校—教材　Ⅳ.①TU82

中国版本图书馆 CIP 数据核字（2018）第 030319 号

机械工业出版社（北京市百万庄大街 22 号　邮政编码 100037）
策划编辑：刘　涛　责任编辑：刘　涛　郭克学
责任校对：张晓蓉　封面设计：陈　沛
责任印制：李　昂
北京宝昌彩色印刷有限公司印刷
2018 年 5 月第 3 版第 1 次印刷
184mm×260mm · 25.25 印张 · 616 千字
0001 — 3000册
标准书号：ISBN 978-7-111-59165-8
定价：63.00 元

凡购本书，如有缺页、倒页、脱页，由本社发行部调换

电话服务	网络服务
服务咨询热线：010-88379833	机 工 官 网：www.cmpbook.com
读者购书热线：010-88379649	机 工 官 博：weibo.com/cmp1952
	教育服务网：www.cmpedu.com
封面无防伪标均为盗版	金 书 网：www.golden-book.com

第3版前言

《建筑给水排水工程》第2版自2011年9月出版以来，多次印刷，受到高校相关专业师生的欢迎和好评，并入选教育部“十二五”普通高等教育本科国家级规划教材。

近年来，建筑业快速发展，相关技术和规范均发生了不同程度的变化，为了满足教学需要，与时俱进，对第2版进行了修订。

第3版入选“十三五”国家重点出版物出版规划项目。

第3版在第2版基础上，依据新规范、新标准、新技术，对书中相关内容进行了更新，并根据教学的需要对本书的结构和部分内容进行了适当调整。具体体现在以下几方面：

1. 更新内容。依据《建筑设计防火规范》（GB 50016—2014）、《消防给水及消火栓系统技术规范》（GB 50974—2014）和《自动喷洒灭火系统设计规范》（GB 50084—2017）等以及新技术更新了书中相关内容。

2. 调整结构。为了方便教学，将原第3章建筑消防系统调整为两章，分别为第3章消火栓给水系统、第4章自动喷水灭火系统及其他灭火系统；原单独设置的第5章建筑内部排水系统的设计计算并入第5章建筑内部排水系统。

3. 引导学习。每章前增加了“学习重点”，提示和引导学生，便于学生掌握重点，提高学习效率。

本书可作为高校给排水科学与工程、建筑环境与能源应用工程、环境工程等专业的教材，也可供从事建筑给水排水工程设计、施工的工程技术人员参考。

本书共13章，第1章由李亚峰（沈阳建筑大学）、蒋白懿（沈阳建筑大学）编写；第2章由蒋白懿、冯历（宁夏理工学院）编写；第3章由王全金（华东交通大学）、余海静（河南城建学院）编写；第4章由吴昊（沈阳大学）、武利（沈阳城市建设学院）编写；第5章由张克峰（山东建筑大学）、刘静（山东建筑大学）、陈冬辰（山东建筑大学）编写；第6章由李亚峰、刘金香（南华大学）编写；第7章由徐学（长沙理工大学）、班福忱（沈阳建筑大学）编写；第8章、第9章由徐学、余雅琴（盐城工学院）编写；第10章由崔红梅（东北石油大学）、李亚峰编写；第11章由张克峰、谭凤训（山东建筑大学）、尹萌萌（山东建筑大学）编写；第12章、第13章由王远红（河南城建学院）、鹿钦礼（抚顺石油大学）编写。全书由李亚峰统编定稿，尹士君主审。

由于我们的编写水平有限，对于书中缺点和错误之处，请读者不吝指教。

编　者

第2版前言

《建筑给水排水工程》第1版自2006年9月出版以来，受到了使用者的好评。随着建筑业的快速发展，建筑给水排水工程在理论与实践方面也都有了很大的发展，《建筑给水排水设计规范》《建筑设计防火规范》《高层建筑设计防火规范》等均进行了修订。为了能及时反映建筑给水排水工程的新技术和相关规范新的技术要求，提高“建筑给水排水工程”课程的教学质量，有必要对第1版教材的结构、内容进行调整和完善。

本书是在《建筑给水排水工程》第1版基础上，根据全国高等学校给水排水工程专业指导委员会制定的给排水科学与工程专业规范中的“建筑给水排水工程”课程教学基本要求编写的。在编写过程中参考了许多相关教材，并参照了现行的国家有关部门颁布的规范和标准，反映了建筑给水排水工程的最新技术发展与实际要求。

本书主要介绍建筑给水排水工程的基本知识、设计方法及设计要求，内容包括建筑给水系统、建筑消防给水系统、建筑排水系统、建筑热水及饮水供应系统、建筑中水系统等，并对近几年关于建筑给水排水工程方面的新方法、新技术、新材料等做了详细介绍。

本书主要是针对一般普通高等学校本科学生就业的去向和工作的特点，突出实用性，将基本理论阐述与工程应用紧密结合，尽量以通俗易懂的工程语言阐述问题，注重学生工程意识和实践能力的培养。

本书可以作为高校给排水科学与工程专业、建筑环境与能源应用工程专业、环境工程专业的教材，也可供从事建筑给水排水工程设计、施工的工程技术人员使用。

本书共13章，第1章、第2章由李亚峰、蒋白懿编写；第3章由王全金、余海静编写；第4章由张克峰、刘静编写；第5章由张克峰、陈冬辰编写；第6章由刘金香、李亚峰编写；第7章、第8章、第9章由徐学编写；第10章由崔红梅、李亚峰编写；第11章由张克峰、谭凤训、尹萌萌编写；第12章、第13章由王远红编写。全书由李亚峰统编定稿。

由于编者水平有限，对于书中缺点和错误之处，请读者不吝指教。

编　者

2011年2月

第1版前言

“建筑给水排水工程”课程是高等学校给水排水工程专业的一门主要专业课程，课程内容也是我国注册公用设备工程师执业资格考试内容的重要组成部分。近几年建筑给水排水工程在理论与实践方面都有了很大的发展，对“建筑给水排水工程”课程的教学也提出了新的更高的要求。

本书是按照全国高等学校给水排水工程专业指导委员会制定的“建筑给水排水工程”课程教学基本要求编写的。在编写过程中参考了许多相关教材，并参照了现行的国家有关部门颁布的规范和标准，反映了建筑给水排水工程的最新技术发展与实际要求。

本书主要介绍建筑给水排水工程的基本知识、设计方法及设计要求。内容包括建筑给水系统，建筑消防给水系统，建筑排水系统，建筑热水及饮水供应系统，建筑中水系统等，并对近几年关于建筑给水排水工程方面的新方法、新技术、新材料等做了详细介绍。

本书主要针对普通高等学校本科学生就业的去向和工作的特点，突出实用性，将基本理论阐述与工程应用紧密结合，尽量以通俗易懂的工程语言阐述问题，注重学生工程意识和实践能力的培养。

本书可以作为给水排水工程专业、建筑环境与设备工程专业、环境工程专业的教材，也可供从事建筑给水排水工程设计、施工的工程技术人员以及参加注册公用设备工程师执业资格考试的人员使用。

本书共14章，第1章、第2章、第10章由沈阳建筑大学李亚峰编写；第3章由华东交通大学王全金编写；第4章由沈阳建筑大学蒋白懿编写；第5章由大庆石油学院崔红梅编写；第6章由南华大学刘金香编写；第7章、第8章、第9章由长沙理工大学徐学编写；第11章由山东建筑工程学院陈文兵编写；第12章、第13章、第14章由河南城建学院王远红编写。全书由李亚峰统稿、定稿。

由于我们的编写水平有限，书中的缺点和错误之处，请读者不吝指教。

编　者

2006年1月

目　录

绪　　论

1. 建筑分类

《建筑设计防火规范》（GB 50016—2014）按照建筑物的性质和建筑高度对建筑进行了分类，具体见表1。

表1　建筑分类

建筑分类			特征
按建筑高度区分	多层建筑		建筑高度不大于27m的住宅建筑和其他建筑高度不大于24m的非单层建筑
	高层建筑		建筑高度大于27m的住宅建筑和其他建筑高度大于24m的非单层建筑
按建筑性质区分	民用建筑	住宅建筑	以户为单元的居住建筑
		公共建筑	公众进行工作、学习、商业、治疗等活动和交往的建筑
	工业建筑	厂房	加工和生产产品的建筑
		库房	储存原料、半成品、成品、燃料、工具等物品的建筑

建筑高度的计算应符合下列规定：

1）建筑屋面为坡屋面时，建筑高度应为建筑室外设计地面至其檐口与屋脊的平均高度。

2）建筑屋面为平屋面（包括有女儿墙的平屋面）时，建筑高度应为建筑室外设计地面至其屋面面层的高度。

3）同一座建筑有多种形式的屋面时，建筑高度应按上述方法分别计算后，取其中最大值。

4）对于台阶式地坪，当位于不同高度地坪上的同一建筑之间有防火墙分隔，各自有符合规范规定的安全出口，且可沿建筑的两个长边设置贯通式或尽头式消防车道时，可分别计算各自的建筑高度；否则，应按其中建筑高度最大者确定该建筑的建筑高度。

5）局部突出屋顶的瞭望塔、冷却塔、水箱间、微波天线间和设施、电梯机房、排风和排烟机房以及楼梯口小间等辅助用房占屋面面积不大于1/4者，可不计入建筑高度。

6）对于住宅建筑，设置在底部且室内高度不大于2.2m的自行车库、储藏室、敞开空间，室内外高差或建筑的地下或半地下室的顶板面高出室外设计地面的高度不大于1.5m的部分，可不计入建筑高度。

民用建筑根据其建筑高度和层数可分为单、多层民用建筑和高层民用建筑。高层民用建筑按其建筑高度、使用功能和楼层的建筑面积可分为一类和二类。民用建筑分类见表2。

表2 民用建筑分类

<table>
<tr><th rowspan="2">名 称</th><th colspan="2">高层民用建筑</th><th rowspan="2">单、多层民用建筑</th></tr>
<tr><th>一类</th><th>二类</th></tr>
<tr><td>住宅建筑</td><td>建筑高度大于54m的住宅建筑（包括设置商业服务网点的住宅建筑）</td><td>建筑高度大于27m，但不大于54m的住宅建筑（包括设置商业服务网点的住宅建筑）</td><td>建筑高度不大于27m的住宅建筑（包括设置商业服务网点的住宅建筑）</td></tr>
<tr><td>公共建筑</td><td>1. 建筑高度大于50m的公共建筑
2. 任一层建筑面积大于1000m²的商店、展览、电信、邮政、财贸金融建筑和其他多种功能组合的建筑
3. 医疗建筑、重要公共建筑
4. 省级以上的广播电视和防灾指挥调度建筑、网局级和省级电力调度建筑
5. 藏书超过100万册的图书馆、书库</td><td>除一类高层公共建筑外的其他高层公共建筑</td><td>1. 建筑高度大于24m的单层公共建筑
2. 建筑高度不大于24m的其他公共建筑</td></tr>
</table>

注：1. 表中未列入的建筑，其类别应根据本表类比确定。
2. 除《建筑设计防火规范》（GB 50016—2014）另有规定外，宿舍、公寓等非住宅类建筑的防火要求，应符合该规范有关公共建筑的规定；裙房的防火要求应符合该规范有关高层民用建筑的规定。

2. 建筑给水排水工程的主要内容

建筑给水排水工程是建筑工程的一个配套工程，随着建筑业的不断发展和建筑功能的不断完善，其内涵也越来越丰富。一般来讲，建筑给水排水工程主要包括以下几个方面：

1）建筑给水工程，包括生活给水工程、生产给水工程和消防给水工程。

2）建筑排水工程。

3）建筑雨水工程。

4）建筑热水供应工程。

5）建筑饮水工程。

6）建筑中水工程。

7）建筑小区给水排水工程。

8）专用建筑物给水排水工程，包括游泳池给水排水工程、水景工程、洗衣房等。

3. 建筑给水排水工程的发展

建筑给水排水工程的任务就是满足建筑及小区内的用水需要。伴随着建筑业的快速发展，建筑给水排水工程也在不断地发展。

（1）建筑给水排水工程的功能越来越完善　最初的建筑给水排水工程仅包括建筑给水和建筑排水，其作用就是将自来水通过管道系统送到各个用水点，满足建筑内的用水需要，然后将产生的污水用管道送至室外。

随着建筑消防要求的提高，在一些建筑内必须设置消防给水系统。消防给水系统最初也仅有消火栓系统，后来又出现了自动喷洒灭火系统以及一些新型的灭火系统和设备，如细水雾灭火系统、消防炮等。消防给水系统的设置，为人们的生命和财产安全提供了保障。

热水系统和饮用水系统的使用，使人们的生活质量得到提高。

由于水资源短缺，中水利用成为现代建筑给水排水系统中的一项重要内容。同样道理，

雨水收集利用系统也正在被推广应用。

（2）新技术、新材料、新设备被广泛应用　随着自动控制技术的发展，建筑给水排水工程更加智能化。水泵调速供水已在建筑给水工程中得到广泛的应用，智能化用水设备也随处可见，如光控淋浴器、冲洗设备等。

新型单立管系统的应用，使得排水系统更加简单，材料更省。

在管材方面，塑料等新型管材得到广泛应用。生活给水管道已经禁止使用镀锌管，排水管道也不再使用笨重的缸瓦管和铸铁管，更多的是采用塑料管。不锈钢管、铝塑复合管等也有使用。

设计秒流量的计算方法也经过几次改进与完善，目前使用计算方法更加符合我国的实际情况，设计计算更加科学可靠。

电加热器和太阳能加热器的使用，使建筑热水供应与使用越来越方便。

经过上百年的发展，建筑的给水排水技术已日趋成熟，但也还存在着许多亟待解决的问题，如节水、节能的给水排水设备及附件的开发与应用；新型减压、稳压设备的研制与应用；高层建筑消防技术与自动控制技术的研究与应用；低成本、高效能的新型管道材料开发与应用等。

高速发展的建筑业，对建筑给水排水技术提出了更高的要求，必须不断改进和提高建筑给水排水技术，才能满足建筑发展的需要。

第 1 章

建筑内部的给水系统

学习重点：

①给水系统的分类和组成；②给水方式的种类、图示、适用条件、优缺点；③常用管材的性能及其连接方法；④给水附件的特点及应用；⑤水表的性能参数；⑥水表的选择及其水头损失的计算；⑦高层建筑给水的特点及技术要求；⑧高层建筑给水方式及图示。

1.1 给水系统的分类和组成

建筑内部给水系统的任务，就是将室外给水管网中的水引进建筑物内，并输送到各种水嘴、生产机组和消防设备等用水点，满足建筑内部生活、生产和消防用水的要求。

1.1.1 给水系统的分类

建筑内部给水系统按供水用途一般可分为三种给水系统。

1. 生活给水系统

供家庭、机关、学校、部队、旅馆等居住建筑，公共建筑和工业建筑中饮用、烹调、洗涤、沐浴及冲洗等生活用水。除水压、水量应满足需要外，水质必须严格符合国家规定的饮用水水质的标准。

2. 生产给水系统

供工业生产中所需要的设备冷却用水、原料和产品的洗涤用水、锅炉及原料等用水。由于工业种类、生产工艺各异，因而生产给水系统对水量、水压、水质及安全方面的要求也不尽相同。

3. 消防给水系统

供建筑内部消防设备用水。消防给水系统必须按照建筑防火规范保证有足够的水量和水压，但对水质无特殊要求。

以上三种基本给水系统，在实际中可以单独设置，也可以根据建筑性质及其对水量、水压、水质和水温的要求，结合室外给水系统情况，考虑技术、经济和安全条件，设置两种或三种合并的给水系统。如生活和生产共用的给水系统，生活和消防共用的给水系统，生产和消防共用的给水系统，生活、生产和消防共用的给水系统。在工业企业中，为了满足生产工艺对供水的不同要求，常按水质、水压要求设置成数个单独的给水系统。如工业生产用水可划分为重复使用及循环使用的给水系统。

1.1.2　给水系统的组成

建筑内部给水系统一般由引入管、水表节点、管道系统、给水附件、加压和贮水设备、消防设备等组成，如图1-1所示。

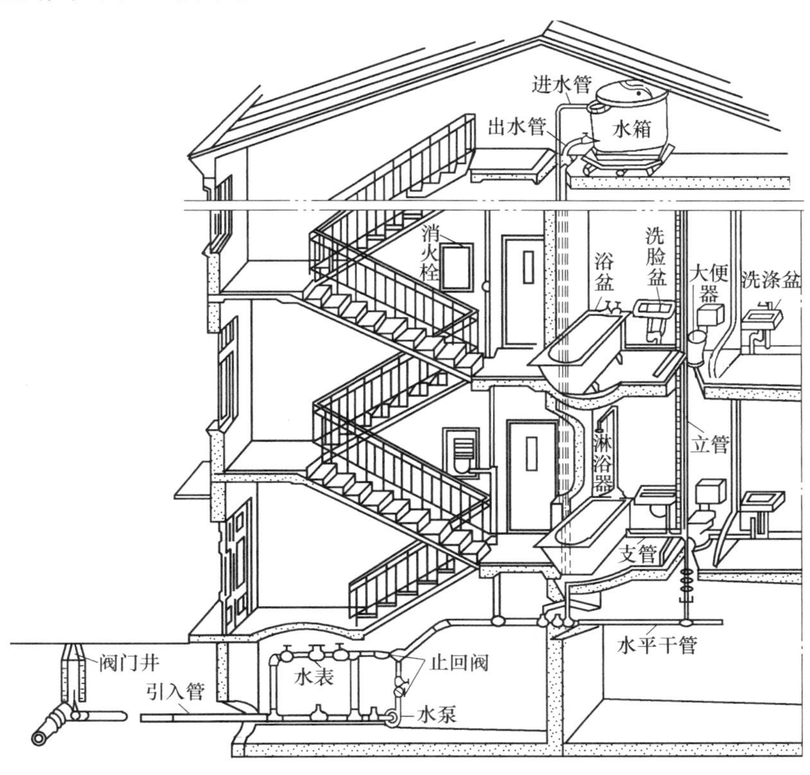

图1-1　建筑内部给水系统

1. 引入管

引入管是城市给水管道与用户给水管道间的连接管。当用户为一幢单独建筑物时，引入管也称进户管；当用户为工厂、学校等建筑群体时，引入管是指总进水管。

2. 水表节点

水表安装在引入管或分户的支管上，用来计量用户的用水量。水表及其前后设置的闸门、泄水装置等总称为水表节点。闸门的作用是在检修和拆换水表时用以关闭管道；泄水装置主要用来放空管网，检测水表精度及测定进户点压力值。水表节点分为有旁通管和无旁通管两种。对于不允许断水的用户，一般采用有旁通管的水表节点；对于允许在短时间内停水的用户，可以采用无旁通管的水表节点。为了保证水表前水流平稳，计量准确，螺翼式水表前应有长度为8~10倍水表公称直径的直管段；其他类型水表的前后，则应有不小于300mm的直管段。

3. 管道系统

管道系统是指建筑内部的各种管道，如水平或垂直干管、立管、横支管等。

4. 给水附件

为了便于取用、调节和检修，给水管路上设有控制附件和配水附件，包括各式阀门及各式水嘴、仪表等。

5. 加压和贮水设备

当室外给水管网中的水压、水量不能满足用水要求时，或者用户对水压稳定性、供水安全性有要求时，须设置加压和贮水设备，常见的有水泵、水箱、水池和气压水罐等。

6. 建筑内部消防设备

常见的建筑内部消防给水设备是消火栓消防设备，包括消火栓、水枪和水龙带等。当消防上有特殊要求时，还应安装自动喷洒灭火设备，包括喷头、控制阀等。

1.2 给水方式

建筑给水系统的给水方式，应根据建筑物的性质、高度、卫生设备情况、室外管网所能提供的水压和工作情况、配水管网所需的水压、配水点的布置以及消防的要求等因素决定。在初步确定给水方式时，建筑内部给水系统所需的压力值，可以根据建筑物的性质和层数进行粗略估算。对于住宅生活给水或类似的给水系统，一般一层建筑物为100kPa；二层建筑物为120kPa；三层及三层以上的建筑物，每增加一层压力值增加40kPa，或按式（1-1）计算

$$p = 40(n + 1) \tag{1-1}$$

式中 p——建筑内部给水系统所需压力（kPa）；

n——建筑物层数，$n \geqslant 3$。

对于引入管或建筑内部管道较长，或者层高超过3.5m的建筑物，上述值应适当增加。

1.2.1 基本给水方式

1. 直接给水方式

这是一种最简单的给水方式，即建筑内部给水系统与室外给水管网直接相连，利用室外管网的水压直接供水，如图1-2所示。当室外管网的水压、水量能经常满足用水要求，建筑内部给水无特殊要求时，采用此种方式。这种方式供水较可靠，系统简单，投资省，并可以充分利用室外管网的压力，节约能源。但系统内部无贮备水量，室外管网停水时室内立即断水。

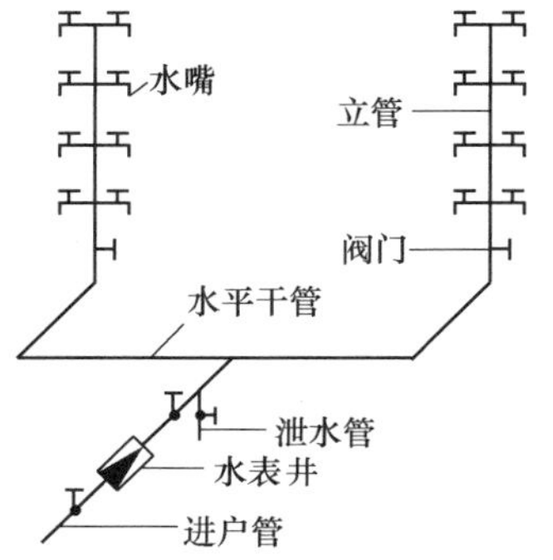

图1-2 直接给水方式

2. 单设水箱给水方式

这种方式是将建筑内部给水系统与室外给水管网直接连接，并利用室外管网压力供水，同时设高位水箱调节流量和压力，如图1-3所示。当一天内室外管网大部分时间能满足建筑内部用水要求，仅在用水高峰时，由于室外管网压力降低而不能保证建筑物上层用水时，采用此种方式。这种方式系统简单，投资省，可以充分利用室外管网的压力，节省能源；由于屋顶设置水箱，因此，供水可靠性比直接供水方式好。但设置水箱会增加结构负荷。一般建筑物内水箱的容积不大于$20m^3$，故单设水箱供水方式仅在日用水量不大的建筑物中采用。

3. 设置水泵和水箱给水方式

当室外管网中的水压经常或周期性地低于建筑内部给水系统所需压力，建筑内部用水量较大且不均匀时，宜采用设置水泵和水箱的联合给水方式。该方式是用水泵从室外管网或贮水池中抽水加压，并利用高位水箱调节流量，如图 1-4 所示。采用这种方式的给水系统，虽然设备费用较高，维护管理比较麻烦，但由于水泵可及时向水箱充水，使水箱的容积大为减小；又因水箱的调节作用，水泵的出水量比较稳定，可以使水泵在高效率下工作；在水箱中采用水位继电器等装置，可以使水泵启闭自动化；另外，系统内设有贮水池和水箱，贮备一定的水量，因此供水可靠，供水压力比较稳定。

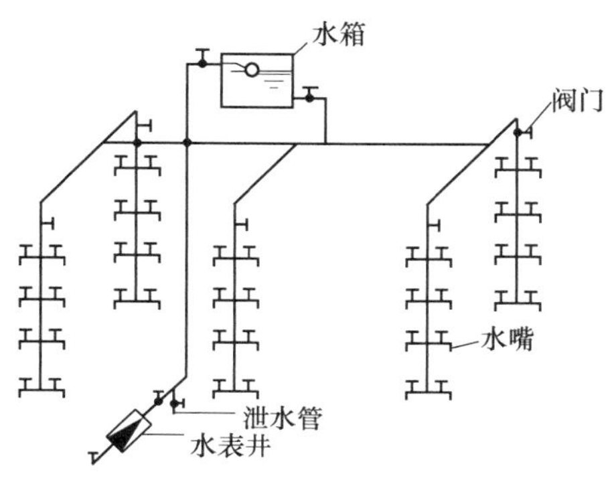

图 1-3　单设水箱给水方式

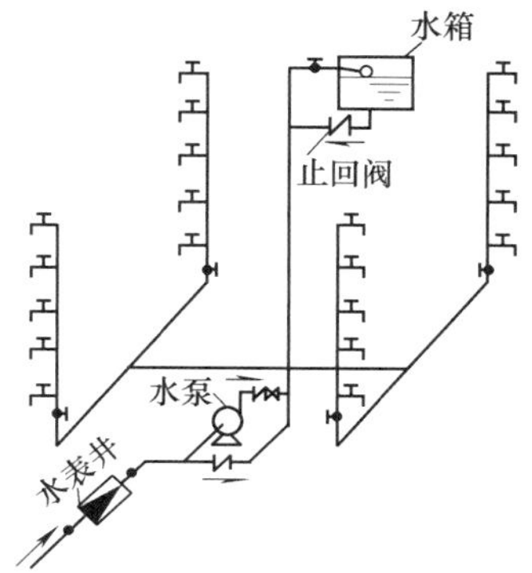

图 1-4　设置水泵和水箱给水方式

4. 设水泵的给水方式

当室外给水压力永远满足不了建筑内部用水需要，且建筑内部用水量较大又较均匀时，可设置水泵增加压力。这种给水方式常用于工厂的生产用水。随着调速技术和计算机控制技术的不断发展，单设水泵给水方式的适用范围越来越广。目前，我国已有相当数量的高层建筑和住宅采用了水泵变速运行的给水方式，收到了良好的效果。对于用水不均匀的建筑物，单设水泵的给水方式一般采用一台或多台水泵的变速运行方式，使水泵供水曲线和用水曲线相接近，并保证水泵在较高的效率下工作，从而达到节能的目的。供水系统越大，节能效果就越显著。图 1-5 所示为水泵出口恒压的变速运行给水方式。

5. 管网叠压给水方式

为了充分利用市政管网的压力，降低供水能耗，近几年又研制开发出管网叠压给水设备。即管网叠压给水系统在水泵和市政管网之间设一个调节罐，市政管网的自来水进入调节罐后，水泵吸水管从调节罐吸水。具体的工作原理如下：自来水进入调节罐，罐内的空气从真空消除器内排出，待水充满后，真空消除器自动关闭。当自来水能够满足用水压力及水量要求时，叠压供水设备通过旁通止回阀向建筑内用水管网直接供水；当自来水管网的压力不能满足用水要求时，系统通过压力传感器（或压力控制器、电接点压力表）给出起泵信号启动水泵运行。自来水的压力越低，水泵的转速越高；自来水的压力越高，水泵的转速越低。在用水高峰期时，若自来水管网水量小于水泵流量，调节罐内的水作为补充水源仍能正常供水，此时，空气由真空消除器进入调节罐，消除了自来水管网的负压；待用水高峰期过后，系统恢复正常的状态。若自来水供水不足或因管网停水而导致调节罐内的水位不断下

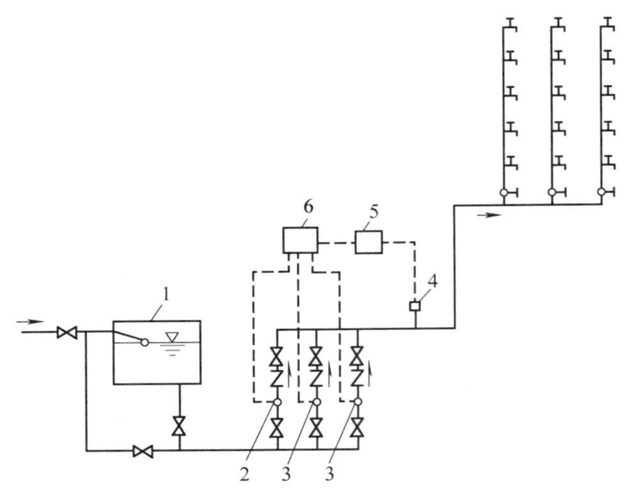

图 1-5　水泵出口恒压的变速运行给水方式

1—贮水池　2—变速泵　3—恒速泵　4—压力变送器
5—调节器　6—控制器

降，则液位探测器给出水泵停机信号以保护水泵机组。夜间及小流量供水时，可通过小型膨胀罐供水，防止了水泵的频繁启动。

管网叠压给水设备具有可利用城镇给水管网的水压而降低能耗，且设备占地较小，节省机房面积等优点。

叠压供水设备可在城镇给水管网能满足用户的流量要求，而不能满足所需的水压要求，设备运行后不会对管网的其他用户产生不利影响的地区使用。各地供水行政主管部门（如水务局）及供水部门（如自来水公司）会根据当地的供水情况提出使用条件要求。中国工程建设协会标准《管网叠压供水技术规程》（CECS 221）第 3.0.5 条对此做了明确的规定："供水管网经常性停水的区域；供水管网可资利用水头过低的区域；供水管网供水压力波动过大的区域；使用管网叠压供水设备后，对周边现有（或规划）用户用水会造成严重影响的区域；现有供水管网供水总量不能满足用水需求的区域；供水管网管径偏小的区域；供水行政主管部门及供水部门认为不宜使用管网叠压供水设备的其他区域"七种区域不得采用管网叠压供水技术。因此，当采用叠压给水设备直接从城镇给水管网吸水的设计方案时，要遵守当地供水行政主管部门及供水部门的有关规定，并将设计方案报请该部门批准认可。未经当地供水行政主管部门及供水部门的允许，不得擅自在城市供水管网中设置、使用管网叠压供水设备。

6. 分区供水的给水方式

在多层建筑物中，当室外给水管网的压力仅能供给到下面几层，而不能满足上面几层用水要求时，为了充分有效地利用室外给水管网的压力，常将给水系统分成上下两个供水区，下区由外网压力直接供水，上区采用水泵水箱联合给水方式（或其他升压给水方式）供水，如图 1-6 所示。这种方式能充分利用室外给水管网的水压，节省能源，而且消防管道环形供水，提高了消防用水的安全性。但其系统复杂，安装维护较麻烦。上、下两区可由一根或两根立管连通，在分区处装设闸阀，从而提高供水的可靠性。在高层建筑中，为了减小静水压

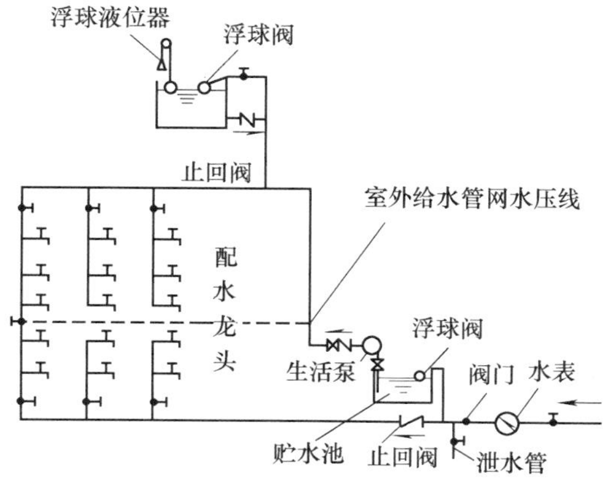

图1-6 分区供水的给水方式

力，延长零配件的寿命，给水系统也需采用分区供水的给水方式。

7. 设气压给水设备的给水方式

当室外给水管网水压经常不足，而用水水压允许有一定的波动，又不宜设置高位水箱时，可以采用气压给水设备升压供水，如地震区、人防工程或屋顶立面有特殊要求等建筑的给水系统以及小型、简易、临时性给水系统和消防给水系统等。该方式就是用水泵从室外管网或贮水池中抽水加压，利用气压给水罐调节流量和控制水泵运行，如图1-7所示。这种方式水质不易受污染，灵活，而且不需设高位水箱。但是，变压式气压给水的水压波动较大，水泵平均效率较低，耗能多，供水安全性也较差。气压给水设备有变压式、恒压式和隔膜式三种类型。

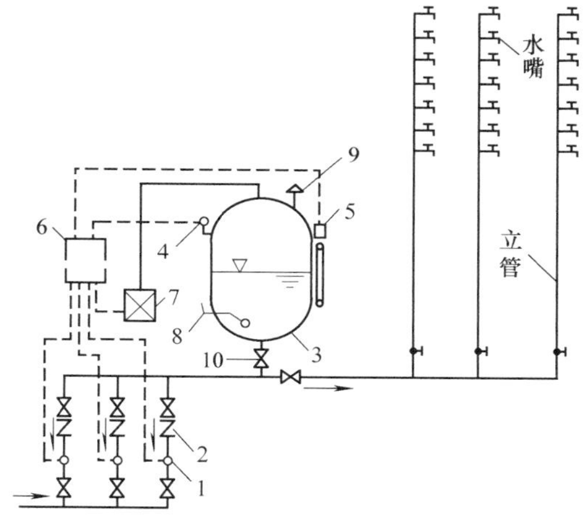

图1-7 气压给水方式

1—水泵 2—止回阀 3—气压水罐 4—压力信号器 5—液位信号器 6—控制器 7—补气装置 8—排气阀 9—安全阀 10—阀门

1.2.2 给水管网的布置方式

各种给水系统按其水平干管在建筑物内敷设的位置可分为以下几种形式。

1. 下行上给式

如图1-4所示，水平配水干管敷设在底层（明装、埋设或沟敷）或地下室顶棚下，自下而上供水。利用室外给水管网水压直接供水的居住建筑、公共建筑和工业建筑多采用这种方式。

2. 上行下给式

如图1-3所示，水平配水干管敷设在顶层顶棚下或吊顶之内，自上向下供水。对于非冰冻地区，水平干管可敷设在屋顶上；对于高层建筑，也可敷设在技术夹层内。一般设有高位水箱的居住建筑、公共建筑或下行布置有困难时多采用此种方式。其缺点是配水干管可能因漏水或结露损坏顶棚和墙面，寒冷地区干管还需进行保温，以免结冻。

3. 中分式

如图1-8所示，水平干管敷设在中间技术层内或某中间层顶棚内，向上下两个方向供水。一般层顶用作露天茶座、舞厅或设有中间技术层的高层建筑多采用这种方式。其缺点是需设技术层或增加某中间层的层高。

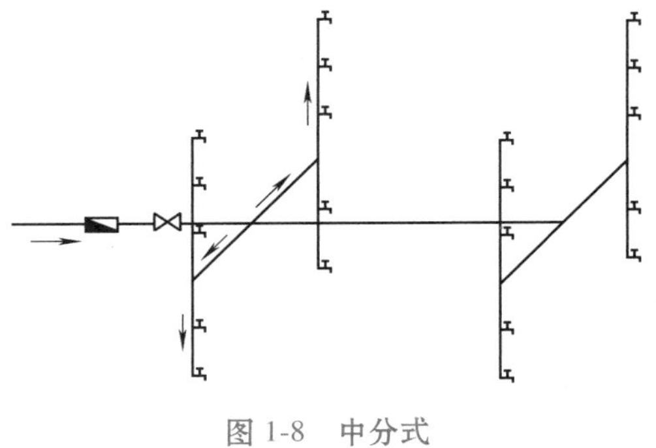

图1-8　中分式

1.3 给水管道的材料及给水附件

1.3.1 常用的管道材料与管件

给水系统常用的管材有钢管、塑料管、铸铁管、铜管、不锈钢管等。给水系统采用的管材、配件，应符合现行产品标准要求；生活饮用水给水系统所涉及的材料必须达到饮用水卫生标准；管道的工作压力不得大于产品标准允许的工作压力。

给水管道的材料应根据管内水质、水压、敷设场所的条件及敷设方式等因素综合考虑确定。

埋地管道的材料，应具有耐腐蚀性和能承受相应地面荷载的能力。当$DN>75$mm时可采用有内衬的给水铸铁管、球墨铸铁管、给水塑料管和复合管；当$DN<75$mm时，可采用给水塑料管、复合管或经可靠防腐处理的钢管、热镀锌钢管。

室内给水管道应选用耐腐蚀和安装连接方便可靠的材料。明敷或嵌墙敷设管一般可采用塑料给水管、复合管、薄壁不锈钢管、薄壁铜管、经可靠防腐处理的钢管、热镀锌钢管。敷设在地面找平层内的管道宜采用PPR管、PEX管、CPVC管、铝塑复合管、耐腐蚀的金属管材；室外明敷管道一般不宜采用铝塑复合管、给水塑料管。

1. 钢管

目前建筑给水系统使用的钢管有两种，一种是不镀锌钢管，一种是镀锌钢管（热浸镀）。不镀锌钢管主要用于消防管道和生产给水管道。镀锌钢管主要用于管径小于等于150mm的消防管道和生产给水管道。

钢管具有强度高、接口方便、承受内压力大、内表面光滑、水力条件好等优点；但其抗腐蚀性差，造价较高。

不镀锌钢管的连接方法有焊接和法兰连接，镀锌钢管的连接方法有螺纹连接和法兰连接。

螺纹连接是利用各种管件将管道连接在一起。常用的管件有管箍、三通、四通、弯头、活接头、补心、内接头（对丝）、锁紧螺母（根母）、堵头等，其形式及应用如图1-9所示。

法兰连接一般用于直径较大（50mm以上）的管道与阀门、水泵、止回阀、水表等的连接。连接前先将法兰焊接或用螺纹连接在管端，再用螺栓连接起来。

焊接的优点是接头紧密，不漏水，施工迅速，不需配件；缺点是不能拆卸。

2. 塑料管

建筑生活给水常用的塑料管材主要有给水硬聚氯乙烯管（UPVC）、聚丙烯管（PPR）、交联聚乙烯管（PEX）、氯化聚氯乙烯管（CPVC）、聚乙烯管（PE）等。塑料管材耐腐蚀，不受酸、碱、盐和油类等介质的侵蚀，质轻而坚，管壁光滑，水力性能好，容易切割，加工安装方便，并可制成各种颜色。但其强度低，耐久、耐热性能（PPR、PEX管除外）较差。一般用于输送温度在45℃以下的建筑物内外的给水。

塑料管可以采用热熔对接、承插粘接、法兰连接等方法连接。

（1）UPVC管　适用于系统工作压力不大于0.6MPa，工作温度不大于45℃的给水系统。管道连接宜采用承插粘接，也可采用橡胶密封圈连接（采用这种连接时不能采用嵌墙敷设方式）。管道与金属管件为螺纹连接时，应采用注射成型的外螺纹管件。管道与金属管材管道和附件为法兰连接时，宜采用注射成型带承口法兰外套的金属法兰片连接。管道与给水栓连接部位应采用塑料增强管件、镶嵌金属或耐腐蚀金属管件。

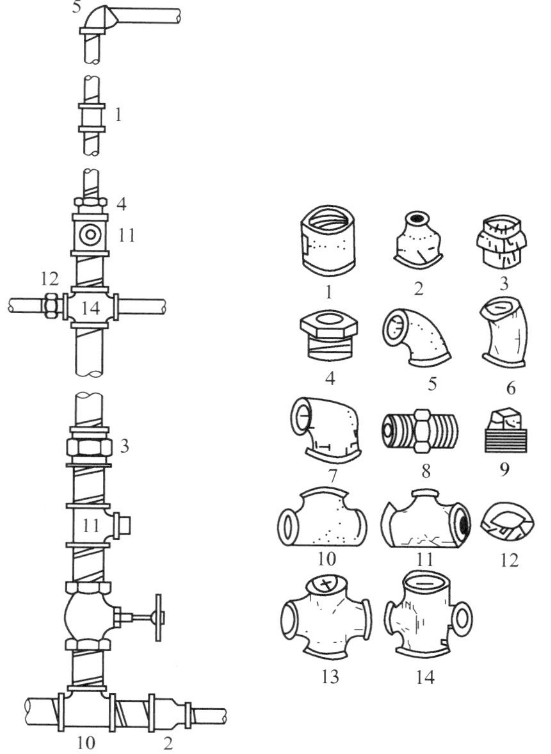

图1-9　螺纹连接配件

1—管接头　2—异径接头　3—活接头　4—补心
5—弯头　6—45°弯头　7—异径弯头
8—内接头　9—堵头　10—等径三通
11—异径三通　12—锁紧螺母
13—四通　14—异径四通

（2）PPR管　适用于系统工作压力不大于0.6MPa，工作温度不大于70℃的给水及热水系统。明敷和非直埋管道宜采用热熔连接，与金属管或用水器连接，应采用螺纹或法兰连接（需采用专用的过渡管件或过渡接头）。直埋、暗敷在墙体及地坪层内的管道应采用热熔连接，不得采用螺纹、法兰连接。当管道外径大于等于75mm时可采用热熔、电熔、法兰连接。PPR管不能用于室外。

（3）CPVC管　多层建筑可采用S6.3系列，高层建筑可采用S5系列（但高层建筑主干管和泵房内不宜采用）；室外管道压力不大于1.0MPa时，可采用S6.3系列；当大于1.0MPa时，应采用S5系列。管道采用承插粘接。与其他种类的管材、金属阀门、设备装置的连接，应采用专用嵌螺纹的或带法兰的过渡连接配件。螺纹连接专用过渡件的管径不宜大于63mm；严禁在管子上套螺纹。

（4）PEX管　管外径小于25mm时，管道与管件宜采用卡箍式连接；大于等于32mm时，宜采用卡套式连接。管道与其他管道附件、阀门等连接应采用专用的外螺纹卡箍或卡套式连接件。管道配水点，应采用由耐腐蚀金属材料制作的内螺纹配件，且应与墙体固定。交联聚乙烯（PEX）管的使用温度与允许工作压力请参见相关规范。

（5）PE管　适用于温度不超过40℃，一般用途的压力输水，以及饮用水的输送。PE管的连接方式采用热熔连接或电熔连接。

3. 给水铸铁管

给水铸铁管有低压管、普压管和高压管三种，工作压力分别为不大于0.45MPa、0.75MPa和1MPa。当管内压力不超过0.75MPa时，宜采用普压给水铸铁管；超过0.75MPa时，应采用高压给水铸铁管。铸铁管具有耐腐蚀、接装方便、寿命长、价格低等优点，但其性脆、质量大。铸铁管一般应做水泥砂浆衬里。管道宜采用橡胶圈柔性接口（$DN \leqslant 300$mm宜采用推入式梯唇形胶圈接口、$DN>300$mm宜采用推入式楔形胶圈接口）。给水铸铁管一般用于埋地管道。

4. 铝塑复合管

铝塑复合管的内外塑料层采用的是交联聚乙烯，主要用于生活冷、热水管，工作温度可达90℃。铝塑复合管具有一定的柔性，保温、耐腐蚀、不渗透、气密性好、内壁光滑、质量轻、安装方便。铝塑复合管宜采用卡套式连接。当使用塑料密封套时，水温不超过60℃；当使用铝制密封套时，水温不超过100℃。

1.3.2　给水附件

给水附件是指配水、控制及调节水量、压力等设备，一般分为配水附件和控制附件两类。

1. 配水附件

配水附件是指安装在卫生器具及用水点的各式水嘴，用以调节和分配水量。常用配水附件如图1-10所示。

（1）球形阀式水嘴　如图1-10a所示，这种水嘴一般安装在洗涤盆、污水盆、盥洗槽卫生器具上，直径有15mm、20mm、25mm三种。因水流流经此类水嘴时改变流向，故此种水嘴压力损失较大。

（2）旋塞式水嘴　如图1-10b所示，这种水嘴一般是铜制的，多安装在浴池、洗衣房、开水间的热水管道上。这种水嘴旋转90°即完全开启，可迅速获得较大流量，而且阻力较小。但由于启闭迅速，容易产生水锤现象。

（3）普通洗脸盆水嘴　如图1-10c所示，这种水嘴安装在洗涤盆上，单供冷水或热水。

（4）单手柄浴盆水嘴　如图1-10d所示，这种水嘴可以安装在各种浴盆上。

（5）装有节水消声装置的单手柄洗脸盆水嘴　如图1-10e所示，这种水嘴既能节水，又能减小噪声。

（6）利用光电控制启闭的自动水嘴　如图1-10f所示，这种水嘴能够利用光电原理自动控制水嘴的开关，不但使用方便，而且可以避免自来水的浪费。

2. 控制附件

控制附件用来调节水量、水压，或开启和关闭水流。常用的有截止阀、闸阀、蝶阀、止回阀、浮球阀及安全阀等，如图1-11所示。

（1）截止阀　如图1-11a所示，截止阀只能用来关闭水流，不能调节流量。截止阀关闭严密，但水流阻力较大，一般安装在管径小于或等于50mm的管道上。安装时注意方向，应使水低进高出，防止装反。

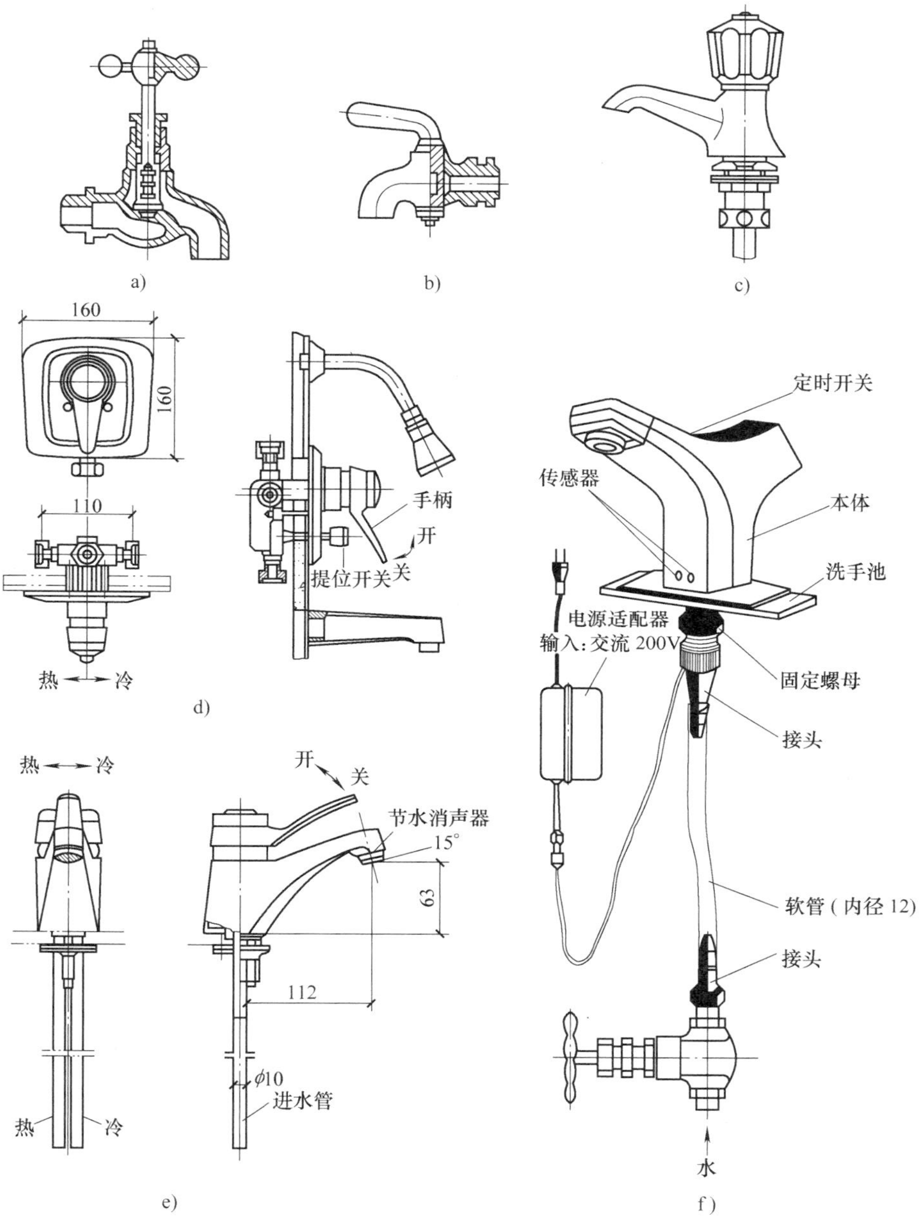

图 1-10　各类配水嘴

a）球形阀式水嘴　b）旋塞式水嘴　c）普通洗脸盆水嘴　d）单手柄浴盆水嘴

e）装有节水消声装置的单手柄洗脸盆水嘴

f）利用光电控制启闭的自动水嘴

（2）闸阀　如图 1-11b 所示，闸阀用来开启和关闭管道中的水流，也可以用来调节流量。闸阀阻力较小，但水中杂质沉积阀座时，阀板关闭不严，易产生漏水现象。一般安装在管径大于或等于 70mm 的管道上。

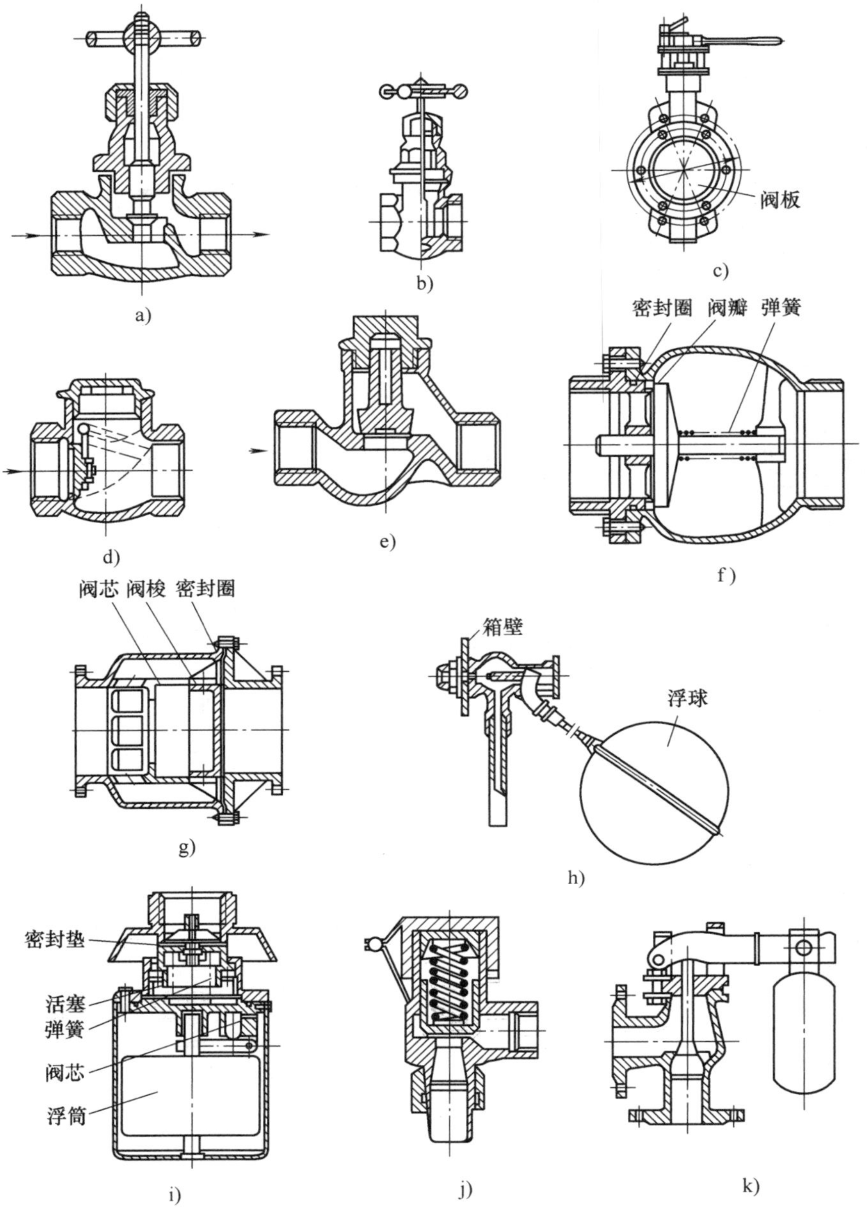

图 1-11　各类阀门

a）截止阀　b）闸阀　c）蝶阀　d）旋启式止回阀　e）升降式止回阀
f）消声止回阀　g）梭式止回阀　h）浮球阀　i）液压水位控制阀
j）弹簧式安全阀　k）杠杆式安全阀

（3）蝶阀　如图 1-11c 所示，蝶阀用于调节和关断水流，这种阀体积小，启闭方便。

（4）止回阀　它用于阻止水流的反向流动，常用的有以下几种形式：旋启式止回阀，如图 1-11d 所示，水平安装和垂直安装均可，但因启闭迅速，易引起水锤现象，不宜在水压较大的管道上安装；升降式止回阀，如图 1-11e 所示，只能水平安装，水流阻力较大，宜用于

小口径的管道上；消声止回阀，如图1-11f所示，可消除阀门关闭时的水锤冲击和噪声；梭式止回阀，如图1-11g所示，是一种新型止回阀，不但水流阻力小，而且密封性能好。

（5）浮球阀　如图1-11h所示，它是一种能够自动打开、自动关闭的阀门，一般安装在水箱或水池的进水管上控制水位。当水位达到设计水位时，浮球阀自动关闭进水管；当水位下降时，浮球阀自动打开，继续进水。浮球阀所用的浮球较大，阀芯也易卡住引起控制失灵。液压水位控制阀是浮球阀的升级换代产品，如图1-11i所示，其作用同浮球阀，克服了浮球阀阀芯易卡住引起溢水等弊病。

（6）安全阀　它主要用于防止管网或密闭用水设备压力过高，一般有弹簧式和杠杆式两种，分别如图1-11j和图1-11k所示。

3. 水表

（1）常用水表的类型及特征　水表是计量用水量的仪表。我国生产的水表有流速式和容积式两种，目前建筑给水系统广泛采用流速式水表。流速式水表是根据直径一定时，流量与流速成正比的原理来计量水量的。水流通过水表时冲动翼轮旋转，并通过翼轮轴带动齿轮盘，记录流过的水量。

流速式水表可分为旋翼式、螺翼式、复式和正逆流水表四种类型，采用较多的是旋翼式和螺翼式，其结构如图1-12所示。

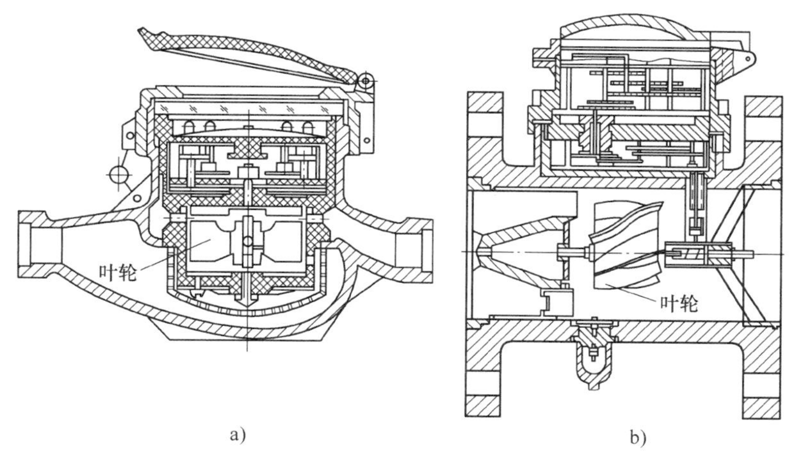

图1-12　流速式水表

a）旋翼式水表　b）螺翼式水表

螺翼式水表的翼轮轴与水流方向平行，水流阻力较小，多为大口径水表，适用于测大流量；旋翼式水表的翼轮轴与水流方向垂直，水流阻力较大，多为小口径水表，适用于小流量的测量；复式水表由主表和副表组成，用水量小时仅由副表计量，用水量大时，则由主表和副表同时计量，适用于用水量变化幅度大的用户；正逆流水表可计量管内正、逆两向流量的总和，主要用于计量海水的正逆方向流量。

水表按计数器的工作现状分为干式和湿式两种。湿式水表的传动机构和计量盘浸没在水中，而干式水表的传动机构和计量盘用金属盘与水隔开。湿式水表构造简单，计量准确，密封性能好；但若水质浊度高，将降低水表精度，缩短水表寿命。湿式水表适用于水温不超过40℃的洁净水，干式水表适用于水温不超过100℃的洁净水。

按读数机构的位置，水表可分为现场指示型、远传型和远传现场组合型。现场指示型：计数器读数机构不分离，与水表为一体；远传型：计数器示值远离水表安装现场，分为无线和有线两种；远传现场组合型，即在现场可读取示值，在远离现场处也能读取示值。

（2）水表的主要特性参数　水表的主要特性参数如下：

1）过载流量（q_{max}）：水表在无损坏情况下，短时间内，最大允许使用的流量。其值两倍于常用流量。

2）常用流量（q_p）：水表在正常工作条件（即稳定或间歇流动）下的最佳使用流量。

3）分界流量（q_t）：将流量范围分割成两个区的流量，“高区”和“低区”各自有一个该区的最大允许误差。

4）最小流量（q_{min}）：在最大允许误差限制内要求水表给出示值的最低流量。它与水表代号的数值有关。

5）始动流量（q_s）：水表开始连续指示时的流量，此时水表不计示值误差。螺翼式水表没有始动流量。

6）流量范围：由最小流量和过载流量所限定的范围，在此范围内水表的示值不得产生超过最大允许误差的误差，该范围由分界流量分割成“高区”和“低区”两个区。

7）最大允许计量误差：$q_{min} \leq$ 流量 $< q_t$ 时的最大允许误差为±5%；$q_t <$ 流量 $< q_s$ 时的最大允许误差为±2%。

旋翼式水表的性能参数分别见表1-1～表1-3。

表1-1　LXS旋翼湿式、LXSL旋翼立式水表性能参数

型号	公称直径/mm	计量等级	过载流量	常用流量	分界流量	最小流量	始动流量	最小读数	最大读数
			m^3/h			L/h		m^3	
LXS-15C LXSL-15C	15	A	3	1.5	0.15	45	14	0.0001	9999
		B			0.12	30	10		
LXS-20C LXSL-20	20	A	5	2.5	0.25	75	19	0.0001	9999
		B			0.20	50	14		
LXS-25C	25	A	7	3.5	0.35	105	23	0.0001	9999
		B			0.28	70	17		
LXS-32C	32	A	12	6	0.60	180	32	0.0001	9999
		B			0.48	120	27		
LXS-40C	40	A	20	10	1.00	300	56	0.001	99999
		B			0.80	200	46		
LXS-50C	50	A	30	15	1.50	450	75	0.001	99999
		B							

表 1-2　LXL 水平旋翼式水表性能参数

型号	公称直径/mm	计量等级	过载流量	常用流量	分界流量	最小流量	最小读数	最大读数
			m^3/h				m^3	
LXL-50N	60	A	30	15	4.5	1.2	0.01	999999
		B			3.0	0.45		
LXL-80N	80	A	80	40	12	3.2	0.01	999999
		B			8.0	1.2		
LXL-100N	100	A	120	60	18	4.8	0.01	999999
		B			12	1.8		
LXL-150N	150	A	300	150	45	12	0.01	999999
		B			30	4.5		
LXL-200N	200	A	500	250	75	20	0.1	999999
		B			50	7.5		
LXL-250N	250	A	800	400	120	32	0.1	999999
		B			80	12		

表 1-3　旋翼干式远传水表性能参数

型号	公称直径/mm	过载流量	常用流量	分界流量	最小流量
		m^3/h			
LXSG-15Y	5	3	1.5	0.15	0.045
LXSG-20Y	20	5	2.5	0.25	0.075
LXSG-25Y	25	7	3.5	0.35	0.105
LXSG-32Y	32	12	6	0.60	0.180
LXSG-40Y	40	20	10	1.00	0.300
LXSG-50Y	50	30	15	3.00	0.450

（3）水表产生的压力损失计算　水流通过水表产生的压力损失按式（1-2）和式（1-3）计算

$$p_B = \frac{Q_B^2}{K_B} \tag{1-2}$$

$$K_B = \frac{q_{max}^2}{100} \quad 或 \quad K_B = \frac{q_{max}^2}{10} \tag{1-3}$$

式中　p_B——水流通过水表产生的压力损失（kPa）；

Q_B——通过水表的设计流量（m^3/h）；

q_{max}——水表的过载流量（m^3/h）；

K_B——水表的特征系数；

10——螺翼式水表通过过载流量时的水表压力损失（kPa）；

100——旋翼式水表通过过载流量时的水表压力损失（kPa）。

水表的压力损失一般应满足下列要求：当水表过流量不大于常用流量时，压力损失不超过25kPa（旋翼式）和不超过7.5kPa（螺翼式）；当水表过流量为水表过载流量时，其压力损失不超过100kPa（旋翼式）和不超过30kPa（螺翼式）。

（4）水表类型的选择 一般情况下，当公称直径小于或等于50mm时，应采用旋翼式水表；当公称直径大于50mm时，应采用螺翼式水表。在干式和湿式水表中应优先采用干式水表。

水表公称直径的确定：

1）水表口径宜与给水管道接口管径一致。

2）用水量均匀的生活给水系统的水表应按给水设计流量选定水表的常用流量。

3）用水量不均匀的生活给水系统的水表应按设计流量选定水表的过载流量。

4）在消防时除生活用水外尚需通过消防流量的水表，应按生活用水的设计流量叠加消防流量进行校核，校核流量不应大于水表的过载流量。

（5）卡式预付费水表和远程自动抄表系统 卡式预付费水表由流量传感器、机电式先道阀等检测控制系统组成。用户先交纳一定数额的费用，系统按预定的程序自动从用户费用中扣除水费，并有显示剩余水量、累计用水量的功能。当剩余水量为零时自动关闭闸门停止供水。

远程自动抄表系统与普通水表相比增加了一套信号发送系统，连接各户水表信号线路均接至楼宇的流量集中集算仪上，各户使用的水量均显示在流量集中集算仪上，并累计流量。远程自动抄表系统提高了水表读数的自动化管理水平，改变了传统的逐户抄表形式，已在新建建筑中采用，应积极推广。

1.4 给水管道的布置与敷设

给水管道布置与敷设的基本要求是：①满足最佳水力条件；②满足维修及美观要求；③保证生产及使用安全；④保证管道不受破坏。

1.4.1 管道布置

1. 确保供水安全并力求经济合理

管道尽可能沿墙、梁、柱直线敷设。管路力求简短，以减少工程量，降低造价。干管应布置在用水量大或不允许间断供水的配水点附近，既利于供水安全，又可减少流程中不合理的转输流量，节省管材。

不允许间断供水的建筑，应从室外环状管网的不同管段，设2条或2条以上引入管，在室内将管道连成环状或贯通状双向供水。当必须同侧引入时，两条引入管的间距不得小于15m，并在两条引入管之间的室外给水管上安装阀门。生活给水引入管与污水排出管的管外壁的水平净距不宜小于1.0m；引入管应有不小于0.003的坡度坡向室外给水管网或阀门井、水表井；引入管的拐弯处应设支墩；当穿越承重墙或基础时，应预留洞口，管顶上部净空高度不得小于建筑物的沉降量，一般不小于0.1m，并充填不透水的弹性材料。

室内给水管网宜采用枝状布置，单向供水。不允许间断供水的建筑和设备，应采用环状

管网或贯通枝状双向供水（当不可能时，应采取设置高位水箱或增加第二水源等保证安全供水的措施）。

2. 保护管道不受损坏

给水埋地管道应避免布置在可能受重物压坏处。管道不得穿越生产设备基础，也不宜穿过伸缩缝、沉降缝，若需穿过，应采取如下保护措施：

1）在墙体两侧采取柔性连接。

2）在管道或保温层外表面上、下留有不小于 150mm 的净空。

3）在穿墙处做成方形补偿器，水平安装。

4）管道不允许布置在烟道、风道和排水沟内，不允许穿大、小便槽。

3. 不影响生产和建筑物的使用

给水管道不得布置在建筑物的下列房间或部位：

1）不得穿越变、配电间，电梯机房，通信机房，大中型计算机房，计算机网络中心，有屏蔽要求的 X 光室，CT 室，档案室，书库，音像库房等遇水会损坏设备和引发事故的房间；一般不宜穿越卧室、书房及贮藏间。

2）不得布置在遇水能引起爆炸、燃烧或损坏的原料、产品和设备上面，并避免在生产设备的上方通过。

3）不得敷设在烟道、风道、电梯井、排水沟内，不得穿过大、小便槽（给水立管距大、小便槽端部不得小于 0.5m）。

4）不宜穿越橱窗、壁柜，当不可避免时，应采取隔离和防护措施。

4. 便于安装维修

布置管道时其周围要有一定的空间，给水管道与其他管道和建筑结构的最小间距见表 1-4。需进入检修的管道井，其通道不宜小于 0.6m。

表 1-4　给水管道与其他管道和建筑结构之间的最小间距

<table>
<tr><th colspan="2" rowspan="2">给水管道
名称</th><th rowspan="2">室内墙面
/mm</th><th rowspan="2">地沟壁和
其他管道
/mm</th><th rowspan="2">梁、柱、设备
/mm</th><th colspan="2">排水管</th><th rowspan="2">备注</th></tr>
<tr><th>水平间距
/mm</th><th>垂直净距
/mm</th></tr>
<tr><td colspan="2">引入管</td><td></td><td></td><td></td><td>1000</td><td>150</td><td>在排水管上方</td></tr>
<tr><td colspan="2">横干管</td><td>100</td><td>100</td><td>50 此处无焊缝</td><td>500</td><td>150</td><td>在排水管上方</td></tr>
<tr><td rowspan="5">立管</td><td>管径/mm</td><td></td><td rowspan="5"></td><td rowspan="5"></td><td rowspan="5"></td><td rowspan="5"></td><td rowspan="5"></td></tr>
<tr><td><32</td><td>25</td></tr>
<tr><td>32~50</td><td>35</td></tr>
<tr><td>75~100</td><td>50</td></tr>
<tr><td>125~150</td><td>60</td></tr>
</table>

1.4.2　管道敷设

1）给水管道的敷设有明设、暗设两种形式。

2）明设给水管道尽量沿墙、梁、柱平行敷设。暗设给水横干管除直接埋地外，宜敷设在地下室、顶棚或管沟内，立管可敷设在管井中。

3）给水管与其他管道同沟或共架敷设时，宜设在排水管、冷冻管上面，热水管或蒸汽管下面。当共用一个支架敷设时，管外壁（或保温层外壁）距墙面宜不小于0.1m，距梁、柱可减少至0.05m。而管道外壁（或保温层外壁）之间的最小距离宜按下列规定确定：当$DN\leqslant32$mm时，不小于0.1m；当$DN>32$mm时，不小于0.15m。管道上阀门不宜并列安装，应尽量错开位置，当必须并列安装时，管道外壁的最小净距：当$DN<50$mm时，不宜小于0.25m；当$DN=50\sim150$mm时，不宜小于0.30m。

4）引入管进入建筑内有两种情况。在地下水位高的地区，引入管穿地下室外墙或基础时应采取防水措施，如设防水套管。室外埋地引入管要防止地面活荷载和冰冻的破坏，其管顶覆土厚度不小于0.7m，并应敷设在冰冻线以下15cm处。建筑物内部埋地管在无活荷载和冰冻影响时，其管顶离地面高度不宜小于0.3m。

5）给水横干管宜有0.002~0.005的坡度并坡向泄水装置。

6）室内暗敷给水管道有直埋与非直埋两种形式。直埋式是将管道嵌墙敷设、埋地或在地坪面层内敷设；非直埋式是将管道敷设在管道井、管窿、吊顶内，地坪架空层内。

室内给水管道穿越承重墙或基础时，其要求与引入管相同；穿越地下构筑物外墙应设防水套管；穿越墙、梁可预埋套管或留洞；穿越楼板、屋面时一般应预留套管，穿越管应设固定支撑，并应防渗漏；当管道采用嵌墙敷设时，应预留管槽或宜用开槽机开槽。管槽必须平整，并应按照各种管道的技术规程及《建筑给水排水及采暖工程施工质量验收规范》（GB 50242—2002）的要求实施。管道穿越楼板、屋顶、墙壁所需留洞（或套管）的尺寸见表1-5。

表1-5　管道穿越楼板、屋顶、墙壁所需留洞（或套管）的尺寸

管道名称	穿越楼板	穿越屋面	穿越（内）墙	备注
UPVC管	孔洞大于管外径50~100mm		与楼板同	
CPVC管	套管内径比管外径大50mm		与楼板同	为热水管
PPR管			孔洞比外径大50mm	
PEX管	孔洞宜大于管外径70mm，套管内径不宜大于管外径50mm	与楼板同	与楼板同	
PAP管	孔洞或套管的内径比管外径大30~40mm	与楼板同	与楼板同	
铜管	孔洞比管外径大50~100mm		与楼板同	
薄壁不锈钢管	（可用塑料套管）	（须用金属套管）	孔洞比管外径大50~100mm	
钢塑复合管	孔洞尺寸为管道外径加40mm	与楼板同		

7）管道在空间敷设时必须固定，以保证施工方便和安全供水。固定管道常用支架、托架和吊环，其安装间距与管材有关。表1-6所示为水平钢管支架的最大间距。

钢管立管管卡安装应符合下列规定：

a. 楼层高度≤5m，每层必须安装1个。

b. 楼层高度>5m，每层安装不得少于2个。

c. 管卡安装高度，距地面应为1.5~1.8m，2个以上管卡应匀称安装，同一房间的管卡

应安装在同一高度。

表1-6 水平钢管支架的最大间距 （单位：m）

公称直径/mm	15	20	25	32	40	50	70	80	100	125	150	200	250	300
保温管	2	2.5	2.5	2.5	3	3	4	4	4.5	6	7	7	8	8.5
不保温管	2.5	3	3.25	4	4.5	5	6	6	6.5	7	8	9.5	11	12

1.4.3 管道防护

1. 防腐

金属管材一般应采用适当的防腐措施。铸铁管及大口径钢管可采用水泥砂浆衬里，钢塑复合管就是钢管加强防腐性能的一种形式。埋地铸铁管宜在管外壁涂冷底子油一道、石油沥青两道；埋地钢管（包括热镀锌钢管）宜在外壁涂冷底子油一道、石油沥青两道外加保护层（当土壤腐蚀性能较强时可采用加强级或特加强级防腐）；钢塑复合管埋地敷设，其外壁防腐同普通钢管；薄壁不锈钢管埋地敷设，宜采用管沟或外壁应有防腐措施（管外加防腐套管或外缚防腐胶带）。薄壁铜管埋地敷设时应在管外加防护套管。

明设的热镀锌钢管应涂银粉两道（卫生间）或调和漆两道；明设铜管应涂防护漆。

当管道敷设在有腐蚀性的环境中时，管外壁应涂防腐漆或缠绕防腐材料。

2. 防冻、防露

设在温度低于0℃以下位置的管道和设备，为保证冬季安全使用，均应采取保温措施。保温层的做法有涂抹式、预制式、浇灌式和捆扎式。对于容易产生结露现象的管道和设备应采取防露措施，以防止腐蚀的速度加快，或影响建筑的使用。防露措施与保温方法相同。

3. 防振

管道、附件的振动不但会损坏管道附件造成漏水，还会产生噪声。给水管道系统的振动主要是管道中水流速度过大产生水锤现象引起的，因此，在设计给水系统时应控制管道的水流速度，在系统中尽量减少使用电磁阀或速闭型水栓。住宅建筑进户管的阀门后（沿水流方向）宜装设家用可曲挠橡胶接头进行隔振，并可在管支架、吊架内衬垫减振材料，以缩小噪声的扩散。

1.5 高层建筑给水系统

1.5.1 技术要求

高层建筑有其自己的特点，因此对建筑给水系统的设计、施工、材料及管理方面都提出了较高的要求。当建筑高度较大时，如果采用同一个给水系统供水，则垂直方向管线过长，建筑低层管道系统的静水压力很大，会产生以下弊端：

1）必须采用高压管材、零件及配水器材，使设备材料费用增加。

2）容易产生水锤现象，水嘴、阀门等附件易被磨损，使用寿命缩短。

3）使低层水嘴的流出压力过大，不但会使水流成射流喷溅，影响使用，而且管道内流速增加，会产生流水噪声、振动噪声，并有可能使顶层给水嘴产生负压抽吸，形成回流污染。

因此，高层建筑给水系统必须解决低层管道中静水压力过大的问题。

1.5.2 技术措施及给水方式

为了降低管道中的静水压力，消除或减轻上述弊端，当建筑物达到一定高度时，给水系统需做竖向分区，即在建筑物的垂直方向按一定高度依次分为若干个供水区域，每个供水区域分别组成各自独立的给水系统。

高层建筑给水系统的竖向分区，应根据使用设备材料性能、维护管理条件、建筑层数和室外给水管网水压等合理确定。如果分区压力过小，则分区数较多，给水设备、给水管道系统以及相应的土建投资将增加，维护管理也不方便；如果分区压力过大，就会出现水压过大、噪声大、用水设备和给水附件易损坏等不良现象。高层建筑分区压力值，目前国内外尚无统一的规定，但通常都以各分区最低点的卫生器具的静水压力不大于其工作压力为依据进行分区。美国和日本高层建筑给水系统压力分区范围值见表1-7。

表1-7 美国和日本高层建筑给水系统压力分区范围值

国家名称	给水系统压力分区范围值/kPa	
	办公楼	公寓、旅馆
美国	500~600	400
日本	400~500	300~350

根据我国目前水暖产品所能承受的压力情况，我国《建筑给水排水设计规范》（2009年版）（GB 50015—2003）规定：高层建筑生活给水系统应竖向分区，各分区的最低点的卫生器具配水点处的静水压力不宜大于0.45MPa，特殊情况下不宜大于0.55MPa。

竖向分区的最大水压不是卫生器具正常使用的最佳水压，其最佳使用水压宜为0.20~0.30MPa。各分区顶层住宅入户管的进口水压不宜小于0.10MPa。而对水压大于0.35MPa的入户管，宜设减压或调压措施，以避免水压过高或过低给用水带来不便。

在对高层建筑给水系统进行竖向分区时，应充分利用市政管网的压力，以减少供水所需的能耗。当市政管网的压力能够满足高层建筑下面几层，如裙房、地下室以及游泳池、洗衣房、锅炉房等用水需要，在进行竖向分区时，可以将建筑下面几层作为一个独立供水分区，采用市政管网直接供水。由于游泳池、洗衣房、锅炉房等用水量比较大，因此利用市政管网压力直接供水可以节省许多能量，并且能够保证供水安全。

高层建筑竖向分区给水方式有串联给水方式、并联给水方式和减压给水方式。

1. 串联给水方式

如图1-13所示，各分区均设有水泵和水箱，上区的水泵从下区的水箱中抽水供上区用水。这种方式的优点是各区水泵的扬程和流量按本区需要设计，使用效率高，能源消耗较小，且水泵压力均衡，扬程较小，水锤现象影响小；另外，不需要高压泵和高压管道，设备和管道较简单，投资较省。其

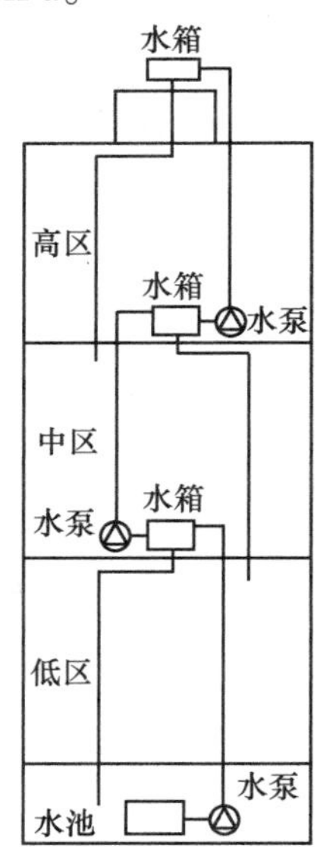

图1-13 串联给水方式

缺点为：①水泵分散布置，维护管理不方便；②水泵和水箱占用楼层的使用面积较大；③水泵设在楼层，振动的噪声干扰较大，因此需防振动、防噪声、防漏水；④工作不可靠，若下区发生事故，则其上部数区供水受影响。

这种方式适用于允许分区设置水泵和水箱的各类高层建筑或建筑高度超过100m的高层建筑。对于建筑高度超过100m的高层建筑若仍采用并联给水方式，其输水管道承压过大，存在安全隐患，而串联给水可化解此矛盾。

串联给水可设中间转输水箱，也可不设中间转输水箱，在采用调速泵组供水的前提下，中间转输水箱已失去调节水量的功能，只剩下防止水压回传的功能，而此功能可用管道倒流防止器替代。不设中间转输水箱，又可减少一个水质污染的环节。

采用串联给水方式供水，水泵设计应有消声减振措施，在可能的条件下，下层应利用外网水压直接供水。

2. 并联给水方式

（1）有水箱并联给水方式　如图1-14所示，各分区独立设置水箱和水泵，水泵集中布置在建筑底层或地下室，各区水泵独立向各区的水箱供水。这种方式的优点是：①各区独立运行，互不干扰，供水安全可靠；②水泵集中布置，便于维护管理；③水泵效率高，能源消耗较小；④水箱分散设置，各区水箱容积小，有利于结构设计。其缺点是：①管材耗用较多，且需要高压水泵和管道，设备费用增加；②水箱占用楼层的使用面积，影响经济效益。由于这种方式优点较显著，因此，在允许分区设置水箱的各类高层建筑中广泛采用。但对于超高层（高度大于100m）建筑，由于高区水泵、管道及配件承受压力较大，水锤现象影响也比较严重，因此不宜盲目采用。采用这种给水方式供水，水泵宜采用相同型号不同级数的多级水泵，并应尽可能地利用外网水压直接向下层供水。

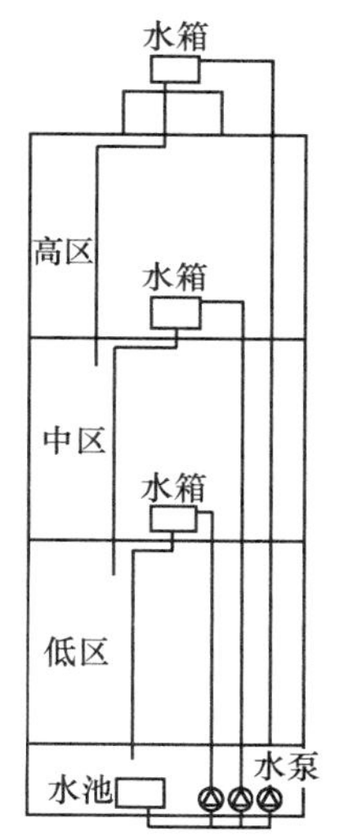

图1-14　并联给水方式

对于分区不多的高层建筑，当电价较低时，也可以采用并联单管给水方式，如图1-15所示。这种方式所用的设备、管道较少，投资较节省，维护管理也较方便。但低区压力损耗过大，能源消耗较大，供水可靠性也不如前者。采用这种给水方式供水，低区水箱进水管上宜设减压阀，以防止浮球阀损坏和减缓水锤作用。

（2）无水箱并联给水方式　无水箱并联给水方式是将水泵等设备集中设置在建筑物的底层或地下室中，各个分区都是独立的供水系统，如图1-16所示。这种方式供水安全可靠，便于管理，且建筑内不设水箱。

3. 减压给水方式

（1）有水箱减压给水方式　有水箱减压给水方式分为减压水箱给水方式和减压阀给水方式，如图1-17所示。这两种方式的共同点是建筑物的用水由设置在底层的水泵一次提升至屋顶总水箱，再由此水箱依次向下区减压供水。所不同的是前者通过各区水箱减压，而后者是用减压阀代替减压水箱。

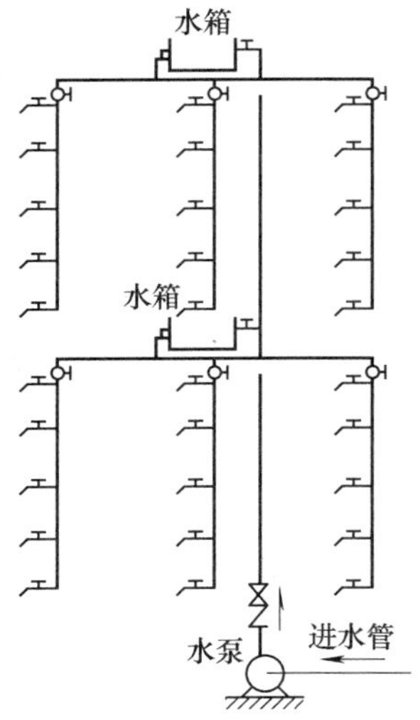

图 1-15　并联单管给水方式

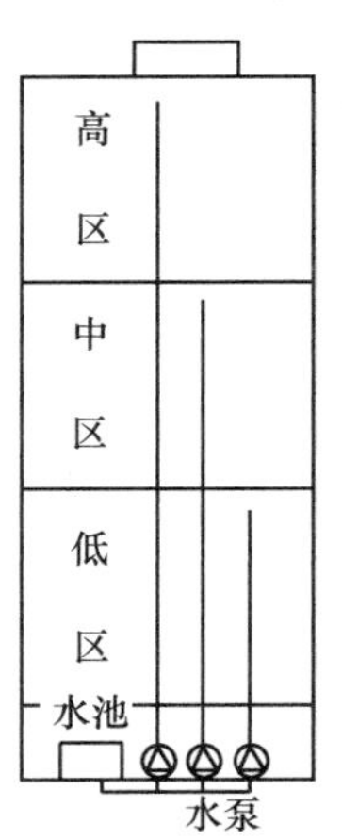

图 1-16　无水箱并联给水方式

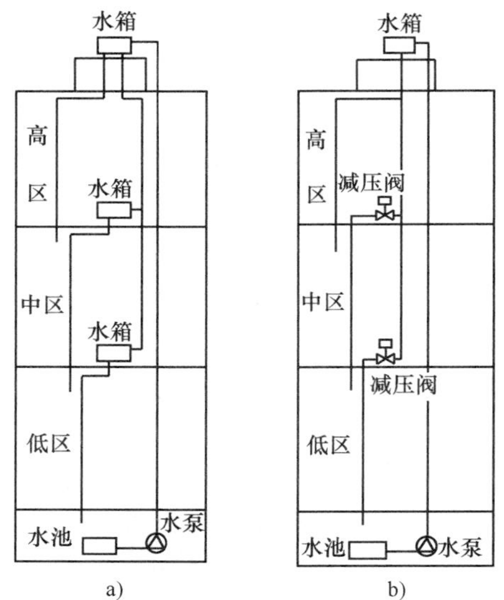

图 1-17　有水箱减压给水方式

a）减压水箱给水方式　b）减压阀给水方式

减压水箱给水方式是通过各区减压水箱实现减压供水的。其优点是水泵台数少，管道简单，投资较省，设备布置集中，维护管理简单；缺点是下区供水受上区供水限制，供水可靠性不如并联给水方式；另外，建筑内全部用水均要经水泵提升至屋顶总水箱，不仅能源消耗较大，而且水箱容积大，对建筑的结构和抗地震不利。这种方式适用于允许分区设置水箱、电力供应充足、电价较低的各类高层建筑。由于不节能，且减压阀减压值（或减压比）大，一旦减压阀失灵，对阀后用水存在隐患，以及屋顶水箱存在水质污染的威胁，且固定的屋顶水箱在地震时存在鞭梢效应，对建筑物安全不利等原因，故不提倡作为主要的给水方式应用。

采用减压水箱给水方式供水，中间水箱进水管上最好安装减压阀，以防止浮球阀损坏和减缓水锤作用。另外，对于高度不是很高的高层建筑，为了避免中间减压水箱浮球阀因启闭频繁而容易损坏的问题，可在减压水箱内设置一个小水箱，这样可以延长浮球阀启闭的间隔时间。其装置及工作原理如图 1-18 所示。该装置是将浮球置于小水箱 B 内，在减压水箱出水的初期，小水箱 B 内的水位不随减压水箱水位的降低而变化，浮球阀不开启进水；当减压水箱水位低于浮球 D 时，C 阀开启放出 B 内存水，同时 A 阀开启进水，直至水箱充满水，并溢流进入小水箱 B 后 A 阀逐渐关闭。

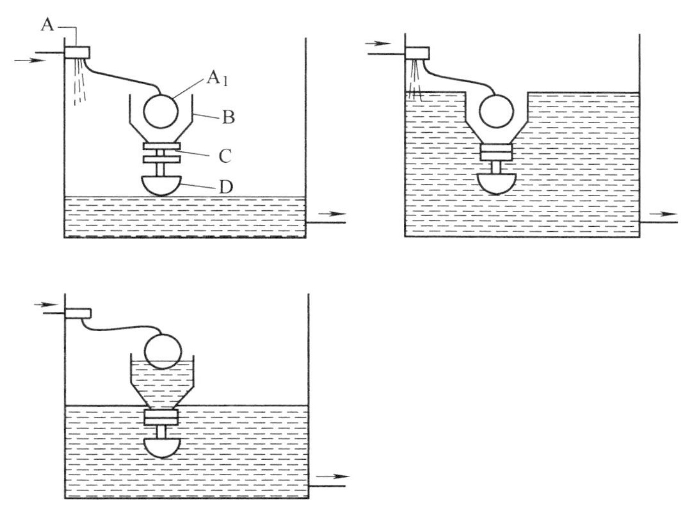

图 1-18　延长浮球阀启闭时间的措施

A—浮球阀　A_1—浮球　B—小水箱　C—阀　D—浮球

减压阀给水方式是用减压阀替代减压水箱进行减压供水的。这种方式与减压水箱给水方式相比，其最大优点是节省了建筑的使用面积。其余各方面均与减压水箱给水方式相同。减压阀可有各种设置方式，如输水管减压、配水立管减压、配水干管减压、配水支管减压等，设计时可以根据建筑的形式择优确定。图 1-19 所示为垂直立管循序减压给水方式。

（2）无水箱减压给水方式　无水箱减压给水方式是采用统一的设备供水，而在低区供水系统管路上设置减压阀，以保证各区所需的供水压力，如图 1-20 所示。这种系统无高位水箱，少了一个水质可能受污染的环节，水压稳定，是目前建筑高度小于 100m 的高层建筑给水方式的主流。

减压阀给水方式是目前应用比较广泛的一种给水方式。采用这种方式的关键是要选用质量过关、使用可靠、价格低廉的减压阀。目前常用的减压阀有比例式和弹簧式两种，图 1-21 所示为比例式减压阀。该阀构造简单、体积小，可垂直或水平安装。由于活塞后端受水面面积为前端受水面面积的整数倍，所以阀门关闭时，阀前后的压力比是定值，减压值不需要人工调节。当阀后用水时，管内水压作用在活塞前端，推动活塞后移，减压阀开启通水，至阀后停止用水，活塞前移，阀门关闭。减压阀的选型是根据设计流量和压力，查阀门的流量-压力曲线确定的。

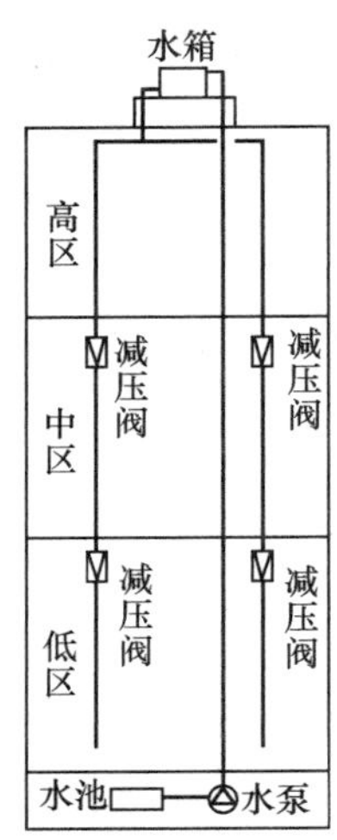

图 1-19　垂直立管循序减压给水方式

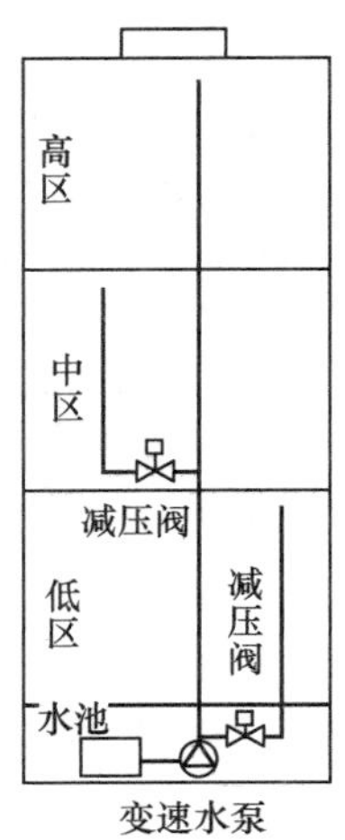

图 1-20　无水箱减压给水方式

除上述三种高层建筑分区给水方式外，当建筑周围有市政高、低压给水管网时，可利用外网压力，由室外高、低压给水管网分别向建筑内高、低区给水系统供水，如图 1-22 所示。其优点是各幢建筑不需设置升压、贮水设备，节省了设备投资和管理费用，但这种分区形式只有在室外有市政高、低压给水管网时，才有条件采用。

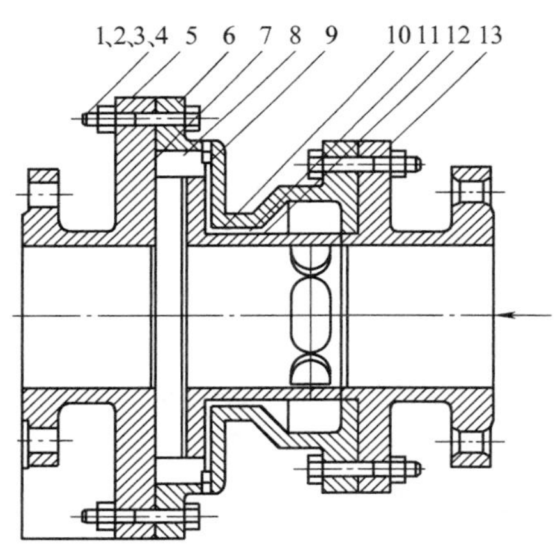

图 1-21　比例式减压阀

1—螺栓　2—螺母　3、4—垫圈　5—出口法兰　6—阀体　7、9、11—O 形密封圈　8—环套　10—活塞套　12—活塞　13—进口法兰

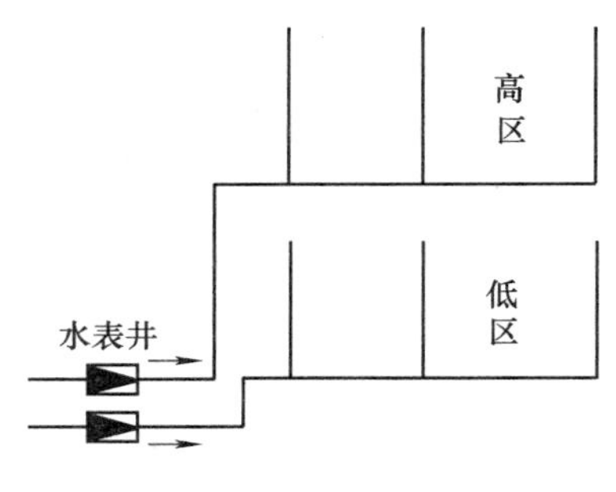

图 1-22　室外高、低压给水管网直接给水方式

思考题与习题

1. 建筑给水系统由哪几部分组成？
2. 什么是水表节点？螺翼式水表和旋翼式水表有什么区别？
3. 水表的性能参数有哪些？

4. 水表的公称直径应如何确定？
5. 在什么情况下采用水泵、水箱联合工作的给水方式？这种方式有什么优缺点？
6. 室内给水的基本方式有哪几种？请写出各种给水方式的适用条件和优缺点。
7. 高层建筑给水为什么要竖向分区？如何分区？
8. 画图说明高层建筑给水方式及其优缺点。

第 2 章 建筑内部给水系统的计算

学习重点：

①给水系统所需压力估算；②给水定额和给水系统所需水量计算；③水泵的选择；④水池、水箱容积的确定；⑤水泵调速运行的工作原理；⑥气压罐供水设备；⑦给水设计秒流量的概念及各类建筑的给水设计秒流量的计算；⑧室内给水系统的水力计算步骤。

2.1 给水系统所需压力

建筑内部给水系统应具有一定的供水压力。该压力必须能使需要的水量输送到建筑物内最不利点的用水设备，并保证有足够的最小工作压力。

建筑内部给水系统需要的供水压力可以按式（2-1）计算

$$p = p_1 + p_2 + p_3 + p_4 \tag{2-1}$$

式中 p——建筑内部给水系统所需的压力，自室外引入管起点轴线算起（kPa）；

p_1——最不利点与室外引入管起点的静压差（kPa）；

p_2——计算管路的压力损失（kPa）；

p_3——水表的压力损失（kPa）；

p_4——最不利点的最小工作压力（kPa）。

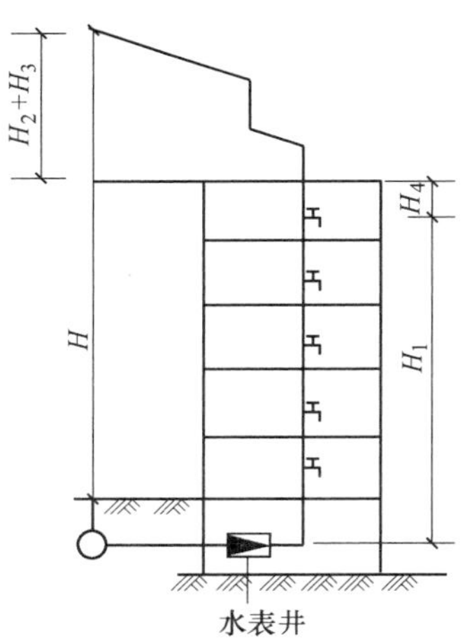

图 2-1 建筑内部给水系统所需的压力相应的压头和水头损失

图 2-1 所示为与压力相应的压头和水头损失。图中 H 为建筑内部给水系统所需的压头（m）；H_1 为最不利点与室外引入管起点间的静压水头（m）；H_2、H_3 分别为计算管路的水头损失和水表的水头损失（m）；H_4 为最不利点的最小流出水头（m）。

最小工作压力（最小流出水头）是指各种水嘴或用水设备，为获得规定的出水量（额定流量）而必需的最小压力（压头）。它是在供水时克服水嘴内的摩擦、冲击、流速变化等阻力所需的静压压力。最小工作压力的大小与水嘴及用水设备的种类有关，其规定见表 2-7。

2.2 给水系统所需水量

建筑内用水包括生活用水、生产用水和消防用水三部分。这三部分用水量的计算与其用

水的特点有关。

生产用水的特点是在整个生产班期间内比较均匀，且有规律性，但用水量与工艺过程、生产设备、工作制度、产品性质等因素有关。一般生产用水量可按消耗在单位产品上的水量或单位时间内消耗在生产设备上的水量计算确定。

人们的生活用水在每日的用水过程中，均匀性较小，变化较大。其用水量是按用水定额及用水单位数来确定的。

最高日生活用水量按式（2-2）计算

$$Q_d = \frac{mq_d}{1000} \tag{2-2}$$

式中　Q_d——最高日生活用水量（m^3/d）；

m——设计单位数（人或床位或 m^2）；

q_d——单位用水定额［L/(人·d)，L/(床·d)，L/(m^2·d)］。

用水定额与建筑的类型、建筑标准、建筑物内卫生设备的完善程度和区域等因素有关。住宅最高日生活用水定额及小时变化系数见表 2-1，集体宿舍、旅馆和其他公共建筑最高日生活用水定额及小时变化系数见表 2-2。

最大小时生活用水量应根据最高日（或最大班）生活用水量、使用时间和小时变化系数按式（2-3）计算

$$Q_h = K_h \frac{Q_d}{T} \tag{2-3}$$

式中　Q_h——最大小时生活用水量（m^3/h）；

Q_d——最高日（或最大班）生活用水量（m^3/d）；

T——每日（或最大班）使用时间（h）；

K_h——小时变化系数，按表 2-1 和表 2-2 采用。

表 2-1　住宅最高日生活用水定额及小时变化系数

住宅类别		卫生器具设置标准	生活用水标准/［L/(人·d)］	小时变化系数 K_h
普通住宅	Ⅰ	有大便器、洗涤盆	85~150	3.0~2.5
	Ⅱ	有大便器、洗脸盆、洗涤盆、洗衣机、热水器和沐浴设备	130~300	2.8~2.3
	Ⅲ	有大便器、洗脸盆、洗涤盆、洗衣机、集中热水供应（或家用热水机组）和沐浴设备	180~320	2.5~2.0
别墅		有大便器、洗脸盆、洗涤盆、洗衣机、洒水栓，家用热水机组和沐浴设备	200~500	2.3~1.8

注：1. 当地对住宅生活用水定额有具体规定时，可按当地规定执行。

2. 别墅用水定额中含庭院绿化用水和汽车洗车用水。

表 2-2　集体宿舍、旅馆和其他公共建筑最高日生活用水定额及小时变化系数

序号	建筑物名称	单　位	生活用水定额/L	使用时数/h	小时变化系数 K_h
1	宿舍				
	Ⅰ类、Ⅱ类	每人每日	150~200	24	3.0~2.5
	Ⅲ类、Ⅳ类	每人每日	100~150	24	3.5~3.0
2	招待所、培训中心、普通旅馆				
	设公用盥洗室	每人每日	50~100	24	3.0~2.5
	设公用盥洗室、淋浴室	每人每日	80~130		
	设公用盥洗室、淋浴室、洗衣室	每人每日	100~150		
	设单独卫生间、公用洗衣室	每人每日	120~200		
3	酒店式公寓	每人每日	200~300	24	2.5~2.0
4	宾馆客房				
	旅客	每床位每日	250~400	24	2.5~2.0
	员工	每人每日	80~100		
5	医院住院部				
	设公用盥洗室	每床位每日	100~200	24	2.5~2.0
	设公用盥洗室、淋浴室	每床位每日	150~250	24	2.5~2.0
	设单独卫生间	每床位每日	250~400	24	2.5~2.0
	医务人员	每人每班	150~250	8	2.0~1.5
	门诊部、诊疗所	每病人每次	10~15	8~12	1.5~1.2
	疗养院、休养所住房部	每床位每日	200~300	24	2.0~1.5
6	养老院、托老所				
	全托	每人每日	100~150	24	2.5~2.0
	日托	每人每日	50~80	10	2.0
7	幼儿园、托儿所				
	有住宿	每儿童每日	50~100	24	3.0~2.5
	无住宿	每儿童每日	30~50	10	2.0
8	公共浴室				
	淋浴	每顾客每次	100	12	2.0~1.5
	浴盆、淋浴	每顾客每次	120~150	12	
	桑拿浴（淋浴、按摩池）	每顾客每次	150~200	12	
9	理发室、美容院	每顾客每次	40~100	12	2.0~1.5
10	洗衣房	每kg干衣	40~80	8	1.5~1.2
11	餐饮业				
	中餐酒楼	每顾客每次	40~60	10~12	1.5~1.2
	快餐店、职工及学生食堂	每顾客每次	20~25	12~16	
	酒吧、咖啡馆、茶座、卡拉OK房	每顾客每次	5~15	8~18	
12	商场 员工及顾客	每 m^2 营业厅面积每日	5~8	12	1.5~1.2
13	图书馆	每人每次	5~10	8~10	1.5~1.2
14	书店	每 m^2 营业厅面积每日	3~6	8~12	1.5~1.2

（续）

序号	建筑物名称	单位	生活用水定额/L	使用时数/h	小时变化系数 K_h
15	办公楼	每人每班	30~50	8~10	1.5~1.2
16	教学、实验楼 中小学校 高等院校	 每学生每日 每学生每日	 20~40 40~50	 8~9 8~9	 1.5~1.2 1.5~1.2
17	电影院、剧院	每观众每场	3~5	3	1.5~1.2
18	会展中心（博物馆、展览馆）	每 m² 营业厅面积每日	3~6	8~16	1.5~1.2
19	健身中心	每人每次	30~50	8~12	1.5~1.2
20	体育场（馆） 运动员淋浴 观众	 每人每次 每人每场	 30~40 3	 4 4	 3.0~2.0 1.2
21	会议厅	每座位每次	6~8	4	1.5~1.2
22	客运站旅客、展览中心观众	每人次	3~6	8~16	1.5~1.2
23	菜市场地面冲洗及保鲜用水	每 m² 每日	10~20	8~10	2.5~2.0
24	停车库地面冲洗水	每 m² 每次	2~3	6~8	1.0

注：1. 除养老院、托儿所、幼儿园的用水定额中含食堂用水外，其他均不含食堂用水。
2. 除注明外，均不含员工生活用水，员工用水定额为每人每班 40~60L。
3. 医疗建筑用水中已含医疗用水。
4. 空调用水应另计。

2.3 升压、贮水设备

2.3.1 水泵装置

当城市给水管网压力较低，供水压力不足时，常需设水泵装置来增加水流压力。在建筑内部给水系统中，多采用离心泵。

1. 水泵装置的抽水方式

水泵装置的抽水方式分为水泵直接从室外给水管网抽水和水泵从贮水池抽水两种。

水泵直接抽水方式就是将水泵的吸水管直接接到室外给水管网上，水泵直接从室外给水管网中抽水。这种方式可以利用城市管网的压力，节省能源，系统比较简单、投资少，并能保护水质不受污染。但在有些情况下，水泵直接抽水会降低城市管网的压力，从而影响附近地区用户的正常供水。因此，只有在抽水量相对较小，对城市管网水压影响不大的情况下（保证室外给水管网压力不小于 0.1MPa）才可采用这种方式，并应与供水部门协商。当用水量较大，城市管网不能供水泵直接抽水时，应建造贮水池，城市管网不断地向池内贮水，水泵从贮水池抽水。这种抽水方式不会因大量抽水而影响城市管网的正常供水，而且贮水池存有一定的水量，供水安全可靠，但水泵不能利用城市管网的水压，消耗电能较多，而且水池中的水易被污染。

水泵装置宜设计成自动控制运行方式，有水箱系统由水位继电器控制水泵的启闭，无水箱系统由压力继电器控制水泵的启闭。水泵从贮水池抽水时，尽可能设计成自灌式。在不可能设计成自灌式时，可设计成抽吸式，但应加设引水装置，以保证水泵正常运行，如底阀、水环式真空泵、水上式底阀等。

当水泵直接从室外给水管网中抽水时，应在吸水管上安装阀门、止回阀和压力表，并应设置旁通管。

水泵备用泵的设置应视建筑物的重要性、对供水安全性的要求和水泵装置运行可靠性等因素确定。一般生活用水泵设置备用机组一台，对于允许短时间断水的小型民用建筑，可不设置备用机组。生产和消防水泵，应按工艺要求和消防规范的规定确定。

2. 水泵的选择

选择水泵首先要确定水泵的流量和与此流量相对应的扬程，然后合理选用水泵型号，使水泵在高效区工作。

（1）水泵的流量确定　水泵的流量按下列原则确定：当水泵后无水箱等调节装置时，应按设计秒流量确定；当水泵后有水箱等调节装置时，一般按最大小时流量确定。调速泵在额定转速的工作点，应位于水泵高效区的末端。

（2）水泵扬程相应的压力的确定　水泵扬程相应的压力应满足最不利配水点或消火栓等所需要的水压，一般按式（2-4）和式（2-5）计算。

1）水泵从贮水池抽水，当无水箱调节时，水泵总扬程相应的压力（即水泵出口水压力）为

$$p_b = p_1 + p_2 + p_4 \tag{2-4}$$

式中　p_b——水泵总扬程相应的压力（即水泵出口水压力）（kPa）；

p_1——贮水池最低水位至最不利配水点位置高度所需的静水压（kPa）；

p_2——吸水管和压水管的沿程压力损失和局部压力损失之和（kPa）；

p_4——最不利点处所需的最小工作压力（kPa）。

2）水泵直接从室外管网抽水，无水箱调节时，水泵总扬程相应的压力（即水泵出口水压力）为

$$p_b = p_1 + p_2 + p_3 + p_4 - p_0 \tag{2-5}$$

式中　p_3——水表压力损失（kPa）；

p_0——资用压力（kPa）；

p_b、p_1、p_2、p_4——同式（2-4）。

3. 水泵调速运行及变频调速自动供水设备

（1）水泵调速运行及调速控制方式　水泵运行方式有恒速运行和调速运行两种。采用高位水箱给水和气压罐给水应采用恒速运行，无水箱给水方式可以采用调速运行，也可以采用恒速运行，应视具体情况而定。在建筑给水系统中，目前普遍采用变频调速。

调速控制方式的选择，要结合供水对象、供水规模、运转费用、设备费用以及电气产品性能等进行综合考虑。目前常用的调速控制方式有水泵出口压力恒定控制和管网末端压力恒定控制两种。当供水规模较小，管网系统阻力损失占总扬程相应压力的比例较小时，采用水泵出口压力恒定控制。这种方式虽然仍有一部分能量的浪费，但电控系统比较简单，因此应用比较广泛。当管网线路长，流量变化产生的阻力损失占总扬程相应压力的比例较大时，以管网末端最不利点所需压力进行恒定控制。这种方式节能效果要比前一种方式好，但电控系统比较复杂。

（2）变频调速自动供水设备　变频调速自动供水设备主要由控制器、变频器、压力变送

器、水泵等组成。图 2-2 所示为水泵出口压力恒定控制的微机供水系统示意图。

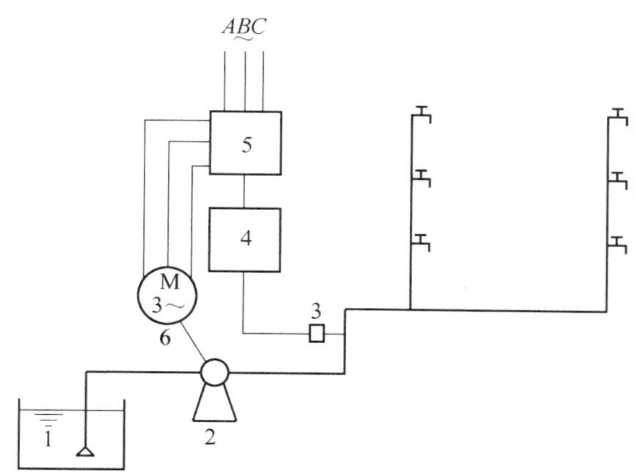

图 2-2　水泵出口压力恒定控制的微机供水系统示意图
1—贮水池　2—水泵　3—压力变送器　4—控制器　5—变频器　6—电动机

其工作过程为：根据用户对水压的要求，先在控制器中设定一个水泵出口水压力值 p。随着建筑内用水量的变化，水泵出口水压力值 p_x 也随之改变。压力变送器将水泵出口水压力值 p_x 传送给控制器，控制器根据 p_x 与 p 的相互关系，通过变频器调节频率，改变电动机及水泵的转速，使供水量与用水量达到平衡，维持水泵出口水压力基本恒定。当建筑内用水量增加时，水泵出口水压力值 p_x 下降，$p_x<p$，这时控制器通过变频器提高频率，致使水泵电动机转速提高，水泵出水量增加，p_x 上升，直至 $p_x=p$；当建筑内用水量减少时，水泵出口水压力值 p_x 上升，$p_x>p$，这时控制器通过变频器降低频率，致使水泵转速下降，出水量减少，p_x 值下降，直至 $p_x=p$。

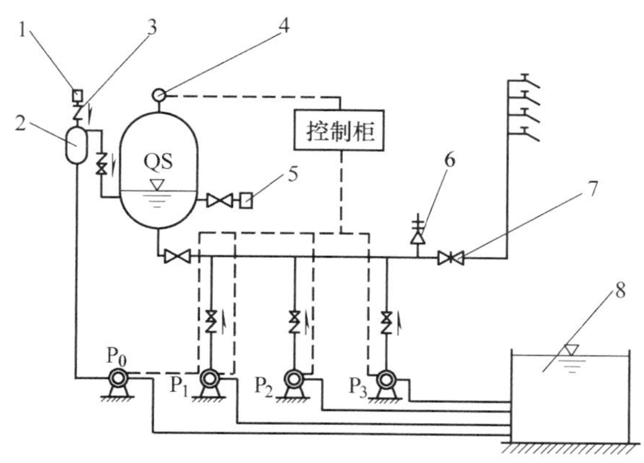

图 2-3　带有自动补气气压罐的变频调速给水系统
1—吸气阀　2—补气罐　3—止回阀　4—压力开关　5—自动排气阀　6—安全阀　7—闸阀　8—贮水池
P_0—辅助水泵　$P_1 \sim P_3$—主水泵

水泵转速变化幅度一般为（80%～100%）n_N（额定转速），因为这个范围内机组和电控设备的总效率比较高。

采用变速泵供水的系统，当日夜用水量相差悬殊时，应设置小容积的高位水箱或气压罐与变速泵配合使用，或设置小型恒速泵与变速泵配合使用，解决小流量和零流量时变速泵的运行问题。因为在这种情况下，水泵工作效率低，轴功率将产生大量机械热能，使水温升高，导致水泵故障。图2-3所示为带有自动补气气压罐的变频调速给水系统。

4. 水泵的布置与安装

1）水泵机组的布置应符合表2-3的规定。

表2-3　水泵机组外轮廓与墙和相邻机组的间距

电动机额定功率/kW	水泵机组外轮廓面与墙面之间的最小间距/m	相邻水泵机组外轮廓面之间的最小间距/m
≤22	0.8	0.4
>25~50	1.0	0.8
≥55，≤160	1.2	1.2

注：1. 水泵侧面有管道时，外轮廓面计至管道外壁面。
2. 水泵机组是指水泵与电动机的联合体，或已安装在金属座架上的多台水泵组合体。

2）每台水泵宜设计单独吸水管，若设计成共用吸水管，则一般至少需要两条，并设连通管与每台泵吸水管连接。吸水管内的流速宜采用1.0~1.2m/s，吸水喇叭口应低于最低水位不小于2倍吸水管的管径，且不小于0.5m。

3）为了减少水泵运转时对周围环境的影响，应对水泵运行进行隔振处理。隔振技术以设备隔振为主，管道和支架隔振为辅。卧式水泵隔振宜加设隔振垫或隔振器，加设隔振基座，如图2-4所示；立式水泵隔振优先推荐阻尼弹簧隔振器，其上端与隔振基座和钢垫板用螺栓固定，下端与混凝土基础用螺栓固定，如图2-5所示。

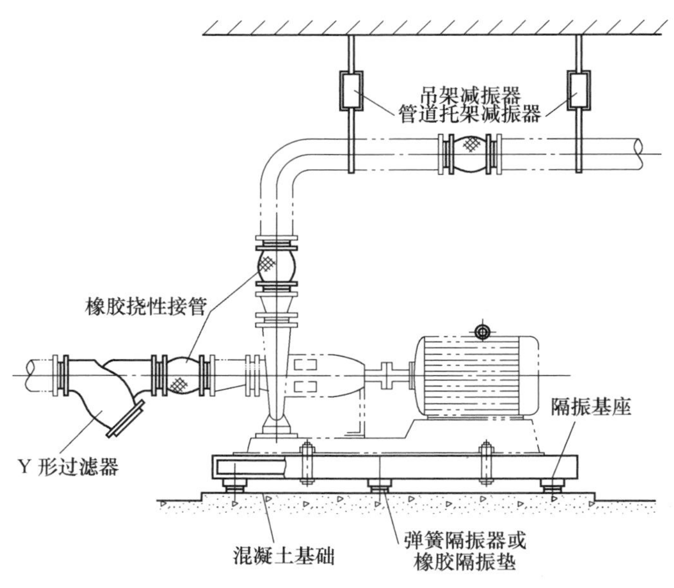

图2-4　卧式水泵隔振

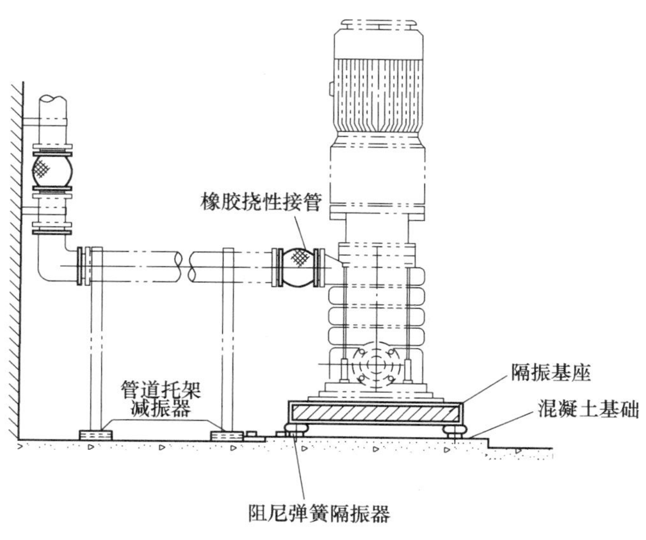

图 2-5　立式水泵隔振

4）设置水泵的房间应当干燥、通风良好、光线充足，冬季不能冰冻，并应有排水措施。泵房净高不小于 3.2m。在建筑物内布置水泵，泵房应远离要求安静和防振的房间（如病房、卧室、教室等）。

2.3.2　贮水池

在城市给水管网不能满足流量要求时，应在室内地下室或室外泵房附近设置贮水池，以补充供水量不足。

1. 贮水池的有效容积

贮水池的有效容积与贮水池的进水量和水泵运行工作情况有关，计算公式如下

$$V_g = (q_b - q_l)T_b + V_f + V_s \tag{2-6}$$

同时满足

$$(q_b - q_l)T_b \leqslant q_l T_t \tag{2-7}$$

式中　V_g——贮水池的有效容积（m^3）；

q_b——水泵出水量（m^3/h）；

q_l——水池进水流量（m^3/h）；

T_b——水泵运行时间（h）；

T_t——水泵运行间隔时间（h）；

V_f——消防要求的贮水量（m^3），按消防要求确定；

V_s——生产用水贮备量（m^3）。

消防贮备水量应根据消防要求，以火灾延续时间内所需消防用水总量计。生产事故备用水量应根据用户安全供水要求、中断供水后果和城市给水管网可能停水等因素确定。当资料不足时，建筑物的生活（生产）调节水量（$q_b - q_l$）T_b 可以按建筑最高日用水量的 20%～25% 确定，最大不得大于 48h 的用水量；居住小区的调节水量可以按最高日用水量的 15%～20%

确定。

2. 贮水池的设置

贮水池一般用钢筋混凝土制成，也有采用各种钢板或玻璃钢制作。贮水池所用材料不得对其贮水水质造成任何污染。池壁内常有喷涂无毒瓷釉涂料、饮水用油漆，或食品级玻璃钢和贴瓷砖等。

埋地式生活饮用水贮水池周围 10m 以内，不得有化粪池、污水处理构筑物、渗水井、垃圾堆放点等污染源；周围 2m 以内不得有污水管和污染物。当达不到此要求时，应采取防污染的措施。

贮水池设有进水管、出水管、溢流管、泄空管、水位显示器等。溢流管管径应比进水管大一号，其溢流口底标高应高出室外地坪 100mm。

贮水池的进水管和出水管应布置在相对位置，以便池内贮水经常流动。贮水池一般宜做成两格或在池内做成格板。贮水池容积不宜过大，以防贮水时间过长，水质变坏。

贮水池利用管网压力进水时，其进水管上应装设浮球阀或液压阀，一般不宜少于两个，其直径与进水管相同。

建筑物内的生活饮用水水池（箱）体，应采用独立结构形式，不得利用建筑物的本体结构作为水池（箱）的壁板、底板及顶盖。

生活饮用水水池（箱）与其他用水水池（箱）并列设置时，应有各自独立的分隔墙。

供单体建筑的生活饮用水水池（箱）应与其他用水的水池（箱）分开设置。

消防用水与生活或生产用水合用一个贮水池时，应采取措施，确保消防贮备水量不被动用。图 2-6 所示为其中的一种措施。

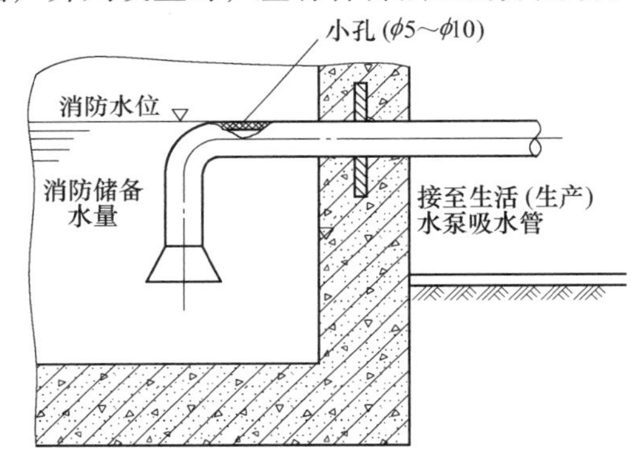

图 2-6 消防贮备水量不被动用的措施

无调节要求的加压给水系统，可设置吸水井，吸水井的有效容积不应小于最大一台水泵 3min 设计秒流量。吸水井的长、宽、深尺寸应满足吸水管的布置、安装、检修和水泵正常工作的要求。其防止水质污染变质和保证运行安全所采取的措施同贮水池。

2.3.3 水箱

水箱具有贮备水量、增压、稳压、减压和调节水泵工作的作用。

1. 水箱的配管与附件

水箱一般用各种钢板、玻璃钢、塑料或钢筋混凝土制作。钢板水箱内表面必须进行防腐处理，防腐材料不得污染水质。水箱的形状有圆形、方形、矩形和球形。

水箱一般应设进水管、出水管、溢流管、排水管、通气管、液位计、人孔等，如图 2-7 所示。

（1）进水管与浮球阀　进水管至水箱上缘应有 150～200mm 的距离。当水箱利用管网压力进水时，进水管上应装设不少于两个浮球阀或液压水位控制阀，并在控制阀前装检修阀。当水箱利用加压泵进水并利用水位继电器控制水泵运行时，不安装水位控制阀。进水管的管

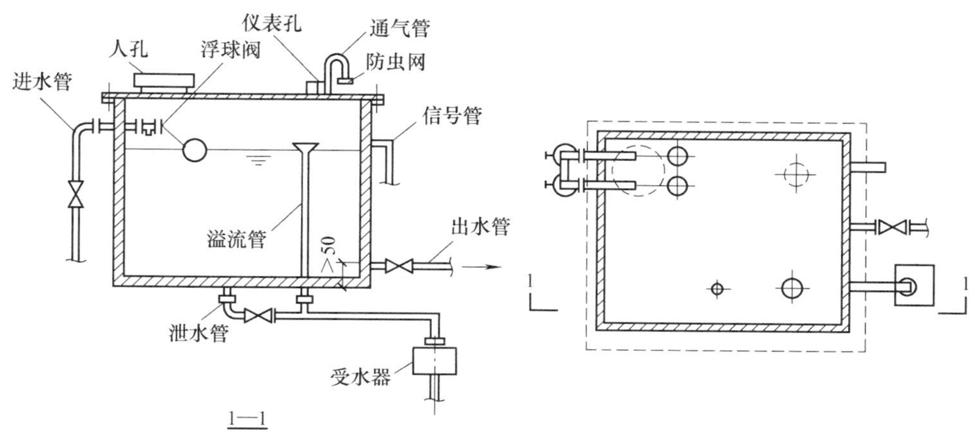

图 2-7　水箱的配管与附件

径按水泵出水流量或建筑物内部设计秒流量计算决定。

（2）出水管与止回阀　水箱出水管可以从侧壁或底部接出。生活给水的出水管，其管内底应高于箱底 100~150mm，以防污染物流入供水管网。出水管上一般设置阀门。进水管和出水管可以合用一条管道，此时出水管上应设止回阀。出水管的管径按设计秒流量计算。

（3）溢流管　溢流管的作用是控制水箱的最高水位。溢流管的直径应按排泄最大入流量确定，一般比进水管大 1~2 级；溢流管宜采用水平喇叭口集水，喇叭口下的垂直管段不宜小于 4 倍溢流管管径，喇叭口应比最高水位高 50mm。溢流管上不得装设阀门。为了防止污水倒灌，溢流管不得与排水系统直接相连，必须采用间接排水，设断流水箱和水封装置。当水箱装置在平屋顶上时，溢水可直接流在屋面上。

（4）泄水管　泄水管用以排放冲洗水箱的污水。泄水管应自水箱底部最低处接出，可连接在溢流管上，但不得与排水系统直接连接。管径不得小于 50mm，泄水管上装有阀门。

（5）水位信号装置　该装置是反映水位控制阀失灵报警的装置。信号管管底一般比溢流水位低 10mm，管径一般为 15~20mm，信号管应接至经常有人值班房间的洗脸盆、洗涤盆等处。水箱一般应在侧壁安装玻璃液位计，并应有传送到监控中心的水位指示仪表。若水箱液位与水泵联动，则可在水箱侧壁或顶盖上安装液位继电器或信号器，采用自动水位报警装置。

在水箱内未装液位计时，可设水位信号管给出溢流信号。信号管上不装设阀门。

（6）通气管　通气管设在水箱盖上，可伸至室内或室外，但不得伸到有毒有害气体的地方，不得与排水系统和通风管道相连。管口一般朝下，并设有防虫网。通气管管径一般宜为 100~150mm。

另外，对设有托盘的水箱，还应设一根直径为 32~40mm 的泄水管，以排泄箱壁的凝结水。

2. 水箱的有效容积

高位水箱有效容积由高位水箱的调节容积、高位水箱的消防贮水容积和高位水箱的生产事故贮水容积三部分组成，具体应根据高位水箱的功能确定。

水箱的调节容积目前有两种计算方法，一种是按水箱进水的不同情况由经验公式计算确定；另一种是根据经验进行估算。

（1）由室外给水管网夜间直接进水的水箱

$$V = Q_1 T_1 \tag{2-8}$$

式中 V——水箱的有效容积（m^3）；

Q_1——由水箱供水的最大连续平均小时用水量（m^3/h）；

T_1——由水箱供水的最大连续时间（h）。

当资料不足时，应按供水的用水人数和最高日用水定额确定。

（2）水泵-水箱联合供水

由人工启动水泵供水

$$V = \frac{Q_d}{n_b} - Q_p T_b \tag{2-9}$$

式中 V——水箱的有效容积（m^3）；

Q_d——最高日用量（m^3/d）；

n_b——水泵每天启动次数（次/d）；

T_b——水泵启动一次的最短运行时间（h），由设计确定；

Q_p——水泵运行时间内的建筑平均小时用水量（m^3/h）。

当资料不足时，可按水箱服务区域内的最高日用水量的12%确定。

当水泵自动运行时，水箱调节容积按式（2-10）计算

$$V_{sb} = \frac{CQ_b}{4n_b} \tag{2-10}$$

式中 V_{sb}——水箱调节容积（m^3）；

Q_b——水泵出水流量（m^3/h）；

n_b——水泵1h内最大启动次数，一般宜采用6~8次/h；

C——系数，一般 $C \geqslant 1.25$。

当无资料时，可按水箱服务区域内的最大小时用水量的50%确定。

生产事故贮水容积按工艺要求确定。

消防贮水容积按照消防要求确定，一般均以10min的室内消防设计流量计。

3. 水箱的设置高度及水箱间

水箱的设置高度，应使其最低水位的标高满足最不利配水点或消火栓或自动喷水喷头的最小工作压力相应压头的要求，即

$$Z_x = Z_b + 0.1p_2 + 0.1p_4 \tag{2-11}$$

式中 Z_x——高位水箱最低水位的标高（m）；

Z_b——最不利配水点或消火栓或自动喷水喷头的标高（m）；

p_2——水箱出口至最不利点或消火栓或自动喷水喷头的管道总压力损失（kPa）；

p_4——最小工作压力（kPa）。

水箱间应有良好的通风、采光和防蚊蝇措施，室内最低气温不得低于5℃。水箱间的净高不得小于2.2m。

非钢筋混凝土水箱应放置在混凝土、砖或槽钢（工字钢）上，其间宜垫以石棉橡胶板、塑料板等绝缘材料。支墩高度不宜小于 600mm，以便安装管道和进行检修。

水箱与水箱之间、水箱与建筑结构之间的最小距离按表 2-4 所示采用。

表 2-4　水箱与水箱之间、水箱与建筑结构之间的最小距离　（单位：m）

水箱形式	水箱至墙面距离		水箱之间净距	箱顶至建筑结构最低点距离	人孔盖顶至房间顶板的距离	最低水位至水管上止回阀的距离
	有阀侧	无阀侧				
圆形	0.8	0.5	0.7	0.6	1.5	0.8
矩形	1.0	0.7	0.7	0.6	1.5	0.8

2.3.4　气压给水设备

气压给水设备是利用密闭压力罐内空气的可压缩性进行贮存、调节和压送水量的装置，其作用与屋顶水箱或水塔相同。由于供水压力是靠气压罐中的压缩空气维持，因此，气压罐的位置不受高度和地理位置的限制。气压给水设备的优点是灵活性大、便于隐蔽和搬迁，投资少、建设速度快，水在密闭系统中流动，水质不易被污染，另外，还有消除水锤和器材噪声的作用；缺点主要有给水安全性较差，给水压力变动较大，调节容积较小，能耗大。

1. 气压给水设备的分类

按压力稳定情况可分为变压式和定压式两类，按气水接触方式可分为补气式和隔膜式两类。

（1）变压式气压给水设备　变压式气压给水设备在向给水系统输水过程中，给水系统的压力随着气压罐的压力变化而变化，如图 2-8 所示。罐内的水在压缩空气的起始压力 p_2 的作用下，被压送至给水管网，随着罐内水量的减少，压缩空气体积膨胀，压力减小，当压力降至最小工作压力 p_1 时，压力信号器动作，使水泵启动。水泵出水除供用户外，多余部分进入气压罐，罐内水位上升，空气又被压缩，当压力达到 p_2 时，压力信号器动作，使水泵停止工作，气压罐再次向管网输水。

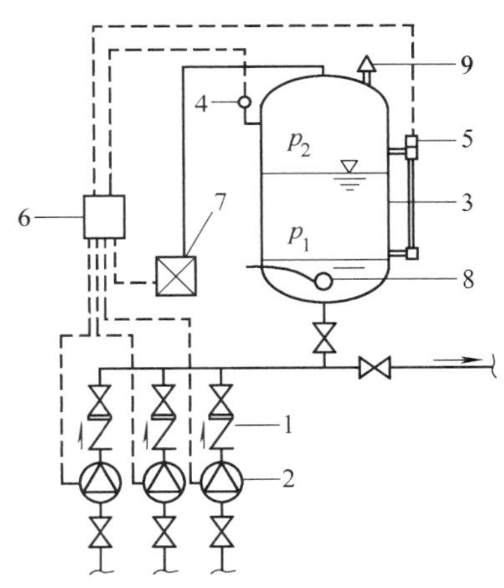

图 2-8　单罐变压式气压给水设备

1—止回阀　2—水泵　3—气压罐　4—压力信号器　5—液位信号器　6—控制器　7—补气装置　8—排气阀　9—安全阀

（2）定压式气压给水设备　给水系统的压力不随气压罐的压力变化而变化。一般常用的做法是在变压式气压给水设备的供水管上安装压力调节阀，调节阀后水压在要求的范围内，使供水压力相对稳定，如图 2-9 所示。对于双罐变压式给水设备，可以在压缩空气连通管上安装压力调节阀，将阀后气压控制在要求的范围内，如图 2-10 所示。

补气式气压给水设备气压罐中的水与气直接接触，长期运行罐内的空气量就会减少，因此应经常补气。补气的方式主要有空气压缩机补气、利用水泵出水管中的积存气补气（图 2-11）、水射器补气（图 2-12）和设补气罐补气（图 2-13）等。

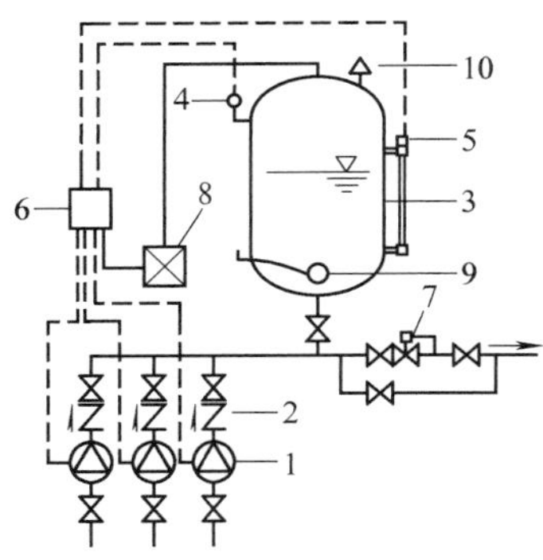

图 2-9　单罐定压式气压给水设备

1—水泵　2—止回阀　3—气压罐　4—压力信号器　5—液位信号器　6—控制器　7—压力调节阀　8—补气装置　9—排气阀　10—安全阀

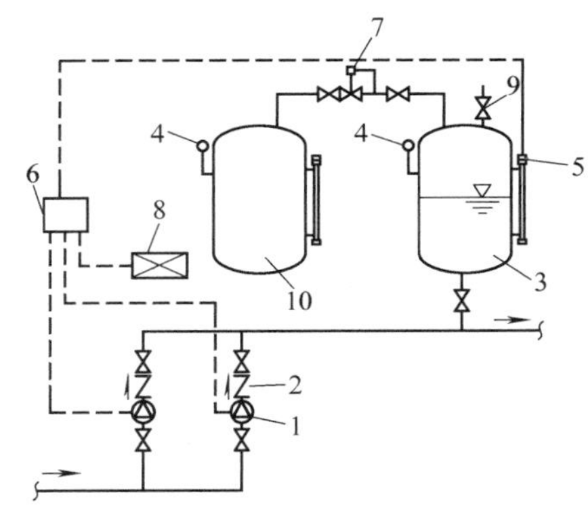

图 2-10　双罐定压式气压给水设备

1—水泵　2—止回阀　3—气压罐　4—压力信号器　5—液位信号器　6—控制器　7—压力调节阀　8—补气装置　9—排气阀　10—贮气罐

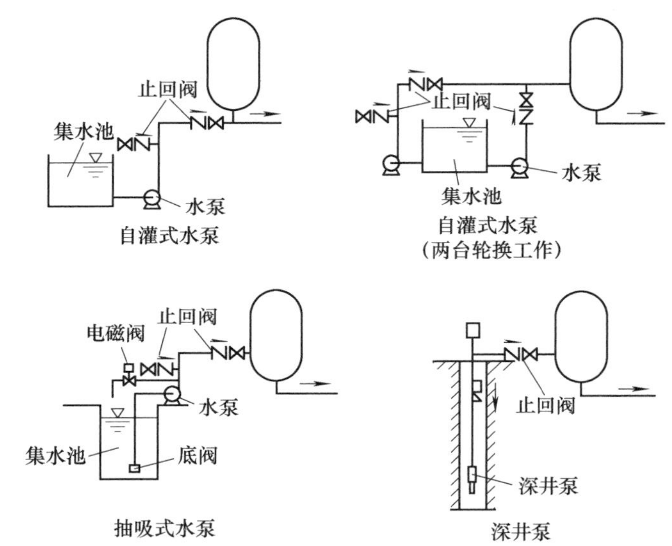

图 2-11　利用水泵出水管中的积存气补气

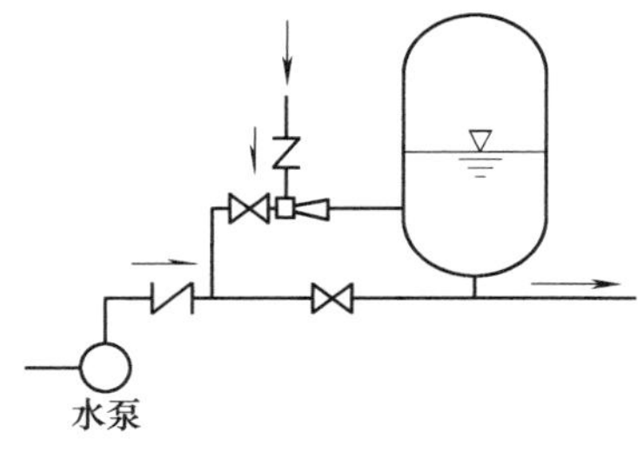

图 2-12　水射器补气

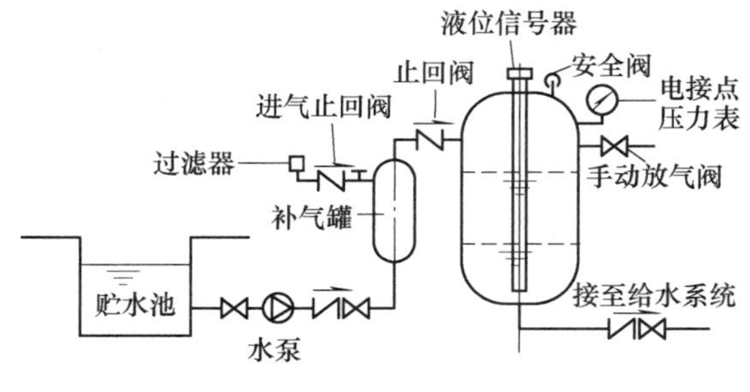

图 2-13　设补气罐补气

(3) 隔膜式气压给水设备　隔膜式气压给水设备是在气压罐内装设橡胶隔膜将水与空气分开。常用的隔膜主要有帽形、囊形两类。图 2-14 所示为囊形隔膜式气压罐。隔膜式气压给水设备不但省去补气装置，而且避免了空气对水的污染，因此应用广泛。

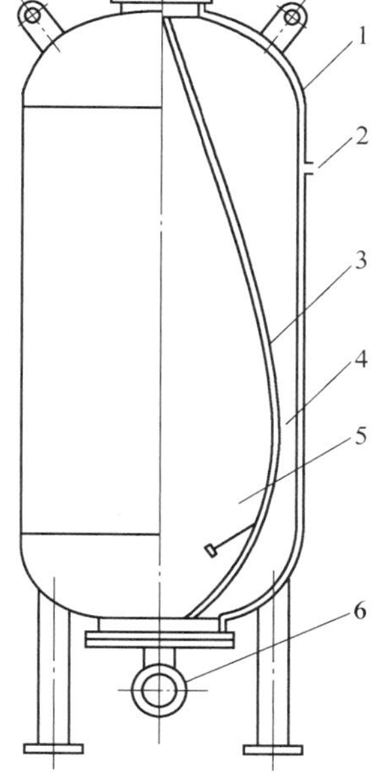

图 2-14　囊形隔膜式气压罐
1—气压罐　2—充气口　3—橡胶隔膜　4—气室　5—水室　6—进出水口

2. 气压给水设备的计算与选择

(1) 气压罐容积计算　气压罐容积计算简图如图 2-15 所示。各部分容积按式（2-12）~式（2-15）计算。

根据波义耳-马略特定律，气压罐内气体体积和压力的关系为（图 2-15）

$$p_1V_1 = p_2V_2$$

因为

$$V_2 = V_1 - V_t$$

所以

$$p_1V_1 = p_2V_2 = p_2(V_1 - V_t)$$

令

$$\alpha_b = \frac{p_1}{p_2}$$

因为

$$V_1 = \frac{V_t}{1 - \alpha_b} \tag{2-12}$$

$$V_2 = \frac{\alpha_b V_t}{1 - \alpha_b} \tag{2-13}$$

令

$$\beta = \frac{V_0}{V_1}$$

所以

$$V_0 = \frac{\beta V_t}{1 - \alpha_b} \tag{2-14}$$

V_t 采用水箱容积的计算公式，即

$$V_t = \frac{CQ_b}{4n_b} \tag{2-15}$$

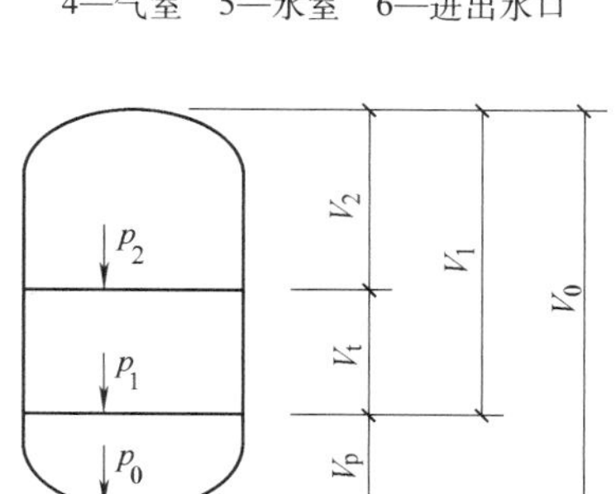

图 2-15　气压罐容积计算简图

式中　V_t——调节容积（m^3）；

V_1——最低水位时空气部分的容积（m^3）；

V_2——最高水位时空气部分的容积（m^3）；

V_0——气压罐总容积（m^3）；

Q_b——水泵出水流量（m^3/h）；

n_b——水泵 1h 内最大启动次数，一般宜采用 6~8 次/h；

C——系数，一般 $C \geqslant 1.25$；

α_b——气压罐内最小压力与最大压力的比值，一般为 0.65~0.85；

β——气压罐容积附加系数，一般卧式气压罐 $\beta = 1.25$，立式气压罐 $\beta = 1.10$，隔膜式气压罐 $\beta = 1.05$。

如果用气压罐贮存消防用水，其调节容积应按所需要的消防贮水量确定。

(2) 水泵的选择　对于变压式和单罐定压式气压给水设备，当水泵的出口水压力（扬程）为气压罐的最小工作压力 p_1 时，水泵的出水流量应不小于用水的设计秒流量；当水泵的出口水压力（扬程）为气压罐的最大工作压力 p_2 时，水泵的出水流量应不小于用水的最大小时流量，且应在高效区工作。为了尽量提高水泵的平均工作效率，应选择流量-扬程特性曲线较陡，且特性曲线高效区较宽的水泵。对于双罐定压式气压给水设备，当水泵的出口水压力（扬程）为给水系统所需压力时，流量为设计秒流量。

（3）空气压缩机的选择　对于初压不高的小型变压式气压给水设备，可采用手摇式空气压缩机；大中型和初压较高的小型气压给水设备，一般采用电动空气压缩机。空气压缩机的工作压力按气压罐最大设计压力 p_2 的 1.2 倍选择。

2.4　给水设计秒流量

建筑内部生活用水量在一天中每时每刻都是变化的，如果以最大小时生活用水量作为设计流量，难以保证室内生活用水。因此，室内生活给水管道的设计流量应为建筑内卫生器具按配水最不利情况组合出流时的最大瞬时流量，又称设计秒流量。建筑内给水管道设计流量的确定方法归纳起来有平方根法、概率法和经验法三种。目前一些工业发达国家主要采用概率法建立设计流量公式，然后又结合一些经验数据制成表格，供设计使用，十分简便。由于我国与西方国家的起居习惯、生活条件、工作制度等有较大差别，因此，设计秒流量的计算不能照搬国外的公式和数据。当前，我国住宅类建筑采用概率法进行生活给水管网设计秒流量的计算，其他公共建筑采用平方根法。

2.4.1　住宅生活给水管道设计秒流量计算公式

在计算生活给水管道设计秒流量时，为了简化计算，将 0.2L/s 作为一个给水当量。各卫生器具给水额定流量、当量见表 2-7。

住宅生活给水管道设计秒流量按式（2-16）计算

$$q_g = 0.2UN_g \tag{2-16}$$

式中　q_g——计算管段的设计秒流量（L/s）；

U——计算管段的卫生器具给水当量同时出流概率（%）；

N_g——计算管段的卫生器具给水当量总数；

0.2——1 个卫生器具给水当量的额定流量（L/s）。

设计秒流量是根据建筑物配置的卫生器具给水当量和管段的卫生器具给水当量同时出流概率确定的，而管段的卫生器具给水当量同时出流概率与卫生器具的给水当量数和其平均出流概率（U_0）有关。根据数理统计结果，卫生器具给水当量的同时出流概率计算公式为

$$U=\frac{1+\alpha_c\ (N_g-1)^{0.49}}{\sqrt{N_g}} \tag{2-17}$$

式中　α_c——对应于不同卫生器具的给水当量平均出流概率（U_0）的系数，见表 2-5；

N_g——计算管段的卫生器具给水当量总数。

表 2-5　α_c 与 U_0 的对应关系

U_0 (%)	$\alpha_c \times 10^2$	U_0 (%)	$\alpha_c \times 10^2$
1.0	0.323	4.0	2.816
1.5	0.697	4.5	3.263
2.0	1.097	5.0	3.715
2.5	1.512	6.0	4.629
3.0	1.939	7.0	5.555
3.5	2.374	8.0	6.489

管段最大用水时卫生器具的给水当量平均出流概率按式（2-18）计算

$$U_0 = \frac{q_0 m K_h}{3600 \times 0.2 N_g T} \times 100\% \tag{2-18}$$

式中　U_0——生活给水管道的最大用水时卫生器具给水当量平均出流概率（%）；

q_0——最高用水日的用水定额［L/(人·d)］，见表 2-1；

m——用水人数（人）；

K_h——小时变化系数，见表 2-1；

T——用水小时数（h）；

N_g——每户设置的卫生器具给水当量数。

建筑物的卫生器具给水当量最大用水时的平均出流概率参考值见表 2-6。

表 2-6　最大用水时的平均出流概率参考值

建筑物性质	U_0 参考值	建筑物性质	U_0 参考值
普通住宅Ⅰ型	3.4~4.5	普通住宅Ⅲ型	1.5~2.5
普通住宅Ⅱ型	2.0~3.5	别墅	1.5~2.0

从上面的介绍可以看出，住宅生活给水管道设计秒流量的计算步骤是先确定出最大用水时卫生器具给水当量平均出流概率 U_0，并根据表 2-6 判断是否在参考值的范围内；然后根据 U_0 查出 α_c，并根据式（2-17）计算出卫生器具给水当量的同时出流概率 U；最后根据式（2-16）计算出住宅生活给水管道设计秒流量。

为了计算快捷、方便，在计算出 U_0 后，可以根据计算管段的 N_g 从《建筑给水排水设计规范》(2009 年版)（GB 50015—2003）附录 E 中直接查得设计秒流量 q_g。

计算住宅生活给水管道设计秒流量时应注意以下问题：

1）当计算管段上的卫生器具给水当量总数超过《建筑给水排水设计规范》（2009 年版）（GB 50015—2003）附录 E 中的最大值时，其设计流量应取最大小时用水量。

2）有两条或两条以上具有不同最大用水时卫生器具给水当量平均出流概率的给水支管的给水干管，该管段的最大用水时卫生器具给水当量平均出流概率应取加权平均值，即

$$\overline{U}_0 = \frac{\sum U_{0i} N_{gi}}{\sum N_{gi}} \tag{2-19}$$

式中　$\overline{U}_0$——给水干管的卫生器具给水当量平均出流概率；

U_{0i}——给水支管的最大用水时卫生器具给水当量平均出流概率；

N_{gi}——相应支管的卫生器具给水当量总数。

卫生器具给水额定流量、当量、支管管径和最小工作压力参见表2-7。

表2-7　卫生器具给水额定流量、当量、支管管径和最小工作压力

序号	给水配件名称	额定流量/(L/s)	当　量	公称管径/mm	最小工作压力/MPa
1	洗涤盆、拖布盆、盥洗槽				
	单阀水嘴	0.15~0.20	0.75~1.00	15	0.050
	单阀水嘴	0.30~0.40	1.5~2.00	20	
	混合水嘴	0.15~0.20(0.14)	0.75~1.00(0.70)	15	
2	洗脸盆				
	单阀水嘴	0.15	0.75	15	0.050
	混合水嘴	0.15(0.10)	0.75(0.5)	15	
3	洗手盆				
	单阀水嘴	0.10	0.5	15	0.050
	混合水嘴	0.15(0.10)	0.75(0.5)	15	
4	浴盆				
	单阀水嘴	0.20	1.0	15	0.050
	混合水嘴(含带淋浴转换器)	0.24(0.20)	1.2(1.0)	15	0.050~0.070
5	淋浴器				
	混合阀	0.15(0.10)	0.75(0.5)	15	0.050~0.100
6	大便器				
	冲洗水箱浮球阀	0.10	0.50	15	0.020
	延时自闭式冲洗阀	1.20	6.00	25	0.100~0.150
7	小便器				
	手动或自动自闭式冲洗阀	0.10	0.50	15	0.050
	自动冲洗水箱进水阀	0.10	0.50	15	0.020
8	小便槽穿孔冲洗管(每米长)	0.05	0.25	15~20	0.015
9	净身盆冲洗水嘴	0.10(0.07)	0.50(0.35)	15	0.050
10	医院倒便器	0.20	1.00	15	0.050
11	实验室化验水嘴(鹅颈)				
	单联	0.07	0.35	15	0.020
	双联	0.15	0.75	15	0.020
	三联	0.20	1.00	15	0.020
12	饮水器喷嘴	0.05	0.25	15	0.050
13	洒水栓	0.40	2.00	20	0.050~0.100
		0.70	3.50	25	0.050~0.100
14	室内地面冲洗水嘴	0.20	1.00	15	0.050
15	家用洗衣机水嘴	0.20	1.00	15	0.050

注：1. 表中括号内的数值是在有热水供应时，单独计算冷水或热水时使用。

2. 当浴盆上附设淋浴器时，或混合水嘴有淋浴器转换开关时，其额定流量和当量只计水嘴，不计淋浴器，但水压应按淋浴器计。

3. 家用燃气热水器，所需水压按产品要求和热水供应系统最不利配水点所需工作压力确定。

4. 绿地的自动喷灌应按产品要求设计。

5. 如为充气水嘴，其额定流量为表中同类配件额定流量的0.7倍。

6. 卫生器具给水配件所需流出水头，当有特殊要求时，其数值按产品要求确定。

2.4.2　宿舍（Ⅰ、Ⅱ类）、宾馆、办公楼等建筑生活给水管道设计秒流量计算公式

Ⅰ、Ⅱ类宿舍（Ⅰ类——博士研究生、教师和企业科技人员，每居室 1 人，有单独卫生间；Ⅱ类——高等院校的硕士研究生，每居室 2 人，有单独卫生间）、旅馆、宾馆、酒店式公寓、医院、疗养院、幼儿园、养老院、办公楼、商场、图书馆、书店、客运站、航站楼、会展中心、中小学教学楼、公共厕所等建筑的生活给水设计秒流量按式（2-20）计算

$$q_g = 0.2\alpha\sqrt{N_g} \tag{2-20}$$

式中　α——根据建筑物用途确定的系数值，见表 2-8。

表 2-8　根据建筑物用途确定的系数值

建筑物名称	α 值
幼儿园、托儿所、养老院	1.2
门诊部、诊疗所	1.4
办公楼、市场	1.5
图书馆	1.6
书店	1.7
学校	1.8
医院、疗养院、休养所	2.0
酒店式公寓	2.2
宿舍（Ⅰ、Ⅱ类）、旅馆、招待所、宾馆	2.5
客运站、航站楼、会展中心、公共厕所	3.0

使用式（2-20）时应注意下列几点：

1）当计算值小于该管段上一个最大卫生器具给水额定流量时，应采用一个最大卫生器具给水额定流量作为设计秒流量。

2）当计算值大于该管段上按卫生器具给水额定流量累加所得流量值时，应按卫生器具给水额定流量累加所得流量值采用。

3）有大便器延时自闭冲洗阀的给水管段，大便器延时自闭冲洗阀的给水当量均以 0.5 计，计算得到的 q_g 附加 1.10L/s 的流量后，为该管段的给水设计秒流量。

4）综合性建筑 α 值应按式（2-21）计算，即

$$\alpha = \frac{\alpha_1 N_{g1} + \alpha_2 N_{g2} + \cdots + \alpha_n N_{gn}}{N_g} \tag{2-21}$$

式中　α——综合性建筑经加权平均法确定的总流量系数值；

N_g——计算管段的卫生器具给水当量总数；

N_{g1}、N_{g2}、…、N_{gn}——综合性建筑各部门的卫生器具给水当量总数；

α_1、α_2、…、α_n——相应于 N_{g1}、N_{g2}、…、N_n的设计秒流量系数值。

2.4.3　宿舍（Ⅲ、Ⅳ类）、工业企业生活间等建筑生活给水管道设计秒流量计算公式

Ⅲ、Ⅳ类宿舍（Ⅲ类——高等院校的本科、专科学生，每居室 3~4 人，有相对集中卫

生间；Ⅳ类——中等院校的学生和工厂企业的职工，每居室6~8人，集中盥洗卫生间）、工业企业生活间、公共浴室、职工食堂或营业餐馆的厨房、体育场馆、剧院、普通理化实验室等建筑的生活给水管道设计秒流量按式（2-22）计算

$$q_g = \Sigma \frac{q_0 n_0 b}{100} \tag{2-22}$$

式中　q_g——计算管段的给水设计秒流量（L/s）；

q_0——同类型的一个卫生器具给水额定流量（L/s），见表2-7；

n_0——同类型卫生器具数；

b——卫生器具同时给水百分数（%），应按表2-9~表2-11所示采用。

表2-9　宿舍（Ⅲ、Ⅳ类）、工业企业生活间、公共浴室等卫生器具同时给水百分数　（%）

卫生器具名称	宿舍（Ⅲ、Ⅳ类）	工业企业生活间	公共浴室	影剧院	体育场馆
洗涤盆（池）	—	33	15	15	15
洗手盆	—	50	50	50	70（50）
洗脸盆、盥洗槽水嘴	5~100	60~100	60~100	50	80
浴盆	—	—	50	—	—
无间隔淋浴器	20~100	100	100	—	100
有间隔淋浴器	5~80	80	60~80	（60~80）	（60~100）
大便器冲洗水箱	5~70	30	20	50（20）	70（20）
大便槽自动冲洗水箱	100	100	—	100	100
大便器自闭式冲洗阀	1~2	2	2	10(2)	5(2)
小便器自闭式冲洗阀	2~10	10	10	50（10）	70（10）
小便器（槽）自动冲洗水箱	—	100	100	100	100
净身盆	—	33	—	—	—
饮水器	—	30~60	30	30	30
小卖部洗涤盆	—	—	50	50	50

注：1. 健身中心的卫生间，可采用本表体育场馆运动员休息室的同时给水百分数。

2. 表中括号内的数值供电影院、剧院的化妆间，体育场馆的运动员休息室使用。

表2-10　职工食堂、营业餐馆厨房同时给水百分数

厨房设备名称	同时给水百分数（%）
洗涤盆（池）	70
煮锅	60
生产性洗涤机	40
器皿洗涤机	90
开水器	50
蒸汽发生器	100
灶台水嘴	30

注：职工或学生饭堂的洗碗台水嘴，按100%同时给水，但不与厨房用水叠加。

表 2-11　实验室化验水嘴同时给水百分数

化验水嘴名称	同时给水百分数（%）	
	科研教学实验室	生产实验室
单联化验水嘴	20	30
双联或三联化验水嘴	30	50

应用式（2-22）时应注意：

1）当计算值小于该管段上一个最大卫生器具给水额定流量时，应采用一个最大卫生器具给水额定流量作为设计秒流量。

2）大便器自闭式冲洗阀应单列计算，当单列计算值小于 1.2L/s 时，以 1.2L/s 计；当大于 1.2L/s 时，以计算值计。

2.5　建筑给水管道的设计计算

2.5.1　计算内容

建筑给水管道的水力设计计算内容包括：确定给水管道各管段的管径；计算水头损失，复核水压是否满足最不利配水点的水压要求；选定加压装置及设置高度。

1. 管径的确定

各管段的管径是根据所通过的设计秒流量确定的，其计算公式为

$$d_j = \sqrt{\frac{4q_g}{\pi v}} \tag{2-23}$$

式中　q_g——计算管段的设计秒流量（m^3/s）；

d_j——管道计算内径（m）；

v——管段中的流速（m/s）。

由式（2-23）可知，在管段流量确定的条件下，管段流速的大小决定着管径的大小，设计时应综合技术和经济两方面因素恰当选用管内流速。管内流速过大，易产生噪声，因水锤现象损坏管道和附件，并增加管道水头损失，加大供水所需压力；管内流速过小，将造成管材浪费。根据以上分析，生活给水管道的水流速度宜按表 2-12 采用。与消防合用的给水管网，消防时其管内流速应满足消防要求。

表 2-12　生活给水管道的水流速度

公称直径/mm	15~20	25~40	50~70	≥80
水流速度/（m/s）	≤1.0	≤1.2	≤1.5	≤1.8

2. 压力损失计算

（1）沿程压力损失计算　给水管道沿程压力损失按式（2-24）计算

$$p_y = iL \tag{2-24}$$

式中　p_y——管段的沿程压力损失（kPa）；

L——计算管段的长度（m）；

i——管道单位长度的压力损失（kPa/m），可按下式计算

$$i = 105C_{h}^{-1.85}d_{j}^{-4.87}q_{g}^{1.85} \tag{2-25}$$

式中　q_g——管段的给水设计流量（m^3/s）；

d_j——管道计算内径（m）；

C_h——海澄-威廉系数，各种塑料管、内衬（涂）塑管 $C_h=140$；铜管、不锈钢管 $C_h=130$；内衬水泥、树脂的铸铁管 $C_h=130$；普通钢管、铸铁管 $C_h=100$。

设计计算时，可直接使用由上述公式编制的水力计算表，由管段的设计秒流量 q_g，控制流速 v 在正常范围内，查得管径和单位长度的压力损失 i。钢管、聚氯乙烯塑料管水力计算表分别见附录2A中的表2A-1和表2A-2，其他管材的水力计算表详见《给水排水设计手册》第1册（中国建筑工业出版社出版）。

（2）局部水头损失计算　给水管道局部水头损失按式（2-26）计算

$$h_j = \Sigma\zeta\frac{v^2}{2g} \tag{2-26}$$

式中　h_j——管段的局部水头损失（m）；

v——管道内平均水流速度（m/s）；

g——重力加速度（m/s^2）；

ζ——局部阻力系数。

由于给水管道中配件较多，局部阻力系数 ζ 值也不尽相同，因此采用式（2-26）计算较为烦琐。在实际工程中，生活给水管道配水管的局部压力损失，宜按管道的连接方式，采用管（配）件当量长度法计算。螺纹接口的阀门及管件的摩阻损失当量长度见表2-13。

表2-13　螺纹接口的阀门及管件的摩阻损失当量长度

管件内径/mm	各种管件的折算管道长度/m						
	90°标准弯头	45°标准弯头	标准三通90°转角流	三通直向流	闸板阀	球阀	角阀
9.5	0.3	0.2	0.5	0.1	0.1	2.4	1.2
12.7	0.6	0.4	0.9	0.2	0.1	4.6	2.4
19.1	0.8	0.5	1.2	0.2	0.2	6.1	3.6
25.4	0.9	0.5	1.5	0.3	0.2	7.6	4.6
31.8	1.2	0.7	1.8	0.4	0.2	10.6	5.5
38.1	1.5	0.9	2.1	0.5	0.3	13.7	6.7
50.8	2.1	1.2	3.0	0.6	0.4	16.7	8.5
63.5	2.4	1.5	3.6	0.8	0.5	19.8	10.3
76.2	3.0	1.8	4.6	0.9	0.6	24.3	12.2
101.6	4.3	2.4	6.4	1.2	0.8	38.0	16.7
127.0	5.2	3.0	7.6	1.5	1.0	42.6	21.3
152.4	6.1	3.6	9.1	1.8	1.2	50.2	24.3

注：本表的螺纹接口是指管件无凹口的螺纹，即管件与管道在连接点内径有突变，管件内径大于管道内径。当管件为凹口螺纹，或管件与管道为等径焊接时，其折算补偿长度取本表值的1/2。

当管道的管（配）件当量长度资料不足时，可按下列管件的连接状况，按管网的沿程压力损失的百分数取值：

1）管（配）件内径与管道内径一致，采用三通分水时，取25%~30%；采用分水器分水时，取15%~20%。

2）管（配）件内径略大于管道内径，采用三通分水时，取50%~60%；采用分水器分水时，取30%~35%。

3）管（配）件内径略小于管道内径，管（配）件的插口插入管口内连接，采用三通分水时，取70%~80%；采用分水器分水时，取35%~40%。

2.5.2　建筑给水管道水力计算步骤

首先，根据建筑平面图和初定的给水方式，绘制给水管道平面布置图及轴测图，然后按下列步骤进行水力计算：

1）根据轴测图选择最不利配水点，确定计算管路。

2）以流量变化处为节点，进行节点编号，划分计算管段，并将设计管段长度列于水力计算表中。

3）根据建筑物的类别选择设计秒流量公式，并正确计算管段的设计秒流量。

4）根据管段的设计秒流量，查相应水力计算表，确定管道管径和水力坡度。

5）确定给水管网沿程压力损失和局部压力损失，选择水表，计算水表压力损失。

6）确定给水管道所需压力 p，并校核初定给水方式。若初定为外网直接给水方式，当室外给水管网水压 $p_0 \geqslant p$ 时，原方案可行；当 p 略大于 p_0 时，可适当放大部分管段的管径，减小管道系统的压力损失，以满足 $p_0 \geqslant p$ 的条件；若 $p>p_0$ 很多，则应修正原方案，在给水系统中增设升压设备。对采用设水箱上行下给式布置的给水系统，则应校核水箱的安装高度，若水箱高度不能满足供水要求，可采取提高水箱高度、放大管径、增设升压设备或选用其他供水方式来解决。

7）确定非计算管段的管径。

8）对于设置升压、贮水设备的给水系统，还应对其设备进行选择计算。

【例2-1】　某5层住宅，层高为3.0m。每户卫生间内设坐式大便器、洗脸盆、洗涤盆、淋浴器和洗衣机水嘴各一个，生活热水由家用热水器供应。计算轴测图如图2-16所示。管材采用塑料管，最不利点（洗衣机水嘴）与城市市政管网连接点的高差为15.2m，城市市政管网常年可资用水压力为0.23MPa。试进行给水系统的水力计算。

【解】　由轴测图确定配水最不利点为洗衣机水嘴，故计算管路为0、1、2、…、8，节点编号如图2-16所示。根据表2-1可以看出，该建筑为Ⅱ类住宅，用水定额取240L/（人·d），用水时数为24h，小时变化系数 $K_h=2.5$，每户按3.5人计。

查表2-7得：洗涤盆水嘴 $N=1.0$，洗脸盆水嘴 $N=0.75$，洗衣机水嘴 $N=1.0$，坐便器 $N=0.5$，淋浴器 $N=0.75$。每户卫生器具的当量总数 $N_g=4.0$，则最大用水时卫生器具给水当量平均出流概率为

$$U_0=\frac{q_0 m K_h}{3600\times 0.2 N_g T}\times 100\%=\frac{240\times 3.5\times 2.5}{3600\times 0.2\times 4\times 24}\times 100\%=3.04\%$$

根据 U_0 查表2-5得 $\alpha_c=0.01974$。根据式（2-17）和式（2-16）可分别计算出 U 和 q_g。计算结果见表2-14。

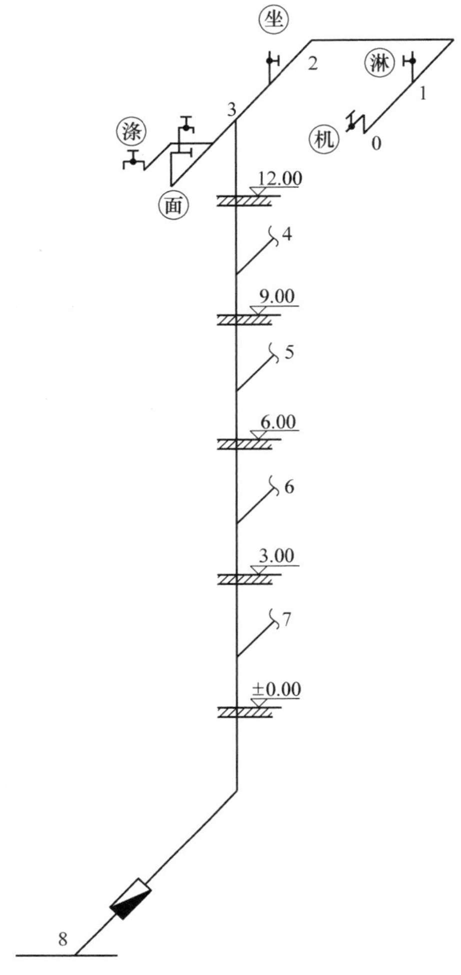

图2-16　计算轴测图

表2-14　给水管网水力计算表

管段	管段长度/m	卫生器具数量					当量总数 N_g	U (%)	q_g/(L/s)	管径/mm	流速/(m/s)	i/(kPa/m)	p_y/kPa
		洗衣机 $N=1.0$	淋浴器 $N=0.75$	坐便器 $N=0.5$	洗涤盆 $N=1.0$	洗脸盆 $N=0.75$							
0-1	0.8	1					1	100	0.20	15	0.99	0.940	0.752
1-2	2.0	1	1				1.75	77	0.27	20	0.71	0.315	0.630
2-3	0.8	1	1	1			2.25	68	0.31	20	0.82	0.450	0.360
3-4	3.0	1	1	1	1	1	4.0	52	0.42	20	1.10	0.770	2.311
4-5	3.0	2	2	2	2	2	8.0	37	0.59	25	0.90	0.375	1.125
5-6	3.0	3	3	3	3	3	12.0	31	0.74	25	1.12	0.561	1.684
6-7	3.0	4	4	4	4	4	16.0	27	0.86	25	1.30	0.732	2.196
7-8	12.0	5	5	5	5	5	20.0	24	0.96	32	0.94	0.317	3.804

$\sum p_y = 12.862\text{kPa}$

压力校核：

配水最不利点为洗衣机水嘴，与市政管网连接点的高差 $H_1 = 15.2\text{m}$（压差 $p_1 = H_1\rho g = 15.2\times1\times10\text{kPa} = 152\text{kPa}$）；局部压力损失按沿程压力损失的30%计算，则总压力损失为

$$p_2 = 1.3\sum p_y = 1.3\times12.862\text{kPa} = 16.721\text{kPa}$$

取洗衣机水嘴的出流压力 $p_3 = 50\text{kPa}$

假定水表的压力损失 $p_4 = 10\text{kPa}$

则最不利点所需水压为 $p = p_1 + p_2 + p_3 + p_4 = (152 + 16.721 + 50 + 10)\text{kPa} = 228.721\text{kPa}$

由于城市市政管网常年可资用水压力为230kPa，大于最不利点所需水压，所以设计的给水管网的管径满足要求。

2.6　水质污染及水质防护措施

从城市给水管网引入建筑的自来水，其水质一般均符合《生活饮用水卫生标准》（GB 5749—2006）的要求，但输配、蓄贮的过程中，由于设计、施工或维护不当等方面的原因，都可能导致水质的二次污染，影响饮用水的安全供应。因此，必须加强水质防护，确保供水安全。

2.6.1　水质污染的现象及原因

1. 输配、蓄贮的过程中与水接触的材料对水质的污染

贮水池（箱）中的制作材料或防腐涂料、管道材料、配件材料、接口材料等若含有毒物质，逐渐溶于水中，将直接污染水质。

2. 水在贮水池（箱）中停留时间过长使水腐败变质

由于水在贮水池（箱）中停留时间过长，水中余氯被耗尽，导致有害微生物的生长繁殖，使水腐败变质。

3. 生活饮用水管道因回流造成污染

当生活给水管道产生负压或压力下降时，污水或被污染的水有可能回到生活给水管道内造成污染。形成回流污染的主要原因有：

1）埋地管道或阀门等附件连接不严密，平时渗漏，当饮用水断流，管道中出现负压时，被污染的地下水或阀门井中的积水即会通过渗漏处，进入给水系统造成污染。

2）放水附件安装不当，出水口设在卫生器具或用水设备溢流位下，或溢流管堵塞，而器具或设备中留有污水，室外给水管网又因事故供水压力下降，当开启放水附件时，污水即会在负压作用下，吸入给水管道造成污染。

3）给水管与大便器（槽）的冲洗管直接相连，并用普通阀门控制冲洗，当给水系统压力下降时，开启阀门时也会出现回流污染现象。

4. 贮水池（箱）管理不当造成污染

如水池（箱）人孔不严密，通气管或溢流管口敞开设置，尘土、蚊蝇、鼠、雀等均可能通过以上孔、口进入水中造成污染。

5. 生活饮用水管道与非饮用水管道混接造成污染

饮用水与非饮用水管道直接连接的给水系统如图2-17所示，当非饮用水压力大于饮用水压力，且连接管中的止回阀或阀门密闭性差时，非饮用水会渗入饮用水管道造成污染。

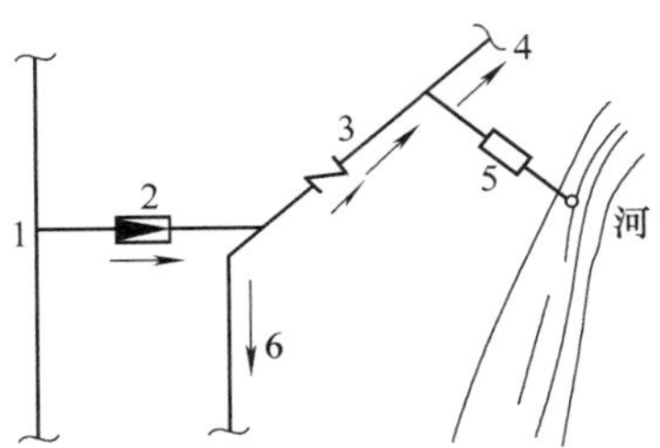

图2-17 饮用水与非饮用水管道直接连接的给水系统

1—城市给水管网 2—水表井 3—止回阀 4—供生产用水管 5—泵站 6—供生活用水管

2.6.2 水质防护措施

1）城市给水管道严禁与自备水源的供水管道直接连接。当用户需要将城市给水作为自备水源的备用水或补充水时，只能将城市给水管道的水放入自备水源的贮水（或调节）池，经自备系统加压后使用。放水口与水池溢流水位之间必须具有有效的空气隔断。

2）中水、回用雨水等非生活饮用水管道严禁与生活饮用水管道连接。

3）当采用中水为生活杂用水时，生活杂用水系统的水质应符合现行国家标准《城市污水再生利用 城市杂用水水质》（GB/T 18920—2002）的要求。

4）卫生器具和用水设备、构筑物等的生活饮用水管配水件出水口应符合下列规定：

a. 出水口不得被任何液体或杂质所淹没。

b. 出水口高出承接用水容器溢流边缘的最小空气间隙，不得小于出水口直径的2.5倍。

5）生活饮用水水池（箱）进水管口的最低点高出溢流边缘的空气间隙应等于进水管管径，但最小不应小于25mm，最大可不大于150mm。当进水管从最高水位以上进入水池（箱），管口为淹没出流时，应采取真空破坏器等防虹吸回流措施。不存在虹吸回流的低位生活饮用水贮水池，其进水管不受上述要求限制，但进水管仍宜从最高水位以上进入水池。

6）从生活饮用水管网向消防、中水和雨水回用等其他用水的贮水池（箱）补水时，其进水管口最低点高出溢流边缘的空气间隙不应小于150mm。

7）从给水饮用水管道上直接供下列用水管道时，应在这些用水管道的下列部位设置倒流防止器：

a. 从城镇给水管网的不同管段接出两路及两路以上的引入管，且与城镇给水管形成环状管网的小区或建筑物，在其引入管上。

b. 从城镇生活给水管网直接抽水的水泵的吸水管上。

c. 利用城镇给水管网水压且小区引入管无倒流防止设施时，向商用的锅炉、热水机组、

水加热器、气压罐等有压容器或密闭容器注水的进水管上。

8）从小区或建筑物内生活饮用水管道系统上接至下列用水管道或设备时应设置倒流防止器：

a. 单独接出消防用水管道时，在消防用水管道的起端。

b. 从生活饮用水贮水池抽水的消防水泵出水管上。

9）生活饮用水管道系统上接至下列含有对健康有危害物质等有害有毒场所或设备时，应设置倒流防止设备：

a. 贮存池（罐）、装置、设备的连接管上。

b. 化工剂罐区、化工车间、实验楼（医药、病理、生化）等除按本条第 1 款设置外，还应在其引入管上设置空气间隙。

10）从小区或建筑物内生活饮用水管道上直接接出下列用水管道时，应在这些用水管道上设置真空破坏器：

a. 当游泳池、水上游乐池、按摩池、水景池、循环冷却水集水池等的充水或补水管道出口与溢流水位之间的空气间隙小于出口管径的 2.5 倍时，在其充（补）水管上。

b. 不含有化学药剂的绿地等喷灌系统，当喷头为地下式或自动升降式时，在其管道起端。

c. 消防（软管）卷盘。

d. 出口接软管的冲洗水嘴与给水管道连接处。

11）空气间隙、导流防止器和真空破坏器的选择，应根据回流性质、回流污染的危害程度按规范要求确定。

12）严禁生活饮用水管道与大便器（槽）、小便斗（槽）采用非专用冲洗阀直接连接冲洗。

13）生活饮用水管道应避开毒物污染区，当条件限制不能避开时，应采取防护措施。

14）供单体建筑的生活饮用水水池（箱）应与其他用水的水池（箱）分开设置。

15）生活饮用水水池（箱）的构造和配管，应符合下列规定：

a. 人孔、通气管、溢流管应有防止昆虫爬入水池（箱）的措施。

b. 进水管应在水池（箱）的溢流水位以上接入，当溢流水位确定有困难时，进水管口的最低点高出溢流边缘的高度等于进水管管径，但最小不应小于 25mm，最大可不大于 150mm。

当进水管口为淹没出流时，管顶应钻孔，孔径不宜小于管径的 1/5。孔上宜装设同径的吸气阀或其他能破坏管内产生真空的装置。

c. 进出水管布置不得产生水流短路，必要时应设导流装置。

d. 不得接纳消防管道试压水、泄压水等回流水或溢流水。

e. 泄空管和溢流管的出口，不得直接与排水构筑物或排水管道相连接，应采取间接排水的方式。

f. 水池（箱）材质、衬砌材料和内壁涂料，不得影响水质。

16）当生活饮用水水池（箱）内的贮水 48h 内不能得到更新时，应设置水消毒处理装置。

附　录

表 2A-1　给水钢管

[单位:流量 q_g/(L/s)、管径 DN/mm、

q_g	*DN*15		*DN*20		*DN*25		*DN*32	
	v	*i*	*v*	*i*	*v*	*i*	*v*	*i*
0.05	0.29	0.284						
0.07	0.41	0.518	0.22	0.111				
0.10	0.58	0.985	0.31	0.208				
0.12	0.70	1.37	0.37	0.288	0.23	0.086		
0.14	0.82	1.82	0.43	0.38	0.26	0.113		
0.16	0.94	2.34	0.50	0.485	0.30	0.143		
0.18	1.05	2.91	0.56	0.601	0.34	0.176		
0.20	1.17	3.54	0.62	0.72	0.38	0.213	0.21	0.05
0.25	1.46	5.51	0.78	1.09	0.47	0.318	0.26	0.07
0.30	1.76	7.93	0.93	1.53	0.56	0.442	0.32	0.10
0.35			1.09	2.04	0.66	0.586	0.37	0.141
0.40			1.24	2.63	0.75	0.748	0.42	0.17
0.45			1.40	3.33	0.85	0.932	0.47	0.22
0.50			1.55	4.11	0.94	1.13	0.53	0.26
0.55			1.71	4.97	1.04	1.35	0.58	0.31
0.60			1.86	5.91	1.13	1.59	0.63	0.37
0.65			2.02	6.94	1.22	1.85	0.68	0.43
0.70					1.32	2.14	0.74	0.49
0.75					1.41	2.46	0.79	0.56
0.80					1.51	2.79	0.84	0.63
0.85					1.60	3.16	0.90	0.70
0.90					1.69	3.54	0.95	0.78
0.95					1.79	3.94	1.00	0.86
1.00					1.88	4.37	1.05	0.95
1.10					2.07	5.28	1.16	1.14
1.20							1.27	1.35
1.30							1.37	1.59
1.40							1.48	1.84
1.50							1.58	2.11
1.60							1.69	2.40
1.70							1.79	2.71
1.80							1.90	3.04
1.90							2.00	3.39
2.0								
2.2								
2.4								
2.6								
2.8								
3.0								
3.5								
4.0								
4.5								
5.0								
5.5								
6.0								
6.5								
7.0								
7.5								
8.0								
8.5								
9.0								
9.5								
10.0								
10.5								
11.0								
11.5								
12.0								
12.5								
13.0								
14.0								
15.0								
16.0								
17.0								
20.0								

2A

（水煤气管）水力计算表

流速 v/(m/s)、单位管长的压力损失 i/(kPa/m)]

DN40		DN50		DN60		DN80		DN100	
v	i	v	i	v	i	v	i	v	i
0.20	0.03								
0.24	0.05								
0.28	0.08								
0.32	0.08								
0.36	0.11	0.21	0.031						
0.40	0.13	0.23	0.037						
0.44	0.15	0.26	0.044						
0.48	0.18	0.28	0.051						
0.52	0.21	0.31	0.059						
0.56	0.24	0.33	0.068	0.20	0.020				
0.60	0.28	0.35	0.077	0.21	0.023				
0.64	0.31	0.38	0.085	0.23	0.025				
0.68	0.35	0.40	0.096	0.24	0.028				
0.72	0.39	0.42	0.107	0.25	0.0311				
0.76	0.43	0.45	0.118	0.27	0.0342				
0.80	0.47	0.47	0.129	0.28	0.0376	0.20	0.016		
0.87	0.56	0.52	0.153	0.31	0.0444	0.22	0.019		
0.95	0.66	0.56	0.18	0.34	0.0518	0.24	0.022		
1.03	0.76	0.61	0.208	0.37	0.0599	0.26	0.026		
1.11	0.88	0.66	0.237	0.40	0.0683	0.28	0.029		
1.19	1.01	0.71	0.27	0.42	0.0772	0.30	0.033		
1.27	1.14	0.75	0.304	0.45	0.0870	0.32	0.037		
1.35	1.29	0.80	0.340	0.48	0.0969	0.34	0.041		
1.43	1.44	0.85	0.378	0.51	0.107	0.36	0.046		
1.51	1.61	0.89	0.418	0.54	0.119	0.38	0.051		
1.59	1.78	0.94	0.460	0.57	0.13	0.40	0.056	0.23	0.014
1.75	2.16	1.04	0.549	0.62	0.155	0.44	0.066	0.25	0.017
1.91	2.56	1.13	0.645	0.68	0.182	0.48	0.077	0.28	0.020
2.07	3.01	1.22	0.749	0.74	0.21	0.52	0.090	0.30	0.023
		1.32	0.869	0.79	0.241	0.56	0.103	0.32	0.026
		1.41	0.998	0.85	0.274	0.60	0.117	0.35	0.029
		1.65	1.36	0.99	0.365	0.70	0.155	0.40	0.039
		1.88	1.77	1.13	0.468	0.81	0.198	0.46	0.050
		2.12	2.24	1.28	0.586	0.91	0.246	0.52	0.062
		2.35	2.77	1.42	0.723	1.01	0.30	0.58	0.074
		2.59	3.35	1.56	0.875	1.11	0.358	0.63	0.089
				1.70	1.04	1.21	0.421	0.69	0.105
				1.84	1.22	1.31	0.494	0.75	0.121
				1.99	1.42	1.41	0.573	0.81	0.139
				2.13	1.63	1.51	0.657	0.87	0.158
				2.27	1.85	1.61	0.748	0.92	0.178
				2.41	2.09	1.71	0.844	0.98	0.199
				2.55	2.34	1.81	0.946	1.04	0.221
						1.91	1.05	1.10	0.245
						2.01	1.17	1.15	0.269
						2.11	1.29	1.21	0.295
						2.21	1.41	1.27	0.324
						2.32	1.55	1.33	0.354
						2.42	1.68	1.39	0.385
						2.52	1.83	1.44	0.418
								1.50	0.452
								1.62	0.524
								1.73	0.602
								1.85	0.685
								1.96	0.773
								2.31	1.07

表 2A-2　给水塑料管水力计算表

[单位:流量 q_g/(L/s)、管径 DN/mm、流速 v/(m/s)、单位管长的压力损失 i/(kPa/m)]

q_g	*DN*15		*DN*20		*DN*25		*DN*32		*DN*40		*DN*50		*DN*60		*DN*80		*DN*100	
	v	i	v	i	v	i	v	i	v	i	v	i	v	i	v	i	v	i
0. 10	0. 50	0. 275	0. 26	0. 060														
0. 15	0. 75	0. 564	0. 39	0. 123	0. 23	0. 033												
0. 20	0. 99	0. 940	0. 53	0. 206	0. 30	0. 055	0. 20	0. 02										
0. 30	1. 49	0. 193	0. 79	0. 422	0. 45	0. 113	0. 29	0. 040										
0. 40	1. 99	0. 321	1. 05	0. 703	0. 61	0. 188	0. 39	0. 067	0. 24	0. 021								
0. 50	2. 49	4. 77	1. 32	1. 04	0. 76	0. 279	0. 49	0. 099	0. 30	0. 031								
0. 60	2. 98	6. 60	1. 58	1. 44	0. 91	0. 386	0. 59	0. 137	0. 36	0. 043	0. 23	0. 014						
0. 70			1. 84	1. 90	1. 06	0. 507	0. 69	0. 181	0. 42	0. 056	0. 27	0. 019						
0. 80			2. 10	2. 40	1. 21	0. 643	0. 79	0. 229	0. 48	0. 071	0. 30	0. 023						
0. 90			2. 37	2. 96	1. 36	0. 792	0. 88	0. 282	0. 54	0. 088	0. 34	0. 029	0. 23	0. 018				
1. 00					1. 51	0. 955	0. 98	0. 340	0. 60	0. 106	0. 38	0. 035	0. 25	0. 014				
1. 50					2. 27	1. 96	1. 47	0. 698	0. 90	0. 217	0. 57	0. 072	0. 39	0. 029	0. 27	0. 010		
2. 00							1. 96	1. 160	1. 20	0. 361	0. 76	0. 119	0. 52	0. 049	0. 36	0. 020	0. 24	0. 000
2. 50							2. 46	1. 730	1. 50	0. 536	0. 95	0. 517	0. 65	0. 072	0. 45	0. 030	0. 30	0. 011
3. 00									1. 81	0. 741	1. 14	0. 245	0. 78	0. 099	0. 54	0. 042	0. 36	0. 016
3. 50									2. 11	0. 974	1. 33	0. 322	0. 91	0. 131	0. 63	0. 055	0. 42	0. 021
4. 00									2. 41	0. 123	1. 51	0. 408	1. 04	0. 166	0. 72	0. 069	0. 48	0. 026
4. 50									2. 71	0. 152	1. 70	0. 503	1. 17	0. 205	0. 81	0. 086	0. 54	0. 032
5. 00											1. 89	0. 606	1. 30	0. 247	0. 90	0. 104	0. 60	0. 039
5. 50											2. 08	0. 718	1. 43	0. 293	0. 99	0. 123	0. 66	0. 046
6. 00											2. 27	0. 838	1. 56	0. 342	1. 08	0. 143	0. 72	0. 052
6. 50													1. 69	0. 394	1. 17	0. 165	0. 78	0. 062
7. 00													1. 82	0. 445	1. 26	0. 188	0. 84	0. 071
7. 50													1. 95	0. 507	1. 35	0. 213	0. 90	0. 080
8. 00													2. 08	0. 569	1. 44	0. 238	0. 96	0. 090
8. 50													2. 21	0. 632	1. 53	0. 265	1. 02	0. 102
9. 00													2. 34	0. 701	1. 62	0. 294	1. 08	0. 111
9. 50													2. 47	0. 772	1. 71	0. 323	1. 14	0. 121
10. 00															1. 80	0. 354	1. 20	0. 134

思考题与习题

1. 如何计算建筑物所需的供水压力?

2. 如何估算建筑物所需的供水压力?

3. 画出水箱示意图，并标出各种配管的位置。

4. 写出宿舍（Ⅰ、Ⅱ类）、宾馆、办公楼等建筑生活给水管道设计秒流量计算公式，并写出每个符号的意义。

5. 写出宿舍（Ⅲ、Ⅳ类）、工业企业生活间等建筑生活给水管道设计秒流量计算公式，并写出每个符号的意义。

6. 如何计算住宅的生活给水管道设计秒流量?

7. 建筑给水管道的水力计算内容有哪些?

8. 叙述下行上给式给水管网的水力计算步骤。

9. 某集体宿舍管道上有 10 个盥洗水嘴，每个水嘴的设计秒流量为 0.2L/s，该管道上有 4 个大便器采用延时自闭冲洗阀，大便器的设计秒流量为 1.2L/s，集体宿舍 α 值为 2.5，求该给水管道上的设计秒流量。

第3章

消火栓给水系统

学习重点：

①建筑消防给水系统的分类；②室外消火栓的设置；③室内消火栓给水系统的分类与组成；④消火栓、水枪等消防设备的性能特点；⑤充实水柱及消火栓保护半径；⑥消火栓的布置；⑦室内消火栓给水系统的计算；⑧高层建筑消火栓灭火系统分区。

建筑物发生火灾，根据建筑物的性质、功能及燃烧物，可通过水、泡沫、卤代烷、二氧化碳和干粉等灭火剂来扑灭火事。建筑消防系统根据使用灭火剂的种类可分为下列两大类：

1）水消防灭火系统，包括消火栓给水系统、自动喷水灭火系统和固定消防炮灭火系统等。

2）非水灭火剂灭火系统，如干粉灭火系统、二氧化碳灭火系统、泡沫灭火系统等。

3.1 建筑消防给水系统概述

3.1.1 建筑消防给水系统的分类

1. 按消防给水压力分类

（1）常高压系统　它是指管网内经常保持灭火所需的水量、水压，不需启动升压设备，可直接使用灭火设备救火的系统。例如室外设有高压管网，或设有高位水池，存贮有火灾延续时间所需的消防水量。

（2）临时高压系统　它是指最不利点周围平时水压和水量不满足灭火要求，发生火灾时需启动消防水泵，使管网压力和流量达到灭火要求的系统；或由稳压泵或气压给水设备等增压设施保证管网内能有足够的压力，但发生火灾时仍需启动消防主泵来满足消防要求的系统。

2. 按给水系统供水范围分类

（1）区域集中消防给水系统　它是指用于集中建设的高层建筑，贮水池、水泵集中在一起设置，再由室外消防管网分配到各个建筑内的消防系统。这种给水系统设备集中设置、数量少，便于维护管理，有利于节约投资；缺点是供水安全性差，一旦加压泵站出现故障将会影响到所有建筑。

（2）独立消防给水系统　在每个建筑都设有加压贮水设施和消防管网，这种给水系统的安全性高，但是设备数量多、分散，不便于维护管理，相应的投资也较高。

3. 按灭火方式不同分类

（1）消火栓给水系统　它是把室内或室外给水系统提供的水量，经过加压输送到用于扑灭建筑物内的火灾而设置的固定灭火设备。

（2）自动喷水灭火系统　它是一种在发生火灾时，能自动打开喷头喷水灭火并同时发现火警信号的消防灭火设施。

当高层建筑内需同时设置消火栓给水系统和自动喷水灭火系统时，应优先选用两种系统独立设置方式；若有困难，两个系统可合用消防水泵，但应在自动喷水灭火系统报警阀进水口前将两类系统的管网分开设置。

（3）固定消防炮灭火系统　喷射水灭火剂的固定消防炮灭火系统，主要由水源、消防泵组、管道、阀门、水炮、动力源和控制装置等组成。

3.1.2　建筑消防的一般规定

《消防给水及消火栓系统技术规范》（GB 50974—2014）关于建筑消防的一般规定如下：

1）工厂、仓库、堆场、储罐区或民用建筑的室外消防给水用水量，应按同一时间内的火灾起数和一起火灾灭火室外消防给水用水量确定。同一时间内的火灾起数应符合下列规定：

a. 工厂、堆场和储罐区等，当占地面积小于等于 $100hm^2$，且附有居住区人数小于等于1.5万人时，同一时间内的火灾起数应按1起确定；当占地面积小于等于 $100hm^2$，且附有居住区人数大于1.5万人时，同一时间内的火灾起数应按2起确定，居住区应计1起，工厂、堆场或储罐区应计1起。

b. 工厂、堆场和储罐区等，当占地面积大于 $100hm^2$，同一时间内的火灾起数应按2起确定，工厂、堆场或储罐区应计1起，工厂、堆场或储罐区的附属建构筑应计1起。

c. 仓库和民用建筑同一时间内的火灾起数应按1起确定。

2）一起火灾灭火所需消防用水的设计流量应由建筑的室外消火栓系统、室内消火栓系统、自动喷水灭火系统、泡沫灭火系统、水喷雾灭火系统、固定消防炮灭火系统、固定冷却水系统等需要同时作用的各种水灭火系统的设计流量组成，并应符合下列规定：

a. 应按需要同时作用的水灭火系统最大设计流量之和确定。

b. 两座或两座及以上建筑合用时，应按其中一座设计流量最大者确定。

c. 当消防给水与生活、生产给水合用时，合用系统的给水设计流量应为消防给水设计流量与生活、生产最大时流量之和。其中计算生活最大小时流量时，淋浴用水量按15%计，浇洒及洗刷等火灾时能停用的用水量可不计。

3）自动喷水灭火系统、泡沫灭火系统、水喷雾灭火系统、固定消防炮灭火系统等水灭火系统的消防给水设计流量，应分别按现行国家标准《自动喷水灭火系统设计规范》（GB 50084—2017）、《泡沫灭火系统设计规范》（GB 50151—2010）、《水喷雾灭火系统设计规范》（GB 50219—2014）和《固定消防炮灭火系统设计规范》（GB 50338—2003）等的有关规定执行。

4）本规范未规定的建筑室内外消火栓设计流量，应根据其火灾危险性、建筑功能性质、耐火等级和建筑体积等相似建筑确定。

3.2　室外消火栓给水系统

在城市、居住区、工厂、仓库等的规划和建筑设计时，必须同时设计消防给水系统。城镇（包括居住区、商业区、开发区、工业区等）应沿可通行消防车的街道设置市政消火栓系统。民用建筑、厂房（仓库）、储罐（区）、堆场应设置室外消火栓系统。

用于消防救援和消防车停靠的屋面上，应设置室外消火栓系统。

耐火等级不低于二级，且建筑物体积不大于3000m^{3}的戊类厂房，居住区人数不超过500人且建筑物层数不超过两层的居住区，可不设置室外消火栓系统。

3.2.1　室外消防给水的一般规定

建筑物室外消防用水可由市政给水管网、天然水源或消防水池供给。城镇消防给水宜采用市政给水管网供应，并应符合下列规定：

1）居住区、商业区、工业园区宜采用两路供水。

2）当采用天然水源作为消防水源时，每个天然水源消防取水口宜按一个市政消火栓计算或根据消防车停放的数量确定。

3）当市政给水为间歇供水或供水能力不足时，宜建设市政消防水池，且建筑消防水池宜有作为市政消防给水的技术措施。

4）城市避难场所宜设置独立的城市消防水池，且每座容量不宜小于200m^3。

建筑物室外宜采用低压消防给水系统，当采用市政给水管网供水时，应符合下列规定：

1）应采用两路消防供水，除建筑高度超过54m的住宅外，室外消火栓设计流量小于等于20L/s时可采用一路消防供水。

2）室外消火栓应由市政给水管网直接供水。

3.2.2　室外消火栓的设置

《消防给水及消火栓系统技术规范》（GB 50974—2014）规定室外消火栓布置应满足市政消火栓的设置要求，并应符合下列规定：

1）建筑室外消火栓的数量应根据室外消火栓设计流量和保护半径经计算确定，保护半径不应大于150m，每个室外消火栓的出流量宜按10~15L/s计算。

2）室外消火栓宜沿建筑周围均匀布置，且不宜集中布置在建筑一侧；建筑消防扑救面一侧的室外消火栓数量不宜少于2个。

3）人防工程、地下工程等建筑应在出入口附近设置室外消火栓，且距出入口的距离不宜小于5m，并不宜大于40m。

4）停车场的室外消火栓宜沿停车场周边设置，且与最近一排汽车的距离不宜小于7m，距加油站或油库不宜小于15m。

5）甲、乙、丙类液体储罐区和液化烃罐罐区等构筑物的室外消火栓，应设在防火堤或防护墙外，数量应根据每个罐的设计流量经计算确定，但距罐壁15m范围内的消火栓，不应计算在该罐可使用的数量内。

6）工艺装置区等采用高压或临时高压消防给水系统的场所，其周围应设置室外消火栓，数量应根据设计流量经计算确定，且间距不应大于 60.0m。当工艺装置区宽度大于 120.0m 时，宜在该装置区内的路边设置室外消火栓。

7）当工艺装置区、罐区、可燃气体和液体码头等构筑物的面积较大或高度较高，室外消火栓的充实水柱无法完全覆盖时，宜在适当部位设置室外固定消防炮。

8）当工艺装置区、储罐区、堆场等构筑物采用高压或临时高压消防给水系统时，消火栓的设置应符合下列规定：

a. 室外消火栓处宜配置消防水带和消防水枪。

b. 工艺装置休息平台等处需要设置的消火栓的场所应采用室内消火栓，并应符合本规范第 7.4 节的有关规定。

9）室外消防给水引入管当设有减压型倒流防止器，且火灾时因其压力损失导致室外消火栓不能满足规范所规定压力时，应在该倒流防止器前设置一个室外消火栓。

3.2.3　室外消防给水管道的布置

1）向两栋或两座及以上建筑供水的室外消防给水管网应布置成环状。

2）向室外、室内环状给水管网供水的输水干管不应少于 2 条，当其中 1 条发生故障时，其余的输水干管仍能满足消防给水设计流量的要求。

3）室外消防给水采用两路消防供水时应采用环状管网，但当采用一路消防供水时可采用枝状管网。

4）室外消防给水管道的直径应按流量、流速和压力要求经计算确定，但不应小于 $DN100$。

5）消防给水管道应采用阀门分成若干独立段，每段内室外消火栓的数量不宜超过 5 个。

6）室外消防给水管道设置的其他要求应符合现行国家标准《室外给水设计规范》（GB 50013—2006）的有关规定。

3.2.4　建筑物室外消火栓设计流量

建筑物室外消火栓设计流量，应根据建筑物的用途功能、体积、耐火等级、火灾危险性等因素综合分析确定。建筑物室外消火栓设计流量不应小于表 3-1 的规定。

表 3-1　建筑物室外消火栓设计流量　（单位：L/s）

<table>
<tr><th rowspan="2">耐火等级</th><th rowspan="2" colspan="3">建筑物名称及类别</th><th colspan="6">建筑体积 V/m^3</th></tr>
<tr><th>$V\leq 1500$</th><th>$1500<V\leq 3000$</th><th>$3000<V\leq 5000$</th><th>$5000<V\leq 20000$</th><th>$20000<V\leq 50000$</th><th>$V>50000$</th></tr>
<tr><td rowspan="6">一、二级</td><td rowspan="6">工业建筑</td><td rowspan="3">厂房</td><td>甲、乙</td><td colspan="2">15</td><td>20</td><td>25</td><td>30</td><td>35</td></tr>
<tr><td>丙</td><td colspan="2">15</td><td>20</td><td>25</td><td>30</td><td>40</td></tr>
<tr><td>丁、戊</td><td colspan="5">15</td><td>20</td></tr>
<tr><td rowspan="3">仓库</td><td>甲、乙</td><td colspan="2">15</td><td colspan="2">25</td><td colspan="2">—</td></tr>
<tr><td>丙</td><td colspan="2">15</td><td colspan="2">25</td><td>35</td><td>45</td></tr>
<tr><td>丁、戊</td><td colspan="5">15</td><td>20</td></tr>
</table>

（续）

<table>
<tr><th rowspan="2">耐火等级</th><th rowspan="2" colspan="3">建筑物名称及类别</th><th colspan="6">建筑体积 V/m^3</th></tr>
<tr><th>$V \leq 1500$</th><th>$1500 < V \leq 3000$</th><th>$3000 < V \leq 5000$</th><th>$5000 < V \leq 20000$</th><th>$20000 < V \leq 50000$</th><th>$V > 50000$</th></tr>
<tr><td rowspan="4">一、二级</td><td rowspan="3">民用建筑</td><td colspan="2">住宅</td><td colspan="6">15</td></tr>
<tr><td rowspan="2">公共建筑</td><td>单层及多层</td><td colspan="3">15</td><td>25</td><td>30</td><td>40</td></tr>
<tr><td>高层</td><td colspan="3">—</td><td>25</td><td>30</td><td>40</td></tr>
<tr><td colspan="3">地下建筑（包括地铁）、平战结合的人防工程</td><td colspan="3">15</td><td>20</td><td>25</td><td>30</td></tr>
<tr><td rowspan="3">三级</td><td rowspan="2" colspan="2">工业建筑</td><td>乙、丙</td><td>15</td><td>20</td><td>30</td><td>40</td><td>45</td><td>—</td></tr>
<tr><td>丁、戊</td><td colspan="3">15</td><td>20</td><td>25</td><td>35</td></tr>
<tr><td colspan="3">单层及多层民用建筑</td><td colspan="2">15</td><td>20</td><td>25</td><td>30</td><td>—</td></tr>
<tr><td rowspan="2">四级</td><td colspan="3">丁、戊类工业建筑</td><td colspan="2">15</td><td>20</td><td>25</td><td colspan="2">—</td></tr>
<tr><td colspan="3">单层及多层民用建筑</td><td colspan="2">15</td><td>20</td><td>25</td><td colspan="2">—</td></tr>
</table>

注：1. 成组布置的建筑物应按消火栓设计流量较大的相邻两座建筑物的体积之和确定。
2. 火车站、码头和机场的中转库房，其室外消火栓设计流量应按相应耐火等级的丙类物品库房确定。
3. 国家级文物保护单位的重点砖木、木结构的建筑物室外消火栓设计流量，按三级耐火等级民用建筑物消火栓设计流量确定。
4. 当单座建筑总建筑面积大于 $50000m^3$ 时，建筑物室外消火栓设计流量应按本表规定的最大值增加一倍。

宿舍、公寓等非住宅类居住建筑的室外消火栓设计流量，应按表 3-1 中的公共建筑确定。

3.3　室内消火栓给水系统

3.3.1　室内消火栓给水系统的设置原则

我国《建筑设计防火规范》（GB 50016—2014）规定下列建筑或场所应设置室内消火栓系统：

1）建筑占地面积大于 $300m^2$ 的厂房和仓库。

2）高层公共建筑和建筑高度大于 21m 的住宅建筑。对于建筑高度不大于 27m 的住宅建筑，设置室内消火栓系统确有困难时，可只设置干式消防立管和不带消火栓箱的 *DN*65 的室内消火栓。

3）体积大于 $5000m^3$ 的车站、码头、机场的候车（船、机）建筑、展览建筑、商店建筑、旅馆建筑、医疗建筑和图书馆建筑等单、多层建筑。

4）特等、甲等剧场，超过 800 个座位的其他等级的剧场和电影院等，超过 1200 个座位的礼堂、体育馆等单、多层建筑。

5）建筑高度大于 15m 或体积大于 $10000m^3$ 的办公建筑、教学建筑和其他单、多层民用建筑。

国家级文物保护单位的重点砖木或木结构的古建筑，宜设置室内消火栓系统。

同时该规范还规定有些建筑或场所可不设置室内消火栓系统，但宜设置消防软管卷盘或

轻便消防水龙，具体见消防软管卷盘部分的内容。

一般建筑物或厂房内，消防给水常常与生活或生产给水共同一个给水系统，只在建筑物防火要求高，不宜采用共用系统，或共用系统不经济时，才采用独立的消防给水系统。

3.3.2 室内消火栓给水系统的分类

1. 按消防给水系统的服务范围分类

（1）独立高压（或临时高压）消防给水系统　每幢高层建筑设置独立的消防给水系统。这种系统适用于区域内独立的或分散的高层建筑。其特点是每幢建筑中都独立设置水池、水泵和水箱，因此，供水的安全可靠性高，但管理分散，投资较大。一般在地震区人防要求较高的建筑物以及重要的建筑物宜采用这种系统。

（2）区域或集中高压（或临时高压）消防给水系统　两幢或两幢以上高层建筑共用一个泵房的消防给水系统。这种系统适用于集中的高层建筑群，其特点是数幢或数十幢高层建筑物共用一个水池和泵房。这种系统便于集中管理，在某些情况下，可节省投资，但在地震区安全性较低。

2. 按压力和流量是否满足系统要求分类

按压力和流量是否满足系统要求分类，室内消火栓给水系统可分为以下几种：

（1）常高压消火栓给水系统（图3-1）它是指水压和流量在任何时间和地点都能满足灭火时所需要的压力和流量，系统中不需要设消防泵的消防给水系统，由两路不同城市给水干管供水。常高压消防给水系统管道的压力应保证用水总量达到最大且水枪在任何建筑物的最高处时，水枪的充实水柱仍不小于10m。

（2）临时高压消火栓给水系统（图3-2）其水压和流量平时不完全满足灭火时的需要，在灭火时需启动消防泵。当为稳压泵稳压时，可满足压力要求，但不满足水量要求；当屋顶消防水箱稳压时，建筑物的下部可满足压力和流量，建筑物的上部不满足压力和流量。临时高压消防给水系统，多层建筑管道的压力应保证用水总量达到最大且水枪在任何建筑物的最高处时，水枪的充实水柱仍不小于10m；高层建筑应满足室内最不利点灭火设施的水量和水压要求。

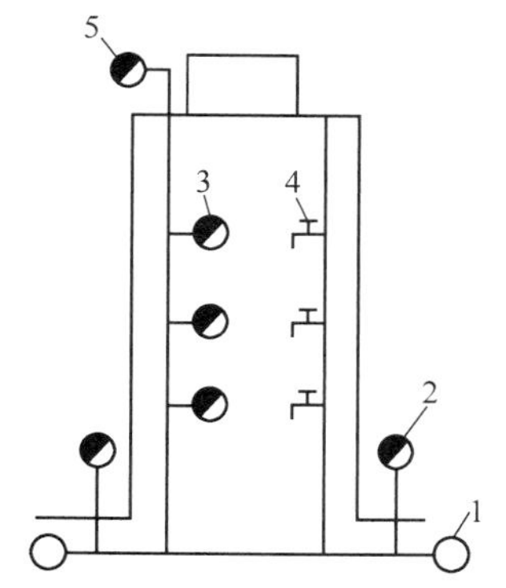

图3-1　常高压消火栓给水系统

1—室外环网　2—室外消火栓

3—室内消火栓　4—室内生活用水点

5—屋顶试验用消火栓

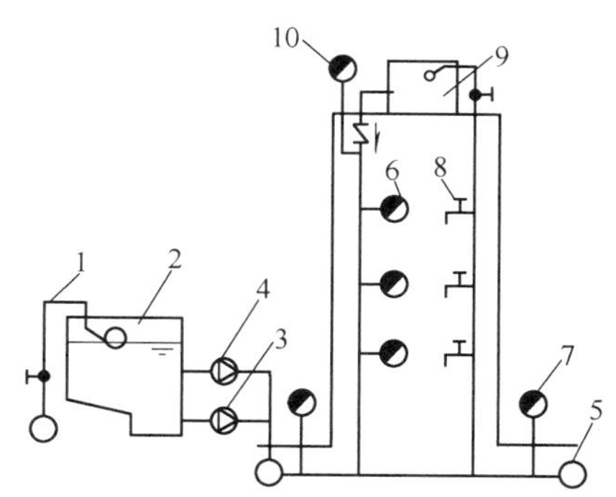

图3-2　临时高压消火栓给水系统

1—市政管网　2—水池　3—消防水泵组　4—生活水泵组

5—室外环网　6—室内消火栓　7—室外消火栓

8—室内生活用水点　9—高位水箱　10—屋顶试验用消火栓

(3) 低压消火栓给水系统（图3-3） 满足或部分满足消防水压和水量要求，消防时可由消防车或消防水泵提升压力，或作为消防水池的水源水，由消防水泵提升压力。管道的压力应保证灭火时最不利点消火栓的水压不小于0.10MPa（从地面算起）。

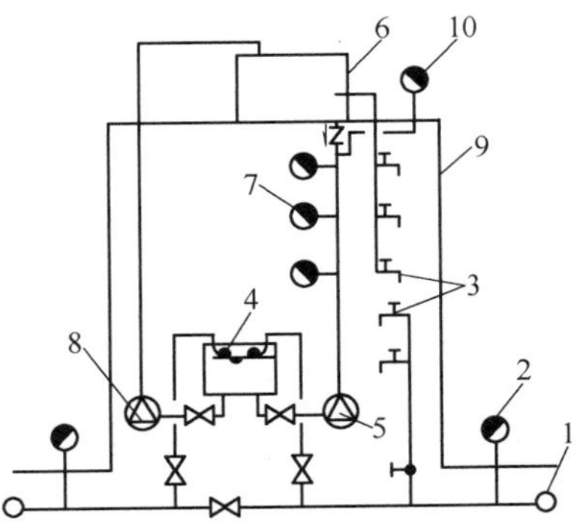

图3-3 低压消火栓给水系统

1—市政管网 2—室外消火栓 3—室内生活用水点 4—室内水池 5—消防水泵 6—水箱 7—室内消火栓 8—生活水泵 9—建筑物 10—屋顶试验用消火栓

3. 按管网中平时是否充水分类

(1) 湿式室内消火栓系统 平时管网内充满水。室内环境温度不低于4℃，且不高于70℃的场所，应采用湿式室内消火栓系统。室内环境温度低于4℃或高于70℃的场所，宜采用干式室内消火栓系统。

(2) 干式室内消火栓系统 平时配水管网内不充水，火灾发生时向管网充水。建筑高度不大于27m的多层住宅建筑设置室内湿式消火栓系统确有困难时，可设置干式消防立管。

严寒、寒冷等冬季结冰地区城市隧道及其他建筑物的消火栓系统，应采取防冻措施，并采用干式消火栓系统和干式室外消火栓。

干式消火栓系统的充水时间不应大于5min。

3.3.3 室内消火栓给水系统的组成

建筑内部消火栓给水系统一般由消火栓设备、消防卷盘、消防管道、消防水池、高位水箱、水泵接合器及增压水泵等组成。图3-4所示为设有水泵-水箱供水方式的消火栓给水系统。

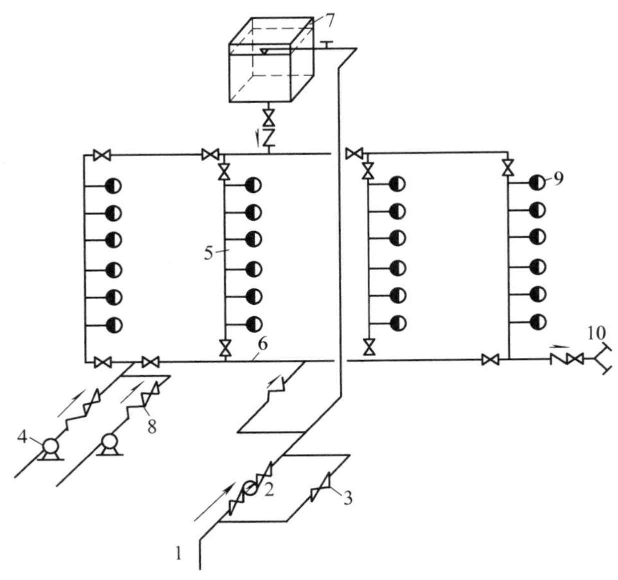

图3-4 设有水泵-水箱供水方式的消火栓给水系统

1—引入管 2—水表 3—旁通管及阀门 4—消防水泵 5—立管 6—干管 7—水箱 8—止回阀 9—消火栓设备 10—水泵接合器

1. 消火栓设备

消火栓设备由水枪、水带和消火栓组成，均安装于消火栓箱内，如图 3-5 所示。

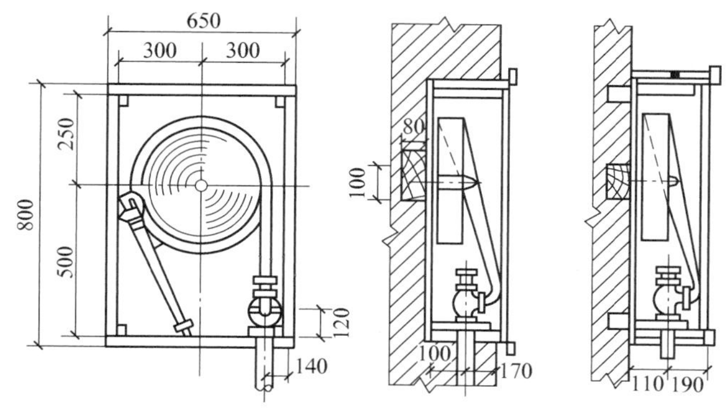

图 3-5　消火栓箱

水枪喷嘴口径主要有 13mm、16mm、19mm 三种。

水带口径有 50mm、65mm 两种。口径 13mm 水枪配置口径 50mm 的水带，口径 16mm 水枪可配置口径 50mm 或 65mm 的水带，口径 19mm 水枪配置口径 65mm 的水带。水带长度一般有 15m、20m、25m 共三种，水带材质有麻织和化纤两种，有衬橡胶与不衬橡胶之分，衬橡胶水带阻力较小。水带的长度应根据建筑物长度计算选定。

消火栓均为内扣式接口的球形阀式水嘴，有单出口和双出口之分。双出口消火栓直径为 65mm，如图 3-6 所示，单出口消火栓口径有 50mm 和 65mm 两种。当每支水枪最小流量小于 3L/s 时，选用口径 50mm 消火栓和水带，口径 13～16mm 水枪；流量大于 3L/s 时，选用口径 65mm 消火栓和水带，口径 19mm 水枪。

2. 消防卷盘

在消火栓给水系统中，因喷水压力和消防流量较大，65mm 口径的消火栓对于没有经过消防训练的普通人员来说，难以操纵，影响扑灭初期火灾效果，同时造成的水渍损失较大，因此消火栓给水系统可加设消防卷盘（又称消防水喉），供没有经过消防训练的普通人员扑救初期火灾使用。

消防卷盘由 25mm 或 32mm 小口径室内消火栓，内径不小于 19mm 的输水胶管，喷嘴口径为 6mm、8mm 或 9mm 的小口径开关和转盘配套组成，胶管长度为 20～40m，整套消防卷盘与普通消火栓可设在一个消防箱内（图 3-7），也可从消防立管接出独立设置在专用消防箱内。

3. 水泵接合器

水泵接合器是连接消防车向室内消防给水系统加压供水的装置。当室内消防水泵发生故障或室内消防用水量不足时，消防车从室外消火栓、消防水池或天然水源取水，通过水泵接合器将水送至室内消防管网，保证室内消防用水。

水泵接合器有墙壁、地上和地下式三种，如图 3-8 所示。

4. 消防水池和消防水箱

1）消防水池的主要作用是供消防车和消防泵取水之用。

2）消防水箱的主要作用是供给建筑扑灭初期火灾的消防用水量，并保证相应的水压要求。设置临时高压消防给水系统的建筑物应设置消防水箱（包括气压罐、水塔、分区给水系统的分区水箱）。高位消防水箱可采用热浸锌镀锌钢板、钢筋混凝土、不锈钢板等建造。

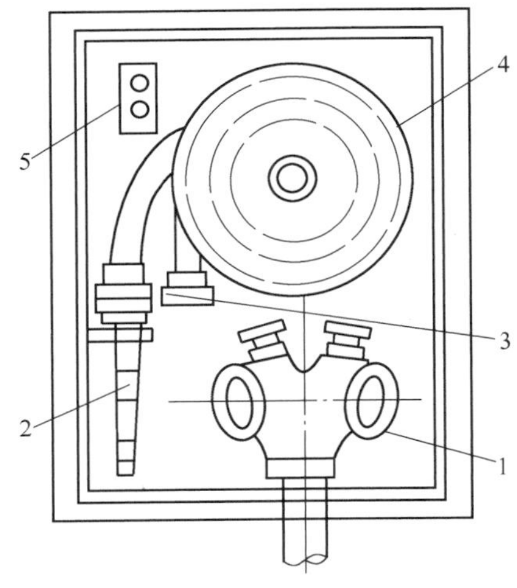

图3-6　双出口消火栓

1—双出口消火栓　2—水枪　3—水带接口　4—水带　5—消防水泵启动按钮

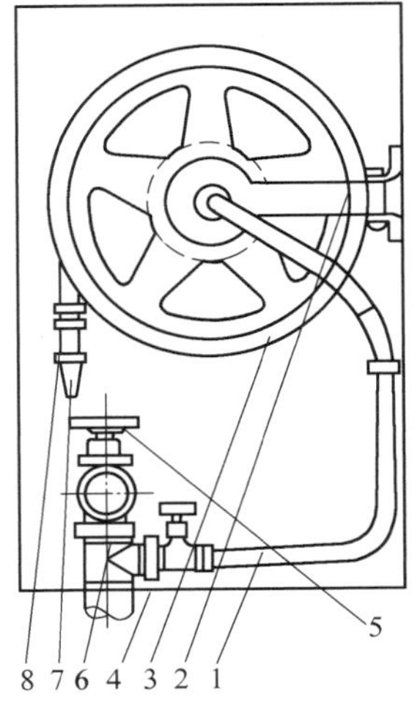

图3-7　消火栓与消防卷盘布置

1—卷盘供水管　2—卷盘摇臂　3—卷盘主体　4—箱壁　5—阀门　6—普通消火栓　7—水枪喷嘴　8—软管

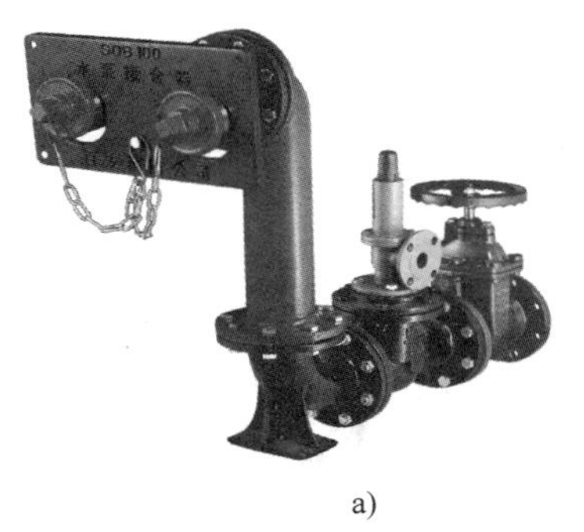

a)

b)

c)

图3-8　水泵接合器

a）墙壁式　b）地上式　c）地下式

3.3.4　室内消火栓系统的给水方式

1. 外网直接供水的给水方式

这种方式宜在室外给水管网提供的水量和水压，在任何时候均能满足室内消火栓给水系统所需的水量、水压要求时采用，如图3-9所示。该方式中消防管道有两种布置形式：一种是消防管道与生活（或生产）管网共用，此时在水表处应设旁通管，水表选择应考虑能承受短历时通过的消防水量。这种形式可以节省1条给水干管、简化管道系统。另一种是消防管道单独设置，可以避免消防管道中由于滞留过久而腐化的水，对生活（或生产）管网供水产生污染。

2. 水箱供水的给水方式

这种方式宜在室外管网一天之内有一定时间能保证消防水量、水压时（或是由生活泵向水箱补水）的低层建筑采用。如图3-10所示，由水箱贮存10min的消防水量，灭火时由水箱供水。

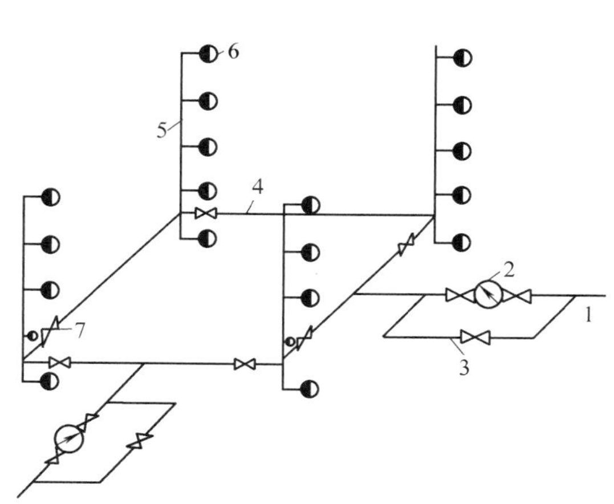

图3-9 外网直接供水的给水方式
1—进水管 2—水表 3—旁通管及阀门 4—水平干管 5—消防立管 6—室内消火栓 7—阀门

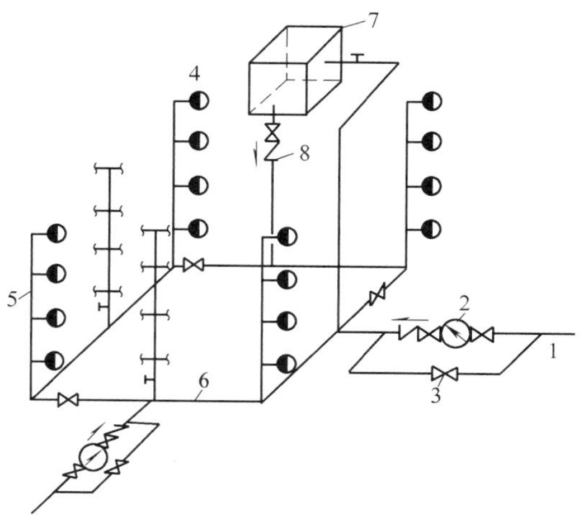

图3-10 水箱供水的给水方式
1—进水管 2—水表 3—旁通管及阀门 4—室内消火栓 5—消防立管 6—水平干管 7—水箱 8—阀门

3. 水泵-水箱联合供水的给水方式

这种方式适用于室外给水管网的水压、水量不能满足室内消火栓给水系统所需水压、水量的情况。如图3-4所示，为保证初期使用消火栓灭火时有足够的消防水量，而设置水箱贮存10min室内消防用水，水箱补水采用生活用水泵，严禁用消防泵补水。为防止消防时消防泵出水进入水箱，在水箱进入消防管网的出水管上应设止回阀。

4. 竖向分区的给水方式

当高层建筑最低消火栓处的静水压力超过1.20MPa时，需考虑分区给水方式。若不进行分区供水，会造成建筑下部的管网压力过高，从而带来很多危害。

分区供水应根据系统压力、建筑特征，经技术经济和安全可靠性比较确定，可采用消防水泵并行、水泵串联、减压水箱和减压阀减压等方式；当系统的工作压力大于2.40MPa时，应采用水泵串联、减压水箱减压的方式供水。

（1）并联分区给水方式 各区分别有各自专用的消防水泵，独立运行，水泵集中布置。该系统管理方便，运行比较安全可靠；但高区水泵扬程较高，需用耐高压管材与管件，一旦高区在消防车供水压力不够时，高区的水泵接合器将失去作用。并联分区给水系统一般适用于分区不多的高层建筑，如建筑高度不超过100m的高层建筑，如图3-11所示。

（2）串联分区给水方式 消防给水管网竖向各区由消防水泵或串联消防水泵分级向上供水，串联消防水泵设置在设备层或避难层。

串联分区又可分为水泵直接串联和水箱转输间接串联两种。

直接串联分区给水系统如图3-12a所示。消防水泵直接从消防水池（箱）或消防管网吸水，消防水泵从下到上依次启动。低区水泵作为高区的转输泵，同转输串联给水方式相比，

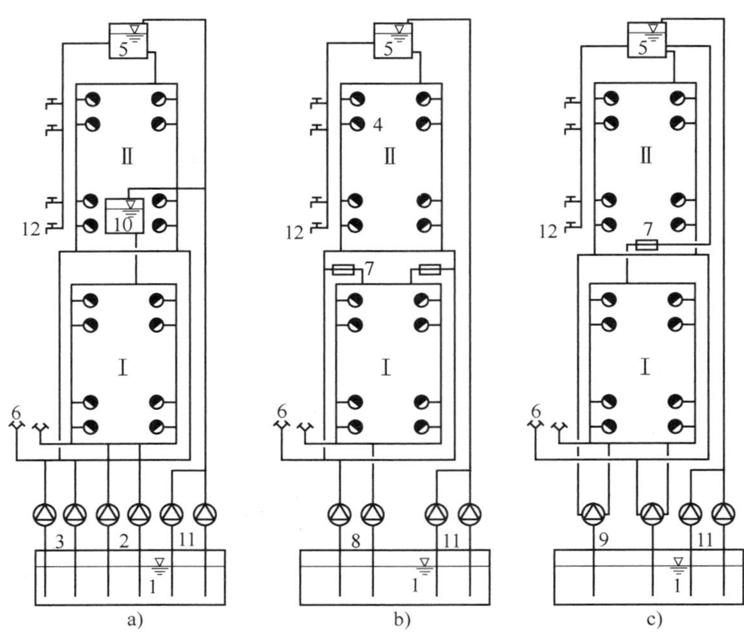

图 3-11　并联分区给水方式

a）采用不同扬程水泵分区　b）采用减压阀分区　c）采用多级多出口水泵分区

1—消防水池　2—低区水泵　3—高区水泵　4—室内消火栓　5—屋顶水箱　6—水泵接合器　7—减压阀　8—消防水泵　9—多级多出口水泵　10—中间水箱　11—生活给水泵　12—生活给水

节省投资与占地面积，但供水安全性不如转输串联给水方式，控制较为复杂。采用水泵直接串联时，应注意管网供水压力因接力水泵在小流量高扬程时出现的最大扬程叠加，管道系统的设计强度应满足此要求。

水箱转输间接串联分区给水系统如图 3-12b 所示。各区水泵自下区水箱抽水供上区用水。这种系统不需采用耐高压管材、管件与水泵，可通过水泵接合器并经各转输泵向高区送水灭火，供水可靠性较好；水泵分散在各层，振动、噪声干扰较大，管理不便，水泵安全可靠性较差；易产生二次污染。采用水箱转输间接串联时，中间转输水箱同时起到上区输水泵的吸水池与本区消防给水屋顶水箱的作用，该两部分水量都是变值，为安全计，输水水箱的容积宜适当放大，建议按 30~60min 的消防设计水量计算确定，且不宜小于 $36m^3$，并使下区水泵输水流量适当大于上区消防水量。

规范建议采用消防水泵串联分区供水时，宜采用消防水泵转输水箱串联供水方式，并要求转输水箱的有效贮水容积不应小于 $60m^3$，且转输水箱可作为高位消防水箱。

在超高层建筑中，也可以采用串联、并联混合给水的方式，如图 3-12c 所示。

（3）减压分区给水方式　与生活给水系统的减压给水方式一样，分为减压阀减压分区供水和减压水箱减压分区供水。

采用减压阀减压分区供水时应符合下列规定：

1）消防给水所采用的减压阀性能应安全可靠，并应满足消防给水的要求。

2）减压阀应根据消防给水设计流量和压力选择，且设计流量应在减压阀流量压力特性曲线的有效段内，并校核在 150%设计流量时，减压阀的出口动压不应小于设计值的 70%。

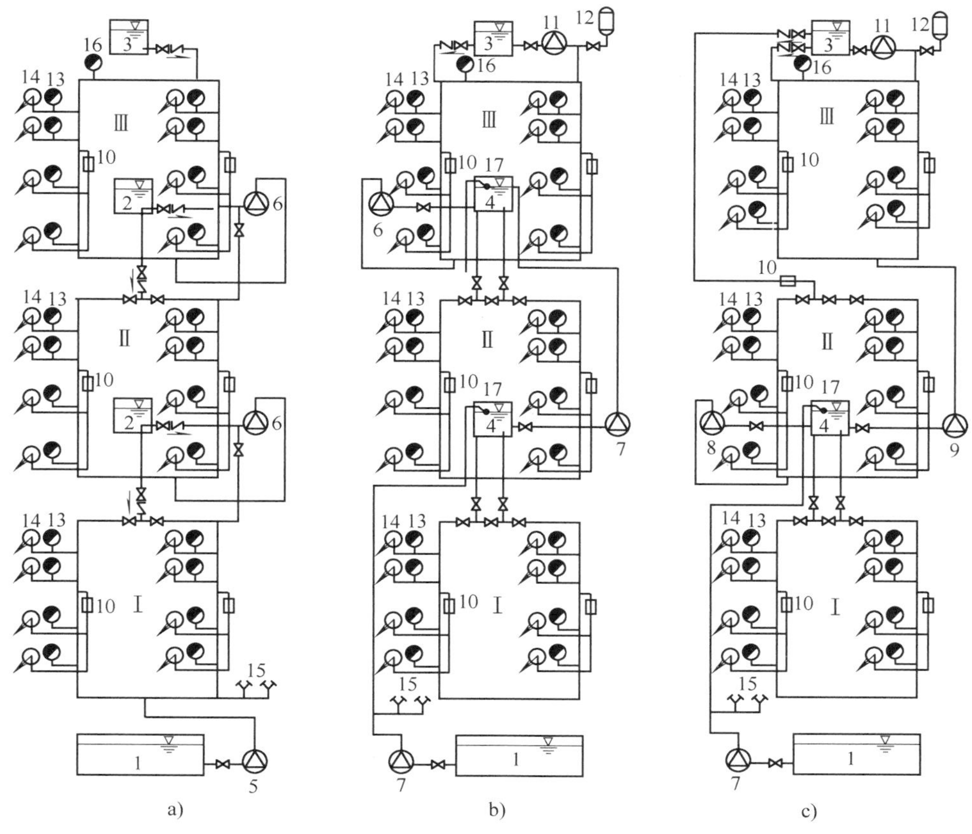

图 3-12　串联分区给水方式

a）消防水泵直接串联给水　b）水箱转输间接串联给水　c）消防水泵混合给水

1—消防水池　2—中间水箱　3—屋顶水箱　4—中间转输水箱　5—消防水泵　6—中、高区消防水泵　7—低、中区消防水泵兼转输泵　8—中区消防水泵　9—高区消防水泵　10—减压阀　11—增压水泵　12—气压罐　13—室内消火栓　14—消防卷盘　15—水泵接合器　16—屋顶消火栓　17—浮球阀

3）每一供水分区应设不少于两个减压阀组。

4）减压阀仅应设置在单向流动的供水管上，不应设置在有双向流动的输水干管上。

5）减压阀宜采用比例式减压阀，当超过 1.20MPa 时宜采用先导式减压阀。

6）减压阀的阀前阀后压力比值不宜大于 3∶1，当一级减压阀减压不能满足要求时，可采用减压阀串联减压，但串联减压不应大于两级，第二级减压阀宜采用先导式减压阀，阀前后压力差不宜超过 0.40MPa。

7）减压阀后应设置安全阀，安全阀的开启压力应能满足系统安全，且不应影响系统的供水安全性。

采用减压水箱减压分区供水时应符合下列规定：

1）减压水箱有效容积、出水、排水和水位，设置场所应符合《消防给水及消火栓系统技术规范》（GB 50974—2014）第 4.3.8 条、第 4.3.9 条、第 5.2.5 条和第 5.2.6 条第 2 款的有关规定。

2）减压水箱布置和通气管呼吸管等应符合《消防给水及消火栓系统技术规范》（GB

50974—2014）第 5.2.6 条第 3 款至第 11 款的有关规定。

3）减压水箱的有效容积不应小于 18m^3，且宜分为两格。

4）减压水箱应有两条进、出水管，且每条进、出水管应满足消防给水系统所需消防用水量的要求。

5）减压水箱进水管的水位控制应可靠，宜采用水位控制阀。

6）减压水箱进水管应设置防冲击和溢水的技术措施，并宜在进水管上设置紧急关闭阀，溢流水宜回流到消防水池。

3.3.5　室内消火栓及消防软管卷盘的设置

1. 消火栓的布置原则

室内消火栓的布置应符合下列规定：

1）设置室内消火栓的建筑物，包括设备层在内的各层均应设置消火栓。

2）屋顶设有直升机停机坪的建筑，应在停机坪出入口处或非电器设备机房处设置消火栓，并距停机坪机位边缘的距离不应小于 5.0m。

3）消防电梯间前室内应设置消火栓，并应计入消火栓使用数量。

4）室内消火栓应设在明显易于取用的地点。栓口离地面高度为 1.1m，其出水方向应向下或与设置消火栓的墙面成 90°角。冷库的室内消火栓应设在常温穿堂内或楼梯间内。

5）设有室内消火栓的建筑，当为平屋顶时宜在平屋顶上设置试验和检查用的消火栓。

6）高位水箱设置高度不能保证最不利点消火栓的水压要求时，应在每个室内消火栓处设置直接启动消防水泵的按钮，并应有保护措施。

7）室内消火栓的布置应满足同一平面有 2 支消防水枪的 2 股充实水柱同时到达任何部位的要求，但建筑高度小于或等于 24m 且体积小于或等于 5000m^3 的多层仓库、建筑高度小于或等于 54m 且每单元设置一部疏散楼梯的住宅，以及表 3-2 中规定可采用 1 支消防水枪的场所，可采用 1 支消防水枪的 1 股充实水柱到达室内任何部位。

2. 水枪充实水柱长度

充实水柱长度是指水枪射流中对灭火起作用的那段消防射流，也就是包含全部射流水量 75%~90%的那段密实水柱。根据消防实践证明，当水枪的充实水柱长度小于 7m 时，由于火场烟雾大，辐射热高，扑救火灾有一定困难；当充实水柱长度增大时，水枪的反作用力也随之加大，充实水柱长度超过 15m 时，因射流的反作用力而使消防队员无法把握水枪灭火。因此，火场常用的充实水柱长度为 10~15m。

《消防给水及消火栓系统技术规范》（GB 50974—2014）要求室内消火栓栓口压力和消防水枪充实水柱应符合下列规定：

1）消火栓栓口动压力不应大于 0.50MPa，但当大于 0.70MPa 时应设置减压装置。

2）高层建筑、厂房、库房和室内净空高度超过 8m 的民用建筑等场所的消火栓栓口动压，不应小于 0.35MPa，且消防水枪充实水柱应按 13m 计算；其他场所的消火栓栓口动压不应小于 0.25MPa，且消防水枪充实水柱长应按 10m 计算。

水枪的充实水柱也不宜过大，否则水枪的反作用力会增大，从而影响消防人员的操作，不利于灭火。如图 3-13 所示，水枪充实水柱长度可按式（3-1）计算

$$H_m = \frac{H_1 - H_2}{\sin\alpha} \tag{3-1}$$

式中　H_m——水枪充实水柱长度（m）；

H_1——被保护建筑物的层高（m）；

H_2——灭火时消防水枪枪口距地面的高度（m），一般取 $H_2 = 1.0m$；

α——水枪充实水柱与水平面的夹角，一般为 45°，若有特殊困难，可适当加大，但水枪的最大倾角不应大于 60°，以保证消防人员的安全和扑救效果。

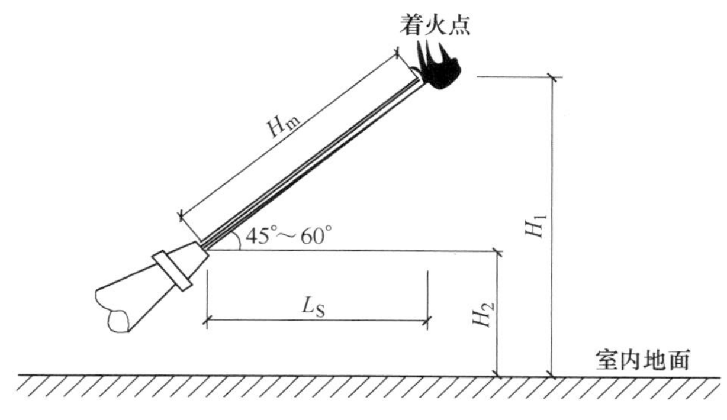

图 3-13　充实水柱与层高的关系

3. 消火栓的保护半径

消火栓的保护半径是指某种规格的消火栓、水枪和一定长度的水带配套后，并考虑消防人员使用该设备时有一定的安全保障（为此，水枪的上倾角不宜超过 45°，否则着火物下落将伤及灭火人员），以消火栓为圆心，消火栓能充分发挥作用的水平距离。

消火栓的保护半径可按式（3-2）计算

$$R = 0.8L_d + L_s \tag{3-2}$$

式中　R——消火栓保护半径（m）；

L_d——水带的长度（m）；

L_s——水枪的充实水柱在水平面的投影长度（m），对于一般建筑（层高为 3~3.5m），由于两层楼板限制，一般取 $L_s = 3m$；对于工业厂房和层高大于 3.5m 的民用建筑，按 $L_s = H_m\cos45°$ 计算。

4. 消火栓的布置间距

室内消火栓的间距应经过计算确定。但高层工业建筑，高架库房，甲、乙类厂房，室内消火栓的间距小于等于 30m。其他单层和多层建筑室内消火栓的间距小于等于 50m。

1）如图 3-14a 所示，当室内宽度较小只有一排消火栓，并且只要求一股水柱到达室内任何部位时，消火栓的间距按式（3-3）计算

$$S_1 \leqslant 2\sqrt{R^2 - b^2} \tag{3-3}$$

式中　S_1——一股水柱时消火栓间距（m）；

R——消火栓的保护半径（m）；

b——消火栓的最大保护宽度（m），外廊式建筑 b 为建筑宽度，内廊式建筑 b 为走道两侧中最大一边宽度。

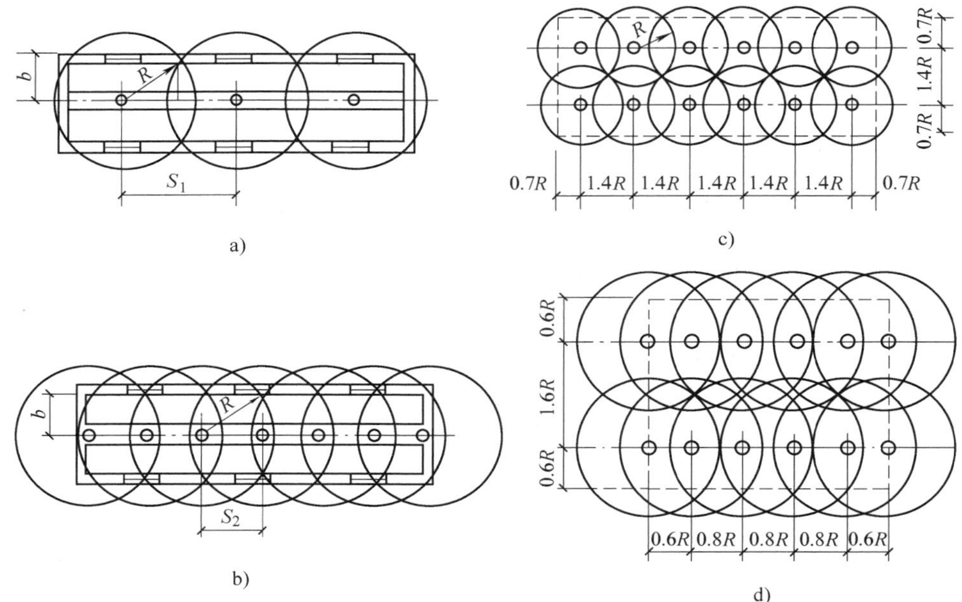

图 3-14 消火栓布置间距

a）单排一股水柱到达室内任何部位 b）单排两股水柱到达室内任何部位

c）多排一股水柱到达室内任何部位 d）多排两股水柱到达室内任何部位

2）如图 3-14b 所示，当室内只有一排消火栓，且要求有两股水柱同时到达室内任何部位时，消火栓的间距按式（3-4）计算

$$S_2 \leqslant \sqrt{R^2 - b^2} \tag{3-4}$$

式中 S_2——两股水柱时消火栓间距（m）；

R、b 同上式。

3）如图 3-14c 所示，当建筑物较宽，需要布置多排消火栓，且要求有一股水柱到达室内任何部位时，消火栓的间距按式（3-5）计算

$$S_n = 1.4R \tag{3-5}$$

4）如图 3-14d 所示，当建筑物较宽，需要布置多排消火栓，且要求有两股水柱同时到达室内任何部位时，消火栓的间距按图 3-14d 确定。

5. 消防软管卷盘

《建筑设计防火规范》（GB 50016—2014）规定下列建筑或场所可不设置室内消火栓系统，但宜设置消防软管卷盘或轻便消防水龙：

1）耐火等级为一、二级且可燃物较少的单、多层丁、戊类厂房（仓库）。

2）耐火等级为三、四级且建筑体积不大于 3000m^3的丁类厂房；耐火等级为三、四级且建筑体积不大于 5000m^3的戊类厂房（仓库）。

3）粮食仓库、金库、远离城镇并无人值班的独立建筑。

4）存有与水接触能引起燃烧爆炸的物品的建筑。

5）室内没有生产、生活给水管道，室外消防用水取自贮水池且建筑体积不大于 5000m^3

的其他建筑。

人员密集的公共建筑，建筑高度大于 100m 的建筑和建筑面积大于 200m^{2}的商业服务网点内应设置消防软管卷盘或轻便消防水龙。高层住宅建筑的户内宜配置轻便消防水龙。

消防软管卷盘一般设置在走道、楼梯附近明显易于取用的地点，其间距应保证室内地面的任何部位有一股水柱能够到达。

该规范还规定，住宅户内宜在生活给水管道上预留一个接*DN*15 消防软管或轻便水龙的接口。

3.3.6　消防给水管道及其阀门与水泵接合器的设置

1. 消防给水管道及其阀门的设置

消火栓给水管道的设置应满足下列要求：

1）室内消火栓系统管网应布置成环状，当室外消火栓设计流量不大于 20L/s（但建筑高度超过 50m 的住宅除外），且室内消火栓不超过 10 个时，可布置成枝状。

2）当由室外生产生活消防合用系统直接供水时，合用系统除应满足室外消防给水设计流量以及生产和生活最大小时设计流量的要求外，还应满足室内消防给水系统的设计流量和压力要求。

3）室内消防管道管径应根据系统设计流量、流速和压力要求经计算确定；室内消火栓立管管径应根据立管最低流量经计算确定，但不应小于*DN*100。

室内消火栓环状给水管道检修时应符合下列规定：

1）室内消火栓立管应保证检修管道时关闭停用的立管不超过 1 条，当立管超过 4 条时，可关闭不相邻的两条。

2）每条立管上下两端与供水干管相接处应设置阀门。

室内消火栓给水管网宜与自动喷水等其他水灭火系统的管网分开设置；当合用消防泵时，供水管路沿水流方向应在报警阀前分开设置。

低压消防给水系统的系统工作压力应根据市政给水管网和其他给水管网等的系统工作压力确定，且不应小于 0.60MPa。

高压和临时高压消防给水系统的系统工作压力应根据系统可能最大运行供水压力确定，并应符合规范的相关规定。

架空管道当系统工作压力小于等于 1.20MPa 时，可采用热浸锌镀锌钢管；当系统工作压力大于 1.20MPa 时，应采用热浸锌镀锌加厚钢管或热浸锌镀锌无缝钢管；当系统工作压力大于 1.60MPa 时，应采用热浸锌镀锌无缝钢管。

在建筑室内消防管网上要设一定数量的阀门以满足检修要求，阀门的设置应保证管道检修时被关闭的立管不超过 1 条，当立管为 4 条及 4 条以上时，可关闭不相邻的两条。与高层主体建筑相连的附属建筑（裙房）内，因阀门关闭而停止使用的消火栓在同层中不超过 5 个。消防管网上的阀门可参照图 3-15 所示设置。

室内消防管道上的阀门，应处于常开状态。要求阀门设有明显的启闭标志，常用的有明杆闸阀、蝶阀、带关闭指示的信号阀等，以便检修后及时开启阀门，保证管网水流畅通。

2. 水泵接合器的设置

下列场所的室内消火栓给水系统应设置消防水泵接合器：

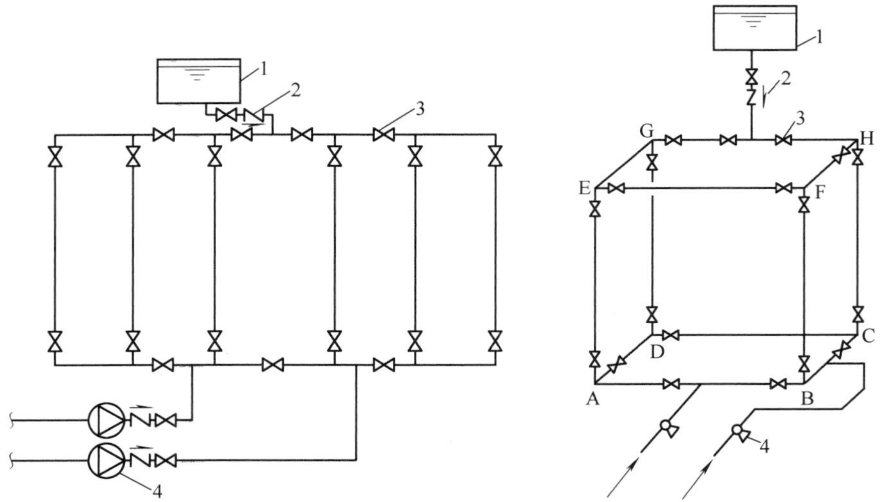

图3-15　室内消防管网阀门设置示意图

1—消防水箱　2—止回阀　3—阀门　4—消防水泵

1）高层民用建筑。

2）设有消防给水的住宅、超过5层的其他多层民用建筑。

3）超过2层或建筑面积大于10000m²的地下或半地下建筑（室）、室内消火栓设计流量大于10L/s的平战结合人防工程。

4）高层工业建筑和超过4层的多层建筑。

5）城市市政隧道。

消防水泵接合器的给水流量宜按每个10~15L/s计算。消防水泵接合器设置的数量应按系统设计流量经计算确定，但当计算数量超过3个时，可根据供水可靠性适当减少。

临时高压消防给水系统向多栋建筑供水时，消防水泵接合器宜在每栋单体附件就近设置。

消防水泵接合器的供水压力范围，应根据当地消防车的供水流量和压力确定。

消防给水为竖向分区供水时，在消防车供水压力范围内的分区，应分别设置水泵接合器；当建筑高度超过消防车供水高度时，消防给水应在设备层等方便操作的地点设置手抬泵或移动泵接力供水的吸水和加压接口。

墙壁消防水泵接合器的安装高度距地面宜为0.7m；与墙面上的门、窗、孔、洞的净距离不应小于2.0m，且不应安装在玻璃幕墙下方；地下消防水泵接合器的安装，应使进水口与井盖底面的距离不大于0.4m，且不应小于井盖的半径。

水泵接合器处应设置永久性标志铭牌，并应标明供水系统、供水范围和额定压力。

水泵接合器应设在室外便于消防车使用的地点，与室外消火栓或消防水池的距离宜为15~40m；水泵接合器宜采用地上式，当采用地下式时，应有明显的标志。

3.3.7　消防水泵与消防水泵房的设置

1. 消防水泵

消防水泵的选择和应用应符合下列规定：

1）消防水泵的性能应满足消防给水系统所需流量和压力的要求。

2）消防水泵所配驱动器的功率应满足所选水泵流量-扬程性能曲线上任何一点运行所需功率的要求。

3）当采用电动机驱动的消防水泵时，应选择电动机干式安装的消防水泵。

4）流量-扬程性能曲线应为无驼峰、无拐点的光滑曲线，零流量时的压力不应超过设计压力的140%，且不宜小于设计额定压力的120%。

5）当出流量为设计流量的150%时，其出口压力不应低于设计压力的65%。

6）泵轴的密封方式和材料应满足消防水泵在低流量时运转的要求。

7）消防给水同一泵组的消防水泵型号宜一致，且工作泵不宜超过3台。

8）多台消防水泵并联时，应校核流量叠加对消防水泵出口压力的影响。

当采用柴油机消防水泵时应符合下列规定：

1）柴油机消防水泵应采用压缩式点火型柴油机。

2）柴油机的额定功率应校核海拔高度和环境温度对柴油机功率的影响。

3）柴油机消防水泵应具备连续工作的性能，试验运行时间不应小于24h。

4）柴油机消防水泵的蓄电池应保证消防水泵随时自动启泵的要求。

5）柴油机消防水泵的供油箱应根据火灾延续时间确定，且油箱最小有效容积应按1.5L/kW配置，柴油机消防水泵油箱内贮存的燃料不应小于50%的储量。

消防水泵应设置备用泵，其性能应与工作泵性能一致，但下列情况除外：

1）建筑高度小于50m的住宅和室外消防给水设计流量小于等于25L/s的建筑。

2）室内消防给水设计流量小于等于10L/s的建筑。

消防水泵吸水应符合下列规定：

1）消防水泵应采取自灌式吸水。

2）消防水泵从市政管网直接抽水时，应在消防水泵出水管上设置减压型倒流防止器。

3）当吸水口处无吸水井时，吸水口处应设置旋流防止器。

离心式消防水泵吸水管、出水管和阀门等，应符合下列规定：

1）每台消防水泵最好具有独立的吸水管，一组消防水泵，吸水管不应少于两条，当其中一条损坏或检修时，其余吸水管应仍能通过全部消防给水设计流量。几种消防水泵吸水管的布置如图3-16所示

2）消防水泵吸水管的布置应避免形成气囊。

3）一组消防水泵应设不少于两条输水干管与消防给水环状管网连接，当其中一条输水管检修时，其余输水管应仍能供应全部消防给水设计流量。消防水泵为两台时，其出水管的布置如图3-17所示。

4）消防水泵吸水口的淹没深度应满足消防水泵在最低水位运行安全的要求，吸水管喇叭口在消防水池最低有效水位下的淹没深度应根据吸水管喇叭口的水流速度和水力条件确定，但不应小于600mm，当采用旋流防止器时，淹没深度不应小于200mm。

5）消防水泵的吸水管上应设置明杆闸阀或带自锁装置的蝶阀，但当设置暗杆阀门时，应设有开启刻度和标志；当管径超过*DN*300时，宜设置电动阀门。

6）消防水泵的出水管上应设止回阀、明杆闸阀；当采用蝶阀时，应带有自锁装置；当管径大于*DN*300时，宜设置电动阀门。

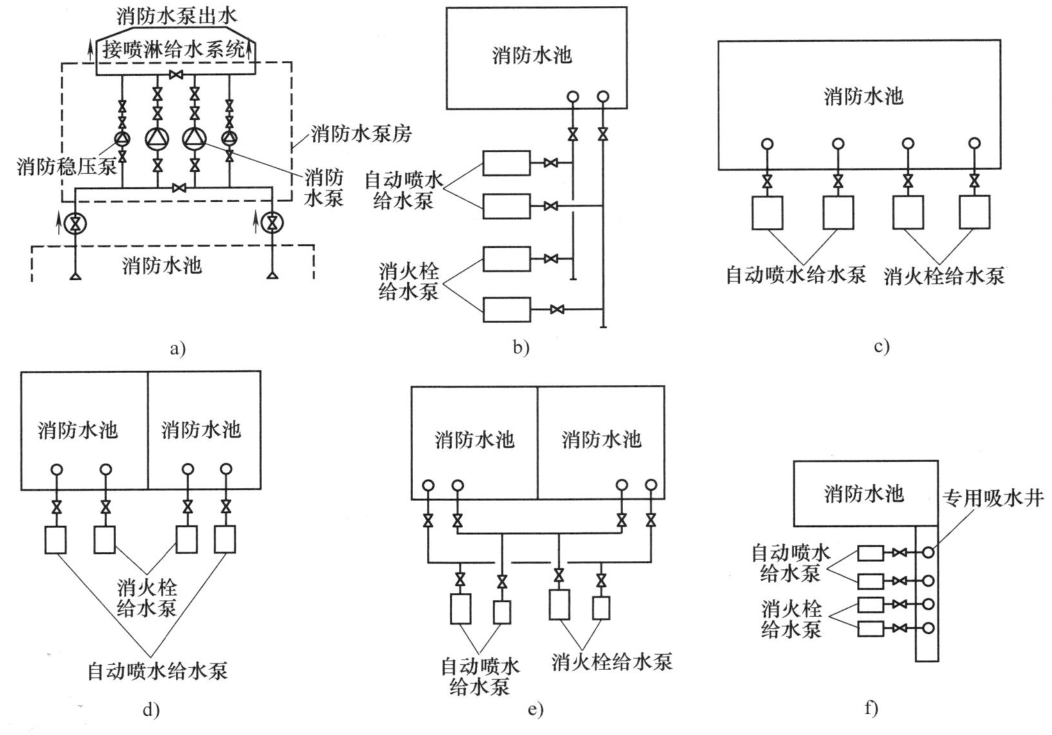

图 3-16 消防水泵吸水管的布置

7）消防水泵吸水管的直径小于 DN250 时，其流速宜为 1.0~1.2m/s；直径大于 DN250 时，宜为 1.2~1.6m/s。

8）消防水泵出水管的直径小于 DN250 时，其流速宜为 1.5~2.0m/s；直径大于 DN250 时，宜为 2.0~2.5m/s。

9）吸水井的布置应满足井内水流顺畅、流速均匀、不产生涡漩的要求，并应便于安装施工。

10）消防水泵的吸水管、出水管穿越外墙时，应采用防水套管；当穿越墙体和楼板时，防水套管长度不应小于墙体厚度，或应高出楼面或地面 50mm；套管与管道的间隙应采用不燃材料填塞，管道的接口不应位于套管内。

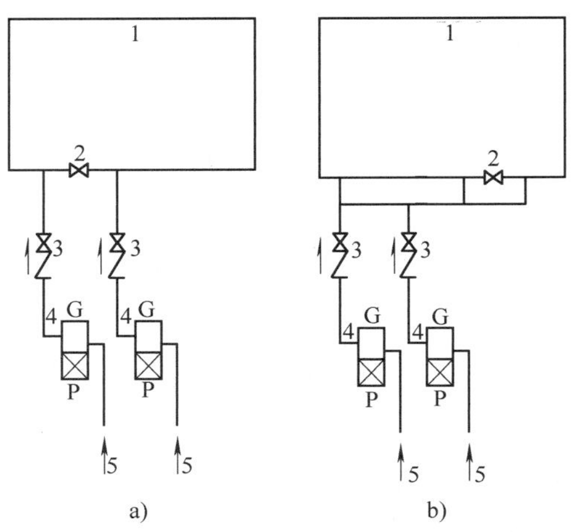

图 3-17 消防水泵与室内消防环状管的连接方法

a）正确的布置方法 b）不正确的布置方法

11）消防水泵的吸水管穿越消防水池时，应采用柔性套管；采用刚性防水套管时，应在水泵吸水管上设置柔性接头，且管径不应大于 DN150。

消防水泵吸水管和出水管上应设置压力表，并应符合下列规定：

1）消防水泵出水管压力表的最大量程不应低于水泵额定工作压力的2倍，且不应低于1.60MPa。

2）消防水泵吸水管宜设置真空表、压力表或真空压力表，压力表的最大量程应根据工程具体情况确定，但不应低于0.70MPa，真空表的最大量程宜为-0.10MPa。

3）压力表的直径不应小于100mm，应采用直径不小于6mm的管道与消防水泵进出口管相接，并应设置关断阀门。

2. 消防水泵房的设置

消防水泵不宜设在有防振或有安静要求房间的上一层、下一层和毗邻位置，当不可避免时，应采取下列降噪减振措施：

1）消防水泵应采用低噪声水泵。

2）消防水泵机组应设隔振装置。

3）消防水泵吸水管和出水管上应设隔振装置。

4）消防水泵房内管道支架和管道穿墙及穿楼板处，应采取防止固体传声的措施。

5）在消防水泵房内墙应采取隔声吸声的技术措施。

当采用柴油机消防水泵时，宜设置独立消防水泵房，并应设置满足柴油机运行的通风、排烟和阻火设施。

消防水泵房应采取不被水淹没的技术措施。

3.3.8　消防水箱和消防水池的设置

1. 消防水箱的设置

高位消防水箱的设置位置应高于其所服务的水灭火设施，且最低有效水位应满足水灭火设施最不利点处的静水压力，并应符合下列规定：

1）一类高层民用公共建筑不应低于0.10MPa，但当建筑高度超过100m时，不应低于0.15MPa。

2）高层住宅、二类高层公共建筑、多层民用建筑不应低于0.07MPa，多层住宅不宜低于0.07MPa。

3）工业建筑不应低于0.10MPa，当建筑体积小于20000m^3时，不宜低于0.07MPa。

4）自动喷水灭火系统等自动水灭火系统应根据喷头灭火需求压力确定，但最小不应小于0.10MPa。

5）当高位消防水箱不能满足上述1）~4）的静压要求时，应设稳压泵。

高位消防水箱的设置应符合下列规定：

1）当高位消防水箱在屋顶露天设置时，水箱的人孔及进出水管的阀门等应采取锁具或阀门箱等保护措施。

2）严寒、寒冷等冬季冰冻地区的消防水箱应设置在消防水箱间内，其他地区宜设置在室内；当必须在屋顶露天设置时，应采取防冻隔热等安全措施。

3）高位消防水箱与基础应牢固连接。

高位消防水箱间应通风良好，不应结冰，当必须设置在严寒、寒冷等冬季结冰地区的非供暖房间时，应采取防冻措施，环境温度或水温不应低于5℃。

《消防给水及消火栓系统技术规范》（GB 50974—2014）要求高位消防水箱应符合下列

规定：

1）高位消防水箱的有效容积、出水、排水和水位等应符合本规范第4.3.8条和第4.3.9条的有关规定。

2）高位消防水箱的最低有效水位应根据出水管喇叭口和防止旋流器的淹没深度确定，当采用出水管喇叭口时应符合本规范第5.1.13条第4款的规定；但当采用防止旋流器时应根据产品确定，不应小于150mm的保护高度。

3）消防水箱的通气管、呼吸管等应符合本规范第4.3.10条的有关规定。

4）消防水箱外壁与建筑本体结构墙面或其他池壁之间的净距，应满足施工或装配的需要，无管道的侧面，净距不宜小于0.7m；安装有管道的侧面，净距不宜小于1.0m，且管道外壁与建筑本体墙面之间的通道宽度不宜小于0.6m，设有人孔的水箱顶，其顶面与其上面的建筑物本体板底的净空不应小于0.8m。

5）进水管的管径应满足消防水箱8h充满水的要求，但管径不应小于*DN*32，进水管宜设置液位阀或浮球阀。

6）进水管应在溢流水位以上接入，进水管口的最低点高出溢流边缘的高度应等于进水管管径，但最小不应小于25mm；最大可不大于150mm。

7）当进水管为淹没出流时，应在进水管上设置防止倒流的措施或在管道上设置虹吸破坏孔和真空破坏器，虹吸破坏孔的孔径不宜小于管径的1/5，且不应小于25mm；但当采用生活给水系统补水时，进水管不应淹没出流。

8）溢流管的直径不应小于进水管直径的2倍，且不应小于*DN*100，溢流管的喇叭口直径不应小于溢流管直径的1.5～2.5倍。

9）高位消防水箱出水管管径应满足消防给水设计流量的出水要求，且不应小于*DN*100。

10）高位消防水箱出水管应位于高位消防水箱最低水位以下，并应设置防止消防用水进入高位消防水箱的止回阀。

11）高位消防水箱的进、出水管应设置带有指示启闭装置的阀门。

消防水箱宜与生活或生产高位水箱合用，以保持箱内贮水经常流动，防止水箱水质变坏。但水箱应有防止消防贮水长期不用而水质变坏和确保消防水量不被挪用的技术措施（图3-18）。

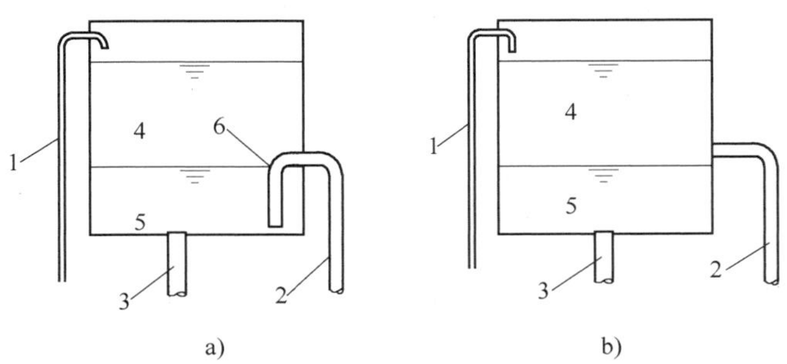

图3-18　确保消防用水量的技术措施

1—进水管　2—生活供水管　3—消防供水管　4—生活调节水量
5—消防贮水量　6—ϕ10mm小孔

对于重要的高层建筑，消防水箱最好采用两个，当一个水箱检修时，仍可保存必要的消防应急用水。两个消防水箱底部用连通管进行连接，并在连通管上设置阀门，此阀门处于常开状态（图3-19）。发生火灾时，由消水泵供给的消防用水不应进入消防水箱，因此在水箱的消防供水管上设置止回阀。

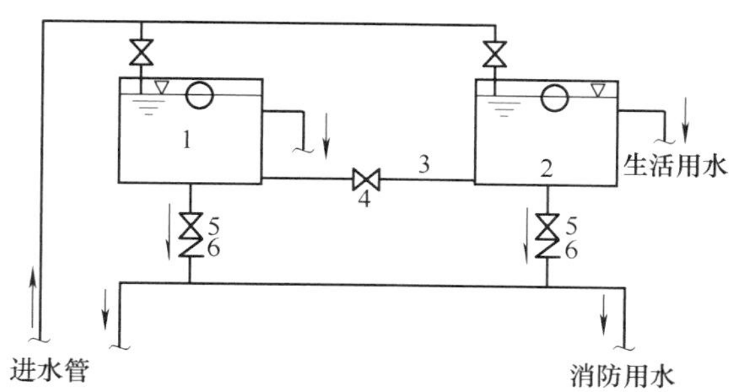

图3-19 两个水箱贮存消防用水的阀门布置

1、2—水箱 3—连通管 4、5—常开阀门 6—止回阀

2. 消防水池的设置

《消防给水及消火栓系统技术规范》（GB 50974—2014）规定，符合下列规定之一时，应设置消防水池：

1）当生产、生活用水量达到最大时，市政给水管网或引入管不能满足室内外消防用水量时。

2）当采用一路消防供水或只有一条引入管，且室外消火栓设计流量大于20L/s或建筑高度大于50m时。

3）市政消防给水设计流量小于建筑的消防给水设计流量时。

消防水池的总蓄水有效容积大于500m^{3}时，宜设两座能独立使用的消防水池，并应设置满足最低有效水位的连通管；但当大于1000m^{3}时，应设置能独立使用的两座消防水池，每座消防水池应设置独立的出水管，并应设置满足最低有效水位的连通管。

贮存室外消防用水的消防水池或供消防车取水的消防水池，应符合下列规定：

1）消防水池应设置取水口（井），且吸水高度不应大于6.0m。

2）取水口（井）与建筑物（水泵房除外）的距离不宜小于15m。

3）取水口（井）与甲、乙、丙类液体储罐等构筑物的距离不宜小于40m。

4）取水口（井）与液化石油气储罐的距离不宜小于60m，当采取防止辐射热保护措施时，可为40m。

消防用水与其他用水共用的水池，应采取确保消防用水量不作他用的技术措施（图3-20）。

在气候条件允许并利用游泳池、喷水池、冷却水池等用作消防水池时：必须具备消防水池的功能，设置必要的过滤装置，各种用作贮存消防用水的水池，当清洗放空时，必须另有保证消防用水的水池。

消防水池的出水、排水和水位应符合下列要求：

1）消防水池的出水管应保证消防水池的有效容积能被全部利用。消防水池出水管的安装位置与最低水位的关系如图3-21所示。

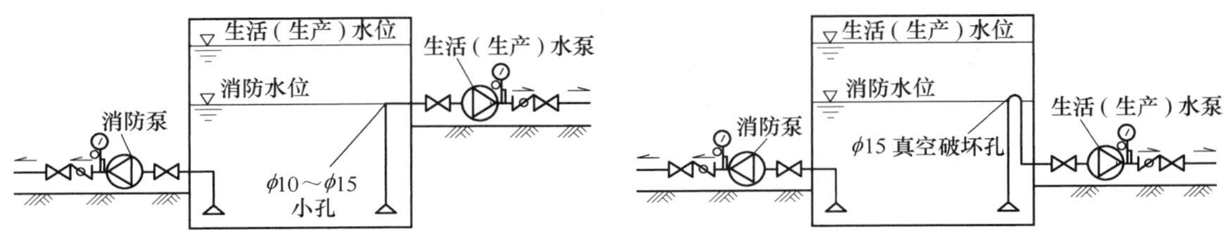

图 3-20　确保消防用水量不作他用的技术措施

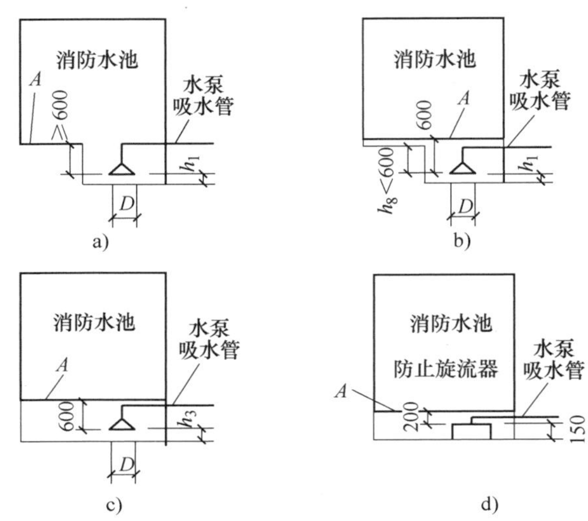

图 3-21　消防水池出水管的安装位置与最低水位的关系

A—消防水池最低水位线　D—吸水管喇叭口直径

h_1—喇叭口底到吸水井底的距离　h_3—喇叭口底到池底的距离

h_8—吸水管轴线到喇叭口底的距离

2）消防水池应设置就地水位显示装置，并应在消防控制中心或值班室等地点设置显示消防水池水位的装置，同时应有最高和最低报警水位。

3）消防水池应设置溢流水管和排水设施，并应采用间接排水。采用间接排水的目的是防止污水倒灌污染消防水池内的水。

消防水池应设置通气管；消防水池通气管、呼吸管和溢流水管等应采取防止虫鼠等进入消防水池的技术措施。

3.3.9　增压与减压设施的设计要求

1. 增压与稳压设施

设置高位水箱的室内消火栓系统，屋顶消防水箱安装高度一般很难保证高区最不利点消防设备的水压要求。当水箱安装高度不能保证室内最不利点消防设备的水压要求时，应采用增压设备。增压设备有管道泵、稳压泵和气压罐。

（1）管道泵　系统中除设有消防主泵外，在屋顶水箱间设置管道泵，如图 3-22 所示。火灾发生后，管道泵由远距离按钮及时启动，从水箱吸水加压后送至管网进行灭火。管道泵

的流量应满足一个消火栓用水量或一个自动喷头的用水量，即消火栓系统不应大于5L/s，自动喷水灭火系统不应大于1L/s。管道泵的扬程按照保证本区消防管网最不利消火栓所需要的压力，通过计算确定。

（2）稳压泵　稳压泵是一种小流量高扬程的水泵，设在屋顶水箱间，其作用是补充系统渗漏的水量，保持系统所需的压力。

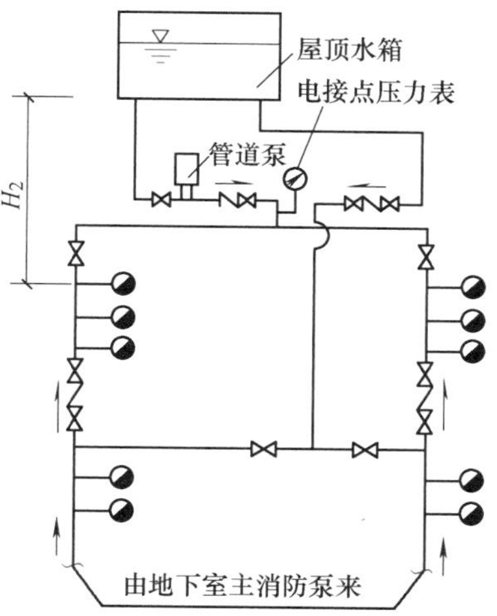

图3-22　管道泵加压

稳压泵宜采用单吸单级或单吸多级离心泵，泵外壳和叶轮等主要部件的材质宜采用不锈钢。

稳压泵的设计流量应符合下列规定：

1）稳压泵的设计流量不应小于消防给水系统管网的正常泄漏量和系统自动启动流量。

2）消防给水系统管网的正常泄漏量应根据管道材质、接口形式等确定；当没有管网泄漏量数据时，稳压泵的设计流量宜按消防给水设计流量的1%~3%计，且不宜小于1L/s。

3）消防给水系统所采用的报警阀压力开关等自动启动流量应根据产品确定。

稳压泵的设计压力应符合下列要求：

1）稳压泵的设计压力应满足系统自动启动和管网充满水的要求。

2）稳压泵的设计压力应保持系统自动启泵压力设置点处的压力在准工作状态时大于系统设置自动启泵压力值，且增加值宜为0.07~0.10MPa。

3）稳压泵的设计压力应保持系统最不利点处水灭火设施在准工作状态时的压力大于该处的静水压，且增加值不应小于0.15MPa。

（3）气压罐　设置气压罐与高位水箱配合，可以达到增压的目的。图3-23所示为一采用气压给水设备增压的消防系统。

2. 消防给水系统的减压装置

室内消火栓一般采用的是直流水枪，水枪反作用力如果超过200N，则一名消防队员难以掌握进行扑救。因此，为使消防水量合理分配均衡供水，利于消防人员把握水枪安全操作，《消防给水及消火栓系统技术规范》（GB 50974—2014）规定：室内消火栓栓口的动压力不应大于0.50MPa；当大于0.70MPa时，必须设减压装置进行减压。一般的减压措施有以下几种。

（1）减压阀减压　消防给水系统中的减压阀常以分区形式设置，一般由两个减压阀并联安装组成减压阀组，如图3-24所示，两个减压阀应交换使用，互为备用。减压阀前后应装设检修阀门、压力表，宜装设软接头或伸缩器，便于检修安装。减压阀前应装设过滤器，并应便于排污，过滤器宜采用40目滤网。减压阀组后（沿水流方向）应设泄水阀。

（2）减压孔板减压　在消火栓处可设置减压孔板以消除剩余压力，保证消防给水系统均衡供水。减压孔板一般用不锈钢或黄铜等材料制作。减压孔板可用法兰或活接与管道连接在一起，也可直接与消火栓口组合在一起。图3-25所示为减压孔板的几种安装方式。

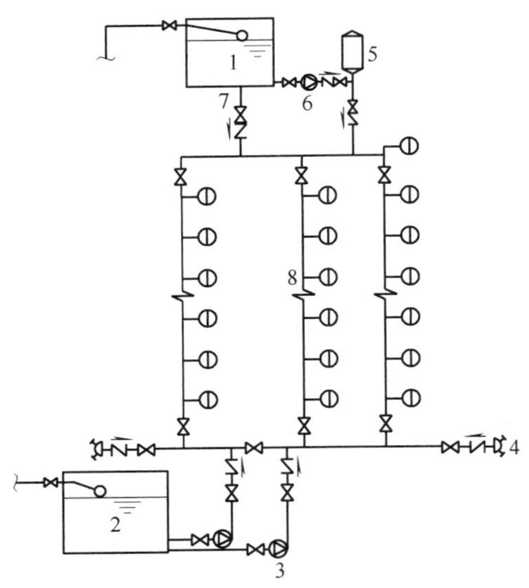

图 3-23 采用气压给水设备增压的消防系统

1—消防水箱 2—消防水池 3—消防水泵
4—水泵接合器 5—气压罐 6—稳压泵
7—消防出水管 8—室内消防管网

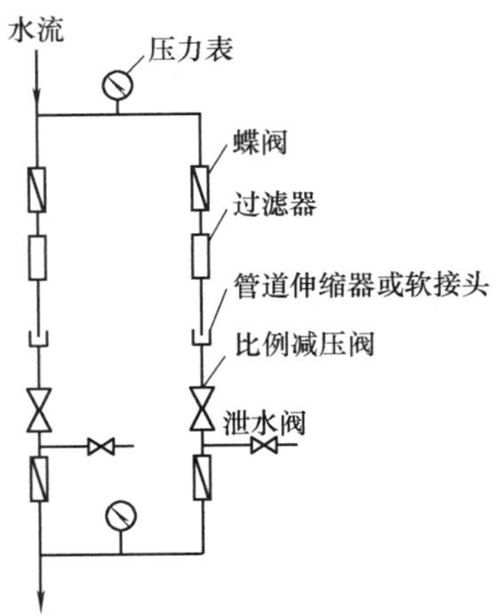

图 3-24 减压阀组示意图

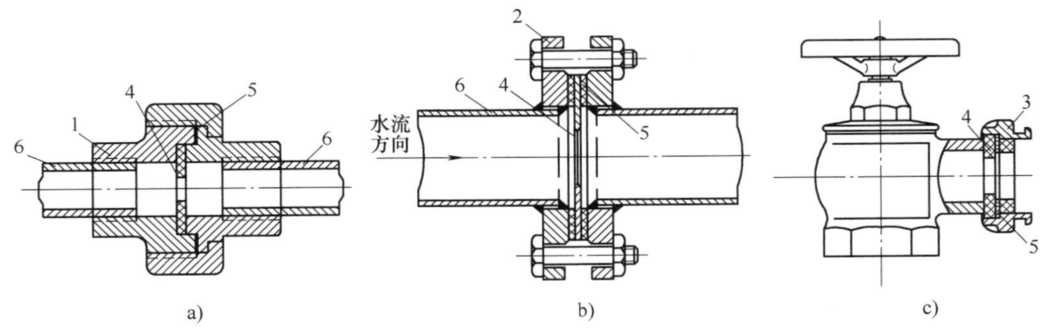

图 3-25 减压孔板的安装方式

a）孔板安装在活接头中 b）法兰连接减压孔板安装 c）消火栓后固定接口内安装

1—活接头 2—法兰 3—消火栓固定接口 4—减压孔板 5—密封垫 6—消火栓支管

（3）减压稳压消火栓减压 室内减压稳压消火栓集消火栓与减压阀于一身，不需人工调试，只需消火栓的栓前压力保持在 0.4～0.8MPa 范围内，其栓口出口压力就会保持在(0.3±0.05)MPa 的范围内，且 *DN*65 消火栓的流量不小于 5L/s。

3.4 室内消火栓给水系统的计算

室内消火栓给水系统计算的主要任务，是根据室内消火栓消防水量的要求，进行合理的流量分配后，确定给水系统管道的管径，系统所需水压，水箱的设置高度、容积和消防水泵的型号等。

1. 室内消火栓用水量

室内消火栓设计流量应根据建筑物的用途功能、高度、体积、耐火等级、火灾危险性等因素综合确定，但不应小于表 3-2 的规定。

表 3-2　室内消火栓设计流量

建筑物名称			高度 h/m、层数、体积 V/m³、座位数 n/个、火灾危险性			消火栓用水量/（L/s）	同时使用水枪支数/支	每条立管最小流量/（L/s）
工业建筑	厂房		$h \leqslant 24$	甲、乙、丁、戊		10	2	10
				丙	$V \leqslant 5000$	10	2	10
					$V > 5000$	20	4	15
			$24 < h \leqslant 50$	乙、丁、戊		25	5	15
				丙		30	6	15
			$h > 50$	乙、丁、戊		30	6	15
				丙		40	8	15
	仓库		$h \leqslant 24$	甲、乙、丁、戊		10	2	10
				丙	$V \leqslant 5000$	15	3	15
					$V > 5000$	25	5	15
			$h > 24$	丁、戊		30	6	15
				丙		40	8	15
民用建筑	单层及多层	科研楼、试验楼	$V \leqslant 10000$			10	2	10
			$V > 10000$			15	3	10
		车站、码头、机场候车（船、机）楼和展览馆（包括博物馆）等	$5000 < V \leqslant 25000$			10	2	10
			$25000 < V \leqslant 50000$			15	3	10
			$V > 50000$			20	4	15
		剧院、电影院、会堂、礼堂、体育馆等	$800 < n \leqslant 1200$			10	2	10
			$1200 < n \leqslant 5000$			15	3	10
			$5000 < n \leqslant 10000$			20	4	15
			$n > 10000$			30	6	15
		旅馆	$5000 < V \leqslant 25000$			10	2	10
			$25000 < V \leqslant 50000$			15	3	10
			$V > 50000$			20	4	15
		商店、图书馆、档案馆等	$5000 < V \leqslant 25000$			15	3	10
			$25000 < V \leqslant 50000$			25	5	15
			$V > 50000$			40	8	15
		病房楼、门诊楼等	$5000 < V \leqslant 25000$			10	2	10
			$V > 25000$			15	3	15
		办公楼、教学楼、公寓、宿舍等其他建筑	高度超过 15m 或 $V \geqslant 10000$			15	3	10

（续）

建筑物名称			高度 h/m、层数、体积 V/m^3、座位数 n/个、火灾危险性	消火栓用水量/(L/s)	同时使用水枪支数/支	每条立管最小流量/(L/s)
民用建筑	高层	住宅	$21<h\leq27$	5	2	5
		住宅	$27<h\leq54$	10	2	10
			$h>54$	20	4	10
		一类公共建筑	$h\leq50$	20	4	10
		二类公共建筑	$h\leq50$	30	6	15
			$h>50$	40	8	15
国家级文物保护单位的重点砖木或木结构的古建筑			$V\leq10000$	20	4	10
			$V>10000$	25	5	15
地下建筑			$V\leq5000$	10	2	10
			$5000<V\leq10000$	20	4	15
			$10000<V\leq25000$	30	6	15
			$V>25000$	40	8	20
人防工程	展览馆、影院、剧场、礼堂、健身体育场所等		$V\leq1000$	5	1	5
			$1000<V\leq2500$	10	2	10
			$V>2500$	15	3	10
	商场、餐厅、旅馆、医院等		$V\leq5000$	5	1	5
			$5000<V\leq10000$	10	2	10
			$10000<V\leq25000$	15	3	10
			$V>25000$	20	4	10
	丙、丁、戊类生产车间、自行车库		$V\leq2500$	5	1	5
			$V>2500$	10	2	10
	丙、丁、戊类物品库房、图书资料档案库		$V\leq3000$	5	1	5
			$V>3000$	10	2	10

注：1. 丁、戊类高层厂房（仓库）室内消火栓的设计流量应按本表减少10L/s，同时使用消防水枪数量可按本表减少2支。

2. 消防软管卷盘、轻便消防水龙及多层住宅楼梯间中的干式消防立管，其消火栓设计流量可不计入室内消防给水设计流量。

3. 当一座多层建筑有多种使用功能时，室内消火栓设计流量应分别按本表中不同功能计算，且应取最大值。

当建筑物室内设有自动喷水灭火系统、水喷雾灭火系统、泡沫灭火系统或固定消防炮灭火系统等一种或两种以上自动水灭火系统全保护时，室内消火栓系统设计流量可减少50%，但不应小于10L/s。

宿舍、公寓等非住宅类居住建筑的室内消火栓设计流量应按表3-2中的公共建筑确定。

2. 高位消防水箱的消防贮水量

临时高压消防给水系统的高位消防水箱的有效容积应满足初期火灾消防用水量的要求，并应符合下列规定：

1）一类高层公共建筑不应小于 $36m^3$，但当建筑高度大于100m时，不应小于 $50m^3$；当建筑高度大于150m时，不应小于 $100m^3$。

2）多层公共建筑、二类高层公共建筑和一类高层住宅建筑，不应小于 $18m^3$，当一类高层住宅建筑高度超过100m时，不应小于 $36m^3$。

3）二类高层住宅建筑不应小于 $12m^3$。

4）建筑高度大于21m的多层住宅建筑不应小于 $6m^3$。

5）工业建筑室内消防给水设计流量当小于或等于25L/s时，不应小于 $12m^3$；大于25L/s时，不应小于 $18m^3$。

6）总建筑面积大于 $10000m^2$ 且小于 $30000m^2$ 的商店建筑，不应小于 $36m^3$；总建筑面积大于 $30000m^2$ 的商店建筑，不应小于 $50m^3$。当与1）的规定不一致时应取其较大值。

3. 消防水池的消防贮水量

消防水池有效容积的计算应符合下列规定：

1）当市政给水管网能保证室外消防给水设计流量时，消防水池的有效容积应满足在火灾延续时间内室内消防用水量的要求。

2）当市政给水管网不能保证室外消防给水设计流量时，消防水池的有效容积应满足火灾延续时间内室内消防用水量和室外消防用水量不足部分之和的要求。

由于各种消防流量都能够确定，因此消防水池有效容积计算的关键是确定火灾延续时间。不同场所消火栓系统和固定冷却水系统的火灾延续时间不应小于表3-3所示的规定。

表3-3 不同场所的火灾延续时间

<table>
<tr><th colspan="3">建筑</th><th>场所与火灾危险性</th><th>火灾延续时间/h</th></tr>
<tr><td rowspan="10">建筑物</td><td rowspan="4">工业建筑</td><td rowspan="2">仓库</td><td>甲、乙、丙类仓库</td><td>3.0</td></tr>
<tr><td>丁、戊类仓库</td><td>2.0</td></tr>
<tr><td rowspan="2">厂房</td><td>甲、乙、丙类厂房</td><td>3.0</td></tr>
<tr><td>丁、戊类厂房</td><td>2.0</td></tr>
<tr><td rowspan="3">民用建筑</td><td rowspan="2">公共建筑</td><td>高层建筑中的商业楼、展览楼、综合楼，建筑高度大于50m的财贸金融楼、图书馆、书库、重要的档案楼、科研楼和高级宾馆等</td><td>3.0</td></tr>
<tr><td>其他公共建筑</td><td rowspan="2">2.0</td></tr>
<tr><td colspan="2">住宅</td></tr>
<tr><td colspan="2" rowspan="2">人防工程</td><td>建筑面积小于3000m²</td><td>1.0</td></tr>
<tr><td>建筑面积大于等于3000m²</td><td rowspan="2">2.0</td></tr>
<tr><td colspan="3">地下建筑、地铁车站</td></tr>
</table>

（续）

建筑		场所与火灾危险性	火灾延续时间/h
构筑物	煤、天然气、石油及其产品的工艺装置	—	3.0
	甲、乙、丙类可燃液体储罐	直径大于20m的固定顶罐和直径大于20m浮盘用易熔材料制作的内浮顶罐	6.0
		其他储罐	4.0
		覆土油罐	
	液化烃储罐、沸点低于45℃甲类液体、液氨储罐		6.0
	空分站，可燃液体、液化烃的火车和汽车装卸栈台		3.0
	变电站		2.0
	装卸油品码头	甲、乙类可燃液体 乙、油品一级码头	6.0
		甲、乙类可燃液体 乙、油品二、三级码头 丙类可燃液体油品码头	4.0
		海港油品码头	6.0
		河港油品码头	4.0
		码头装卸区	2.0
	装卸液化石油气船码头		6.0
	液化石油气加气站	地上储气罐加气站	3.0
		埋地储气罐加气站	1.0
		加油和液化石油气加合建站	
	易燃、可燃材料露天、半露天堆场，可燃气体罐区	粮食土圆囤、席穴囤	6.0
		棉、麻、毛、化纤百货	
		稻草、麦秸、芦苇等	
		木材等	
		露天或半露天堆放煤和焦炭	3.0
		可燃气体储罐	

消防水池的给水管应根据其有效容积和补水时间确定，补水时间不宜大于48h，但当消防水池有效总容积大于2000m^{3}时不应大于96h。消防水池给水管管径应经计算确定，且不应小于DN50。

当消防水池采用两路供水且在火灾情况下连续补水能满足消防要求时，消防水池的有效容积应根据计算确定，但不应小于100m^3，当仅设有消火栓系统时不应小于50m^3。

火灾时消防水池连续补水应符合下列规定：

1）消防水池应采用两路消防给水。

2）火灾延续时间内的连续补水流量应按消防水池最不利给水管供水量计算，并可按式（3-6）计算

$$q_f = 3600Av \tag{3-6}$$

式中 q_f——火灾时消防水池的补水流量（m^3/h）；

A——消防水池给水管断面面积（m^2）；

v——管道内水的平均流速（m/s）。

消防水池给水管管径和流量应根据市政给水管网或其他给水管网的压力、入户管管径、消防水池给水管管径，以及消防时其他用水量等经水力计算确定，当计算条件不具备时，给水管的平均流速不宜大于1.5m/s。

4. 室内消火栓口处所需水压力

消火栓口所需的水压按式（3-7）计算

$$p_x = p_q + p_d + p_k \tag{3-7}$$

式中 p_x——消火栓口的水压力（kPa）；

p_q——水枪喷嘴处的压力（kPa）；

p_d——水带的压力损失（kPa）；

p_k——消火栓栓口压力损失（kPa），按20kPa计算。

（1）水枪喷嘴处的压力　理想的射流高度（即不考虑空气对射流的阻力）为

$$H_q = \frac{v^2}{2g} \tag{3-8}$$

水枪喷嘴处的压力

$$p_q = H_q \gamma \tag{3-9}$$

式中 v——水流在喷嘴口处的流速（m/s）；

g——重力加速度（m/s^2）；

H_q——水枪喷嘴处的压头（m）；

γ——水的重度（kN/m^3）；

p_q——水枪喷嘴处的压力（kPa）。

实际射流对空气的阻力，其相应压头为

$$\Delta H = H_q - H_f = \frac{K}{d} \cdot \frac{v^2}{2g} H_f \tag{3-10}$$

把式（3-8）代入式（3-10）得

$$H_q - H_f = \frac{K}{d} H_q H_f$$

设 $\varphi = \frac{K}{d}$，则

$$H_q = \frac{H_f}{1 - \varphi H_f} \tag{3-11}$$

式中 K——空气沿程阻力系数，由实验确定的阻力系数；

H_f——水流垂直射流高度（m）；

d——水枪喷嘴口径（m）；

φ——与水枪喷嘴口径有关的数据，可按经验公式 $\varphi = \frac{0.25}{d + (0.1d)^3}$ 计算，其结果见表3-4。

表 3-4　系数 φ 值

水枪喷嘴直径 d/mm	13	16	19
φ	0.0165	0.0124	0.0097

水枪充实水柱高度 H_m 与水流垂直射流高度 H_f 的关系由式（3-12）表示

$$H_f = \alpha_f H_m \tag{3-12}$$

式中　α_f——与 H_m 有关的实验数据，$\alpha_f = 1.19 + 80(0.01H_m)^4$，可查表 3-5。

表 3-5　系数 α_f 值

H_m/m	7	10	13	15	20
α_f	1.19	1.20	1.21	1.22	1.24

将式（3-12）代入式（3-11）可得到水枪喷嘴处的压头与充实水柱的关系，即

$$H_q = \frac{\alpha_f H_m}{1 - \varphi \alpha_f H_m} \tag{3-13}$$

（2）水枪的实际射流量　根据孔口出流公式

$$q_x = \mu \frac{\pi d^2}{4}\sqrt{2gH_q} = 0.003477\mu d^2 \sqrt{H_q}$$

令 $B = (0.003477\mu d^2)^2$，则

$$q_x = \sqrt{BH_q} \tag{3-14}$$

式中　q_x——水枪的射流量（L/s）；

B——水枪水流特性系数，与水枪口径有关，可查表 3-6；

H_q——水枪喷嘴处的压头（m）；

μ——孔口流量系数，采用 $\mu = 1.0$。

表 3-6　水枪水流特性系数 B

水枪口直径/mm	13	16	19	22
B	0.346	0.793	1.577	2.836

注：水枪的设计射流量不应小于表 3-2 所示的最小流量的要求。

（3）水流通过水带的压力损失

$$p_d = A_d L_d q_x^2 \gamma \tag{3-15}$$

式中　p_d——水带的压力损失（kPa）；

A_d——水带的比阻，可查表 3-7；

L_d——水带的长度（m）；

q_x——水枪的射流量（L/s）。

表 3-7　水带的比阻 A_d 值

水带材料 \ 水带直径/mm	50	60
帆布、麻质	0.015	0.0043
衬胶	0.00677	0.00172

设计时根据规范对最小流量和充实水柱的要求，查表3-8确定消火栓口处所需水压力。表中水带的长度L_d按25m计。

表3-8　H_m、p_q、q_x计算成果表

规范要求最小射流量/（L/s）	最小充实水柱H_m/m	栓口直径DN/mm	喷嘴直径d/mm	设计射流量q_x/（L/s）	设计充实水柱H_m/m	设计喷嘴压力p_q/kPa	水带压力损失p_d/kPa		设计消火栓口处所需水压力p_x/kPa	
							帆布麻质	衬胶	帆布麻质	衬胶
2.5	7.0	50	13	2.50	11.6	181.3	23.5	10.6	225	212
			16	2.72	7.0	93.1	27.8	12.5	141	126
2.5	10.0	50	13	2.50	11.6	181.3	23.5	10.6	225	212
			16	3.34	10.0	140.8	12.0	4.8	173	166
5.0	7.0	65	19	5.00	11.4	158.3	26.9	10.8	205	189
	13.0	65	19	5.42	13.0	186.1	31.6	12.6	238	219

5. 消防管网水力计算

消防管网水力计算的主要目的在于计算消防给水管网的管径、消防水泵的流量和扬程，并确定消防水箱的设置高度。

由于建筑物发生火灾地点的随机性，以及水枪充实水柱数量的限定（即水量限定），在进行消防管网水力计算时，对于枝状管网应首先选择最不利立管和最不利消火栓，以此确定计算管路，并按照消防规范规定的室内消防用水量进行流量分配，建筑消防立管流量分配应按表3-2确定。对于环状管网（由于着火点不确定），可假定某管段发生故障，仍按枝状管网进行计算。在最不利点水枪射流量确定后，其以下各层水枪的实际射流量应根据消火栓口处的实际压力计算。在确定了消防管网中各管段的流量后，通常可从钢管水力计算表中直接查得管径及单位管长沿程压力损失值。

消火栓给水管道中的流速一般以1.4~1.8m/s为宜，不允许大于2.5m/s。消防管道沿程压力损失的计算方法与给水管网计算相同，其局部压力损失按管道沿程压力损失的10%采用。

当有消防水箱时，应以水箱的最低水位作为起点选择计算管路，计算管径和压力损失，确定水箱的设置高度或补压设备。当设有消防水泵时，应以消防水池最低水位作为起点选择计算管路，计算管径和压力损失，确定消防水泵的扬程。

为保证消防车通过水泵接合器向消火栓给水系统供水灭火，对于低层建筑，消火栓给水管网管径不得小于DN100。

室内消防系统所需水压力（或消防泵的扬程）为

$$p = p_1 + p_2 + p_{x0} \tag{3-16}$$

式中　p_1—— 给水引入管与最不利消火栓之间的高程压力差（kPa）（如由消防泵供水，则为消防贮水池最低水位与最不利消火栓之间的高程压力差）；

p_2—— 计算管路压力损失（kPa）；

p_{x0}—— 最不利消火栓口处所需水压力（kPa）。

【例3-1】 一幢7层科研楼，已知该楼层高均为3.2m，建筑宽15m，长40m，体积大于$10000m^3$。室外给水管道的埋深为1m，所提供的水压力为200kPa，室内外地面高层差为0.4m，要求进行消火栓给水系统管径和水泵的设计计算。

【解】 1. 选择给水方式

估算室内消防给水所需水压力

$p = 280 + 40(n-2) = [280 + 40 \times (7-2)]\text{kPa} = 480\text{kPa}$

室外给水管道所提供的水压力为200kPa，显然不能满足室内消防给水水压要求，应采用水泵-水箱联合给水方式。

2. 消火栓的布置

按规范要求采用单出口消火栓布置，按两股水柱可达室内平面任何部位计算，水带长度为25m。

$$R = 0.8L_d + L_s = (0.8 \times 25 + 3)\text{m} = 23\text{m}$$

则消火栓的最大保护半径和布置间距为

$$S \leqslant \sqrt{R^2 - b^2} = (\sqrt{23^2 - 8.0^2})\text{m} = 21.6\text{m}$$

每层楼布置一排3个消火栓，如图3-26a所示，消火栓的间距为20m。根据平面图绘制系统图（图3-26b）。

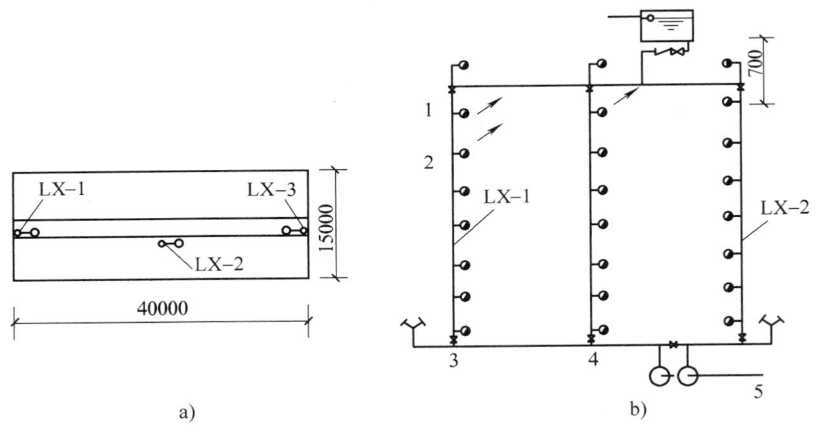

图3-26　科研楼消火栓给水平面图、系统图

a）平面图　b）系统图

3. 水力计算

（1）确定最不利情况下出流水枪支数及出流水枪位置　查表3-2可知，该科研楼室内消火栓最小用水量为15L/s，3支水枪同时出流，每条立管最小流量为10L/s，每支水枪最小流量为5L/s。

选最不利立管上2支水枪出流，次不利立管上1支水枪出流，如图3-26所示。

（2）确定消火栓设备规格　规范规定，大于6层的民用建筑水枪充实水柱长度不得小于10m。

根据水枪充实水柱长度不得小于10m和每支水枪最小流量5L/s的要求，查表3-8，则

设计充实水柱长度 $H_m = 11.4\text{m}$，每支水枪最小流量 $q_x = 5\text{L/s}$，设计消火栓口处所需水压力 $p_x = 205\text{kPa}$。消火栓设备规格：水枪$DN = 19\text{mm}$；水带$DN = 65\text{mm}$，$L_d = 25\text{m}$，麻质水带；水栓$DN = 65\text{mm}$。

(3) 消防管道流量、管径、压力损失计算　查表 3-6，$B = 1.577$；查表 3-7，$A_d = 0.0043$。

1-2 段：

$$Q_{1-2} = q_{x1} = 5\text{L/s}$$
$$p_{x1} = 205\text{kPa}$$

采用镀锌钢管，查附表 2A-1，$DN = 100\text{mm}$，$v = 0.58\text{m/s}$，$i = 0.074\text{kPa/m}$

2-3 段：

$$p_{x2} = p_{x1} + \Delta Z_{1-2} + \sum p_{1-2} = (20 + 32 + 3.2 \times 0.074)\text{kPa} = 237.24\text{kPa}$$

$$p_{x2} = p_{q2} + p_{d2} + 20 = \frac{q_{x2}^2}{B} + A_Z L_d q_{x2}^2 + 20$$

$$q_{x2} = \left(\sqrt{\frac{p_2 - 20}{\frac{1}{B} + A_Z L_d}}\right)\text{L/s} = \left(\sqrt{\frac{(238 - 20)/10}{\frac{1}{1.577} + 0.0043 \times 25}}\right)\text{L/s} = 5.4\text{L/s}$$

$$Q_{2-3} = q_{x1} + q_{x2} = (5 + 5.4)\ \text{L/s} = 10.4\ \text{L/s}$$

查附表 2A-1，$DN = 10\text{mm}$，$v = 1.21\text{m/s}$，$i = 0.30\text{kPa/m}$

$$Q_{3-4} = Q_{2-3} = 10.4\text{L/s} \qquad Q_{4-5} = Q_{2-3} + 5 = 15.4\text{L/s}$$

计算结果详见表 3-9，消防立管及横干管均采用$DN100$。

4. 消防水泵的选择

$Q_b = 15.4\text{L/s}$

$$p_b = p_1 + p_2 + p_{x0}$$
$$= \left[(3.2 \times 6 + 1.1 + 1.4) \times 10 + 1.1\sum iL + 205\right]\text{kPa} = 447.3\text{kPa}$$

消防泵的设计流量为 15.4L/s，扬程相应的压力为 447.3kPa。

表 3-9　消火栓系统水力计算表

设计管段编号	设计流量 Q/(L/s)	管径 DN/mm	流速 v/(m/s)	管段长度 L/m	单位管长压力损失 i/(kPa/m)	管段沿程压力损失 iL/kPa
1-2	5	100	0.58	3.2	0.074	0.24
2-3	10.4	100	1.21	17.5	0.30	5.25
3-4	10.4	100	1.21	20	0.30	6.0
4-5	15.4	100	1.79	18	0.64	11.52
$\sum iL =$						23.01

思考题与习题

1. 以水为灭火剂的消防系统有哪几类？各自的工作原理是什么？适用什么范围？

2. 室外消火栓给水系统有何作用？如何布置？
3. 室外与室内消火栓给水系统有何区别及联系？
4. 室外消火栓给水系统有哪几部分组成？
5. 建筑内消火栓的布置有何要求？
6. 高层建筑消火栓灭火系统分区给水有哪几种方式？分区的条件是什么？
7. 如何确定消火栓充实水柱的长度？

第4章 自动喷水灭火系统及其他灭火系统

学习重点：

①自动喷水灭火系统的类型与组成；②闭式自动喷水灭火系统的类型及适用条件；③闭式自动喷水灭火系统的主要组件及工作原理；④闭式自动喷水灭火系统的设计计算；⑤雨淋灭火系统的主要组件及工作原理；⑥雨淋灭火系统的分类的设计计算；⑦水幕系统的主要组件及工作原理。

4.1 自动喷水灭火系统的种类与设置原则

4.1.1 自动喷水灭火系统的种类

自动喷水灭火系统是由洒水喷头、报警阀组、水流报警装置（水流指示器或压力开关）等组件，以及管道、供水设施等组成，能在发生火灾时喷水的自动灭火系统。

自动喷水灭火系统按喷头的开闭形式可分为闭式系统和开式系统。

1）闭式系统包括湿式系统、干式系统、预作用系统、重复启闭预作用系统等。

2）开式系统包括雨淋系统、水幕系统和水喷雾系统等。

目前我国普遍使用湿式系统、干式系统、预作用系统以及雨淋系统和水幕系统。

4.1.2 自动喷水灭火系统设置原则与火灾危险等级划分

1. 自动喷水灭火系统设置原则

《自动喷水灭火系统设计规范》（GB 50084—2017）规定：自动喷水灭火系统应在人员密集、不宜疏散、外部增援灭火与救生较困难的性质重要或火灾危险性较大的场所中设置。

规范同时又规定，自动喷水灭火系统不适用于存在较多下列物品的场所：

1）遇水发生爆炸或加速燃烧的物品。

2）遇水发生剧烈化学反应或产生有毒有害物质的物品。

3）洒水将导致喷溅或沸溢的液体。

《建筑设计防火规范》（GB 50016—2014）也对生产建筑，仓储建筑，单、多层民用建筑，高层民用建筑是否设置自动喷水灭火系统做了具体的规定。

《建筑设计防火规范》（GB 50016—2014）规定下列高层民用建筑或场所应设置自动灭火系统，除该规范另有规定和不宜用水保护或灭火者外，宜采用自动喷水灭火系统：

1）一类高层公共建筑（除游泳池、溜冰场外）。

2）二类高层公共建筑的公共活动用房、走道、办公室和旅馆的客房、可燃物品库房、自动扶梯底部和垃圾道顶部。

3）高层建筑中的歌舞娱乐放映游艺场所。

4）高层公共建筑中经常有人停留或可燃物较多的地下、半地下室房间。

5）建筑高度大于27m但小于等于100m的住宅建筑的公共部位，建筑高度大于100m的住宅建筑。

2. 火灾危险等级划分

《自动喷水灭火系统设计规范》（GB 50084—2017）将自动喷水灭火系统设置场所火灾危险等级划分为轻危险级、中危险级（Ⅰ级、Ⅱ级）、严重危险级（Ⅰ级、Ⅱ级）与仓库危险级（Ⅰ级、Ⅱ级、Ⅲ级）。仓库火灾危险等级简化为Ⅰ、Ⅱ、Ⅲ级仓库。设置场所的危险等级，应根据其用途、容纳物品的火灾荷载及室内空间条件，在分析火灾特点和热气驱动洒水喷头开放及喷水到位的难易程度后确定。具体分类应参照《自动喷水灭火系统设计规范》（GB 50084—2017）的附录A。当建筑物内各场所的火灾危险性及灭火的难度存在差异时，宜按各场所的实际情况确定系统选型与火灾危险等级。

4.2　闭式自动喷水灭火系统

4.2.1　闭式自动喷水灭火系统的分类

采用闭式洒水喷头的自动喷水灭火系统称为闭式自动喷水灭火系统。自动喷水灭火系统主要包括湿式系统、干式系统、预作用系统和重复启闭预作用系统。

1. 湿式自动喷水灭火系统

湿式自动喷水灭火系统主要由闭式喷头、管路系统、报警装置、湿式报警阀及其供水系统组成。由于在喷水管网中经常充满有压力的水，故称为湿式喷水灭火系统，其设置形式如图4-1所示。

发生火灾时，高温火焰或高温气流使闭式喷头的热敏感元件动作，闭式喷头自动打开喷水灭火。管网中处于静止状态的水发生流动，水流经水流指示器，指示器被感应发出电信号，在报警控制器上显示某一区域已在喷水；不断喷水使湿式报警阀的上部水压低于下部水压，当压力差达到某一定值时，压力水将原处于关闭状态的报警阀片冲开，使水流流向干管、配水管、喷头；同时压力水通过细管进入报警信号通道，推动水力警铃发出火警信号报警。另外，根据水流指示器和压力开关的报警信号或消防水箱的水位信号，控制器能自动启动消防水泵向管网加压供水，达到持续喷水灭火的目的。

湿式喷水灭火系统应用较广，与其他类型的自动喷水灭火系统比较，具有灭火迅速、构造较简单、经济可靠、维护检查方便等优点。但由于管网中充满有压水，如安装不当，会产生渗漏，损坏建筑物装饰和影响建筑物使用。湿式自动喷水灭火系统适用于室内环境温度不低于4℃和不高于70℃的建筑物和构筑物。

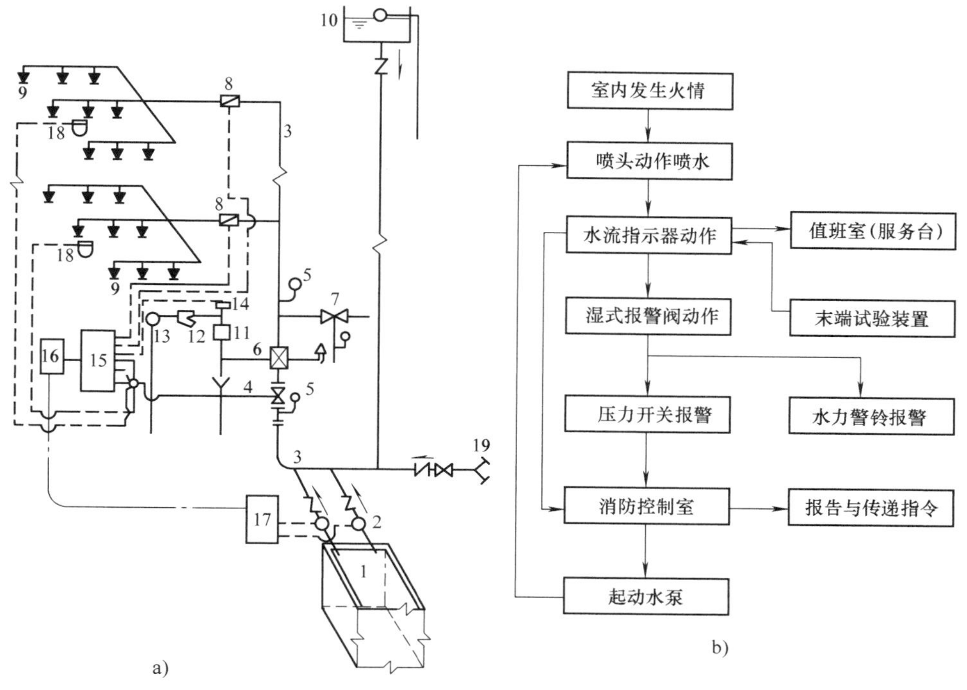

图 4-1　湿式自动喷水灭火系统

a）组成示意图　b）工作原理图

1—消防水池　2—消防泵　3—管网　4—控制蝶阀　5—压力表　6—湿式报警阀　7—泄放试验阀　8—水流指示器　9—闭式喷头　10—高位水箱　11—延时器　12—过滤器　13—水力警铃　14—压力开关　15—报警控制器　16—非标准控制箱　17—水泵起动箱　18—探测器　19—水泵接合器

2. 干式自动喷水灭火系统

干式自动喷水灭火系统适用于室内温度低于 4℃或高于 70℃的建筑物和构筑物，主要由闭式喷头、管路系统、报警装置、干式报警阀、充气设备及供水系统组成。由于在报警阀上部管路中充以有压气体，故称为干式喷水灭火系统，如图 4-2 所示。

干式报警阀前管网内充满压力水，阀后的管路内充满压缩空气，平时处于警备状态。当发生火灾时，室内温度升高使闭式喷头打开，喷出压缩空气，报警阀后的气压下降。当降至某一限值时，报警阀前的压力水进入供水管路，将剩余的气体从已打开的喷头处推赶出去，喷水灭火。同时压力水通过另一管路系统推动水力警铃和压力开关报警，并启动消防水泵加压供水。

由于干式喷水灭火系统在报警阀后充以空气而无水，该系统在喷水之前有一个排气进水过程，使喷水灭火的动作较湿式系统缓慢，影响控火速度。一般可在干式报警阀出口管道上安装“排气加速器”，加速报警阀处的降压过程，缩短排气时间。另外，干式喷水灭火系统需有一套充气设备，管网气密性能要求高，系统设备复杂，维护管理也较为不便。

3. 预作用自动喷水灭火系统

预作用自动喷水灭火系统主要由闭式喷头、预作用阀（或雨淋阀）、火灾探测装置、报

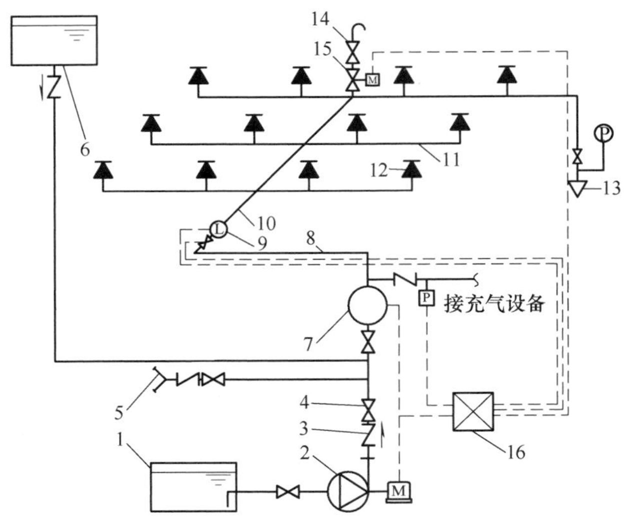

图 4-2　干式自动喷水灭火系统

1—水池　2—水泵　3—止回阀　4—闸阀　5—水泵接合器　6—消防水箱
7—干式报警阀组　8—配水干管　9—水流指示器　10—配水管　11—配水支管
12—闭式喷头　13—末端试水装置　14—快速排气阀　15—电动阀　16—报警控制器

警装置、充气设备、管网及供水设施等组成，如图 4-3 所示。当发生火灾时，探测器启动发出报警信号，启动预作用阀，使整个系统充满水而变成湿式系统，以后动作程序与湿式喷水灭火系统完全相同。

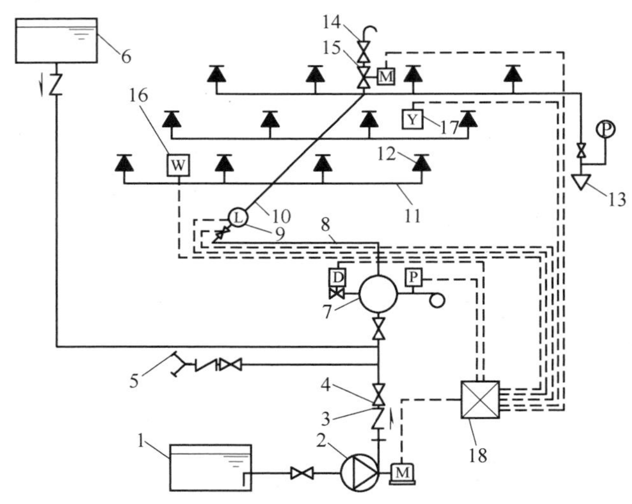

图 4-3　预作用喷水灭火系统

1—水池　2—水泵　3—止回阀　4—闸阀　5—水泵接合器　6—消防水箱　7—预作用报警阀组
8—配水干管　9—水流指示器　10—配水管　11—配水支管　12—闭式喷头　13—末端试水装置
14—快速排气阀　15—电动阀　16—感温探测器　17—感烟探测器　18—报警控制器

预作用喷水灭火系统将湿式喷水灭火系统与电子技术、自动化技术紧密结合起来，集湿

式和干式喷水灭火系统的长处于一身，既可广泛采用，又提高了安全可靠性。具有下列要求之一的场所，应采用预作用系统：

1）系统处于准工作状态时严禁误喷的场所。

2）系统处于准工作状态时严禁管道充水的场所。

3）用于替代干式系统的场所。

在同一区域内设置相应的火灾探测器和闭式喷头，火灾探测器的动作必须先于喷头的动作。为保证系统在火灾探测器发生故障时仍能正常工作，系统应设置手动操作装置。当采用不充气的空管预作用喷水灭火系统时，可采用雨淋阀；当采用充气的预作用喷水灭火系统时，为了防止系统的气体渗漏，应采用隔膜式雨淋阀。

4. 重复启闭预作用系统

某系统组成如图 4-4 所示。发生火灾时专用探测器可以控制系统排气充水，必要时喷头破裂及时灭火。当火灾扑灭环境温度下降后专用探测器可以自动控制系统关闭，停止喷水，以减少火灾损失。当火灾死灰复燃时，系统可以再次启动灭火。当非火灾时喷头意外破裂，系统不会喷水。适用于灭火后必须及时停止喷水的场所。

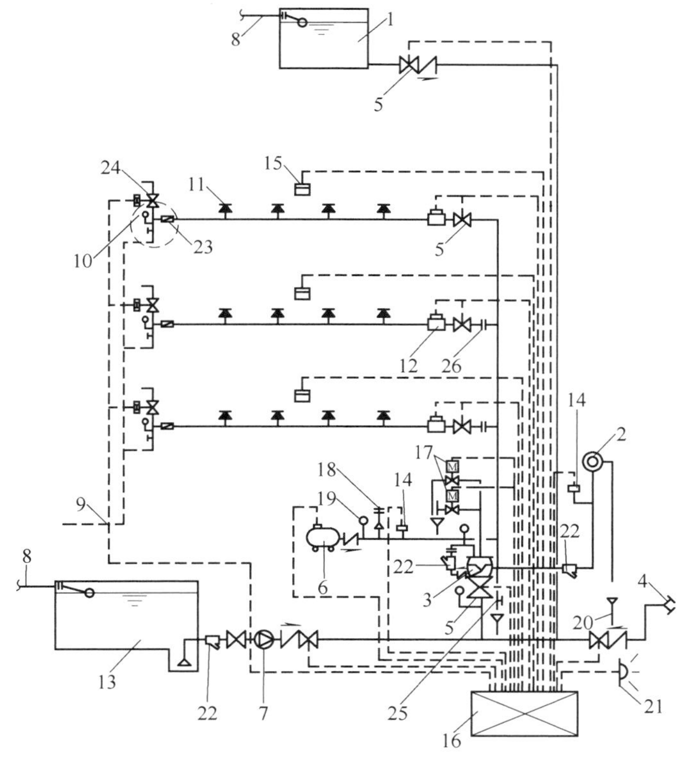

图 4-4　重复启闭预作用系统

1—高位水箱　2—水力警铃　3—水流控制阀　4—水泵接合器　5—消防安全指示阀　6—空压机
7—消防水泵　8—进水管　9—排水管　10—末端试水装置　11—闭式喷头　12—水流指示器
13—水池　14—压力开关　15—火灾探测器　16—控制箱　17—电磁阀　18—安全阀
19—压力表　20—排水漏斗　21—电铃　22—过滤器　23—水表
24—排气阀　25—排水阀　26—节流孔板

4.2.2　闭式自动喷水灭火系统的主要组件

1. 闭式喷头

闭式喷头的喷口用热敏感元件、密封件等零件所组成的释放机构封闭住，灭火时释放机构自动脱落，喷头开启喷水。闭式喷头按感温元件分为玻璃球喷头（图 4-5）和易熔合金锁片喷头（图 4-6）。

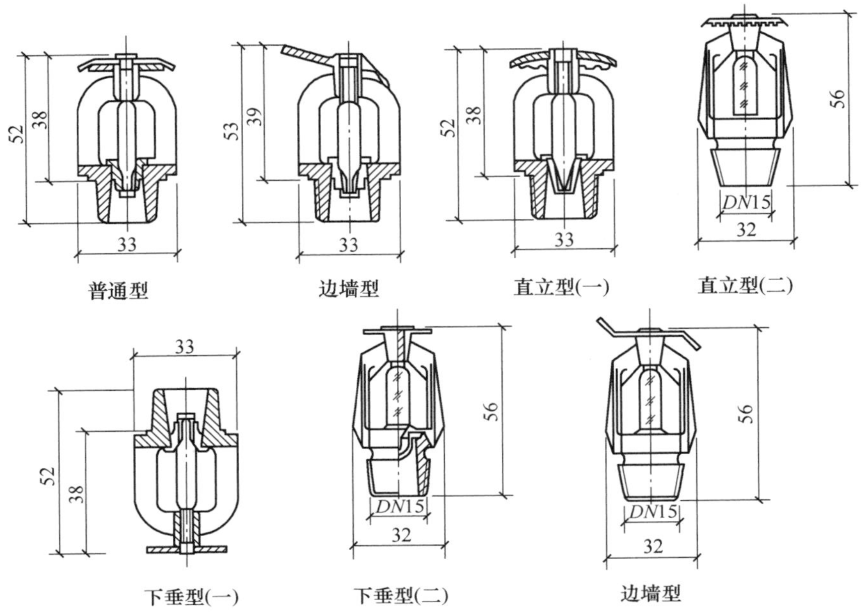

普通型　边墙型　直立型(一)　直立型(二)

下垂型(一)　下垂型(二)　边墙型

图 4-5　玻璃球喷头

直立型　下垂型　边墙型

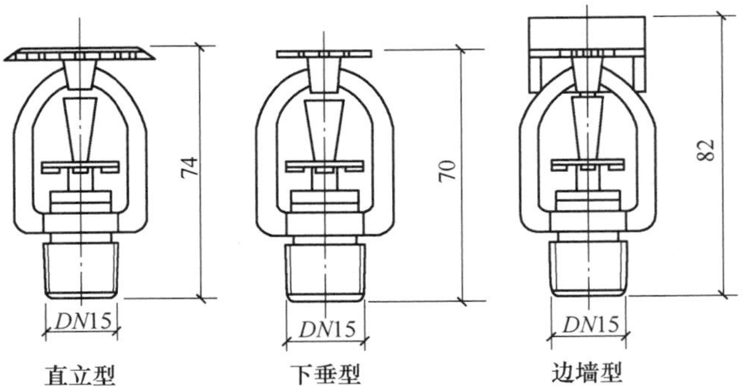

图 4-6　易熔合金锁片喷头

玻璃球喷头的热敏感元件是玻璃球，球内装有一种受热会发生膨胀的彩色液体，球内留有1个小气泡。平时玻璃球支撑住喷水口的密封垫。当发生火灾、温度升高时，球内液体受热膨胀，小气泡缩小。温度持续上升，膨胀液体充满玻璃球整个空间，当压力达到某一值时，玻璃球炸裂，喷水口的密封垫脱落，压力水冲出喷口灭火。玻璃球喷头体积小、质量轻、耐腐蚀，广泛用于各类建筑物、构筑物中；但由于本身特性的影响，在环境温度低于

-10℃的场所、受油污或粉尘污染的场所、易于受机械碰撞的部位不能采用。其技术性能和色标见表 4-1。

易熔合金片喷头的热敏感元件为易熔金属合金，平时易熔合金片支撑住喷水口，当发生火灾时，环境温度升高，直至使喷头上的锁封易熔合金熔化，释放机构脱落，压力水冲出喷口喷水灭火。易熔合金片喷头的种类较多，目前选用较多的是弹性锁片型易熔元件喷头，它由易熔金属、支撑片、溅水盘、弹性片组成。这种喷头可安装于不适合玻璃球喷头使用的任何场合。其技术性能和色标见表 4-1。

表 4-1　典型喷头的技术性能和色标

喷头类别	喷头公称口径/mm	玻璃球喷头		易熔合金喷头	
		动作温度/℃	颜色	动作温度/℃	颜色
闭式喷头	10，15，20	57	橙		
		68	红	57~77	本色
		79	黄	80~107	白
		93	绿	121~149	蓝
		141	蓝	163~191	红
		182	紫红	204~246	绿
		227	黑	260~302	橙
		260	黑	320~343	黑
		343	黑		

喷头根据其安装位置及布水形式又可分为标准型喷头、装饰型喷头、边墙型喷头。各种喷头的适用场所见表 4-2。

表 4-2　各种喷头的适用场所

喷头类型	适用场所
玻璃球洒水喷头	因具有外形美观、体积小、质量轻、耐腐蚀等优点，适用于宾馆等美观要求高和具有腐蚀性的场所
易熔合金洒水喷头	适用于外观要求不高、腐蚀性不大的工厂、仓库和民用建筑
直立型洒水喷头	适用安装在管路下经常有移动物体的场所，尘埃较多的场所
下垂型洒水喷头	适用于各种保护场所
边墙型洒水喷头	适用于安装空间狭窄、通道状建筑
吊顶型喷头	属于装饰型喷头，可安装于旅馆、客厅、餐厅、办公室等建筑
普通型洒水喷头	可直立、下垂安装，适用于有可燃吊顶的房间
干式下垂型洒水喷头	专用于干式喷水灭火系统的下垂型喷头
自动启闭洒水喷头	这种喷头具有自动启闭功能，凡需降低水渍损失的场所均适用
快速反应洒水喷头	这种喷头具有短时启动效果，凡要求启动时间短的场所均适用
大水滴洒水喷头	适用于高架库房等火灾危险等级高的场所
扩大覆盖面洒水喷头	喷水保护面积可达 30~36m^2，可降低系统造价

设置闭式系统的场所，洒水喷头类型和场所净空高度应符合表 4-3 的规定；仅用于保护室内钢屋架等建筑构件的洒水喷头和设置货架内置洒水喷头的场所，可不受此表规定的限制。

表 4-3　洒水喷头类型和场所净空高度

<table>
<tr><th colspan="2" rowspan="2">设置场所</th><th colspan="3">喷头类型</th><th rowspan="2">场所净空高度 h/m</th></tr>
<tr><th>一只喷头的保护面积</th><th>响应时间性能</th><th>流量系数 K</th></tr>
<tr><td rowspan="5">民用建筑</td><td rowspan="2">普通场所</td><td>标准覆盖面积洒水喷头</td><td>快速响应喷头
特殊响应喷头
标准响应喷头</td><td rowspan="2">K≥80</td><td rowspan="2">h≤8</td></tr>
<tr><td>扩大覆盖面积洒水喷头</td><td rowspan="2">快速响应喷头</td></tr>
<tr><td rowspan="3">高大空间场所</td><td>标准覆盖面积洒水喷头</td><td>K≥115</td><td rowspan="2">8<h≤12</td></tr>
<tr><td colspan="3">非仓库型特殊应用喷头</td></tr>
<tr><td colspan="3">非仓库型特殊应用喷头</td><td>12<h≤18</td></tr>
<tr><td colspan="2" rowspan="4">厂房</td><td>标准覆盖面积洒水喷头</td><td>特殊响应喷头
标准响应喷头</td><td>K≥80</td><td></td></tr>
<tr><td>扩大覆盖面积洒水喷头</td><td>标准响应喷头</td><td>K≥80</td><td></td></tr>
<tr><td>标准覆盖面积洒水喷头</td><td>特殊响应喷头
标准响应喷头</td><td>K≥115</td><td></td></tr>
<tr><td colspan="3">非仓库型特殊应用喷头</td><td></td></tr>
<tr><td colspan="2" rowspan="3">仓库</td><td>标准覆盖面积洒水喷头</td><td>特殊响应喷头
标准响应喷头</td><td>K≥80</td><td></td></tr>
<tr><td colspan="3">仓库型特殊应用喷头</td><td></td></tr>
<tr><td colspan="3">早期抑制快速响应喷头</td><td></td></tr>
</table>

2. 报警阀

报警阀是自动喷水灭火系统的关键组件之一，其作用是开启和关闭管网的水流，传递控制信号至控制系统并启动水力警铃直接报警。闭式自动喷水灭火系统的报警阀又分为湿式报警阀、干式报警阀两种类型。

（1）湿式报警阀　它主要用于湿式自动喷水灭火系统上，在其立管上安装。图 4-7 所示为导阀型湿式报警阀，其工作原理为：湿式报警阀平时阀瓣前后水压相等（水通过导向管中的水压平衡小孔，保持阀瓣前后水压平衡）。由于阀瓣的自重和阀瓣前后所受水的总压力不同，阀瓣处于关闭状态（阀瓣上面的总压力大于阀芯下面的总压力）。发生火灾时，闭式喷头喷水，由于水压平衡小孔来不及补水，报警阀上面水压下降，此时阀瓣前水压大于阀瓣后水压，于是阀瓣开启，向立管及管网供水，同时水沿着报警阀的环形槽进入延时器、压力开关及水力警铃等设施，发出火警信号并启动消防泵。

（2）干式报警阀　它主要用于干式自动喷水灭火系统，在其立管上安装。图 4-8 所示为差动型干式报警阀，其工作原理与湿式报警阀基本相同。其不同之处在于湿式报警阀阀板上面的总压力由管网中的有压水的压强引起，而干式报警阀则由阀前水压和阀后管中的有压气体的压强引起。因此，干式报警阀的阀板上面受压面积要比阀板下面积大 8 倍。

3. 水流报警装置

水流报警装置主要有水力警铃、水流指示器和压力开关，如图 4-9 所示。

（1）水力警铃　它是一种水力驱动的机械装置，由壳体、叶轮、铃锤和铃盖等组成。

当阀瓣被打开时，水流通过座圈上的沟槽和小孔进入延迟器，充满后，继续流向水力警铃的进水口，在一定的水流压力下，推动叶轮带动铃锤转臂旋转，使铃锤连续击打铝铃而发出报警铃声。

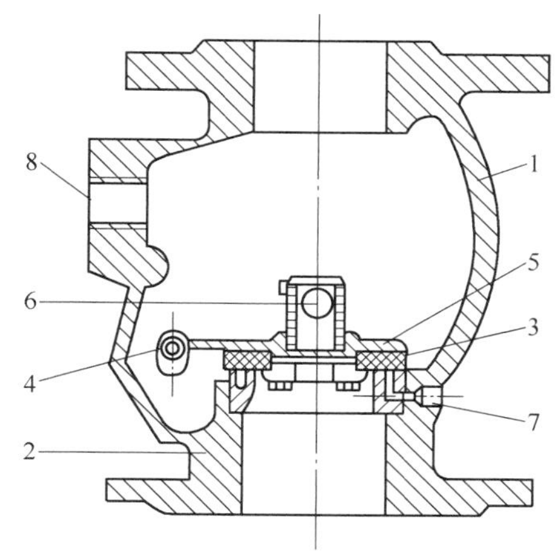

图 4-7 导阀型湿式报警阀

1—阀体 2—铜座圈 3—胶垫 4—锁轴 5—阀瓣 6—球形止回阀 7—延迟器接口 8—放水阀接口

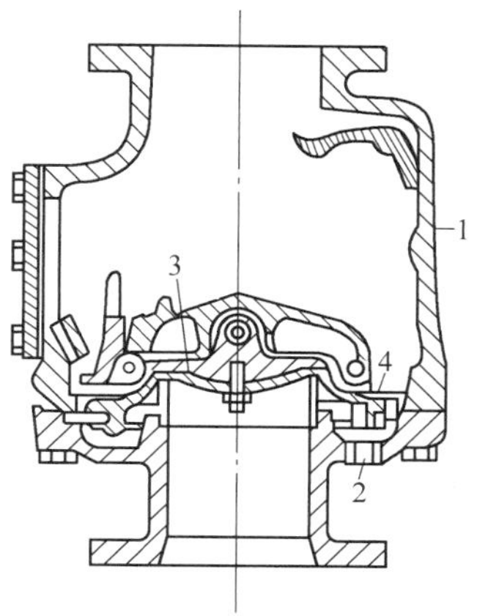

图 4-8 差动型干式阀

1—阀体 2—水力警铃接口 3—阀瓣 4—弹性隔膜

ZSJL型水力警铃

水流指示器

ZSJY型压力开关

图 4-9 水流报警装置

（2）水流指示器 它用于湿式自动喷水灭火系统中，通常安装在各楼层配水干管或支管上。其功能是当喷头开启喷水时，水流指示器中桨片摆动接通电信号送至报警控制器报警，并指示火灾楼层。

（3）压力开关 它是自动喷水灭火系统中的一个重要部件，一般垂直安装于延迟器和水力警铃之间的管道上，其作用是将系统的压力信号转换为电信号输出。

4. 延迟器

延迟器是一个有进水口和出水口的圆筒形贮水容器，如图 4-10 所示。其下端有进水口，与报警阀的报警口连接相通，上端有出水口，连接水力警铃，用于防止由于水源水压波动原因引起报警阀开启而导致的误报。报警阀开启后，水流需经 30s 左右充满延迟器后方可冲入水力警铃。

图 4-10 延迟器

5. 末端试水装置

末端试水装置由球阀、三通、喷头体（试水接头）与压力表头组成，如图4-11所示。每个报警阀组控制的最不利点喷头处，应设末端试水装置，以供检验系统的工作情况。其他防火分区、楼层均应设直径为25mm的试水阀。末端试水装置在管道中的连接方式如图4-12所示。试水接头出水口的流量系数，应等于同楼层或防火分区内的最小流量系数。末端试水装置的出水，应采取孔口出流的方式排入排水管道。

图4-11 末端试水装置

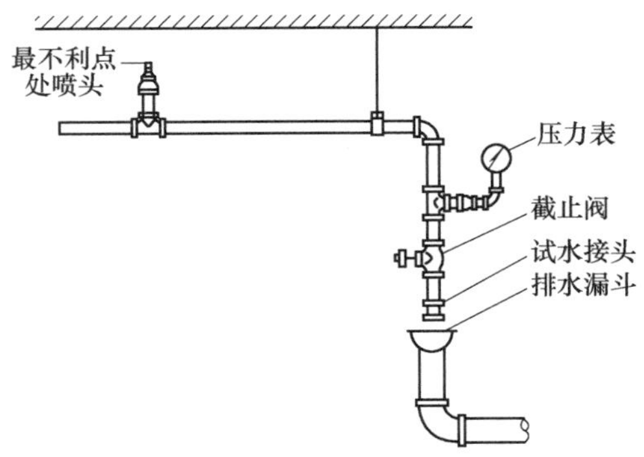

图4-12 末端试水装置在管道中的连接方式

6. 火灾探测器

火灾探测器是自动喷水灭火系统的重要组成部分。目前常用的有感烟、感温探测器，如图4-13所示。感烟探测器是利用火灾发生地点的烟雾浓度进行探测，感温探测器是通过火灾引起的温升进行探测。火灾探测器布置在房间或走廊的顶棚下面。

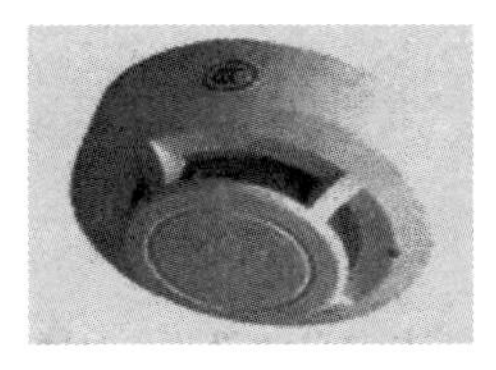

感烟

感温

图4-13 火灾探测器

4.2.3 闭式自动喷水灭火系统设计

1. 设计基本参数

闭式自动喷水灭火系统的设计应保证建筑物的最不利点喷头有足够的喷水强度。各危险等级的设计喷水强度、作用面积、喷头设计压力，不应低于规范的规定。民用建筑和厂房采用湿式系统时的设计基本参数不应低于表4-4的规定；民用建筑和厂房高大空间场所采用湿式系统时的设计基本参数不应低于表4-5的规定。仓库等其他情况的设计基本参数见《自动喷水灭火系统设计规范》（GB 50084—2017）。

表 4-4　民用建筑和厂房采用湿式系统时的设计基本参数

火灾危险等级		净空高度 h/m	喷水强度 /[L/(min · m^2)]	作用面积/m^2
轻危险级		$h \leqslant 8$	4	160
中危险级	Ⅰ级		6	
	Ⅱ级		8	
严重危险级	Ⅰ级		12	260
	Ⅱ级		16	

注：系统最不利点处喷头最低工作压力不应小于 0.05MPa 。

表 4-5　民用建筑和厂房高大空间场所采用湿式系统时的设计基本参数

适用场所		净空高度 h/m	喷水强度 /[L/(min · m^2)]	作用面积/m^2	喷头间距 S/m
民用建筑	中庭、体育馆、航站楼等	$8<h \leqslant 12$	12	160	$1.8 \leqslant S \leqslant 3.0$
		$12<h \leqslant 18$	15		
	影剧院、音乐厅、会展中心等	$8<h \leqslant 12$	15		
		$12<h \leqslant 18$	20		
厂房	制衣制鞋、玩具、木器、电子生产车间等	$8<h \leqslant 12$	15		
	棉纺厂、麻纺厂、泡沫塑料生产车间等		20		

注：1. 表中未列入的场所，应根据本表规定场所火灾危险性类比确定。

2. 当民用建筑高大空间场所的最大净空高度 $12\text{m}<h \leqslant 18\text{m}$ 时，应采用非仓库型特殊应用喷头。

干式系统的喷水强度应按表 4-4 和《自动喷水灭火系统设计规范》（GB 50084—2017）中表 5.0.4-1～表 5.0.4-5 的规定值确定，系统作用面积应按对应值的 1.3 倍确定。

预作用系统的设计要求应符合下列规定：

1）系统的喷水强度应按《自动喷水灭火系统设计规范》（GB 50084—2017）中表 5.0.1、表 5.0.4-1～表 5.0.4-5 的规定值确定。

2）当系统采用仅由火灾自动报警系统直接控制预作用装置时，系统的作用面积应按《自动喷水灭火系统设计规范》（GB 50084—2017）中表 5.0.1、表 5.0.4-1～表 5.0.4-5 的规定值确定。

3）当系统采用由火灾自动报警系统和充气管道上设置的压力开关控制预作用装置时，系统的作用面积应按《自动喷水灭火系统设计规范》（GB 50084—2017）中表 5.0.1、表 5.0.4-1～表 5.0.4-5 规定值的 1.3 倍确定。

仅在走道设置洒水喷头的闭式系统，其作用面积应按最大疏散距离所对应的走道面积确定。

2. 喷头的布置

喷头的布置形式有正方形、长方形、菱形，如图 4-14 所示。具体采用何种形式应根据建筑平面和构造确定。

正方形布置时

$$X=B=2\cos45° \tag{4-1}$$

长方形布置时

$$\sqrt{A^2+B^2}\leqslant 2R \tag{4-2}$$

菱形布置时

$$A=4R\cos30°\sin30° \tag{4-3}$$

$$B=2R\cos30°\sin30° \tag{4-4}$$

式中　R——喷头的最大保护半径（m）。

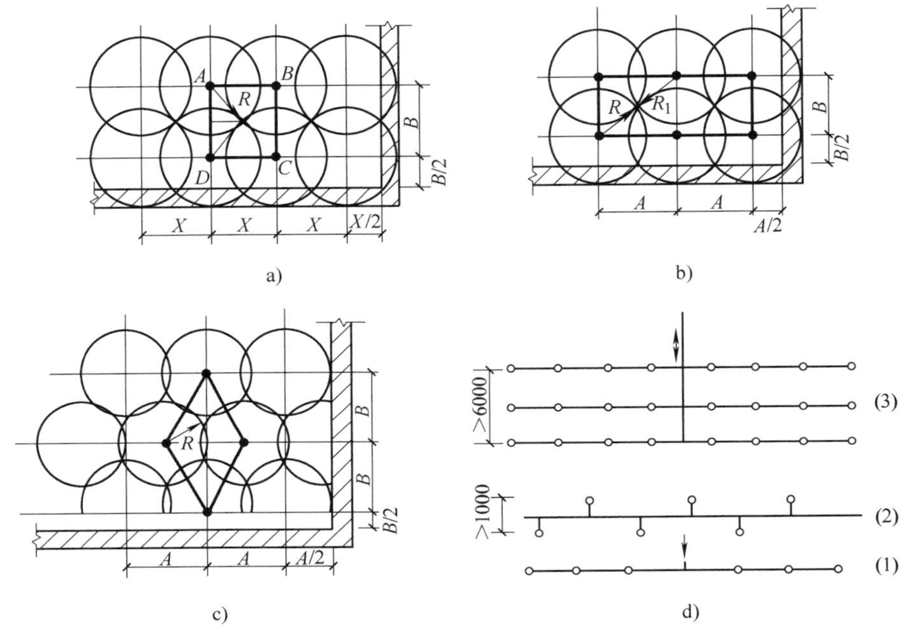

图4-14　喷头布置几种形式

喷头的布置间距和位置，原则上应满足房间的任何部位发生火灾时均能有一定强度的喷水保护。对喷头布置成正方形、长方形、菱形情况下的喷头布置间距，可根据喷头喷水强度、喷头的流量系数和工作压力确定，但不大于表4-6所示的规定，并不小于2.4m。

表4-6　喷头的布置间距

喷水强度/[L/(min·m²)]	正方形布置的边长/m	矩形及菱形布置的长边边长/m	每只喷头最大保护面积/m²	喷头与端墙的最大距离/m
4	4.4	4.5	20.0	2.2
6	3.6	4.0	12.5	1.8
8	3.4	3.6	11.5	1.7
12~20	3.0	3.6	9.0	1.5

注：1. 仅在走道上设置单排系统的闭式系统，其喷头间距应按走道地面不留漏喷空白点确定。

2. 货架内喷头的间距不应小于2m，并不应大于3m。

喷头安装在屋内顶板、吊顶或斜屋顶易于接触到火灾热气流并有利于均匀布水的位置，喷头与障碍物的距离应满足以下要求：

1）直立型、下垂型喷头与梁、通风管道的距离应符合表 4-7 所示的规定，如图 4-15 所示。

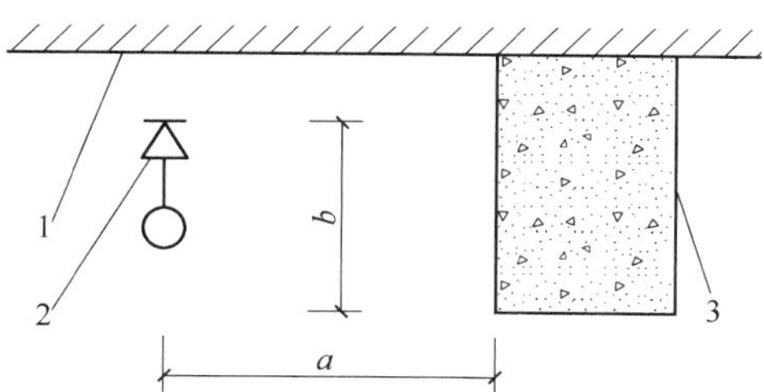

图 4-15　直立型、下垂型喷头与梁的距离

1—顶板　2—直立型喷头　3—梁（或通风管道）

表 4-7　直立型、下垂型喷头与梁、通风管道的距离

直立型、下垂型喷头与梁、通风管道侧面的水平距离 a/m	直立型、下垂型喷头上方溅水盘与梁、通风管道底面的最大垂直距离 b/mm	
	标准喷头	非标准喷头
$a<0.3$	0	0
$0.3\leqslant a<0.6$	60	38
$0.6\leqslant a<0.9$	140	140
$0.9\leqslant a<1.2$	240	250
$1.2\leqslant a<1.5$	350	375
$1.5\leqslant a<1.8$	450	550
$a=1.8$	>450	>550

2）直立型、下垂型标准喷头的溅水盘以下 0.45m 范围内、其他喷头的溅水盘以下 0.9m 范围内，当有屋架等间断障碍物或管道时，喷头与邻近障碍物的最小水平距离宜符合表 4-8 所示的规定，如图 4-16 所示。

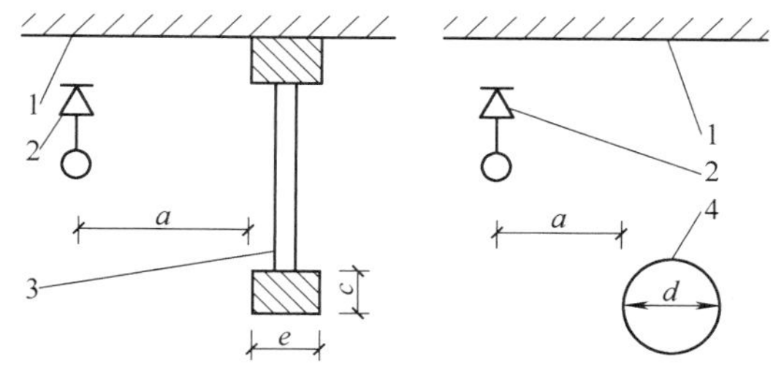

图 4-16　喷头与邻近障碍物的最小水平距离

1—顶板　2—喷头　3—屋架　4—管道

3）当梁、通风管道、排管、桥架等障碍物的宽度大于 1.2m 时，应在障碍物下方增设喷头，如图 4-17 所示。

表 4-8　喷头与屋架等间断障碍物的距离　（单位：m）

c、e 或 $d\leqslant0.2$	c、e 或 $d>0.2$
$3c$ 或 $3e$（c 与 e 取大值）或 $3d$	0.6

4）直立型、下垂型喷头与不到顶隔墙的水平距离，不得大于喷头溅水盘与不到顶隔墙顶面垂直净距的 2 倍，如图 4-18 所示。

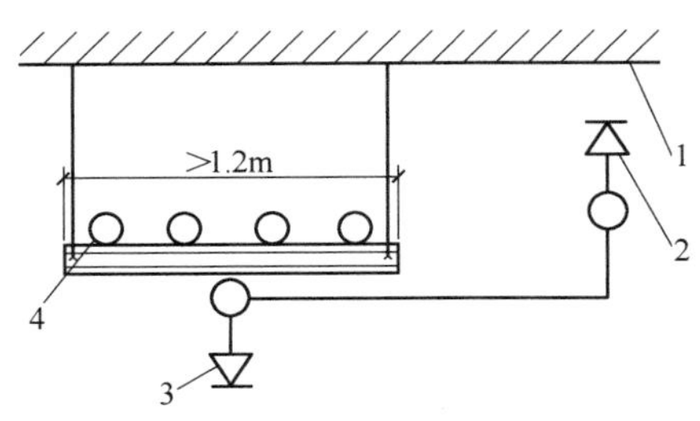

图 4-17　宽度大于 1.2m 时，在障碍物下方增设喷头
1—顶板　2—直立型喷头　3—下垂型喷头
4—排管（或梁、通风管道、桥架等）

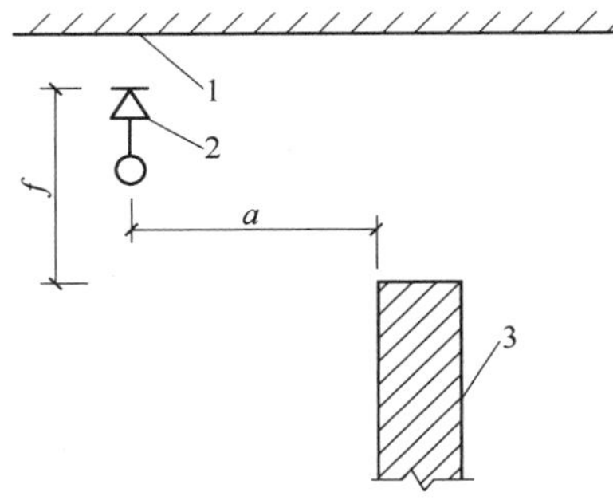

图 4-18　喷头与不到顶隔墙的距离
1—顶板　2—直立型喷头　3—不到顶隔墙

5）直立型、下垂型喷头与靠墙障碍物的距离应符合下列规定，如图 4-19 所示。

当横截面边长小于 750mm 时，喷头与靠墙障碍物的距离应按式（4-5）计算

$$a \geqslant (e-200)+b \tag{4-5}$$

式中　a——喷头与障碍物侧面的水平间距（mm）；

b——喷头溅水盘与障碍物底面的垂直间距（mm）；

e——障碍物横截面的边长（mm），$e<75$mm。

当横截面边长大于或等于 750mm 或 a 的计算值大于表 4-7 中喷头与墙面距离的规定时，应在靠墙障碍物下增设喷头。

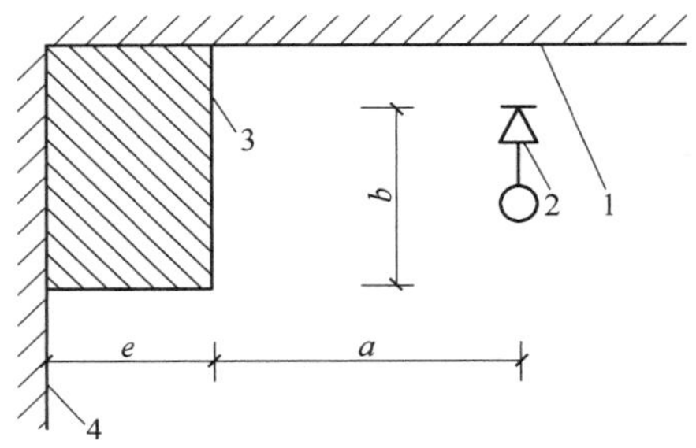

图 4-19　直立型、下垂型喷头与靠墙障碍物的距离
1—顶板　2—直立型喷头
3—靠墙障碍物　4—墙面

6）边墙型喷头的两侧 1m 与正前方 2m 范围内，顶板或吊顶下不应有阻挡喷水的障碍物。

3. 管网的布置

自动喷水灭火系统管网的布置，应根据建筑平面的具体情况布置成侧边式和中央式两种形式，如图 4-20 所示，相对干管而言，支管上的喷头应尽量对称布置。一般情况下，轻危险级和中危险级及仓库危险级系统每根支管上设置的喷头小于等于 8 个，严重危险级系统每根支管上设置的喷头小于等于 6 个，以控制配水支管管径不要过大，支管不要过长，防止喷头出水量不均衡和系统中压力过高。由于管道因锈蚀等因素引起过流面缩小，要求配水支管最小管径大于等于 25mm。

报警阀后的管道，应采用内外镀锌钢管。当报警阀前采用未经防腐处理的钢管时，应增设过滤器。地上民用建筑中设置的轻、中Ⅰ危险级系统，可采用性能等效于内外镀锌钢管的其他金属管材。

管道敷设应有 0.003 的坡度，坡向报警排水管，以便系统泄空，并在管网末端设充水时的排气措施。

配水支管相邻喷头间应设支吊架，配水立管、配水干管与配水支管上应再附加防晃支架。

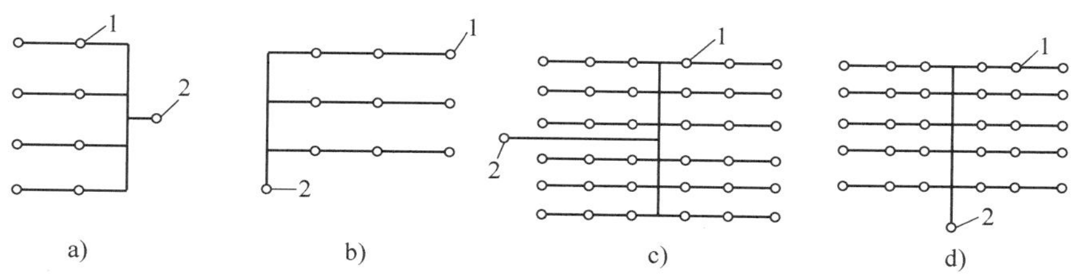

图 4-20　管网布置方式

a）侧边中心方式　b）侧边末端方式　c）中央中心方式　d）中央末端方式

1—喷头　2—立管

自动喷水灭火系统管网内工作压力小于等于 1.2MPa。

自动喷水灭火系统管网的布置，在发生火灾时应保证供水安全，确保有足够的水量和水压，以满足火场对喷水强度的要求。报警阀后管网不应与生活、生产用水合用，也不应接出其他用水设施。

1）配水管道的工作压力不应大于 1.20MPa，否则应进行竖向分区。分区方式有并联分区和串联分区，如图 4-21、图 4-22 所示。

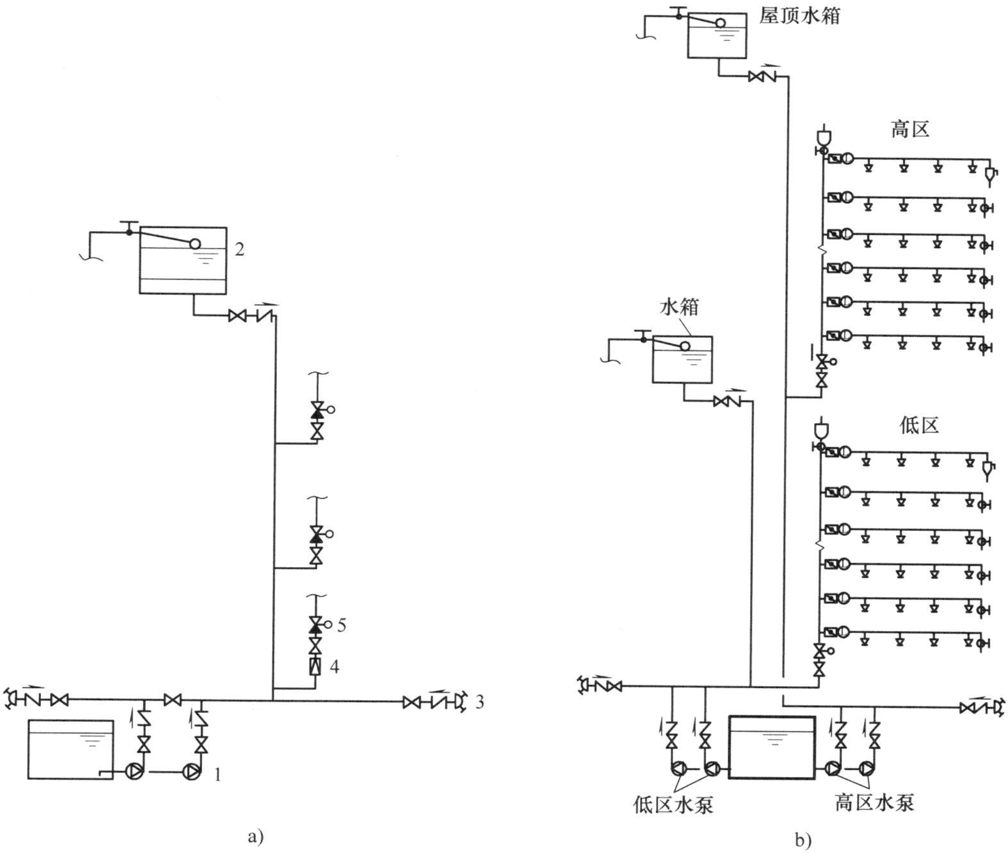

屋顶水箱
高区
水箱
低区
2
5
4
3
1
低区水泵
高区水泵
a)
b)

图 4-21　并联分区供水

a）设减压阀分区供水（报警阀分散设置）　b）消防泵分区并联供水

1—消防水泵　2—消防水箱　3—水泵接合器　4—减压阀　5—报警阀组

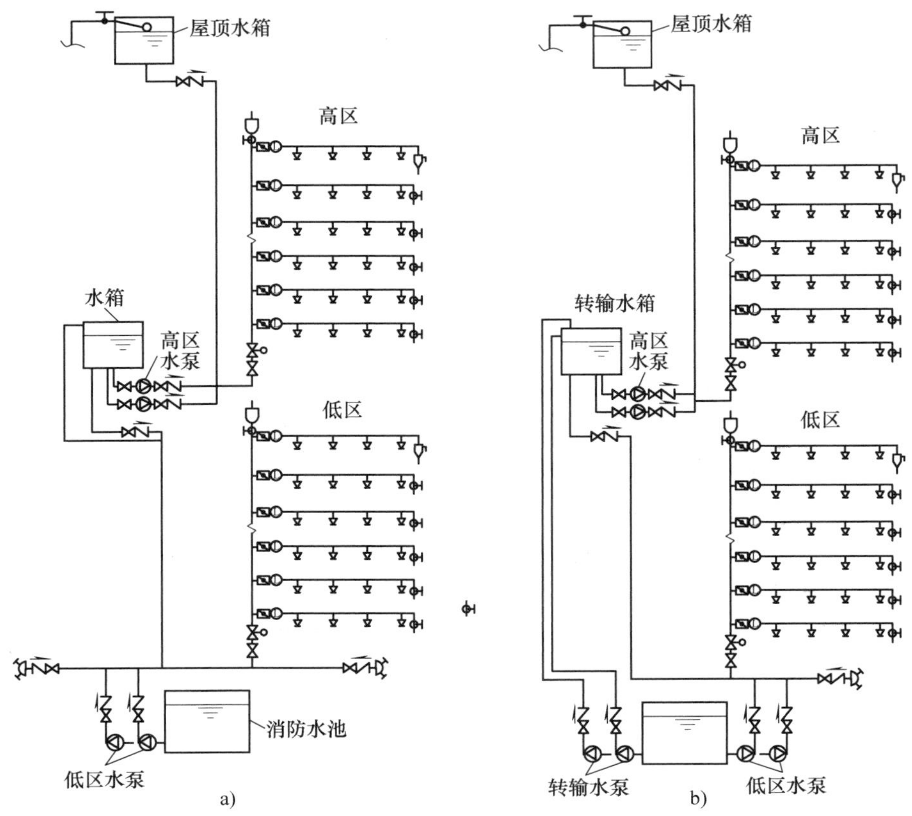

图 4-22　**串联分区供水**

a）消防泵串联分区供水　b）转输水箱供水方式

2）管道的直径应经水力计算确定。配水管道的布置，应使配水管入口的压力均衡。轻危险级、中危险级场所中各配水管入口的压力均不宜大于 0.40MPa。

3）配水管两侧每根配水支管控制的标准喷头数，轻危险级、中危险级场所不应超过 8 只，同时在吊顶上下安装喷头的配水支管，上下侧均不应超过 8 只。严重危险级及仓库危险级场所均不应超过 6 只。

4）轻危险级、中危险级场所中配水支管、配水管控制的标准喷头数，不应超过表 4-9 所示的规定。

表 4-9　配水支管、配水管控制的标准喷头数

公称管径/mm	危险等级	
	轻危险级	中危险级
25	1	1
32	3	3
40	5	4
50	10	8
65	18	12
80	48	32
100	按水力计算	64
150	按水力计算	按水力计算

5）干式系统、预作用系统的供气管道，采用钢管时，管径不宜小于 15mm；采用铜管时，管径不宜小于 10mm。

6）水平安装的管道宜有坡度，并应坡向泄水阀。充水管道的坡度不宜小于 2‰，准工作状态不充水管道的坡度不宜小于 4‰。

4. 报警阀的布置

报警阀应设在距地面高度宜为 1. 2m，且没有冰冻危险，易于排水，管理维修方便及明显的地点。每个报警阀组供水的最高与最低喷头，其高程差不宜大于 50m。一个报警阀所控制的喷头数应符合表 4-10 所示的规定。

表 4-10　一个报警阀所控制的喷头数

系统类型		危险级别		
		轻级	中级	严重级
		喷头数/只		
湿式喷水灭火系统		500	800	1000
干式喷水灭火系统	有排气装置	250	500	500
	无排气装置	125	250	—

当配水支管同时安装保护吊顶下方和上方空间的喷头时，应只将数量较多一侧的喷头计入报警阀组控制的喷头总数。

5. 水力警铃的布置

水力警铃应设在有人值班的地点附近；与报警阀连接的管道，其管径为 20mm，总长度不宜大于 20m。

6. 水泵的设置

系统应设独立的供水泵，并应按一运一备或二运一备的比例设置备用泵；水泵应采用自灌式吸水方式，每组供水泵的吸水管不应少于 2 根；报警阀入口前设置环状管道的系统，如图 4-23 所示，每组供水泵的出水管不应少于 2 根；供水泵的吸水管应设控制阀；出水管应

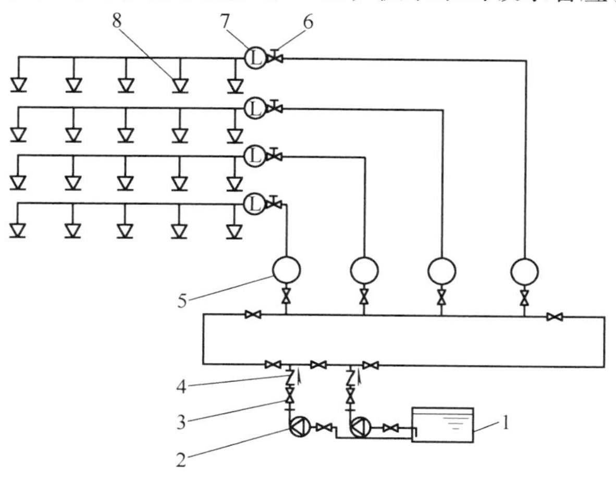

图 4-23　报警阀入口前的环状管道系统

1—水池　2—水泵　3—闸阀　4—止回阀　5—报警阀组　6—信号阀　7—水流指示器　8—闭式喷头

设控制阀、止回阀、压力表和直径不小于65mm的试水阀。必要时，应采取控制供水泵出口压力的措施。

采用临时高压给水系统的自动喷水灭火系统，应设高位消防水箱；消防水箱的供水，应满足系统最不利点处喷头的最低工作压力和喷水强度。

建筑高度不超过24m，并按轻危险级或中危险级场所设置湿式系统、干式系统或预作用系统时，如设置高位消防水箱确有困难，应采用5L/s流量的气压给水设备供给10min初期用水量。

消防水箱的出水管应符合下列规定：应设止回阀，并应与报警阀入口前管道连接；轻危险级、中危险级场所的系统，管径不应小于80mm，严重危险级和仓库危险级场所的系统，管径不应小于100mm。

7. 水泵接合器的设置

系统应设水泵接合器，其数量应按系统的设计流量确定，每个水泵接合器的流量宜按10~15L/s计算。

4.2.4 闭式自动喷水灭火系统水力计算

自动喷水灭火系统的水力计算主要是为了确定喷头出水量和管段的流量；确定管段的管径；计算高位水箱设置高度；计算管网所需的供水压力，选择消防水泵；确定管道节流措施等。其计算方法有特性系数计算法和作用面积计算法。

1. 喷头的出流量与管段的压力损失

（1）喷头的出流量　单个喷头的出水量与喷头处的压力和喷头本身的结构、水力特性有关，一般是以不同条件下的喷头的特性系数来反映喷头的结构及喷头喷口直径对流量的影响。

闭式喷头的出水量可按式（4-6）计算

$$q = K\sqrt{10p} \tag{4-6}$$

式中　q——喷头出水量（L/s）；

K——喷头特性系数，当喷头的公称直径为15mm时，K=1.33；

p——喷头的工作压力（MPa）。

（2）管段的压力损失　管段的压力损失按式（4-7）计算

$$p_y = A_Z L Q^2 \tag{4-7}$$

$$L = L_1 + L_2 \tag{4-8}$$

式中　p_y——计算管段的压力损失（MPa）；

A_Z——管道比阻，镀锌钢管的比阻见表4-11；

L——管段计算长度（m）；

L_1——管段长度（m）；

L_2——管件的当量长度（m），可参见第2章的表2-13；

Q——管段流量（L/s）。

表 4-11　镀锌钢管的比阻 A_Z

公称直径/mm	25	32	40	50	70	80	100	125	150
$A_Z \times 10^{-7}$/[$\mathrm{MPa \cdot s^2/(m \cdot L^2)}$]	43680	9388	4454	1108	289.4	116.9	26.75	8.625	3.395

2. 特性系数计算法

（1）特性系数计算法的原理

1）在一个管道系统中，某节点的流量 Q 与该点管内的压力 p 和管段的流量系数（特性系数）B 关系满足：$Q^2 = Bp$。

2）如图 4-24 所示，对于与配水管连接的 a、b 两根支管而言，有

$$\frac{Q_a^2}{Q_b^2} = \frac{B_a p_a}{B_b p_b} \tag{4-9}$$

式中　Q_a——配水管流向 a 支管的流量（L/s）；

Q_b——配水管流向 b 支管的流量（L/s）；

p_a——支管 a 与配水管连接处的管内压力（MPa）；

p_b——支管 b 与配水管连接处的管内压力（MPa）；

B_a——支管 a 的流量系数；

B_b——支管 b 的流量系数。

3）如果两根支管的水力条件（喷头类型、喷头个数、管径、管长、管材）相同，则可近似认为两根支管的流量系数相同，即 $B_a = B_b$，可由式（4-10）计算支管 b 的流量

$$\frac{Q_a}{Q_b} = \frac{\sqrt{p_a}}{\sqrt{p_b}} \tag{4-10}$$

4）如果两根支管的水力条件不相同，则可先假定支管 b 上末端喷头的压力，由此假定压力计算出该支管的流量 Q_b' 和支管 b 与配水管连接处的管内压力 p_b'，再由支管 b 与配水管连接处的管内实际压力 p_b 计算支管的流量，即

$$Q_b = Q_b' \sqrt{\frac{p_b}{p_b'}} \tag{4-11}$$

（2）特性系数计算法的计算步骤　从系统的最不利点喷头开始，沿程计算各喷头的压力、喷水量和管段累积流量、压力损失，直到某管段累计流量达到设计流量为止。其计算步骤如下：

1）按建筑物的危险等级选定喷头，布置喷淋系统，找出最不利点，确定计算管路并分段编号。

2）在最不利点处画定矩形的作用面积，作用面积的长边平行支管，其长度不宜小于作用面积平方根的 1.2 倍，如图 4-24 所示。

3）对于轻危险级与中危险级建筑，根据喷头个数初定管段管径，配水支管、配水管控制的标准喷头数见表 4-9。对于严重危险级与仓库危险级建筑，按管道计算流量与流速要求确定管径，管道流速宜采用经济流速，一般不大于 5m/s，对于配水支管在个别情况下不应大于 10m/s。

4）确定最不利点工作压力。

5）水力计算。在作用面积内，从最不利点开始计算喷头流量、管段流量、管段压力损失，出了作用面积后，管段的流量不再增加，只计算管段的压力损失。图4-24所示为一系统的平面布置示意图。

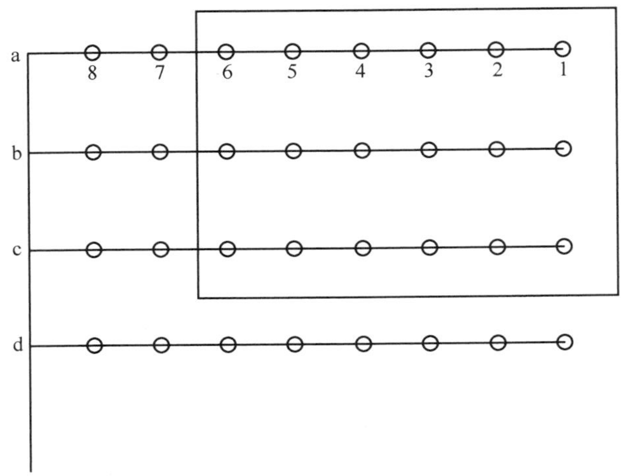

图4-24　自动喷水灭火系统计算示意图

a. 第一根支管水力计算。

a）支管a上1点喷头为最不利喷头，1点喷头处压力为p_1，其流量为：$q_1 = K\sqrt{10p_1}/60$。

b）1-2管段的流量为：$Q_{1\text{-}2} = q_1$。

c）1-2管段的压力损失：$p_{y1\text{-}2} = A_Z L_{1\text{-}2} Q_{1\text{-}2}^2$。

d）计算2点喷头处的压力p_2：$p_2 = p_1 + p_{y1\text{-}2}$。

e）计算2点喷头的出流量q_2：$q_2 = K\sqrt{10p_2}/60$。

f）计算2-3管段的流量$Q_{2\text{-}3}$：$Q_{2\text{-}3} = Q_{1\text{-}2} + q_2$。

g）计算2-3管段的压力损失$p_{y2\text{-}3}$：$p_{y2\text{-}3} = A_Z L_{2\text{-}3} Q_{2\text{-}3}^2$。

h）同理计算在作用面积内（4、5、6点）的喷头压力、喷头出水量、管段流量、管段压力损失，出了作用面积后管段流量不再增加（7、8点喷头流量不再计算），只计算管段的压力损失，一直到a点，得到a点的压力p_a和第一根支管的流量Q_a（1~6点喷头的流量和）。

b. 其他管段的水力计算。

a）配水管a-b段的流量$Q_{a\text{-}b}$与第一根支管的流量Q_a相同，即$Q_{a\text{-}b} = Q_a$。

b）计算a-b段的压力损失$p_{ya\text{-}b}$：$p_{ya\text{-}b} = A_Z L_{a\text{-}b} Q_{a\text{-}b}^2$。

c）计算第二根支管与配水管连接点b的压力p_b：$p_b = p_a + p_{ya\text{-}b}$。

d）按特性系数计算法计算第二根支管的流量Q_b，第二根支管与第一根支管水力条件相同，则按管系特性原理，有$Q_b = Q_a\sqrt{\dfrac{p_b}{p_a}}$。

e）计算配水管 b-c 段的流量：$Q_{b\text{-}c}=Q_a+Q_b$。

f）计算 b-c 段的压力损失：$p_{yb\text{-}c}=A_Z L_{b\text{-}c} Q_{yb\text{-}c}^2$。

g）计算第三根支管与配水管连接点 c 的压力 p_c：$p_c=p_b+p_{yb\text{-}c}$。

h）同理计算在作用面积内支管流量 Q_i、配水管流量 $Q_{i\text{-}(i+1)}$、配水管的压力损失、支管与配水管连接处的压力 $p_{(i+1)}$，出了作用面积后配水管的流量不再增加，只计算管段的压力损失，一直到喷淋泵或室外管网，计算出管路的总压力损失 $\sum p_y$。

6）校核。需要对系统设计流量和设计流速进行校核。

a. 设计流量校核。由于管网中各喷头的实际出水量与理论值有偏差，且管网中有渗漏现象，故自动喷水灭火系统的设计流量与理论流量之间应考虑一个修正系数，根据世界各国规范并对实际运行数据进行比较后，将修正系数定为 1.15～1.30。因此，系统设计流量应满足

$$Q_S=(1.15\sim1.3)Q_L \tag{4-12}$$

式中 Q_S——系统设计流量（L/s）；

Q_L——理论秒流量（L/s），为喷水强度与作用面积的乘积，喷水强度与作用面积见表 4-4。

b. 设计流速校核。流速必须满足自动喷水灭火系统设计计算的有关规定，其计算公式为

$$v=K_C Q \tag{4-13}$$

式中 K_C——流速系数（m/L），见表 4-12；

Q——流量（L/s）；

v——流速（m/s）。

表 4-12 K_C 值表

管径/mm	25	32	40	50	70	80	100	125	150	200	250
钢管	1.883	1.05	0.80	0.47	0.283	0.204	0.115	0.075	0.053	—	—
铸铁管	—	—	—	—	—	—	0.1273	0.0814	0.0566	0.0318	0.021

7）系统水压力计算。自动喷水灭火系统所需水压力（或消防泵的扬程）计算公式为

$$p=p_1+p_2+p_f+p_0 \tag{4-14}$$

报警阀的局部压力损失计算公式为

$$p_f=\beta_f Q^2 \tag{4-15}$$

式中 p——系统所需水压力（或消防泵的扬程相应压力）（kPa）；

p_1——给水引入管与最不利喷头之间的高程压力差（如由消防泵供水，则为消防贮水池最低水位与最不利消火栓之间的高程压力差）（kPa）；

p_2——计算管路压力损失（kPa）；

p_f——报警阀的局部压力损失（kPa）；

p_0——最不利喷头的工作压力（kPa），经计算确定；

Q——设计流量（L/s）；

β_f——报警阀的比阻（s^2/L^2），见表 4-13。

表 4-13　报警阀的比阻　（单位：s^2/L^2）

名称	公称直径 DN/mm	β_f	名称	公称直径 DN/mm	β_f
湿式报警阀	100	0.0296	干湿两用报警阀	150	0.0204
湿式报警阀	150	0.00852	干式报警阀	150	0.0157
干湿两用报警阀	100	0.0711			

3. 作用面积计算法

对于轻危险级与中危险级建筑，可采用作用面积计算法进行计算。在计算时可假定作用面积内每只喷头的喷水量相等，均以最不利点喷头喷水量取值。具体步骤如下：

1）根据建筑物类型和危险等级，由表 4-4 确定喷水强度、作用面积、喷头工作压力。

2）在最不利点处画定矩形的作用面积，作用面积的长边平行于支管，其长度不宜小于作用面积平方根的 1.2 倍，确定发生火灾后最多开启的喷头数 m。

3）根据最不利喷头的工作压力，按式（4-6）计算最不利喷头出水量 q_0。

4）计算作用面积内管段设计流量

$$Q_{i\text{-}(i+1)}=q_0 i \tag{4-16}$$

式中　$Q_{i\text{-}(i+1)}$——i-(i+1) 管段设计流量（L/s）；

q_0——不利喷头出水量（L/s）；

i——i-(i+1) 管段负担的作用面积内的喷头数，当 i 大于作用面积内的喷头总数 m 时，取 $i=m$，管段流量不再增加。

以图 4-24 为例，$Q_{6\text{-}7}=Q_{7\text{-}8}=Q_{a\text{-}b}=6q_1$；$Q_{b\text{-}c}=12q_1$；$Q_{c\text{-}d}=18q_1$，c-d 以后管段的流量不再增加，均为 $18q_1$。

5）校核喷水强度。任意作用面积内的平均喷水强度不小于表 4-4 所示的规定的喷水强度；最不利点作用面积内 4 个喷头组成的保护面积内的平均喷水强度，不应低于表中规定值的 85%。

6）按管段连接喷头数，由表 4-9 确定各管段的管径。

7）计算管路的压力损失。

8）确定水泵扬程或系统入口处的供水压力，与特性系数计算法相同。

4. 两种计算方法的比较

特性系数计算法，从系统最不利点喷头开始，沿程计算各喷头的水压力、流量和管段的设计流量、压力损失，直到管段累计流量达到设计流量为止。在此后的管段中流量不再增加。按特性系数计算方法设计的系统，其特点是安全性较高，即系统中除最不利点喷头以外的任一喷头的喷水量或任意 4 个喷头的平均喷水量均超过设计要求。此种计算方法适用于燃烧物热量大、火灾危险严重场所的管道计算及开式雨淋（水幕）系统的管道水力计算。

特性系数计算法严密细致，工作量大，但计算时按最不利点处喷头起逐个计算，不符合火灾发展的一般规律。实际火灾发生时，一般都是由火源点呈辐射状向四周扩大蔓延，而只有失火区上方的喷头才会开启喷水。火灾实例证明，在火灾初期往往是只开放一只或数只喷头，对轻级或中级危险系统往往也是靠少量喷头喷水灭火。如上海国际饭店、中百一店和上海几次大的火例，开启的喷头数最多不超过 4 只喷头。这是因为火灾初期可燃物少，且少量

喷头开启，每只喷头的实际水压和流量必然超过设计值较多，有利于灭火；即使火灾扩大，对上述系统只要确保在作用面积内的平均喷水强度也能保证灭火。因此，对轻级和中级危险系统，采用作用面积计算法是合理的、安全的。

作用面积计算法与特性系数计算法的最大区别是：计算时假定作用面积内每只喷头的喷水量相等，均以最不利点喷头喷水量取值；而后者每只喷头的出流量是不同的，需逐个计算，较为复杂。作用面积计算法可使计算大大简化，因此《自动喷水灭火系统设计规范》（GB 50084—2017）推荐采用。

【例 4-1】　某五层商场，每一层的净空高度小于 8m，根据喷头的平面布置图，经计算最不利点喷头 1 处的压力为 0.1MPa，最不利点喷头与水泵吸水水位高差为 28.60m，其作用面积的喷头布置如图 4-25 所示，试按作用面积计算法进行自动喷水系统水力计算，确定水泵的流量和扬程。该设置场所火灾危险等级为中危险级Ⅱ级。

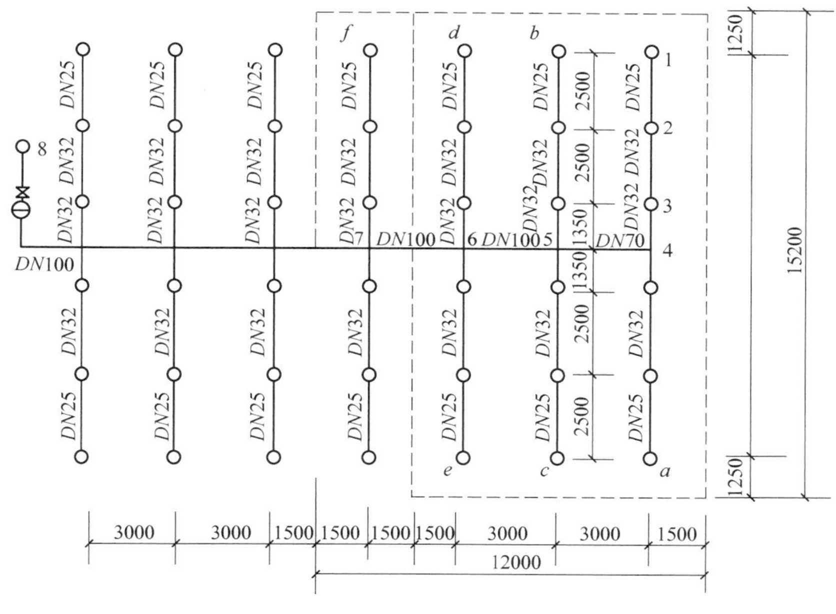

图 4-25　作用面积的喷头布置

【解】　按作用面积计算法步骤如下：

1. 基本设计数据确定

由表 4-4 查得中危险级Ⅱ级建筑物的基本设计数据为：设计喷水强度 8.0L/(min · m^2)，作用面积 160m^2。

2. 喷头布置

根据建筑结构与性质，本设计采用作用温度为 68℃ 闭式吊顶型玻璃球喷头，喷头采用 2.5m×3.0m 和 2.7m×3.0m 矩形布置，使保护范围无空白点。

3. 作用面积划分

作用面积选定为矩形，矩形面积长边长度：$L = 1.2\sqrt{F} = (1.2 \times \sqrt{160})\text{m} = 15.2\text{m}$，短边

长度为10.5m。

最不利作用面积在最高层（五层处）最远点。矩形长边平行于最不利喷头的配水支管，短边垂直于该配水支管。

每根支管最大动作喷头数 $n=$（15.2÷2.5）只＝6只

作用面积内配水支管 $N=$（10.5÷3）只＝3.5只，取4只

动作喷头数：(4×6）只＝24只

实际作用面积：$(15.2\times12)\mathrm{m}^2=182.4\mathrm{m}^2>160\mathrm{m}^2$

故应从较有利的配水支管上减去3个喷头的保护面积，如图4-25所示，则最后实际作用面积：$(15.2\times12-3\times2.5\times3.0)\mathrm{m}^2=160\mathrm{m}^2$

4. 水力计算

计算结果见表4-14，其计算公式如下。

1）作用面积内每个喷头出流量：$q=K\sqrt{10p}=(1.33\times\sqrt{10\times0.1})\mathrm{L/s}=1.33\mathrm{L/s}$。

2）管段流量：$Q=nq$

3）管道流速：$v=K_CQ$，K_C值见表4-12。

4）管道压力损失：$p_y=A_ZLQ^2$，A_Z值见表4-11。

表4-14 最不利计算管路水力计算

管段	喷头数/只	设计流量/(L/s)	管径/mm	管段长度/m	流速系数	设计流速/(m/s)	管段比阻/(s²/L²)	压力损失/kPa
1-2	1	1.33	25	2.5	1.833	2.44	0.4367	19.3
2-3	2	2.66	32	2.5	1.05	2.79	0.09386	16.6
3-4	3	3.99	32	1.35	1.05	4.19	0.09386	20.2
4-5	6	7.98	70	3.0	0.283	2.23	0.002893	5.4
5-6	12	15.96	100	3.0	0.115	1.84	0.0002674	2.0
6-7	18	23.94	100	3.0	0.115	2.75	0.0002674	4.6
7-8	21	27.93	100	19.5	0.115	3.21	0.0002674	40.7
8-水泵	21	27.93	150	36.2	0.053	1.48	0.00003395	9.6
$\sum p_y$								118.4

5. 校核

1）设计流量校核。作用面积内喷头的计算流量为：$Q_s=(21\times1.33)\mathrm{L/s}=27.93\mathrm{L/s}$。

理论流量为：$Q_L=\left(\dfrac{160\times8}{60}\right)\mathrm{L/s}=21.33\mathrm{L/s}$。

$\dfrac{Q_S}{Q_L}=\dfrac{27.93}{21.33}=1.30$，满足要求。

2）设计流速校核：表4-14中，设计流速均满足 $v\leq5\mathrm{m/s}$ 的要求。

3）设计喷水强度校核。从表4-14中可以看出，系统计算流量 $Q=27.93\mathrm{L/s}=1675.8\mathrm{L/min}$，系统作用面积为160m²，所以系统平均喷水强度为：(1675.8/160)L/min＝10.5L/min>8L/min，满足中危险级Ⅱ级建筑物防火要求。

最不利点处作用面积内4只喷头围合范围内的平均喷水强度为：[1.33×60/(3×2.5)]

L/min = 10.64L/min>8L/min，满足中危险级Ⅱ级建筑物防火要求。

6. 选择喷洒泵

1）喷洒泵设计流量为：Q = 27.93L/s；

2）喷洒泵扬程的相应压力 p：

$$p_2 = (1+\beta)\sum p_y = [(1+20\%)\times 118.4]\text{kPa} = 142.1\text{kPa}$$

$$p_f = \beta_f Q^2 = (0.0296\times 27.93^2)\text{kPa} = 23.1\text{kPa}$$

$$\begin{aligned}p &= p_1 + p_2 + p_f + p_0 + 50\\ &= (28.6\times 10 + 142.1 + 23.1 + 100 + 50)\text{kPa} = 601.2\text{kPa}\end{aligned}$$

4.3　雨淋灭火系统

开式自动喷水灭火系统是指在自动喷水灭火系统中采用开式喷头，平时系统为敞开状态，报警阀处于关闭状态，管网中无水，发生火灾时报警阀开启，管网充水，喷头喷水灭火。

开式自动喷水灭火系统主要可分为雨淋系统、水幕系统和水喷雾系统三种形式。

雨淋喷水灭火系统是由火灾探测系统、开式喷头、传动装置、喷水管网、雨淋阀等组成。发生火灾时，系统管道内给水是通过火灾探测系统控制雨淋阀来实现的，并设有手动开启阀门装置。

4.3.1　雨淋灭火系统的设置范围

雨淋自动喷水灭火系统适用于燃烧猛烈、蔓延迅速的某些严重危险级场所。《建筑设计防火规范》（GB 50016—2014）规定下列场所应设置雨淋自动喷水灭火系统：

1）火柴厂的氯酸钾压碾厂房，建筑面积大于100m^{2}且生产、使用硝化棉、喷漆棉、火胶棉、赛璐珞胶片、硝化纤维的厂房。

2）建筑面积大于60m^{2}或储存量大于2t的硝化棉、喷漆棉、火胶棉、赛璐珞胶片、硝化纤维的仓库。

3）日装瓶数量大于3000瓶的液化石油气储配站的灌瓶间、实瓶库。

4）特等、甲等剧场的舞台葡萄架下部，超过1500个座位的其他等级剧场和超过2000个座位的会堂或礼堂的舞台葡萄架下部。

5）建筑面积不小于400m^{2}的演播室，建筑面积不小于500m^{2}的电影摄影棚。

6）乒乓球厂的轧坯、切片、磨球、分球检验部位。

《自动喷水灭火系统设计规范》（GB 50084—2017）规定，具有下列条件之一的场所，应采用雨淋系统：

1）火灾的水平蔓延速度快、闭式洒水喷头的开放不能及时使喷水有效覆盖着火区域的场所。

2）设置场所的净空高度超过该规范第6.1.1条的规定，且必须迅速扑救初期火灾的场所。

3）火灾危险等级为严重危险级Ⅱ级的场所。

4.3.2 雨淋灭火系统的分类

雨淋灭火系统可分为空管式雨淋喷水灭火系统和充水式雨淋喷水灭火系统两类。

1. 空管式雨淋喷水灭火系统

空管式雨淋喷水灭火系统的雨淋阀后的管网为干管状态，该系统可由传动管（图4-26）或电动设备（图4-27）启动。

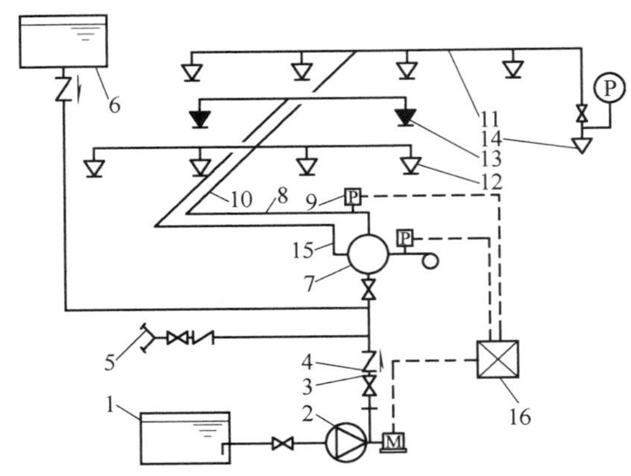

图4-26 传动管启动雨淋喷水灭火系统

1—消防水池 2—水泵 3—闸阀 4—止回阀 5—水泵接合器 6—消防水箱 7—雨淋阀组 8—配水干管 9—压力开关 10—配水管 11—配水支管 12—开式喷头 13—闭式喷头 14—末端试水装置 15—传动管 16—报警控制器 P—压力开关 M—驱动电机

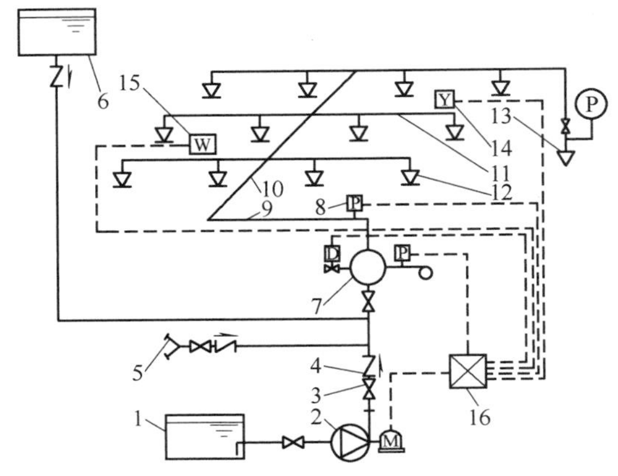

图4-27 电动启动雨淋喷水灭火系统

1—消防水池 2—水泵 3—闸阀 4—止回阀 5—水泵接合器 6—消防水箱 7—雨淋阀组 8—压力开关 9—配水干管 10—配水管 11—配水支管 12—开式洒水喷头 13—末端试水装置 14—感烟探测器 15—感温探测器 16—报警控制器 D—电磁阀 M—驱动电机

2. 充水式雨淋喷水灭火系统

充水式雨淋喷水灭火系统（图4-28）的雨淋阀后的管网内平时充以水，水面高度低于

开式喷头的出口，并借溢流管保持恒定。雨淋阀一旦开启，喷头立即喷水，其喷水速度快，用于火灾危险性较大或有爆炸危险的场所，灭火效率较高。该系统可用易熔锁封、闭式喷头传动管或火灾探测装置控制启动。

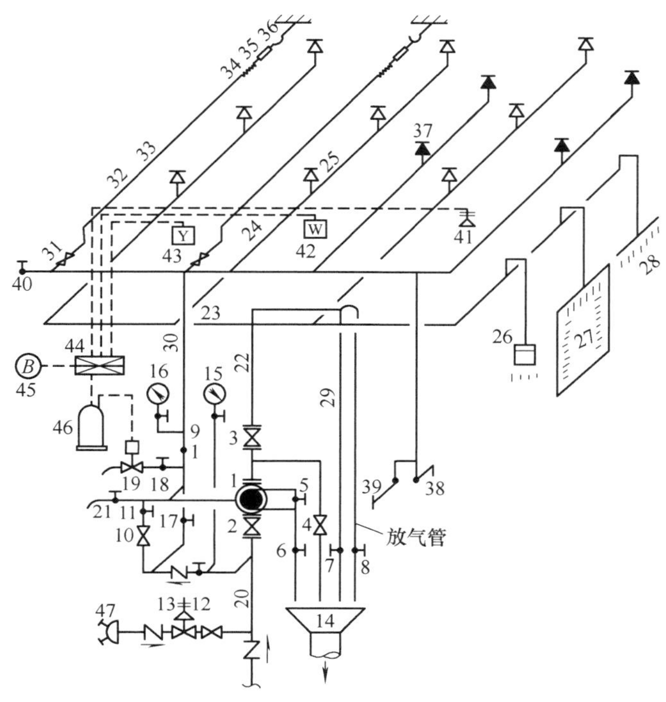

图 4-28　充水式雨淋喷水灭火系统

1—成组作用阀　2~4—闸阀　5~9—截止阀　10—小孔阀　11、12—截止阀　13—单向阀　14—漏斗　15、16—压力表　17、18—截止阀　19—电磁阀　20—供水干管　21—水嘴　22、23—配水主管　24—配水支管　25—开式喷头　26—淋水器　27—淋水环　28—水幕　29—溢流管　30—传动管　31—传动阀门　32—钢丝绳　33—易熔锁头　34—拉紧弹簧　35—拉紧连接器　36—钩子　37—闭式喷头　38—手动开关　39—长柄手动开关　40—截止阀　41—感光探测器　42—感温探测器　43—感烟探测器　44—收信机　45—报警装置　46—自控箱　47—水泵接合器

4.3.3　雨淋灭火系统的主要组件

1. 喷水器和开式喷头

喷水器的类型应根据灭火对象的具体情况进行选择。有些喷水器已有定型产品，有些可在现场加工制作。

开式喷头与闭式喷头的区别仅在于缺少有热敏感元件组成的释放机构，喷口呈常开状态。喷头由本体、支架、溅水盘等零件构成，图 4-29 所示为几种常用的开式洒水喷头。

2. 雨淋阀

雨淋阀主要用于雨淋系统、预作用喷水灭火系统、水幕系统和水喷雾灭火系统，它仍是靠水压力控制阀的开启和关闭。图 4-30 所示为隔膜型雨淋阀，其阀体内部分成 A、B、C 三

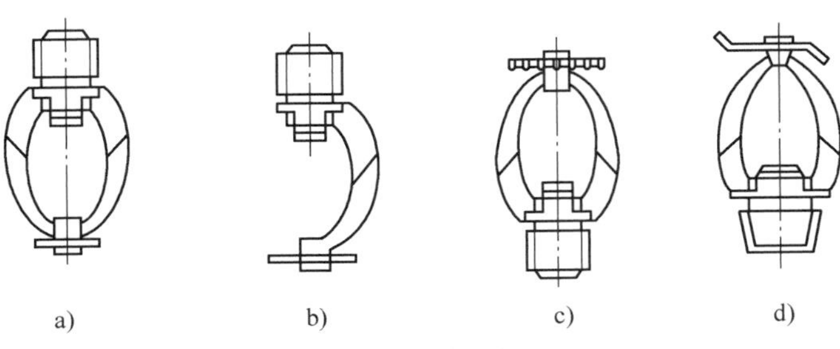

图4-29 开式洒水喷头构造示意图

a）双臂下垂型 b）单臂下垂型 c）双臂直立型 d）双臂边墙型

室，A室接于供水管上，B室接雨淋配水管，C室与传动管网相连，平时A、B、C三室均充满水，而由于C室通过一个直径为3mm的小孔阀与供水管相通，使A、C两室的水具有相同的压力。B室内的水具有静压力，其静压力是由雨淋管网的水平管道与雨淋阀之间的高差造成的。位于C室的大圆盘橡胶隔膜的面积是位于A室小圆盘橡胶隔膜面积的两倍以上，因此处于相同水压力下，雨淋阀处于关闭状态。当发生火灾时，火灾探测控制设备将自动使C室中的水流出，水压释放，C室内大圆盘上的压力骤降，大圆盘上、下两侧形成大的压力差，雨淋阀在供水管的水压推动下自动开启，向雨淋管网供水灭火。

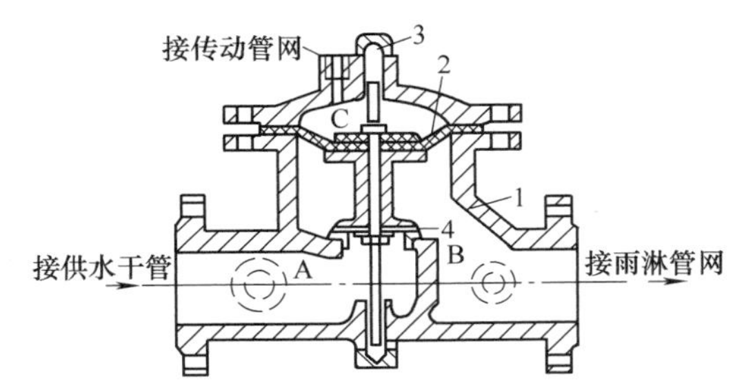

图4-30 隔膜型雨淋阀

1—阀体 2—大圆盘橡胶隔膜 3—工作塞 4—小圆盘橡胶隔膜

3. 火灾探测传动控制装置

火灾探测传动控制装置主要有以下四种形式：

1）带易熔锁封钢索绳控制的传动装置。一般安装在房间的整个顶棚下面，用拉紧弹簧和连接器使钢丝绳保持25kg的拉力，从而使传动阀保持密闭状态。

2）带闭式喷头控制的充水或充气式传动管装置。用带易熔元件的闭式喷头或带玻璃球塞的闭式喷头作为探测火灾和传动控制的感温元件。

3）电动传动管装置。依靠火灾探测器的信号，通过继电器直接开启传动管上的电磁阀，使传动管泄压开启雨淋阀。

4）手动旋塞传动控制装置。设在主要出入口处明显而易于开启的场所。发生火灾时，如果在其他火灾探测传动装置动作前发现火灾，可手动打开阀门，使传动管网放水泄压，开启雨淋阀。

4.3.4　雨淋灭火系统的控制方式

雨淋灭火系统启动控制分为自动控制启动、手动远控启动和应急启动三种方式。一般要同时设有三种控制方式；但是当响应时间大于 60s 时，可采用手动控制和应急操作两种控制方式。

4.3.5　雨淋灭火系统的设计

1. 开式喷头布置

喷头布置的主要任务是使一定强度的水均匀地喷淋在整个被保护面积上。喷头一般采用正方形布置，如图 4-31 所示。喷头间距根据每个喷头的保护面积确定。

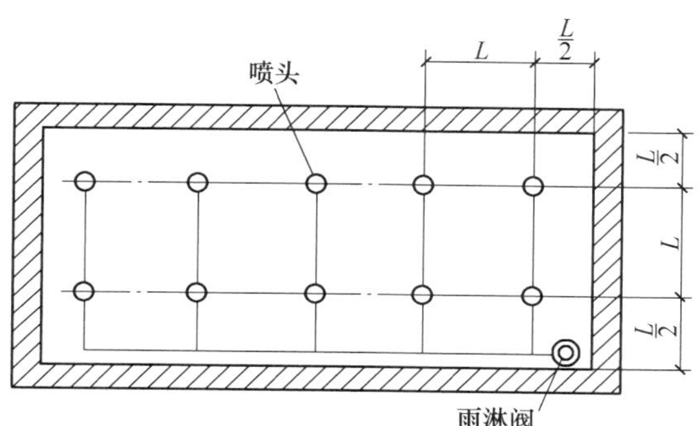

图 4-31　开式喷头的平面布置

喷头一般安装在建筑突出部分的下面。在充水式的雨淋系统中，喷头应向下安装；在空管式的雨淋系统中，喷头可向下或向上安装。当喷头直接安装在建筑梁底下时，喷头溅水盘与梁底之间的距离一般不应大于 0.08m。

当喷头必须高于梁底布置时，喷头至梁边的水平距离与喷头溅水盘高出梁底的距离有关，具体如图 4-32 和表 4-15 所示。

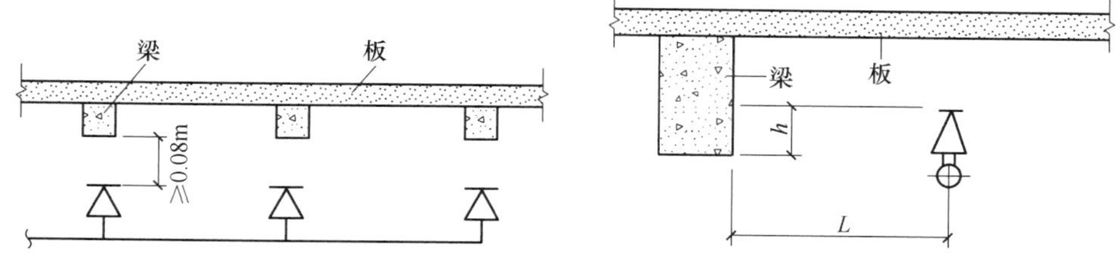

图 4-32　喷头与梁边的水平距离

表 4-15　喷头与梁边的水平距离

喷头至梁边的水平距离 L/m	喷头溅水盘高出梁底的距离 h/m	喷头至梁边的水平距离 L/m	喷头溅水盘高出梁底的距离 h/m
L<0.30	0.00	1.05≤L<1.20	0.15
0.30≤L<0.60	0.025	1.20≤L<1.35	0.175
0.60≤L<0.75	0.05	1.35≤L<1.50	0.225
0.75≤L<0.90	0.075	1.50≤L<1.65	0.275
0.90≤L<1.05	0.10	1.65≤L<1.80	0.35

雨淋灭火系统最不利点喷头的供水压力不应小于0.05MPa。

2. 管网布置

对于空管式雨淋系统，由于被保护对象没有爆炸危险，因此当被保护建筑面积超过240m^{2}时，为减少消防用水量和相应的设备容量，可将被保护对象划分为若干个装有雨淋阀的放水分区。每幢建筑的分区数量不得超过4个（包括各层在内）。

雨淋喷水灭火设备管道的布置要求基本和自动喷水灭火系统相同，但每根支管上装设的喷头不宜超过6个，每根配水干管的一端所负担分布支管的数量不应超过6根，以免布水不均，如图4-33所示。

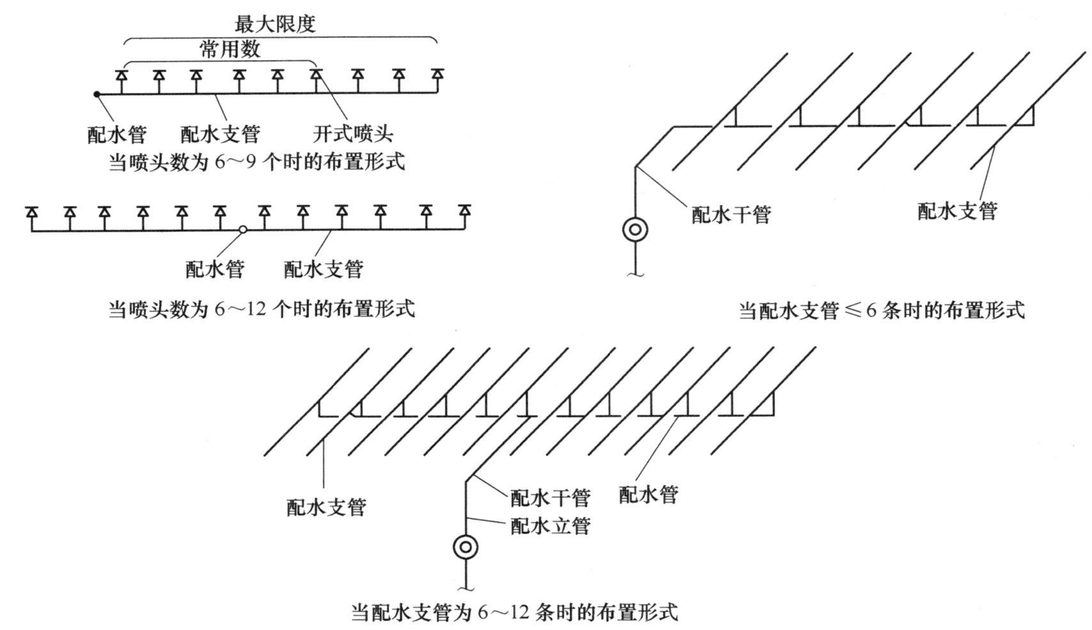

图4-33 喷头、配水干管和配水支管的平面布置

4.3.6 雨淋灭火系统的水力计算

1. 计算要求

1）雨淋系统的喷水强度和作用面积应按表4-4所示的规定值确定，且每个雨淋报警阀控制的喷水面积不宜大于表4-4中的作用面积。

2）雨淋灭火系统的设计流量，应按雨淋阀控制的喷头数的流量之和确定。多个雨淋阀并联的雨淋系统，其系统设计流量应按同时启动雨淋阀的流量之和的最大值确定。

3）当建筑物中同时设置雨淋灭火系统和水幕系统时，系统的设计流量应按同时启动的雨淋灭火系统和水幕系统的用水量计算，并应取两者之和中的最大值确定。

4）雨淋灭火系统的水源可为屋顶水箱、室外水塔或高地水池（贮存火灾初期10min的消防水量）。当室外管网的流量和水压能满足室内最不利点灭火用水量和水压要求时，也可不设屋顶水箱。

5）雨淋灭火系统的工作时间采用1h。

2. 传动管网管径

传动管网不进行水力计算。充水的传动管网一律采用 $d=25\text{mm}$ 的管道。但当利用闭式喷头作为传动控制时，充气传动管网可以采用 $d=15\text{mm}$ 的管道。

3. 雨淋喷头喷水量和水压

雨淋喷头喷水量按式（4-17）计算

$$Q=\mu F\sqrt{200gp} \tag{4-17}$$

式中　Q——喷头喷水量（m^3/s）；

μ——与喷头构造有关的流量特性系数，取 $\mu=0.7$；

F——喷口截面积（m^2）；

g——重力加速度，取 $g=9.8m/s^2$；

p——喷水处的水压力（MPa）。

最不利喷头的水压不应小于 0.05MPa。

雨淋灭火系统水力计算方法与闭式自动喷水灭火系统的管道水力计算方法基本相同，但消防用水量应按同时喷水的喷头数量，经水力计算确定，并保证任意相邻 4 个喷头的平均喷水强度不得小于表 4-4 所示的规定。

4.4　水幕系统

水幕系统不直接扑灭火灾，而是阻挡火焰热气流和热辐射向邻近保护区扩散，起到挡烟阻火和冷却分隔物的作用。

4.4.1　水幕系统的设置原则

《建筑设计防火规范》（GB 50016—2014）规定下列部位宜设置水幕系统：

1）特等、甲等剧场、超过 1500 个座位的其他等级的剧场、超过 2000 个座位的会堂或礼堂和高层民用建筑中超过 800 个座位的剧场、礼堂的舞台口及上述场所中与舞台相连的侧台、后台的门窗洞口。

2）应设防火墙等防火分隔物而无法设置的局部开口部位。

3）需要冷却保护的防火卷帘或防火幕的上部（注：舞台口也可采用防火幕进行分隔）。

水幕消防设备是用途广泛的阻火设备，但必须指出，水幕设备只有与简易防火分隔物相配合时，才能发挥良好的阻火效果。

4.4.2　水幕系统的组成

水幕系统的组成如图 4-34 所示。

4.4.3　系统控制设备

水幕系统的控制阀可采用自动控制和手动控制，在无人看管的场所应采用自动控制阀。当设置自动控制阀时，还应设手动控制阀，以备自动控制阀失灵时，可用手动控制阀开启水幕。手动控制阀应设在发生火灾时人员便于接近的地方，当在墙内不能开启水幕时，可在墙

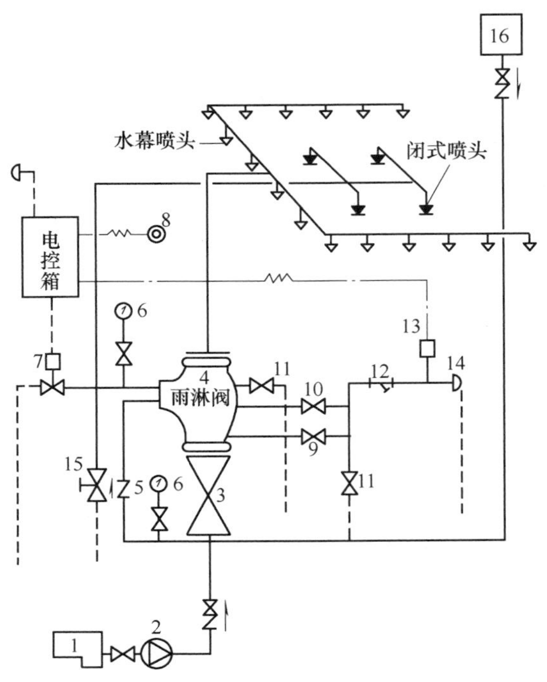

图 4-34 水幕消防系统的组成

1—水池 2—水泵 3—供水阀门 4—雨淋阀 5—止回阀 6—压力表 7—电磁阀 8—按钮 9—试警铃阀 10—警铃管阀 11—防水阀 12—过滤器 13—压力开关 14—警铃 15—手动开关 16—水箱

外采取开启水幕的措施。

雨淋阀可作为水幕自动控制阀，在水幕控制范围内的顶棚上均匀布置闭式喷头，一旦发生火灾，闭式喷头自动开启，打开水幕控制阀，如图 4-35 所示。

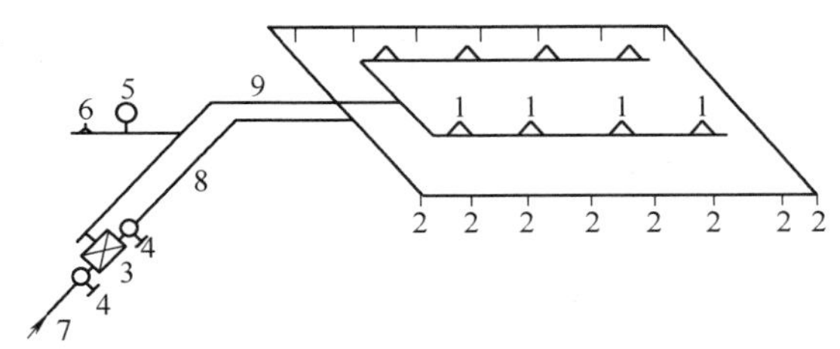

图 4-35 利用闭式喷头启动水幕的控制阀

1—自动喷头 2—水雾喷头 3—控制阀 4—阀门 5—气压表 6—压缩空气来源管道 7—消防水源供水管 8—供水干管 9—压缩空气管道

在水幕控制范围内的顶棚上布置感温或感烟火灾探测器，与水幕的电动控制阀或雨淋阀联锁而自动开启控制阀，如图 4-36 所示。感温或感烟火灾探测器把火灾信号传至电控箱启动水泵并打开电动阀，同时电铃报警。如果人们先发现火灾，火灾探测器尚未动作，可按电按钮启动水泵和电动阀，如电动阀发生事故，可打开手动阀。

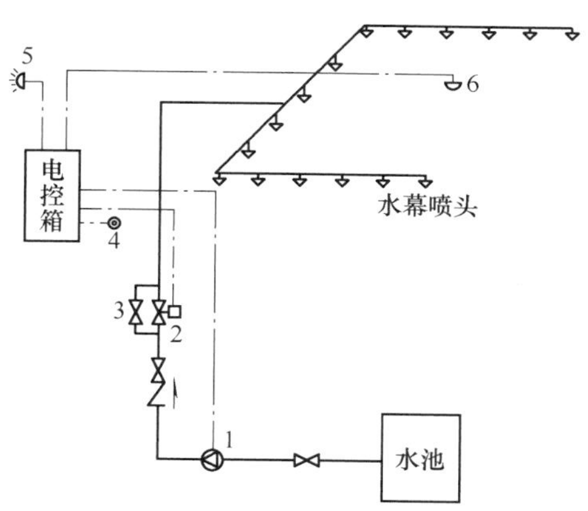

图 4-36　电动控制水幕系统

1—水泵　2—电动阀　3—手动阀　4—电按钮　5—电铃　6—火灾探测器

4.4.4　水幕系统设计

1. 设计基本参数

水幕系统的设计基本参数应符合表 4-16 的规定。

表 4-16　水幕系统的设计基本参数

水幕系统类别	喷水点高度 h/m	喷水强度/[L/(s·m)]	喷头工作压力/MPa
防火分离水幕	$h \leq 12$	2.0	0.1
防护冷却水幕	$h \leq 4$	0.5	

注：1. 防护冷却水幕的喷水点高度每增加 1m，喷水强度应增加 0.1L/(min·m^2)，但设置高度超过 9m 时，喷水强度仍采用 L/(s·m)。

2. 系统持续喷水时间不应小于系统设置部位的耐火极限要求。

3. 喷头布置应符合《自动喷水灭火系统设计规范》(GB 50084—2017) 中第 7.1.16 条的规定。

当采用防护冷却系统保护防火卷帘、防火玻璃墙等防火分隔设施时，系统应独立设置，且应符合下列要求：

1）喷头设置高度不应超过 8m；当设置高度为 4~8m 时，应采用快速响应洒水喷头。

2）喷头设置高度不超过 4m 时，喷水强度不应小于 0.5L/(s·m)；当超过 4m 时，每增加 1m，喷水强度应增加 0.1L/(s·m)。

3）喷头的设置应确保喷洒到被保护对象后布水均匀，喷头间距应为 1.8~2.4m；喷头溅水盘与防火分隔设施的水平距离不应大于 0.3m，与顶板的距离应符合《自动喷水灭火系统设计规范》(GB 50084—2017) 中第 7.1.15 条的规定。

4）持续喷水时间不应小于系统设置部位的耐火极限要求。

除《自动喷水灭火系统设计规范》(GB 50084—2017) 另有规定外，自动喷水灭火系统的持续喷水时间应按火灾延续时间不小于 1h 确定。

利用有压气体作为系统启动介质的干式系统和预作用系统，其配水管道内的气压值应根据报警阀的技术性能确定；利用有压气体检测管道是否严密的预作用系统，配水管道内的气压值不宜小于0.03MPa，且不宜大于0.05MPa。

2. 水幕喷头布置

水幕系统的喷头选型应符合下列规定：

1）防火分隔水幕应采用开式洒水喷头或水幕喷头。

2）防护冷却水幕应采用水幕喷头。

水幕喷头按其构造与用途可分为缝隙式水幕喷头、雨淋式水幕喷头、檐口水幕喷头和窗口水幕喷头，如图4-37所示。

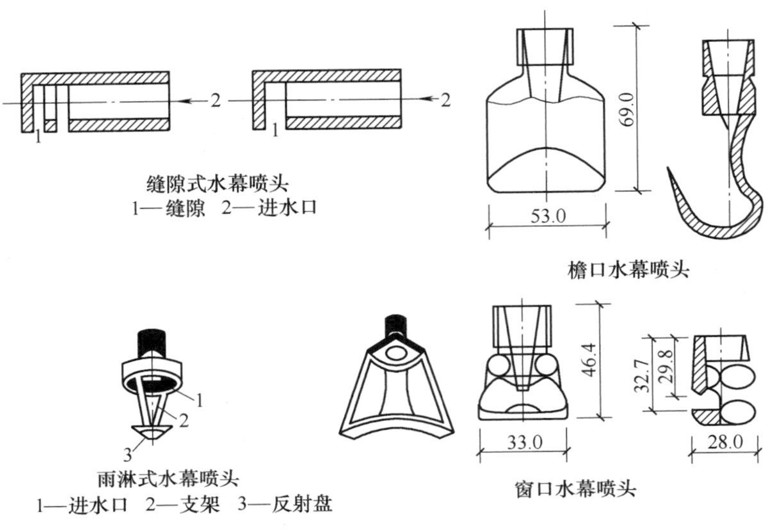

图4-37　水幕喷头

水幕喷头应根据喷水强度的要求布置，不应出现空白点。对于防火分隔水幕的喷头布置，应保证水幕的宽度不小于6m，采用水幕喷头时，喷头不少于3排；采用开式洒水喷头时，喷头不应少于2排，如图4-38、图4-39所示。而对于防护冷却水幕的喷头布置宜布置成单排，且喷水方向应指向保护对象。用于保护舞台口的防护冷却水幕应采用开式喷头或水幕喷头。用于保护防火卷帘和防火门的防护冷却水幕应采用水幕喷头。

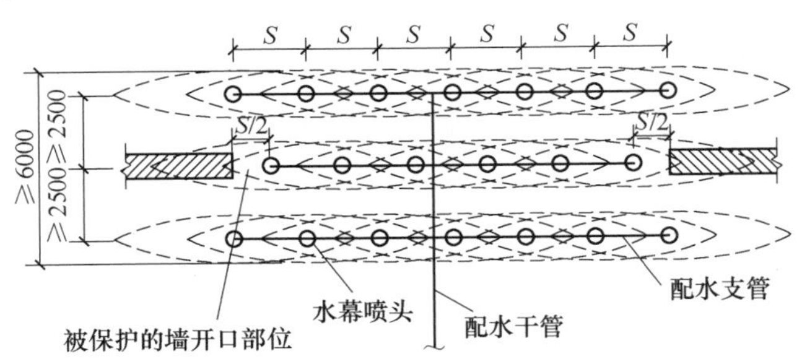

图4-38　防火分隔水幕三排布置示意图（采用水幕喷头）

3. 管网布置

消防水幕喷头的控制阀后的管网内平时不充水，当发生火灾时，打开控制阀，水进入管网，通过水幕喷头喷水。

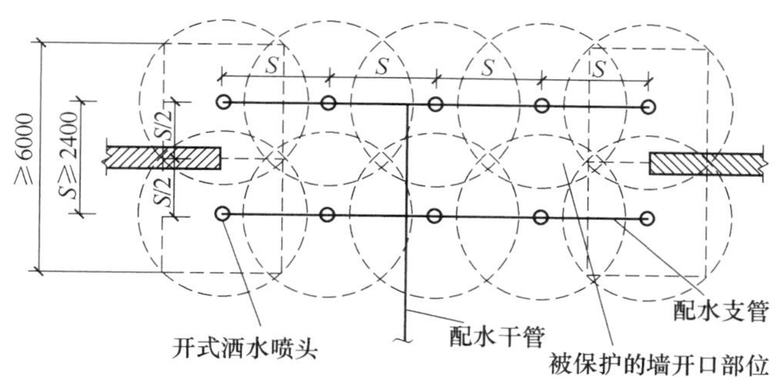

图 4-39　防火分隔水幕双排布置示意图（采用开式洒水喷头）

同一给水系统内，消防水幕超过三组时，其控制阀前的供水管网应采用环状管网。用阀门将环状管道分成若干独立段。阀门的布置应保证管道检修或发生事故时关闭的控制阀不超过 2 个。控制阀设在便于管理、维修方便且易于接近的地方。消防水幕控制阀后的供水管网可采用环状，也可采用枝状。

水幕系统的配水管道布置不宜过长，应具有较好的均匀供水条件，同时系统不宜过大，缩小检修影响范围，每组水幕系统安装的喷头的不应超过 72 个。水幕管道负荷水幕喷头的最大数量可按照表 4-17 采用。

表 4-17　管道最大水幕喷头负荷数

水幕喷头口径/mm	最大负荷数/个									
	管道公称直径/mm									
	20	25	32	40	50	70	80	100	125	150
6	1	3	5	6						
8	1	2	4	5						
10	1	2	3	4						
12，7	1	2	2	3	8（10）	14（10）	21（36）	36（72）		
16			1	2	4	12	12	22（26）	34（45）	50（72）
19				1		9	9	16（18）	24（32）	35（52）

注：1. 本表是按喷头压力为 0.05MPa 时，流速不大于 5m/s 的条件下计算的。
2. 括号内的数字是按管道流速不大于 10m/s 的条件计算的。

4.4.5　系统水力计算

水幕系统在作为配合保护门窗、屋檐、简易防火墙等分隔物时，其喷水量每米长度应不小于 0.5L/s。舞台口或面积不超过 3m^{2}的洞口，如要形成能分隔火源、阻止火势蔓延的水幕带，其喷水量每一根水幕管每米长度应不小于 1L/s。当开口部位面积超过 3m^{2}时，应设置消防水幕带。消防水幕带的供水强度，应保证每米保护长度内的消防用水量不小于 2L/s。

1. 消防用水量

消防流量按式（4-18）计算

$$Q = qL \tag{4-18}$$

式中　Q——水幕系统消防用水量（L/s）；

q——喷水强度［L/(s·m)］；

L——水幕长度（m）。

2. 喷头喷水量

喷头喷水量按式（4-19）计算

$$q = K\sqrt{10p} \tag{4-19}$$

式中　q——喷头喷水量（L/s）；

p——喷水处的水压力（MPa）；

K——与喷头构造有关的流量特性系数。

3. 水压

消防水幕管网最不利点水幕喷头的水压应不小于0.05MPa，用于水幕带的水幕喷头，其最不利点喷头的水压应不小于0.10MPa，同一系统中处于下层的水幕管道应采取减压措施。

4. 流速

装置喷头的管道内流速不应大于3m/s，不装喷头的输水管道内流速不应大于5m/s。

5. 管道压力损失

管道压力损失：

$$p = p_1 + p_2 + p_3 + \sum p_g \tag{4-20}$$

式中　p——控制阀前供水管处所需水压（MPa）；

p_1——管网最不利点水幕喷头压力（MPa）；

p_2——最不利点水幕喷头与控制阀供水管处垂直压力差（MPa）；

p_3——控制阀的水头损失（MPa）；

p_g——最不利点水幕喷头至控制阀的管道水头损失（MPa）。

水幕水力计算方法与闭式自动喷水灭火系统方法相同，具体参见4.2.4节内容。

4.5　水喷雾灭火系统

水喷雾灭火系统是在自动喷水灭火系统的基础上发展起来的一种灭火系统，可进行灭火或防护冷却。它是利用水雾喷头在一定水压下将水流分解成细小水雾滴后喷射到燃烧物质的表面，通过表面冷却、窒息、乳化、稀释几种作用从而实现灭火。水喷雾灭火系统不但安全可靠，经济实用，而且具有适用范围广、灭火效率高的优点。

与自动喷水灭火系统相比，水喷雾灭火系统具有以下几方面的特点：

1）其保护对象主要是火灾危险性大、火灾扑救难度大的专用设施或设备。

2）该系统不仅能够扑救固体火灾，还可扑救液体和电气火灾。

3）该系统不仅可用于灭火，还可用于控火和防护冷却。

4.5.1　水喷雾灭火系统的应用范围

《建筑设计防火规范》（GB 50016—2014）规定下列场所应设置自动灭火系统，且宜采用水喷雾灭火系统：

1）单台容量在 40MV · A 及以上的厂矿企业油浸变压器，单台容量在 90MV · A 及以上的电厂油浸变压器，单台容量在 125MV · A 及以上的独立变电站油浸变压器。

2）飞机发动机试验台的试车部位。

3）充可燃油并设置在高层民用建筑内的高压电容器和多油开关室。设置在室内的油浸变压器、充可燃油的高压电容器和多油开关室，可采用细水雾灭火系统。

4.5.2　水喷雾灭火系统的组成

水喷雾灭火系统的组成和雨淋自动喷水灭火系统相似，主要由水雾喷头、雨淋阀、管网、供水设施及探测系统和报警系统组成，如图 4-40 所示。

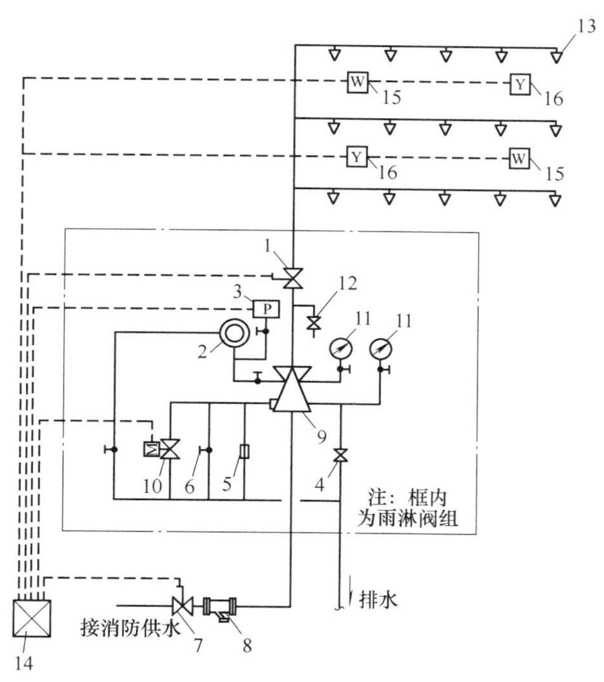

图 4-40　水喷雾灭火系统示意图

1—试验信号阀　2—水力警铃　3—压力开关　4—放水阀　5—非电控远程手动装置　6—现场手动装置　7—进水信号阀　8—过滤器　9—雨淋报警阀　10—电磁阀　11—压力表　12—试水阀　13—水雾喷头　14—火灾报警控制器　15—感温探测器　16—感烟探测器

1. 水雾喷头

水雾喷头是水喷雾灭火系统中的重要组成元件，其类型有离心雾化型喷头和撞击雾化喷头，如图 4-41 所示。

扑救电气火灾应选用离心雾化型水雾喷头。离心雾化型水雾喷头喷射出的雾状水滴是不连续的间断水滴，故具有良好的电绝缘性能。撞击型水雾喷头是利用撞击原理分解水流的，水的雾化程度较差，不能保证雾状水的电绝缘性能。

有腐蚀性环境应选用防腐型水雾喷头。粉尘场所设置的水雾喷头应有防尘罩，平时防尘

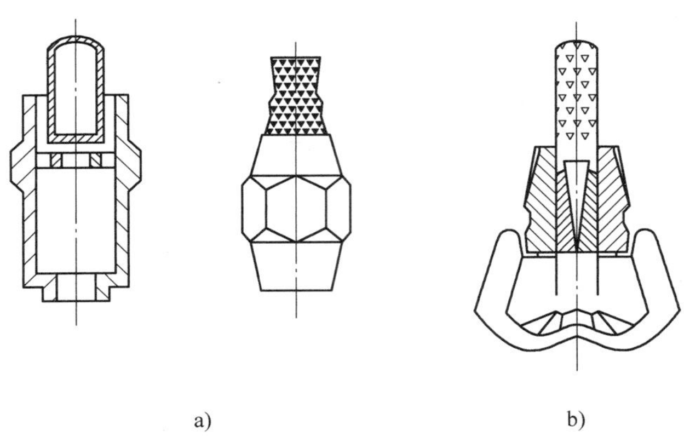

图 4-41　水雾喷头示意图

a）离心雾化型水雾喷头　b）撞击型水雾喷头

罩在水雾喷头的喷口上，发生火灾时防尘罩在系统给水的水压作用下打开或脱落，不影响水雾喷头的正常工作。

2. 雨淋阀组

雨淋阀组由雨淋阀、电磁阀、压力开关、水力警铃、压力表、水流控制阀、检查阀、过滤器以及配套的通用阀门组成。雨淋阀组应设在环境温度不低于 4℃，并有排水设施的室内，其安装位置宜在靠近保护对象并便于操作的地点。

3. 火灾探测与传动控制系统

水喷雾灭火系统可采用火焰、感温、感烟火灾探测器来进行报警和控制雨淋阀的开启，也可采用闭式喷头传动控制系统来进行控制。

4.5.3　水喷雾灭火系统的控制方式

为了保证系统的响应时间和工作的可靠性，应设有自动控制、手动（远程）控制和应急操作三种控制方式。对规定系统响应时间大于 60s 的保护对象，系统可采用手动（远程）控制和应急操作两种控制方式。

1）自动控制可采用电气远程控制（火灾探测器）或闭式洒水喷头和传动管来完成操作。电气远程控制方式是由火灾探测器发出火灾信号，并将信号输入火灾报警控制器，由控制器再将信号传送给雨淋阀内的电磁阀，使阀门开启，从而自动喷雾。闭式喷头传动管控制则是闭式喷头受热动作后，利用传动管内的压力变化传输火灾信号。

传动管传输压力降的方式有气动和液动两种。传动管系统开启雨淋阀的方式有直接启动和间接启动两种。直接启动方式是将传动管与雨淋阀的控制腔连接，当喷头爆破、传动管泄压时，控制腔同时泄压，开启雨淋阀；间接启动方式是利用压力开关将传动管的压力降信号传送给报警控制器，由报警控制器开启电磁阀后启动雨淋阀。

2）手动（远程）控制是指人为远距离操纵供水设备、雨淋阀组等系统组件的控制方式。

3）应急操作是指人为现场操作启动供水设备、雨淋阀组等系统组件的控制方式。

4.5.4 水喷雾灭火系统的设计

1. 系统设计的基本参数

喷雾强度是系统在单位时间内对保护对象每平方米保护面积喷射的喷雾水量。不同防护目的、不同保护对象的水喷雾灭火系统的设计喷雾强度和持续喷雾时间见表 4-18。

表 4-18 水喷雾灭火系统的设计喷雾强度和持续喷雾时间

<table>
<tr><th>防护目的</th><th colspan="2">保护对象</th><th>设计喷雾强度/[L/(min·m²)]</th><th>持续喷雾时间/h</th></tr>
<tr><td rowspan="6">灭火</td><td colspan="2">固体火灾</td><td>15</td><td>1</td></tr>
<tr><td rowspan="2">液体火灾</td><td>闪点 60~120℃的液体</td><td>20</td><td rowspan="2">0.5</td></tr>
<tr><td>闪点高于 120℃的液体</td><td>13</td></tr>
<tr><td rowspan="3">电气火灾</td><td>油浸式电力变压器、油开关</td><td>20</td><td rowspan="3">0.4</td></tr>
<tr><td>油浸式电力变压器的集油坑</td><td>6</td></tr>
<tr><td>电缆</td><td>13</td></tr>
<tr><td rowspan="4">防护冷却</td><td colspan="2">甲乙丙类液体生产、贮存、装卸设施</td><td>6</td><td>4</td></tr>
<tr><td rowspan="2">甲乙丙类液体储罐</td><td>直径 20m 以下</td><td rowspan="2">6</td><td>4</td></tr>
<tr><td>直径 20m 及以上</td><td>6</td></tr>
<tr><td colspan="2">可燃气体生产、输送、装卸、贮存设施和灌瓶间、瓶库</td><td>9</td><td>6</td></tr>
</table>

水雾喷头的工作压力与水喷雾灭火系统的响应时间见表 4-19。

表 4-19 水雾喷头的工作压力与水喷雾灭火系统的响应时间

<table>
<tr><th colspan="2">保护目的</th><th>喷头工作压力/MPa</th><th>系统响应时间/s</th></tr>
<tr><td colspan="2">灭　　火</td><td>0.35</td><td>45</td></tr>
<tr><td rowspan="2">防护冷却</td><td>液化气生产、贮存装置或装卸设施</td><td rowspan="2">0.2</td><td>60</td></tr>
<tr><td>其他设施</td><td>300</td></tr>
</table>

关于系统保护面积，除液化石油气灌瓶间、瓶库和火灾危险品生产车间、散装库房、可燃液体泵房、可燃气体压缩机房等采取屋顶安装喷头，向下集中喷射水雾的系统，按建筑物的使用面积确定系统的保护面积外，其他需要立体喷雾保护的对象，保护面积按其外表面面积确定。

2. 喷头布置

水雾喷头的布置要符合下列要求：

1）当保护对象为油浸式电力变压器时，水雾喷头要布置在变压器的周围，不能布置在变压器的顶部，保护变压器顶部的水雾不能直接喷向高压套管。水雾喷头之间的水平距离与垂直距离要满足水雾锥相交的要求，油枕、冷却器、集油坑也要设水雾喷头保护。

2）当保护对象为可燃气体和甲、乙、丙类液体储罐时，水雾喷头与储罐外壁之间的距离不能大于 0.7m。

3）当保护对象为球罐时，水雾喷头的喷口应面向球心，水雾锥沿纬线方向要相交，沿经线方向要相接。当球罐的容积等于或大于 1000m³时，除满足上述要求外，赤道以上环管之间的距离不能大于3.6m。无防护层的球罐钢支柱和罐体液位计、阀门等地方也要有水雾喷头保护。

4）当保护对象为电缆时，喷雾要完全包围电缆。

5）当保护对象为输送机传动带时，喷雾要完全包围输送机的机头、机尾和上、下行传动带。

水雾喷头的平面布置可按矩形或菱形方式布置。当按矩形布置时，为使水雾完全覆盖保护面积，且不出现空白，喷头之间的距离不应大于喷头水雾锥底圆半径的1.4倍；当按菱形布置时，水雾喷头之间的距离不应大于喷头水雾锥底圆半径的1.7倍，如图4-42所示。

水雾锥底圆半径可按式（4-21）计算

$$R = B\tan\frac{\theta}{2} \tag{4-21}$$

式中　R——水雾锥底圆半径（m）；

B——水雾喷头的喷口与保护对象之间的距离（m），取值不应大于喷头的有效射程；

θ——水雾喷头的雾化角。

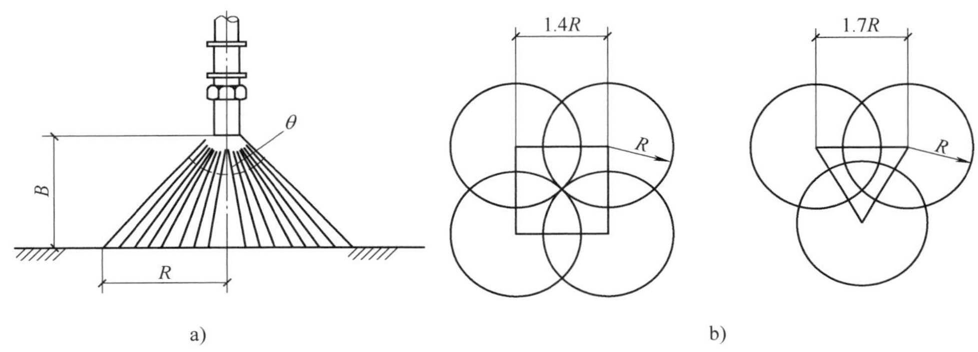

图4-42　水雾喷头的平面布置方式

a）水雾喷头的喷雾半径　b）水雾喷头间距及布置形式

R—水雾锥底圆半径（m）　B—喷头与保护对象的间距（m）　θ—喷头雾化角

可燃气体和甲、乙、丙类液体储罐布置的水雾喷头，其喷口与储罐外壁之间的距离不应大于0.7m。

球罐周围布置的水雾喷头，一般安装在水平环绕球罐的环管上，水雾喷头的喷口应面向球心。每根环管上布置的喷头，应保证水雾锥沿纬线方向有相互重叠交叉部分；上下相邻环管上布置的喷头，应保证水雾锥沿经线方向至少相切。容积大于等于1000m^3的球罐，上半球体的环管间距不应大于3.6m。

保护油浸式电力变压器的水喷雾系统，水雾喷头应布置在变压器的四周，而不宜布置在变压器的顶部上方。保护变压器顶部的水雾不得直接喷向高压套管。布置在变压器四周的水雾喷头，应安装在环绕变压器的管道上。每排水平布置的喷头之间，以及上下相邻各排水平布置的喷头之间的距离，均应满足使上下及左右方向水雾锥的底圆有相互重叠相交的部分。变压器的油枕、冷却器和集油坑，应设有水雾喷头保护。

3. 阀门的布置

雨淋阀等控制阀布置应满足下列要求：

1）一般用水喷雾灭火系统防护的大型设备：储罐、变压器、电缆隧道等应设置独立的控制阀。当设备之间有防火墙隔开时，应按独立的防护系统进行设计。

2）控制阀应布置在距防护物水平距离 15m 以外的地方。控制阀安装高度以 0.8～1.5m 为宜，应选择比较安全和容易接近的场所，应有明显的启闭标志。

3）雨淋阀组应设在环境温度不低于 4℃，并有排水设施的室内或专用阀室内。

4）雨淋阀前的管道应设置过滤器，当水雾喷头无滤网时，雨淋阀后的管道亦应设过滤器。过滤器滤网应采用耐腐蚀的金属材料，滤网的孔径应为 4.0～4.7 目/cm^2。

4.5.5　水力计算

1. 喷头流量

水雾喷头流量的计算公式为

$$q = K\sqrt{10p} \tag{4-22}$$

式中　q——水雾喷头的流量（L/min）；

K——水雾喷头的流量系数，由水雾喷头的生产厂提供；

p——水雾喷头的工作压力（MPa）。

2. 喷头数量

保护对象布置的喷头数量，应按灭火或防护冷却的喷雾强度、保护面积、系统选用水雾喷头的流量特性计算确定。可按式（4-23）进行计算

$$N = WS/q \tag{4-23}$$

式中　N——由保护对象的保护面积、喷雾强度和喷头工作压力确定的水雾喷头数量；

S——保护对象的保护面积（m^2）；

W——保护对象的设计喷雾强度［L/(min · m^2)］。

3. 系统计算流量

从保护范围内的最不利位置开始，计算同时喷雾喷头的累计流量，按式（4-24）计算

$$Q_j = \frac{1}{60}\sum_{i=1}^{n} q_i \tag{4-24}$$

式中　Q_j——系统的计算流量（L/s）；

n——系统启动后同时喷雾的水雾喷头数量；

q_i——水雾喷头的实际流量（L/min），应按给定水雾喷头的实际工作压力 p_i（MPa）计算。

当系统采用多台雨淋阀，通过控制同时喷雾来控制喷雾区域时，系统的计算流量应按系统各个局部喷雾区域中同时喷雾的水雾喷头的最大用水总量确定。

4. 系统的设计流量

系统的设计流量按式（4-25）计算：

$$Q_s = KQ_j \tag{4-25}$$

式中　Q_s——系统的设计流量（L/s）；

K——安全保险系数，取 1.05～1.10。

5. 管道的压力损失

钢管管道的沿程压力损失按式（4-26）计算

$$i = 0.0000107 \frac{v^2}{D_j^{1.3}} \tag{4-26}$$

式中　i——管道的沿程水头损失（MPa/m）；

D_j——管道的计算内径（m）；

v——管道内水的流速（m/s），宜取 $v \leqslant 5\text{m/s}$。

管道的局部压力损失宜采用当量长度法计算，或者按管道沿程压力损失的20%～30%计算。

6. 雨淋阀的局部压力损失

雨淋阀的局部压力损失按式（4-27）计算

$$p_r = B_R Q^2 \tag{4-27}$$

式中　p_r——雨淋阀的局部压力损失（MPa）；

B_R——雨淋阀的比阻值，取值由生产厂提供；

Q——雨淋阀的流量（L/s）。

7. 系统管道入口或消防水泵的计算压力

系统管道入口或消防水泵的计算压力按式（4-28）计算：

$$p = \sum p' + p_0 + Z/100 \tag{4-28}$$

式中　p——系统管道入口或消防水泵的计算压力（MPa）；

$\sum p'$——系统管道沿程压力损失与局部压力损失之和（MPa）；

p_0——最不利点水雾喷头的实际工作压力（MPa）；

Z——最不利点水雾喷头与系统管道入口或消防水池最低水位之间的高程差（m），当系统管道入口或消防水池最低水位高于最不利点水雾喷头时，Z 值应取负值。

8. 管道减压措施

管道减压可采用减压孔板或节流管。采用减压孔板减压时，宜采用圆缺型孔板，减压孔板的圆缺孔应位于管道底部，减压孔板前水平直管段的长度不应小于该段管道公称直径的2倍；采用节流管减压时，节流管内水的流速不应大于20m/s，长度不宜小于1.0m，其公称直径按表4-20确定。

表4-20　节流管的公称直径　（单位：mm）

管道	50	65	80	100	125	150	200	250
节流管	40	50	65	80	100	125	150	200
	32	40	50	65	80	100	125	150
	25	32	40	50	65	80	100	125

4.6　其他固定灭火设施简介

因建筑使用功能不同，其内部的可燃物性质各异，仅使用水作为消防手段不能达到扑救

火灾的目的，甚至还会带来更大的损失。因此，应根据可燃物的物理、化学性质，采用不同的灭火方法和手段，才能达到预期的目的。本节简单介绍二氧化碳灭火、干粉灭火、泡沫灭火、七氟丙烷灭火等非水灭火系统的灭火原理、主要设备及工作原理。

4.6.1　二氧化碳灭火系统

二氧化碳是一种惰性气体，自身无色、无味、无毒，密度比空气约大 50%，来源广泛且价格低廉，长期存放不变质，灭火后能很快散逸，不留痕迹，在被保护物表面不留残余物，也没有毒害作用，是一种较好的灭火剂。

二氧化碳灭火系统可用于扑救各种液体火灾和那些受到水、泡沫、干粉灭火剂的玷污而容易损坏固体物质的火灾；另外，二氧化碳是一种不导电的物质，其电绝缘性比空气还高，可用于扑救带电设备的火灾。二氧化碳灭火系统具有不污损保护物、灭火快、空间淹没效果好等优点。这种灭火系统日益被重视。

1. 二氧化碳的灭火原理

二氧化碳灭火剂主要通过窒息（隔离氧气）和冷却的作用达到灭火目的，其中窒息作用为主导作用。

二氧化碳灭火剂属于液化气体型，一般以液相二氧化碳贮存在高压瓶内。当二氧化碳以气体喷向燃烧物时，它将分布于燃烧物的周围，稀释周围空气中的氧含量，空气中的氧含量降低造成燃烧时热的产生率逐渐减小，当热产生率小于热散失率时，燃烧就会停止。二氧化碳产生的这种作用称为窒息作用。

当二氧化碳从贮存系统喷放出来后，由于其压力突然下降，使二氧化碳由液态迅速转变成气态，因焓降差值大，导致温度急剧下降，当温度达到-56℃以下时，气相二氧化碳有一部分会转变成干冰。正是这一转变过程，干冰比其他气体容易穿透火焰到达燃烧表面，干冰升华时吸热，更有效地冷却燃烧表面。

2. 二氧化碳灭火系统类型

二氧化碳灭火系统可分为全淹没灭火系统和局部应用灭火系统。

全淹没灭火系统是指在规定的时间内，向防护区喷射一定浓度的二氧化碳，并使其均匀地充满整个防护区的灭火系统。该系统适用于无人居留或发生火灾能迅速（30s 以内）撤离的防护区。

局部应用灭火系统是指向保护对象以设计喷射率直接喷射二氧化碳，并持续一定时间的灭火系统。该系统适用于经常有人的较大防护区内，扑救个别易燃烧设备或室外设备。

3. 二氧化碳灭火系统的主要设备

二氧化碳灭火系统的组成如图 4-43 所示。其主要设备有：二氧化碳储存容器、容器阀、选择阀、气启动器、喷嘴及检测控制器等。

二氧化碳储存容器为无缝钢质容器，高压储存容器的工作压力不应小于 15MPa，储存容器或容器阀上应设泄压装置。低压储存容器的工作压力不应小于 2.5MPa，储存容器上应至少设置两套安全泄压装置。

容器阀，安装在储存容器瓶上，具有平时密封钢瓶，火灾时释放储存容器瓶内的二氧化碳灭火剂的作用。

选择阀安装在组合分配系统中每个保护区域的集流管的排出支管上。阀门平时处于关闭

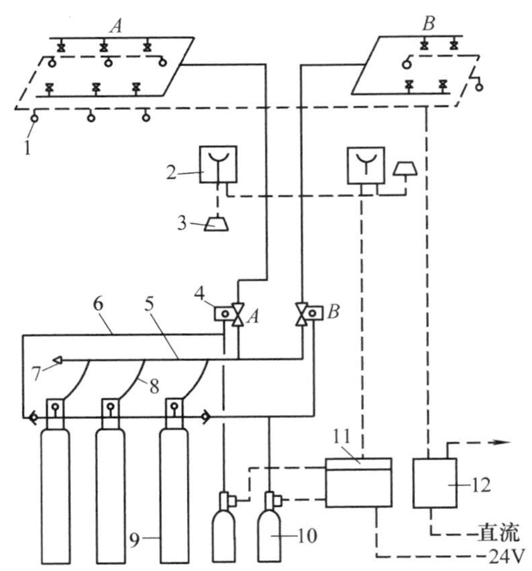

图 4-43 二氧化碳灭火系统的组成

1—探测器 2—手动启动装置 3—报警器 4—选择阀 5—总管 6—操作管
7—安全阀 8—连接管 9—储存容器 10—启动用气容器 11—控制盘 12—检测盘

状态，当该区域发生火灾时，由控制盘启动控制气源来开启选择阀，使二氧化碳气体通过排出支管、选择阀进入发生火灾区域，进行灭火。选择阀可采用电动、气动或机械操作方式。

喷嘴用来控制灭火剂的喷射速率，使灭火剂迅速汽化，从而均匀地分布在被保护区域内。按系统的保护方式分为全淹没式喷嘴和局部保护式喷嘴。

4. 二氧化碳灭火系统的动作控制程序

系统的动作控制程序如图4-44所示。当室内发生火灾时，某个感烟（或感温）控制就会捕捉到火灾信息，并输给检控设备；继而由另一个探测器捕捉到火灾信息输进检控设备作为第二信息合成“与门”，此时发出灭火指令。指令也可由人目视所获信息而发出。为了让人们有撤离即将使用灭火系统区域的时间，一般需要0~20s（可调）才启动灭火系统。而局部施用灭火系统则无须延迟。

灭火动作的同时（或是提前）完成设备联动（包括通风空调设备和开口）并发出声、光报警。一般经过20min后打开通风系统换气。换气完成后，人们方可进入灭火现场。

4.6.2 干粉灭火系统

干粉灭火系统是以干粉作为灭火剂的灭火系统。

干粉灭火剂是一种干燥的、易于流动的细微粉末，平时贮存于干粉灭火器或干粉灭火设备中，灭火时由加压气体（二氧化碳或氮气）将干粉从喷嘴射出，形成一股雾状粉流射向燃烧物，起到灭火作用。

干粉灭火具有灭火历时短、效率高、绝缘好、灭火后损失小、不怕冻、不用水、可长期贮存等优点。

干粉灭火系统按其安装方式有固定式、半固定式之分，按其控制启动方法又有自动控制、手动控制之分，按其喷射干粉方式有全淹没和局部应用系统之分。

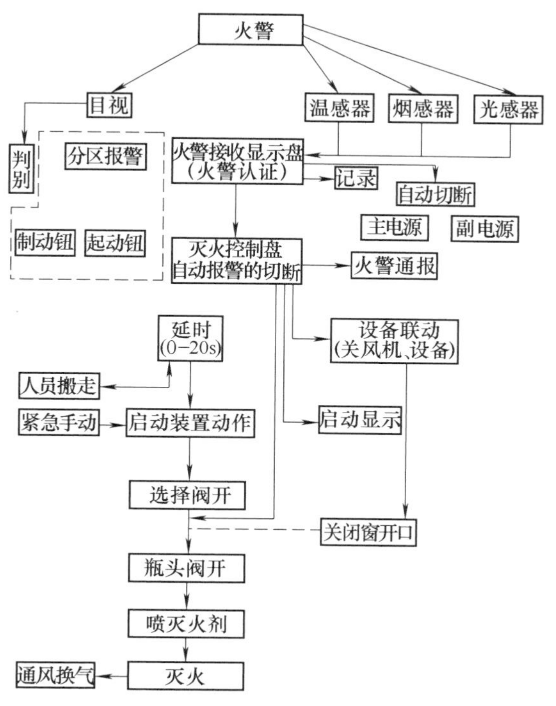

图 4-44　系统的动作控制程序

1. 干粉灭火剂的灭火原理

干粉灭火剂对燃烧有抑制作用，当大量的粉粒喷向火焰时，可以吸收维持燃烧连锁反应的活性基团 H · 及 OH · ，发生如下反应

$$M(粉粒)+OH \cdot \rightarrow MOH$$

$$MOH+H \cdot \rightarrow M+H_2O$$

随着 H · 及 OH · 的急剧减少，使燃烧中断，火焰熄灭。此外，当干粉与火焰接触时，其粉粒受高热作用后爆成更小的微粒，从而增加了粉粒与火焰的接触面积，可提高灭火效力，这种现象被称为烧爆作用。还有，使用干粉灭火剂时，粉雾包围了火焰，可以减少火焰的热辐射，同时粉末受热放出结晶水或发生分解，可以吸收部分热量而分解生成不活泼气体。

2. 干粉灭火剂的类型及适用场所

1）普通型（BC 类）干粉，适用于扑救易燃、可燃液体（如汽油、润滑油等）引起的火灾，也可用于扑救可燃气体（如液化气、乙炔气等）和带电设备引起的火灾。

2）多用途型（ABC 类）干粉，适用于扑救可燃液体、可燃气体、带电设备和一般固体物质（如木材、棉、麻、竹等）形成的火灾。

3）金属专用型（D 类）干粉，适用于扑灭钾、钠、镁等可燃金属火灾。干粉可与燃烧的金属表层发生反应而形成熔层，与周围空气隔绝，使金属燃烧窒息。

干粉灭火装置不适用于扑救如硝化纤维、过氧化物等燃烧过程能释放氧气或提供氧源化合物的火灾；不适用于燃烧过程中具有阴火的火灾；也不适用扑救精密仪器、精密电气设备和电子计算机等发生的火灾。

3. 系统的主要设备和工作过程

固定式自动全淹没干粉灭火系统的组成如图4-45a，图4-45b所示为系统工作框图。系统的主要设备有：干粉储罐、干粉灭火剂的气体驱动装置、输气管、输粉管、阀类（包括减压阀、止回阀、调节阀等）、管道附件、喷头和自动控制装置（包括火灾探测器、启动瓶及控制装置、报警器和控制盘等）等。

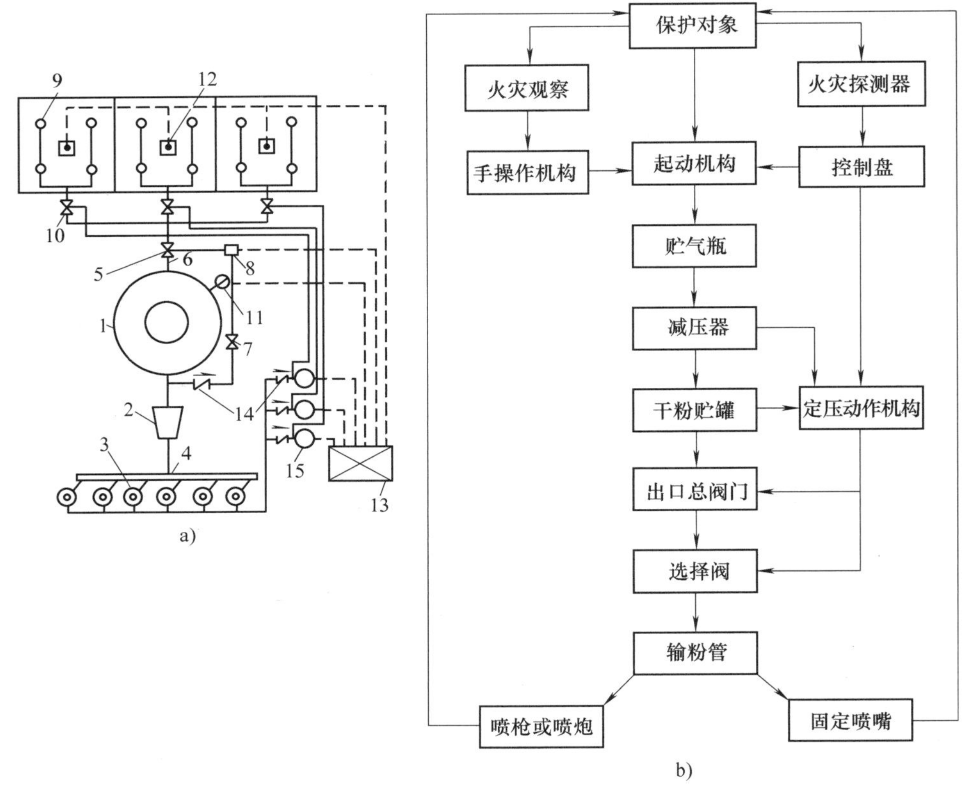

图4-45 固定式自动全淹没干粉灭火系统示意及工作框图

a）系统示意图 b）系统工作框图

1—干粉储罐 2—压力控制器 3—氮气瓶 4—集气管 5—球阀 6—输粉管 7—减压阀 8—电磁阀 9—喷嘴 10—选择阀 11—压力传感器 12—火灾探测器 13—消防控制中心 14—止回阀 15—启动气瓶

干粉储罐是装有干粉灭火剂的密闭压力容器，具有贮存和输送的功能。干粉储罐的工作过程为：灭火开始，作为动力气体经罐体下部进气口进入罐内搅动干粉灭火剂，要求在20s内达到工作压力，把形成的气粉两相流体经出粉口送往输粉管。

驱动干粉灭火剂的气体为氮气或二氧化碳气体，前者多用于大型干粉灭火系统，后者用于小型干粉灭火系统。氮气、二氧化碳各置于40L容积、工作压力为15MPa和60L容积、工作压力为20MPa的钢制气瓶内贮存。

氮气瓶或二氧化碳气瓶的工作过程为：当使用该装置开始灭火时，首先要开启气瓶上的瓶头阀。瓶头阀有手动、气动和电动开启方式。多个气瓶组成的气瓶驱动组的启动，需另行

设置启动气瓶。由启动气瓶先给予1.2~2.0MPa气体压力进入集气管开启所有气瓶的瓶头阀，而后气瓶内氮气经瓶头阀上排气管输出一定压力的氮气，氮气通过集气管汇流进入输气管，搅动干粉储罐中的灭火剂形成气-粉两相有压介质。

由于灭火剂储罐工作压力不超过2MPa，而气体驱动装置中气瓶内的压力为15MPa、20MPa。为了保证安全驱动储罐中的灭火剂，必须在气瓶和灭火剂储罐之间设减压阀。减压阀可安装在气瓶出口、气瓶组总输气管上或灭火剂储罐进气口端。一般常采用活塞式减压阀装置在总气管上，其进口压力为13~15MPa，可减压到0~7.5MPa。

干粉灭火剂喷射器有固定式喷头和移动式喷枪两种。其中直流喷头喷出的粉气呈柱形扩散，射程远，适宜固定安装在被防护装置周边的不同位置，扑救化工装置、变压器设备等发生的火灾。扩散型喷头喷出的粉气流呈伞形，射程短，适用于扑救热油泵房和可燃液体散装库房等场所发生的火灾。扇形喷头喷出的粉气流呈扇形，射程介于直流与扩散型喷头射程之间，适用于扑救油罐、油槽等装置发生的火灾。

4.6.3 泡沫灭火系统

泡沫灭火系统采用泡沫液作为灭火剂，主要用于扑救非水溶性可燃液体和一般固体火灾，如商品油库、煤矿、大型飞机库等。系统具有安全可靠、灭火效率高等特点。

1. 泡沫灭火剂的灭火原理

泡沫灭火剂是一种体积较小，表面被液体围成的气泡群，其密度远小于一般可燃、易燃液体。因此，可漂浮、黏附在可燃、易燃液体、固体表面，形成一个泡沫覆盖层，可使燃烧物表面与空气隔绝，窒息灭火、阻止燃烧区的热量作用于燃烧物质的表面，抑制可燃物本身和附近可燃物质的蒸发，泡沫受热产生水蒸气，可减少着火物质周围空间氧的浓度，泡沫中析出的水可对燃烧物产生冷却作用。

2. 泡沫灭火剂的类型

1）化学泡沫灭火剂。这种灭火剂是由带结晶水的硫酸铝［$(Al_2SO_4)_3 \cdot H_2O$］和碳酸氢钠（$NaHCO_3$）组成的，使用时使两者混合反应后产生二氧化碳灭火。我国目前仅用其装填在灭火器中手动使用。

2）蛋白质泡沫灭火剂。这种灭火剂的成分主要是对骨胶朊、毛角朊、动物角、蹄、豆饼等水解后，适当投加稳定剂、防冻剂、缓蚀剂、防腐剂、降粘剂等添加剂混合成液体。目前国内这类产品多为蛋白泡沫液添加适量氟碳表面活性剂制成的泡沫液。

3）合成型泡沫灭火剂。这是一种以石油产品为基料制成的泡沫灭火剂。目前国内应用较多的有凝胶型、水成膜和高倍数三种合成型泡沫灭火剂。

3. 泡沫灭火系统的类型和主要设备

泡沫灭火系统有多种类型，按其使用方式有固定式、半固定式和移动式之分，按泡沫喷射方式有液上喷射、液下喷射和喷淋方式之分，按泡沫发泡倍数有低倍、中倍和高倍之分。图4-46所示为固定式泡沫喷淋系统。

泡沫灭火系统的主要设备有：泡沫比例混合器、空气泡沫产生器、泡沫喷头、泡沫液储罐、消防泵等。

泡沫比例混合器的作用是将水与泡沫液按一定比自动混合，形成泡沫混合液。目前我国生产的泡沫比例混合器按混合方式不同分为负压比例混合器和正压比例混合器。

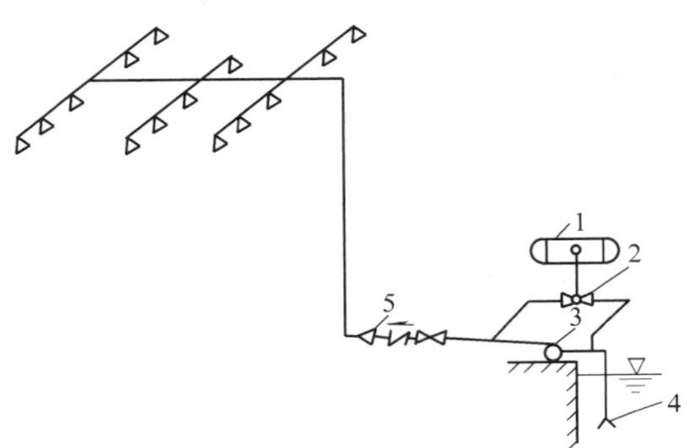

图 4-46 固定式泡沫喷淋系统

1—泡沫液储罐 2—比例混合器 3—消防泵 4—泡沫产生器 5—喷头

空气泡沫产生器可将输送来的混合液与空气充分混合形成灭火泡沫喷射覆盖于燃烧物表面。

泡沫喷头用于泡沫喷淋系统，按照喷头是否吸入空气分为吸气型和非吸气型。吸气型可采用蛋白、氟蛋白或水成膜泡沫液，通过泡沫喷头上的吸气孔吸入空气，形成空气泡沫灭火。非吸气型只能采用水成膜泡沫液，不能用蛋白和氟蛋白泡沫液，并且这种喷头没有吸气孔，不能吸入空气，通过泡沫喷头喷出的是雾状的泡沫混合液。

泡沫液储罐用于贮存泡沫液。储罐用于压力式泡沫比例混合流程时，泡沫液储罐应选用压力储罐；当用于其他泡沫比例混合流程时，储罐应用常压储罐。泡沫液储罐宜采用耐腐蚀材料制作，若为钢罐，其内壁应做防腐处理。泡沫液储罐的容积由计算确定，应满足一次灭火所需要的泡沫液量。

消防泵应在火警发出5min内启动工作，并应有火场断电时仍能正常运转的备用发电设备。消防泵吸取的水可以是淡水、海水，严禁使用影响泡沫性能的工厂企业排出的废污水。

4.6.4 七氟丙烷灭火系统

气体灭火剂中，卤代烷（哈龙）灭火剂的优点是很突出的，如其灭火速度快，对保护物体不产生污染等。但它有一个致命的缺点，就是它的燃烧产物Br·可在大气中存留100年，在高空中能与O_3反应，使得大气臭氧层中O_3量减少，严重影响了臭氧层对太阳紫外线辐射的阻碍作用。卤代烷灭火剂于2010年在世界范围内禁止生产与使用。随着卤代烷灭火剂的逐步淘汰，各种洁净气体灭火剂相继涌现，其中七氟丙烷灭火剂是比较典型，应用比较广泛的一种。

1. 七氟丙烷灭火剂的特点及应用范围

七氟丙烷是以化学灭火方式为主的气体灭火剂，其商标名称为FM200，化学名称为HFC-227ea，化学式为CF_3CHFCF_3，分子量为170。

作为洁净气体灭火剂，七氟丙烷具有哈龙1301灭火剂的众多优点，达到哈龙替代物八项基本要求的若干项；七氟丙烷灭火系统所使用的设备、管道及配置方式与哈龙1301灭火系统几乎完全相同；具有良好的灭火效率，灭火速度快、效果好，灭火浓度（8%~10%）低，基本接近哈龙1301灭火系统的灭火浓度（5%~8%）。对大气臭氧层无破坏作用；七氟

丙烷不导电，灭火后无残留物。

七氟丙烷灭火系统适用于扑救以下物质引起的火灾：固体物质的表面火灾，如纸张、木材、织物、塑料、橡胶等的火灾；液体火灾或可熔固体火灾，如煤油、汽油、柴油以及醇、醛、醚、酯、苯类火灾；灭火前应能切断气源的气体火灾，如甲烷、乙烷、煤气、天然气等的火灾；带电设备与电器线路火灾，如变配电设备、发动机、发电机、电缆等的火灾。

2. 七氟丙烷灭火系统的分类

七氟丙烷灭火系统可根据需要设计成无管网系统、单元独立系统和组合分配系统。

1）无管网系统（又称无管网灭火装置），是按一定的应用条件将储气钢瓶、阀门和喷头等部件组合在一起或喷头离钢瓶不远的气体灭火系统。

2）单元独立系统（又称预制灭火装置），是保护一个防护区的灭火系统。

3）组合分配系统（又称管网灭火系统），是指用一套储存装置通过管网的选择分配，保护多个防护区的灭火系统。

3. 系统的组成和主要设备

图 4-47 所示为单元独立灭火系统。其系统由七氟丙烷储瓶、瓶头阀、电磁启动器、释放阀、止回阀、安全阀、压力信号器、喷头等组成。

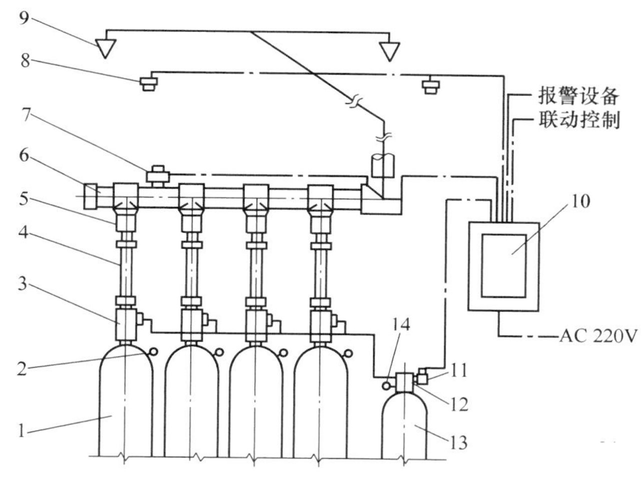

图 4-47　单元独立灭火系统

1—七氟丙烷储瓶　2—压力表　3—瓶头阀　4—高压软管
5—止回阀　6—集流管　7—压力信号器　8—探测器　9—喷头　10—控制盘
11—电磁启动器　12—启动瓶头阀　13—N_2启动瓶　14—压力表

七氟丙烷储瓶，平时用于贮存七氟丙烷，按设计要求充装七氟丙烷和增压氮气。在储瓶瓶口安装瓶头阀，瓶头阀出口与管网系统相连。

瓶头阀安装在七氟丙烷储瓶瓶口上，具有封存、释放、充装、超压排放等功能。

电磁启动器安装在启动瓶钢瓶上，按灭火控制指令给其通电启动，进而打开释放阀及瓶头阀，释放七氟丙烷实施灭火，它也可实行机械应急操作实施灭火系统启动。

释放阀用于组合分配灭火系统中，安装在七氟丙烷储瓶出流的汇流管上，对应每个保护区各设一个。

七氟丙烷止回阀安装在七氟丙烷储瓶出流的汇流管上，防止七氟丙烷从汇流管向储瓶倒流。

高压软管用于瓶头阀与七氟丙烷止回阀之间的连接，形成柔性结构，便于瓶体称重检漏和安装。

气体止回阀安装在系统的启动气路上，用于控制释放阀的启闭，与释放阀相对应的七氟丙烷瓶头阀连动启闭。

安全阀安装在汇流管上。由于组合分配系统安装了释放阀使汇流管形成封闭管段，一旦有七氟丙烷积存在里面，可能由于温度的关系会形成较高的压力，因此要装设安全阀，起到保护系统的作用。

压力信号器安装在释放阀的出口部位（对于单元独立系统，则安装在汇流管上）。当释放阀开启释放七氟丙烷时，压力信号器动作送出工作信号给灭火控制系统。

思考题与习题

1. 常用的闭式自动喷水灭火系统有哪几种？适用条件是什么？
2. 闭式自动喷水灭火系统的主要组件有哪些？其作用是什么？
3. 如何用作用面积计算法计算自动喷水灭火系统的设计流量？
4. 闭式自动喷水灭火系统喷头的布置有何要求？
5. 闭式自动喷水灭火系统的管道布置有何要求？
6. 雨淋灭火系统的主要组件有哪些？其作用是什么？
7. 水喷雾灭火系统有何特点？适用条件是什么？
8. 水喷雾灭火系统与自动喷水灭火系统有何区别？
9. 二氧化碳灭火系统有何特点？适用条件是什么？
10. 干粉灭火系统的特点是什么？
11. 泡沫灭火系统的灭火机理是什么？
12. 七氟丙烷气体灭火系统有何特点？适用条件是什么？

第 5 章

建筑内部排水系统

学习重点：

①室内排水系统的分类与组成；②常用的排水管材、附件及卫生器具；③排水立管的水流状态及特点；④室内排水系统的水力计算；⑤高层建筑排水方式；⑥新型排水系统的类型及主要配件。

5.1 排水系统的分类和组成

建筑内部排水系统的任务，就是将人们在日常生活和工业生产过程中使用过的、受污染的水以及降落到屋面的雨水和雪水收集起来，及时排到室外。

5.1.1 排水系统的分类

1. 按所排除污（废）水的性质分类

按所排除污（废）水性质，建筑排水系统可分为污（废）水排水系统和屋面雨水排水系统两大类。污（废）水排水系统又分为生活排水系统和工业废水排水系统。

（1）生活排水系统　生活排水系统接纳并排除居住建筑、公共建筑及工业企业间的生活污水与生活废水。按照污（废）水处理、卫生条件或杂用水水源的需要，生活排水系统又可分为排除大便器（槽）、小便器（槽）以及用途与此相似的卫生设备产生的生活污水排水系统和排除盥洗、洗涤废水的废水排水系统。生活污水经过化粪池局部处理后排入室外排水系统；生活废水经过处理后，可作为杂用水，用来冲洗厕所、浇洒道路和绿地、冲洗汽车等。

（2）工业废水排水系统　工业废水排水系统排除工业企业生产过程中产生的废水。按照污染程度的不同，可分为生产废水排水系统和生产污水排水系统。生产废水是指在使用过程中受到轻度污染或水温稍有增高的水，通常经某些处理后即可在生产中重复使用或直接排放水体。生产污水是指在使用过程中受到较严重污染的水，多半具有危害性，需要经过处理，达到排放标准后才能排放。

（3）建筑雨水排水系统　建筑雨水排水系统收集排除屋面、墙面和窗井等雨（雪）水。

2. 按水力状态分类

按照建筑内部排水系统污（废）水的排水水力状态，可分为重力流排水系统、压力流排水系统和真空排水系统。

（1）重力流排水系统　利用重力进行排水。管道系统排水按一定充满度（或充水率）

设计，管系内水压基本与大气压力相等。常见的和传统的建筑内部排水系统均为重力流。

（2）压力流排水系统　利用重力势能或通过水泵抽升进行排水。管道系统排水按满流设计，管系内整体水压大于（局部可小于）大气压力。重力流排水有困难或组团排水为减小排水管径时，可采用压力流排水。

（3）真空排水系统　利用真空泵使排水系统形成真空进行排水。常见的有真空坐便器排水系统。真空排水系统节水（真空坐便器一次用水量是普通坐便器的1/6），管径小，横管无须重力坡度，排泄能力强。

3. 按通气方式分类

根据排水系统的通气方式，建筑内部污（废）水排水系统分为单立管排水系统、双立管排水系统和三立管排水系统，如图5-1所示。

（1）单立管排水系统　单立管排水系统是指只有一根排水立管，没有专门通气立管的系统。按建筑层数和卫生器具的多少，它可分为无通气管的单立管排水系统、有通气立管的普通单立管排水系统和特制配件单立管排水系统三种类型。

1）无通气管的单立管排水系统适用于立管短、卫生器具少、排水量小、立管顶端不便伸出屋面的情况。

2）有通气立管的普通单立管排水系统适用于一般多层建筑。

3）特制配件的单立管排水系统是在横支管与伸顶通气排水系统的立管连接处，设置特制配件代替一般的三通，在立管底部与横干管或排出管连接处设置特制配件代替一般的弯头。这种通气方式是在排水立管管径不变的情况下利用特殊结构改变水流方向和状态，增大排水能力，因此又称诱导式内通气，适用于各类多层和高层建筑。

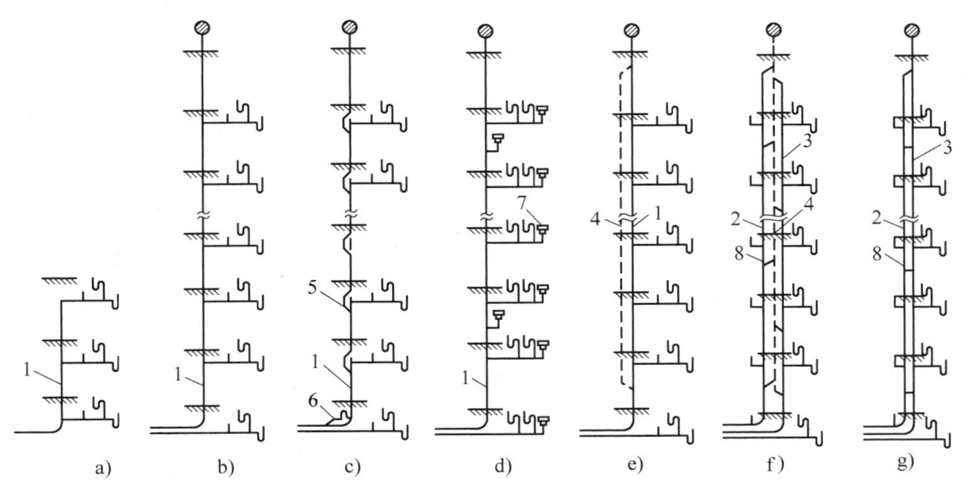

图5-1　建筑内部污（废）水排水系统的类型（按通气方式分类）

a）无通气管的单立管　b）普通单立管　c）特制配件单立管　d）吸气阀单立管　e）双立管　f）三立管　g）废水与污水立管互为通气管

1—排水立管　2—污水立管　3—废水立管　4—通气立管　5—上部特制配件　6—下部特制配件　7—吸气阀　8—结合通气管

（2）双立管排水系统 双立管排水系统由一根排水立管和一根通气立管组成。排水立管和通气立管进行气流交换，又称干式外通气。适用于污（废）水合流的各类多层和高层建筑。

（3）三立管排水系统 三立管排水系统由一根生活污水立管、一根生活废水立管和一根通气立管组成，两根排水立管共用一根通气立管。三立管排水系统的通气方式也是干式外通气，适用于生活污水和生活废水需分别排出室外的各类多层和高层建筑。

在三立管排水系统中去掉专用通气立管，将废水立管与污水立管每隔两层互相连接，利用两立管的排水时间差，互为通气立管，这种外通气方式又称湿式外通气。

4. 按排水体制分类

建筑排水系统按排水体制可分为分流制排水系统和合流制排水系统两类，采用何种排水方式，应根据污（废）水性质与污染情况，结合室外排水系统的设置、污（废）水综合利用的可能性及污（废）水处理要求等，并综合考虑技术经济情况确定。

含有有毒物质和其他有害物质的工业废水，应根据综合利用和污水处理要求，采用分流制排出，以便进行单独处理或回收利用。

在居住建筑和公共建筑内，生活污水管道和雨水管道均应单独设置。对卫生标准要求较高，设有中水系统的建筑物，生活污水与生活废水宜采用分流制排放。

含有大量油脂的公共饮食业厨房洗涤废水与洗车台冲洗水；含有大量致病菌，放射性元素超过排放标准的医院污水；水温超过 40℃ 的锅炉、水加热器等加热设备排水；可重复利用的冷却水以及用作中水水源的生活排水应单独排至水处理或回收构筑物，经单独处理后方可排至建筑物外排水系统。

5.1.2 污（废）水排水系统的组成

建筑内部污（废）水排水系统一般由卫生器具和生产设备的受水器、排水管道、清通设备和通气管道组成。在有些建筑的污（废）水排水系统中，根据需要还设有污（废）水的提升设备和局部处理构筑物，如图 5-2 所示。

1. 卫生器具和生产设备受水器

卫生器具又称卫生设备或卫生洁具，是接纳、排出人们在日常生活中产生的污（废）水或污物的容器或装置。生产设备受水器是接纳、排出工业企业在生产过程产生的污（废）水或污物的容器或装置。除便溺用的卫生器具外，其他卫生器具均在排水口处设置栏栅。

2. 排水管道

排水管道包括器具排水管（含存水弯）、横支管、立管、埋地干管和排出管。其作用是将各个用水点产生的污（废）水及时、迅速输送到室外。

3. 通气系统

由于建筑内部排水管内是气、水两相流，为保证排水管道系统内空气流通，压力稳定，避免因管内压力波动使有毒、有害气体进入室内，减少排水系统噪声，需设置通气系统。通气系统包括伸顶通气管、专用通气管以及专用附件。

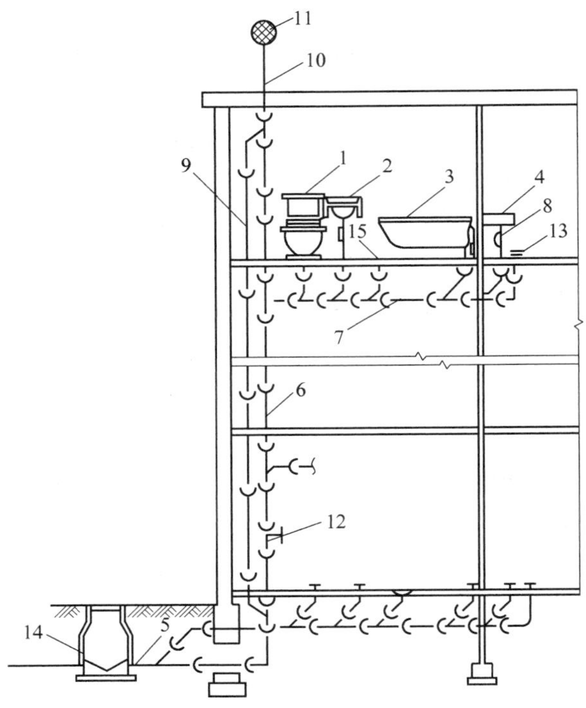

图 5-2 污（废）水排水系统组成

1—坐便器 2—洗脸盆 3—浴盆 4—厨房洗涤盆 5—排水出户管 6—排水立管 7—排水横支管 8—器具排水管（含存水弯） 9—专用通气管 10—伸顶通气管 11—通气帽 12—检查口 13—清扫口 14—排水检查井 15—地漏

建筑标准要求较高的多层住宅和公共建筑，10 层及 10 层以上高层建筑的生活污水立管宜设专用通气立管。如果生活排水立管所承担的卫生器具排水设计流量，超过仅设伸顶通气立管的排水立管最大排水能力时，应设专用通气管道系统。专用通气管道系统包括通气支管、通气立管、结合通气管和汇合通气管等。

4. 清通设备

清通设备包括设在横支管顶端的清扫口，设在立管或较长横干管上的检查口和设在室内较长的埋地横干管上的检查口（井）。其作用是疏通管道内沉积物、黏附物，保障管道排水畅通。

5. 提升设备

提升设备是指通过水泵提升排水的高程或使排水加压进行输送。工业与民用建筑的地下室、人防建筑、高层建筑的地下技术层和地下铁道等处标高较低，在这些场所产生、收集的污（废）水不能自流排至室外的检查井，须设污（废）水提升设备。

6. 污水局部处理构筑物

当建筑内部污水未经处理不允许直接排入市政排水管网或水体时，须设污水局部处理构筑物，如处理民用建筑生活污水的化粪池，降低锅炉、加热设备排污水水温的降温池，去除含油污水的隔油池，以及以消毒为主要目的的医院污水处理构筑物等。

5.2　卫生器具及冲洗设备

5.2.1　卫生器具

1. 盥洗用卫生器具

（1）洗脸盆　它是指一般用于洗脸、洗手和洗头的盥洗卫生器具，如图 5-3 所示，设置在卫生间、盥洗室、浴室及理发室内。按外形分为长方形、椭圆形、马蹄形和三角形，按安装方式分为挂式、立柱式和台式。洗脸盆的材质多为陶瓷制品，也有搪瓷、玻璃钢和人造大理石等。

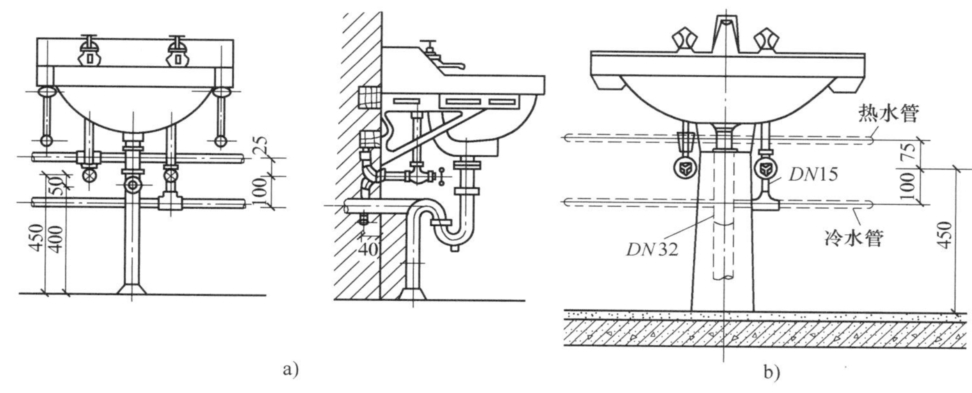

图 5-3　洗脸盆

a）普通型　b）柱型

（2）盥洗槽　它是指设在公共卫生间内，可供多人同时洗手洗脸等用的盥洗卫生器具，如图 5-4 所示。按水槽形式分为单面长条形、双面长条形和圆环形。多采用钢筋混凝土现场浇筑、水磨石或瓷砖贴面，也有不锈钢、搪瓷、玻璃钢等制品。

2. 沐浴用卫生器具

（1）浴盆　它是指供人们清洗全身用的洗浴卫生器具，设在住宅、宾馆、医院等卫生间及公共浴室内。多为陶瓷制品，也有搪瓷、玻璃钢、人造大理石等制品。按使用功能分为普通浴盆（图 5-5）、坐浴盆与旋涡浴盆，按形状分为长方形、圆形、三角形和人体形，按有无裙边分为无裙边和有裙边。

旋涡浴盆是一种装有水力按摩装置的浴盆，可以进行水力理疗，其附带的旋涡泵装在浴盆下面，使浴水不断经过洗浴者，进行水力循环。有的进口还附有夹带空气的装置，气水混合的水流不断接触人体，起按摩作用。水流方向与冲力可以调节，有加强血液循环、松弛肌肉、促进新陈代谢、迅速消除疲劳的功能。

（2）淋浴器　它是一种由莲蓬头、出水管和控制阀组成，喷洒水流供人沐浴的卫生器具。与浴盆相比，具有占地小、造价低、耗水量少和清洁等优点，因此，被广泛地应用于住宅、旅馆、工业企业生活间、医院、学校、机关、体育馆等建筑的卫生间或公共浴室内。按供水方式分为单管式和双管式，按出水管的形式分为固定式和软管式，按控制阀分为手动式、

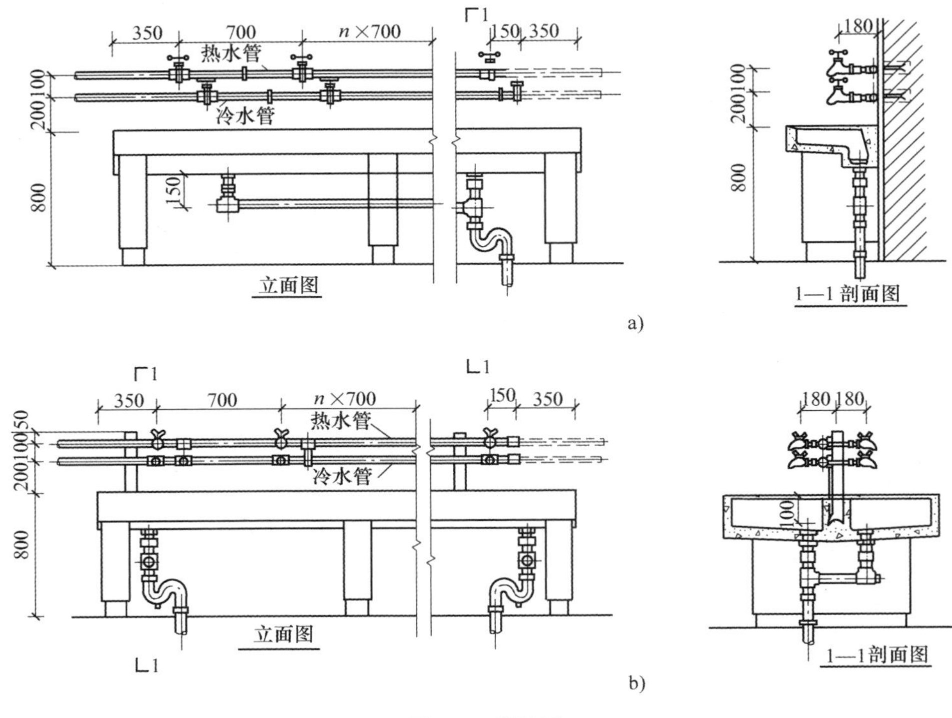

图 5-4 盥洗槽

a）单面盥洗槽 b）双面盥洗槽

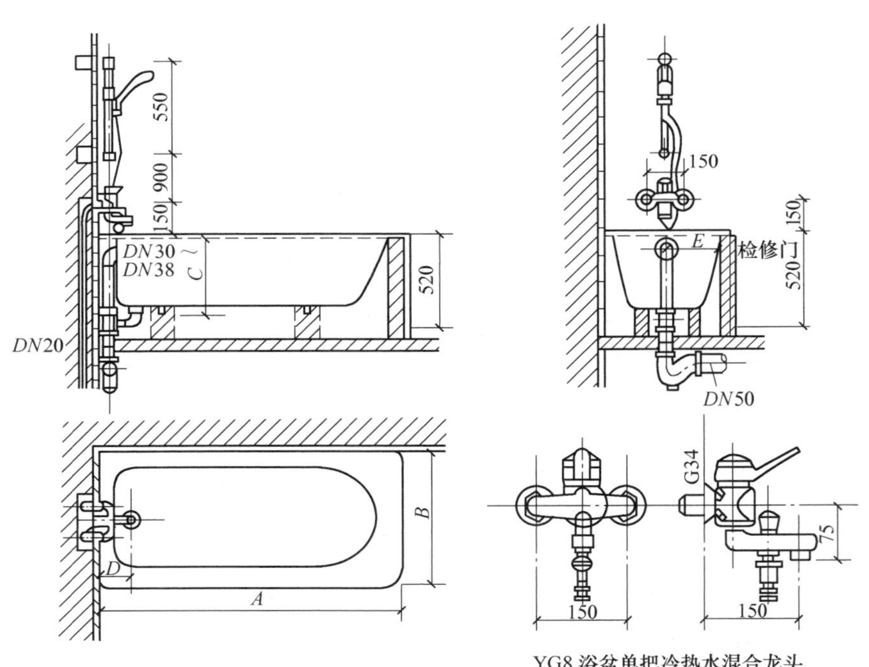

图 5-5 浴盆

脚踏式和自动式，按莲蓬头分为散流式、充气式和按摩式，按清洗范围分为普通淋浴器和半身淋浴器。

淋浴器有成套供应的成品和现场用管件组装两类，淋浴器的冷、热水管，有明装和暗装两种，为安装、维修方便，多采用明装。图 5-6 所示为成品淋浴器的安装图，图中 $L=$ 1100mm 或按设计确定。

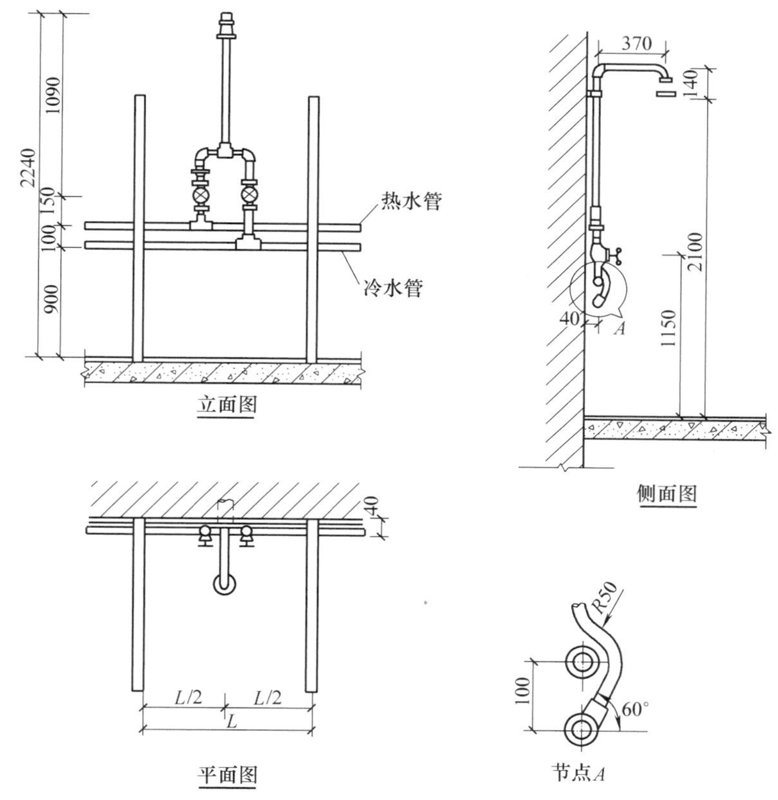

图 5-6　淋浴器安装图

（3）净身盆　它是一种由坐便器、喷头和冷热水混合阀等组成的卫生器具，如图 5-7 所示，供便溺后清洗下身用，更适合妇女和痔疮者使用，常设在设备完善的旅馆客房、住宅、女职工较多的工业企业及妇产科医院等建筑卫生间内。净身盆的尺寸与大便器基本相同，有立式和墙挂式两种。

3. 洗涤用卫生器具

（1）洗涤盆（池）　它是指洗涤餐具器皿和食物用的卫生器具，如图 5-8 所示。一般设在住宅、公共和营业性厨房内，材质多为陶瓷、搪瓷、玻璃钢和不锈钢等，按分格数量分为单格、双格和三格，有的还带隔板和背衬。

（2）化验盆　它是指供化验用水，倾倒化验污水用的卫生器具，如图 5-9 所示。盆体本身带有存水弯，材质多用陶瓷，也有玻璃钢、搪瓷制品。根据使用要求，可装设单联、双联和三联式鹅颈水嘴。一般设在工厂、科研机关、学校的化验室或实验室内。

（3）污水盆（池）它是指供洗涤拖把、清扫卫生、倾倒污（废）水的洗涤用卫生器

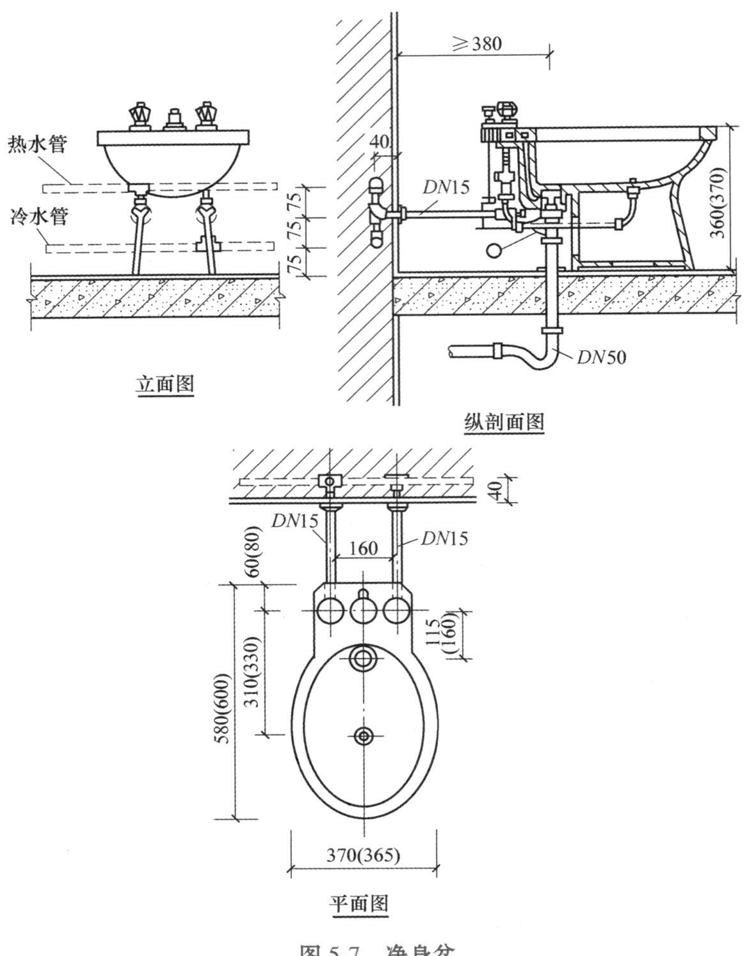

图 5-7 净身盆

具，如图 5-10 所示。常设在公共建筑和工业企业的卫生间或盥洗室内。污水盆多用陶瓷、玻璃钢或不锈钢制品；污水池以水磨石现场建造。按设置高度，污水盆（池）有挂墙式或落地式两类。

4. 便溺用卫生器具

（1）大便器 大便器按使用方式分为坐式大便器、蹲式大便器和大便槽。

蹲式大便器按其形状分为盘式和斗式，按污水出口的位置分为前出口和后出口。使用蹲式大便器时可避免因与人体直接接触引起某些疾病的传染，所以多用于集体宿舍和公共建筑物中的公共厕所中。蹲式大便器本身不带存水弯，安装时另加存水弯。在地板上安装蹲式大便器，至少需设高为 180mm 的平台。蹲式大便器可单独或成组安装，多采用高位水箱或延时自闭式冲洗阀冲洗，如图 5-11 所示。

坐式大便器按其构造形式分为盘形和漏斗形、整体式（便器本体与冲洗水箱组装在一起）和分体式（便器本体与冲洗水箱单独设置）；按其安装方式分为落地式和悬挂式；按排水出口的位置分为下出口和后出口。坐式大便器多采用低水箱进行冲洗，按冲洗水力的原理有直接冲洗式和虹吸式两类，如图 5-12 所示。

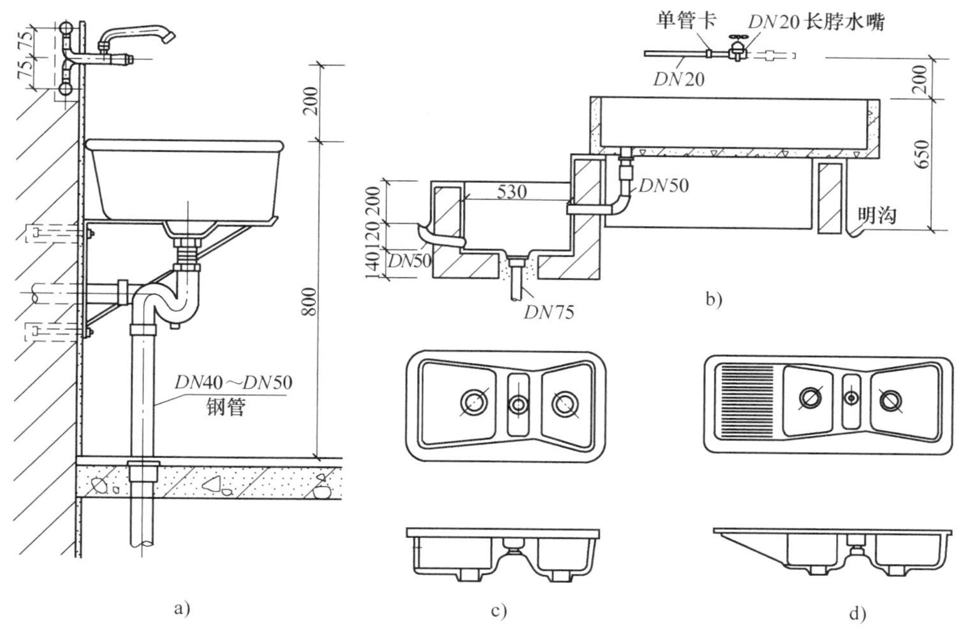

图 5-8　洗涤盆（池）

a）单格陶瓷洗涤盆　b）双格洗涤池

c）双格不锈钢洗涤盆　d）双格不锈钢带隔板洗涤盆

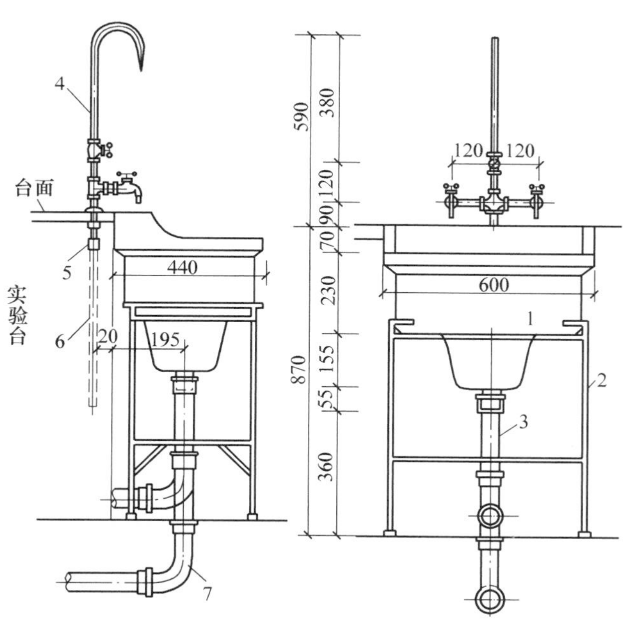

图 5-9　化验盆

1—化验盆　2—支架　3—排水管　4—三联化验水嘴

5—管接头　6—给水管　7—弯头

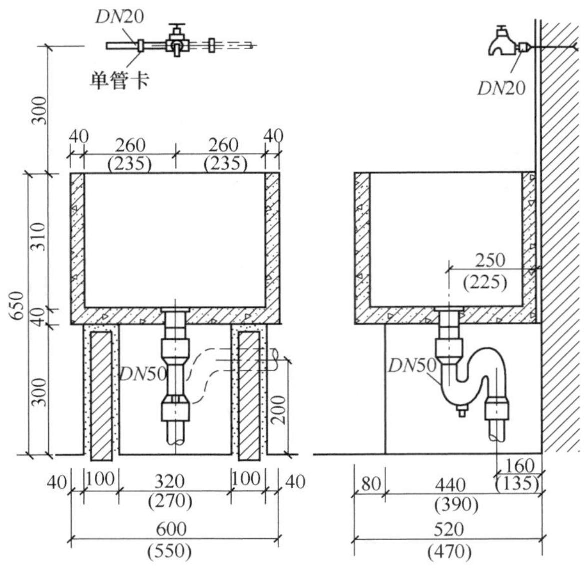

图5-10　污水盆（池）

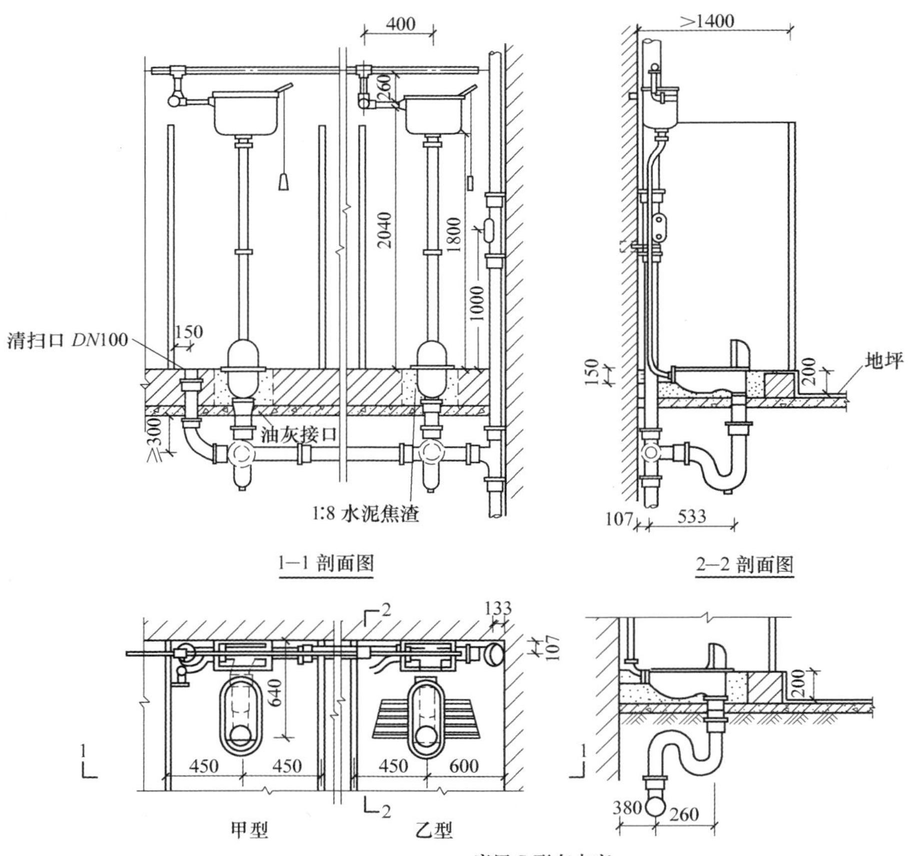

图5-11　蹲式大便器

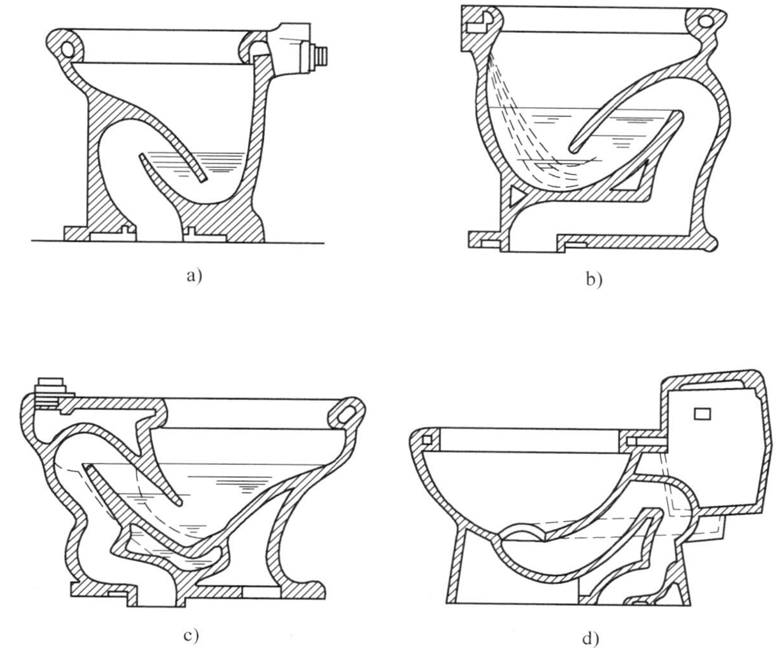

图 5-12　坐式大便器

a）水冲式　b）虹吸式　c）喷射虹吸式　d）漩涡虹吸式

水冲式坐便器又称冲落式坐便器，是指利用水的冲力将堆积的粪便排入污水管道的坐式大便器。这种大便器因便器内存水面积较小，污物易附着在器壁上，易散发臭气，冲洗水量和冲洗时噪声较大，目前已很少使用。

虹吸式坐便器是指借助冲洗水头和虹吸（负压）作用，依靠负压将粪便等污物完全吸出的坐式大便器。虹吸式大便器的水封表面和水封高度均较大，排水能力大，积水面积大，污物不易附着和散发臭气，冲洗水量较大，冲洗噪声也较大，性能优于水冲式坐便器。

虹吸式坐便器种类较多，常用的有喷射虹吸式坐便器和漩涡虹吸式坐便器。喷射虹吸式坐便器是一种形成强制虹吸作用的虹吸式坐便器，在便器底部正对存水弯处设有喷射孔，冲水时由此孔强力喷射，使存水弯迅速充满并排水。漩涡虹吸式坐便器，冲洗时大股水流自便器下部进入形成漩涡的虹吸式坐便器，冲洗水箱与便器连成一体，其冲洗水头低、排水噪声小、使用舒适，但结构复杂。

另外，还有压缩空气排水坐便器、真空排水坐便器等。

图 5-13 所示为低水箱坐式大便器安装图，图中未定尺寸，按所购大便器及上、下水配件尺寸确定。

（2）大便槽　它是指可供多人同时使用的长条形沟槽。一般采用混凝土或钢筋混凝土浇筑，槽底有一定坡度，便槽用隔板分成若干蹲位。由于冲洗不及时，污物易附着在槽壁上，易散发臭味，但设备简单，造价低，常用于低标准的公共厕所如学校、火车站、汽车站、游乐场等场所。大便槽采用集中自动冲洗水箱或红外线数控冲洗装置。

（3）小便器　它是指设置在公共建筑男厕所内，收集和排除小便的便溺用卫生器具，

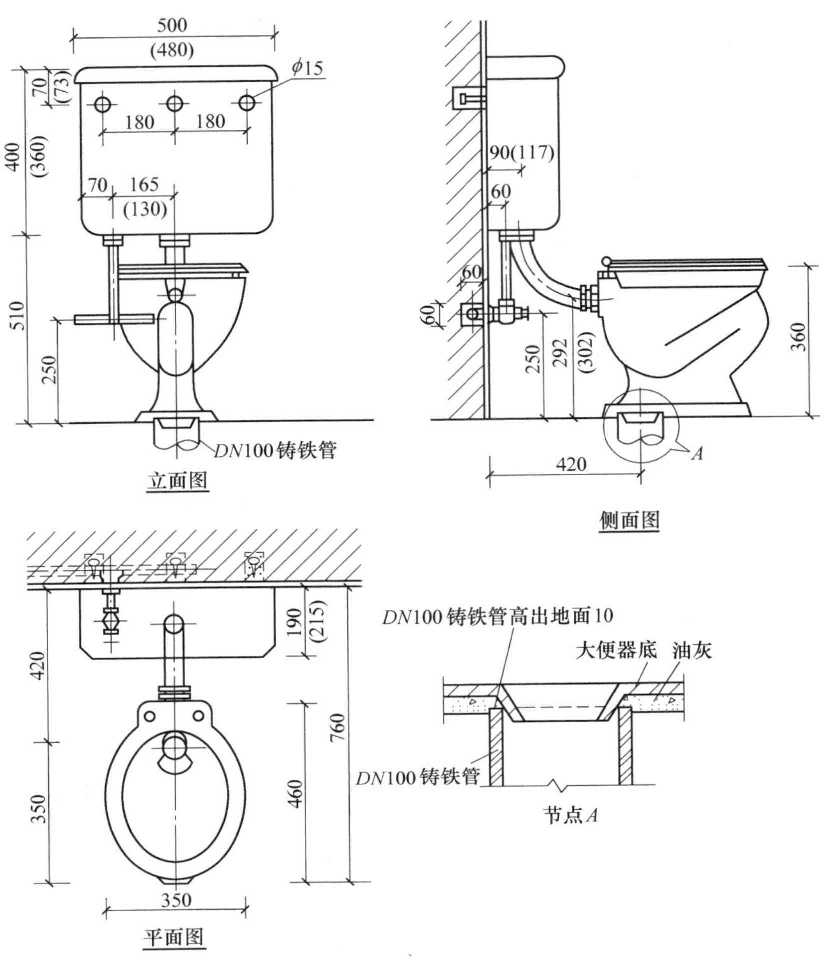

图 5-13 低水箱坐式大便器安装图

多为陶瓷制品，按形状分为立式和挂式两类，如图 5-14 所示。立式小便器又称落地小便器，用于标准高的建筑；挂式小便器又称小便斗，安装在墙壁上。

（4）小便槽　它是指可供多人同时使用的长条形沟槽，由长条形水槽、冲洗水管、排水地漏或存水弯等组成。采用混凝土结构，表面贴瓷砖，用于工业企业、公共建筑和集体宿舍的公共卫生间。

（5）倒便器　倒便器又称便器冲洗器，是指供医院病房内倾倒粪便并冲洗便盆用的卫生器具，如图 5-15 所示。有时还带有蒸汽消毒装置，通常为不锈钢制品。

5.2.2 冲洗设备

冲洗设备是便溺用卫生器具的配套设备，有冲洗水箱和冲洗阀两种。完善的冲洗设备应做到冲洗干净，耗水少，有足够的冲洗水头。

1. 冲洗水箱

冲洗水箱按冲洗的水力原理分为冲洗式、虹吸式两类；按启动方式分为手动式、自动

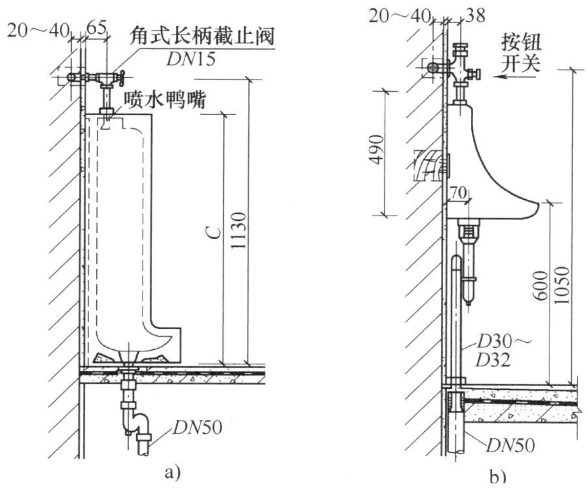

图 5-14　小便器

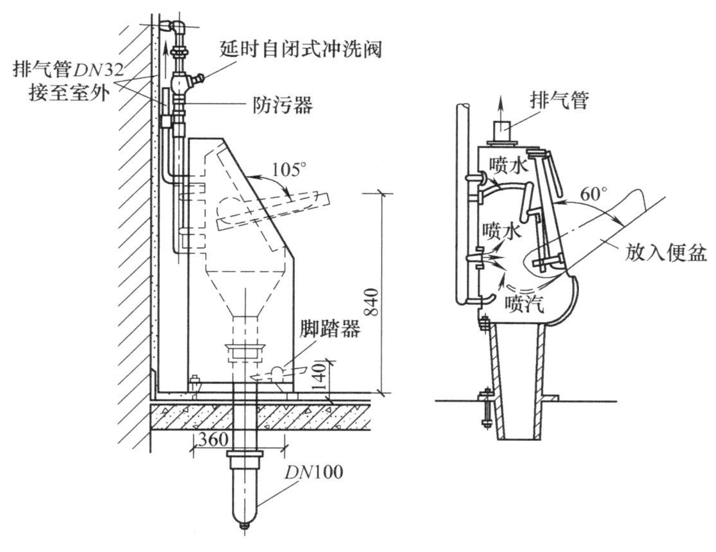

图 5-15　倒便器

式；按安装位置分为高水箱和低水箱。高位水箱用于蹲式大便器和大小便槽，手动低位水箱用于坐式大便器，自动冲洗水箱多用于公共厕所。图 5-16 所示为虹吸式自动冲洗水箱，图 5-17 所示为手动低位水箱。

冲洗水箱的优点是具有足够冲洗一次所需的贮水容量，水箱进水管管径小，所需流出压力小，即水箱浮球阀要求的流出压力仅为 20～30kPa，一般室内给水压力均易满足；冲洗水箱起空气隔断作用，不致引起回流污染。冲洗水箱的缺点是占地大，有噪声，进水浮球阀容易漏水，水箱及冲洗管外壁易产生凝结水，自动冲洗水箱浪费水量。光电数控冲洗水箱可在无人使用时，不放水冲洗，达到节约用水和减少噪声的目的。

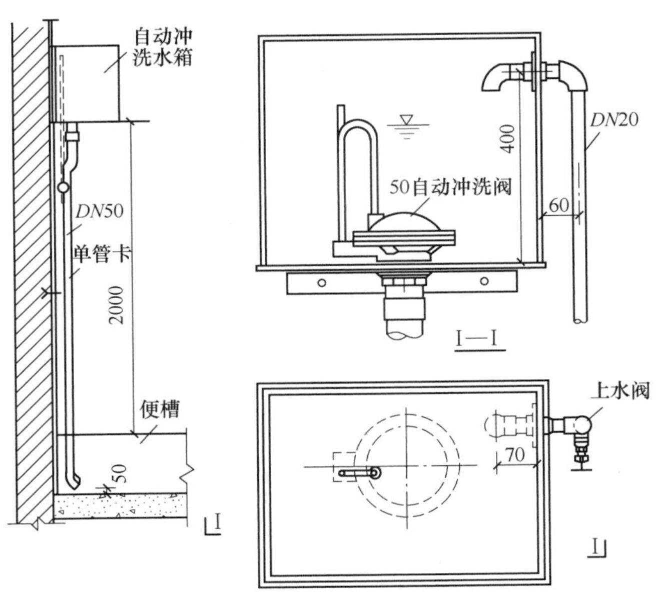

图 5-16　虹吸式自动冲洗水箱

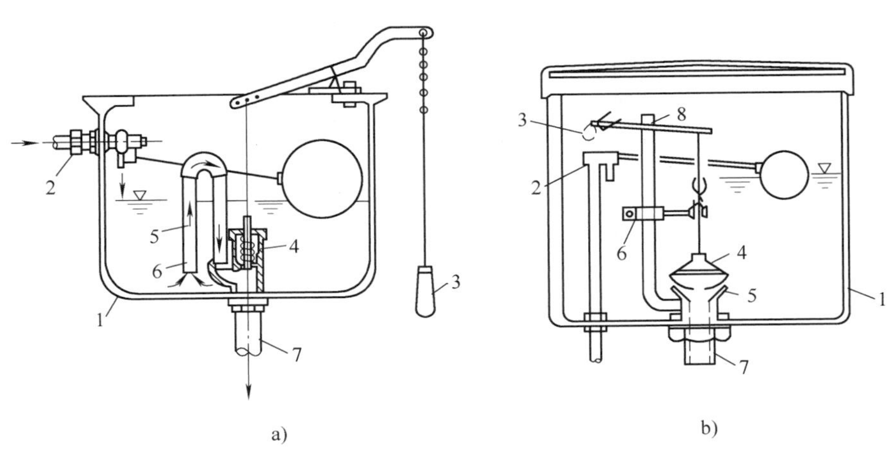

图 5-17　手动低位水箱

a）虹吸冲洗水箱

1—水箱　2—浮球阀　3—拉链　4—弹簧阀　5—虹吸管　6—ϕ5mm 小孔　7—冲洗管

b）水力冲洗水箱

1—水箱　2—浮球阀　3—扳手　4—橡胶球阀　5—阀座　6—导向装置　7—冲洗管　8—溢流管

2. 冲洗阀

冲洗阀为直接安装在大、小便器冲洗管上的另一种冲洗设备，其体积小，外表洁净美观，不需水箱，使用便利。一般冲洗阀要求流出压力较大（约 100kPa），引水管也较大（直径为 20 ~25mm），多用在公共建筑、工厂及火车站厕所内。冲洗阀的缺点是构造复杂，容易阻塞损坏，要经常检修。

延时自闭式冲洗阀具有冲洗时间、冲洗水量均可调整，节约用水，工作压力低，流出压

力小且具有空气隔断措施等优点，现已被广泛使用。

5.3 排水管材及附件

5.3.1 排水管材

1. 塑料排水管及管件

目前在建筑排水工程广泛使用的排水塑料管是硬聚氯乙烯塑料管（简称 UPVC 管）。UPVC 管具有质量轻、表面光滑、外表美观、耐腐蚀、容易切割、便于安装、造价低廉、外表美观和节能等优点。但塑料管也有强度低、耐温性差（使用温度在-5~50℃之间）、立管噪声大、暴露于阳光下的管道易老化、防火性能差等缺点。

排水塑料管有普通排水塑料管、芯层发泡排水塑料管、拉毛排水塑料管和螺旋消声排水塑料管等几种。管道连接方法有螺纹连接、胶圈连接及粘接，常采用粘接方法，该方法既快捷方便又牢固。UPVC 排水管的规格见表 5-1，常用管件如图 5-18 所示。

表 5-1 UPVC 排水塑料管的规格

公称外径 de/mm		50	75	90	110	125	100	200	250	315
Ⅰ型	壁厚 e/mm	2.0	2.3	3.2	3.2	3.2	4.0	4.9	6.2	7.7
	内径 d_j/mm	46	70.4	83.6	103.6	118.6	152.0	190.2	237.6	199.6
Ⅱ型	壁厚 e/mm					3.7	4.7	5.9	7.3	9.2
	内径 d_j/mm					117.6	150.6	188.2	235.4	296.6
管长/m		4000~6000								

2. 普通排水铸铁管及管件

普通排水铸铁管的水压试验压力为 1.5MPa，采用承插连接，接口有铅接口、石棉水泥接口、沥青水泥砂浆接口、膨胀性填料接口、水泥砂浆接口等。常用于一般的生活污水、雨水和工业废水的排水管道。常用的排水铸铁管管件有管箍、弯头、三通、四通、存水弯、锥形变径管、地漏、清扫口、检查口等，如图 5-19 所示；还有一些新型排水异形管件，如二联三通、三联三通、角形四通、H 形透气管、Y 形三通等，如图 5-20 所示。

3. 柔性接口排水铸铁管及管件

柔性接口排水铸铁管在管内水压下具有良好的曲挠性与伸缩性，能适应建筑楼层间变位导致的轴向位移和横向曲挠变形，防止管道裂缝与折断。柔性接口排水铸铁管有两种，一种是连续铸造工艺制造，承口带法兰，管壁较厚，采用法兰压盖、橡胶密封圈、螺栓连接，如图 5-21a 所示；另一种是水平旋转离心铸造工艺制造，无承口，管壁薄而均匀，质量轻，采用不锈钢带、橡胶密封圈、卡紧螺栓连接，如图 5-21b 所示，具有安装更换管道方便、美观的特点。表 5-2 所列为 ISO—6594 标准中对卡箍式排水铸铁管的规定。

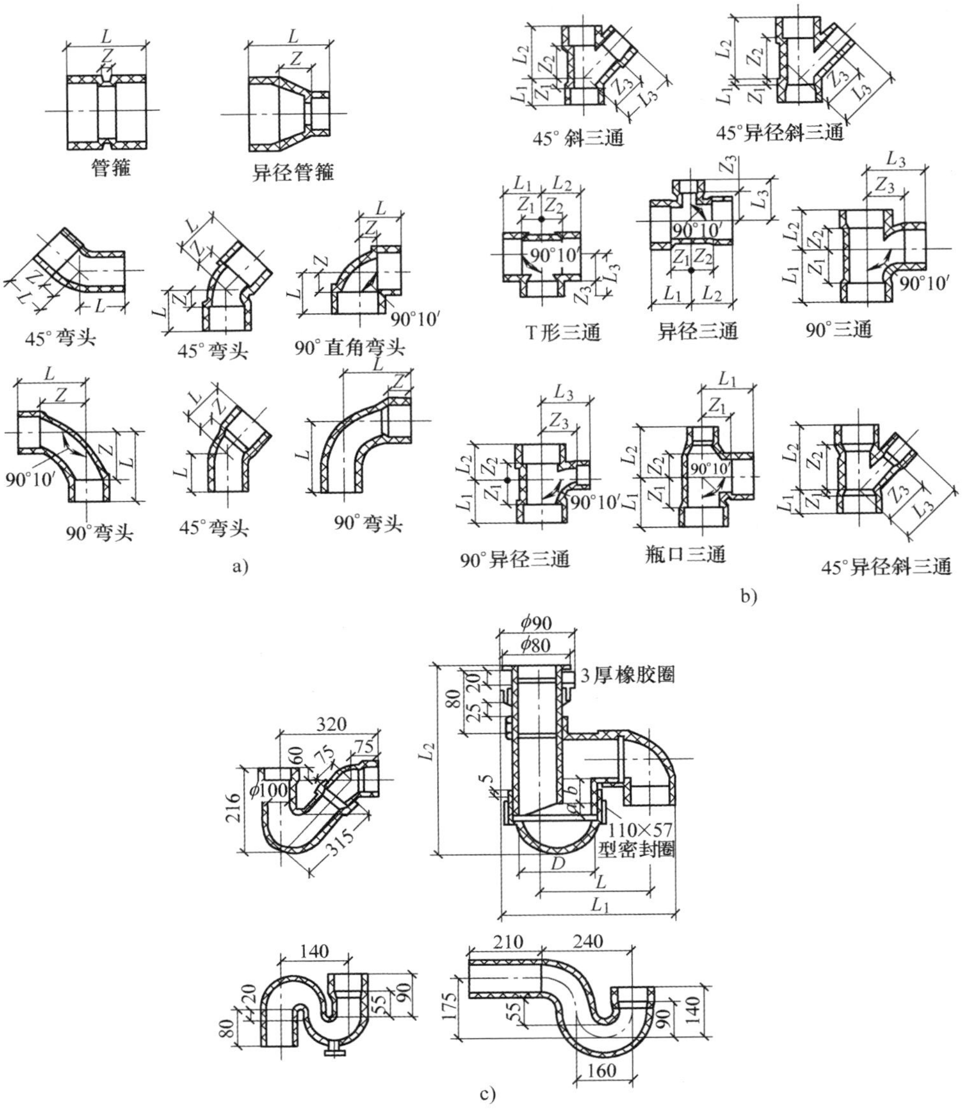

图 5-18 常用塑料排水管件示意图

a）UPVC 排水管管箍、弯头 b）UPVC 排水三通 c）UPVC 排水存水弯（注：具体尺寸见产品说明）

表 5-2 卡箍式排水铸铁管规格

公称直径 N/mm	外径 D/mm	外径公差/mm	公称直径 N/mm	外径 D/mm	外径公差/mm
50	58	+2	100	110	±2
		−1	125	135	±2
70	78	+2	150	160	±2
		−1	200	210	±2.5
75	83	+2	250	274	±2.5
		−1	300	326	±2.5

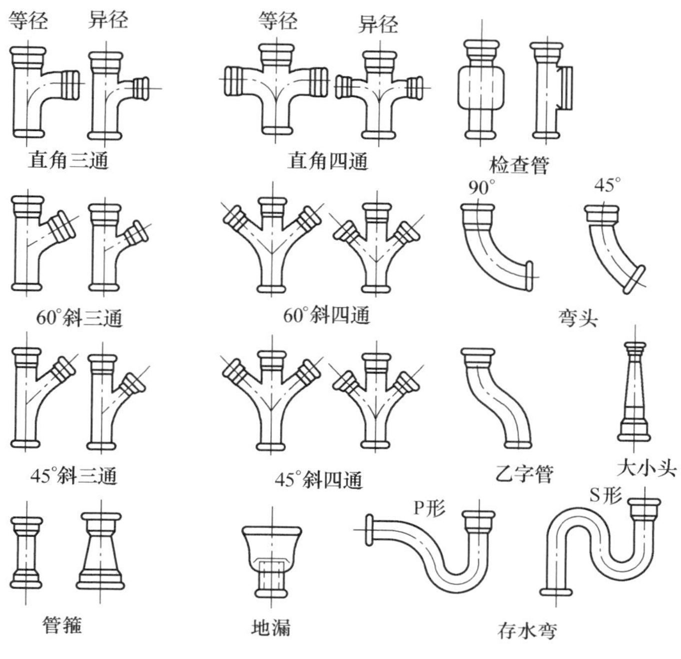

图 5-19　常用的排水铸铁管管件

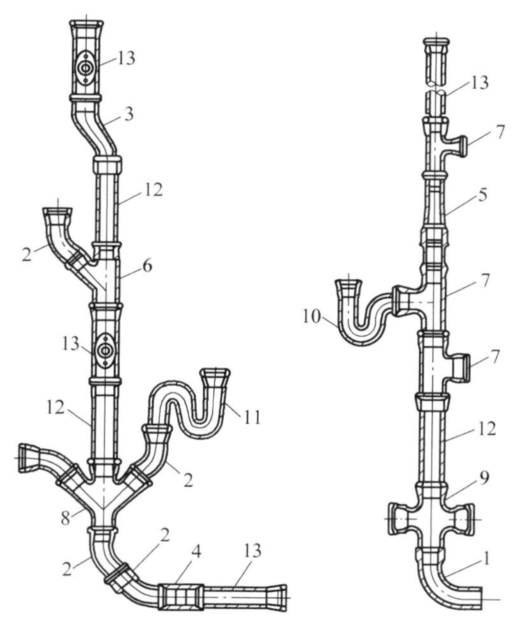

图 5-20　承插连接管件

1—90°弯头　2—45°弯头　3—乙字管　4—双承管　5—大小头
6—斜三通　7—正三通　8—斜四通　9—正四通　10—P 形存水弯
11—S 形存水弯　12—直管　13—检查口短管

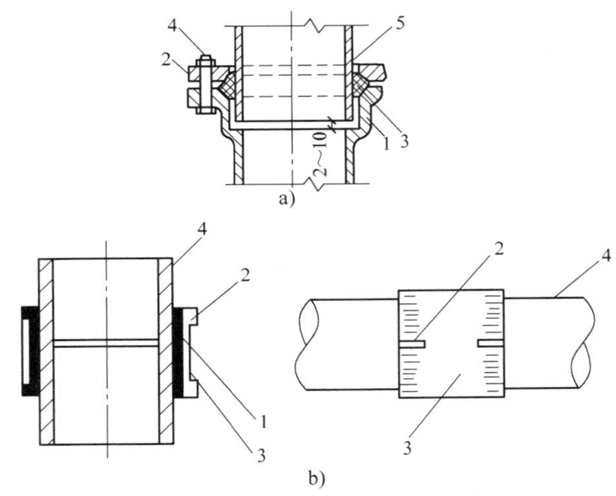

图 5-21　**排水铸铁管连接方法**

a）法兰压盖螺栓连接

1—承口端头　2—法兰压盖　3—橡胶密封圈　4—紧固螺栓　5—插口端头

b）不锈钢带卡紧螺栓连接

1—橡胶密封圈　2—卡紧螺栓　3—不锈钢带　4—排水铸铁管

柔性接口排水铸铁管管件有立管检查口、三通、45°三通、45°弯头、90°弯头、45°和 30°通气管、四通、P 形存水弯和 S 形存水弯等。

柔性接口排水铸铁管具有强度大、抗震性能好、噪声低、防火性能好、寿命长、膨胀系数小、安装施工方便、美观（不带承口）、耐磨和耐高温性能好的优点，但其造价较高。建筑高度超过 100m 的高层建筑、对防火等级要求高的建筑物、地震区建筑、要求环境安静的场所，环境温度可能出现 0℃以下的场所以及连续排水温度大于 40℃或瞬时排水温度大于 80℃的排水管道应采用柔性接口排水铸铁管。

5.3.2　附件

1. 存水弯

存水弯的作用是防止排水管道系统中的气体窜入室内。按存水弯的构造分为管式存水弯和瓶式存水弯。管式存水弯有 P 形、S 形和 U 形三种，如图 5-22 所示。P 形存水弯适用于排水横管距卫生器具出水口位置较近的场所；S 形存水弯适用于排水横管距卫生器具出水口较远，器具排水管与排水横管垂直连接的场所；U 形存水弯设在水平横支管上。瓶式存水弯本身也是由管体组成的，但排水管不连续，其特点是易于清通，外形较美观，一般用于洗脸盆或洗涤盆等卫生器具的排出管上。

图 5-23 所示为几种新型的补气存水弯。补气存水弯在卫生器具大量排水形成虹吸时能够及时向存水弯出水端补气，防止惯性虹吸过多吸走存水弯内的水，保证水封的高度。其中，图 5-23a 为外置内补气，图 5-23b 为内置内补气，图 5-23c 为外补气。

2. 检查口

检查口是装在排水立管上，用于清通排水立管的附件。隔一层设置一个检查口，其间距

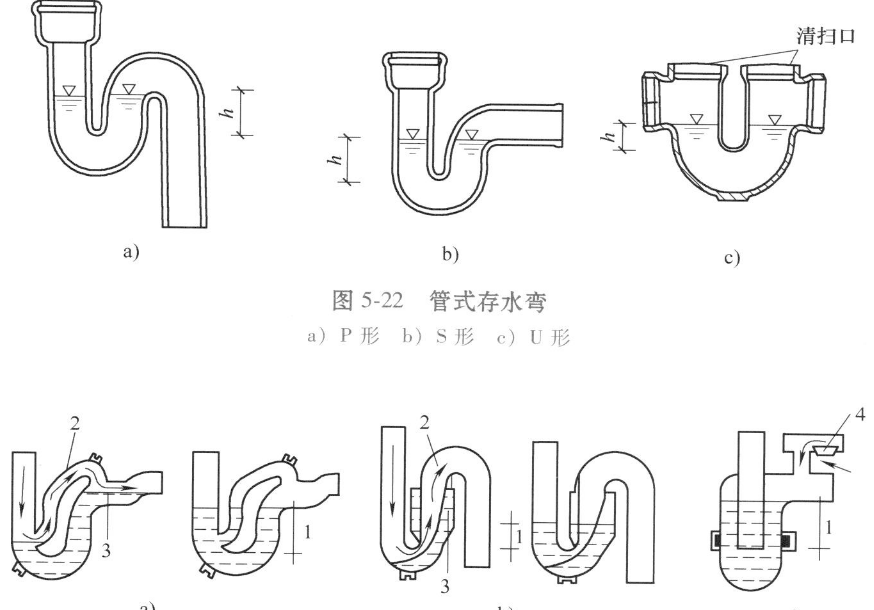

图 5-22　管式存水弯
a）P 形　b）S 形　c）U 形

图 5-23　几种新型的补气存水弯
a）Grevak 存水弯　b）Mcalpine 存水弯　c）阀式存水弯
1—水封　2—补气管　3—滞水室　4—阀口

不大于 10m，但在最低层和有卫生器具的最高层必须设置。检查口中心距操作地面一般为 1m，并应高于该层卫生器具上边缘 0.15m。

3. 清扫口

清扫口是装在排水横管上，用于清扫排水横管的附件。清扫口设置在楼板或地坪上且与地面相平；也可用带清扫口的弯头配件或在排水管起点设置堵头代替清扫口。污水管起点的清扫口与管道相垂直的墙面距离不得小于 0.20m；当污水管起点设置堵头代替清扫口时，与墙面的距离不得小于 0.40m。

4. 地漏

地漏是一种内有水封，用来排放地面水的特殊排水装置，一般设置在经常有水溅落的卫生器具附近地面（如浴盆、洗脸盆、小便器、洗涤盆等）、地面有水需要排除的场所（如淋浴间、水泵房）或地面需要清洗的场所（如食堂、餐厅），住宅还可用作洗衣机排水口。

地漏按其构造分为扣碗式、多通道式、双箅杯式、防回流式、密闭式、无水式、防冻式、侧墙式、洗衣机专用地漏等多种形式，如图 5-24 所示。

为防止排水系统中的气体经地漏进入室内，地漏的水封深度不得小于 50mm，地漏的箅子应低于地面 5~10mm。选用何种类型地漏，应根据卫生器具种类、布置方式、建筑构造及排水横管布置情况确定。卫生标准要求高或非经常使用地漏排水的场所，应设置密闭地漏。食堂、厨房、公共浴室等排水宜设置网板式地漏。卫生间内设有洗脸盆、浴盆（淋浴盆）且地面需排水时，宜设置多通道地漏。

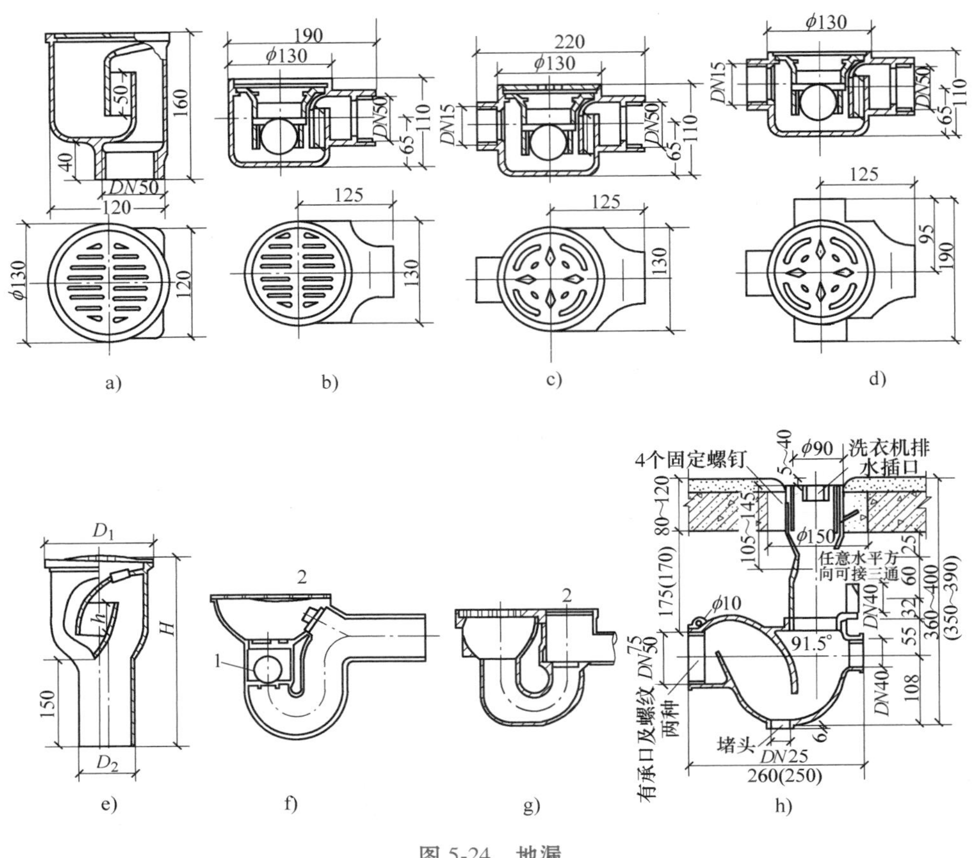

图 5-24　地漏

a）垂直单项出口地漏　b）单通道地漏　c）双通道地漏　d）三通道地漏

e）高水封地漏　f）防倒流地漏　g）可清通地漏　h）多功能地漏

1—浮球　2—清扫口

5.4　排水管系中的水气流动规律

5.4.1　建筑内部排水的流动特点

建筑内部排水管道按非满流设计，污水中含有固体杂质，管道内水流是水、空气、固体污物三种介质的复杂运动。其中，粪便污水中含固体物最多，但所占排水体积少，为简化分析，可认为管内为水、气两相流。建筑内部排水与室外排水相比，其流动具有以下特点：

1）水量变化大。建筑内部排水管道接纳的排水量小且不均匀。但卫生器具排水历时短、瞬间流量大，所以高峰流量可能充满管道断面，而在大多数时间内，管道内可能处于很小流量或无水状态。

2）气压变化幅度大。在卫生器具不排水时，排水管道中的气体通过通气管与大气相通；但卫生器具排水时，管内自由水面和气压不稳定有较大幅度波动，水气容易混合。

3）流速变化大。建筑内部排水横管与立管交替连接，当水流由横管进入立管时，水流

方向改变，在重力作用下流速急骤增大，水气混合；当水流由立管进入底部横干管时，水流方向又改变，流速急骤减小，水气分离。

4）事故危害大。建筑内部排水不畅，污水外溢到室内污染墙面和地面，或使管内气压波动大，水封被破坏，有毒有害气体进入室内，直接危害人体健康，影响室内环境。

5.4.2　水封的作用及其破坏原因

1. 水封的作用

水封（图 5-25）设在卫生器具排水口下，利用充水的办法来隔断管道、设备内部腔体与大气的连通。对于一般排水管道，能抵抗排水管内气压变化，防止排水管道系统气体窜入室内，常用的水封装置包括存水弯和水封井。水封高度 h 是水封装置中形成的水封进出口水位差，受管内气压变化、水蒸发率、水量损失、水中固体杂质的含量及密度的影响。水封高度不能太大也不能太小，水封高度太大，污水中固体杂质容易沉积在存水弯底部，堵塞管道；水封高度太小，管内气体容易克服水封的静水压力进入室内，污染环境。一般取值 50～100mm，有特殊要求时可在 100mm 以上。

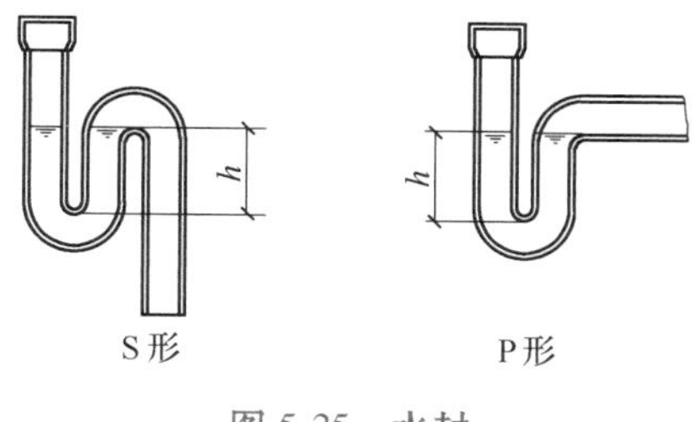

图 5-25　水封

2. 水封破坏

水封破坏是指因静态与动态原因造成存水弯内水封高度减少，不足以抵抗管道内允许的压力波动（变化值一般为±25mH$_2$O），使管道内有害气体进入室内的现象。静态原因包括蒸发与毛细管作用；动态原因包括自虹吸、诱导虹吸、正压喷溅和惯性力作用。在一个排水系统中，只要有一个水封破坏，整个排水系统的平衡就被打破。水封的破坏与存水弯内水量损失有关。水封水量损失越多，水封高度越小，抵抗管内压力波动的能力越弱。

（1）自虹吸　卫生器具排水时，存水弯内充满水而形成虹吸排水，排水结束后，存水弯内水封的实际高度低于应有的高度 h。这种情况多发生在卫生器具底盘坡度较大呈漏斗状，存水弯的管径较小，连接 S 形存水弯或较长（大于 0.9m）的排水横支管连接 P 形存水弯。

（2）诱导虹吸　诱导虹吸又称负压抽吸。当卫生器具不排水时，存水弯内水封的高度符合要求。当管道系统内其他卫生器具大量排水时，系统内压力变化较大，当管中水流流过横支管断面时形成抽吸现象，使存水弯内的水上下振动，引起水量损失。一般抽吸力仅使水封层损失部分水量，只有在反复抽吸和回压交替作用而使水封失去有效高度时，才导致水封破坏。该现象一般发生在立管的中上部。

（3）正压喷溅　排水管道系统中卫生器具大量排水时，立管水流高速下落，落体下端空气受压，当立管水流进入排水横干管时，由于落体动能与势能转化，立管下部正压明显增大，使排水管系所接水封装置中的封水喷出，水封被破坏。

（4）惯性晃动　由于瞬间大量排水，通气管中倒灌强风或排水管中压力波动等原因，水封层的水面由于惯性会交替上下晃动，导致水封内水量的损失，其损失量与存水弯形状有关。

（5）毛细管作用　卫生器具或受水器在使用过程中，由于存水弯内壁不光滑或粘有油脂，会在管壁上积有较长的丝、纤维和毛发等形成毛细作用，造成水量损失。

（6）蒸发　因卫生器具较长时间不使用而又没有及时注水充满水封造成水量损失。水量损失的多少与室内温度、湿度及卫生器具使用情况有关。

5.4.3　排水横管内水流状态

1. 排水横管水流特点

根据国内外的实验研究，污水由立管竖直下落进入横管后，在横管中形成急流段、水跃及跃后段、逐渐衰减段。如图5-26所示。急流段水流速度大，管内水深较浅，冲刷能力强。急流段末端由于管壁阻力使流速减小，水深增加形成水跃。在水流继续向前运动的过程中，由于管壁阻力，能量逐渐减小，水深逐渐减小，趋于均匀流。

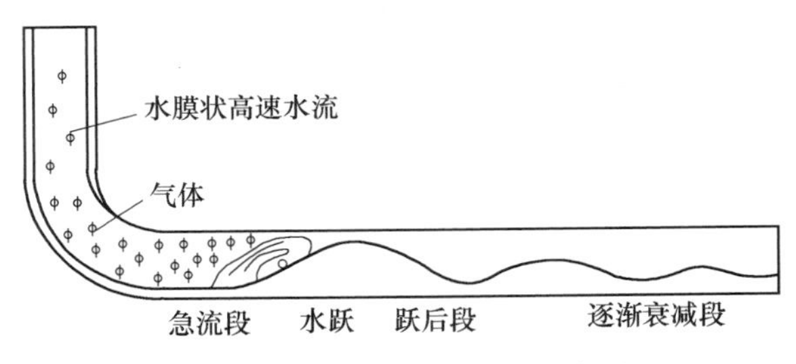

图5-26　横管内水流状态示意图

竖直下落的大量污水进入横管形成水跃，在短时间内充满整个管道断面，使水流中夹带的气体不能自由流动，短时间内横管中压力突然增加，迫使管内气体压力剧烈波动，影响沿程所接入的各种存水弯水封安全性。

2. 排水横管内的压力变化

（1）排水横支管内压力的变化　排水横支管内压力的变化与排水横支管的位置（立管的上部还是下部）以及是否还有其他横支管同时排水有关。现以横支管接三个坐式大便器为例，分三种情况对中间卫生器具B突然排水时，横支管内压力的变化进行分析。

1）如图5-27所示，立管内无其他排水时，当卫生器具B放水时，在与卫生器具连接处的排水横支管内，水流呈八字双向流动，在其前后形成水跃。AB段内气体不能自由流动，形成正压，使卫生器具A存水弯进水端水面上升。因没有其他横支管排水，立管上部与大气相通，BD段气体可以自由流动，管内压力变化很小，卫生器具C存水弯进水端水面较稳定。随着卫生器具B排水量逐渐减少，水流向D点做单向运动，A点形成负压抽吸现象，使A存水弯形成惯性晃动，损失部分水量，使存水弯水面下降。

2）如图5-28所示，当排水横支管位于立管的上部，且立管内同时还有其他排水时，在立管上部和BD段内形成负压，对卫生器具B的排水具有抽吸作用，减弱了AB段的正压；卫生器具C存水弯进水段水面下降，带走少量水。在卫生器具B排水末期，三个卫生器具存水弯进水端水面都会下降。

3）如图5-29所示，当排水横支管位于立管的底部，立管内同时还有其他排水时，在立管底部和BD段内形成正压，既阻碍卫生器具B排水，又使卫生器具A和C存水弯进水端水面升高。其他卫生器具排水结束后，三个卫生器具存水弯进水端水面下降，横支管内压力趋于稳定。

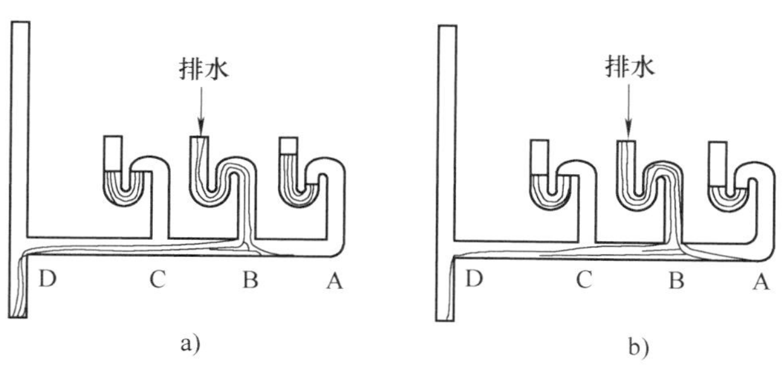

图 5-27　无其他排水时横支管内流态与压力变化
a）排水初期　b）排水末期

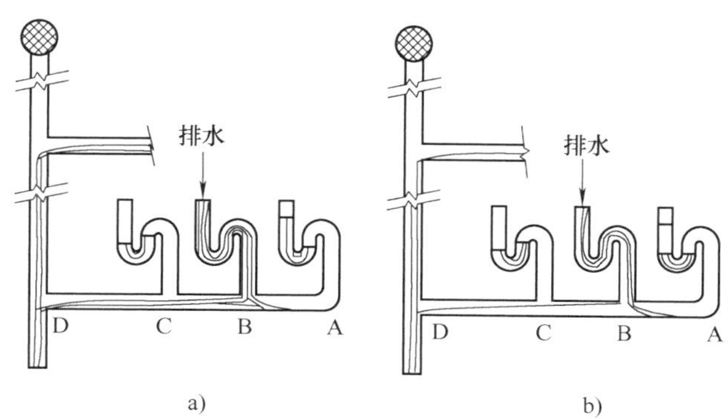

图 5-28　有其他排水时上部横支管内流态与压力变化
a）排水初期　b）排水末期

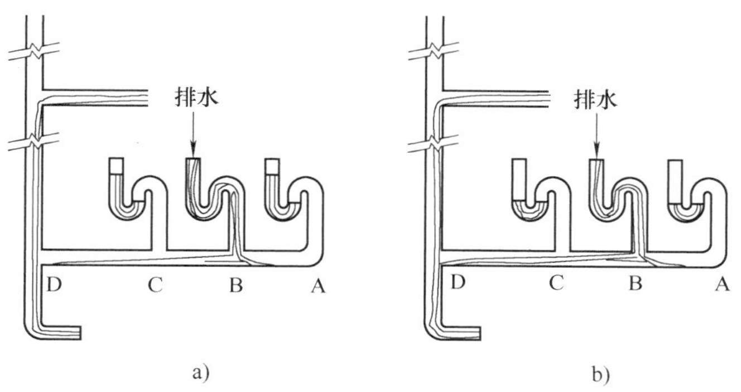

图 5-29　有其他排水时下部横支管内流态与压力变化
a）排水初期　b）排水末期

以上分析说明，横支管内压力变化与横支管的位置关系较大。但由于卫生器具距横支管的高差较小（小于 1.5m），污水由卫生器具落到横支管时的动能小，形成的水跃低。所以，排水横支管自身排水造成的排水横支管内的压力波动不大。存水弯内水封高度降低的很少，一般不会造成水封破坏。

（2）排水横干管内压力的变化　排水横干管连接立管和室外排水检查井，接纳的卫生器具多，存在着多个卫生器具同时排水的可能，所以排水量大。另外，排水横支管距横干管的高差大，下落污水在立管与横干管连接处动能大，在横干管起端产生的冲激流强烈，水跃高度大，水流有可能充满横干管断面。当上部水流不断下落时，立管底部与横干管之间的空气不能自由流动，空气压力骤然上升，使下部几层横支管内形成较大的正压，有时会将存水弯内的水喷溅至卫生器具内。

5.4.4 排水立管水流状态

1. 立管水流特点

(1) 断续的非均匀流　由于卫生器具的排水特点，污（废）水由横支管流入立管时，管道中水流量由小到大，又由大到小，流量变化不均匀。当没有卫生器具排水时，立管中流量为零，被空气充满。由此可以认为，进入立管的水流是不连续的，流量也是时大时小。

(2) 水、气两相流　排水立管是按非满流设计的，立管中水流是水、空气和固体污物三种介质的复杂运动，因固体污物相对较少，影响不大，可以忽略，所以立管中水流可简化为水、气两相流，水中有气团，气中有水滴，气、水间的界限不十分明显。

2. 立管内压力变化

如图5-30所示，横支管排放的污水进入立管后，在竖直下落过程中会挟带一部分气体一起向下流动，若管内不能及时补充带走的气体，在立管的上部会形成负压。最大负压发生在排水的横支管以下立管的某一部位，最大负压值的大小，与排水的横支管高度、排水量大小和通气量大小有关。排水的横支管距立管底部越高，排水量越大，通气量越小，形成的负压越大。

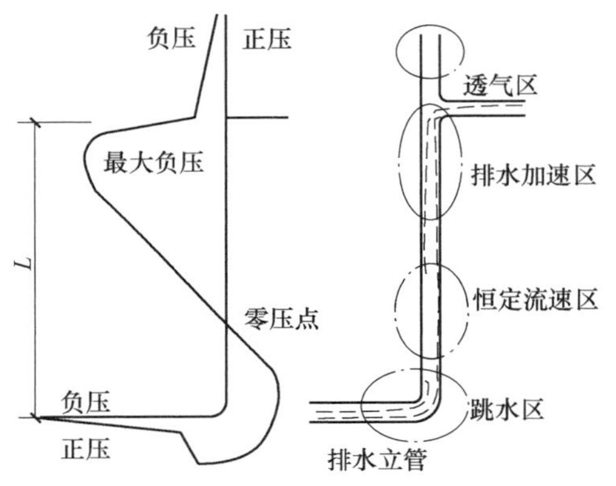

图5-30　普通伸顶通气单立管排水系统中压力分布示意图

立管中挟气水流进入横干管后，因流速减小，挟带的气体析出，水流形成水跃，充满横干管断面，从水中分离出的气体不能及时排走，在立管的下部和横干管内会形成正压。沿水流方向，立管中的压力由负到正，由小到大逐渐增加，零压点靠近立管底部。

3. 立管水流流态

在非满流的排水立管中，水流运动状态与排水量、管径、水质、管壁粗糙度、横支管与立管连接处的几何形状、立管高度及同时向立管排水的横支管数目等因素有关。其中，排水量和管径是主要因素。通常用充水率 α 表示，充水率 α 是指水流断面面积与管道的断面面积的比值。

通过对单一横支管排水，立管上端开口通大气，下端经排出横干管接室外检查井通大气的情况下进行实验研究发现，随着排水量的不断增加，立管中水流状态主要经过如下三个阶段。

(1) 附壁螺旋流　如图5-31a所示，当横支管排水量较小时，横支管的水深较浅，水平流速较小。因排水立管内壁粗糙，管道内壁与污水两相间的界面力大于液体分子间的内聚力，进入立管的水不能以水团形式脱离管壁在管中心坠落，而是沿管内壁周边向下做螺旋流

动。因螺旋运动产生离心力，使水流密实，气液界面清晰，水流挟气作用不明显，立管中心气流正常，管内气压较稳定。

随着排水量的增加，当水量足够覆盖立管的整个管壁时，水流改作附着于管壁向下流动。因没有离心力作用，只有水与管壁间的界面力，这时气液两相界面不明显，水流向下运动时产生挟气作用。但因排水量较小，管中心气流仍旧正常流动，气压较稳定。但这种状态历时很短，随着流量进一步增加，很快会过渡到下一个阶段。经实验研究表明，在设有专用通气立管的排水系统中，充水率 $\alpha<1/4$ 时，立管内水流为附壁螺旋流。

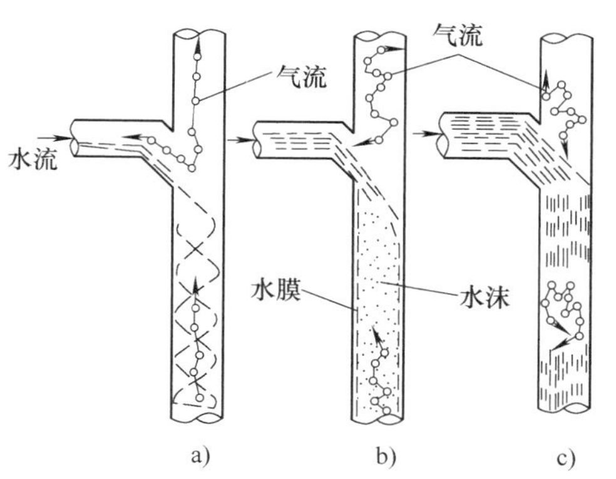

图 5-31　排水立管水流状态图

a）附壁螺旋流　b）水膜流　c）水塞流

（2）水膜流　如图 5-31b 所示，当排水立管中水流量进一步增加时，由于空气阻力和管壁摩擦力的共同作用，水流沿管壁做下落运动，形成有一定厚度的带有横向隔膜的附壁环状水膜流。附壁环状水膜流与其上部的横向隔膜连在一起向下运动。但两者的运动方式不同，环状水膜形成后比较稳定，向下做加速运动，水膜厚度近似与下降速度成正比。随着水流下降流速的增加，水膜所受管壁摩擦力也随之增加。当水膜所受向上的摩擦力与重力达到平衡时，水膜的下降速度和水膜厚度不再变化，这时的流速称为终限流速（v_t），从排水横支管水流入口至终限流速形成处的高度称为终限长度（L_t）。

横向隔膜在向下运动过程中是不稳定的，隔膜下部管内压力不断增加，压力达到一定值时，管内气体将横向隔膜冲破，管内气压又恢复正常。在继续下降的过程中，又形成新的横向隔膜，横向隔膜的形成与破坏交替进行，直至到立管底部。由于水膜流时排水量不是很大，形成的横向隔膜厚度较薄，横向隔膜破坏的压力小于水封破坏的控制压力（水封破坏的控制压力波动范围是±245Pa）。在水膜流阶段，立管内的充水率 $\alpha=1/4\sim1/3$ 时，立管内气压有波动，但其变化不会破坏水封。

（3）水塞流　如图 5-31c 所示，随着排水量继续增大，立管内充水率 $\alpha>1/3$ 后，横向隔膜的形成与破坏越来越频繁，水膜厚度不断增加，隔膜下部的压力不能冲破水膜，最后形成较稳定的水塞流。水塞向下运动，管内气体压力波动剧烈，超过±245Pa，水封破坏，整个排水系统不能正常使用。

排水立管内的水流流动状态影响着排水系统的安全可靠程度和工程造价，为保证排水系统的运行安全和经济合理，排水立管内的水流流态应控制在水膜流状态。

4. 水膜流运动的力学分析

在水膜流状态时，水沿管壁呈环状水膜竖直向下运动，环中心是空气流（气核），管中不存在水的静压。水膜和中心气流间没有明显的界限，水膜中混有空气，含气量从管壁向中心逐渐增多，气核中也含有下落的水滴，含水量从管中心向四周逐渐增加。在水膜区是以水为主的水气两相流，气核区是以气为主的气水两相流。为便于研究，水膜区中的气可以忽略，气核区中的水也可忽略。管道内复杂的两类两相流简化为两类单相流。水流运动和气流运动可以用能量方程和动量方程来描述。

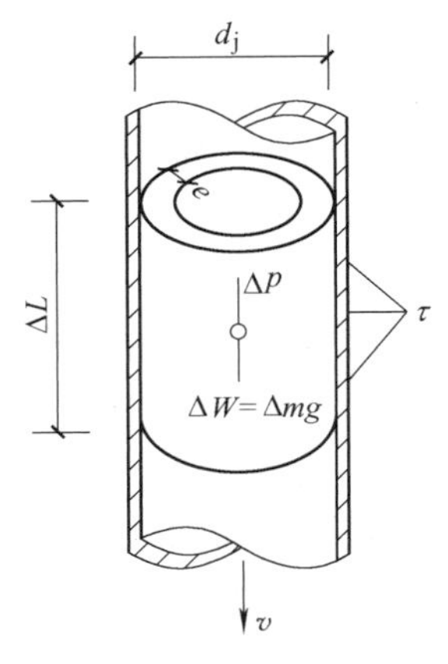

图5-32　环状水膜隔离体示意图

（1）力学分析　在排水立管水膜区取一个长度为 ΔL 的隔离体，如图5-32所示。环状水膜体在变加速下降过程中，同时受到向下的重力 ΔW 和向上的管壁摩擦力 Δp 的作用。根据牛顿第二定律

$$\Delta F = \Delta ma = \Delta m\frac{\mathrm{d}v}{\mathrm{d}t} = \Delta W - \Delta p \tag{5-1}$$

式中，重力的表达式为

$$\Delta W = \Delta mg = \Delta Q\rho\Delta tg \tag{5-2}$$

管壁摩擦力 Δp 的表达式为

$$\Delta p = \tau\pi d_j\Delta L \tag{5-3}$$

式中　Δm——Δt 时间内通过所给断面水流的质量（kg）；
ΔL——隔离体长度（m）；
ΔW——隔离体的重力（N）；
Δp——隔离体表面摩擦力（N）；
ΔQ——下落水流流量（m^3/s）；
g——重力加速度（m/s^2）；
ρ——水的密度（kg/m^3）；
Δt——时间间隔（s）；
d_j——排水管内径（m）；
τ——水流与管壁之间的切应力（N/m^2）。

在紊流状态下

$$\tau = \frac{\lambda}{8}\rho v^2 \tag{5-4}$$

$$\lambda = 0.1212\left(\frac{K_p}{e}\right)^{\frac{1}{3}} \tag{5-5}$$

式中　λ——沿程阻力系数；
K_p——管壁粗糙高度（m）；
e——水膜厚度（m）；
v——隔离体下降速度（m/s）。

将式（5-2）~式（5-5）带入式（5-1）中，令 $\frac{\Delta L}{\Delta t}=v$ 整理得

$$\frac{\Delta m}{\rho\Delta t}\cdot\frac{\mathrm{d}v}{\mathrm{d}t} = \Delta Qg - \frac{0.1212\pi}{8}\cdot\left(\frac{K_p}{e}\right)^{\frac{1}{3}}v^3 d_j \tag{5-6}$$

（2）终限流速与流量的关系　当水流下降速度达到终限流速 v_t 时，水膜厚度 e 达到终限流速时的水膜厚度 e_t，此时水流下降速度恒定不变，即 $\frac{\mathrm{d}v}{\mathrm{d}t}=0$，式（5-6）可整理为

$$v_t = \left[\frac{21Q_t g}{d_j}\left(\frac{e_t}{K_p}\right)^{\frac{1}{3}}\right]^{\frac{1}{3}} \tag{5-7}$$

此时的排水流量为

$$Q_t = v_t[d_j^2 - (d_j - 2e_t)^2]\frac{\pi}{4} \tag{5-8}$$

忽略 e_t^2，上式为

$$Q_t = \pi d_j e_t v_t \tag{5-9}$$

$$e_t = \frac{Q_t}{\pi d_j v_t} \tag{5-10}$$

将式（5-10）带入式（5-7）中得

$$v_t = 4.4\left(\frac{1}{K_p}\right)^{\frac{1}{10}}\left(\frac{Q_t}{d_j}\right)^{\frac{2}{5}} \tag{5-11}$$

式中　v_t——终限流速（m/s）；

Q_t——终限流量（m^3/s）；

K_p——管壁粗糙高度（m）；

d_j——管内径（m）。

（3）终限流速与终限长度的关系　由于 $v = f(L)$，$L = f(t)$ 为复合函数，故

$$\frac{dv}{dt} = \frac{dv}{dL}\cdot\frac{dL}{dt} = v\cdot\frac{dv}{dL} \tag{5-12}$$

经数学推导可得

$$v_t = 2.632\sqrt{L_t} \tag{5-13}$$

或

$$L_t = 0.1443 v_t^2 \tag{5-14}$$

5.4.5　排水立管在水膜流阶段的通水能力

式（5-11）表达了在水膜流状态下，终限流速 v_t 与排水量 Q、管径 d_j 及粗糙高度 K_p 之间的关系。在实际应用中，终限流速 v_t 不便测定，应将其消去。找出立管通水能力 Q 与管径 d_j、充水率 α 以及粗糙高度 K_p 之间的关系，便于设计中应用。

水膜流状态达到终限流速 v_t 时，水膜的厚度和下降流速保持不变，立管内通水能力为过水断面面积 ω_t 与终限流速 v_t 的乘积，即

$$Q_t = \omega_t v_t \tag{5-15}$$

过水断面面积为

$$\omega_t = \alpha\omega_j = \frac{\alpha\pi d_j^2}{4} \tag{5-16}$$

式中　Q_t——终限流量（m^3/s）；

v_t——终限流速（m/s）；

ω_t——终限流速时过水断面面积（m^2）；

ω_j——立管断面面积（m^2）。

将式（5-11）和式（5-16）带入式（5-15）中整理得

$$Q_t = 7.89\left(\frac{1}{K_p}\right)^{\frac{1}{6}} d_j^{\frac{8}{3}}\alpha^{\frac{5}{3}} \tag{5-17}$$

将式（5-17）带入式（5-11）中整理得

$$v_t = 10.05\left(\frac{1}{K_p}\right)^{\frac{1}{6}} d_j^{\frac{2}{3}} \alpha^{\frac{2}{3}} \tag{5-18}$$

令 d_0表示立管中空断面的直径，则

$$d_0 = d_j - 2e_t \tag{5-19}$$

$$\alpha = \frac{\omega_t}{\omega_j} = 1 - \left(\frac{d_0}{d_j}\right)^2 \tag{5-20}$$

由式（5-19）和式（5-20）得水膜厚度 e_t 表达式，即

$$e_t = \frac{1}{2}(1 - \sqrt{1 - \alpha})d_j \tag{5-21}$$

水膜厚度 e_t 与管内径 d_j的比值为

$$\frac{e_t}{d_j} = \frac{1 - \sqrt{1 - \alpha}}{2} \tag{5-22}$$

在有专用通气立管的排水系统中，研究表明水膜流态时，$\alpha = 1/4 \sim 1/3$，代入式（5-21），求出不同管径时的水膜厚度，见表 5-3。由表 5-3 可知，水膜厚度 e_t 与管内径 d_j的比值为 1：（14.9~10.9）。

表 5-3　水膜流态时的水膜厚度　　（单位：mm）

管内径/mm	ω_t/ω_j			管内径/mm	ω_t/ω_j		
	1/4	7/24	1/3		1/4	7/24	1/3
50	3.3	4.0	4.6	125	8.4	9.9	11.5
75	5.0	5.9	6.9	150	10.0	11.9	13.8
100	6.7	7.9	9.2	e_t/d_j	1/14.9	1/12.6	1/10.9

由于材料及制作技术不同，管道粗糙高度、形状及分布是不均匀的，为便于计算，引入“当量粗糙高度”概念。当量粗糙高度是指和实际管道沿程阻力系数 λ 值相等的同管径人工粗糙管的粗糙高度。常见管道当量粗糙高度 K_p值见表 5-4。

表 5-4　常见管道当量粗糙高度 K_p

管材种类	粗糙高度/mm	管材种类	粗糙高度/mm
聚氯乙烯管	0.002~0.015	旧铸铁管	1.0~3.0
新铸铁管	0.15~0.50	轻度锈蚀钢管	0.25

5.4.6　提高排水立管通水能力的方法与措施

通过排水立管压力波动的影响因素分析可知，当管径、管材一定时，立管流速 v 和水舌局部阻力系数 K 对排水立管压力影响最大。因此，稳定立管压力，增大立管通水能力的措施可以从以下几方面解决。

1. 减小水流下降速度

1）通过每隔一定距离（5~6 层），在立管上设置乙字弯等消能管件消能，不断改变立

管内水流的方向，增加水向下流动的阻力，消耗水流的动能，减小污水在立管内的下降速度，可减小流速 50% 左右。

2）改变立管内壁表面的形状，改变水在立管内的流动轨迹和下降流速。如增加管材内壁粗糙高度 K_p 使水膜与管壁间的界面力增加，减小水膜的下降加速度，增加水向下流动的阻力，在一定高度内可减小污水在立管内的下降流速。

2. 增加三通处的局部阻力

在横支管与立管连接处增加局部阻力。采用混合器、环流器、环旋器、侧流器等上部特制配件（图 5-33）代替原来的三通，避免形成水舌或减小水舌面积，减小排水横支管下方立管内的负压值。在立管与排出管、横干管连接处采用下部特制配件，代替一般的弯头，减小立管底部和排出管、横干管内的正压值。上部特制配件要与下部特制配件（图 5-34）配套使用。

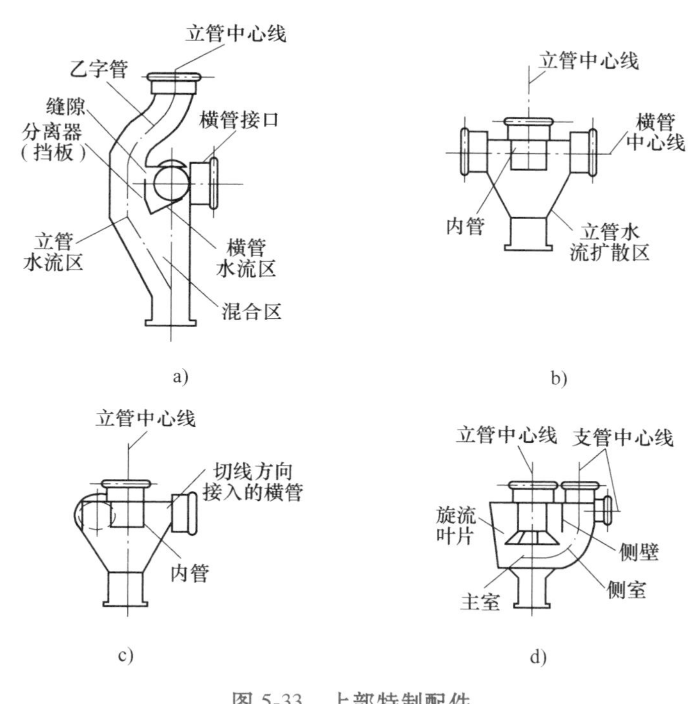

图 5-33　上部特制配件

a）混合器　b）环流器　c）环旋器　d）侧流器

3. 减小水舌局部阻力系数

1）降低横支管与立管连接处的水舌局部阻力系数，保证立管空气通畅。实验表明，正三通与在正三通内加设侧向挡板的正三通比较，当排水量为 5L/s 时，内设侧向挡板的最大压力比正三通最大压力下降了近 60%，抽吸气量减小近 68%。如偏心三通管件（图 5-35）排水系统等可有效地减小水舌的局部阻力系数，同时增加进入立管水流的离心力。

2）结合偏心三通进水，将光滑的排水立管内壁制作成有突起的螺旋导流槽（图 5-36），强化水的旋转下流，或在立管与横支管连接处管件下方设导流叶片，管中心形成贯通的空气柱，管内气压稳定。实验表明，流量为 5L/s 时，螺旋线管的最大负压是光滑内壁管最大负压的 37%，可显著提高通水能力。

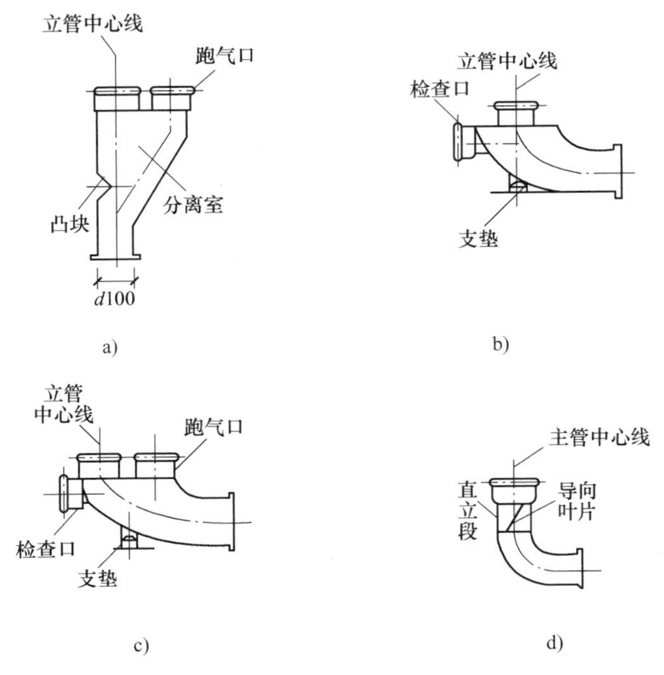

图 5-34　下部特制配件

a）分离器　b）角笛弯头　c）气水分离器　d）侧流器

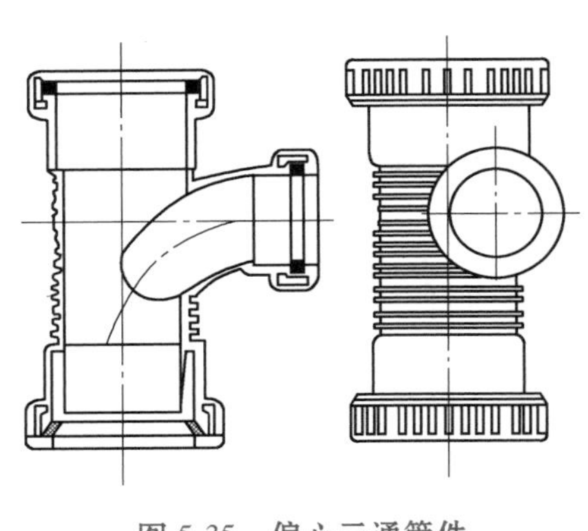

图 5-35　偏心三通管件

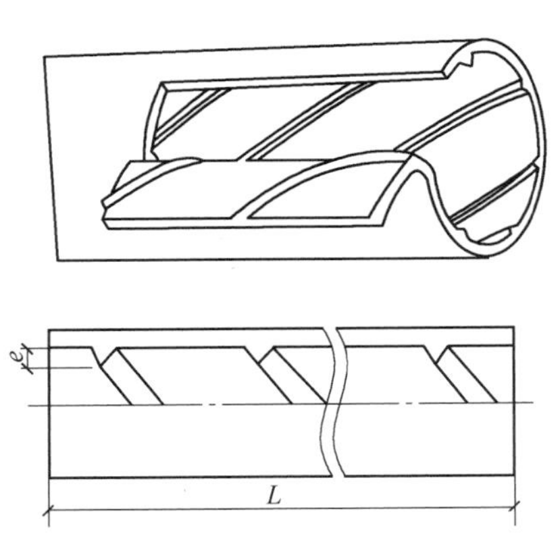

图 5-36　有螺旋线导流突起的 UPVC 管

3）增加空气的流通。立管在非满流前提下，如果能保证负压区空气的及时补给和正压区空气的及时排放，理论上立管的通水能力可极大提高。设置专用通气管或吸气阀，改变补气方向，设专用通气立管，立管内负压补气不再通过水舌，而是由结合通气管来补气。在不设环形通气管和器具通气管的横支管上，加设单向吸气阀（图 5-37）补气，可解决横支管内负压和立管负压过大现象。但单向吸气阀对正压无效，不能解决正压过大问题。为了安全起见，吸气阀应垂直设置在空气流通的地方。立管下部设通气管，及时排放正压气体，有效避免立管下部正压区。

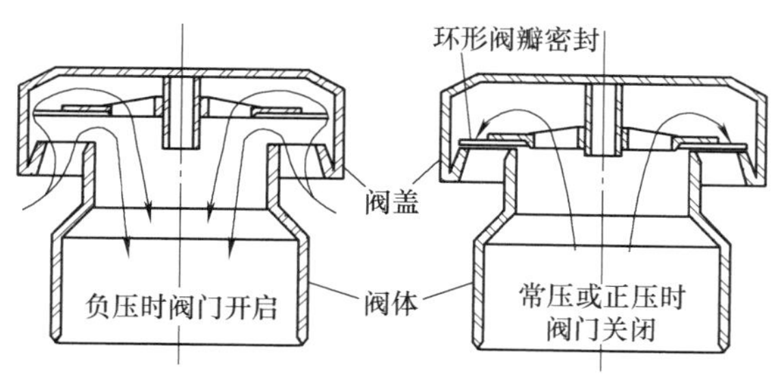

图 5-37　单向吸气阀

5.5　建筑内部排水系统的计算

建筑内部排水系统计算是在布置完排水管线，绘出系统计算草图后进行的。其计算的目的是确定排水系统各管段的管径、横向管道的坡度、通气管的管径和各控制点的标高。

5.5.1　排水定额

人们每日排出的生活污水量，与气候、建筑物内卫生设备的完善程度、生活习惯等有关。小区生活排水系统排水定额宜为其相应的生活给水系统用水定额的 85%~95%；小区生活排水系统小时变化系数应与其相应的生活给水系统小时变化系数相同；公共建筑生活排水定额和小时变化系数应与公共建筑生活给水用水定额和小时变化系数相同。

在计算排水设计秒流量时，为了便于累加计算，以污水盆排水量 0.33L/s 为一个排水当量，将其他卫生器具的排水量与 0.33L/s 的比值，作为该种卫生器具的排水当量。卫生器具排水的特点是突然、迅猛、流率较大，因此，一个排水当量的排水流量是一个给水当量的额定流量 1.65 倍。各种卫生器具的排水流量、排水当量、排水管管径见表 5-5。

表 5-5　卫生器具的排水流量、排水当量、排水管管径

序号	卫生器具名称	卫生器具类型	排水流量/（L/s）	排水当量	排水管管径/mm
1	洗涤盆、污水盆（池）		0.33	1.00	50
2	餐厅、厨房洗菜盆（池）	单格洗涤盆（池）	0.67	2.00	50
		双格洗涤盆（池）	1.00	3.00	50
3	盥洗槽（每个水嘴）		0.33	1.00	50~75
4	洗手盆		0.10	0.30	32~50
5	洗脸盆		0.25	0.75	32~50
6	浴盆		1.00	3.00	50
7	淋浴器		0.15	0.45	50
8	大便器	冲洗水箱	1.50	4.50	100
		自闭式冲洗阀	1.20	3.60	100
9	医用倒便器		1.50	4.50	100

（续）

序号	卫生器具名称	卫生器具类型	排水流量/（L/s）	排水当量	排水管管径/mm
10	小便器	自闭式冲洗阀	0.10	0.30	40~50
		感应式冲洗阀	0.10	0.30	40~50
11	大便槽	≤4个蹲位	2.50	7.50	100
		>4个蹲位	3.00	9.00	150
12	小便槽（每米）	自动冲洗水箱	0.17	0.50	
13	化验盆（无塞）		0.20	0.60	40~50
14	净身器		0.10	0.30	40~50
15	饮水器		0.05	0.15	25~50
16	家用洗衣机		0.50	1.50	50

注：家用洗衣机下排水软管直径为30mm，上排水软管内径为19mm。

5.5.2 排水设计秒流量

建筑内部排水管道的设计流量是确定各管段管径的依据，因此，排水设计流量的确定应符合建筑内部排水规律。建筑内部排水流量与卫生器具的排水特点和同时排水的卫生器具数量有关，具有历时短、瞬时流量大、两次排水时间间隔长、排水不均匀的特点。排水设计秒流量表达计算管段的最大瞬时排水量，是高峰排水时段内的排水量。所以，为保证最不利时刻的最大排水量能迅速、安全地排放，某管段的排水设计流量应为该管段的瞬时最大排水流量，又称为排水设计秒流量。

1. 住宅、宿舍（Ⅰ、Ⅱ类）、旅馆、医院等建筑的排水设计秒流量计算

住宅、宿舍（Ⅰ、Ⅱ类）、旅馆、宾馆、酒店式公寓、医院、疗养院、幼儿园、养老院、办公楼、商场、图书馆、书店、客运中心、航站楼、会展中心、中小学教学楼、食堂或营业餐厅等建筑生活排水管道设计秒流量，应按式（5-23）计算

$$q_p = 0.12\alpha\sqrt{N_p} + q_{max} \tag{5-23}$$

式中 q_p——设计管段的排水设计秒流量（L/s）；

N_p——计算管段的卫生器具排水当量总数；

q_{max}——计算管段上排水量最大的一个卫生器具的排水量（L/s）；

α——根据建筑物用途而定的系数，α 的取值见表5-6。

表5-6 根据建筑物的用途而定的系数 α 值

建筑物名称	宿舍（Ⅰ、Ⅱ类）、住宅、宾馆、酒店式公寓、医院、疗养院、幼儿园、养老院的卫生间	旅馆和其他公共建筑的盥洗室和厕所间
α	1.5	2.0~2.5

当采用式（5-23）计算所得流量值大于该管段上按卫生器具排水流量累加值时，应按卫生器具排水流量累加值计。

2. 宿舍（Ⅲ、Ⅳ类）、工业企业生活间、公共浴室、洗衣房等建筑的排水设计秒流量计算

宿舍（Ⅲ、Ⅳ类）、工业企业生活间、公共浴室、洗衣房、职工食堂或营业餐厅的厨

房、实验室、影剧院、体育场馆等建筑的生活管道排水设计秒流量，应按式（5-24）计算

$$q_p = \sum q_0 n_0 b \tag{5-24}$$

式中　q_p——计算管段的排水设计秒流量（L/s）；

q_0——同类型的一个卫生器具排水流量（L/s）；

n_0——同类型卫生器具的数量；

b——卫生器具的同时排水百分数（%）。按同类建筑同类卫生器具的同时给水百分数采用，参见第 2 章。冲洗水箱大便器的同时排水百分数应按照 12%计算。

当采用式（5-24）计算所得的排水流量小于一个大便器的排水流量时，应按一个大便器的排水流量计算。

5.5.3　排水管道系统的水力计算

建筑内排水管道的管径应通过水力计算确定，但为了排水通畅，防止管道堵塞，保障室内环境卫生，《建筑给水排水设计规范》对排水管道的最小管径做了明确规定。在进行建筑内部排水管网的设计计算时，首先应通过水力计算确定管径，同时还应满足最小管径的要求。

1. 排水管道的最小管径规定

排水管道的管径在一般情况下应遵循如下规定：

1）为了排水通畅，防止管道堵塞，保障室内环境卫生，建筑物内排出管最小管径不得小于 50mm。

2）大便器是唯一没有十字栏栅的卫生器具，其瞬时排水量大，污水中的固体杂质多，因此，大便器排水管的最小管径不得小于 100mm。

3）厨房排放的污水中含有大量的油脂和泥沙，容易在管道内壁附着聚集，减小管道的过水面积。为防止管道堵塞，多层住宅厨房间的立管管径不宜小于 75mm。

4）当建筑底层无通气的排水管道与其楼层管道分开单独排出时，其排水横支管管径可按表 5-7 确定。

表 5-7　无通气的底层单独排出的排水横支管最大设计排水能力

排水横支管管径/mm	50	75	100	125	150
最大设计排水能力/（L/s）	1.0	1.7	2.5	3.5	4.8

5）当公共食堂厨房内的污水采用管道排除时，其管径应比计算管径大一级，但干管管径不得小于 100mm，支管管径不得小于 75mm。

6）医院洗涤盆和污水盆内往往有一些棉花球、纱布、玻璃碴和竹签等杂物落入，为防止管道堵塞，医院污物洗涤盆（池）和污水盆（池）的排水管管径不得小于 75mm。

7）若小便器和小便槽冲洗不及时，尿垢容易聚积，堵塞管道，小便槽或连接 3 个及 3 个以上的小便器，其污水支管管径不宜小于 75mm。

8）浴池的泄水管管径宜采用 100mm。

2. 排水立管水力计算

排水立管管径的确定除了与排水流量、通气方式、通气量有关外，还与排水入口形式、入口在立管上的高度位置、排出管坡度、出水状态（自由出流、淹没出流）等因素有关。在同等条件下，排水流量和通气状况是影响排水能力的主要因素。生活排水立管的最大设计排水能力，可按表5-8确定。立管管径不得小于所连接的横支管管径。

表5-8　生活排水立管的最大设计排水能力

<table>
<tr><th colspan="3" rowspan="3">排水立管系统类型</th><th colspan="5">最大设计排水能力/（L/s）</th></tr>
<tr><th colspan="5">排水立管管径/mm</th></tr>
<tr><th>50</th><th>75</th><th>100（110）</th><th>125</th><th>150（160）</th></tr>
<tr><td rowspan="2">伸顶通气</td><td rowspan="2">立管与横支管连接配件</td><td>90°顺水三通</td><td>0.8</td><td>1.3</td><td>3.2</td><td>4.0</td><td>5.7</td></tr>
<tr><td>45°斜三通</td><td>1.0</td><td>1.7</td><td>4.0</td><td>5.2</td><td>7.4</td></tr>
<tr><td rowspan="4">专用通气</td><td rowspan="2">专用通气管75mm</td><td>结合通气管每层连接</td><td>—</td><td>—</td><td>5.5</td><td>—</td><td>—</td></tr>
<tr><td>结合通气管隔层连接</td><td>—</td><td>3.0</td><td>4.4</td><td>—</td><td>—</td></tr>
<tr><td rowspan="2">专用通气管100mm</td><td>结合通气管每层连接</td><td>—</td><td>—</td><td>8.8</td><td>—</td><td>—</td></tr>
<tr><td>结合通气管隔层连接</td><td>—</td><td>—</td><td>4.8</td><td>—</td><td>—</td></tr>
<tr><td colspan="3">主、副通气立管+环形通气管</td><td>—</td><td>—</td><td>11.5</td><td>—</td><td>—</td></tr>
<tr><td rowspan="2">自循环通气</td><td colspan="2">专用通气形式</td><td>—</td><td>—</td><td>—</td><td>—</td><td>—</td></tr>
<tr><td colspan="2">环形通气形式</td><td>—</td><td>—</td><td>5.9</td><td>—</td><td>—</td></tr>
<tr><td rowspan="3">特殊单立管</td><td colspan="2">混合器</td><td>—</td><td>—</td><td>4.5</td><td>—</td><td>—</td></tr>
<tr><td rowspan="2">内螺旋管+旋流器</td><td>普通型</td><td>—</td><td>1.7</td><td>3.5</td><td>—</td><td>8.0</td></tr>
<tr><td>加强型</td><td>—</td><td>—</td><td>6.3</td><td>—</td><td>—</td></tr>
</table>

注：排水层数在15层以上时，宜乘系数0.9。

3. 排水横管的水力计算

对于横干管和连接多个卫生器具的横支管，应逐段进行水力计算，确定各管段的管径和坡度。排水横干管的计算是根据排水流量、设计充满度、设计坡度或自清流速及安装空间等因素确定的。建筑内部排水横管水力计算采用圆管均匀流公式，按下列公式计算

$$q_p = Av \tag{5-25}$$

$$v = \frac{1}{n}R^{\frac{2}{3}}I^{\frac{1}{2}} \tag{5-26}$$

式中　q_p——排水设计秒流量（m^3/s）；

A——管道在设计充满度的过水断面面积（m^2）；

v——流速（m/s）；

R——水力半径（m）；

I——水力坡度，即管道坡度；

n——管道粗糙系数，铸铁管为0.013；混凝土管、钢筋混凝土管为0.013～0.014；钢管为0.012；塑料管为0.009。

根据水力计算公式及各项参数的规定，可编制各种材质排水横管的水力计算表，设计计算时可以直接通过水力计算表确定管径、流速和坡度等。附录5A中表5A-1和表5A-2分别为塑料排水管水力计算表和机制铸铁排水管水力计算表。

在设计计算横支管和横干管时，为保证管道系统排水通畅，压力稳定，管道的设计充满度、管道的坡度、水流速度等水力要素须满足有关规定。

（1）最大设计充满度　建筑内部排水横管按非满流设计，并应保证管道内有足够的空间使管道内的气体能自由流动，调节排水管道系统内的压力，防止卫生洁具水封的破坏，接纳意外的高峰流量。建筑内部生活排水铸铁管的通用坡度、最小坡度和最大设计充满度见表 5-9。

表 5-9　建筑内生活排水铸铁管的通用坡度、最小坡度和最大设计充满度

管径/mm	通用坡度	最小坡度	最大设计充满度
50	0.035	0.025	0.5
75	0.025	0.015	
100	0.020	0.012	
125	0.015	0.010	
150	0.010	0.007	0.6
200	0.008	0.005	

建筑排水塑料管粘接、熔接连接的排水横支管的标准坡度应为 0.026。橡胶密封连接排水横管的坡度可按表 5-10 调整。

表 5-10　建筑排水塑料管排水横管的通用坡度、最小坡度和最大设计充满度

外径/mm	通用坡度	最小坡度	最大设计充满度
50	0.025	0.0120	0.5
75	0.015	0.0070	
110	0.012	0.0040	
125	0.010	0.0035	
160	0.007	0.0030	0.6
200	0.005	0.0030	
250	0.005	0.0030	
315	0.005	0.0030	

小区室外生活排水管道的最小管径、最小设计坡度和最大设计充满度宜按表 5-11 确定。

表 5-11　小区室外生活排水管道的最小管径、最小设计坡度和最大设计充满度

管道类别	管材	最小管径/mm	最小设计坡度	最大设计充满度
接户管	埋地塑料管	160	0.005	0.5
支管	埋地塑料管	160	0.005	
干管	埋地塑料管	200	0.004	

（2）管道坡度　建筑内部排水横管的水流是重力流，水流速度与管道坡度有关，如果管道坡度过小，污水的流速慢，污水中固体杂物就会在管内沉淀淤积，造成排水不畅或堵塞管道。因此，为了保证管内的水流速度，建筑内部排水横管的最小坡度应满足有关规定。建筑内部生活排水管道的坡度有通用坡度和最小坡度两种。通用坡度是指正常条件下应予以保证的坡度；最小坡度为必须保证的坡度。一般情况下应采用通用坡度，当横管过长或建筑空

间受限制时，可采用最小坡度。建筑内生活排水铸铁管的通用坡度和最小坡度见表5-9，建筑排水塑料管排水横管的通用坡度和最小坡度见表5-10。标准的塑料排水管件（三通、弯头）的夹角为91.5°，所以塑料排水横管的标准坡度均为0.026。

工业废水的水质与生活污水不同，其排水横管的通用坡度和最小坡度见表5-12。

表5-12 工业废水排水管道的通用坡度和最小坡度

管 径 /mm	生产废水		生产污水	
	通用坡度	最小坡度	通用坡度	最小坡度
50	0.025	0.020	0.035	0.030
75	0.020	0.015	0.025	0.020
100	0.015	0.008	0.020	0.012
125	0.010	0.006	0.015	0.010
150	0.008	0.005	0.010	0.006
200	0.006	0.004	0.007	0.004
250	0.005	0.0035	0.006	0.0035
300	0.004	0.003	0.005	0.003

（3）管道流速 为使污水中的悬游杂质不致沉淀在管底，并使水流能及时冲刷管壁上的污物，必须有一个最小保证流速，即自清流速；为了防止管壁因受污水中坚硬杂质高速流动的摩擦而破坏，以及防止过大的水流冲击，也要有最大允许流速的要求。管道的自清流速值见表5-13。

表5-13 管道的自清流速值 （单位：m/s）

污水管道类别	生活污水管道			明渠（沟）	合流制排水管
	*DN*100	*DN*150	*DN*200		
自清流速	0.7	0.65	0.6	0.4	0.75

5.5.4 通气管道的设计计算

通气管的管材，可采用塑料管、柔性接口排水铸铁管等。

伸顶通气管管径应与排水立管管径相同。但在最冷月平均气温低于-13℃的地区，应在室内平顶或吊顶以下0.3m处将管径放大一级。

通气管的管径应根据排水管的排水能力、管道长度来确定，最小管径不宜小于排水管管径的1/2，并可按表5-14确定。

表5-14 通气管最小管径

通气管名称	排水管管径/mm				
	50	75	100	125	150
器具通气管	32	—	50	50	—
环形通气管	32	40	50	50	—
通气立管	40	50	75	100	100

注：1. 表中通气立管是指专用通气立管、主通气立管、副通气立管。

2. 自循环通气立管管径应与排水立管管径相等。

当通气立管长度大于50m时，为保证排水立管内气压稳定，通气立管管径（包括伸顶通气部分）应与排水立管相同。

通气立管长度小于等于50m，且两根及两根以上排水立管同时与一根通气立管相连时，应以最大一根排水立管管径按表5-14确定通气立管管径，且其管径不宜小于其余任何一根排水立管管径。

结合通气管的管径不宜小于与其连接的通气立管管径。

有些建筑不允许伸顶通气管分别出屋顶，可用一根横向管道将各伸顶通气管汇合在一起，集中在一处出屋顶，该横向通气管称为汇合通气管。当两根或两根以上污水立管的通气管汇合连接时，汇合通气管的断面面积应为最大一根通气管的断面面积与其余通气管断面面积之和的0.25倍，其管径可按式（5-27）计算

$$D_h \geqslant \sqrt{d_{max}^2 + 0.25\sum d_i^2} \tag{5-27}$$

式中　D_h——汇合通气管和总伸顶通气管管径（mm）；

d_{max}——最大一根通气立管管径（mm）；

d_i——其余通气立管管径（mm）。

【例5-1】　某4层办公楼卫生间的排水系统图如图5-38所示。每层横支管设污水盆2个，蹲式大便器6套（高位水箱），地漏2个。试确定排水管道的管径。

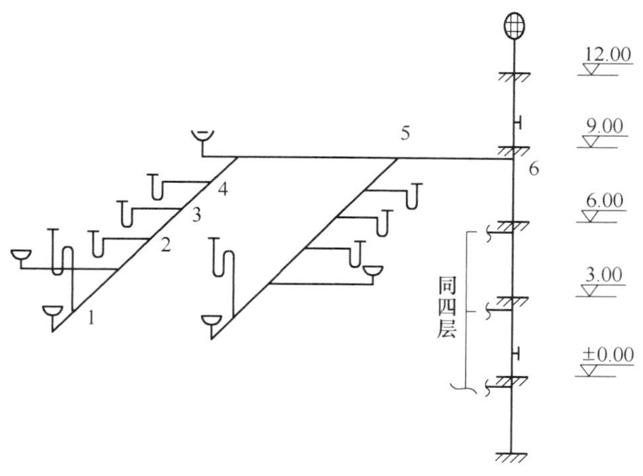

图5-38　排水系统图

【解】（1）确定设计秒流量的计算公式　宿舍的排水设计秒流量公式为

$$q_p = 0.12\alpha\sqrt{N_p} + q_{max}$$

查表5-5和表5-6得：q_{max}=1.5L/s，α=2.0，代入上式得

$$q_p = 0.12 \times 2.0 \times \sqrt{N_p} + 1.5$$

（2）横支管水力计算　横支管水力计算结果见表5-15。

表 5-15 横支管水力计算表

计算管段编号	卫生器具数量及当量			设计秒流量 q_p/（L/s）	管径 de /mm	坡度 i	备 注
	污水盆	大便器	当量数				
1-2	1	—	1.00	0.33	50	0.026	1. 1-2 管段的设计秒流量按一个污水盆的排水量计 2. 用经验资料确定最小管径与水力计算确定管径相比较最终确定管径大小 3. 考虑施工横管坡度均取 0.026
2-3	1	1	5.50	2.06	110	0.026	
3-4	1	2	10.00	2.26	110	0.026	
4-5	1	3	14.50	2.41	110	0.026	
5-6	2	6	29.00	2.79	110	0.026	

【例 5-2】 某高层公共建筑高度为 66.8m，建筑排水系统设有四根专用通气立管，其中两根通气立管管径为 150mm，另外两根通气立管管径为 100mm。根据建筑要求，不能四根均伸顶通气，只允许设一根伸顶通气管，需设汇合通气管，求汇合通气管末端的管径。

【解】 根据“当两根或两根以上污水立管的通气管汇合连接时，汇合通气管的断面面积应为最大一根通气管的断面面积加其余通气管断面面积之和的 0.25 倍”的要求，按式（5-27）计算

$$
\begin{aligned}
D_h &\geqslant \sqrt{d_{max}^2 + 0.25 \sum d_i^2} \\
&= \sqrt{150^2 + 0.25\ (150^2 + 2 \times 100^2)}\ \text{mm} \\
&= 182\text{mm}
\end{aligned}
$$

汇合通气管管径取 200mm。

5.6 排水系统的布置与敷设

5.6.1 卫生器具的布置与敷设

根据卫生间和公共厕所的平面尺寸，依据所选用的卫生器具类型、尺寸布置卫生器具，既要满足方便使用的要求，又要满足管线短、排水通畅、便于维护管理的要求。

为方便卫生器具使其功能正常发挥，卫生器具的安装高度应满足表 5-16 的要求。

表 5-16 卫生器具的安装高度 （单位：mm）

序 号	卫 生 器 具 名 称		卫生器具安装高度		备注
			居住和公共建筑	幼儿园	
1	污水盆（池）	架空式 落地式	800 500	800 500	自地面至器具上边缘
2	洗涤盆（池）		800	800	
3	洗脸盆与洗手盆（有塞、无塞）		800	500	
4	盥洗槽		800	500	
5	浴盆 残障人用浴盆		不大于 480 450		

（续）

<table>
<tr><th rowspan="2">序 号</th><th rowspan="2" colspan="2">卫生器具名称</th><th colspan="2">卫生器具安装高度</th><th rowspan="2">备注</th></tr>
<tr><th>居住和公共建筑</th><th>幼儿园</th></tr>
<tr><td rowspan="5">6</td><td rowspan="5">蹲式大便器</td><td>高水箱</td><td>1800</td><td>1800</td><td>自台阶面至高水箱底</td></tr>
<tr><td>低水箱</td><td>900</td><td>900</td><td>自台阶面至低水箱底</td></tr>
<tr><td>残障人用</td><td></td><td></td><td></td></tr>
<tr><td>二踏步</td><td>320</td><td></td><td>自地面至器具上边缘</td></tr>
<tr><td>一踏步</td><td>200~270</td><td></td><td>自地面至器具上边缘</td></tr>
<tr><td rowspan="4">7</td><td rowspan="4">坐式大便器</td><td>高水箱</td><td>1800</td><td>1800</td><td>自台阶面至高水箱底</td></tr>
<tr><td>低水箱外露排出管式</td><td>510</td><td rowspan="3">370</td><td rowspan="3">自地面至低水箱底</td></tr>
<tr><td>低水箱虹吸喷射式</td><td>470</td></tr>
<tr><td>残障人用</td><td>450</td></tr>
<tr><td rowspan="2">8</td><td rowspan="2">小便器</td><td>立式</td><td>100</td><td rowspan="2">450</td><td rowspan="2">自地面至受水部分上边缘</td></tr>
<tr><td>挂式</td><td>600</td></tr>
<tr><td>9</td><td colspan="2">大便槽</td><td>不低于2000</td><td></td><td>自台阶面至冲洗水箱底</td></tr>
<tr><td>10</td><td colspan="2">小便槽</td><td>200</td><td>150</td><td>自地面至台阶面</td></tr>
<tr><td>11</td><td colspan="2">化验盆</td><td>800</td><td rowspan="3"></td><td rowspan="3">自地面至上边缘</td></tr>
<tr><td>12</td><td colspan="2">妇女卫生盆</td><td>380</td></tr>
<tr><td>13</td><td colspan="2">饮水器</td><td>900</td></tr>
</table>

卫生间和公共厕所内的地漏应设在地面最低处，易于溅水的卫生器具附近；不宜设在排水支管顶端，以防止卫生器具排放的固形杂物在最远卫生器具和地漏之间的横支管内沉淀。

5.6.2 排水管道的布置与敷设

1. 布置与敷设要求

1）满足最佳水力条件。

a. 排水横支管不宜过长，尽量少拐弯，一根支管连接的卫生器具不宜太多。

b. 排水立管宜靠近排水量最大的排水点。如粪便污水立管应尽量靠近大便器，大便器排水支管尽可能径直接入；废水分流，废水立管应靠近浴盆。

c. 三立管排水系统中的专用通气立管布置在污、废水立管间或污、废水立管对面一侧。

d. 排出管宜以最短距离通至建筑物外部，尽量避免在室内转弯。另外，与给水引入管外壁的水平距离不得小于1.0m。

2）满足施工安装、维修管理方便及美观要求。

a. 排水管道宜地下埋设或在地面上、楼板下明设，当建筑有要求时，可在管槽、管道井、管窿、管沟或吊顶内暗设，但应便于安装和检修。在气温较高、全年不结冻的地区，可沿建筑物外墙敷设。

b. 架空管道应尽量避免通过民用建筑大厅等建筑艺术和美观要求较高之处。

3）保证生产及使用安全，不影响室内环境卫生。

a. 架空管道不得敷设在对生产工艺或卫生有特殊要求的生产厂房内，以及食品和贵重商品仓库、通风小室、电气机房和电梯机房内。

b. 室内排水管道不得布置在遇水会引起燃烧、爆炸的原料产品和设备的上面。

c. 排水横管不得布置在食堂、饮食业厨房的主副食操作烹调的上方。当受条件限制不能避免时，应采取防护措施。

d. 排水管道不宜穿越橱窗、壁柜。

e. 排水立管不得穿越住宅客厅、餐厅，并不宜靠近与卧室相邻的内墙，厨房间和卫生间的排水立管应分别设置。

f. 排水管道不得穿越生活饮用水池部位的上方，不得穿越卧室。

g. 塑料排水管应避免布置在热源附近，当不能避免，并导致管道表面受热温度大于60℃时，应采取隔热措施。塑料排水立管与家用灶具边净距不得小于0.4m。

h. 塑料排水立管应避免布置在易受机械撞击处，如不能避免时，应采取保护措施。

i. 建筑塑料排水管穿越楼层、防火墙、管道井井壁时，应根据建筑物性质、管径和设置条件，以及穿越部件防火等级等要求设置阻火装置。

j. 当不能满足上述b、c、e、f条的要求或住宅卫生间的卫生器具排水管要求不穿越楼板进入他户时，卫生器具排水横支管应设置同层排水。

4）保护管道不受破坏。

a. 排水管道不得穿过沉降缝、伸缩缝、变形缝、烟道和风道。

b. 排水埋地管道，不得布置在可能受重物压坏处或穿越生产设备基础。

c. 湿陷性黄土地区横干管应设在地沟内。

d. 排水立管应采用柔性接口，塑料排水管道在汇合配件处（如三通）设置伸缩节。

e. 排水管穿越承重墙或基础时，应预留洞口，并做好防水处理，预留洞口尺寸见表5-17，且管顶上部净空不得小于建筑物的沉降量，一般不宜小于0.15m。

表5-17　排水管穿越承重墙或基础预留洞口尺寸

管径 *DN*/mm		50~100	125~150	200~250
预留洞口尺寸（宽×高）/（mm×mm）	混凝土墙	300×300	400×400	500×500
	穿砖墙	240×240	360×360	490×490

5）占地面积小，总管线短，工程造价低。

2. 排水管道的连接

室内排水管道的连接应符合下列要求：

1）卫生器具排水管不得与排水横管垂直连接，而应采用90°斜三通连接。

2）排水管道的横管与横管、横管与立管的连接，宜采用45°三（四）通和90°斜三（四）通，也可采用直角顺水三通或直角顺水四通等配件。

3）排水立管与排出管端部的连接，宜采用两个45°弯头或曲率半径不小于4倍管径的90°弯头；当立管必须偏置时，应采用乙字管或两个45°弯头连接。

4）当排水支管、排水立管接入横干管时，应在横干管管顶或其两侧45°范围内采用45°斜三通接入。

靠近排水立管底部的排水支管连接应符合下列规定：

1）最低排水横支管与排水立管连接处至排水立管管底的垂直距离不得小于表5-18中的规定。

表 5-18　最低排水横支管与排水立管连接处至排水立管管底的最小垂直距离

立管连接卫生器具的层数	垂直距离/m	
	仅设伸顶通气	设通气立管
≤4	0.45	按配件最小安装尺寸确定
5~6	0.75	
7~12	1.20	
13~19	3.00	0.75
≥20	3.00	1.20

注：1. 单根排水立管的排出管宜与排水立管的管径相同。
2. 当与排出管连接的立管底部放大一号管径或横干管比与之连接的立管大一号管径时，可将表中垂直距离缩小一档。

2）排水支管连接在排出管或排水横干管时，连接点距离立管底部的水平距离不宜小于 3.0m，且不得小于 1.5m。

3）当连接点位于排水立管反向（及立管的另一侧）时，连接点距离立管底部的水平距离不宜小于 1.5m。当靠近排水立管底部的排水横支管的连接不能满足上述要求时，排水支管应单独排至室外或在排水支管上设防止污水喷溅的装置（如排水止回阀等）。

4）横支管接入横干管竖直转向管段时，连接点距转向处以下不得小于 0.6m。

排出管与室外排水管道的连接应符合下列要求：

1）排出管管底宜与室外排水管道的管顶相平。当有困难时，两管道的管顶标高应相平。

2）排出管与室外排水管道连接处的水流转角不得小于 90°；当有跌差且跌差高度大于 0.3m 时，可不受角度限制。

3）排出管与室外排水管道连接处设置检查井，检查井中心到建筑外墙的距离不宜小于 3m；检查井中心至污水立管或排出管清扫口的距离不大于表 5-19 中的规定。

表 5-19　室外检查井中心至污水立管或排出管清扫口的最大距离

管径/mm	50	75	100	≥100
最大距离/m	10	12	15	20

5.6.3　通气系统的布置与敷设

排水通气立管应高出屋面 0.3m 以上，并大于最大积雪高度，在距通气管出口 4m 以内有门窗时，通气管应高出门窗过梁 0.6m 或引向无门窗一侧。对于平屋顶，若经常有人逗留，则通气管应高出屋面 2.0m，并设置防雷装置。通气管上应做铅丝球或透气帽，以防杂物落入。

建筑标准要求较高的多层住宅和公共建筑，10 层及 10 层以上高层建筑的生活污水立管宜设专用通气立管。当生活排水立管所承担的卫生器具排水设计流量，超过仅设伸顶通气立管的排水立管的最大排水能力时，应设专用通气立管。通气管道系统包括通气支管、通气立管、结合通气管和汇合通气管等，如图 5-39 所示。

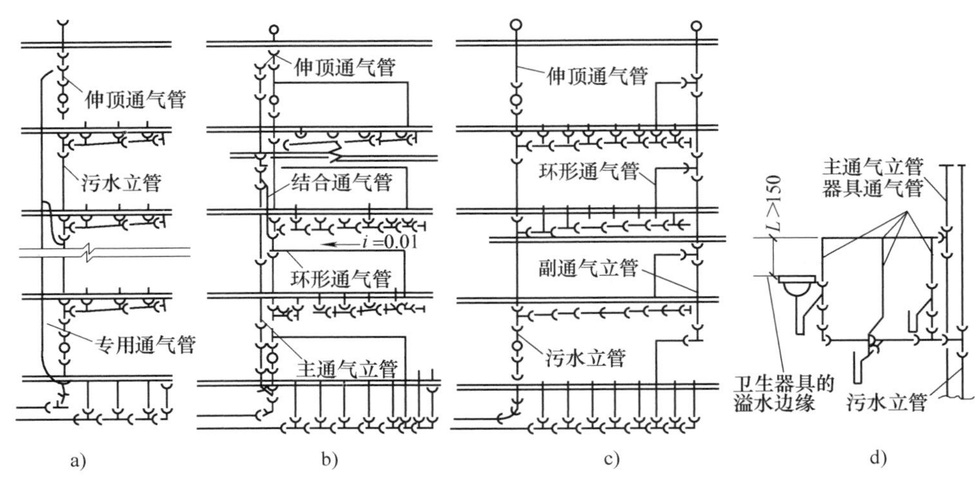

图 5-39　通气管道系统

a）专用通气立管　b）主通气立管与环形通气管

c）副通气立管与环形通气管　d）主通气立管与器具通气管

通气支管包括环形通气管和器具通气管两类。当排水横支管较长、连接的卫生器具较多时（连接4个及4个以上卫生器具且长度大于12m 或连接6个及6个以上大便器）应设置环形通气管。环形通气管在横支管起端的两个卫生器具之间接出，连接点在横支管中心线以上，与横支管呈垂直或45°连接。器具通气管一般用于卫生标准要求较高的排水系统，如高级旅馆等；器具通气管在卫生器具的存水弯出口端接出。环形通气管和器具通气管与通气立管连接，连接处的标高应在卫生器具上边缘0.15m以上，且有不小于0.01的上升坡度。

结合通气管用于专用通气立管与排水立管的连接。专用通气立管每隔两层设一个，主通气立管宜每隔8~10层设一个。结合通气管的上端在卫生器具上边缘以上不小于0.15m处或检查口以上与通气立管以斜三通连接，下端在排水横支管以下与排水立管以斜三通连接。当连接有困难时也可用H管件代替结合通气管。当污水立管与废水立管和用一根通气立管时，结合通气管可隔层分别与污水立管和废水立管连接，但最低层排水横支管以下应装设结合通气管。建筑物设置自循环通气的排水系统时，应在其室外接户管的起始检查井上设置管径不小于100mm的通气管，当通气管延伸至建筑物外墙时，通气管口应满足相应的要求；当设置在其他隐蔽部位时，应高出地面不小于2m。

通气立管有专用通气立管、主通气立管和副通气立管三类。通气立管不得接纳污水、废水和雨水，通气管不得与通风管或烟道连接。

5.6.4　排水沟与间接排水

建筑物内排水在某些场合采用排水沟更为合理，其适用场合可按表5-20确定。

间接排水即设备的排水管不与排水管道系统直接连接，中间有一段空气间隙，以防止存水弯因自虹吸或水分蒸发而造成污水管道污浊空气进入室内或设备内。

生活饮用水贮水箱（池）的泄水管和溢流管，开水器、热水器排水，医疗灭菌消毒设备的排水，蒸发式冷却器、空调设备冷凝水的排水，贮存食品或饮料的冷藏库房的地面排水

和冷风机溶霜水盘的排水应采取间接排水的方式。其排水管不得与污（废）水管道系统直接连接。

表 5-20　排水沟

适用场合	示例	备注
排出废水中含有大量悬浮物或沉淀物，需经常冲洗	食堂、餐厅的厨房	1. 所接纳的污废水不允许散发有害气体或大量蒸汽 2. 可设置各种材料的有孔或密闭盖板 3. 若直接与室外排水管连接，连接处应有水封装置
生产设备的排水支管较多，不宜用管道连接	车间、公共浴室、洗衣房	
生产设备排水点位置经常变化	车间	
需经常冲洗地面	锅炉房、厨房	

设备间接排水宜排入邻近的洗涤盆。当不可能时，可设置排水沟、排水漏斗或容器。间接排水的漏斗或容器不得产生溅水、溢流。

间接排水口最小空气间隙宜按表 5-21 确定。

表 5-21　间接排水口最小空气间隙

间接排水管管径/mm	≤25	32~50	>50
间接排水口最小空气间隙/mm	50	100	150

5.7　污（废）水的提升和局部处理

5.7.1　污（废）水的提升

民用和公共建筑的地下室、人防建筑、消防电梯底部集水坑内以及工业建筑内部标高低于室外地坪的车间和其他用水设备房间排放的污（废）水，当不能重力排入室外检查井时，应设置集水池、排水泵设施，把污（废）水集流、提升排出，以保持室内良好的环境卫生。

1. 集水池

集水池的容积按下列规定确定：

1）集水池有效容积不宜小于最大一台排水泵 5min 的出水量，且污水泵每小时启动次数不宜超过 6 次。

2）建筑物内排水量很小，为方便管理，生活排水集水池有效容积不大于 6h 生活排水平均小时污水量，但应注意防止水质腐化。

3）消防电梯井的集水池的有效容积不得小于 $2.0m^3$；工业废水按工艺要求确定。

4）集水池除满足有效容积外，还应满足格栅、吸水管、水位控制器的安装及池子清洗、检修要求。

集水池的有效水深一般取 1.0~1.5m，保护高度取 0.3~0.5m。因生活污水中有机物分解成酸性物质，腐蚀性大，所以生活污水集水池内壁应采取防腐防渗漏措施。池底应有不小于 0.05 的坡度坡向集水坑，集水坑的深度及其平面尺寸，应根据水泵类型确定，如图 5-40 所示。池底设置冲洗管，利用水泵出水进行冲洗，防止污泥沉淀。

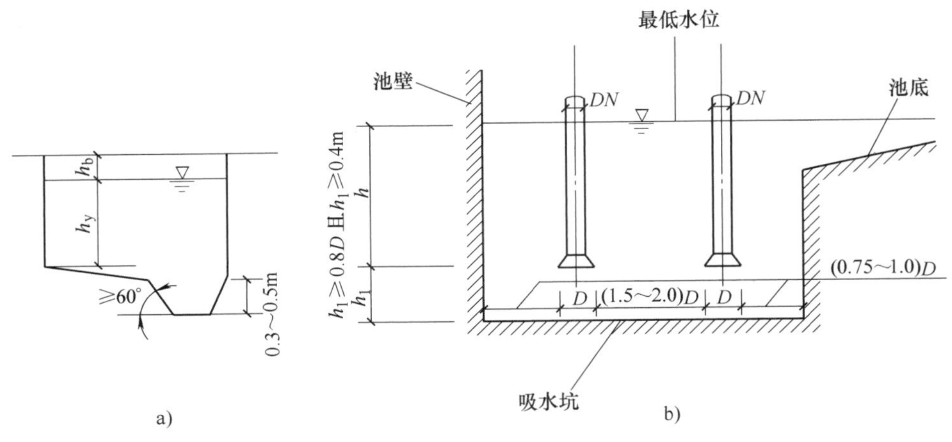

图5-40　集水池

a）集水池断面　b）集水坑内吸水管安装尺寸

当排水泵不具备撕碎功能时，集水池进水口处应设置格栅，栅条间隙应小于水泵叶轮的最小空隙，水池进水管管底与格栅底边的高差不得小于0.5m。当排水杂质较多时，池内应设置搅动冲渣设施。

为防止生活饮用水受到污染，集水池与生活给水贮水池的距离应在10m以上。生活排水及散发大量蒸汽或有害气体的工业废水的集水池应与水泵间分开或密闭（设通气管）设置。集水池间应有良好的通风设施，通气管尽量与建筑排水通气系统合用。当集水池密闭设置时，通气管的通气量应大于排水泵的排水流量。为便于操作管理，集水池应设置水位指示装置，必要时应设置超警戒水位报警装置，将信号引至物业管理中心。污水泵、阀门、管道等应选择耐腐蚀、大流通量、不易堵塞的设备器材。

2. 排水泵

建筑内污（废）水提升的常用设备有潜水泵、液下泵和立（卧）式离心泵。因潜水泵和液下泵在水面以下运行，无噪声和振动，能自灌，应优先选用。当潜水排污泵电机功率大于等于7.5kW或出水口管径大于等于100mm时，可采用固定式；当潜水排污泵电机功率小于7.5kW或出水口管径小于100mm时，可设软管移动式。污水泵启闭有手动和自动控制，为及时排水改善泵房的工作条件，缩小集水池容积，宜采用自动控制装置。当采用立（卧）式离心污水泵时，应设计成自灌式，并设隔振装置。

当水泵自动启动时，水泵出水量按生活排水设计秒流量确定；当水泵手动启动时，可按生活排水最大小时流量确定。当集水池接纳水池溢流水、泄空水时，应按水池溢流量、泄流量与排入集水池的其他排水量中大者选择水泵机组；消防电梯集水池内的排水泵流量不小10L/s。

排水泵的扬程按提升高度、管路系统水头损失和2~3m的附加自由水头计算。

一般情况下，排水泵至少设一台备用泵，平时宜交替运行。当设有两台及两台以上排水泵排除地下室、设备机房、车库冲洗地面的排水时，可不设备用泵。

水泵应有独立的吸水管，吸水管内的流速为0.7~2.0m/s。当提升带有较大杂质的污（废）水时，不同集水池内的潜水排污泵出水管不应合并排出。当提升一般废水时，可按实

际情况考虑不同集水池的潜水排污泵出水管合并排出。不允许压力排水管与建筑内重力排水管合并排出。排水泵出水管流速不得小于 1.5m/s，多台水泵合用出水管时，一台水泵工作的流速不得小于 0.7m/s。

当集水池不设事故排出管时，水泵应有不间断的动力供应。在发生事故时，如能关闭排水进水管，可不设不间断动力供应，但应设置报警装置。

排水泵应能自动启闭或现场手动启闭。多台水泵可并联交替运行，也可分段投入运行。

3. 排水泵房

排水泵房应设在靠近集水池，通风良好的地下室或底层单独的房间内，以控制和减少对环境的污染。对卫生环境有特殊要求的生产厂房和公共建筑内，有安静和防振要求房间的邻近和下面不得设置排水泵房。当水泵设在建筑物内时，应有隔振防声措施。排水泵房的位置应使室内排水管道和水泵出水管尽量简洁，并考虑维修检测的方便。

5.7.2　污（废）水局部处理

当生活污（废）水中油脂、泥沙、病原菌、致病菌等含量较多或水温过高时，为使城市污水处理厂处理效果不受影响和降低排水管道维修工作量，应在建筑小区内或建筑物周边设置各种功能的生活污水局部处理构筑物，如小型无动力生活污水处理设施、化粪池、隔油池、降温池、小型沉淀池和医院污水处理构筑物等。

1. 小型无动力生活污水处理设施

目前采用的小型无动力生活污水处理设施分为两种类型，如图 5-41 所示。图 5-41a 中的小型地下无动力生活污水处理设施是利用厌氧-好氧生化作用降解生活污水中的有机物含量

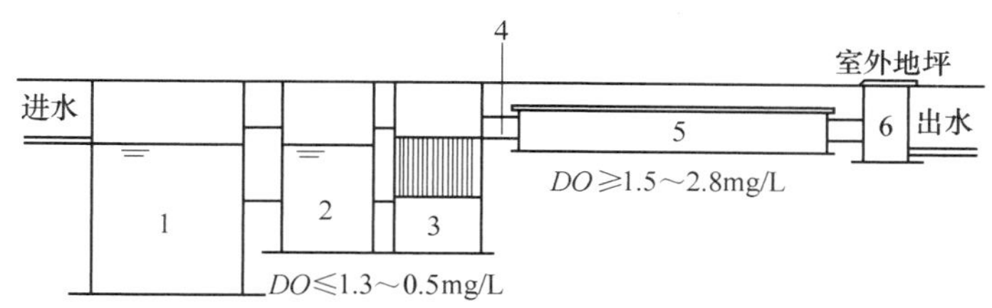

a)

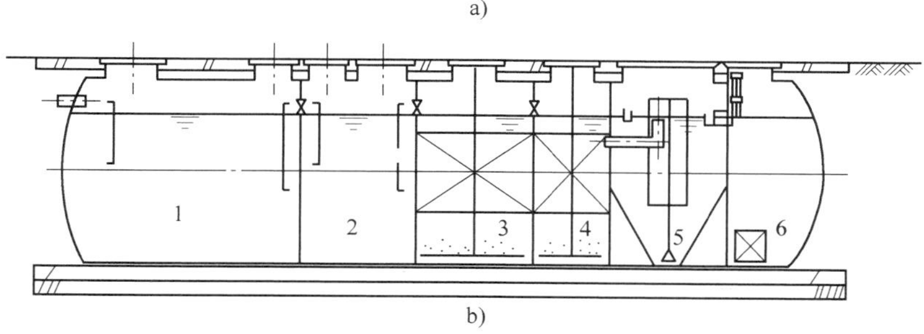

b)

图 5-41　小型无动力生活污水处理设施图

a）小型地下无动力生活污水处理设施

1—沉淀池　2—厌氧消化池　3—厌氧生物滤池　4—抽风管　5—氧化沟　6—进气出水井

b）小型一体化埋地式污水处理装置

1、2、5—沉淀室　3、4—接触氧化室　6—消毒室

(去除率可达90%)。这种局部生活污水处理设施具有节能、污泥量少、埋在地下不占地面、管理简单等优点。适用于小区所在城镇近期不能建成污水处理厂，或大型公共建筑排出的生活污水中有机杂质含量多等场合。图5-41b所示的小型一体化埋地式污水处理装置具有占地少、噪声低、剩余污泥量小、处理效率高和运行费用低等特点。处理后出水水质可达到污水排放标准，可用于无污水处理厂的风景区、保护区，或对排放水质要求较高的新建住宅区。

2. 化粪池

化粪池是一种利用沉淀和厌氧发酵原理，去除生活污水中可沉淀和悬浮性有机物，贮存并厌氧消化在池底的污泥的处理设施，属于初级的过渡性生活污水处理构筑物。可用于无污水处理厂的风景区、保护区，或对排放水质要求较高的新建住宅区。

化粪池有效容积应为污水部分和污泥部分容积之和，并宜按式（5-28）计算

$$V = V_w + V_n \tag{5-28}$$

式中 V_w——化粪池污水部分容积（m^3）；

V_n——化粪池污泥部分容积（m^3）。

污水部分容积和污泥部分容积分别按式（5-29）和式（5-30）计算

$$V_w = \frac{mb_f q_w t_w}{24 \times 1000} \tag{5-29}$$

$$V_n = \frac{mb_f q_n t_n (1 - b_x) M_s \times 1.2}{(1 - b_n) \times 1000} \tag{5-30}$$

式中 q_w——每人每日计算污水量［L/(人·d)］，见表5-22；

t_w——污水在池中的停留时间（h），应根据污水量确定，宜采用12~24h；

q_n——每人每日计算污泥量［L/(人·d)］，见表5-23；

t_n——污泥清掏周期，应根据污水温度和当地气候条件确定，宜采用3~12个月；

b_x——新鲜污泥含水率，可按95%计算；

b_n——发酵浓缩后的污泥含水率，可按90%计算；

M_s——污泥发酵后体积缩减系数，宜取0.8；

1.2——清掏后遗留20%的容积系数；

m——化粪池服务总人数；

b_f——化粪池实际使用人数占总人数的百分数，可按表5-24确定。

表5-22 化粪池每人每日计算污水量

分类	生活污水与生活废水合流排入	生活污水单独排入
每人每日污水量/L	(0.85~0.95) 用水量	15~20

表5-23 化粪池每人每日计算污泥量 （单位：L）

建筑物分类	生活污水与生活废水合流排入	生活污水单独排入
有住宿的建筑物	0.7	0.4
人员逗留时间大于4 h并小于等于10h的建筑物	0.3	0.2
人员逗留时间小于等于4h的建筑物	0.1	0.07

表 5-24　化粪池实际使用人数占总人数的百分数

建筑物名称	百分数（%）
医院、疗养院、养老院、幼儿园（有住宿）	100
住宅、宿舍、旅馆	70
办公楼、教学楼、试验楼、工业企业生活间	40
职工食堂、餐饮业、影剧院、体育场（馆）、商场和其他场所（按座位）	5~10

化粪池有矩形和圆形两种池形。为达到好的处理效果，化粪池应分格并贯通（图5-42）。矩形化粪池的长度、宽度与深度的比例应按污水中悬浮物的沉降条件与积存数量，经水力计算确定，但水面至池底的深度不得小于1.3m，长度不得小于1.0m，宽度不得小于0.75m；圆形化粪池直径不得小于1.0m。当日处理污水量小于等于10m³时，采用双格化粪池，其中第一格的容量为计算总容量的75%；当日处理污水量大于10m³时，采用三格化粪池，第一格的容量宜为计算总容量的60%，其余两格各占总容量的20%。

化粪池多设于建筑物背向大街的一侧靠近卫生间的地方。应尽量隐蔽，不宜设在人们经常活动之处。为避免侵害建筑物的基础，化粪池外壁距建筑物外墙不宜小于5m，并不得影响建筑物基础。为避免污染给水水源，化粪池外壁距地下取水构筑物不得小于30m。

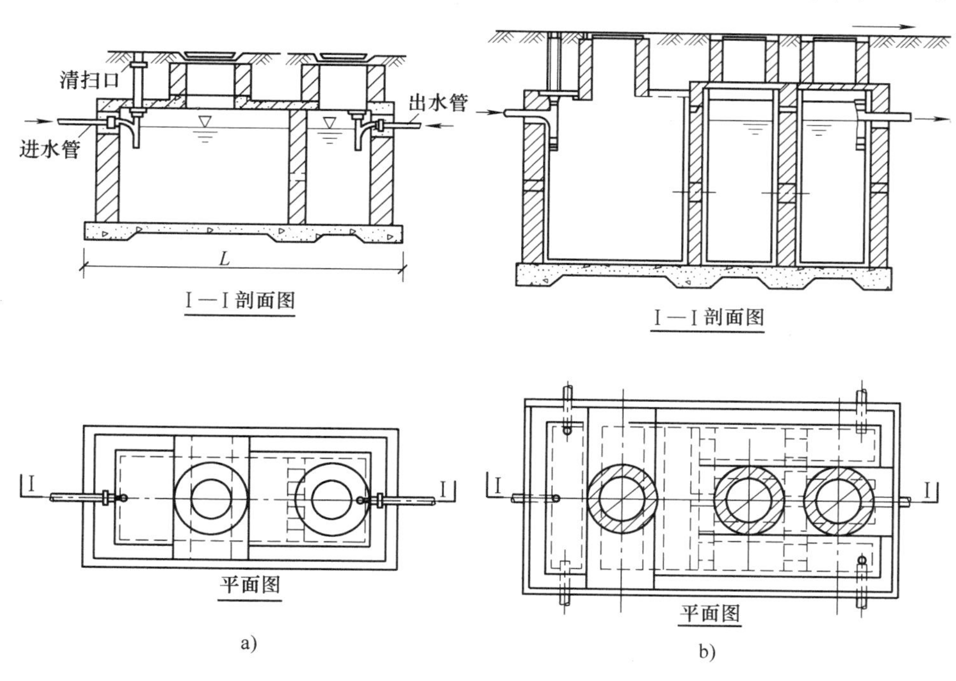

图 5-42　化粪池构造图

a）双格化粪池　b）三格化粪池

3. 隔油池

公共食堂和饮食业排放的污水中含有植物和动物油脂。污水中含油量的多少与地区、生活习惯有关，一般为50~150mg/L。厨房洗涤水中含油量约为750mg/L。当排水管道输送的污水含油量超过400mg/L时，管道就会被堵塞而需要经常清通。所以，公共食堂和饮食业的污水在排入城市排水管网前，应去除水中的可浮油（占总含油量的65%~70%），目前一般采用隔油池。

另外，其他含油污水如汽车洗车台、汽车库及其他类似场所排放的污水中含有汽油、煤油、柴油等矿物油。汽油等轻油进入管道后挥发并聚集于检查井，达到一定浓度后会发生爆炸而引起火灾，破坏管道，所以也应设隔油池进行处理。

隔油池构造如图5-43所示，其设计计算可按式（5-31）~式（5-35）进行。

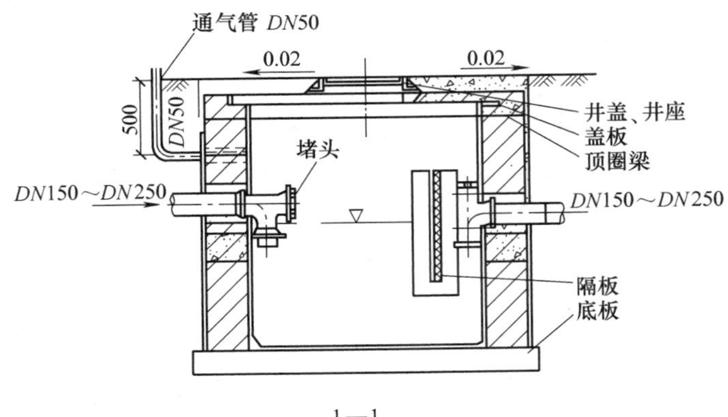

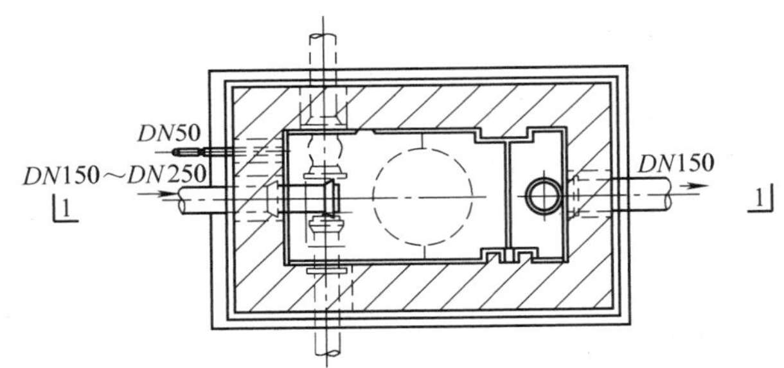

图5-43 隔油池

$$V=60Q_{\max}t \tag{5-31}$$

$$A=\frac{Q_{\max}}{v} \tag{5-32}$$

$$L=\frac{V}{A} \tag{5-33}$$

$$b=\frac{A}{h} \tag{5-34}$$

$$V_1 \geqslant 0.25V \tag{5-35}$$

式中 V——隔油池有效容积（m^3）；

$Q_{\max}$——含油污水设计流量（m^3/s），按设计秒流量计；

t——污水在隔油池中的停留时间（min），按表5-25选用；

v——污水在隔油池中的水平流速（m/s）按表5-25选用；

A——隔油池中过水断面面积（m^2）；

b——隔油池宽度（m）；

h——隔油池有效水深（m），即隔油池出水管底至池底的高度，取大于等于 0.6m；

V_1——贮油部分容积（m^3），是指出水挡板的下端至水面油水分离室的容积。

对夹带杂质的含油污水，应在隔油井内设有沉淀部分，生活污水和其他污水不得排入隔油池内，以保障隔油池正常工作。

表 5-25　隔油池设计参数

含油污水种类	停留时间 t/min	水平流速 v/（m/s）
含食用油污水	2~10	≤ 0.005
含矿物油污水	0.5~1.0	0.002~0.010

4. 降温池

排入城镇排水管道的废水温度高于 40℃时应采取降温处理，否则会影响维护管理人员身体健康和管材的使用寿命。对于温度较高的废水，宜考虑将其所含热量回收利用。

降温池降温的方法主要有二次蒸发、水面散热和加冷水降温。降温时应首先考虑利用余热，然后再考虑采用冷水混合，降温采用的冷却水应尽量利用低温废水。小型锅炉因定期排污，余热不便利用时，可采用常压下先二次蒸发，然后再冷却降温的方法。

降温池有虹吸式和隔板式两种类型，虹吸式适用于主要由自来水冷却降温；隔板式常用于由冷却废水降温。

降温池的容积与废水的排放形式有关，当废水为间断排放时，按一次最大排水量与所需冷却水量的总和计算有效容积；当废水连续排放时，应保证废水与冷却水能够充分混合。

降温池的容积 V 由存放排废水的容积、存放冷却水的容积和保护容积组成，即

$$V = V_1 + V_2 + V_3 \tag{5-36}$$

式中　V——降温池总容积（m^3）；

V_1——存放排废水的容积（m^3）；

V_2——存放冷却水的容积（m^3）；

V_3——保护容积（m^3），根据降温池大小确定，一般保护层高度按 0.3~0.5m 计算。

5. 小型沉淀池

汽车库冲洗废水中含有大量的泥沙，为防止堵塞和淤积管道，在污废水排入城市管网前，一般宜设小型沉淀池进行处理。

小型沉淀池的池体容积由有效容积和余量容积构成，有效容积包括污水和污泥两部分容积，应根据车库存车数量、冲洗水量和设计参数确定。沉淀池有效容积按式（5-37）计算

$$V = V_1 + V_2 \tag{5-37}$$

式中　V——沉淀池有效容积（m^3）；

V_1——污水部分容积（m^3），按式（5-38）计算；

V_2——污泥部分容积（m^3），按式（5-39）计算。

$$V_1 = \frac{qn_1t_2}{1000t_1} \tag{5-38}$$

式中　q——每辆汽车每次冲洗水量（L），小型车取 250~400L，大型车取 400~600L；

n_1——同时冲洗车数，当存车数小于25辆时，n_1取1；当存车数为25~50辆时，设两个洗车台，n_1取2；

t_1——冲洗一辆汽车所用时间，一般取10mim；

t_2——沉淀池中污水停留时间，取10mim。

$$V_2 = \frac{qn_2t_3k}{1000} \tag{5-39}$$

式中 n_2——每天冲洗汽车数量；

t_3——污泥清除周期（d），一般取10~15d；

k——污泥容积系数，是指污泥体积占冲洗水量的百分数，按车辆的大小取2%~4%。

6. 医院污水处理与排放

医院或其他医疗机构排放的污水一般均含有较多致病菌。根据我国水污染防治法规规定，“排放含有病原体的污水，必须经过消毒处理”。处理后的水质，按排放条件，还必须符合《医疗机构污水排放要求》。

医院污水水质比较复杂，含有大量的细菌、病毒、寄生虫卵和一些有毒有害物质，有些还含有放射性，并与每张病床每日的污染物排放量有关，应实测确定。当无实测资料时，医院平均日排污量可按下列数值选用，BOD_5为60g/(床·d)；COD为100 ~150g/(床·d)；SS为50~100 g/(床·d)。

医院每日排放的污水量与医院的性质、医院的规模、医疗设备完善程度、住院和门诊人数、地域、季节、人的生活习惯和管理制度等因素有关，见表5-26。

表5-26 医院污水排水量标准和时变化系数

医院类型	病床床位	平均日污水量/[L/(床·d)]	时变化系数K
设备齐全的大型医院	>300	400~600	2.0~2.2
一般设备的中型医院	100~300	300~400	2.2~2.5
小型医院	<100	250~300	2.5

医院污水经消毒处理后，应达到下列标准方可排放：

1）连续三次取样500mL进行检测，不得检出肠道致病菌和结核杆菌。

2）每升污水的总大肠杆菌数不得大于500个。

3）当采用氯消毒时，接触时间和余氯量应满足表5-27所示的要求。

表5-27 医院污水消毒接触时间和余氯量

医院污水类别	接触时间/h	余氯量/(mg/L)
医院、兽医院污水，医疗机构含病原体污水	>2.0	>2.0
传染病、结核杆菌污水	>15	>5.0

医院污水处理过程中产生的污泥需进行无害化处理，使污泥中的蛔虫卵死亡率大于95%，粪便大肠菌值不小于1×10^{-2}；每10g污泥中不得检出肠道致病菌和结核杆菌。

医院污水处理由预处理和消毒两部分组成。预处理的目的，一是去除一部分还原性污染物，节约还原性物质消耗的消毒剂用量；二是去除悬浮物，避免这些悬浮物把病菌、病毒和

寄生虫卵等致病体包藏起来，阻碍消毒剂作用，使消毒不彻底。

关于医院污水处理工艺及消毒法方法请参见水质工程学相关内容。

医院污水处理系统的污泥，宜由城市环卫部门按危险废物集中处置。当城镇无集中处置条件时，可采用高温堆肥或石灰消化方法处理。采用高温堆肥法时，堆肥温度保持在 60℃ 以上不少于 1d；当采用石灰消化法时，必须使污泥的 pH 值提高到 12 以上的时间不少于 7d，石灰投量可为 15g/L [以 $Ca(OH)_2$计]。若有废热可以利用，可采用加热法消毒，但应有防止臭气扩散污染环境的措施。

5.8　高层建筑排水系统

5.8.1　技术要求

高层建筑中卫生器具多，排水量大，且排水立管连接的横支管多，多根横管同时排水，由于水舌的影响和横干管起端产生的强烈冲激流使水跃高度增加，必将引起管道中较大的压力波动，导致水封破坏，使室内环境受到污染。为防止水封破坏，保证室内的环境质量，高层建筑排水系统必须解决好通气问题，稳定管内气压，以保持系统运行的良好工况。同时，由于高层建筑体量大，建筑沉降可能引起出户管平坡或倒坡；暗装管道多，建筑吊顶高度有限，横管敷设坡度受到一定的限制；居住人员多，若管理水平低，卫生器具使用不合理，冲洗不及时等，都将影响水流畅通，造成淤积堵塞，一旦排水管道堵塞影响面大。因此，高层建筑的排水系统还应确保水流畅通。

目前，高层建筑排水系统多采用双立管排水系统、三立管排水系统和特制配件单立管排水系统（图 5-1）。

5.8.2　通气管道系统

1. 通气管道系统的设置

采用双立管排水系统和三立管排水系统的高层建筑应设通气管道系统。通气管道系统包括通气支管、通气立管、结合通气管和汇合通气管（图 5-39）等。

通气支管有环形通气管和器具通气管两类。当排水横支管较长、连接的卫生器具较多时（连接 4 个及 4 个以上卫生器具且长度大于 12m 或连接 6 个及 6 个以上大便器）应设置环形通气管。环形通气管在横支管起端的两个卫生器具之间接出，连接点在横支管中心线以上，与横支管呈垂直或 45°连接。对卫生和安静要求较高的建筑物宜设置器具通气管，器具通气管在卫生器具的存水弯出口端接出。环形通气管和器具通气管与通气立管连接，连接处的标高应在卫生器具上边缘 0.15m 以上，且有不小于 0.01 的上升坡度。

通气立管有专用通气立管、主通气立管和副通气立管三类。系统不设环形通气管和器具通气管时，通气立管通常称为专用通气立管；系统设有环形通气管和器具通气管，且通气立管与排水立管相邻布置时，称为主通气立管；通气立管与排水立管相对布置时，称为副通气立管。通气立管不得接纳污水、废水和雨水，通气管不得与通风管或烟道连接。

结合通气管用于专用通气立管与排水立管的连接。专用通气立管每隔两层设一个，主通气立管宜每隔 8~10 层设一个。结合通气管的上端在卫生器具上边缘以上不小于 0.15m 处与通气立管以斜三通连接，下端在排水横支管以下与排水立管以斜三通连接。当连接有困难时，也可用H管件代替结合通气管。当污水立管与废水立管合用一根通气立管时，结合通气管可隔层分别与污水立管和废水立管连接，但最低层排水横支管以下应装设结合通气管。

2. 通气管管径的确定

通气管管径应根据污水流量、管道长度、污水管管径来确定，其最小管径按表5-28选定。专用通气立管一般比相应的排水管管径小1~2级，结合通气管管径不小于所连接的较小一根立管的管径。

表5-28　通气管管径

污水管管径/mm	32	40	50	75	100	125	150
器具通气管管径/mm	32	32	32		50	50	
环形通气管管径/mm			32	40	50	50	
通气管管径/mm			40	50	75	100	100

当几根排水立管的通气管汇合成一根通气总管时，总管断面面积为

$$F = f_{\max} + m\sum f_n \tag{5-40}$$

总管管径为

$$d = d_{\max}^2 + m\sum d_n^2 \tag{5-41}$$

式中　F、d——通气总管的断面面积及管径；

$f_{\max}$、$d_{\max}$——汇合管中最大一根通气管的断面面积及管径；

$\sum f_n$、$\sum d_n$——其余各汇合管的断面面积之和及管径之和；

m——系数，$m=0.25$。

5.8.3　特制配件单立管排水系统

高层建筑楼层较多，高度较大，多根横管同时向立管排水的几率较大，排水落差高，更容易造成管道中压力的波动。因此，高层建筑为了保证排水的畅通和通气良好，一般采用设置专用通气管系统。有通气管的排水系统造价高，占地面积大，管道安装复杂，如能省去通气管，对宾馆、写字间、住宅在美观和经济方面都是非常有益的。采用单立管放大管径的设计方法在技术和经济上也不合理，因此人们在不断地研究新的排水系统。

影响排水立管通水能力的主要因素有：①从横支管流入立管的水流形成的水舌阻隔气流，使空气难以进入下部管道而造成负压；②立管中形成水塞流阻隔空气流通；③水流到达立管底部进入横干管时产生水跃阻塞横管。因此，人们从减缓立管流速、保证有足够大的空气芯、防止横管排水产生水舌和避免在横干管中产生水跃等方面进行研究探索，发明了一些新型单立管排水系统。

1. 苏维脱排水系统

1961年，瑞士索摩（Fritz Sommer）研究发明了一种新型排水立管配件，各层排水横支管与立管采用气水混合器连接，排水立管底部采用气水分离器连接，达到取消通气立管的目的，这种系统称为苏维脱系统（Sovent System）。

（1）气水混合器　气水混合器由乙字弯、隔板、隔板上部小孔、混合室、上流入口、

横支管流入口和排出口等构成，如图 5-44 所示。从立管上部流来的废水流经乙字弯时，流速减少，动能转化为压能，既起了减速作用又改善了立管内常处负压的状态；同时水流形成紊流状态，部分破碎成小水滴与周围空气混合，在下降过程中通过隔板的小孔抽吸横支管和混合室内的空气，变成密度小呈水沫状的气水混合物，使下流的速度降低，减少了空气的吸入量，避免造成过大的抽吸负压，只需伸顶通气管就能满足要求。

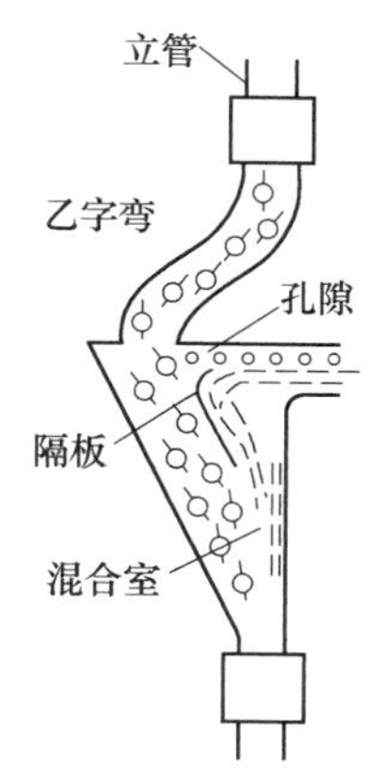

图 5-44　气水混合器

从横支管进入立管的水流，由于受到隔板的阻挡只能从隔板的右侧向下排入，不会形成水舌隔断立管上下通气而造成负压。同时，水流下落时通过隔板上的小孔抽吸立管的空气进行补气。

（2）气水分离器　气水分离器由流入口、顶部跑气口、突块和空气分离室等构成，如图 5-45 所示。沿立管流下的气水混合物，遇到分离室内突块时被溅散，从而分离出气体（约 70%以上），减小了气水混合物的体积，降低了流速，不使之形成回压。分离出的空气用跑气管接至下游 1~1.5m 处的排出管上，使气流不致在转弯处被阻，达到防止在立管底部产生过大正压的目的。

国外对十层建筑采用苏维脱排水系统和普通单立管排水系统进行了对比实验，结果一根 $d=100$mm 立管的苏维脱排水系统，当流量约为 6.7L/s 时，管中最大负压不超过 40mmH_2O（400Pa）。而 $d=100$mm 普通单立管排水系统在相同流量时的最大负压达 160mmH_2O（1600Pa）。

苏维脱排水系统除可降低管道中的压力波动外，还可节省管材，节省投资 11%~35%，有利于提高设计质量和施工的工业化水平。

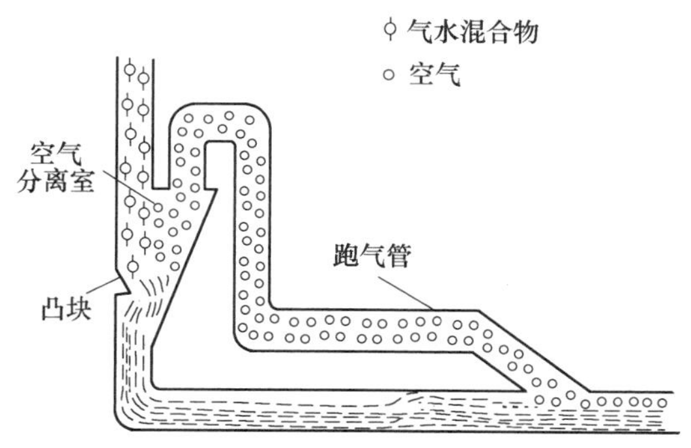

图 5-45　气水分离器

2. 旋流排水系统

旋流排水系统（Sextia System）是法国勒格（Roger Legg）、理查（Georges Richard）和鲁夫（M. Louve）于 1967 年共同研究发明的。这种排水系统每层的横支管和立管采用旋流接头配件连接，立管底部采用旋流排水弯头连接，如图 5-46 所示。

（1）旋流接头配件　旋流接头配件由壳体和盖板两部分构成，通过盖板将横支管的排水沿切线方向引入立管，并使其沿管壁旋流而下，在立管中始终形成一个空气芯，此空气芯占管道断面的 80%左右，保持立管内空气畅通，使压力变化很小，从而防止水封被破坏，

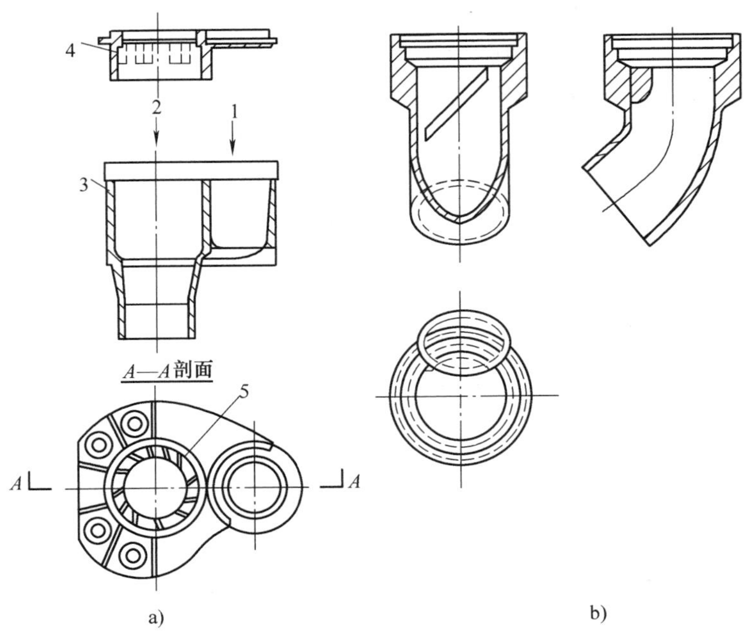

图 5-46 旋流排水配件

a）旋流接头 b）特殊排水弯头

1—接大便器 2—接立管 3—底座 4—盖板 5—叶片

提高排水立管的通水能力。

旋流接头配件中的旋流叶片，可使立管上部下落水流所减弱的旋流能力及时得到增强，同时也可破坏已形成的水塞，并使其变成旋流以保持空气芯。

（2）旋流排水弯头 旋流排水弯头与普通铸铁弯头形状相同，但在内部设置有45°旋转导叶片，使立管内从凸岸流下的水膜被旋转导叶片旋向对壁，沿弯头底部流下，避免了在横干管内形成水跃，封闭气流而造成过大的正压。

3. 芯型排水系统

芯型（Core）排水系统是日本的小岛德厚于1973年发明的。该系统在各层排水横支管与立管连接处设高奇马接头配件，在排水立管的底部设角笛弯头。

（1）高奇马接头配件 高奇马接头配件如图5-47所示，外观呈倒锥形，在上入流口与横支管入流口交汇处设有内管，从横支管排入的污水沿内管外侧向下流入立管，避免因横支管排水产生的水舌阻塞立管。从立管流下的污水经过内管后发生扩散下落，形成气水混合流，减缓下落流速，保证立管内空气畅通。高奇马接头配件的横支管接入形式有两种，一种是正对横支管垂直接入，另一种是沿切线方向接入。

（2）角笛弯头 角笛弯头如图5-48所示，装在立管的底部，上入流口端断面较大，从排水立管流下的水流，因过水断面突然增大，流速变缓，下泄的水流所夹带的气体被释放。一方面，水流沿弯头的缓弯滑道面导入排出管，消除了水跃和水塞现象；另一方面，由于角笛弯头内部有较大的空间，可使立管内的空气与横管上部的空间充分连通，保证气流的畅通，减少压力的波动。

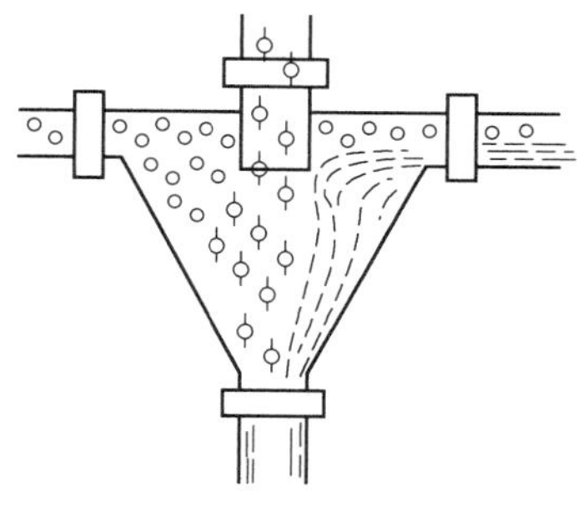
图 5-47　高奇马接头配件

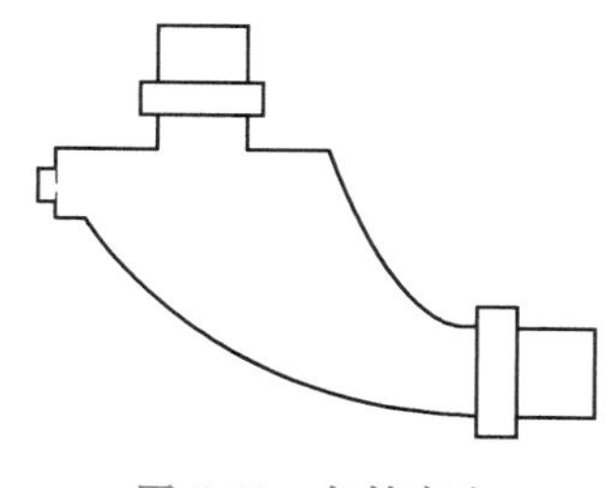
图 5-48　角笛弯头

4. 简易单立管排水系统

为了减少排水管道中的压力波动，提高单立管排水系统的通水能力，而又不使管道配件复杂化，近年来国内外开发了多种形式的简易单立管排水系统。例如日本 BENKAN 株式会社开发的 CS 接头，如图 5-49 所示。CS 接头在排水立管接入横支管的上下两段上设置两条斜向的突起导流片，使下落的排水产生旋转，在离心力的作用下使水流沿排水立管的内壁回旋流动。在立管内形成空气芯，保证气流畅通，减少立管内的压力波动，无须设置专用通气立管。实验证明，这种单立管排水系统在 *DN*100 时可允许做到 15 层（共 14 户，按每户三大件计），要求最低层卫生间单独排放，立管根部和总排出横管加大一号，并要求采用两个 45°弯头的弯曲半径的排出管。

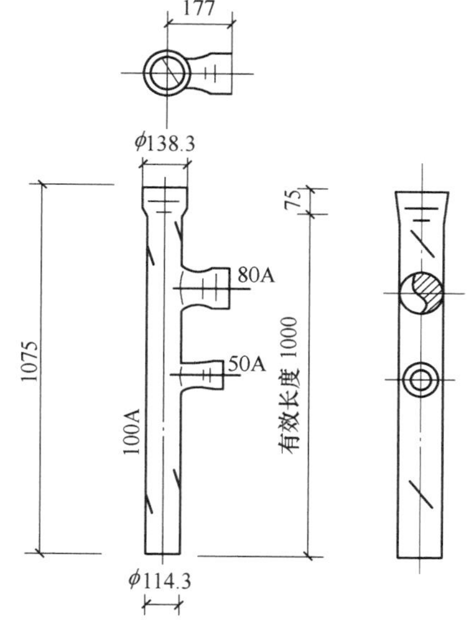

图 5-49　CS 接头配件

韩国开发的有螺旋导流线的 UPVC 单立管排水系统，在硬聚氯乙烯管内有 6 条间距 50mm 的螺旋线导流突起片，排水在管内旋转下落，管中形成一个畅通的空气芯，既提高了排水能力，又降低了管道中的压力波动。另外，设计有专用的 DRF/X 型三通（图 5-35），这种三通与排水立管的相接不对中，*DN*100 的管子错位 54mm，从横支管流出的污水在圆周的切线方向进入立管，可以起到削弱支管进水水舌的作用和避免形成水塞，同时由于减少了水流的碰撞，UPVC 管减少噪声的效果良好。

以上单立管排水系统在我国高层建筑排水工程中已有应用，但尚不普遍。我国已经引进、改进、开发生产了五种上部特制配件和三种下部特制配件，上部特制配件有混合器、环流器、环旋器、侧流器、管旋器等，下部特制配件有跑气器、角笛弯头、大曲率异径弯头等。下部特制配件选型应根据特殊单立管排水系统中上部特制配件类型确定：当上部特制配件为混合器时，应选用跑气器；当上部特制配件为环流器、环旋器、侧流器或管旋器时，可选用跑气器、角笛弯头、大曲率异径弯头；当上部排水立管与下部排水立管采用横干管偏置连接时，立管与横干管连接处应采用跑气器。

附 录 5A

表 5A-1 塑料排水管水力计算表（n=0.009）

[单位:de/mm,v/(m/s),Q/(L/s)]

坡度	h/D=0.5										h/D=0.6			
	de=50		de=75		de=90		de=110		de=125		de=160		de=200	
	v	Q	v	Q	v	Q	v	Q	v	Q	v	Q	v	Q
0.003											0.74	8.38	0.86	15.24
0.0035									0.63	3.48	0.80	9.05	0.93	16.46
0.004							0.62	2.59	0.67	3.72	0.85	9.68	0.99	17.60
0.005					0.60	1.64	0.69	2.90	0.75	4.16	0.95	10.82	1.11	19.67
0.006					0.65	1.79	0.75	3.18	0.82	4.55	1.04	11.85	1.21	21.55
0.007			0.63	1.22	0.71	1.94	0.81	3.43	0.89	4.92	1.13	12.80	1.31	23.28
0.008			0.67	1.31	0.75	2.07	0.87	3.67	0.95	5.26	1.20	13.69	1.40	24.89
0.009			0.71	1.39	0.80	2.20	0.92	3.89	1.01	5.58	1.28	14.52	1.48	26.40
0.010			0.75	1.46	0.84	2.31	0.97	4.10	1.06	5.88	1.35	15.30	1.56	27.82
0.011			0.79	1.53	0.88	2.43	1.02	4.30	1.12	6.17	1.41	16.05	1.64	29.18
0.012	0.62	0.52	0.82	1.60	0.92	2.53	1.07	4.49	1.17	6.44	1.48	16.76	1.71	30.48
0.015	0.69	0.58	0.92	1.79	1.03	2.83	1.19	5.02	1.30	7.20	1.65	18.74	1.92	34.08
0.020	0.80	0.67	1.06	2.07	1.19	3.27	1.38	5.80	1.51	8.31	1.90	21.64	2.21	39.35
0.025	0.90	0.74	1.19	2.31	1.33	3.66	1.54	6.48	1.68	9.30	2.13	24.19	2.47	43.99
0.026	0.91	0.76	1.21	2.36	1.36	3.73	1.57	6.61	1.72	9.48	2.17	24.67	2.52	44.86
0.030	0.98	0.81	1.30	2.53	1.46	4.01	1.68	7.10	1.84	10.18	2.33	26.50	2.71	48.19
0.035	1.06	0.88	1.41	2.74	1.58	4.33	1.82	7.67	1.99	11.00	2.52	28.63	2.93	52.05
0.040	1.13	0.94	1.50	2.93	1.69	4.63	1.95	8.20	2.13	11.76	2.69	30.60	3.13	55.65
0.045	1.20	1.00	1.59	3.10	1.79	4.91	2.06	8.70	2.26	12.47	2.86	32.46	3.32	59.02
0.050	1.27	1.05	1.68	3.27	1.89	5.17	2.17	9.17	2.38	13.15	3.01	34.22	3.50	62.21
0.060	1.39	1.15	1.84	3.58	2.07	5.67	2.38	10.04	2.61	14.40	3.30	37.48	3.83	68.15
0.070	1.50	1.24	1.99	3.87	2.23	6.12	2.57	10.85	2.82	15.56	3.56	40.49	4.14	73.61
0.080	1.60	1.33	2.13	4.14	2.38	6.54	2.75	11.60	3.01	16.63	3.81	43.28	4.42	78.70

表 5A-2 机制铸铁排水管水力计算表（n=0.009）

[单位:de/mm,v/(m/s),Q/(L/s)]

坡度	h/D=0.5								h/D=0.6			
	de=50		de=75		de=50		de=75		de=50		de=75	
	v	Q	v	Q	v	Q	v	Q	v	Q	v	Q
0.005	0.29	0.29	0.38	0.85	0.47	1.83	0.54	3.38	0.65	7.23	0.79	15.57
0.006	0.32	0.32	0.42	0.93	0.51	2.00	0.59	3.71	0.72	7.92	0.87	17.06
0.007	0.35	0.34	0.45	1.00	0.55	2.16	0.64	4.00	0.77	8.56	0.94	18.43
0.008	0.37	0.36	0.49	1.07	0.59	2.31	0.68	4.28	0.83	9.15	1.00	19.70
0.009	0.39	0.39	0.52	1.14	0.62	2.45	0.72	4.54	0.88	9.70	1.06	20.90

（续）

坡度	h/D=0.5								h/D=0.6			
	de=50		de=75		de=50		de=75		de=50		de=75	
	v	Q	v	Q	v	Q	v	Q	v	Q	v	Q
0.010	0.41	0.41	0.54	1.20	0.66	2.58	0.76	4.78	0.92	10.23	1.12	22.03
0.011	0.43	0.43	0.57	1.26	0.69	2.71	0.80	5.02	0.97	10.72	1.17	23.10
0.012	0.45	0.45	0.59	1.31	0.72	2.83	0.84	5.24	1.01	11.20	1.23	24.13
0.015	0.51	0.50	0.66	1.47	0.81	3.16	0.93	5.86	1.13	12.52	1.37	26.98
0.025	0.66	0.64	0.86	1.90	1.04	4.08	1.21	7.56	1.46	16.17	1.77	34.83
0.030	0.72	0.70	0.94	2.08	1.14	4.47	1.32	8.29	1.60	17.71	1.94	38.15
0.035	0.78	0.76	1.02	2.24	1.23	4.83	1.43	8.95	1.73	19.13	2.09	41.21
0.040	0.83	0.81	1.09	2.40	1.32	5.17	1.53	9.57	1.85	20.45	2.24	44.05
0.045	0.88	0.86	1.15	2.54	1.40	5.48	1.62	10.15	1.96	21.69	2.38	46.72
0.050	0.93	0.91	1.21	2.68	1.47	5.78	1.71	10.70	2.07	22.87	2.50	49.25
0.060	1.02	1.00	1.33	2.94	1.61	6.33	1.87	11.72	2.26	25.05	2.74	53.95
0.070	1.10	1.08	1.44	3.17	1.74	6.83	2.02	12.66	2.45	27.06	2.96	58.28
0.080	1.17	1.15	1.54	3.39	1.86	7.31	2.16	13.53	2.61	28.92	3.17	62.30

思考题与习题

1. 室内排水系统由哪几部分组成?
2. 建筑内部污（废）水排水系统分为哪几类?
3. 通气管道系统有何作用? 通气管有哪些类型?
4. 水封的破坏原因有哪些?
5. 简述排水立管的水流状态及压力变化情况。
6. 简述提高排水立管通水能力的方法与措施。
7. 如何计算住宅、宿舍（Ⅰ、Ⅱ类）、旅馆、医院等建筑的排水设计秒流量?
8. 如何计算宿舍（Ⅲ、Ⅳ类）、工业企业生活间、公共浴室、洗衣房等建筑的排水设计秒流量?
9. 排水横管为什么按非满流计算? 计算时有哪些规定?
10. 如何确定排水立管的管径?
11. 特制配件单立管排水系统主要有哪几种? 都有哪些主要配件?

第 6 章

建筑雨水排水系统

学习重点：

①屋面雨水排水系统的分类；②雨水内排水系统的分类与组成；③雨水量的计算；④天沟外排水设计计算；⑤重力流内排水系统设计计算；⑥虹吸式屋面雨水排水系统设计计算。

降落在屋面的雨和雪，特别是暴雨，在短时间内会形成积水，需要设置屋面雨水排水系统迅速、及时地排除建筑物屋面的雨水。雨水系统属于排水系统，但雨水又有别于生活污水和工业废水，主要区别如下：

1）大气降水不可控制，雨水量在温室效应、天气异常的当代，这个问题更加突出。

2）雨水管道的设计重现期为一个定值，即使选择高标准的重现期，而实际降雨量超过设计降雨量情况的出现也是必然的。

3）雨水管道中的水气流动现象复杂。

4）雨水本身不含有大量的污物，水质相对较好，对于缺水的城市和地区具有很大的开发潜力。

6.1 屋面雨水排水系统

屋面雨水排水系统按雨水管道的位置和排水的去向可分为外排水系统、内排水系统和混合式雨水排水系统。

6.1.1 雨水外排水系统

雨水外排水系统是指雨水管系设置在建筑物外部的雨水排水系统。按屋面有无天沟，又分为檐沟外排水和天沟外排水两种方式。

1. 檐沟外排水

降落到屋面的雨水沿屋面集流到檐沟，然后流入间隔一定距离沿外墙设置的雨水管排至建筑物外地下雨水管道或地面。檐沟外排水系统由檐沟和雨水管等组成，如图 6-1 所示。

雨水管按管材分为镀锌薄钢板管（白铁皮管）、铸铁管、UPVC 管，也有用玻璃钢管的。

雨水管断面有圆形和矩形两种。镀锌薄钢板管一般为 80mm×100mm 或 80mm×120mm；铸铁管外径一般为 75mm、100mm；UPVC 管外径为 75mm 或 110mm。

雨水管的设置首先应根据降雨量及管道通水能力确定一根雨水管的服务面积，再根据屋面形状和面积确定雨水管间距。按经验，民用建筑雨水管间距为 8～12m，工业建筑为

18～24m。

檐沟外排水系统适用于一般居住建筑、屋面面积较小的公共建筑和单跨工业建筑。

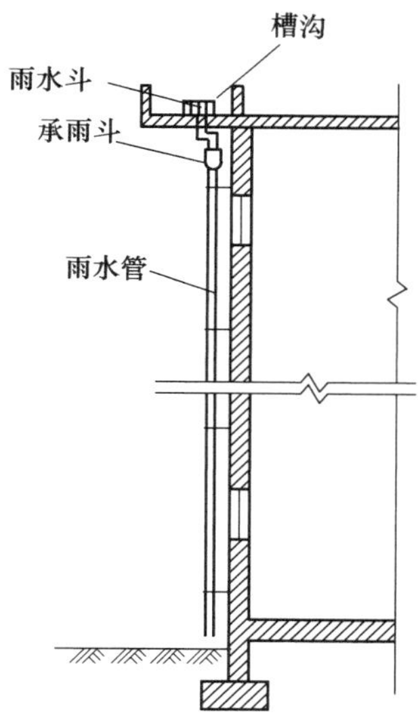

图 6-1　檐沟外排水

2. 天沟外排水

天沟外排水系统由天沟、雨水斗、排水立管及排出管组成，如图 6-2 所示。天沟设置在两跨中间并坡向墙端，降落在屋面上的雨雪水沿坡向天沟的屋面汇集到天沟，沿天沟流向建筑物两端（山墙、女儿墙方向），流入雨水斗并经墙外排水立管排至地面或雨水管道。

天沟外排水的特点如下：采用天沟外排水系统，室内不会因雨水系统而产生屋面漏水、地面检查井冒水等现象，而且对厂房内各种设备、管道等无干扰，还可节省金属管道材料，施工简便。但如果天沟设计不合理或施工质量不好，可能会发生天沟漏水、翻水问题；而且为满足天沟要求的坡度，在屋顶增加隔热层，导致结构荷载有所增加。

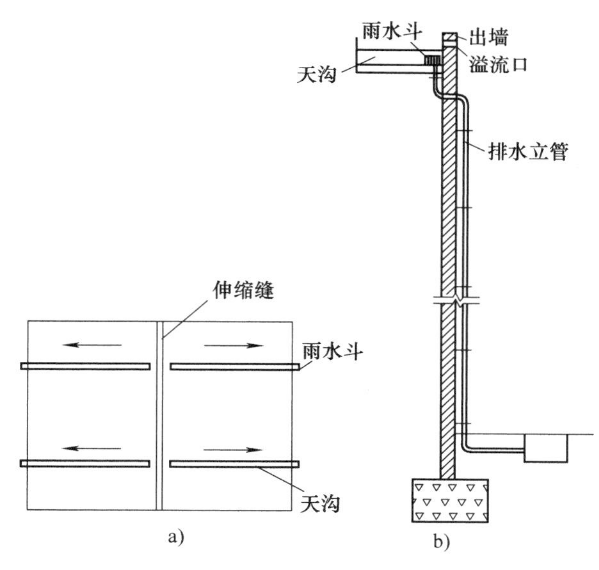

图 6-2　天沟外排水

a）平面图　b）剖面图

天沟外排水系统一般以建筑物的伸缩缝或沉降缝作为天沟分水线。天沟的断面形式多为矩形或梯形。天沟坡度不宜太大，以免屋顶垫层过厚而增加结构荷载；但也不宜太小，以免屋顶漏水或施工困难，一般以 0.003～0.006 为宜。为了排水安全，防止天沟末端积水太深，在天沟顶端设置溢流口。溢流口比天沟上檐低 50～100mm。

天沟外排水系统适用于长度不超过 100m 的多跨工业厂房。

6.1.2 雨水内排水系统

在建筑物屋面设置雨水斗，而雨水管道设置在建筑物内部的排水系统称为雨水内排水系统。常用于屋面跨度大、屋面曲折（壳形、锯齿形）、屋面有天窗等设置天沟有困难的情况，以及立面要求比较高的高层建筑、大面积平屋顶建筑、寒冷地区的建筑等不宜在室外设置雨水立管的情况。

1. 内排水系统的组成

内排水系统由雨水斗、连接管、雨水悬吊管、立管、排出管、检查井及雨水埋地管等组成，如图6-3所示。雨水降落到屋面上，沿屋面流入雨水斗，经悬吊管流入排水立管，再经排出管流入雨水检查井，或经埋地干管排至室外雨水管道。

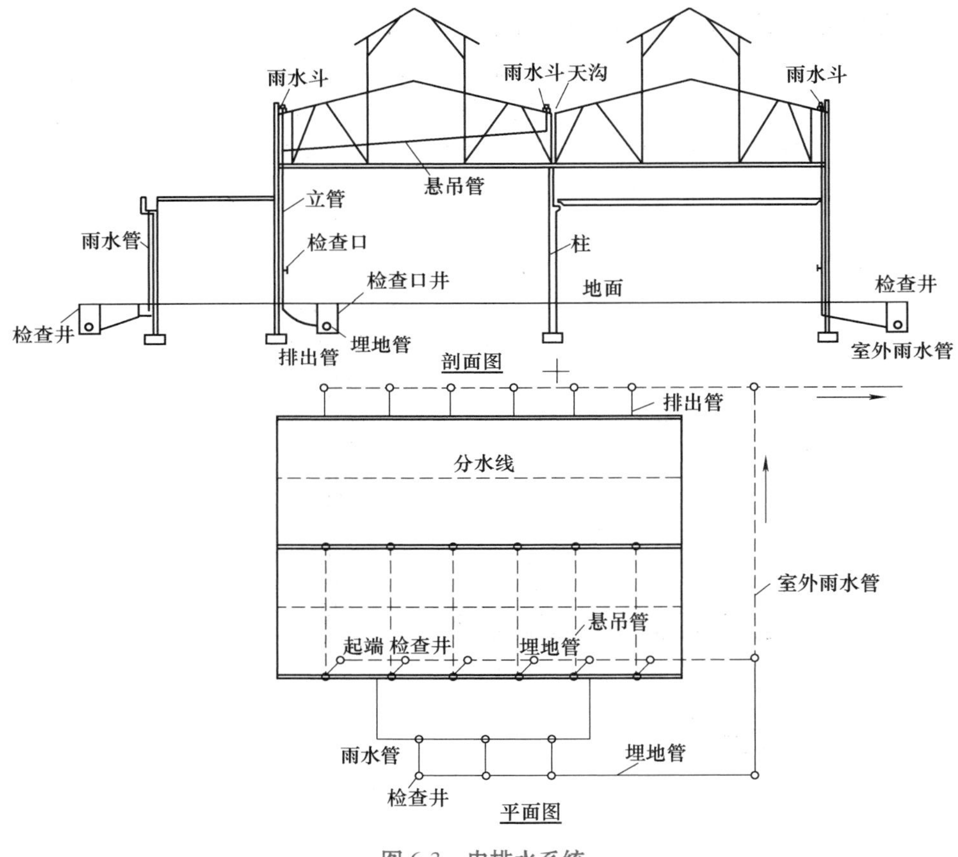

图6-3 内排水系统

2. 内排水系统的分类

1）按每根立管连接的雨水斗数量，可分为单斗雨水排水系统和多斗雨水排水系统。

单斗雨水排水系统：悬吊管上仅连接一个雨水斗的系统。水流状态简单，计算方法较易，采用较普遍。

多斗雨水排水系统：悬吊管上连接一个以上（一般不得多于四个）雨水斗的系统。水流状态复杂，在条件允许的情况下，应尽量采用单斗系统。

2）按雨水排水系统是否与大气相通，可分为密闭系统和敞开系统。

雨水密闭系统：系统中雨水呈密闭状态，水流状态呈压力流，可避免雨水在建筑物内冒溢，不允许生产或生活废水接入。当雨水排泄不畅时，室内不会发生冒水现象。但因其不能接纳生产废水，还需另设生产废水排水系统。为了安全排除雨水，一般宜采用密闭式内排水系统。

雨水敞开系统：系统中雨水管系非密闭，与大气相通，适用于地面为有盖板的明沟和设检查井的雨水埋地管，允许接入少量生产和生活废水的工业厂房，水流状态为重力流。若设计和施工不善，当暴雨发生时，会出现检查井冒水现象，雨水漫流室内地面，造成危害。由于该系统可接纳生产废水，可省去生产废水埋地管。敞开式内排水系统在室内仅设悬吊管而无埋地管，可避免室内地面冒水，但管材耗量大，且悬吊管外壁易结露。

3）按雨水管中水流的设计流态，可分为压力流（虹吸式）雨水系统、重力伴有压流雨水系统和重力无压流雨水系统。

压力流（虹吸式）雨水系统：采用虹吸式雨水斗，管道中呈全充满的压力流状态，屋面雨水的排泄过程是一个虹吸排水过程。工业厂房、库房、公共建筑的大型屋面雨水排水宜采用压力流雨水系统。

重力伴有压流雨水系统：设计水流状态为伴有压流，系统的设计流量、管材、管道布置等考虑了水流压力的作用。

当屋面形式比较复杂、面积比较大时，也可在屋面的不同部位采用几种不同形式的排水系统，即混合式排水系统。如采用内、外排水系统结合，压力、重力排水结合，暗管、明沟结合等系统以满足排水要求。

6.1.3 混合式雨水排水系统

混合式雨水排水系统为内排水与外排水方式相结合的雨水排水系统，用于连跨厂房跨数较多及天沟过长的情况。

当大型工业厂房的屋面形式复杂，各部分工艺要求不同时，单独采用上述两种雨水排除系统不一定能较好地完成雨水排除任务，必须采用几种不同形式的混合排水系统。图6-3所示的右跨为直接外排水系统，左跨低矮的生活建筑采用外排水系统的檐沟外排水方式。该厂房雨水系统是由三种形式组成的混合式排水系统。

6.1.4 屋面雨水排水系统的选择

1. 选择原则

1）屋面雨水排水系统最基本的原则为：迅速、及时地将屋面雨水排至室外。

2）尽量减少和避免非正常排水。即尽量避免雨水从屋面溢流口溢流、从室内地面冒水或屋面冒水。

3）应本着安全、经济的原则选择排水系统。安全指管道不漏水冒水，室内地面不冒水，屋面溢水频率低。经济指满足安全排水的前提下，系统的造价低，寿命长。

2. 雨水排水系统的特点和选择

雨水排水系统的选择，应根据各排水系统的特点，并结合建筑物的类型、屋面结构形式、屋面面积大小、使用要求等，经过技术经济综合考虑后确定。一般应考虑的因素如下。

（1）雨水排水系统的安全性　一般情况下，各雨水排水系统的安全顺序为：密闭系统>敞开系统；外排水系统>内排水系统；87型雨水斗重力流系统>虹吸式压力流系统>堰流式雨水斗重力流系统。

（2）雨水排水系统的经济性　各雨水排水系统的经济性顺序为：虹吸式压力流系统>87型雨水斗重力流系统>堰流式雨水斗重力流系统。

（3）各种雨水排水系统的适用特点　除考虑安全、经济因素外，雨水排水系统的选择主要应根据各雨水排水系统的特点以及该建筑的实际情况综合分析确定。

1）优先考虑外排水，但应先征得建筑师的同意。

2）屋面集水优先考虑天沟形式，雨水斗应设置在天沟内。

3）虹吸式压力流系统适用于大型屋面的库房、工业厂房、公共建筑等。

4）室内不允许冒水的建筑，应选择密闭系统或外排水系统。

5）87型雨水斗系统和虹吸式压力流系统应选择密闭系统。

6）寒冷地区应尽量采用内排水系统。

7）单斗与多斗系统比较，一般情况下优先采用单斗系统。但虹吸式雨水系统悬吊管上接入的雨水斗数量一般不受限制。

在选择雨水排水系统时应注意：严禁屋面雨水接入室内生活污废水系统，或室内生活污废水管道直接与屋面雨水管道连接。

6.2　雨水内排水系统中的水气流动物理现象

6.2.1　单斗雨水排水系统

1. 雨水斗水气流动状态

降雨过程中，随着降雨历时的延长，雨水斗泄流量 Q 与天沟水深 h、管系掺气比 K、雨水斗入口处压力值 p、流量递增时间 t 等诸参数的关系如图6-4所示。掺气比是指进入雨水斗的空气量与雨水量的比值。

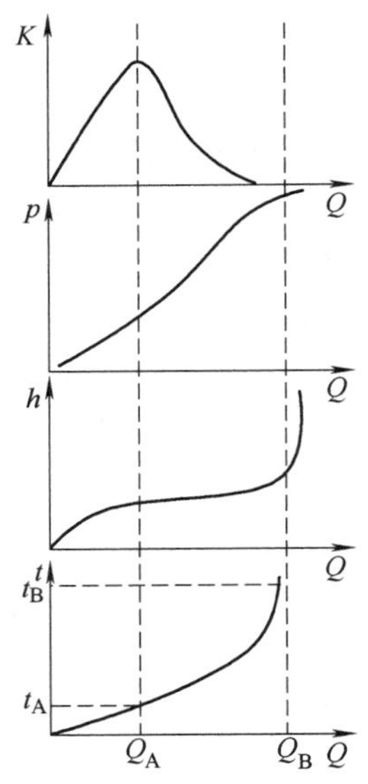

图6-4　雨水斗泄流量与各参数的关系曲线

从 t-Q 曲线可以看出，按降雨历时 t，雨水斗的泄流状态可分为三个阶段：初始阶段（$0 \leqslant t < t_A$）、过渡阶段（$t_A \leqslant t < t_B$）和饱和阶段（$t \geqslant t_B$）。

初始阶段，降雨刚开始，只有少部分汇水面积上的雨水汇集到雨水斗，天沟水位还较浅，雨水斗进气面积较大。随着汇水面积的增加，天沟水深增加较快，雨水斗泄流量也增加较快。在这一阶段，因天沟水深较浅，雨水斗大部分暴露在大气中，进气面积大，而泄流量较小，所以掺气比急剧上升，到 t_A 时达到最大。此时立管内雨水泄流量较小，雨水在连接管内呈附壁流或膜流，管中心空气畅通，管内压力约等于大气压力，雨水主要靠重力排泄，管内流态为气水两相重力流。

过渡阶段，随着汇水面积增加，天沟水位逐渐上升，泄流量由于水深增加而加大，由于

暴雨强度逐渐减小，所以水深增加缓慢，近似呈线性关系。因天沟水位增加，泄流量相应增大，雨水斗进气面积减小，掺气比急剧减小，到 t_B 时为零。因泄流量增加和掺气量减小，管内频繁形成水塞，在管系上部产生抽力，进水口处压力变化剧增，天沟水位剧烈波动，管内压力增加较快。此时属于气水两相重力压力流。

饱和阶段，天沟水深完全淹没雨水斗，掺气量为零，管内满流。因雨水斗安装高度不变，天沟水深增加高度所产生的作用水头不足以克服因流量增加在管壁上产生的摩擦阻力，泄流量增加较小或基本不增加。所以天沟水深急剧上升，泄流由抽力进行，管内变为单相压力流。

通过以上分析可知，天沟雨水经雨水排水系统的雨水斗排泄，其排泄能力取决于天沟位置高度、天沟水位、架空管系的管道摩阻和雨水斗局部阻力，其中主要取决于天沟位置高度。由于天沟位置高度已定，若要增加流量，必须增加水位高度，而天沟水位也不能无限上升，工程上均以10cm为限。

2. 悬吊管的水气流动状态

悬吊管的泄流能力远小于立管，随着天沟水位的变化，悬吊管内出现不同的压力状态。

重力流状态：当天沟水位较浅（$t<t_A$）时，管系泄流能力小，悬吊管内空气畅通，管内水流为非满流的重力流。

气水混合两相流：随着天沟水位增加，管系泄流能力增加，悬吊管内呈壅水状的气水两相流，如立管内形成水塞，立管上部产生负压，形成对悬吊管的抽力，利于雨水的排泄。

压力流状态：当管内达到满流时为压力流。

3. 立管的水气流动状态

立管的泄流能力大于悬吊管和排出管的排泄能力。在初始阶段，立管内为附壁水膜重力流，管内空气畅通，气压变化很小。随着天沟水位增大，管道泄流能力增加，立管和悬吊管的压力变化曲线如图6-5所示，立管内形成水塞，在立管上部形成负压，由于立管的泄流能力远大于悬吊管和雨水斗的排泄能力，所以立管上部形成负压对悬吊管有抽力。在立管的下半部分，因排出管泄流能力小，水气进行剧烈的能量交换，形成完全混合的两相流，降低流速，使立管下部呈现正压。

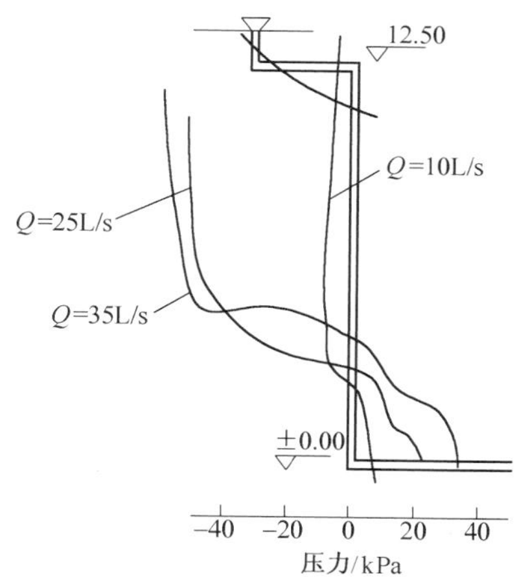

图6-5 单斗雨水排水系统压力变化曲线

图6-5所示是由实测资料绘制的，从中可以看出，悬吊管起端呈正压，悬吊管末端和立管上部呈负压，立管下部呈正压。压力变化曲线近似呈线性关系，其斜率随泄流量增加而减小，零压点随泄流量的增加而上移，满流量时零压点在最高位置。

4. 排出管的水气流动状态

立管中雨水进入有一定坡度的横向排出管后，水流在排出管内经过能量交换，流速降低而水深增加，产生壅水，形成水跃，水流波动剧烈，是使立管下半部分产生正压的主要原因。因排出管较短，坡度较大，一般采用与立管同管径。如果将排出管放大一级，增加过水面积，可减小流速，使水流趋于平稳，减少检查井冒水现象。

5. 埋地管的水气流动状态

高速挟气水流进入密闭系统的埋地管后，流速骤减，其动能的绝大部分用于克服水流沿程阻力和转变为壅水。水中挟带的气体随水流向前运动的同时，受浮力作用做垂直运动扰动水流，使水流掺气现象激烈，导致水流阻力和能量损失增加。

水流在埋地管内向前流动的过程中，水中气泡的能量减小，逐渐从水中分离出来，聚积在管道断面的上部形成气室，对管道内的雨水液面形成一定的压力。此时，水力坡度不仅是管道坡度一项，还有液面压力产生的水力坡度，则水流为水气两相的有压非满流，有助于增大埋地管的排水能力。在敞开系统中，水流进入检查井后，流速减小，动能转化为位能，使水位上升。挟气水流在检查井内上下翻滚，阻扰水流进入下游埋地管。检查井未密封时，气体逸出释放压力，井中水位猛升，检查井中的雨水极易从井口冒出，造成危害。

6.2.2 多斗雨水排水系统

在多斗雨水排水系统中，悬吊管上有多个与大气连通的雨水口，其水流现象远比单斗系统复杂。同一建筑屋面上的降雨是均匀的，若两个雨水斗距离立管的远近不同，即使两个雨水斗的直径和汇水面积都相同，其泄流也是不同的。每个雨水斗的泄流量与悬吊管上雨水斗总个数及其离排水立管的距离有关。图6-6所示为立管高度为4.2m，天沟水深40cm时雨水斗的泄流量（L/s）的实测资料。

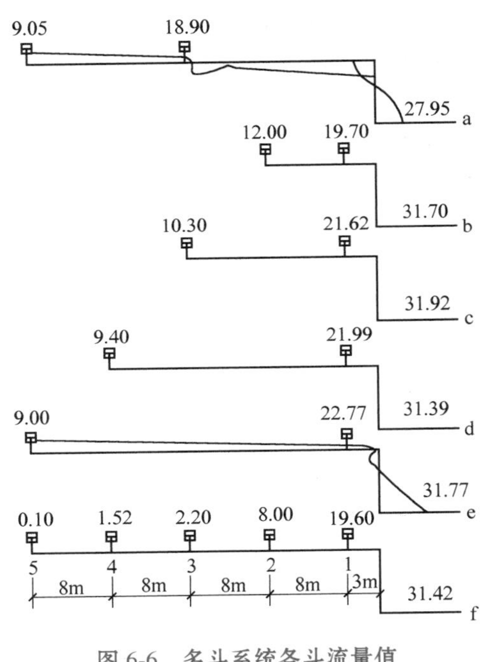

图6-6 多斗系统各斗流量值（L/s）及压力曲线

由图6-6可知，距离立管近的雨水斗泄流能力大，距离立管远的雨水斗泄流能力小。这是因为离立管近的雨水斗受立管内负压的抽吸作用，泄流能力大；而远离立管的雨水斗由于排水流程较长，水流阻力大，还受到近立管处的雨水斗排泄流量的阻挡，泄流能力小。若按等距离布置雨水斗，则可能造成远离立管的雨水斗所承担的屋面面积内的雨水不能及时排泄，雨水斗被淹没，形成淹没流，两个雨水斗之间可能形成压力流，也可能产生天沟溢水现象，而近立管处的雨水斗不会被淹没，泄流时总是掺气，则为气水两相流。

比较图6-6中的b、c、d、e四种情况可知，在一根悬吊管上设两个雨水斗，且近立管的雨水斗至立管距离相等的情况下，管系总的泄流量基本相同。随着一根悬吊管上两个雨水斗间距的增加，近立管雨水斗泄流量逐渐增加，远离立管雨水斗泄流量逐渐减小，但变化幅度不大。这是因为悬吊管增长，沿程阻力增大造成的。

比较图6-6中a和c可知，当两雨水斗间距相等，距离立管不同时，两个雨水斗泄流量比值基本相同（18.9/9.05=2.09，21.62/10.30=2.10）。但两种情况总泄流量不同，雨水

斗离立管越近，总泄流量越大。

从图 6-6f 可以看出，若一根悬吊管上连接两个以上雨水斗时，各雨水斗泄流量变化很大，距离立管越远的雨水斗泄流量越小，距离立管最近的两个雨水斗的泄流量总和已经达到总泄流量的 87.8%，第三个及其以后的雨水斗形同虚设。比较从图 6-6b 与 f 还可以看出，两种情况下，近立管雨水斗泄流量和总泄流量基本相同，从图 6-6f 中其余四个雨水斗泄流量之和（11.82L/s）比从图 6-6b 中远立管雨水斗一个的泄流量（12L/s）还小。

通过以上分析得出结论：

1）一根立管连接两个雨水斗时，宜设两根悬吊管对称布置。

2）一根立管连接四个雨水斗时，宜设两根悬吊管，对称布置，每根悬吊管设两个雨水斗，近斗口径减小一级，近立管雨水斗应尽量靠近立管，以增大系统泄流量，同时两个雨水斗的间距不宜过大。

3）一根悬吊管上的雨水斗不宜超过两个。

6.2.3 压力流雨水排水系统

压力流雨水内排水系统由国外水力学专家在 20 世纪 60 年代末始创，其部件组成与重力流排水系统相似，不同的是该系统采用压力流雨水斗。压力流雨水排水系统由压力流雨水斗、连接管、悬吊管、立管、排出管（虹吸终止管）等组成。该系统的主要原理是通过能分离气水的压力流雨水斗使雨水管处于满流状态，当管中的水呈压力流状态时虹吸作用产生。在降雨过程中，只要雨量达到设计值，管道内呈满流状态，雨水从水平管（悬吊管）转入立管跌落时管道内就会形成负压，产生虹吸作用，使屋面雨水快速排除。故压力流排水系统又称为虹吸流排水系统或满管流排水系统。压力流排水系统较重力流排水系统具有许多优点，如雨水斗设置灵活，且因雨水斗阻尼较小，排水能力增大，雨水斗数量也可减少；单相满管流排水能力大于气水两相流，可减少管道直径和数量，即节省管材；悬吊管不需设置坡度，有利于建筑空间的充分利用；由于排水管道减少，室外雨水检查井数量亦相应减少。图 6-7 所示为法国穆松桥公司研发的压力流屋面排水用雨水斗。

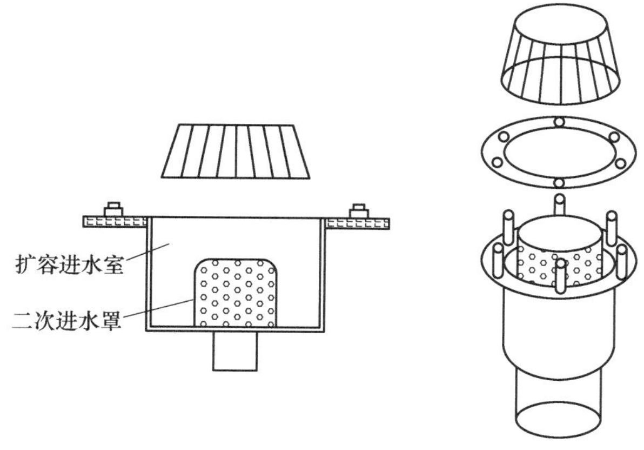

图 6-7　压力流屋面排水用雨水斗

1. 雨水斗水气流动状态

虹吸式雨水斗为下沉式，置于屋面层中，斗内设有带孔隙的整流罩，具有良好的整流功能。降雨过程中，雨水通过格栅盖进入雨水斗后，落入屋面层以下的深斗内，从雨水斗底部排水口流出，在排水口上方水体自然生成漏斗状的立轴旋涡。按力学分析，它是大气压力、地球引力和地球自转切力共同作用的结果。因此，雨水斗前的水深较浅时，旋涡将空气带入排水口，使雨水斗泄流量减少。当雨水斗前的水位上升到一定高度时，旋涡可收缩到很小的程度，排水口不再有渗气现象，排水管处于满流状态。屋面雨水的排水过程是一个虹吸排水过程。

目前，雨水斗的研制目标是在斗前水位尽量低和雨水斗的泄流量尽可能大的条件下，雨水斗的排水管仍保持满管流，使系统在单相流的状态下平稳运行。

2. 悬吊管水气流动状态

压力流雨水排水系统内，管道的压力和水的流动状态是变化的。降雨初期，降雨量较小，悬吊管内的水流状态为有自由表面的波浪流，随着降雨量的增加，管内呈现脉动流，进而出现满管气泡流和满管气水乳化流，随着降雨量继续增加，直至形成水的单相流状态。降雨末期，雨量减少，雨水斗淹没泄流的斗前水位降低到某一定值，雨水斗开始有空气掺入，排水管内的真空被破坏，排水系统从虹吸流工况转向重力流。在降雨的全过程中，悬吊管内的压力和水流状态会随着降雨量的变化而变化。

3. 立管的水气流动状态

立管内的压力和水流状态是变化的。降雨初期，雨水量较小，立管内的水流状态为附壁流，随着降雨量的增加，管内呈现气塞流，进而出现气泡流和气水乳化流，最后形成水的单相流。在大气降水情况下，随降雨强度的变化上述现象会反复出现。因而，压力流雨水排水系统也有二相流存在。

6.3 雨水量的计算

屋面雨水排水系统的设计雨水量按式（6-1）计算

$$q_y = \frac{q_j \psi F}{1000} \tag{6-1}$$

式中 q_y——设计雨水量（L/s）；

q_j——设计暴雨强度［L/s，L/(s·hm^2)］；

ψ——径流系数；

F——汇水面积（m^2）。

（1）设计暴雨强度 q_j 的确定　设计暴雨强度应按当地或相邻地区暴雨强度公式计算确定，具体见室外排水工程设计手册。

设计暴雨强度公式中有两个参数，即设计重现期 P 和屋面集水时间 t。设计重现期应根据建筑物的重要程度、汇水区域性质、地形特点、气象特征等因素确定，各种汇水区域的设计重现期不宜小于表 6-1 所示的规定值，工业建筑应根据生产工艺确定（表 6-2）。

表 6-1　各种汇水区域的设计重现期

汇水区域名称		设计重现期 P/a
室外场地	小区	1~3
	车站、码头、机场的基地	2~5
	下沉式广场、地下车库坡道出入口	5~20
屋面	一般性建筑屋面	2~5
	重要公共建筑屋面	≥10

注：下沉式广场应根据广场的构造、重要程度、短期积水即能引起较严重后果等因素确定。

表 6-2　工业建筑雨水设计重现期

工业企业特点	P/a
1. 生产工艺因素	
生产和机械设备不会因水受损失	0.5
生产可能因水受影响，但机械设备不会因水受损害	1.0
生产不会因水受影响，机械设备可能因水受损害	1.5
生产和机械设备均可能因水受损害	2.0
2. 土建因素	
房屋最低层地板标高低于室外地面标高	0.5
天窗玻璃位于天沟之上低于 10cm	0.5
屋顶各个方面被房屋高出部分紧紧地包围着，妨碍雨水流动	0.5

注：将表中 1、2 两项中有关相应的数值相加，即可求得计算 P 值。

由于屋面面积较小，屋面雨水集流时间较短，又因为我国推导暴雨强度公式实测降雨资料的最小时段为 5min，所以屋面雨水排水管道设计降雨历时应按 5min 计算。

当采用天沟集水且沟檐溢水会流入室内时，暴雨强度应乘以 1.5 的系数。

（2）汇水面积 F　屋面的汇水面积较小，一般以 m^2 计算。屋面都有一定的坡度，汇水面积不是按实际面积而是按水平投影面积计算的。考虑到大风作用下雨水倾斜降落的影响，对于高出屋面的毗邻侧墙，应附加其最大受雨面正投影的一半作为有效汇水面积计算。窗井、贴近高层建筑外墙的地下汽车库出入口坡道应附加其高出部分侧墙面积的 1/2。

（3）雨水径流系数　各种屋面、地面的雨水径流系数可按表 6-3 所示采用。

表 6-3　各种屋面、地面的雨水径流系数

屋面、地面种类	ψ
屋面	0.9~1.0
混凝土和沥青路面	0.9
块石路面	0.6
级配碎石路面	0.45
干砖及碎石路面	0.40
非铺砌地面	0.30
公园绿地	0.15

6.4　普通外排水和天沟外排水设计计算

6.4.1　建筑屋面雨水管道设计流态选择

建筑屋面雨水管道设计流态宜符合下列状态：

1）檐沟外排水宜按重力流设计。檐沟排水常用于多层住宅或建筑体量与之相似的一般民用建筑，其屋顶面积较小，建筑四周排水出路多，立管设置要服从建筑立面美观要求，故宜采用重力流排水。

2）长天沟外排水宜按满管压力流设计。长天沟外排水常用于多跨工业厂房，汇水面积大，厂房内生产工艺要求不允许设置雨水悬吊管，由于外排水立管设置数量少，只有采用压力流排水，方可利用其管系通水能力大的特点，将具有一定重现期的屋面雨水排除。

3）高层建筑屋面雨水排水宜按重力流设计。高层建筑汇水面积较小，采用重力流排水，增加一根立管，便有可能成倍增加屋面的排水重现期，增大雨水管系的宣泄能力。因此，建议采用重力流排水。

4）工业厂房、库房、公共建筑的大型屋面雨水排水宜按满管压力流设计。工业厂房、库房、公共建筑通常汇水面积较大，可敷设立管的地方却较少，只有充分发挥每根立管的作用，方能较好地排除屋面雨水，因此，应积极采用满管压力流排水。

6.4.2　普通外排水设计计算

根据屋面坡向和建筑物立面要求，按经验布置雨水管，划分并计算每根雨水管的汇水面积，按式（6-1）计算每根雨水管需排泄的雨水量 q_y。查表6-4，确定雨水管管径。

表6-4　雨水排水立管最大设计泄流量

管径/mm	75	100	125	150	200
最大设计泄流量/（L/s）	9	19	29	42	75

注：75mm管径立管用于阳台排放雨水。

6.4.3　天沟外排水设计计算

天沟外排水设计计算主要是配合土建要求，设计天沟断面的形式和尺寸。为增大天沟的泄流量，天沟断面形式多采用水力半径大、湿周小的宽而浅的矩形或梯形。为了排水安全可靠，天沟应有不小于100mm的保护高度，天沟起点水深不小于80mm。对于粉尘较多的厂房，考虑到积灰占去部分容积，应适当增大天沟断面，以保证排水畅通。

屋面天沟为明渠排水，天沟水流速度可按明渠均匀流公式计算

$$v = \frac{1}{n}R^{\frac{2}{3}}I^{\frac{1}{2}} \tag{6-2}$$

式中　v——天沟内水流速度（m/s）；

R——水力半径（m）；

I——天沟坡度；

n——天沟粗糙度系数。其值与天沟材料及施工情况有关，各种材料的 n 值见表 6-5。

表 6-5　各种材料的 n 值

天沟壁面材料的种类	n 值
钢管、水力砂浆光滑水槽	0.012
铸铁管、陶土管、水力砂浆抹面混凝土槽	0.012～0.013
混凝土和钢筋混凝土槽	0.013～0.014
无抹面的混凝土槽	0.014～0.017
喷浆护面的混凝土槽	0.016～0.021
表面不整齐的混凝土槽	0.020
豆砂沥青玛蹄脂护面的混凝土槽	0.025

天沟设计计算有以下两种情况：

1）土建专业根据屋面结构要求，已确定天沟的形式和断面，需要校核天沟的泄流能力。其设计计算步骤如下：

a. 确定屋面分水线，计算每条天沟的汇水面积 F。

b. 计算天沟过水断面面积 ω。

c. 利用式（6-2）计算天沟水流速度 v。

d. 求天沟允许的泄流量 Q_T。

e. 确定设计重现期 P，计算 5min 暴雨强度 q_5。

f. 利用式（6-1）计算汇水面积 F 上的雨水量 q_y。

g. 比较 q_y 和 Q_T，如果 $Q_T \geqslant q_y$，满足要求；否则需调整尺寸。

h. 根据雨水量 q_y，查表 6-4 确定立管管径。

2）在天沟长度、暴雨重现期已确定的情况下，计算确定天沟形式和断面尺寸，提交给土建专业。其设计计算步骤为：

a. 确定屋面分水线，计算每条天沟的汇水面积 F。

b. 根据暴雨强度设计重现期 P，计算 5min 暴雨强度 q_5。

c. 利用式（6-1）计算汇水面积 F 上的雨水量 q_y。

d. 初步确定天沟形式和断面尺寸。

e. 计算天沟泄流量 $Q_T = \omega v$。

f. 比较 q_y 和 Q_T，如果 $Q_T \geqslant q_y$，满足要求；否则应增加天沟的宽度或深度，重复 e 和 f 步骤，直至满足要求。

g. 根据雨水量 q_y，查表 6-4 确定立管管径。

【例 6-1】　某车间全长 94m，利用拱形屋架及大型屋面板构成天沟，天沟为矩形，沟宽 $B=0.35$m，积水深度 $H=0.15$m，天沟坡度 $I=0.006$，天沟采用表面铺设豆砂，$n=0.025$，屋面径流系数 $\psi=1.0$，天沟平面布置如图 6-8 所示。当地 5min 暴雨强度见表 6-6，验证天沟设计是否合理。

表 6-6　5min 暴雨强度

设计重现期/a	1	2	3
q_5/［L/（s·10m²）］	124	179	211

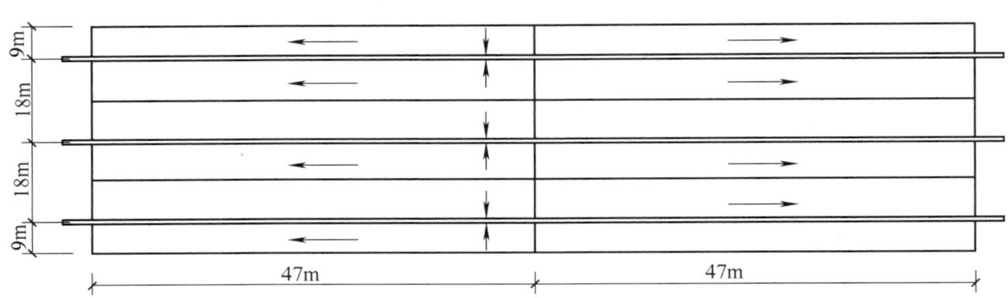

图 6-8　天沟平面布置

【解】（1）天沟过水断面面积

$$\omega = BH = 0.35 \times 0.15\text{m}^2 = 0.0525\text{m}^2$$

（2）天沟水流速度

$$v = \frac{1}{n} R^{\frac{2}{3}} I^{\frac{1}{2}}$$

其中

$$R = \frac{\omega}{B+2H} = \frac{0.0525}{0.35+2\times0.15}\text{m} = 0.081\text{m}$$

$$v = \frac{1}{0.025} \times 0.081^{\frac{2}{3}} \times 0.006^{\frac{1}{2}}\text{m/s} = 0.58\text{m/s}$$

（3）天沟允许泄流量

$$Q_\text{T} = \omega v = 0.0525 \times 0.58\text{m}^3/\text{s} = 0.03045\text{m}^3/\text{s} = 30.45\text{L/s}$$

（4）每条天沟汇水面积

$$F = 47 \times 18\text{m}^2 = 846\text{m}^2$$

（5）汇水面积 F 上的雨水设计流量

设计重现期为 1 年时　$q_{y1} = \psi \dfrac{Fq_5}{10000} = \dfrac{1.0\times846\times124}{10000}\text{L/s} = 10.49\text{L/s}$

设计重现期为 2 年时　$q_{y2} = \psi \dfrac{Fq_5}{10000} = \dfrac{1.0\times846\times179}{10000}\text{L/s} = 15.14\text{L/s}$

设计重现期为 3 年时　$q_{y3} = \psi \dfrac{Fq_5}{10000} = \dfrac{1.0\times846\times211}{10000}\text{L/s} = 17.85\text{L/s}$

比较 q_y 与 Q_T 可知，设计的天沟可以满足设计重现期为 3 年时的雨水量。

（6）确定管径　查表 6-4，选用立管管径为 $DN=150\text{mm}$，$Q_{\max}=42\text{L/s}>30.45\text{L/s}$，满足要求。

6.5 内排水系统设计计算

6.5.1 内排水系统的布置与敷设

1. 雨水斗

雨水斗是一种专用装置，设置在屋面雨水由天沟进入雨水管道的入口处。雨水斗有整流格栅装置，其主要作用是能迅速排除屋面雨水；对进水具有整流、导流作用，避免形成过大的旋涡，稳定斗前水位，减少掺气；同时具有拦截杂物和便于清通等作用。目前国内常用的雨水斗有65型雨水斗、79型雨水斗、87型雨水斗、虹吸雨水斗等，有75mm、100mm、150mm和200mm等多种规格。根据屋面形式与安装位置分为用于厂房天沟或无人活动平屋面的立箅式、用于屋顶花园或阳台的平箅式和用于侧壁排水的侧箅式。

内排水系统在布置雨水斗时，应以伸缩缝或沉降缝和防火墙作为天沟分水线，各自自成排水系统，否则应在该缝两侧各设一个雨水斗。当分水线两侧两个雨水斗需连接在同一根立管或悬吊管上时，应采用伸缩接头并保证密封不漏水。防火墙处设置雨水斗时，防火墙两侧应各设一个雨水斗。雨水斗的间距应根据计算确定，还应考虑建筑物的结构特点，如柱子的布置等，一般可采用12~24m，天沟的坡度可采用0.003~0.006。

多斗雨水排水系统的雨水斗宜在立管两侧对称布置，其排水连接管应接至悬吊管上。悬吊管上的雨水斗不得多于4个，且雨水斗不得在立管顶端接入。当两个雨水斗连接在同一根悬吊管上时，应将靠近立管的雨水斗口径减小一级。接入同一立管的雨水斗，其安装高度宜在同一标高层。

虹吸式雨水斗应设置在天沟或檐沟内，天沟的宽度和深度应按雨水斗的要求确定，一般沟的宽度不小于550mm，沟的深度不小于300mm。一个计算汇水面积内，不论其面积大小，均应设置不少于两个雨水斗，而且雨水斗之间的距离不应大于20m。屋面汇水最低处应至少设置一个雨水斗。一个排水系统上设置的所有雨水斗，其进水口应在同一水平面上。当屋面为弧形或抛物线形屋面时，其天沟不在同一水平面上，宜在等高线和汇水分区的最低处集中设置多个雨水斗，按不同水平面上的雨水斗分别设置单独的立管。

2. 连接管

连接管是连接雨水斗和悬吊管的一段竖向短管。连接管应牢固固定在建筑物的承重结构上，下端用45°斜三通与悬吊管相连，其管径一般与雨水斗短管同径，但不宜小于100mm。

3. 悬吊管

悬吊管连接雨水斗和排水立管，是雨水内排水系统中架空布置的横向管道。悬吊管一般沿梁或屋架下弦布置，其管径不得小于雨水斗连接管，当沿屋架悬吊时，其管径不得大于300mm。悬吊管长度大于15m时，为便于检修，在靠近柱、墙的地方应设检查口或带法兰盘的三通管，其间距不得大于20m。重力流雨水排水系统的悬吊管管道充满度不大于0.8，敷设坡度不得小于0.005，以利于流动且便于清通。虹吸式雨水排水系统的悬吊管，原则上不需要设置坡度，但由于大部分时间悬吊管内可能处于非满流排水状态，宜设置不小于0.003的坡度，以便管道泄空。

悬吊管与立管连接应采用45°三通或90°斜三通。

悬吊管一般可采用钢管或铸铁管。如管道可能受到振动或生产工艺有特殊要求，应采用钢管。

对于一些重要的厂房，不允许室内检查井冒水，不能设置埋地横管时，必须设置悬吊管。在精密机械设备和遇水会产生危害的产品及原料的上空，不得设置悬吊管，否则应采取预防措施。

4. 立管

雨水立管接纳雨水斗或悬吊管中的雨水，与排出管连接。

立管管径不得小于与其连接的悬吊管管径，立管管材与悬吊管相同。

立管宜沿墙、柱明装，在民用建筑内，一般设在楼梯间、管道井、走廊等处，不得设置在居住房间内。

为避免排水立管发生故障时，屋面雨水排水系统瘫痪，设计时，建筑屋面各个汇水范围内，雨水排水立管不宜少于两根。

5. 排出管

排出管是立管与检查井间的一段有较大坡度的横向管道，考虑到降雨过程中常常有超过重现期的雨量或水流掺气占去一部分容积，所以雨水排出管设计时，要留有一定的余地。

排出管管径不得小于立管管径。排出管出口的下游排水管宜采用管顶平接法，且水流转角不得小于135°。

6. 埋地管

埋地管敷设在室内地下，承接立管的雨水并将其排至室外雨水管道。

埋地管最小管径为200mm，最大管径不超过600mm。其管材一般采用非金属管如混凝土管、钢筋混凝土管、UPVC管、陶土管等，管道坡度按生产废水管道最小坡度计算。

7. 附属构筑物

常见的附属构筑物有检查井、检查口和排气井，用于雨水排水系统的检修、清扫和排气。检查井适用于敞开式内排水系统，设置在排出管与埋地管连接处，埋地管转弯、变径及长度超过30m的直线管路上。检查井井深不小于0.7m，井内采用管顶平接，水流转角不小于135°，井底设高流槽，流槽应高出管顶200mm。排出管先接入排气井（图6-9），水流稳定后再进入检查井。

6.5.2　重力流内排水系统设计计算

内排水系统设计计算包括选择布置雨水斗，布置并计算确定连接管、悬吊管、立管、排出管和埋地管的管径。为简化计算过程，可将雨水斗和雨水管道的最大允许泄流量换算成不同小时降雨厚度 h_5 情况下的最大允许汇水面积。由式（6-1）可得

$$F = \frac{3600}{h_5} \cdot \frac{Q}{\psi} \tag{6-3}$$

式中　F——最大允许汇水面积（m^2）；

Q——最大允许泄流量（L/s）。

排入敞开式雨水排水系统的生产废水量，当大于5%的雨水设计流量时，应以雨水量和生产废水量之和来确定雨水管管径，这时可用式（6-3）将生产废水量 Q_l 换算成当量汇水面积 F。

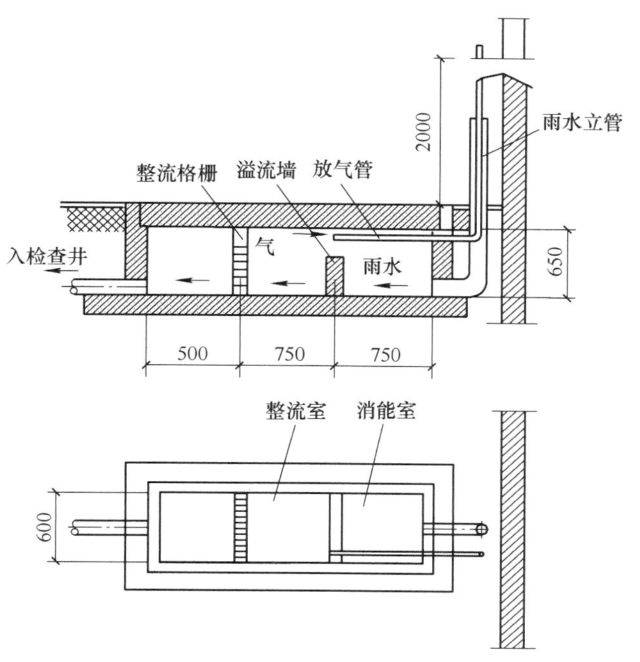

图 6-9　排气井

1. 雨水斗

雨水斗是控制屋面雨水排水状态的重要设备，应根据建筑物的具体情况、雨水排水特征、设计排水流态等选择雨水斗。雨水斗的宣泄流量与雨水斗的斗前水深有很大关系，斗前水深越大，则泄流量越大。斗前水深一般不超过 100mm。表 6-7 是斗前水深为 83.7mm 时，一个雨水斗的最大泄流量。利用式（6-3）和表 6-7 计算不同小时降雨厚度 h_5 时的雨水斗最大允许汇水面积，见附录 6A 中表6A-1。

表 6-7　斗前水深为 83.7mm 时一个雨水斗的最大允许泄流量　　（单位：L/s）

DN/mm	75	100	125	150	200
单斗系统	9.5	15.5	22.5	31.5	51.5
多斗系统	7	12	18	26	39

在设计时，应根据屋面坡向和建筑物内部墙、梁、柱的位置，合理布置雨水斗，计算每个雨水斗的汇水面积，根据当地的 5min 降雨厚度 h_5，查附录 6A 中表 6A-1 确定雨水斗的直径。

2. 连接管

连接管管径一般与雨水斗相同，直接选用，但不得小于 100mm。

3. 悬吊管

重力流屋面雨水排水系统悬吊管的泄流量与连接的雨水斗个数、管道坡度、管道长度等因素有关。当 5min 小时降雨厚度 $h_5 = 100\text{mm/h}$ 时，多斗系统悬吊管最大允许汇水面积见附录6A中表6A-2。单斗系统悬吊管泄流能力比同样条件下的多斗系统增加20%左右。在设计中先计算出悬吊管的汇水面积 F，再查附录6A中表6A-2确定悬吊管管径和坡度。

当该地5min小时降雨厚度 $h_5 \neq 100\text{mm/h}$ 时，应按式（6-4）将汇水面积 F 换算成 $h_5 = 100\text{mm/h}$ 的汇水面积后再查附录6A中表6A-2确定悬吊管的管径和坡度。

$$F_{100} = h_5 F/100 \tag{6-4}$$

式中　F_{100}——相当于 $h_5 = 100\text{mm/h}$ 的汇水面积（m^2）；

h_5——该地5min小时降雨厚度（mm/h）；

F——相当于 $k_1 = 1$ 时的汇水面积（m^2）。

4. 立管

立管连接一根悬吊管时，因立管管径不得小于悬吊管管径，所以立管管径与悬吊管管径相同，其泄流量还应满足表6-4的要求。当一根立管连接两根悬吊管时，应先计算立管的汇水面积 F，再根据5min小时降雨厚度 h_5，查附录6A中表6A-3“立管最大汇水面积表”确定管径。

5. 排出管

排出管管径一般与立管管径相同，但如果为了改善整个雨水排水系统的泄流能力，排出管也可比立管放大1级管径。

6. 埋地管

为排水通畅，埋地管坡度不小于0.003。敞开式内排水系统按非满流设计，其最大允许充满度在管径小于或等于300mm时为0.50；管径350~450mm时为0.65；管径大于或等于500mm时为0.80。密闭式内排水系统按满流计算。以上两种系统的埋地管最大允许汇水面积分别见附录6A中表6A-4和表6A-5。埋地管计算方法和步骤与悬吊管相同。

【例6-2】　某工业厂房雨水内排水系统如图6-10所示，悬吊管对称布置，每根悬吊管连接2个雨水斗，每个雨水斗的实际汇水面积为478m²。设计重现期为1年，屋面径流系数 $\psi = 1$，该地5min小时降雨厚度 $h_5 = 60\text{mm/h}$。采用密闭式排水系统，计算确定各管段管径。

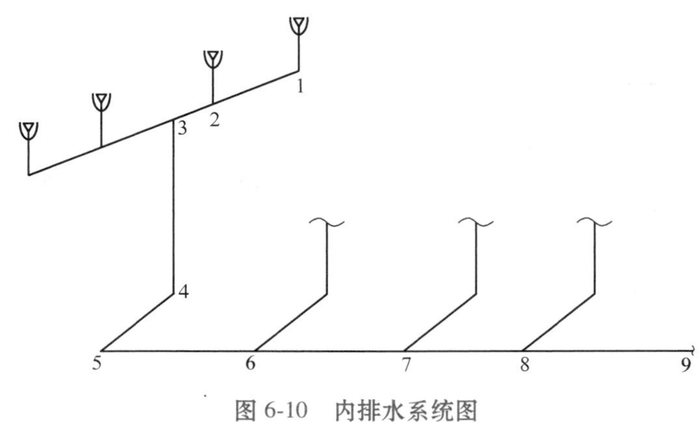

图6-10　内排水系统图

【解】　（1）求每个雨水斗相当于 $h_5 = 100\text{mm/h}$ 时的汇水面积 F_{100}

$$F_{100} = h_5 F/100 = 60 \times 478/100\text{m}^2 = 286.80\text{m}^2$$

（2）选择雨水斗　查附录6A中表6A-1的多斗系统，$h_5=60$mm/h，选用$DN=75$mm的雨水斗。

（3）连接管管径　连接管管径与雨水斗直径相同，$DN=75$mm。

（4）悬吊管管径　为排水通畅，悬吊管坡度取0.010，管段1~2折算汇水面积为286.80m^2，查附录6A中表6A-2，$DN=150$mm（182m^2<286.80m^2<536m^2）；管段2~3折算汇水面积为286.80×2m^2=573.6m^2，查附录6A中表6A-2，$DN=200$mm（536m^2<573.6m^2<1156m^2）。

（5）立管管径　立管汇水面积为478×4m^2=1912m^2，查附录6A中表6A-3，$h_5=60$mm/h时，$DN=150$mm，流量满足要求（1140m^2<1912m^2<2520m^2），但不满足立管管径不小于悬吊管管径的要求。因此，取立管管径为$DN=200$mm。

（6）排出管管径　排出管管径与立管管径相同$DN=200$mm。排出管折算汇水面积F_{100}=573.6×2m^2=1147.2m^2，查附录6A中表6A-5，当排出管管径取$DN=200$mm时，只要坡度大于0.012，就可以满足要求（1147.2m^2<1200m^2）。

（7）埋地管管径　埋地管坡度取0.006，查附录6A中表6A-5（密闭系统），计算结果见表6-8。

表6-8　埋地管计算表

管段编号	F_{100}/m^2	坡度	管径/mm	最大允许汇水面积/m^2
5-6	1147.2	0.006	250	1539
6-7	2294.4	0.006	300	2503
7-8	3441.6	0.006	350	3777
8-9	4588.8	0.006	400	5392

6.5.3　虹吸式屋面雨水排水系统设计计算

虹吸式屋面雨水排水系统按压力流进行计算，应充分利用系统提供的可利用水头，以满足流速和水头损失允许值的要求。水力计算的目的是合理确定管径，降低造价，使系统各节点由不同支路计算的压力差限定在一定的范围内，保证系统安全、可靠、正常地工作。

1. 压力流雨水斗的计算特性

（1）雨水斗的额定流量　表6-9列出了几种压力流（虹吸式）雨水斗的额定流量和斗前水深，表中列出的斗前水深，对于不同形式的雨水斗的含义是不同的。排水状态为自由堰的雨水斗，斗前水深小于给定值时才能保证系统在重力流状态下工作；对于压力流（虹吸式）雨水斗，表中给出的是在额定流量下相应的斗前水位，斗前水位增加，雨水斗淹没泄流增加，斗前水位减少，泄流量减少。虹吸形成时雨水斗的斗前水位比额定流量下的斗前水位小得多，以YT50A雨水斗为例，当泄流量为6 L/s时，相应斗前水深为45mm，虹吸形成时的斗前水深约为15mm。斗前水深大于或小于额定流量下淹没深度相应值的一定范围内，雨水斗都可正常工作。

表 6-9 雨水斗的额定流量与斗前水深

雨水斗型号、规格	压力流（虹吸式）雨水斗		
	*DN*50	*DN*75	*DN*100
额定流量/（L/s）	6.0	12.0	25.0
斗前水深/mm	45	70	
排水状态	淹没泄流		

（2）额定流量下雨水斗的水头损失与局部阻力系数 雨水斗的局部阻力系数因雨水斗的结构、尺寸、材质不同而有所差别。国产的虹吸式雨水斗的局部阻力系数见表 6-10。

表 6-10 国产虹吸式雨水斗的局部阻力系数

雨水斗型号	YT150	YG50	YT75	YG75	YG100
局部阻力系数	1.3	1.3	2.4	2.4	5.6①

① 为设计值，其他为实测值。

2. 水力计算公式

（1）沿程压力损失 虹吸式雨水排水系统一般使用内壁喷塑柔性排水承压铸铁管或钢塑复合管及承压塑料管等，其沿程压力损失的计算方法一般采用达西公式和汉森-威廉姆斯公式（6-5），建议采用第二种，即

$$i=\frac{11785q_{y}{}^{1.85}\times10^{6}}{C^{1.85}d_{j}{}^{4.87}} \tag{6-5}$$

式中 i——单位长度压力损失（mH_2O/m，$1\ mH_2O=9.8kPa$）；

q_y——流量（L/s）；

d_j——计算内径（mm）；

C——管道材质系数（铸铁管 $C=100$，钢管 $C=120$，塑料管 $C=140\sim150$）。

（2）局部阻力损失 局部阻力损失用当量长度或局部阻力系数计算。虹吸式屋面雨水排水系统管道的局部阻力损失系数参见表 6-11。

表 6-11 局部阻力损失系数

管件名称	内壁涂塑铸铁管或钢管	塑料管
90°弯头	0.8	1
45°弯头	0.3	0.4
干管上斜三通	0.5	0.35
支管上斜三通	1	1.2
转变为重力流处出口	1.8	1.8
压力流（虹吸式）雨水斗	厂商提供	

3. 水力计算方法步骤

1）确认当地气象资料，如降雨强度和重现期。

2）计算排水屋面的水平投影面积和汇水面积。

3）计算各汇水面积的降雨量。

4）确定压力流雨水斗的规格和额定流量，计算各汇水面积需要雨水斗的数量。

5）确定雨水斗、悬吊管、立管和排出管（接至室外窨井）的平面和空间位置。

6）绘制水力计算管系图。

7）确定节点和管段，为各节点和管段编号。

8）确定总高度和管道总长度。估算局部阻力损失当量长度，铸铁管为管道长度的 0.2；塑料管为管道长度的 0.6。

9）求每米管长允许的压力损失，$i=H/(1.2\sim1.6)L$ 。

10）查诺模图估算各管段管径。

11）确定水位高度，h_1 斗前水位高度，h_2 屋面或大沟底至立管顶点（转折点）的高度，H 斗前水位至立管出口（非满流处）的高度。

12）进行系统的水力计算：计算各管段的沿程损失和局部阻力损失，管段流速、各节点的压力。计算结果应符合验证规定的要求，否则调整管径或系统后复算，达到要求为止。

4. 虹吸式雨水排水系统水力计算应符合的一些规定

为了保障虹吸式雨水排水系统能够维持正常的压力流排水状态，压力流雨水排水系统应符合以下规定：

1）无天沟的平屋面宜采用 *DN*50 型压力流雨水斗；同一悬吊管上接入的雨水斗应采用同一规格，其进水口应在同一水平面上。

2）悬吊管与雨水斗出口的高差应大于 1.0m；雨水排水管道中的总水头损失与流出水头之和不得大于雨水管进出口的几何高差。

3）管道的最小设计流速不小于 1m/s ，立管设计流速宜小于 6m/s，最大不宜大于 10m/s，立管底部接至室外窨井的排出管管内流速不宜大于 1.5m/s。

4）排水系统的总水头损失应小于雨水斗斗前水位与系统出口的高差。悬吊管与立管交点（转折点）处的最大负压值，对于金属管道不得大于 80kPa；对于塑料管道应视产品的力学性能而定，但不得大于 70kPa。

附　录　6A

表 6A-1　$\psi=1$ 时雨水斗最大汇水面积　（单位：m^2）

系统形式	雨水斗直径/mm	小时降雨厚度 h/(mm/h)											
		50	60	70	80	90	100	110	120	140	160	180	200
单斗系统	75	684	570	489	428	380	342	311	285	244	214	190	171
	100	1116	930	797	698	620	558	507	465	399	349	310	279
	150	2268	1890	1620	1418	1260	1134	1031	945	810	709	630	567
	200	3708	3090	2647	2318	2060	1854	1685	1545	1324	1159	1030	927
多斗系统	75	569	474	406	356	316	284	259	237	203	178	158	142
	100	929	774	663	581	516	464	422	387	332	290	258	232
	150	1865	1554	1331	1166	1036	932	847	777	666	583	518	466
	200	2822	2352	2016	1764	1568	1411	1283	1176	1008	882	784	706

表 6A-2 $\psi=1$，$h_5=100\text{mm/h}$ 时多斗悬吊管最大允许汇水面积 （单位：m^2）

坡度	管径/(mm) $h/D=0.8$					
	75	100	150	200	250	300
0.005	60	129	379	817	1480	2408
0.006	65	141	415	896	1621	2638
0.007	71	152	449	967	1751	2849
0.008	75	163	480	1034	1872	3046
0.009	80	172	509	1097	1986	3231
0.010	84	182	536	1156	2093	3406
0.012	92	199	587	1266	2293	3731
0.014	100	215	634	1368	2477	4030
0.016	107	230	678	1462	2648	4308
0.018	113	244	719	1551	2800	4569
0.020	119	257	758	1635	2960	4816
0.022	125	270	795	1715	3105	5052
0.024	131	281	831	1791	3243	5276
0.026	136	293	865	1864	3375	5492
0.028	141	304	897	1935	3503	5699
0.030	146	315	929	2002	3626	5899

表 6A-3 $\psi=1$ 时立管最大汇水面积 （单位：m^2）

h_5/(mm/h)	管径/mm			h_5/(mm/h)	管径/mm		
	100	150	200		100	150	200
50	1368	3024	5625	110	624	1373	2452
60	1140	2520	4500	120	570	1260	2250
70	976	2158	3855	140	488	1079	1927
80	855	1890	3375	160	427	945	1687
90	760	1680	3000	180	380	840	1500
100	684	1512	2700	200	342	756	1350

表 6A-4 $\psi=1$，$h_5=100\text{mm/h}$ 时敞开系统埋地管最大允许汇水面积 （单位：m^2）

坡度	管径/mm									
	$h/D=0.50$				$h/D=0.65$			$h/D=0.80$		
	150	200	250	300	350	400	450	500	550	600
0.003	139	300	544	885	2020	2884	3948	6757	8713	10989
0.004	161	346	628	1022	2332	3330	4559	7803	10061	12688

（续）

坡度	管径/mm									
	$h/D=0.50$				$h/D=0.65$			$h/D=0.80$		
	150	200	250	300	350	400	450	500	550	600
0.005	180	387	702	1143	2607	3723	5097	8724	11248	14186
0.006	197	424	770	1252	2856	4078	5583	9556	12322	15540
0.007	213	458	831	1352	3085	4405	6031	10322	13309	16786
0.008	227	490	888	1445	3292	4709	6447	11035	14229	17944
0.009	241	520	942	1533	3498	4995	6838	11705	15091	19033
0.010	254	548	993	1616	3688	5265	7209	12337	15908	20063
0.012	279	600	1088	1770	4040	5768	7896	13515	17426	21978
0.014	301	648	1176	1912	4363	6230	8529	14598	18822	23738
0.016	322	693	1257	2044	4665	6660	9118	15606	20122	25377
0.018	341	735	1333	2168	4948	7065	9671	16553	21343	26917
0.020	360	775	1405	2285	5216	7446	10195	17448	22497	28373
0.025	402	866	1571	2555	5831	8326	11398	19508	25153	—
0.030	441	949	1721	2799	6388	9120	12486	21369	—	—

表 6A-5 $\psi=1$，$h_5=100\text{mm/h}$ 时密闭系统埋地管最大允许汇水面积 （单位：m^2）

坡度	管径/mm									
	150	200	250	300	350	400	450	500	550	600
0.003	279	600	1089	1770	2634	3813	5220	6912	8914	11242
0.004	321	693	1259	2044	3083	4403	6027	7983	10293	12981
0.005	360	775	1405	2285	3448	4922	6739	8925	11508	14513
0.006	394	849	1539	2503	3777	5392	7382	9777	12606	15899
0.007	425	917	1663	2704	4079	5824	7974	10550	13616	17172
0.008	255	980	1778	2891	4361	6226	8524	11289	14556	18358
0.009	483	1040	1886	3066	4626	6604	9041	11974	15440	19472
0.010	509	1096	1987	3232	4876	6961	9530	12322	16275	20525
0.012	557	1200	2177	3540	5341	7626	10440	13827	17827	22484
0.014	602	1297	2352	3846	5769	8237	11277	13934	19257	24286
0.016	644	1386	2514	4088	6167	8805	12055	15966	20586	25962
0.018	682	1470	2667	4336	6541	9340	12786	16934	21835	27537
0.020	720	1550	2811	4571	6895	9845	13478	17850	23016	29027
0.025	804	1733	3143	5111	7709	11007	15069	19958	25733	—
0.030	881	1899	3443	5599	8445	12057	16507	21862	—	—

思考题与习题

1. 简述天沟外排水设计计算步骤（属于设计内容）。
2. 简述天沟外排水设计计算步骤（属于校核内容）。
3. 在什么情况下采用内排水系统排放雨水?
4. 如何计算雨水量?
5. 屋面雨水排除方式有哪些?
6. 建筑屋面雨水管道设计宜采用什么流态?

第 7 章

建筑内部热水供应系统

学习重点：

①室内热水供应系统的分类和组成；②室内热水供应系统的供水方式；③热水供应系统的加热设备及其性能特点；④热水供应系统中的主要附件及作用；⑤高层建筑热水供应系统的供水方式。

7.1 热水供应系统的分类和组成

7.1.1 热水供应系统的分类

建筑内部热水供应系统的分类方法很多，常按热水供应的范围进行分类。

1. 局部热水供应系统

局部热水供应系统是指供给单个或数个配水点所需热水的供应系统。局部热水供应的范围较小，热水分散制备。一般靠近用水点设置小型加热设备供一个或几个配水点使用。其特点是：热水管路短，热损失小；设备、系统简单，造价低；方便、灵活；便于改建、增建；但小型加热设备热效率低，制水成本高；每个用水点均需设置加热装置，占用建筑物总面积大。适用于使用要求不高、用水点少而分散的建筑，如建筑内的餐厅、理发店、洗衣房、浴室等的热水供应。其热源宜采用蒸汽、煤气、炉灶余热或太阳能等。

2. 集中热水供应系统

集中热水供应系统是指供给一幢（不含单幢别墅）或数幢建筑物所需热水的系统。集中热水供应的范围较大，热水集中制备，用管道输送到各配水点。一般在建筑内设专用锅炉房或热交换间，由加热设备将水加热后，供一幢或几幢建筑使用。其特点是：加热设备集中设置，便于维护管理；加热设备热效率高，制水成本低；每个用水点无须设置加热装置，占用建筑物总面积小；使用舒适；但设备、系统较复杂，建筑投资较大；热水管路长，热损失大；不便于改建、增建。适用于使用要求高、耗热量大、用水点多且分布较密集的建筑，如宾馆的客房、餐厅、洗衣房、浴室全部可供热水，类似数栋建筑内的热水供应以及建筑小区的热水供应。集中式热水供应系统如图 7-1 所示。其热源在条件允许时应首先利用工业余热、废热、地热和太阳能；当无上述可利用热源时，应优先采用能保证全年供暖的城市热力管网或区域性锅炉房供暖，选用以上热源时建筑内可不设专用锅炉房，既可节约能源，又可减少环境污染。

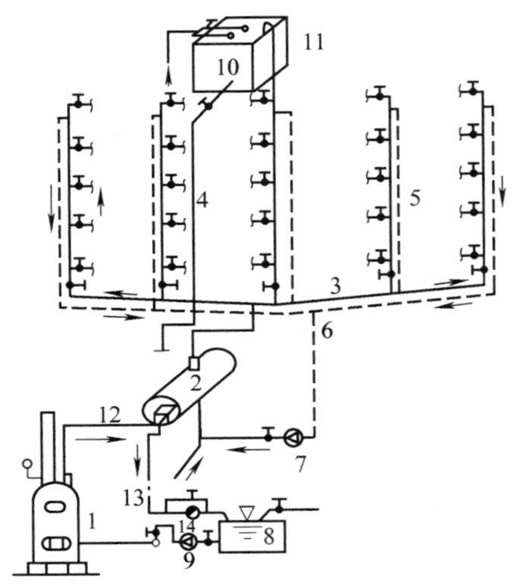

图 7-1 集中式热水供应系统

1—蒸汽锅炉 2—换热器 3—配水干管 4—配水立管 5—回水立管 6—回水干管 7—回水泵 8—凝水箱 9—凝水泵 10—给水箱 11—透气管 12—蒸汽管 13—凝水管 14—疏水器

7.1.2 热水供应系统的组成

热水供应系统的组成因建筑类型和规模、热源情况、用水情况、加热设备和贮存情况、建筑对美观和安静的要求等不同情况而异。无论何种建筑热水供应系统，均由热媒部分和热水供应部分及相应的附件组成，如图 7-1 所示。

1. 热媒部分（第一循环系统）

热媒是热传递载体，常为热水、蒸汽、烟气、太阳能、地热等。

热媒系统由热源、水加热器和热媒管网组成。其中，输热媒管道系统又称第一循环系统。

热媒部分起发热、输热、换热等作用。常见的发热设备有锅炉、太阳能热水器、电加热器等，以锅炉（蒸汽锅炉、热水锅炉）为热媒的热媒系统如图 7-2 所示。

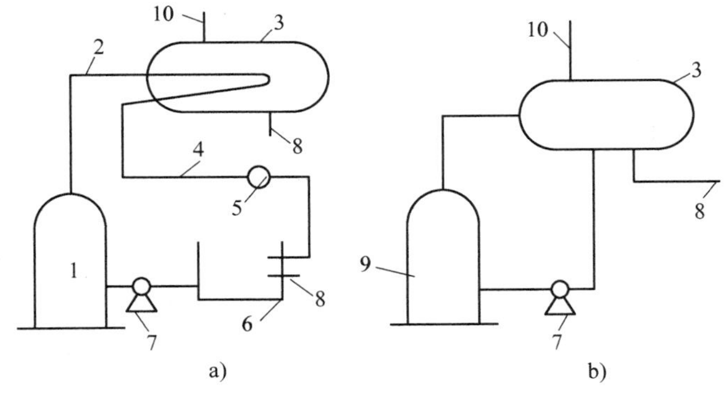

图 7-2 热媒系统

a）蒸汽热媒部分 b）热水热媒部分

1—蒸汽锅炉 2—蒸汽管 3—换热器 4—凝水管 5—疏水器 6—凝水箱 7—水泵 8—冷水管 9—热水锅炉 10—输热水管

2. 热水供应部分（第二循环系统）

集中热水供应系统中，水加热器或热水贮水器与热水配水点之间组成的热水循环系统称为第二循环系统。

冷水进入换热器进行加热后从换热器出来变成热水，并在供热水管道、热水循环管道内进行输配和循环。热水供应部分主要包括换热器、供热水管道、循环加热管道、供冷水管道等。

3. 附件

附件包括蒸汽、热水的控制附件及管道的连接附件，如温度自动调节器、疏水器、减压阀、安全阀、膨胀罐、管道补偿器、闸阀、水嘴、止回阀等。

7.2　热水供水方式

7.2.1　按管网工作压力工况的特点分类

1. 开式热水供水方式

在所有配水点关闭后，系统内的水仍与大气相通。该方式一般是在管网顶部设有水箱，管网与大气连通，系统内的水压仅取决于水箱的设置高度，而不受室外给水管网水压波动的影响，如图 7-3 所示。该方式中必须设置高位冷水箱和膨胀排气管或开式加热水箱，不必设置安全阀或闭式膨胀水箱，运行较安全；但高位水箱占用建筑空间，开式加热水箱的水质易受外界污染。适用于当给水管道的水压变化较大，而用户要求水压稳定时，且允许设屋顶水箱的热水供应系统。

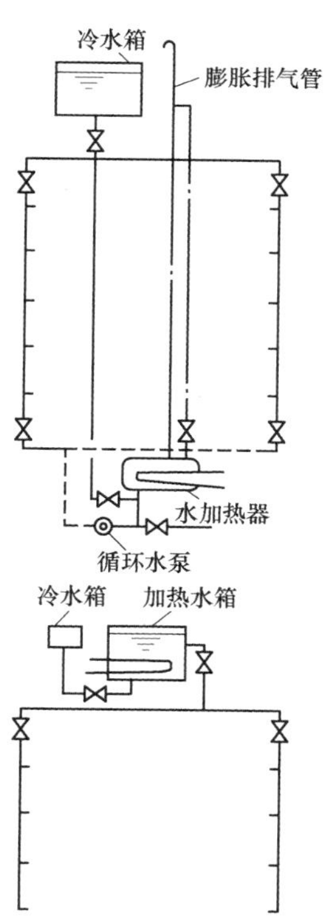

图 7-3　开式热水供水方式

2. 闭式热水供水方式

在所有配水点关闭后，系统内的水与大气隔绝。该方式管网内的水不与大气相通，有压的冷水直接进入承压水加热器，需设安全阀，有条件时还可以考虑设隔膜式压力膨胀罐或膨胀管，以确保系统的安全运转，如图 7-4 所示。闭式热水供水方式具有管路简单、水质不易受外界污染的优点，但其供水水压稳定性和安全可靠性较差，安全阀易失灵，需加强维护，适用于不设屋顶水箱的热水供应系统。

7.2.2　按热水加热方式分类

1. 直接加热

直接加热又称一次换热，把热媒（蒸汽或高温水）直接与冷水混合而成热水再输配至热水供应管道系统，具有设备简单、热效率高的特点。采用的加热装置有加热水箱、加热水罐。以蒸汽加热分为直接进入加热、多孔管直接加热、水射器加热等方式，第一种无须冷凝水管，但噪声大；后两种加热装置加热均匀、快捷、无噪声。蒸汽直接加热方式，对蒸汽质量要求高，适用于对噪声无严格要求的公共浴室、洗衣房、工矿企业等用户。

蒸汽或高温水多孔管直接加热如图 7-5 所示，蒸汽或高温水外水射器直接加热如图 7-6 所示，蒸汽或高温水内水射器直接加热如图 7-7 所示。

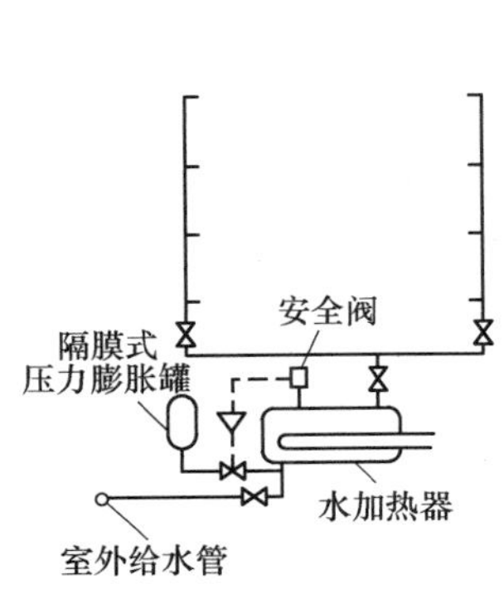

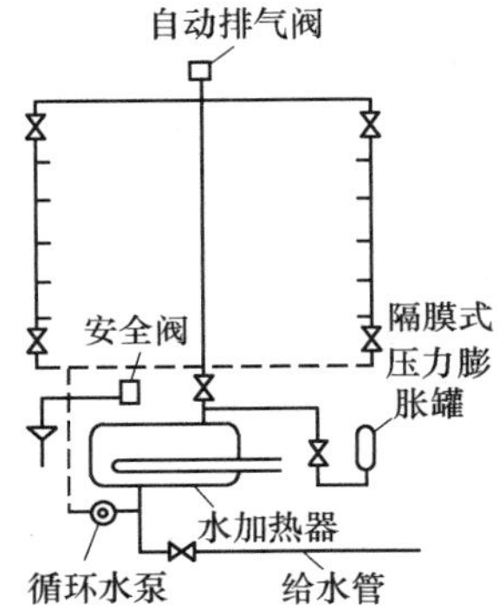

图 7-4　闭式热水供水方式

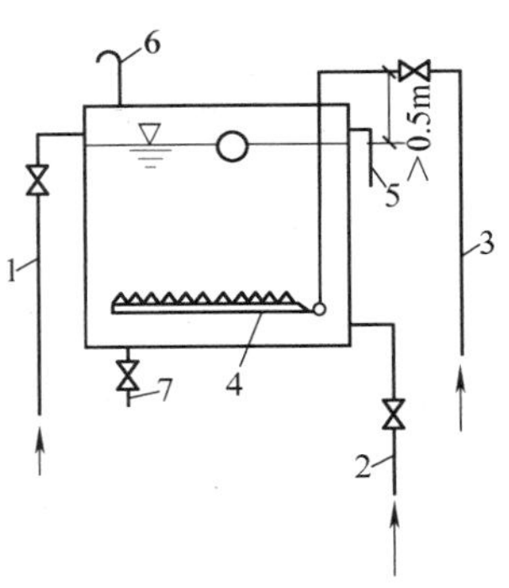

图 7-5　蒸汽或高温水多孔管直接加热

1—冷水管　2—热水管　3—热媒管　4—多孔管　5—溢流管　6—通气管　7—泄水管

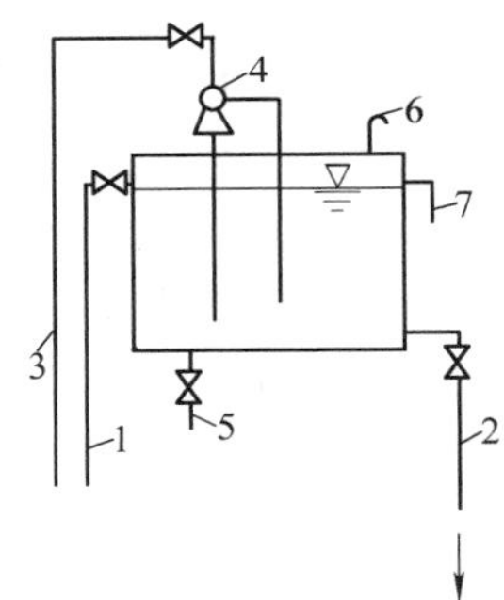

图 7-6　蒸汽或高温水外水射器直接加热

1—冷水管　2—热水管　3—热媒管　4—水射器　5—泄水管　6—通气管　7—溢流管

2. 间接加热

间接加热又称二次换热，把热媒（蒸汽或高温水）的热量通过金属传热面传递给冷水，使冷水间接受热而变成热水。由于在加热过程中热媒与被加热水不直接接触，蒸汽不会对热水产生污染，供水安全稳定。换热装置有加热水箱、加热水罐内放置的加热排管。排管内流通热媒，排管外流通所需加热的水。间接加热装置如图 7-8 所示，适用于要求供水稳定、安全、噪声要求低的旅馆、住宅、医院、办公楼等建筑。

根据热水配水管网水平干管的位置不同，还有下行上给供水方式和上行下给供水方式。

7.2.3　按循环方式分类

热水供应系统按循环方式分为无循环系统、全循环系统和半循环系统，如图 7-9 所示。

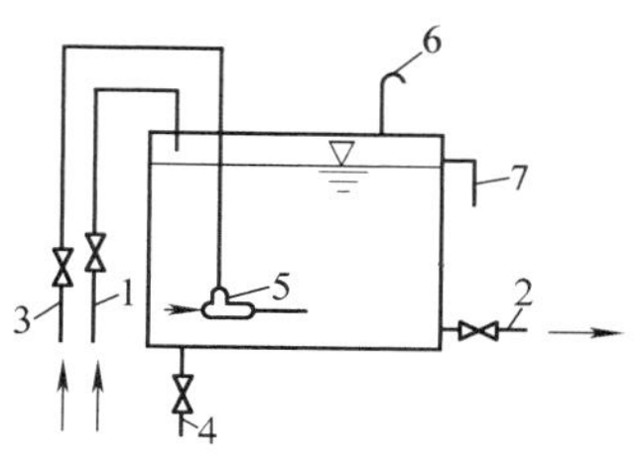

图 7-7　蒸汽或高温水内水射器直接加热

1—冷水管　2—热水管　3—热媒管　4—泄水管

5—水射器　6—通气管　7—溢流管

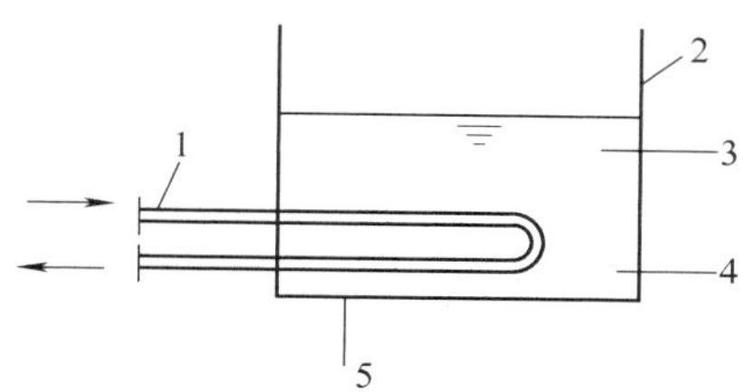

图 7-8　间接加热装置

1—热媒管　2—加热水箱（或水罐）

3—冷水管　4—热水管　5—泄水管

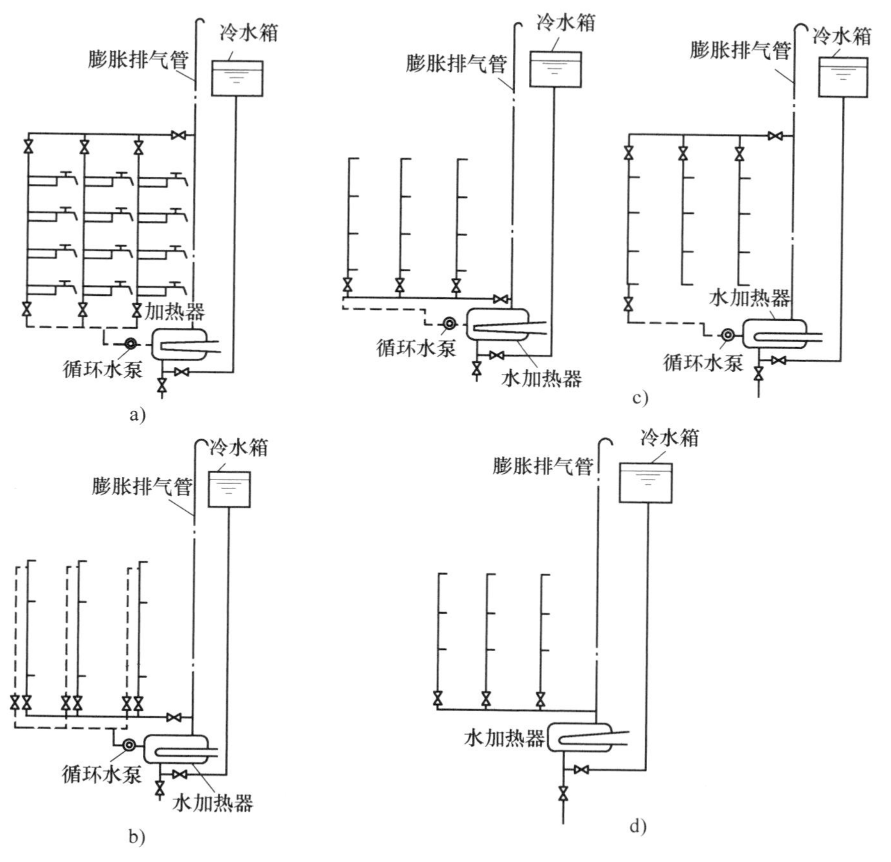

图 7-9　循环方式

a）全循环　b）立管循环　c）干管循环　d）无循环

1. 无循环系统

无循环热水供水方式是指在热水管网中不设任何循环管道。无循环式热水供应系统根据供水干管分为上行下给式、中分式、下行上给式等。其管路简单，工程投资少；不需热水循环水泵；使用时需先放出管中冷水，浪费水，使用不便。对于热水供应系统较小、使用要求不高的定时供应系统，如公共浴室、洗衣房等可采用此方式。

2. 全循环系统

全循环系统的热水干管、热水立管及热水支管均能保持热水的循环，各水嘴随时打开均能提供符合设计水温要求的热水。该方式用于有特殊要求的高标准建筑中，如高级宾馆、饭店、高级住宅等。按供回水干管的位置分为下供下回全循环式和上供上回全循环式，如图7-10所示。

3. 半循环系统

半循环系统分为立管循环和干管循环两种。立管循环系统的热水干管和热水立管内均能保持有热水的循环，打开水嘴时只需放掉热水支管中少量的存水，就能获得规定温度的热水。该方式多用于设有全日热水供应系统（在全日、工作班或营业时间内不间断供应热水的系统）的建筑和设有定时热水供应系统（在全日、工作班或营业时间内某一时段供应热水的系统）的高层建筑中；干管循环系统仅保持热水干管内的热水循环，多用于定时供应热水的建筑中。在热水供应前，先用循环泵把干管中已冷却的存水循环加热，当打开水嘴时只需放掉立管和支管内的冷水就可流出符合要求的热水。

半循环式热水供应系统又分为下供下回半循环式和上供上回半循环式，如图7-11所示。

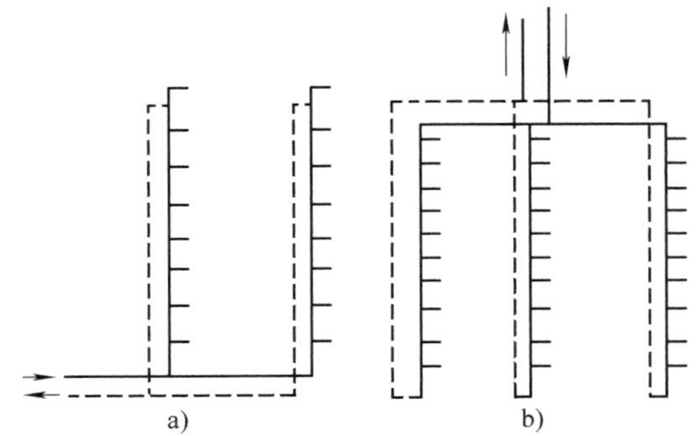

图7-10　全循环式热水供应系统

a）下供下回全循环式　b）上供上回全循环式

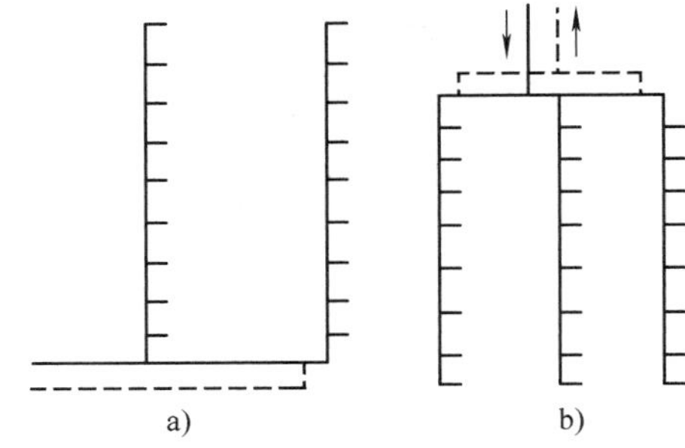

图7-11　半循环式热水供应系统

a）下供下回半循环式　b）上供上回半循环式

循环式热水供应系统根据供回水环路的长度异同又分为同程式和异程式两种，如图7-12

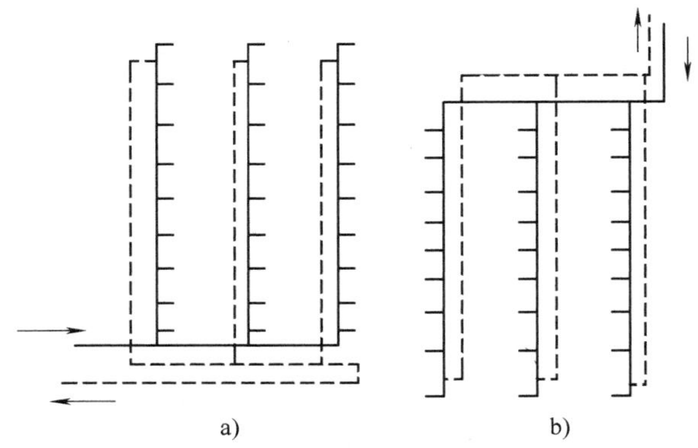

图7-12　同程式和异程式循环

a）同程式　b）异程式

所示。同程式是指对应每个配水点的供水与回水管路长度之和基本相等的热水供应系统。即从加热器的热水管出口，经热水配水管、回水管，再回到加热器为止的任何循环管路的长度之和几乎是相等的，使各立管环路的阻力在均等条件下进行热水循环，防止近立管内热水短路现象。异程式是指各环路的长度不同，循环中会出现短路现象，难以保证各点供水温度均匀。

7.2.4　按热媒的种类分类

1. 蒸汽热媒的热水供应系统

发热设备为蒸汽锅炉，由蒸汽锅炉提供蒸汽，再进行汽-水换热，使冷水变成热水后进入热水供应系统。

2. 高温水热媒的热水供应系统

发热设备为热水锅炉，由热水锅炉直接提供热水，或热水锅炉产生的高温水进行水-水换热使冷水变成热水后进入热水供应系统。

另外，按热水供应系统有无分区分为无分区热水供应系统（图 7-13）和分区热水供应系统（图 7-14）；按加热设备的设置位置分为集中式和分散式；按热水配水管网水平干管的位置分为下行上给式和上行下给式。

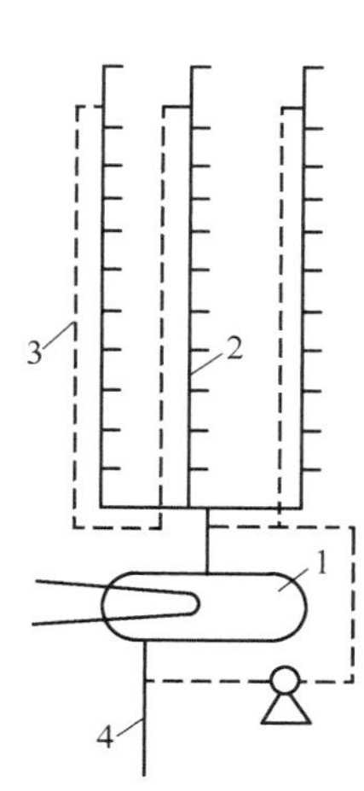

图 7-13　无分区热水供应系统

1—换热器　2—供热水管　3—循环管　4—冷水管

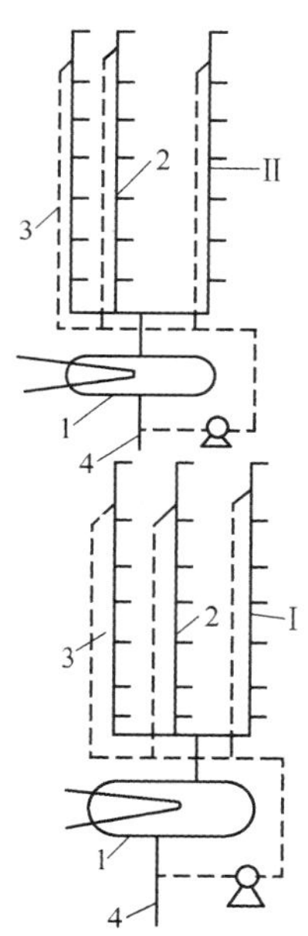

图 7-14　分区热水供应系统

Ⅰ—下区热水供应系统　Ⅱ—上区热水供应系统

1—换热器　2—供热水管　3—循环管　4—冷水管

7.3　热水供应系统的热源与加热设备

7.3.1　热水供应系统的热源

集中热水供应系统的热源包括工业余热、废热、地热、太阳能、热力管网供应的热水或蒸汽、燃油、燃气、电能等。集中热水供应系统的热源宜首先利用工业余热、废热、地热和太阳能。当没有条件利用工业余热、废热、地热或太阳能等热源时，宜优先采用能保证全年供热的热力管网作为集中热水供应的热源。

局部热水供应系统的热源包括太阳能、电能、热力管网供应的热水或蒸汽、燃油、燃气等。局部热水供应系统的热源宜首先考虑无污染的太阳能热源。在当地日照条件较差或其他条件限制采用太阳能热水器时，可采用电能、燃气或蒸汽为热源。

7.3.2　局部热水供应系统的加热设备

1. 燃气热水器

燃气热水器的热源有天然气、焦炉煤气、液化石油气和混合煤气四种。依照燃气压力有低压（$p \leqslant 5\mathrm{kPa}$）、中压（$5\mathrm{kPa} < p \leqslant 150\mathrm{kPa}$）热水器之分。民用和公共建筑中生活、洗涤用燃气热水设备一般均采用低压，工业企业生产所用燃气热水器可采用中压。此外，按加热冷水方式不同，燃气热水器有直流快速式和容积式之分，图7-15和图7-16所示分别为两类热水器的构造示意图。

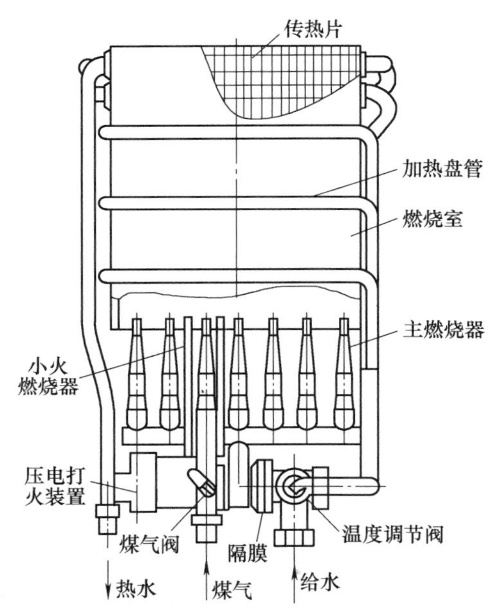

图7-15　直流快速式燃气热水器

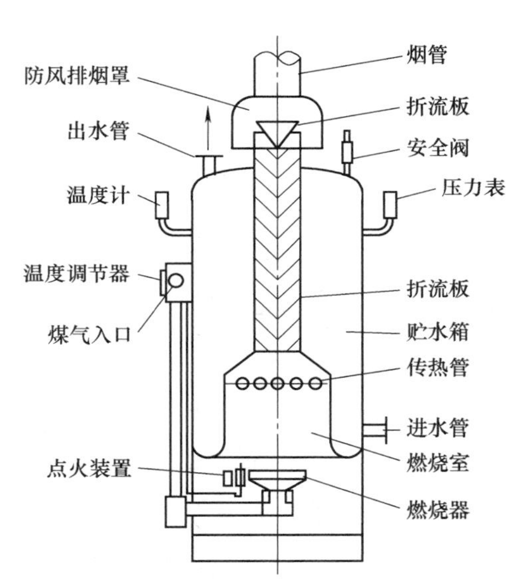

图7-16　容积式燃气热水器

直流快速式燃气热水器一般安装在用水点就地加热，可随时点燃并可立即取得热水，供一个或几个配水点使用，常用于家庭、浴室、医院手术室等局部热水供应。容积式燃气热水器具有一定的贮水容积，使用前应预先加热，可供几个配水点或整个管网供水，可用于住宅、公共建筑和工业企业的局部和集中热水供应。

2. 电热水器

电热水器是把电能通过电阻丝变为热能加热冷水的设备。电热水器产品有快速式和容积式两种。

快速式电热水器无贮水容积或贮水容积很小，不需在使用前预先加热，在接通水路和电

源后即可得到被加热的热水。该类热水器具有体积小、质量轻、热损失少、效率高、容易调节水量和水温、使用安装简便等优点，但其电耗大，尤其在一些缺电地区使用受到限制。适合家庭和工业、公共建筑单个热水供应点使用。

容积式电热水器具有一定的贮水容积，其容积可由 10L 到 $10m^3$。该种热水器在使用前需预先加热，可同时供应几个热水用水点在一段时间内使用，具有耗电量较小、管理集中的优点。但其配水管段比快速式热水器长，热损失也较大。一般适用于局部供水和管网供水系统。典型容积式电热水器构造如图 7-17 所示。

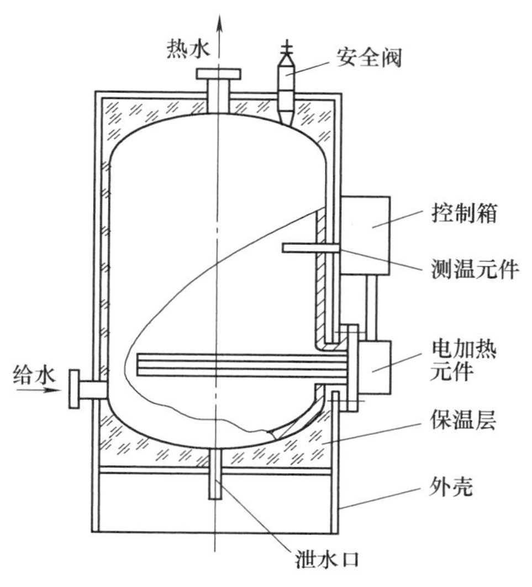

图 7-17　容积式电热水器

3. 太阳能热水器

太阳能热水系统是将太阳能转换成热能以加热水的装置。通常包括太阳能集热器、贮水箱、水泵、连接管道、支架、控制系统和必要时配合使用的辅助能源。其优点是结构简单、维护方便、安全卫生、不存在环境污染问题；不需人操作，可满足宾馆、旅馆、学校等单位人员同时用热水；安装在楼顶上，有隔热效果；保温热水箱有蓄水作用，供停水时使用；使用期长达 14~15 年，既经济又方便，可将太阳能产生的热水来煮饭菜、洗衣服、洗碗碟、烧开水等，节约大量电费和燃料。其缺点是受天气、季节、地理位置等影响不能连续稳定运行，为满足用户要求需配置贮热和辅助加热措施，占地面积较大，因而布置受到一定的限制。

太阳能热水器按组合形式分为装配式和组合式两种。装配式太阳能热水器一般为小型热水器，即将集热器、贮热水箱和管路由工厂装配出售。它适用于家庭和分散使用场所，目前市场上有多种产品，如图 7-18 所示。组合式太阳能热水器，即将集热器、贮热水箱、循环水泵、辅助加热设备按系统要求分别设置而组成，适用于大面积供应热水系统和集中供应热水系统。

太阳能热水器按运行方式分为自然循环系统、强制循环系统、直流式系统。自然循环系统是仅利用传热工质内部的密度变化来实现集热器与贮水箱之间或集热器与换热器之间进行循环的太阳能热水系统，如图 7-19 所示。在自然循环系统中，为了保证必要的热虹吸压头，贮水箱的下循环管应高于集热器的上循环管。这种系统结构简单，不需要附加动力。强制循环系统是利用泵迫使传热工质通过集热器（或换热器）进行循环的太阳能热水系统，如图 7-20 和图 7-21 所示。强制循环系统通常采用温差控制、光电控制及定时器控制等方式。直流式系统是传热工质一次流过集热器加热后，进入贮水箱或用热水处的非循环太阳能热水系统。直流式系统一般可采用非电控温控阀控制方式及温控器控制方式。直流式系统通常也可称为定温放水系统。

太阳能热水系统按生活热水与集热器内传热工质的关系可分为直接系统和间接系统。直接系统（又称单回路系统或单循环系统）是指在太阳能集热器中直接加热水给用户的太阳能热水系统；间接系统（又称双回路系统或双循环系统）是指在太阳能集热器中加热某种传热工质，再使该传热工质通过换热器加热水给用户的太阳能热水系统。

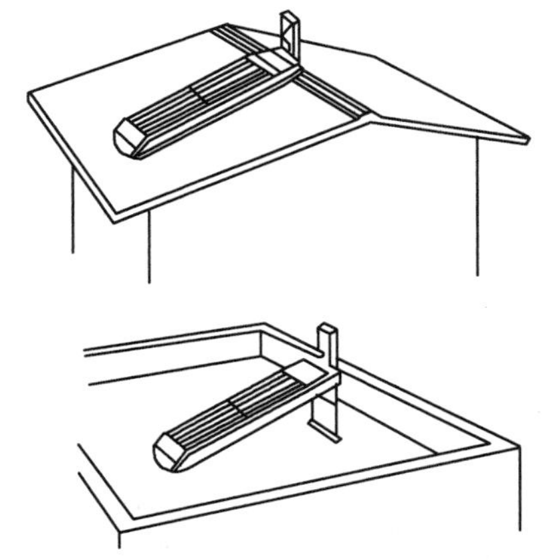

图 7-18　装配式太阳能热水器

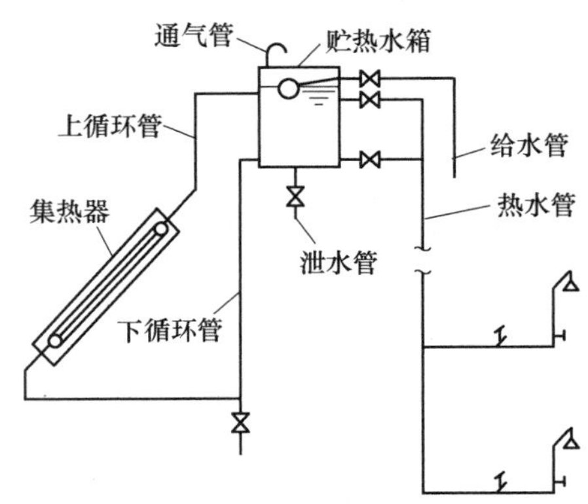

图 7-19　自然循环太阳能热水系统

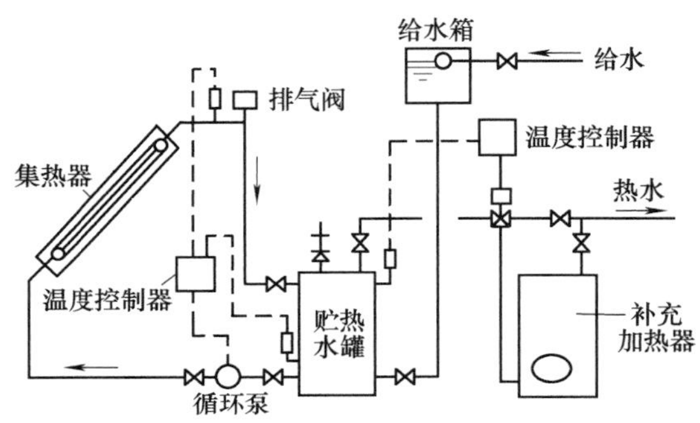

图 7-20　直接加热机械循环太阳能热水系统

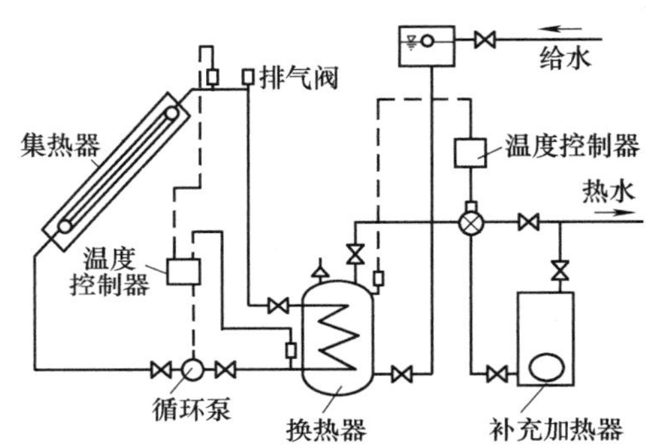

图 7-21　间接加热机械循环太阳能热水系统

7.3.3　集中热水供应系统的加热设备

1. 锅炉

锅炉是最常用的发热设备。常用锅炉有燃煤锅炉、燃油锅炉、燃气锅炉、电热锅炉等。

2. 容积式水加热器

容积式水加热器是内部设有热媒导管的热水贮存容器，具有加热冷水和贮备热水两种功能，热媒为蒸汽或热水，有卧式、立式之分。图 7-22 所示为卧式容积式水加热器构造示意图，在过去使用较为普遍；立式容积式水加热器有甲、乙型两类。容积式水加热器的主要参数见有关样本。

容积式水加热器的优点是具有较大的贮存和调节能力，被加热水通过时压力损失较小，用水点压力变化平稳，出水水量较为稳定。但传统的 U 形管式容积式水加热器，由于设备本身构造要求，加热 U 形盘管离容器底有相当一段高度（图 7-23）。当冷水由下进、热水从上出时，U 形盘管以下部分的水不能加热，被加热水流速缓慢，传热系数小，热交换效率低，且体积庞大占用过多的建筑空间，在热媒导管中心线以下存在约 20%～30% 的冷水滞水区，即有效贮热容积为总容积的 70%～80%，所以贮罐的容积利用率也很低。可以把这种层

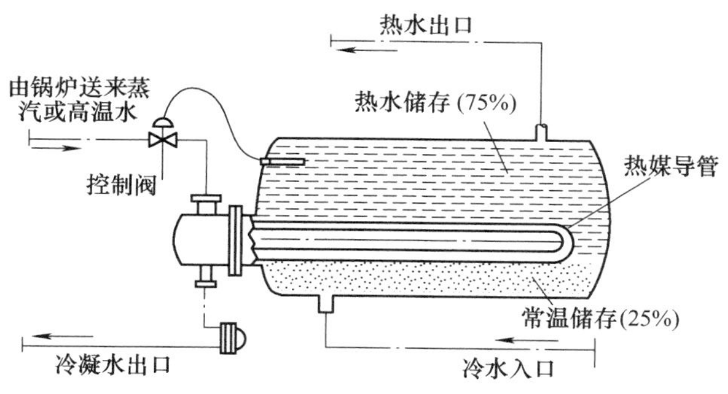

图 7-22　卧式容积式水加热器构造示意图

叠式的加热方式称为“层流加热”。为克服容积式水加热器“层流加热”的缺点，可采用带导流装置的 U 形管式容积式水加热器（图 7-24），在 U 形管盘管外有一组导流装置，初始加热时，冷水进入加热器的导流筒内被加热成热水上升，继而迫使加热器上部的冷水返下形成自然循环，逐渐将加热器内的水加热。随着升温时间的延续，当加热器上部充满所需温度的热水时，自然循环即终止。此时，位于 U 形管下部的水虽然经循环已被加热，但达不到所需要的温度，按热量计算，容器的有效贮热容积约为 80%~90%。

容积式水加热器布置时，一侧应有净宽不小于 0. 7m 的通道，前端应留有抽出加热盘管的位置；上部附件的最高点至建筑结构最低点的净距，应满足检修的要求，并不得小于 0. 2m，房间净高不得低于 2. 2m。

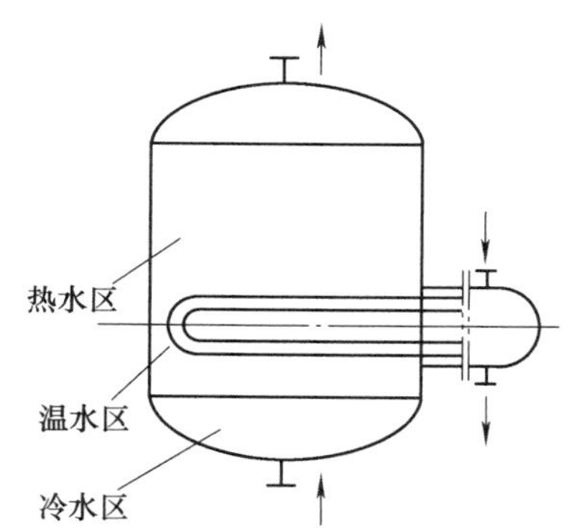

图 7-23　传统立式 U 形管式容积式加热器

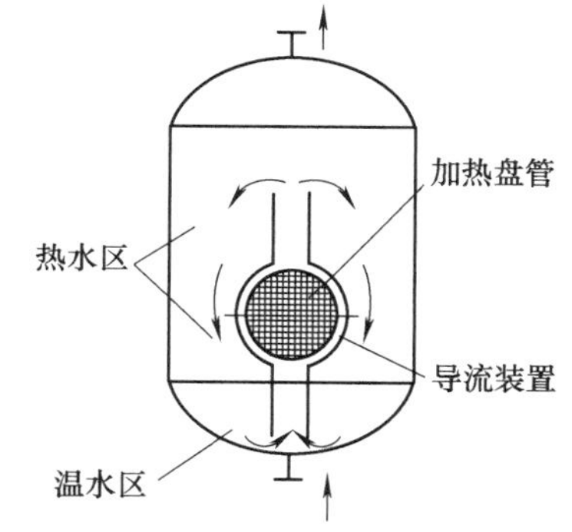

图 7-24　带导流装置的容积式加热器

3. 快速式水加热器

针对容积式水加热器中“层流加热”的弊端，出现了“湍流加热”理论，即通过提高热媒和被加热水的流动速度，来提高热媒对管壁、管壁对被加热水的传热系数，以改善传热效果。快速式水加热器就是热媒与被加热水通过较大速度的流动进行快速换热的一种间接加热设备。

根据热媒的不同，快速式水加热器有汽-水和水-水两种类型，前者热媒为蒸汽，后者热媒为过热水；根据加热导管的构造不同，又有单管式、多管式、板式、管壳式、波纹板式、螺旋板式等多种形式。图 7-25 所示为多管式汽-水快速式水加热器，图 7-26 所示为单管式汽-水快速式水加热器，它可以多组并联或串联。这种水加热器是将被加热水导入导管内，热媒（即蒸汽）在壳体内散热。图7-27所示为固定管板式换热器，它的两端管板和壳体连接成一体，在壳体上有补偿圈。图7-28所示为U形管换热器，其壳内换热管呈U形，管子的两端固定在同一管板上，故每根管子可以自由伸缩进行补偿。图7-29所示为浮头式换热器，其两端管板之一不与外壳固定连接，当管子受热（或受冷）时，管束连同浮头可进行自由伸缩补偿，而与外壳的膨胀无关。板式换热器，其传热面为金属面，金属面由冷压成形或经焊接而成。属于这类的换热器有螺旋板式换热器、平板式换热器和板翅式换热器，分别如图7-30、图7-31和图7-32所示。

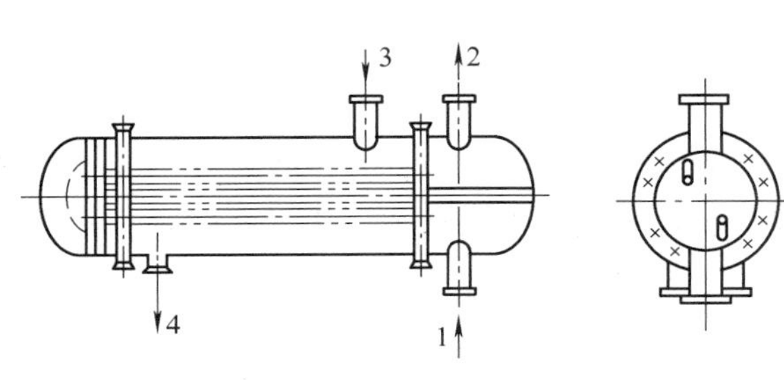

图7-25 多管式汽-水快速式水加热器

1—冷水 2—热水 3—蒸汽 4—冷凝水

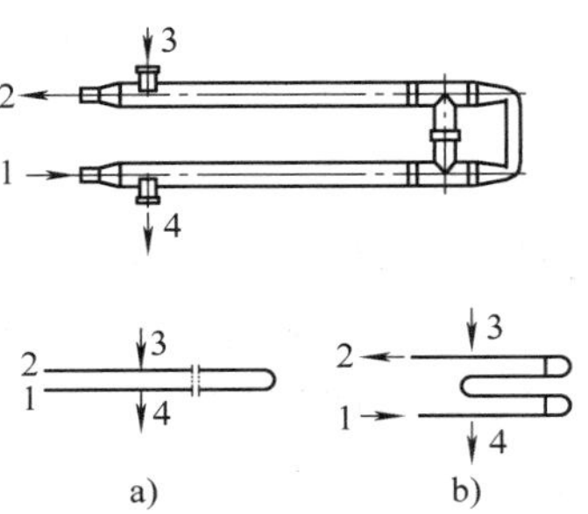

图7-26 单管式汽-水快速式水加热器

a）并联 b）串联

1—冷水 2—热水 3—蒸汽 4—冷凝水

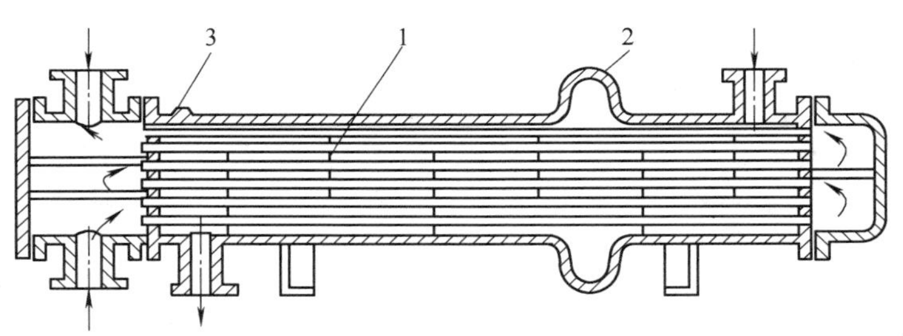

图7-27 固定管板式换热器

1—挡板 2—补偿圈 3—放气阀

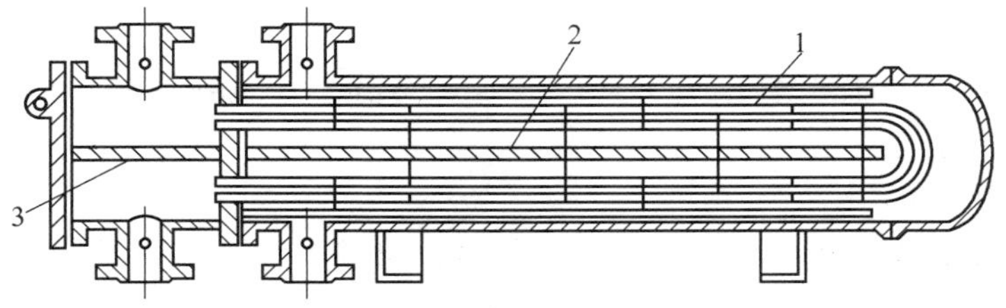

图7-28 U形管换热器

1—U形管 2—壳程隔板 3—管程隔板

快速式水加热器具有效率高、体积小、安装搬运方便的优点，缺点是不能贮存热水，水头损失大，在热媒或被加热水压力不稳定时，出水温度波动较大，仅适用于用水量大，而且比较均匀的热水供应系统或建筑热水供暖系统。

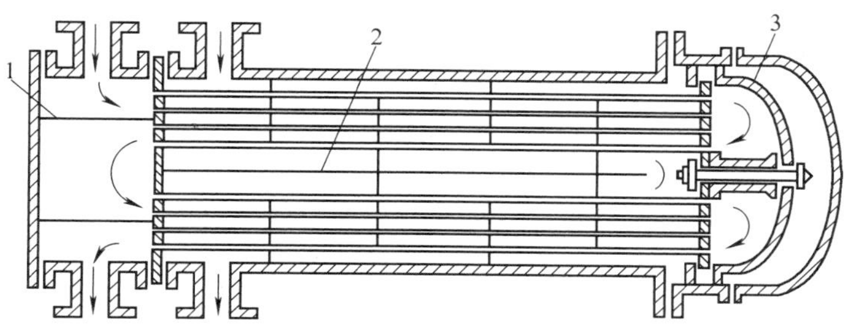

图 7-29　浮头式换热器

1—管程隔板　2—壳程隔板　3—浮头

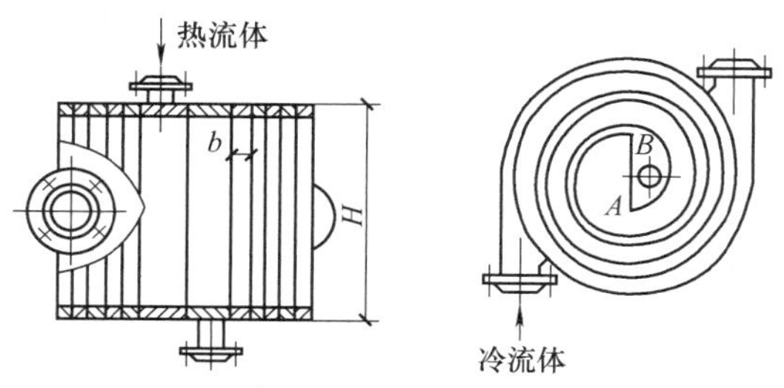

图 7-30　螺旋板式换热器

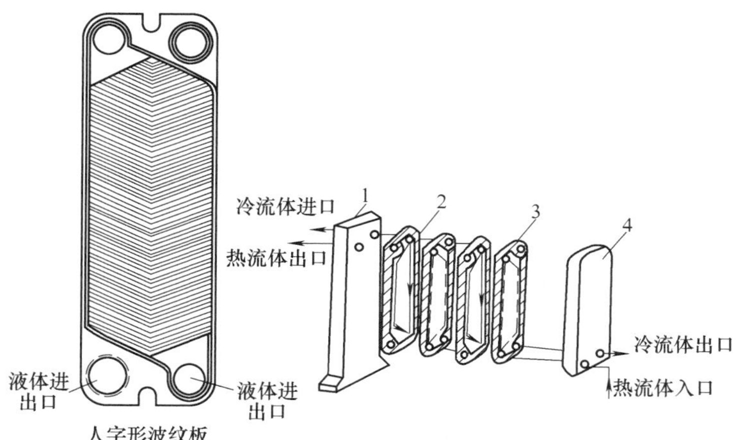

图 7-31　平板式换热器

1—固定压板　2—板片　3—垫片　4—活动压板

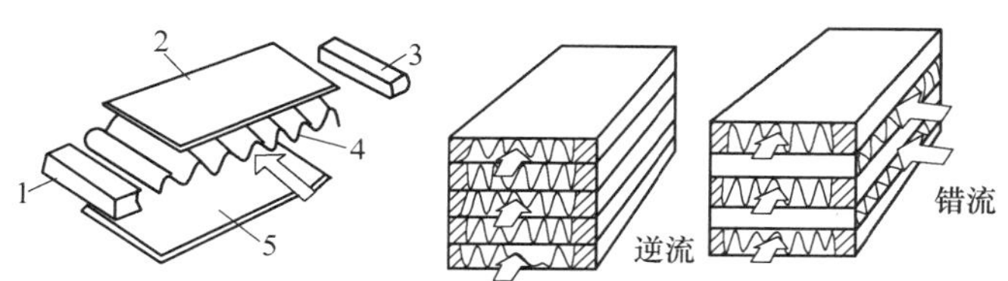

图 7-32　板翅式换热器

1、3—封头　2、5—平隔板　4—翅片

4. 半容积式水加热器

半容积式水加热器是带有适量贮存与调节容积的内藏式容积式水加热器，实质上是一个经改进的快速式水加热器插入一个贮热容器内组成的设备。它与容积式水加热器在构造上最大的区别就是半容积式的加热与贮热两部分是完全分开的，而容积式的加热与贮热是连在一起的。半容积式水加热器的工作过程是水加热器加热好的水经连通管输送至贮热容器内，因而，贮热容器内贮存的全是所需温度的热水，计算水加热器容积时不需要考虑附加容积。

半容积式水加热器是由英国引进的设备，基本构造如图7-33所示，它由贮热水罐、内藏式快速换热器和内循环泵三个主要部分组成。其中贮热水罐与快速换热器隔离，被加热水在快速换热器内迅速加热后，通过热水配水管进入贮热水罐，当管网中热水用水低于设计用水量时，热水的一部分落到贮罐底部，与补充水（冷水）一道经内循环泵升压后再次进入快速换热器加热。内循环泵的作用有以下三个：①提高被加热水的流速，以增大传热系数和换热能力；②克服被加热水流经换热器时的阻力损失；③形成被加热水的连续内循环，消除了冷水区或温水区，使贮罐容积的利用率达到100%。内循环泵的流量根据不同型号的加热器而定，其扬程相应的压力在20~60kPa。当管网中热水用量达到设计用水量时，贮罐内没有循环水，如图7-34所示，瞬间高峰流量过后又恢复到图7-33所示的工作状态。

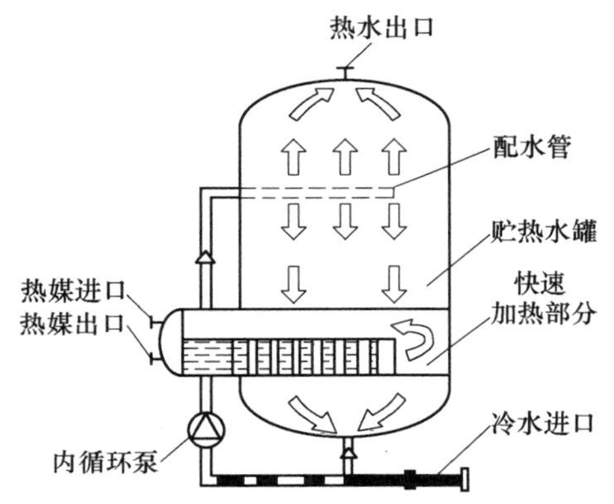

图7-33　半容积式水加热器构造示意图

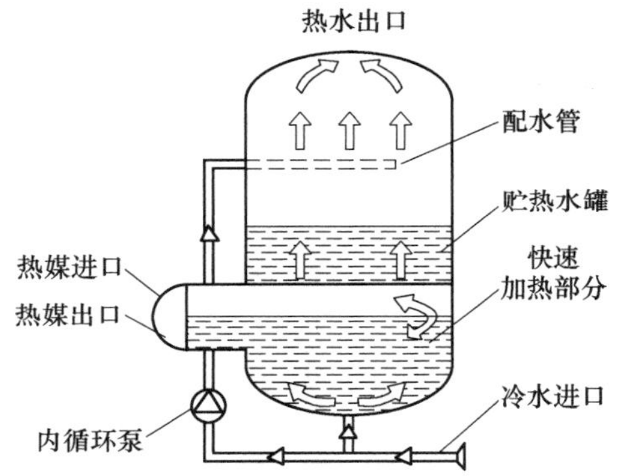

图7-34　高峰用水时工作状态

半容积式水加热器具有体型小（贮热容积比同样加热能力的容积式水加热器减少2/3）、加热快、换热充分、供水温度稳定、节水节能的优点，但由于内循环泵不间断地运行，需要有极高的质量保证。

图7-35所示为国内专业人员开发研制的HRV型高效半容积式水加热器工作系统图，其特点是取消了内循环泵，被加热水（包括冷水和热水系统的循环回水）进入快速式换热器被迅速加热，然后先由下降管强制送至贮热水罐的底部，再向上升，以保持整个贮罐内的热水同温。

当管网配水系统处于高峰用水时，热水循环系统的循环泵不启动，被加热水仅为冷水；当管网配水系统不用水或少量用水时，热水管网由于散热损失而产生温降，利用系统循环泵前的温包可以自动启动系统循环泵，该泵将循环回水打入快速换热器内，生成的热水又送至贮热水罐的底部，依然能够保持罐内热水的连续循环，罐体容积利用率也为100%。

HRV型半容积式水加热器具有与带有内循环泵的半容积式水加热器同样的功能和特点，

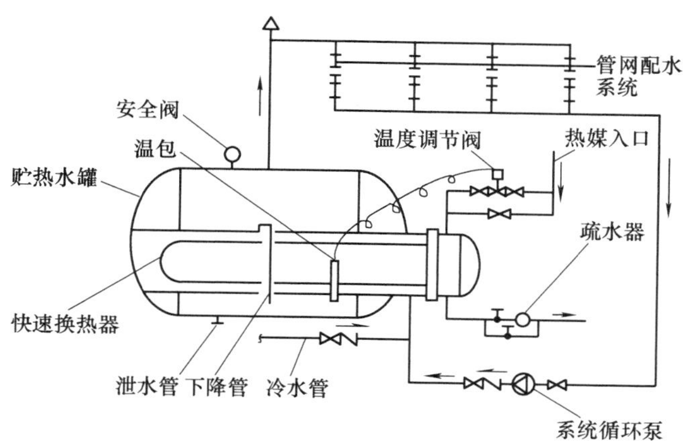

图 7-35　HRV 型高效半容积式水加热器工作系统图

更加符合我国的实际情况，适用于机械循环的热水供应系统。

半容积式水加热器布置要求与容积式水加热器相同。

5. 半即热式水加热器

半即热式水加热器是带有超前控制，具有少量贮存容积的快速式水加热器，其构造如图 7-36 所示。热媒经控制阀和底部入口通过立管进入各并联盘管，冷凝水入立管后由底部流出，冷水从底部经孔板入罐，同时有少量冷水进入分流管。入罐冷水经转向器均匀进入罐底

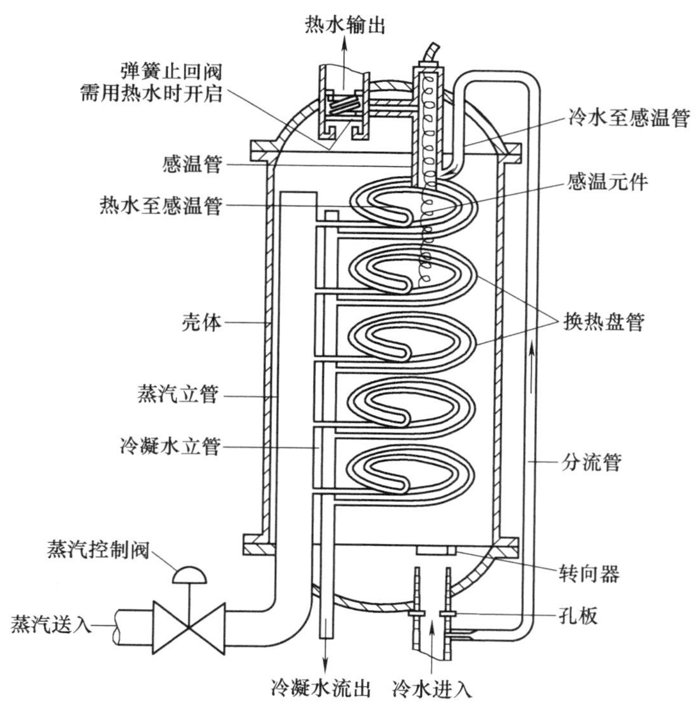

图 7-36　半即热式水加热器构造示意图

并向上流过盘管得到加热，热水由上出口流出。部分热水在顶部进入感温管开口端，冷水以与热水用水量成比例的流量由分流管同时进入感温管，感温元件读出瞬间感温管内的冷、热水平均温度，即向控制阀发出信号，按需要调节控制阀，以保持所需的热水输出温度，只要一有热水需求，热水出口处的水温尚未下降，感温元件就能发出信号开启控制阀，具有预测性。加热盘管内的热媒由于不断改向，加热时盘管颤动，形成局部湍流区，属于“湍流加热”，故传热系数大，换热速度快，又具有预测温控装置，所以其热水贮存容量小，仅为半容积式水加热器的1/5。同时，由于盘管内外温差的作用，盘管不断收缩、膨胀，可使传热面上的水垢自动脱落。

半即热式水加热器具有快速加热被加热水，浮动盘管自动除垢的优点，其热水出水温度一般能控制在±2.2℃内，且体积小，占地面积小，适用于各种不同负荷需求的机械循环热水供应系统。

6. 加热水箱

加热水箱是一种简单的热交换设备。在水箱中安装蒸汽多孔管或蒸汽喷射器，可构成直接加热水箱。在水箱内安装排管或盘管即构成间接加热水箱。加热水箱适用于公共浴室等用水量大而均匀的定时热水供应系统。

7.3.4　加热设备的选择

选用局部热水供应设备时，应符合下列要求：

1）选用设备应综合考虑热源条件、建筑物性质、安装位置、安全要求及设备性能特点等因素。

2）需同时供给多个卫生器具或设备热水时，宜选用带贮热容积的加热设备。

3）当地太阳能资源充足时，宜选用太阳能热水器或太阳能辅以电加热的热水器。

4）热水器不应安装在易燃物堆放或对燃气管、表或电气设备产生影响及有腐蚀性气体和灰尘多的地方。

5）燃气热水器、电热水器必须带有保证使用安全的装置。严禁在浴室内安装直接排气式燃气热水器等可以在使用空间内积聚有害气体的加热设备。

集中热水供应系统的水加热设备应根据使用特点、耗热量、热源、维护管理及卫生防菌等因素选择，并应符合下列要求：

1）热效率高、换热效果好、节能、节省设备用房。

2）生活热水阻力损失小，有利于整个系统冷、热水压力的平衡。

3）安全可靠、构造简单、操作维修方便。

4）具体选择水加热设备时，应遵循下列原则：

a. 当采用自备热源时，宜采用直接供应热水的燃油（气）热水机组，也可采用间接供应热水的自带换热器的燃油（气）热水机组或外配容积式、半容积式水加热器的燃油（气）热水机组。

b. 燃油（气）热水机组除满足前述基本要求外，还应具备燃料燃烧完全、消烟除尘、自动控制水温、火焰传感、自动报警等功能。

c. 当采用蒸汽、高温水为热媒时，应结合用水的均匀性、给水的水质硬度，热媒的供应能力、系统对冷热水压力平衡稳定的要求、设备所带温控安全装置的灵敏度、可靠性等，

经综合技术经济比较后选择间接水加热设备。

d. 当热源为太阳能时，其水加热系统应根据冷水水质硬度、气候条件、冷热水压力平衡要求、节能、节水、维护管理等经技术经济比较确定。太阳能加热系统的设计应符合下列要求：太阳能集热器的设置应和建筑专业统一规划协调，并在满足水加热系统要求的同时不得影响结构安全和建筑美观，集热器的安装方位、朝向、倾角和间距等应符合现行国家标准《民用建筑太阳能热水系统应用技术规范》（GB 50364—2005）的要求，集热器总面积应根据日用水量、当地年平均日太阳辐照量和集热器集热效率等因素经计算确定；强制循环的太阳能集热系统应设循环泵；集热水加热器的水加热面积应经计算确定；太阳能热水供应系统应设辅助热源及其加热设施。

e. 在电源供应充沛的地方可采用电热水器。

医院热水供应系统的锅炉或水加热器不得少于两台，其他建筑热水供应系统的水加热设备不宜少于两台，一台检修时，其余各台的总供热能力不得小于设计小时耗热量的50%。医院建筑不得采用有滞水区的容积式水加热器。

7.4 贮热设备和水处理设备

7.4.1 贮热设备

热水贮水箱（罐）是一种专门调节热水量的容器，可在用水不均匀的热水供应系统中设置，以调节水量，稳定出水温度。贮热箱的断面有圆形和方形两种，常用金属板材焊接而成，呈开式，不承受流体压力。

建筑内热水供应系统的主要设备有水处理设备、发热设备、换热设备、贮热（水）设备、水泵等。其器材除与冷水系统相同之外，还有蒸汽、热水的控制附件及管道的连接附件，如自动温度调节装置、疏水器、减压阀、排气装置、热补偿装置、膨胀管、膨胀水罐、安全阀、分水器、集水器、分汽缸等。

7.4.2 水处理设备

热水供应系统中的水处理设备用于软化锅炉用水。一般蒸汽锅炉和较大容量的热水锅炉均应进行水的软化，使水质达到所需锅炉用水水质标准。软化处理的工艺及设备参见《水质工程学》相关章节的内容。

7.5 热水供应系统的管材和管件

建筑热水供应系统在运行过程中必须控制水温的高低、水温变化引起的管道及设备的热胀冷缩、系统的排气、蒸汽冷凝水的排放，以保证系统可靠的供水量，保证水温和水压、安全高效和节能。

7.5.1 热水供应系统的管材和管件

热水供应系统采用的管材和管件，应符合国家现行有关产品标准的要求。管道的工作压力和工作温度不得大于产品标准标定的允许工作压力和工作温度。

热水管道应选用耐腐蚀和安装连接方便可靠的管材，可采用薄壁铜管、薄壁不锈钢管、塑料热水管、塑料和金属复合热水管等。定时供应热水不宜选用塑料热水管。

当采用塑料热水管或塑料和金属复合热水管材时应符合下列要求：

1）管道的工作压力应按相应温度下的许用工作压力选择。

2）设备机房内的管道不应采用塑料热水管。

管件宜采用和管道相同的材质。

7.5.2　热水供应系统的附件

1. 自动温度调节装置

当水加热器的出水温度需要控制时，可采用直接式自动温度调节器或间接式自动温度调节装置控制进入换热器内的热媒量达到控制供应热水的水温的目的。水加热设备的出水温度应根据其有无贮热调节容积分别采用不同温级精度要求的自动温度控制装置。不同水加热器对自动温度控制阀的温度控制级别范围见表7-1。

表7-1　水加热器温度控制级别范围

水加热设备	自动温度控制阀温级范围/℃
容积式水加热器、导流型容积式水加热器	±5
半容积式水加热器	±4
半即热式水加热器	±3

注：半即热式水加热器除装自动温度控制阀外，还需有配套的其他温度调节与安全装置。

直接式自动温度调节装置由温包、感温元件和调压阀组成，如图7-37所示。温度调节器必须直立安装，温包放置在水加热器热水出口的附近，温包探测换热器内水温，传导给感温元件，感温元件随即开启和关闭调压阀调节其中流经的热媒量，继而也就调节了换热器的水温。其安装示意图如图7-38所示。

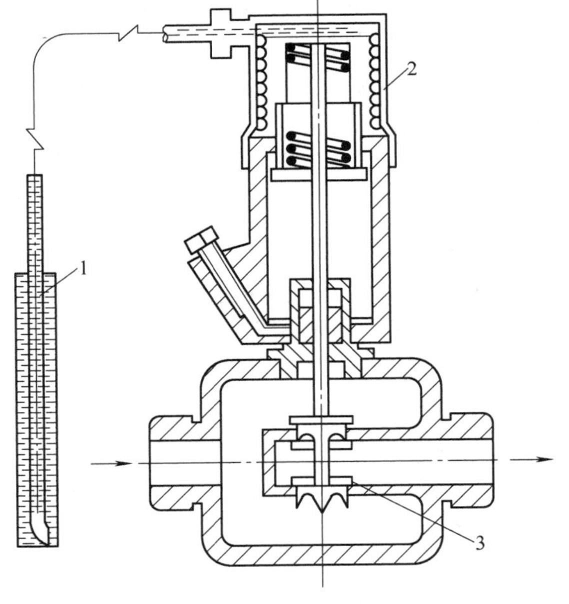

图7-37　自动温度调节装置构造图

1—温包　2—感温元件　3—调压阀

间接式自动温度调节装置由温包、电触点温度计、电抗、变速箱等组成。温包探测换热器内水温，传导给电触点温度计，当指针指到设计的高温触点时（如限定水加热器出水温度为70℃），即启动电动机关小阀门，减少热媒流量，降温；当指针转到低于规定的温度触点时，即启动电动机开大阀门，增加热媒流量，升温。其安装示意图如图7-39所示。

2. 疏水器

为保证蒸汽凝结水及时排放，同时又

防止蒸汽流失，用蒸汽作为热媒间接加热的水加热器、开水器的凝结水回水管上应每台设备设疏水器，当水加热器的换热能确保凝结水回水温度小于等于80℃时，可不装疏水器。蒸汽立管最低处、蒸汽管下凹处的下部宜设疏水器。

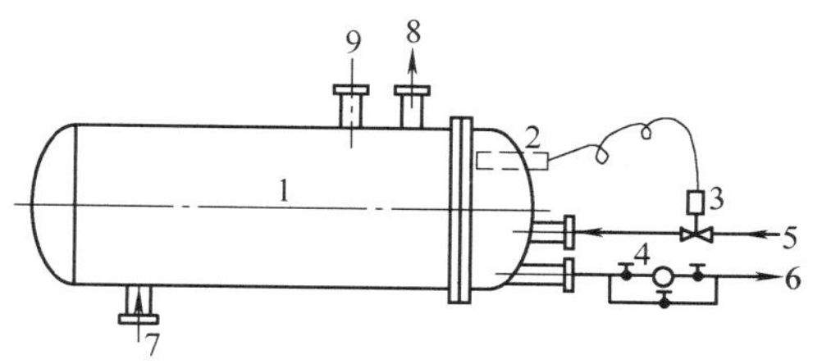

图7-38　直接式自动温度调节装置安装示意图

1—换热器　2—温包　3—调压阀　4—疏水器装置

5—蒸汽　6—凝结水　7—冷水

8—热水　9—安全阀接口

疏水器按其工作压力分为低压和高压两种，但常用高压疏水器。

常见的疏水器有浮筒式、吊桶式、热动式、脉冲式、温调式等类型。

吊桶式疏水器如图7-40所示。动作前吊桶下垂阀孔开启，吊桶上的孔眼也开启。当凝结水开始进入时，吊桶内外的凝结水及冷空气都由阀孔排出。但是一旦凝结水中混有蒸汽进入疏水器，吊桶内双金属片受热膨胀而把吊桶上的双孔关闭。蒸汽进入疏水器内越多，吊桶内充气会越多，疏水器内逐渐增多的凝结水会浮起吊桶。吊桶上浮，会关闭阀孔，则又阻止蒸汽和凝结水排出。在吊桶内蒸汽因散热降温变为凝结水，吊桶内双金属片重新收缩而打开吊桶孔眼，充气被排放，浮力再一次减少会使吊桶下落而开启阀孔排水。如此循环工作，起到阻汽排水的作用。

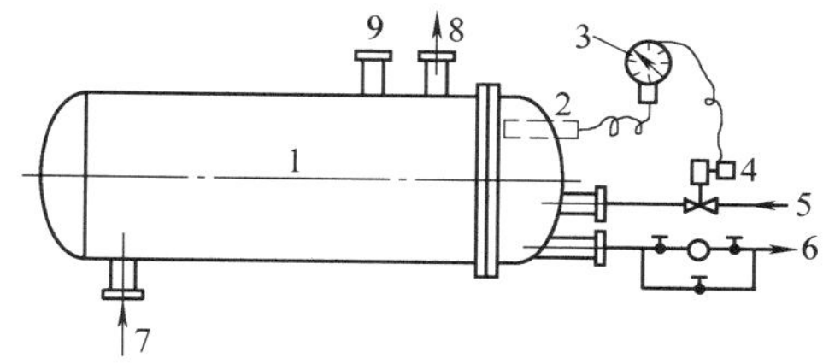

图7-39　间接式自动温度调节装置安装示意图

1—换热器　2—温包　3—调压阀　4—疏水器装置

5—蒸汽　6—凝结水　7—冷水

8—热水　9—安全阀接口

热动式疏水器如图7-41所示。它利用进入阀体的蒸汽和凝结水，对阀片上下两边产生的压差而使阀片升落达到排水阻汽的作用。

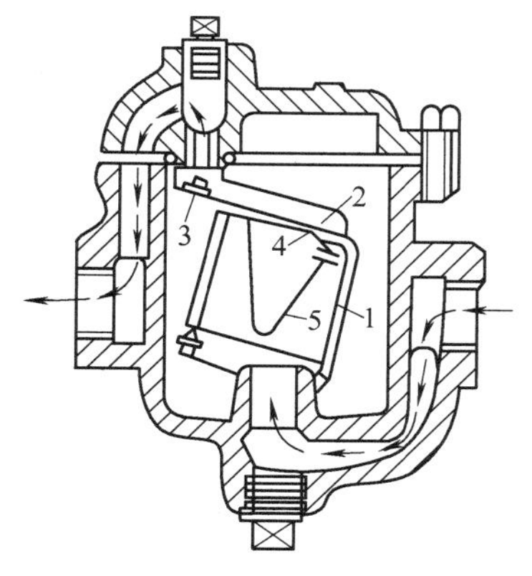

图7-40　吊桶式疏水器

1—吊桶　2—杠杆　3—球阀

4—快速排气孔　5—双金属弹簧片

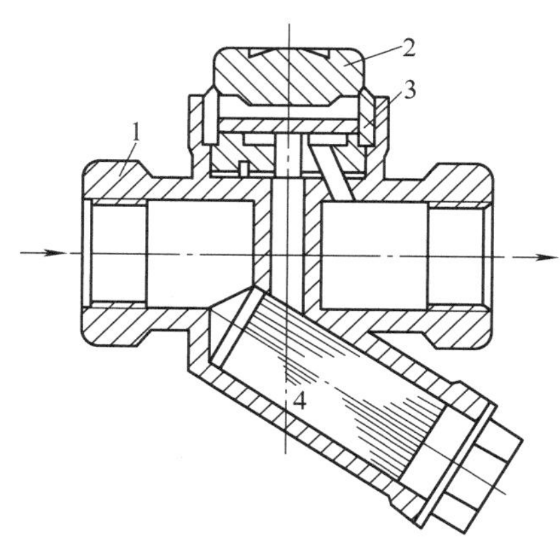

图7-41　热动式疏水器

1—阀体　2—阀盖　3—阀片

4—过滤器

按照换热设备中热媒蒸汽的工作压力，一般在压力$p \leqslant 1.6$MPa，排水温度$t \leqslant 100$℃时，可选用热动力式疏水器。当压力$p \leqslant 0.6$MPa时可选用吊桶式疏水器。具体选用时要根据安装疏水器的位置、前后压差及排水量等参数，查表或按公式计算后再参考产品样本选用。

疏水器的口径不能直接按凝结水管管径选择，应按其最大排水量，进、出口最大压差，附加系数三个因素计算确定。疏水器前应装过滤器，不宜附设旁通阀。

$$Q = k_0 G \tag{7-1}$$

$$\Delta p = p_2 - p_1 \tag{7-2}$$

式中　Q——疏水器的最大排水量（kg/h）；

k_0——附加系数，见表7-2；

G——水加热设备的最大凝结水量（kg/h）；

Δp——疏水器进出口压差（MPa）；

p_1——疏水器进口压力（MPa），对于水加热设备可取 $p_1 = 0.7p$（p 为进入设备的蒸汽压力）；

p_2——疏水器出口压力（MPa），当疏水器后凝结水自流坡向开式水箱时，$p_2 = 0$；当疏水器后凝结水管道较长，又需抬高接入闭式凝结水箱时，p_2 应按式（7-3）计算

$$p_2 = \Delta h + 0.01H + p_3 \tag{7-3}$$

式中　Δh——疏水器后至凝结水箱之间的管道压力损失（MPa）；

H——疏水器后回水管的抬高高度（m）；

p_3——凝结水箱内压力（MPa）。

表7-2　附加系数 k_0

名　称	附加系数 k_0	
	压差 $\Delta p \leq 0.2$MPa	压差 $\Delta p > 0.2$MPa
上开口浮筒式疏水器	3.0	4.0
下开口浮筒式疏水器	2.0	2.5
恒温式疏水器	3.5	4.0
浮球式疏水器	2.5	3.0
喷嘴式疏水器	3.0	3.2
热动力式疏水器	3.0	4.0

3. 减压阀

汽-水换热器的蒸汽压力一般小于0.5MPa，若蒸汽供应压力大于换热器所需压力，必须用减压阀把蒸汽压力降到水加热器的压力，才能保证设备使用安全。

减压阀是利用流体通过阀瓣产生阻力而降压，并达到所要求数值的自动调节阀，其阀后压力可在一定范围内进行调整。减压阀的类型有活塞式、波纹管式和膜片式等。

活塞式减压阀如图7-42所示，波纹管式减压阀如图7-43所示。

选择减压阀时应求得其阀孔截面面积，查产品样本确定其型号。阀孔截面面积按式(7-4)计算

$$f = \frac{G_c}{\varphi q_c} \tag{7-4}$$

式中　f——所需阀孔截面面积（cm^2）；

G_c——蒸汽流量（kg/h）；

q_c——通过每 1cm^2 阀孔截面的蒸汽理论流量［kg/(cm^2·h)］，按图 7-44 所示选用；

φ——减压阀流量系数，一般为 0.45~0.6。

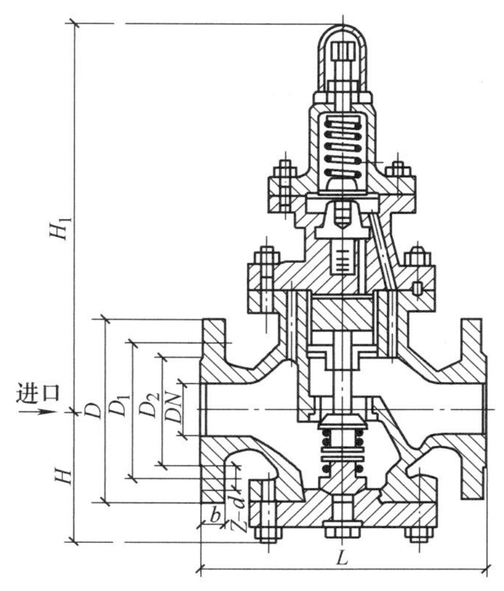

图 7-42　活塞式减压阀

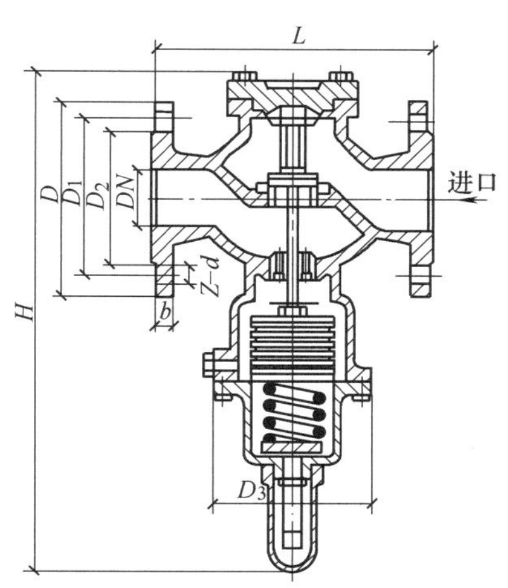

图 7-43　波纹管式减压阀

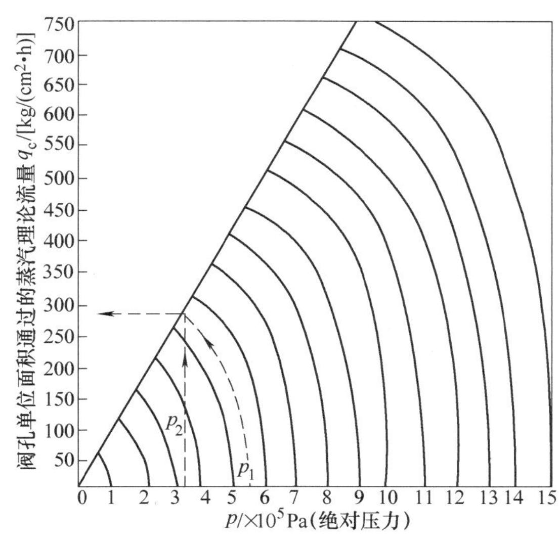

图 7-44　减压阀理论流量曲线

减压阀选择注意事项：活塞式减压阀适用于阀前后压差范围为 0.15MPa≤Δp<0.40MPa。减压阀应安装在水平管段上，阀体直立，安装节点还应设置闸门、安全阀、压力表等附件，波纹管式减压阀适用于阀前后压差 0.15~0.6MPa。

4. 排气装置

为排除热水供应系统最高处积存空气或由热水释放出的空气，以保证管内热水流动，防

止管道腐蚀，在上行下给式系统的配水干管末端或最高处及向上抬高的管段应设排气装置；在下行上给式系统则可利用最高配水点放气。排气装置有手动式和自动式两种。常用自动排气阀，能自动排气且能阻止热水外泄，效果较好。自动排气阀如图7-45所示。

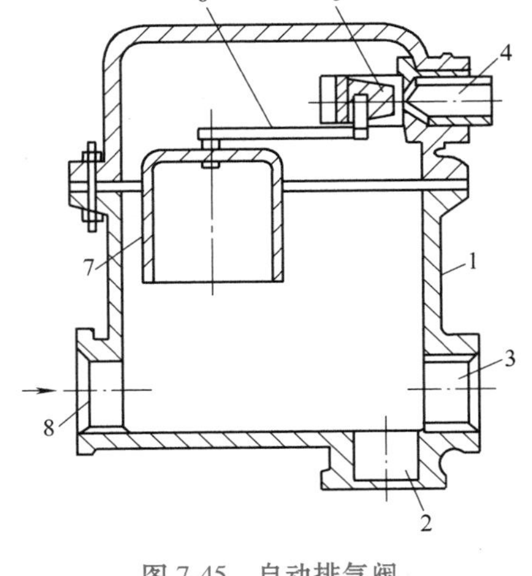

图7-45 自动排气阀

1—阀体 2—直角安装出水口
3—水平安装出水口 4—阀座 5—滑阀
6—杠杆 7—浮钟 8—进水口

自动排气阀一般按管网系统的工作压力来选定，当系统热水温度 $t \leqslant 95℃$，工作压力 $p \leqslant 0.2\text{MPa}$ 时，可选用排气孔径 $d = 2.5\text{mm}$；工作压力 $p = 0.2 \sim 0.4\text{MPa}$ 时，可选用孔径 $d = 1.6\text{mm}$ 的阀座。

5. 热补偿装置

热水系统中管道在温度影响下，能热胀冷缩，因此为保证热水管网使用安全，在热水管道上应采用热补偿装置，以避免管道、设备、器具受损和漏水。

管道热伸长量按式（7-5）计算

$$\Delta L = \alpha(t_{2r} - t_{1r})L \tag{7-5}$$

式中 ΔL——管道的热伸长量（mm）；

t_{2r}——管内热水的最高水温（℃）；

t_{1r}——管道周围的环境温度（℃）；

L——计算管道的管段长度（m）；

α——管道的线膨胀系数［mm/(m·℃)］，见表7-3。

表7-3 不同管材的 α 值 ［单位：mm/(m·℃)］

管材	PPR	PEX	PB	ABS	UPVC	CPVC	PAP	无缝铝合金衬塑	钢管	薄壁铜管	薄壁不锈钢管
α	0.16（0.14~0.18）	0.15（0.2）	0.13	0.13	0.07	0.08	0.025	0.025	0.012	0.16（0.14~0.18）	0.0166

热补偿装置可利用管道的自然补偿和设置补偿器来实现。自然补偿即利用管道敷设自然形成的L形或Z形弯曲管段来补偿管道的温度变形。通常的做法是在转弯前后的直线段上设置固定支架，让其伸缩在弯头处补偿，如图7-46所示。L形、Z形的长臂一般不宜大于20~25m，短臂长度应经计算后确定。其计算方法参阅有关手册。

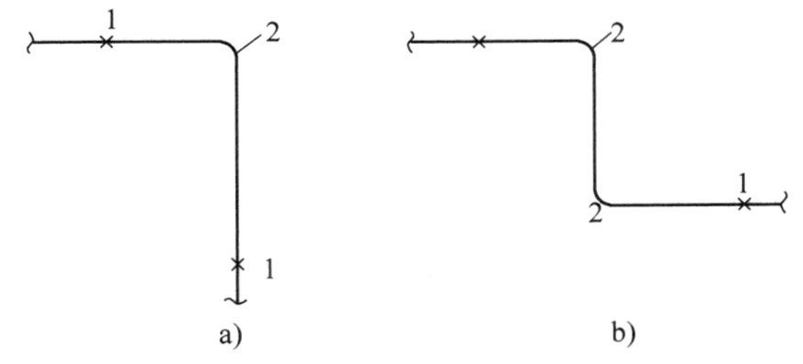

图7-46 自然补偿管道

a) L形 b) Z形

1—固定位置 2—煨弯管

当直线管段较长，管道热伸长量超过自然补偿能力时，应每隔一定距离设置补偿器来补偿管道的伸缩量。补偿器种类有波纹补偿器、方形补偿器（图7-47）、套管式补偿器（图7-48）、球形补偿器（图7-49）等。

热水管道系统中使用最方便、效果最佳的是波纹补偿器。由不锈钢制成的波纹管，用法兰或螺纹连接，具有安装方便、节省面积、外形美观、耐高温的特点。

另外，近年来也有在热水管路中采用可曲绕橡胶接头替代补偿器的做法，但必须注意采用耐热橡胶。

套管式补偿器、球形补偿器占地少、美观、紧凑。选用时，应注意补偿量、材质及生产制作上的质量。安装时应按产品所要求的事项进行，以免漏气或漏水。

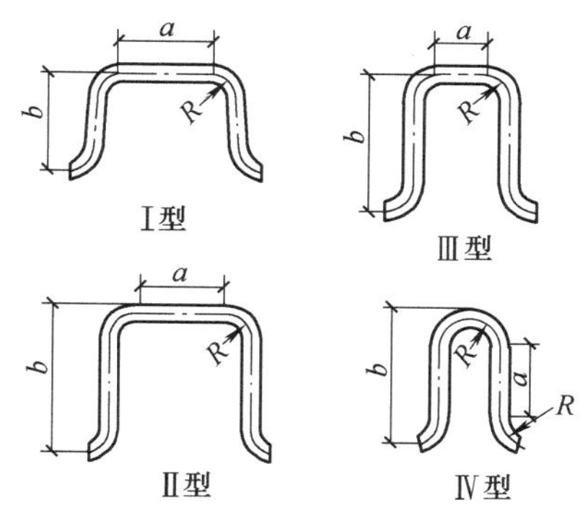

图7-47　方形补偿器

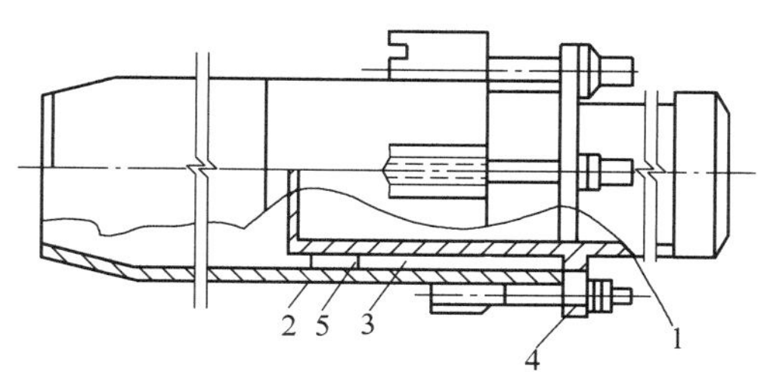

图7-48　套管式补偿器

1—芯管　2—壳体　3—填料圈　4—前压盘　5—后压盘

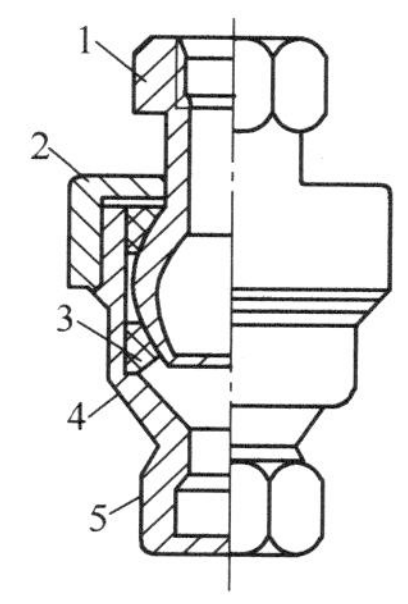

图7-49　球形补偿器

1—球形接头　2—压盖　3—密封圈　4—卡环　5—接头

6. 膨胀管、膨胀水罐、安全阀

在集中热水供应系统中，冷水被加热后，水的体积膨胀，如果热水系统是密闭的，在卫生器具不用水时，必然会增加系统的压力，有胀裂管道的危险，因此需设膨胀管、膨胀水罐、安全阀。

（1）膨胀管　膨胀管用于由高位水箱向水加热器供应冷水的开式热水供应系统中，膨胀管的设置应符合下列要求：

1）当热水系统由生活饮用高位水箱补水时，可将膨胀管引至同一建筑物的非生活饮用水箱以外的其他高位水箱的上空，计算用图如图7-50所示，其高度按式（7-6）计算

$$h = H\left(\frac{\rho_1}{\rho_r} - 1\right) \tag{7-6}$$

式中　h——膨胀管高出生活饮用高位水箱水面的垂直高度（m）；

H——锅炉、水加热器底部至生活饮用高位水箱水面的高度（m）；

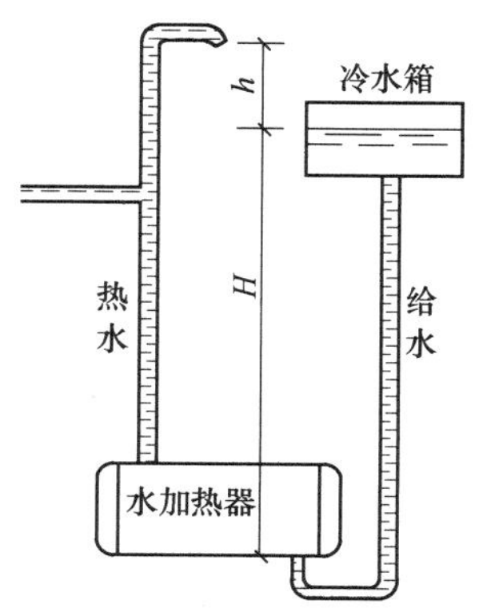

图7-50　膨胀管安装高度计算用图

ρ_l——冷水密度（kg/m^3）；

ρ_r——热水密度（kg/m^3）。

当热水供水系统上设置膨胀水箱时，膨胀水箱水面高出系统冷水补给水箱水面的高度应按式（7-6）计算，此时，h 为热水箱溢流水位超出补给水箱水面的高度（m）；H 为热水箱箱底距冷水补给水箱水面的高度（m）；ρ_l 为冷水箱补给水箱内水的平均密度（kg/m^3）；ρ_r 为热水箱内热水平均密度（kg/m^3）。

膨胀水箱有效容积应按式（7-7）计算，热水箱与冷水补给水箱布置如图7-51所示。

$$V_P = 0.0006\Delta t V_s \tag{7-7}$$

式中 V_P——膨胀水箱有效容积（L）；

Δt——系统内水的最大温差（℃）；

V_s——系统内的水容量（L）。

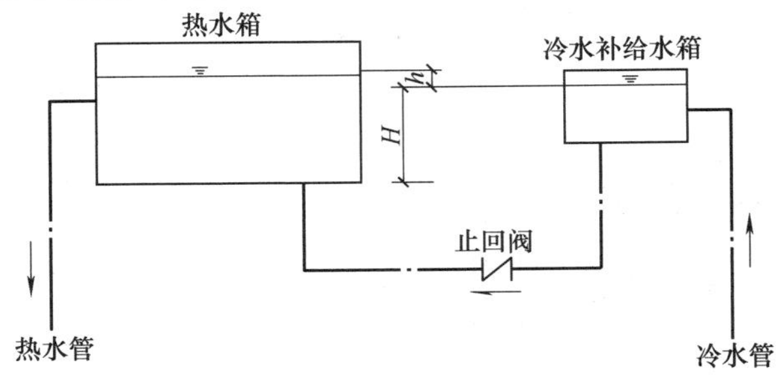

图7-51 热水箱与冷水补给水箱布置

2）膨胀管出口离接入水箱水面的高度不少于100mm。

3）膨胀管如有冻结可能时，应采取保温措施。

4）膨胀管的最小管径按表7-4所示确定。

表7-4 膨胀管的最小管径

锅炉或水加热器的传热面积/m^2	<10	≥10且<15	≥15且<20	≥20
膨胀管最小管径/mm	25	32	40	50

注：对多台锅炉或水加热器，宜分设膨胀管。

5）膨胀管上严禁装设阀门。

（2）膨胀水罐 在闭式热水供应系统中，应设置压力式膨胀水罐、泄压阀，并应符合下列要求：①日用热水量小于等于30m^3的热水供应系统可采用安全阀等泄压的措施；②日用热水量大于30m^3的热水供应系统应设置压力式膨胀水罐。压力式膨胀水罐宜设置在水加热器和止回阀之间的冷水进水管或热水循环回水管的分支管上。图7-52所示是隔膜式膨胀水箱（罐）的构造示意图。

太阳能集中热水供应系统，应采取可靠的防止集热器和贮热水箱（罐）贮水过热的措施。在闭式系统中，应设膨胀水罐、安全阀，有冰冻可能的系统还应有可靠的集热系统防冻措施 。

膨胀水罐的总容积按式（7-8）计算

$$V_e = \frac{(\rho_f - \rho_r)p_2}{(p_2 - p_1)\rho_r}V_s \tag{7-8}$$

式中　V_e——膨胀水罐的总容积（m^3）；

ρ_f——加热前加热、贮热设备内水的密度（kg/m^3），定时供应热水的系统宜按冷水温度确定；全日集中热水供应系统宜按热水回水温度确定；

ρ_r——热水的密度（kg/m^3）；

p_1——膨胀水罐处管内水压力（MPa，绝对压力），为管内工作压力加0.1MPa；

p_2——膨胀水罐处管内最大允许压力（MPa，绝对压力），其数值可取$1.10p_1$，且不应大于水加热器的额定工作压力；

V_s——系统内热水总容积（m^3）。

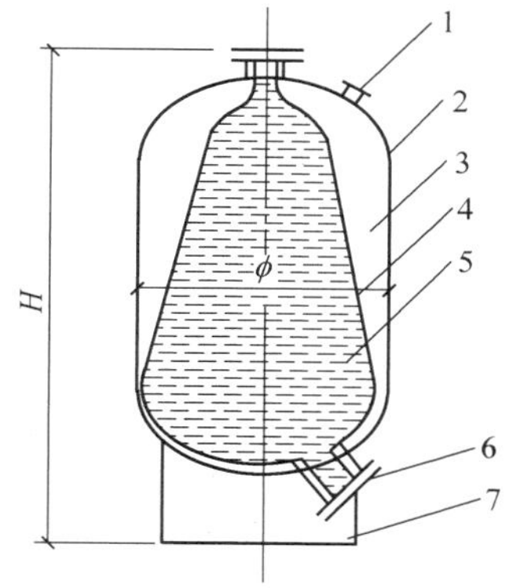

图7-52　隔膜式膨胀水箱（罐）的构造示意图

1—充气嘴　2—外壳　3—气室　4—隔膜　5—水室　6—接管口　7—罐座

（3）安全阀　闭式热水供应系统的日用热水量≤30m^3的热水供应系统可采用安全阀泄压的措施。承压热水锅炉应设安全阀，并由制造厂配套提供。开式热水供应系统的热水锅炉和水加热器可不装安全阀（劳动部门有要求者除外）。设置安全阀的具体要求如下：

1）水加热器宜采用微启式弹簧安全阀，安全阀应设防止随意调整螺钉的装置。

2）用于热水系统的安全阀可按泄放系统温升膨胀产生的压力来计算，其开启压力一般可为热水系统最高工作压力的1.05倍，但不得大于水加热器本体的设计压力。

3）安全阀的接管直径应经计算确定，并应符合锅炉及压力容器的有关规定。

4）安全阀应直立安装在水加热器的顶部。

5）安全阀装设位置，应便于检修。安全阀的泄水管应引至安全处且在泄水管上不得装设阀门。

6）安全阀与设备之间，不得装设取水管、引气管或阀门。

7. 分水器、集水器、分汽缸

1）多个热水、蒸汽管道系统或多个较大热水、蒸汽用户均宜设置分水器（集中控制多支路供水的管道附件）、分汽缸（集中控制多支路供汽的管道附件）。凡设分水器、分汽缸的热水、蒸汽系统的回水管上宜设集水器（集中控制多支路汇水的管道附件）。

2）分水器、分汽缸、集水器宜设置在热交换间、锅炉房等设备用房内，以方便维修、操作。

3）分水器等的筒体直径应大于2倍最大接入管直径。其长度及总体设计应符合“压力容器”设计的有关规定。

7.6　热水管道的布置与敷设及热水供应系统的保温

7.6.1　热水管道的布置与敷设

热水管网的布置和敷设，除了满足给（冷）水管网布置敷设的要求外，还应注意热水系统的循环及由于水温高带来的体积膨胀、管道伸缩补偿、保温、排气等问题。

1）集中热水供应系统应设热水循环管道，其设置应符合下列要求：

a. 热水供应系统应保证干管和立管中的热水循环。

b. 要求随时取得不低于规定温度的热水的建筑物，应保证支管中的热水循环，或有保证支管中热水温度的措施。

c. 循环系统应设循环泵，并应采取机械循环。

2）设有三个或三个以上卫生间的住宅、别墅，当采用共用水加热设备的局部热水供应系统时，宜设热水回水管及循环泵。

3）建筑物内的热水循环管道宜采用同程布置的方式；当采用同程布置困难时，应采取保证干管和立管循环效果的措施。

4）居住小区内集中热水供应系统的热水循环管道宜根据建筑物的布置、各单体建筑物内热水循环管道布置的差异等，采取分设小循环泵、温控阀、限流阀、导流三通等措施保证循环效果。

5）设有集中热水供应系统的建筑物中，用水量较大的浴室、洗衣房、厨房等，宜设单独的热水管网，热水为定时供应，且个别用户对热水供应时间有特殊要求时，宜设置单独的热水管网或局部加热设备。

6）对于下行上给的热水管网，水平干管可敷设在室内地沟内，或地下室顶部。对于上行下给的热水管网，水平干管可敷设在建筑物最高层吊顶或专用设备技术层内。干管的直线段应设置足够的伸缩器，上行下给式系统配水干管最高点应设排气装置，下行上给配水系统可利用最高配水点放气。下行上给式系统设有循环管道时，其回水立管可在最高配水点以下（约0.5m）与配水立管连接，上行下给式系统可将循环管道与各立管连接。为便于排气和泄水，热水横管均应有与水流相反的坡度，其值一般大于等于0.003，并在管网的最低处设泄水阀门，以便检修时泄空管网存水。

7）明装管道尽可能布置在卫生间、厨房沿墙、柱敷设，一般与冷水管平行。暗装管道可布置在管道竖井或预留沟槽内。塑料热水管宜暗设，明设时立管宜布置在不受撞击处，当不能避免时，应在管外加保护措施。

8）立管与横管连接时，为避免管道伸缩应力破坏管网，立管与横管相连应采用乙字弯，如图7-53所示。

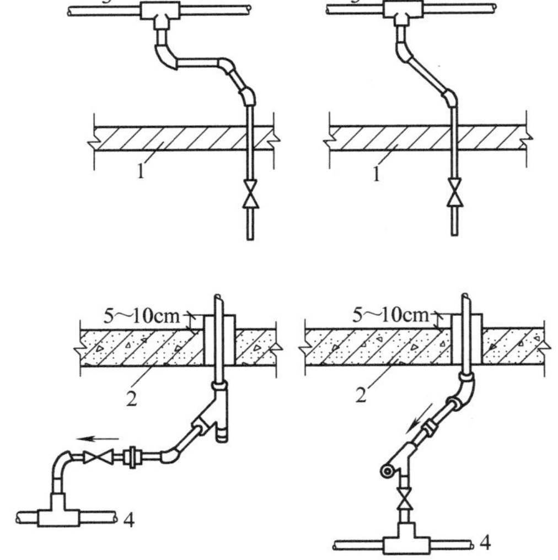

图7-53　热水立管与水平干管的连接方式

1—吊顶　2—地板或沟盖板

3—配水横管　4—回水管

9）穿越建筑物墙壁、楼板、基础处应设套管，让其自由伸缩，穿越屋面及地下室外墙时应加防水套管。一般套管内径应比通过热水管的外径大2~3号，中间填不燃烧材料，再用沥青油膏之类的软密封防水填料灌平。套管高出地面大于等于20mm。

10）水加热设备的上部、热媒进出口管上、贮热水罐和冷热水混合器，应装温度计、压力

表；热水循环的进水管上应装温度计及控制循环泵开停的温度传感器；热水箱应装温度计、水位计；压力容器设备应装安全阀。

11）热水管道系统，应有补偿管道热胀冷缩的措施。

12）当需计量热水总用水量时，可在水加热设备的冷水供水管上装冷水水表，对成组和个别用水点可在专供支管上装设热水水表。有集中供应热水的住宅应装设分户热水水表。

13）热水管网应在下列管段上装设阀门：

a. 与配水、回水干管连接的分干管。

b. 配水立管和回水立管。

c. 从立管接出的支管。

d. 室内热水管道向住户、公用卫生间等接出的配水管的起端。

e. 与水加热设备、水处理设备及温度、压力等控制阀件连接处的管段上。

14）热水管网应在下列管段上装设止回阀，如图 7-54 所示。

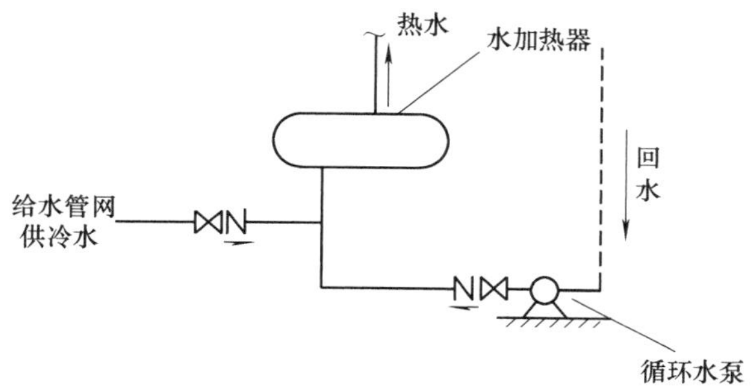

图 7-54　热水管道上止回阀的位置

a. 水加热器或贮水罐的冷水供水管（当此处安装倒流防止器时，可不设止回阀，但应采取保证系统冷热水供水压力平衡的措施）。

b. 机械循环的第二循环系统回水管。

c. 冷热水混水器的冷、热水供水管。

7.6.2　热水供应系统的保温

热水供应系统的热水锅炉、燃油（气）热水机组、水加热设备、贮水器、分（集）水器、分汽缸、热水输（配）水、循环回水干（立）管应做保温，以减少热损失，保温层的厚度应经计算确定。

保温层结构由保温层、防潮层和保护层组成。热水供应系统的保温材料应符合热导率小、具有一定的机械强度、重量轻、没有腐蚀性、易于施工成型及可就地取材等要求。常用的保温材料有岩棉制品及其管壳、矿渣制品及其管壳、微孔硅酸钙制品及其管壳、超细玻璃棉、硅酸铝制品、珍珠岩制品、泡沫玻璃制品、聚苯乙烯泡沫塑料、聚氨酯泡沫塑料、泡沫石棉制品；防潮层材料有油毡纸、铝箔、带金属网沥青玛蹄脂、布面涂沥青漆；保护层材料有金属薄板、石棉水泥、麻刀灰、油毛毡、玻璃布、铝箔等。

热水配水管、回水管、热媒水管常用的保温材料为岩棉、超细玻璃棉、硬聚氨酯、橡塑泡棉等材料，其保温层厚度可参照表 7-5 采用。蒸汽管采用珍珠岩管壳保温时，其厚度见表

7-6。水加热器、开水器等设备采用岩棉制品、硬聚氨酯发泡塑料等保温时，保温层厚度可为 35mm。

表 7-5　热水配水管、回水管、热媒水管常用的保温层厚度

管道直径 DN/mm	热水配水管、回水管				热媒水、蒸汽凝结水管	
	15~20	25~50	65~100	>100	≤50	>50
保温层厚度 /mm	20	30	40	50	40	50

表 7-6　蒸汽管的保温层厚度

管道直径 DN/mm	≤40	50~65	≥80
保温层厚度/mm	50	60	70

管道和设备在采取保温措施之前，应进行防腐蚀处理。保温材料应与管道或设备的外壁相贴密实，并在保温层外表面做防护层。如遇管道转弯处，其保温层应做伸缩缝，缝内填柔性材料。

保温施工方法有涂抹法、填充法、包扎法和机械喷涂法。

7.7　高层建筑热水供应系统

7.7.1　技术要求

高层建筑热水供应系统与给水系统相同，若采用同一系统供应热水，也会使低层管道中静水压力过大，因而带来一系列弊病。为了保证良好的工况，高层建筑热水供应系统也要解决低层管道中静水压力过大的问题。

7.7.2　技术措施

与给水系统相同，解决低层管道静水压力过大的问题，可采用竖向分区的供水方式。热水供应系统分区的范围，应与给水系统的分区一致，各区的水加热器、贮水器的进水，均应由同区的给水系统供应。冷、热水系统分区一致，可使系统内冷、热水压力平衡，便于调节冷、热水混合水嘴的出水温度，也便于管理。但因热水系统水加热器、贮水器的进水由同区给水系统供应，水加热后，再经热水配水管送至各水嘴，故热水在管道中的流程远比同区冷水水嘴流出冷水所经历的流程长，所以尽管冷、热水分区范围相同，混合水嘴处冷、热水压力仍有差异。为保持良好的供水工况，还应采取相应措施适当增加冷水管道的阻力，减小热水管道的阻力，以使冷、热水压力保持平衡，也可采用内部设有温度感应装置，能根据冷、热水压力大小、出水温度高低自动调节冷热水进水量比例，保持出水温度恒定的恒温式水龙头。

7.7.3　供水方式

高层建筑热水系统的分区供水方式主要有集中式和分散式。

(1) 集中式　各区热水配水循环管网自成系统，加热设备、循环水泵集中设在底层或地

下设备层，各区加热设备的冷水分别来自各区冷水水源，如冷水箱等，如图 7-55 所示。其优点是各区供水自成系统，互不影响，供水安全、可靠；设备集中设置，便于维修、管理。其缺点是高区水加热器需承受高压，耗钢材量较多，制作要求和费用高。所以该分区形式不宜用于多于三个分区，一般适用于高度不大于 100m 的高层建筑。

（2）分散式　各区热水配水循环管网也自成系统，但各区的加热设备和循环水泵分散设置在各区的设备层中，如图 7-56 所示。其优点是供水安全可靠，且加热设备承压均衡，耗钢材量少，费用低。其缺点是设备分散设置，不但要占用一定的建筑面积，维修管理也不方便，且热媒管线较长。所以该分区形式用于多于三个分区，一般适用于高度大于 100m 的超高层建筑。

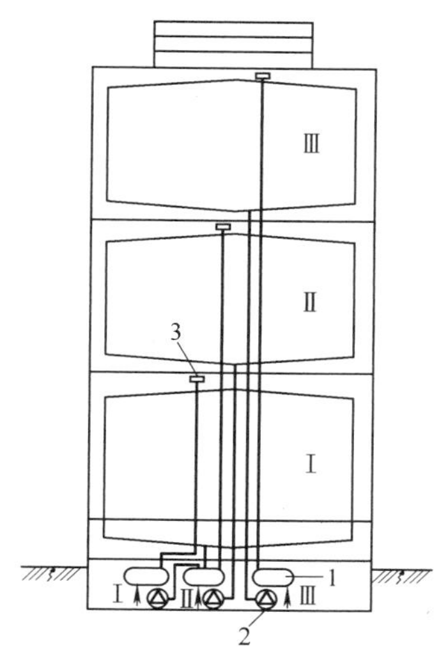

图 7-55　加热设备集中设置的分区集中热水供应方式
1—水加热器　2—循环水泵　3—排气阀

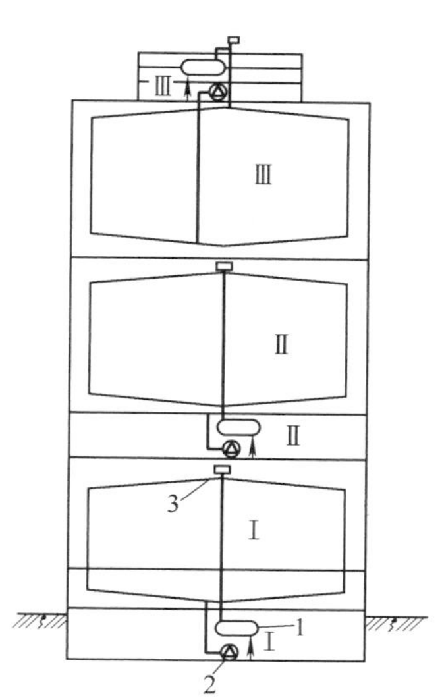

图 7-56　加热设备分散设置的分区分散式集中热水供应方式
1—水加热器　2—循环水泵　3—排气阀

高层建筑热水系统的分区，应遵循以下原则：①应与给水系统的分区一致，各区水加热器、贮水罐的进水均应由同区的给水系统专管供应；②当不能满足时，应采取保证系统冷、热水压力平衡的措施；③当采用减压阀分区时，除应满足给水系统的减压阀分区的要求外，其密封部分材质应按热水温度要求选择，尤其要注意保证各分区热水的循环效果。

7.7.4　管网布置与敷设

一般高层建筑热水供应的范围大，热水供应系统的规模也较大，为确保系统运行时的良好工况，进行管线布置时，应注意以下几点：

1）当分区范围超过 5 层时，为使各配水点随时得到设计要求的水温，应采用全循环或立管循环方式；当分区范围小，但立管数多于 5 根时，应采用干管循环方式。

2）为防止循环流量在系统中流动时出现短流，影响部分配水点的出水温度，宜采用同程式管线布置形式，如图 7-57 和图 7-58 所示，使循环流量通过各循环管路的流程相当，可避免短流现象，利于保证各配水点所需水温；当采用同程布置困难时，应采取保证干管和立管循环效果的措施。

3）为提高供水的安全可靠性，尽量减小管道、附件检修时的停水范围，可充分利用热水循环管路提供的双向供水的有利条件，放大回水管管径，使它与配水管径接近，当管道出现故障时，可临时作为配水管使用。

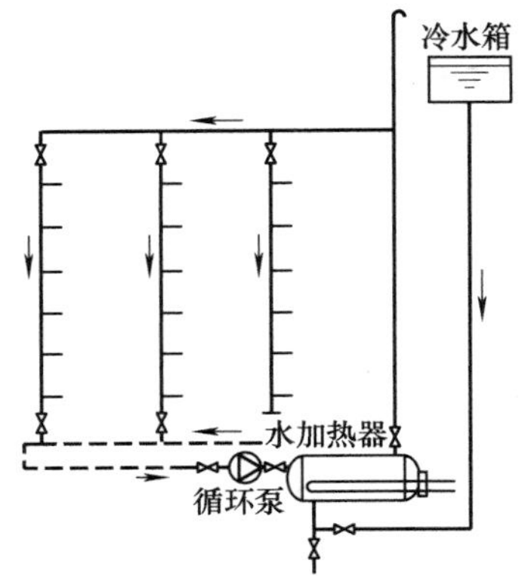

图 7-57 上行式同程系统

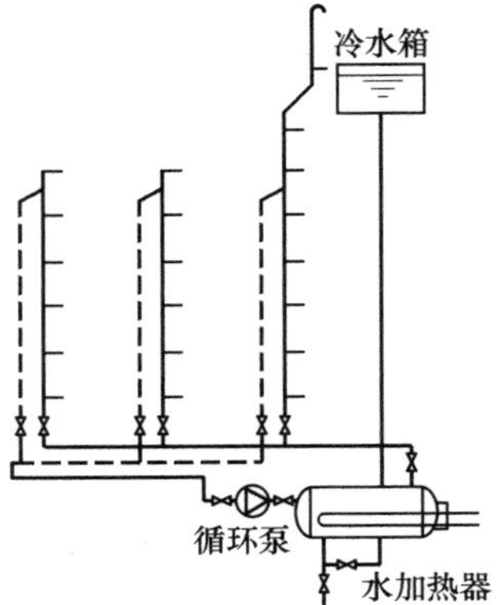

图 7-58 下行式同程系统

思考题与习题

1. 各类热水供应系统具有什么特点？
2. 怎样解决开式和闭式热水供应系统的排气和水加热时体积膨胀？
3. 怎样解决热水供应系统管道的热收缩？
4. 热水配水管网水力计算的方法与冷水有什么异同？
5. 什么是循环流量？它有什么作用？
6. 什么是直接加热方式和间接加热方式？各自适用条件是什么？
7. 热水供应系统中除安装与冷水系统相同的附件外，还需加设哪些附件？各有什么作用和设置要求？
8. 水加热的主要设备有哪些？哪些属于层流加热？哪些属于湍流加热？各适应于什么场所？

第 8 章

建筑内部热水供应系统的计算

学习重点：

①热水用水定额及水温确定；②耗热量、热水量和热媒耗量的计算；③集中热水供应系统中热水加热及贮存设备的计算；④热水回水管网水力计算；⑤热媒管网水力计算。

8.1 热水用水定额、水温和水质

8.1.1 热水用水定额

生产用热水定额，应根据生产工艺要求确定。

生活用热水定额，应根据建筑物的使用性质、热水水温、卫生设备完善程度、热水供应时间、当地气候条件和生活习惯等因素合理确定。热水用水定额根据卫生器具完善程度和地区条件，按表 8-1 所示确定。卫生器具的一次和小时热水用水量及水温应按表 8-2 所示确定。

表 8-1 热水用水定额

序号	建筑物名称	单位	最高日用水定额/L	使用时间/h
1	住宅			
	有自备热水供应和沐浴设备	每人每日	40~80	24
	有集中热水供应和沐浴设备	每人每日	60~100	24
2	别墅	每人每日	70~110	24
3	酒店式公寓	每人每日	80~100	24
4	宿舍			24
	Ⅰ类、Ⅱ类	每人每日	70~100	
	Ⅲ类、Ⅳ类	每人每日	40~80	
5	招待所、培训中心、普通旅馆			24 或定时供应
	设公用盥洗室	每人每日	25~40	
	设公用盥洗室、淋浴室	每人每日	40~60	
	设公用盥洗室、淋浴室、洗衣室	每人每日	50~80	
	设单独卫生间、公用洗衣室	每人每日	60~100	
6	宾馆客房			24
	旅客	每床位每日	120~160	
	员工	每人每日	40~50	

（续）

序号	建筑物名称	单位	最高日用水定额/L	使用时间/h
7	医院住院部			
	设公用盥洗室	每床位每日	60~100	24
	设公用盥洗室、淋浴室	每床位每日	70~130	
	设单独卫生间	每床位每日	110~200	
	医务人员	每人每班	70~130	8
	门诊部、诊疗所	每病人每次	7~13	
	疗养院、休养所住房部	每床位每日	100~160	24
8	养老院	每床位每日	50~70	24
9	幼儿园、托儿所			
	有住宿	每儿童每日	20~40	24
	无住宿	每儿童每日	10~15	10
10	公共浴室			
	淋浴	每顾客每次	40~60	12
	淋浴、浴盆	每顾客每次	60~80	
	桑拿浴（淋浴、按摩池）	每顾客每次	70~100	
11	理发室、美容院	每顾客每次	10~15	12
12	洗衣房	每公斤干衣	15~30	8
13	餐饮厅			
	营业餐厅	每顾客每次	15~20	10~12
	快餐店、职工及学生食堂	每顾客每次	7~10	12~16
	酒吧、咖啡厅、茶座、卡拉OK房	每顾客每次	3~8	8~18
14	办公楼	每人每班	5~10	8
15	健身中心	每人每次	15~25	12
16	体育场（馆）：运动员淋浴	每人每次	17~26	4
17	会议厅	每座位每次	2~3	4

注：1. 热水温度按60℃计。
2. 表内所列用水定额均已包括在给水用水定额中。
3. 本表以60℃热水水温为计算温度。

表8-2　卫生器具的一次和小时热水用水定额及水温

序号	卫生器具名称	一次用水量/L	小时用水量/L	使用水温/℃
1	住宅、旅馆、别墅、宾馆、酒店式公寓			
	带有淋浴器的浴盆	150	300	40
	无淋浴器的浴盆	125	250	40
	淋浴器	70~100	140~200	37~40
	洗脸盆、盥洗槽水嘴	3	30	30
	洗涤盆（池）	—	180	50

（续）

序号	卫生器具名称	一次用水量/L	小时用水量/L	使用水温/℃
2	宿舍、招待所、培训中心 淋浴器：有淋浴小间 无淋浴小间 盥洗槽水嘴	 70~100 — 3~5	 210~300 150 50~80	 37~40 37~40 30
3	餐饮业 洗涤盆（池） 洗脸盆：工作人员用 顾客用 淋浴器	 — 3 — 40	 250 60 120 400	 50 30 30 37~40
4	幼儿园、托儿所 浴盆：幼儿园 托儿所 淋浴器：幼儿园 托儿所 盥洗槽水嘴 洗涤盆（池）	 100 30 30 15 15 —	 400 120 180 90 25 180	 35 35 35 35 30 50
5	医院、疗养院、休养所 洗手盆 洗涤盆（池） 淋浴器 浴盆	 — — — 125~150	 15~25 300 200~300 250~300	 35 50 37~40 40
6	公共浴室 浴盆 淋浴器：有淋浴小间 无淋浴小间 洗脸盆	 125 100~150 — 5	 250 200~300 450~540 50~80	 40 37~40 37~40 35
7	办公楼：洗手盆	—	50~100	35
8	理发室、美容院：洗脸盆	—	35	35
9	实验室 洗脸盆 洗手盆	 — —	 60 15~25	 50 30
10	剧场 淋浴器 演员用洗脸盆	 60 5	 200~400 80	 37~40 35
11	体育场馆：淋浴器	30	300	35
12	工业企业生活间 淋浴器：一般车间 脏车间 洗脸盆或盥洗槽水嘴　一般车间 脏车间	 40 60 3 5	 360~540 180~480 90~120 100~150	 37~40 40 30 35
13	净身器	10~15	120~180	30

注：一般车间指现行《工业企业设计卫生标准》（GBZ1—2010）中规定的 3、4 级卫生特征的车间；脏车间指该标准中规定的 1、2 级卫生特征的车间。

8.1.2　热水用水水温

1. 冷水的计算温度

冷水的计算温度，应以当地最冷月平均水温资料确定。当无水温资料时，可按表8-3所示采用。

表8-3　冷水计算温度　（单位:℃）

区域	省、市、自治区、行政区		地面水	地下水
东北	黑龙江		4	6~10
	吉林		4	6~10
	辽宁	大部	4	6~10
		南部	4	10~15
华北	北京		4	10~15
	天津		4	10~15
	河北	北部	4	6~10
		大部	4	10~15
	山西	北部	4	6~10
		大部	4	10~15
	内蒙古		4	6~10
西北	陕西	偏北	4	6~10
		大部	4	10~15
		秦岭以南	7	15~20
西北	甘肃	南部	4	10~15
		秦岭以南	7	15~20
	青海	偏东	4	10~15
	宁夏	偏东	4	6~10
		南部	4	10~15
	新疆	北疆	5	10~11
		南疆	—	12
		乌鲁木齐	8	12
东南	山东		4	10~15
	上海		5	15~20
	浙江		5	15~20
	江苏	偏北	4	10~15
		大部	5	15~20
	江西 大部		5	15~20
	安徽 大部		5	15~20
	福建	北部	5	15~20
		南部	10~15	20
	台湾		10~15	20

（续）

区域	省、市、自治区、行政区		地面水	地下水
中南	河南	北部	4	10~15
		南部	5	15~20
	湖北	东部	5	15~20
		西部	7	15~20
	湖南	东部	5	15~20
		西部	7	15~20
	广东、港澳		10~15	20
	海南		15~20	17~22
西南	重庆		7	15~20
	贵州		7	15~20
	四川 大部		7	15~20
	云南	大部	7	15~20
		南部	10~15	20
	广西	大部	10~15	20
西南	广西	偏北	7	15~20
西藏			—	5

2. 热水供水温度和使用温度

热水供水温度是指热水供应设备的出口温度，以控制在 55~60℃ 为好。最低供水温度应保证热水管网最不利配水点的水温不低于使用水温要求，一般不低于 55℃；最高供水温度应便于使用。过高的供水温度会增大加热设备和管网的热损失，增加管道结垢和腐蚀的可能性，并易引发烫伤事故。根据供水水质情况，加热设备出口的最高水温、配水点的最低水温和卫生器具的使用情况分别按表 8-4 和表 8-5 所示选用。

1）直接供应热水的热水锅炉、热水机组或水加热器出口的最高水温和配水点的最低水温可按表 8-4 所示采用。

表 8-4　直接供应热水的热水锅炉、热水机组或水加热器出口的最高水温和配水点的最低水温　（单位:℃）

水质处理情况	热水锅炉、热水机组或水加热器出口的最高水温	配水点的最低水温
原水水质无需软化处理、原水水质需水质处理且有水质处理	75	50
原水水质需水质处理但未进行水质处理	60	50

注：当热水供应系统只供淋浴和盥洗用水，不供洗涤盆（池）洗涤用水时，配水点最低水温可不低于 40℃。设置集中热水供应系统的住宅，配水点的水温不应低于 45℃。

2）热水按使用性质可分为盥洗、沐浴、洗涤用水，其相应的所需水温见表 8-5。

表8-5　盥洗、沐浴、洗涤用的热水水温

用水对象	热水水温/℃
盥洗用（包括洗脸盆、盥洗槽、洗手盆用水）	30~35
沐浴用（包括浴盆、淋浴器用水）	37~40
洗涤用（包括洗涤盆、洗涤池用水）	≈50

当热水供应系统供沐浴和盥洗用水时，配水点处最低水温可低于表8-4所示的50℃，而不会影响使用。当配水点的最低水温降低时，热水锅炉、热水机组或水加热器出口的最高水温可相应降低，可减少因温差而引起的热损失，同时可减缓设备和管道的结垢。

3. 冷热水比例计算

由于热水供水水温与热水使用水温不同，因此使用时要与一部分冷水混合。若混合水量为100%，则所需热水量占混合水量的百分数（热水混合系数）按式（8-1）计算

$$K_r = \frac{t_h - t_l}{t_r - t_l} \times 100\% \tag{8-1}$$

式中　K_r——热水混合系数；

t_h——混合后卫生器具出水温度（℃），按表8-2所示选用；

t_l——冷水计算温度（℃），按表8-3所示选用；

t_r——热水系统供水温度（℃）。

所需冷水量占混合水量的百分数 $K_L = 1 - K_r$。

8.1.3　热水用水水质

1）生产用热水的水质，应根据生产工艺要求确定。

2）生活热水水质的卫生标准，应符合现行国家标准《生活饮用水卫生标准》（GB 5749—2006）的要求。

3）集中热水供应系统的原水的水处理，应根据水质、水量、水温、水加热设备的构造及使用要求等因素经技术经济比较按以下条件确定：

a. 洗衣房日用热水量（按60℃计）大于或等于10m^{3}且原水总硬度（以碳酸钙计）大于300mg/L时，应进行水质软化处理；原水总硬度（以碳酸钙计）为150~300mg/L时，宜进行水质软化处理。

b. 其他生活日用热水量（按60℃计）大于或等于10m^{3}且原水总硬度（以碳酸钙计）大于300mg/L时，宜进行水质软化或阻垢缓蚀处理（水质阻垢缓蚀处理是指采用电、磁、化学稳定剂等物理、化学方法稳定水中钙、镁离子，使其在一定的条件下不形成水垢，延缓对加热设备或管道的腐蚀的水质处理）。

c. 经软化处理后的水质总硬度宜为：洗衣房用水50~100mg/L；其他用水75~150mg/L。

d. 水质阻垢缓蚀处理应根据水的硬度、适用流速、温度、作用时间或有效长度及工作电压等选择合适的物理处理方法或化学稳定剂处理方法。

e. 当系统对溶解氧控制要求较高时，宜采取除氧措施。

8.2　耗热量、热水量和热媒耗量的计算

8.2.1　设计小时耗热量的计算

设有集中热水供应系统的居住小区的设计小时耗热量，当居住小区内配套公共设施的最大用水时时段与住宅的最大用水时时段一致时，应按两者的设计小时耗热量叠加计算；当居住小区内配套公共设施的最大用水时时段与住宅的最大用水时时段不一致时，应按住宅的设计小时耗热量加配套公共设施的平均小时耗热量叠加计算。

1. 全日供应热水的宿舍（Ⅰ、Ⅱ类）、住宅等建筑

全日供应热水的宿舍（Ⅰ、Ⅱ类）、住宅、别墅、酒店式公寓、招待所、培训中心、旅馆、宾馆的客房（不含员工）、医院住院部、养老院、幼儿园、托儿所（有住宿）、办公楼等建筑的集中热水供应系统的设计小时耗热量应按式（8-2）计算

$$Q_h = K_h \frac{mq_r c(t_r - t_l)\rho_r}{T} \tag{8-2}$$

式中　Q_h——设计小时耗热量（kJ/h）；

K_h——热水小时变化系数，可按表 8-6 所示选用；

m——用水计算单位数（人数或床位数）；

q_r——热水用水定额［L/(人·d)］或［L/(床·d)］，按表 8-1 所示采用；

c——水的比热容，c=4.187［kJ/(kg·℃)］；

t_r——热水温度（℃），t_r=60℃；

t_l——冷水温度（℃），按表 8-3 所示选用；

ρ_r——热水密度（kg/L）；

T——每日使用时间（h），按表 8-1 所示选用。

生产上需要的设计小时热水供应量，按产品类型、数量、相应的生产工艺及时间确定。

表 8-6　热水小时变化系数 K_h 值

类别	住宅	别墅	酒店式公寓	宿舍（Ⅰ、Ⅱ类）	招待所培训中心、普通旅馆	宾馆	医院	幼儿园托儿所	养老院
热水用水定额/［L/(人(床)·d)］	60~100	70~110	80~100	40~80	25~50 40~60 50~80 60~100	120~160	60~100 70~130 110~200 100~160	20~40	50~70
使用人(床)数	≤100~≥6000	≤100~≥6000	≤150~≥1200	≤150~≥1200	≤150~≥1200	≤150~≥1200	≤50~≥1000	≤50~≥1000	≤50~≥1000
K_h	4.8~2.75	4.21~2.47	4.00~2.58	4.80~3.20	3.84~3.00	3.33~2.60	3.63~2.56	4.80~3.20	3.20~2.74

注：1. K_h 应根据热水用水定额高低、使用人（床）数多少取值，当热水用水定额高、使用人（床）数多时取低值，反之取高值；使用人（床）数小于等于下限值及大于等于上限值的，K_h 就取下限值及上限值，中间值可用内插法求得。

2. 设有全日集中热水供应系统的办公楼、公共浴室等表中未列入的其他类建筑的 K_h 值可按表 2-2中给水的小时变化系数选值。

2. 定时供应热水的住宅、旅馆、医院及工业企业生活间等建筑

定时供应热水的住宅、旅馆、医院及工业企业生活间、公共浴室、宿舍（Ⅲ、Ⅳ类）、剧院化妆间、体育馆（场）运动员休息室等建筑的集中热水供应系统的设计小时耗热量应按式（8-2）计算

$$Q_h = \sum q_h c\ (t_r - t_l)\ \rho_r n_0 b \tag{8-3}$$

式中　Q_h——设计小时耗热量（kJ/h）；

q_h——卫生器具热水的小时用水定额（L/h），应按表8-2所示选用；

c——水的比热容，c=4.187［kJ/(kg·℃)］；

t_r——热水温度（℃），按表8-2所示选用；

t_l——冷水温度（℃），按表8-3所示选用；

ρ_r——热水密度（kg/L）；

n_0——同类型卫生器具数；

b——卫生器具的同时使用百分数，按表8-7所示选用。

表8-7　卫生器具同时使用百分数 b 值

建筑物名称	卫生洁具同时使用百分数 b 值（%）
工业企业生活间、公共浴室、学校、剧院、体育馆（场）等的浴室内的淋浴器和洗脸盆	均按100%计
住宅、旅馆，医院、疗养院病房	卫生间内浴盆或淋浴器可按70%~100%计，其他器具不计，但定时连续供水时间应大于等于2h
住宅一户带多个卫生间	可按一个卫生间计算

3. 具有多个不同使用热水部门的单一建筑或具有多种使用功能的综合性建筑

具有多个不同使用热水部门的单一建筑或具有多种使用功能的综合性建筑（如综合楼内有商业中心、餐厅、办公室、公寓等不同性质的单元，又如旅馆内除客房使用热水外，还有职工盥洗、洗衣房、厨房、游泳池、按摩浴、理发等需使用热水），当其热水由同一热水供应系统供应时，设计小时耗热量可按同一时间内出现用水高峰的主要用水部门的设计小时耗热量加其他用水部门的平均小时耗热量计算。

8.2.2　设计小时热水量的计算

设计小时热水量按式（8-4）计算

$$q_{rh} = \frac{Q_h}{(t_r - t_l)c\rho_r} \tag{8-4}$$

式中　q_{rh}——设计小时热水量（L/h）；

Q_h——设计小时耗热量（kJ/h）；

c——水的比热容，c=4.187［kJ/(kg·℃)］；

t_r——设计热水温度（℃）；

t_l——设计冷水温度（℃），按表8-3所示选用；

ρ_r——热水密度（kg/L）。

8.2.3　热媒耗量的计算

热媒耗量计算的目的是确定能满足所需耗热量的蒸汽量和高温水量。热媒耗量计算与加热方式有关。

（1）蒸汽直接与被加热水混合加热的蒸汽耗量

$$G = k\frac{Q_h}{h_m - h_r} \tag{8-5}$$

式中　G——蒸汽耗量（kg/h）；

Q_h——设计小时耗热量（kJ/h）；

k——热媒管道热损失附加系数，$k = 1.05 \sim 1.20$；

h_m——蒸汽比焓（kJ/kg），按蒸汽压力由蒸汽表中选用，或按表 8-8 所示选用；

h_r——蒸汽与冷水混合后的热水比焓（kJ/kg），$h_r = 4.187t_r$；

t_r——蒸汽与冷水混合后的热水温度（℃）。

表 8-8　饱和水蒸气性质

绝对压力/MPa	饱和水蒸气温度/℃	比焓/(kJ/kg)		蒸汽的汽化热/(kJ/kg)
		液体	蒸汽	
0.1	100	419	2679	2260
0.2	119.6	502	2707	2205
0.3	132.9	559	2726	2167
0.4	142.9	601	2738	2137
0.5	151.1	637	2749	2112
0.6	158.1	667	2757	2090
0.7	164.2	694	2767	2073
0.8	169.6	718	2773	2055
0.9	174.5	739	2777	2038

（2）蒸汽通过传热面间接加热冷水的蒸汽耗量

$$G = k\frac{Q_h}{r} \tag{8-6}$$

式中　G——蒸汽耗量（kg/h）；

k——热媒管道热损失附加系数，$k = 1.05 \sim 1.20$；

Q_h——设计小时耗热量（kJ/h）；

r——蒸汽的汽化热（kJ/kg），按蒸汽压力由蒸汽表中选用或按表 8-8 所示选用。

（3）热媒为高温水通过传热面间接加热冷水的高温水耗量

$$G = k\frac{Q_h}{c(t_{mc} - t_{mz})} \tag{8-7}$$

式中　G——高温水耗量（kg/h）；

k——热媒管道热损失附加系数，$k = 1.05 \sim 1.20$；

Q_h——设计小时耗热量（kJ/h）；

t_{mc}——进换热器高温水进口温度（℃）；

t_{mz}——出换热器换热后的热媒温度（℃）；

c——水的比热容，c=4.187kJ/(kg·℃)。

由热水热力网供热，应采用供回水的最低温度计算，但热力网供水的初温和被加热水的终温的温差不得小于10℃。

8.3　热水加热和贮存设备的选择计算

8.3.1　局部加热设备的选择计算

1. 燃气热水器的计算

（1）燃具热负荷　按式（8-8）计算

$$Q_f = K\frac{Wc(t_r - t_l)}{\eta\tau} \tag{8-8}$$

式中　Q_f——燃具热负荷（kJ/h）；

W——被加热水的质量（kg）；

c——水的比热容，c=4.187kJ/(kg·℃)；

τ——升温所需时间（h）；

t_r——热水温度（℃）；

t_l——冷水计算温度（℃），按表8-3所示选用；

K——安全系数，K=1.28~1.40。

η——燃具热效率，容积式燃气热水器η大于75%，快速式燃气热水器η大于70%，开水器η大于75%。

（2）燃气耗量　按式（8-9）计算

$$\varphi = \frac{Q_f}{Q_d} \tag{8-9}$$

式中　φ——燃气耗量（m^3/h）；

Q_f——燃具热负荷（kJ/h）；

Q_d——燃气的低热值（kJ/m^3）。

2. 电热水器的计算

（1）快速式电热水器耗电功率　按式（8-10）计算

$$P = (1.10 \sim 1.20)\frac{3600q_h(t_r - t_l)c\rho_r}{3617\eta} \tag{8-10}$$

式中　P——耗电功率（kW）；

q_h——热水流量（L/s），可根据使用场所、卫生器具类型、数量、要求水温和1次用水量或1h用水量，参考表8-2所示确定；

c——水的比热容，c=4.187kJ/(kg·℃)；

t_r——热水温度（℃）；

t_l——冷水计算温度（℃），按表8-3所示选用；

ρ_r——热水密度（kg/L）；

3617——热功当量 [kJ/(kW·h)];

η——加热器效率，一般为 0.95~0.98;

1.10~1.20——热损失系数。

(2) 容积式电热水器耗电功率

1) 只在使用前加热，使用过程中不再加热时，按式 (8-11) 计算

$$P=(1.10\sim1.20)\frac{V(t_r-t_1)c\rho_r}{3617\eta T} \tag{8-11}$$

式中　V——热水器容积 (L);

T——加热时间 (h)。

其他符号含义同式 (8-10)。

2) 除使用前加热外，在使用过程中还继续加热时，按式 (8-12) 计算

$$P=(1.10\sim1.20)\frac{(3600q_hT_1-V)(t_r-t_1)c\rho_r}{3617\eta T_1} \tag{8-12}$$

式中　T_1——热水用水时间 (h)。

其他符号含义同式 (8-10)。

3. 太阳能热水器的计算

1) 集热器总面积应根据日用水量、当地年平均日太阳辐照量和集热器集热效率等因素确定。表 8-9 列出了国内生产的几类太阳能集热器的日产水量和产水水温的实测数据，可供设计时选用。厂家未提供时可按下列公式计算。

表 8-9　国内生产的几类太阳能集热器的日产水量和产水水温

集热器类型	实测季节	日产水量/[kg/(m²·d)]	产水温度/℃
钢管板	春、夏、秋有阳光天气	70~90	40~50
扁　盒		80~110	40~60
铜管板		80~100	40~60
钢铝复合管板		90~120	40~65

a. 直接加热供水系统的集热器总面积可按式 (8-13) 计算

$$A_{jz}=\frac{q_{rd}c\rho_r(t_r-t_1)f}{J_t\eta_j(1-\eta_1)} \tag{8-13}$$

式中　A_{jz}——直接加热供水系统的集热器总面积 (m^2);

q_{rd}——设计日用热水量 (L/d)，按不高于表 8-1 和表 8-2 所示用水定额中下限取值;

c——水的比热容，c=4.187kJ/(kg·℃);

ρ_r——热水密度 (kg/L);

t_r——热水温度 (℃)，t_r=60℃;

t_1——冷水计算温度 (℃)，按表 8-3 所示选用;

J_t——集热器采光面上年平均日太阳幅照量 [kJ/(m^2·d)];

f——太阳能保证率 (系统中由太阳能部分提供的热量除以系统总负荷)，根据系统使用期内的太阳辐照量、系统经济性和用户要求等因素综合考虑后确定，取

30%~80%；

η_j——集热器年平均集热效率，按集热器产品实测数据确定，经验值为45%~50%；

η_1——贮水箱和管路的热损失率，取15%~30%。

b. 间接加热供水系统的集热器总面积可按式（8-14）计算

$$A_{jj}=A_{jz}\left(1+\frac{F_R U_L A_{jz}}{KF_{jr}}\right) \tag{8-14}$$

式中　A_{jj}——间接加热供水系统的集热器总面积（m^2）；

$F_R U_L$——集热器热损失系数［$kJ/(m^2 \cdot ℃ \cdot h)$］；平板型可取14.4~21.6，真空管型可取3.6~7.2，具体数值根据集热器产品的实测结果确定；

K——水加热器传热系数［$kJ/(m^2 \cdot ℃ \cdot h)$］；

F_{jr}——水加热器加热面积（m^2）；

其他符号含义同式（8-13）。

2）贮热水箱有效容积可按式（8-15）计算

$$V_r=q_{rjd}A_j \tag{8-15}$$

式中　V_r——贮热水箱有效容积（L）；

A_j——集热器总面积（m^2）；

q_{rjd}——集热器单位采光面积平均每日产热水量［$L/(m^2 \cdot d)$］，根据集热器产品的实测结果确定。无条件时，根据当地太阳辐照量（接收到太阳辐射能的面密度）、集热器集热性能、集热面积的大小等因素按下列原则确定：直接供水系统q_{rjd}=（40~100）［$L/(m^2 \cdot d)$］；间接供水系统q_{rjd}=（30~70）［$L/(m^2 \cdot d)$］。

3）强制循环的太阳能集热系统应设循环泵。循环泵的流量扬程计算应符合下列要求：

a. 循环泵的流量可按式（8-16）计算

$$q_x=q_{gz}A_j \tag{8-16}$$

式中　q_x——集热系统循环流量（L/s）；

A_j——集热器总面积（m^2）；

q_{gz}——单位采光面积集热器对应的工质流量［$L/(s \cdot m^2)$］，按集热器产品实测数据确定。无条件时，可取（0.015~0.02）［$L/(s \cdot m^2)$］。

b. 开式直接加热太阳能集热系统循环泵的扬程相应压力应按式（8-17）计算

$$p_x=p_p+p_j+p_z+p_f \tag{8-17}$$

式中　p_x——循环泵扬程相应压力（kPa）；

p_p——集热系统循环管道的沿程与局部阻力损失（kPa）；

p_j——循环流量流经集热器的阻力损失（kPa）；

p_z——集热器与贮热水箱之间的几何高差相应压力（kPa）；

p_f——附加压力（kPa），取20~50kPa。

c. 闭式间接加热太阳能集热系统循环泵的扬程相应压力应按式（8-18）计算

$$p_x=p_p+p_c+p_z+p_f \tag{8-18}$$

式中　p_c——循环流量经集热水加热器的阻力损失（kPa）；

其他符号含义同式（8-17）。

4）集热水加热器的水加热面积应按式（8-23）计算确定，其中热媒与被加热水的计算温度差 Δt_j 可按 5～10℃取值。

4. 水源热泵的计算

1）水源热泵的设计小时供热量应按式（8-19）计算

$$Q_g = k_1 \frac{mq_r c(t_r - t_l)\rho_r}{T_1} \tag{8-19}$$

式中　Q_g——水源热泵的设计小时供热量（kJ/h）；

q_r——热水用水定额［L/(人·d)］或［L/(床·d)］，按不高于表 8-1 和表 8-2 中用水定额中下限取值；

m——用水计算单位数（人数或床位数）；

c——水的比热容，c=4.187kJ/(kg·℃)；

ρ_r——热水密度（kg/L）；

t_r——热水温度（℃），t_r=60℃；

t_l——冷水温度（℃），按表 8-3 所示选用；

T_1——热泵机组设计工作时间（h/d），取 12～20h/d；

k_1——安全系数，k_1=1.05～1.10。

2）水源热泵热水供应系统应设置贮热水箱（罐），其贮热水有效容积为：

a. 全日制集中热水供应系统贮热水箱（罐）的有效容积，应根据日耗热量、热泵持续工作时间及热泵工作时间内耗热量等因素确定，当其因素不确定时宜按式（8-20）计算

$$V_r = k_2 \frac{(Q_h - Q_g)T}{\eta(t_r - t_l)c\rho_r} \tag{8-20}$$

式中　Q_h——设计小时耗热量（kJ/h）；

Q_g——设计小时供热量（kJ/h）；

V_r——贮热水箱（罐）的有效容积（L）；

T——设计小时耗热量持续时间（h）；

η——有效贮热容积系数，贮热水箱、卧式贮热水罐 η=0.80～0.85，立式贮热水罐 η=0.85～0.90；

k_2——安全系数，k_2=1.10～1.20；

其他符号含义同式（8-19）。

b. 定时热水供应系统的贮热水箱（罐）的有效容积宜为定时供应最大时段的全部热水量。

8.3.2　集中热水供应加热设备的选择计算

1. 集中热水供应系统中，锅炉、水加热设备的设计小时供热量计算

全日集中热水供应系统中，锅炉、水加热设备的设计小时供热量（热水供应系统中加热设备最大时段内的产热量）应根据日热水用量小时变化曲线、加热方式及锅炉、水加热设备的工作制度经积分曲线计算确定。当无条件时，可按下列原则确定：

1）容积式水加热器或贮热容积与其相当的水加热器、燃油（气）热水机组应按式（8-21）计算

$$Q_g = Q_h - \frac{\eta V_r}{T}(t_r - t_l)c\rho_r \tag{8-21}$$

式中　Q_g——容积式水加热器（含导流型容积式水加热器）的设计小时供热量（kJ/h）；

Q_h——设计小时耗热量（kJ/h）；

η——有效贮热容积系数，容积式水加热器 $\eta=0.7\sim0.8$，导流型容积式水加热器 $\eta=0.8\sim0.9$；第一循环系统为自然循环时，卧式贮热水罐 $\eta=0.80\sim0.85$，立式贮热水罐 $\eta=0.85\sim0.90$；第一循环系统为机械循环时，卧、立式贮热水罐 $\eta=1.0$；

V_r——总贮热容积（L）；

T——设计小时耗热量持续时间（h），$T=2\sim4$h；

t_r——热水温度（℃），按设计水加热器出水温度或贮水温度计算；

t_l——冷水温度（℃），按表8-3所示选用；

c——水的比热容，$c=4.187$kJ/(kg·℃)；

ρ_r——热水密度（kg/L）。

当 Q_g 计算值小于平均小时耗热量时，Q_g 应取平均小时耗热量。

2）半容积式水加热器或贮热容积与其相当的水加热器、燃油（气）热水机组的设计小时供热量应按设计小时耗热量计算。

3）半即热式、快速式水加热器及其他无贮热容积的水加热设备的设计小时供热量应按设计秒流量所需耗热量计算。

2. 表面式水加热器的加热面积计算

容积式水加热器、半容积式水加热器、快速式水加热器、半即热式水加热器、加热水箱中加热排管或盘管传热面积应按热平衡原理确定。制备热水所需热量等于加热器传递的热量，即

$$\varepsilon K \Delta t_j F_{jr} = C_r Q_g \tag{8-22}$$

由式（8-22）导出水加热器加热面积的计算公式为

$$F_{jr} = \frac{C_r Q_g}{\varepsilon K \Delta t_j} \tag{8-23}$$

式中　F_{jr}——表面式水加热器的加热面积（m^2）；

Q_g——设计小时供热量（kJ/h）；

K——传热系数[kJ/(m^2·℃·h)]；

ε——由于水垢和热媒分布不均匀影响传热效率的系数，一般采用0.6~0.8；

C_r——热水供应系统的热损失系数，宜采用1.10~1.15。

Δt_j——热媒与被加热水的计算温度差（℃），应按式（8-24）和式（8-25）计算：

1）容积式水加热器、导流型容积式水加热器、半容积式水加热器

$$\Delta t_j = \frac{t_{mc} + t_{mz}}{2} - \frac{t_c + t_z}{2} \tag{8-24}$$

式中　Δt_j——计算温度差（℃）；

t_{mc}、t_{mz}——热媒的初温和终温（℃）；

t_c、t_z——被加热水的初温和终温（℃）。

2）快速式水加热器、半即热式水加热器

$$\Delta t_{\mathrm{j}}=\frac{\Delta t_{\max}-\Delta t_{\min}}{\ln\frac{\Delta t_{\max}}{\Delta t_{\min}}} \tag{8-25}$$

式中　Δt_{j}——计算温度差（℃）；

$\Delta t_{\max}$——热媒与被加热水在水加热器一端的最大温度差（℃）；

$\Delta t_{\min}$——热媒与被加热水在水加热器另一端的最小温度差（℃）。

3）热媒的计算温度，应符合下列规定：

a. 热媒为饱和蒸汽时：当热媒为压力大于 70kPa 的饱和蒸汽时，t_{mc}按饱和蒸汽温度计算；压力小于或等于 70kPa 时，t_{mc}按 100℃计算。热媒的终温 t_{mz}应由经热工性能测定的产品提供。可按：容积式水加热器 $t_{\mathrm{mz}}=t_{\mathrm{mc}}$；导流型容积式水加热器、半容积式水加热器、半即热式水加热器 $t_{\mathrm{mz}}=50\sim90$℃。

b. 热媒为热水时：热媒的初温应按热媒供水的最低温度计算；热媒的终温应由经热工性能测定的产品提供。当热媒初温 $t_{\mathrm{mc}}=70\sim100$℃时，其终温：容积式水加热器的 $t_{\mathrm{mz}}=60\sim85$℃；导流型容积式水加热器、半容积式水加热器、半即热式水加热器的 $t_{\mathrm{mz}}=50\sim80$℃。

c. 热媒为热力管网的热水时：热媒的计算温度应按热力管网供回水的最低温度计算，但热媒的初温与被加热水的终温的温度差，不得小于 10℃。

3. 热水供应系统的贮水器容积计算

集中热水供应系统贮存热水的设备有热水箱（罐）、加热水箱、容积式水加热器、半容积式水加热器等，贮存热水主要是为了调峰用，其容积应根据日用热水小时变化曲线及锅炉、水加热器的工作制度和供热能力以及自动温度控制装置等因素按积分曲线计算确定。当缺乏资料和数据时，可用经验法计算确定贮水器的容积，即

$$V=\frac{60TQ_{\mathrm{h}}}{(t_{\mathrm{r}}-t_{1})c\rho_{\mathrm{r}}} \tag{8-26}$$

式中　V——贮水器容积（L）；

Q_{h}——设计小时耗热量（kJ/h）；

T——加热时间（min），按表 8-10 所示选用；

t_{r}——热水温度（℃），按设计水加热器出水温度或贮水温度计算；

t_{1}——冷水温度（℃），按表 8-3 所示选用；

c——水的比热容，$c=4.187$kJ/(kg·℃)；

ρ_{r}——热水密度（kg/L）。

1）容积式水加热器或加热水箱、半容积式水加热器的贮热量不得小于表 8-10 所示的要求。

2）半即热式、快速式水加热器当热媒按设计秒流量供应，且有完善可靠的温度自动控制装置时，可不设贮水器。当其不具备上述条件时，应设贮水器，贮热量宜根据热媒供应情况按导流型容积式水加热器或半容积式水加热器确定。

3）太阳能热水供应系统的水加热器、贮热水箱（罐）的贮热水量可按式（8-15）计算确定，水源热泵热水供应系统的水加热器、贮热水箱（罐）的贮热水量可按 8.3.1 中“4 水

源热泵的计算”中2）的规定确定。

4）按式（8-26）计算确定出容积式水加热器、导流型容积式水加热器、贮热水箱的计算容积后应按式（8-21）中的附加系数 η 确定有效贮热容积；当采用半容积式水加热器时，或带有强制罐内水循环装置的容积式水加热器时，其计算容积可不附加。

表 8-10 水加热器的贮热量

加热设备	以蒸汽或95℃以上的热水为热媒时		以≤95℃的热水为热媒时	
	工业企业淋浴室	其他建筑物	工业企业淋浴室	其他建筑物
容积式水加热器或加热水箱	≥30minQ_h	≥45minQ_h	≥60minQ_h	≥90minQ_h
导流型容积式水加热器	≥20minQ_h	≥30minQ_h	≥30minQ_h	≥40minQ_h
半容积式水加热器	≥15minQ_h	≥15minQ_h	≥15minQ_h	≥20minQ_h

注：1. 燃气、燃油热水机组所配贮热器，其贮热量宜根据热媒供应情况，按导流型容积式水加热器或半容积式水加热器确定。

2. 表中 Q_h 为设计小时耗热量（kJ/h）。

8.4 热水管网的水力计算

建筑内热水管网水力计算是在绘制管网平面图和轴测图后进行的。计算内容有计算热媒管道的管径及相应的压力损失，计算配水管网和循环管网的管径及压力损失，计算和选择锅炉、换热器、贮热器、循环水泵、疏水阀、安全阀、调压阀、自动温度调节装置、膨胀管、补偿器等。

热水管网水力计算分为热水配水管网水力计算、热水回水管网水力计算和热媒管网水力计算。

8.4.1 热水配水管网水力计算

设有集中热水供应系统的居住小区室外热水干管的设计流量与小区给水的水力计算相一致。单幢建筑物的热水引入管应按该建筑物相应热水供水系统总干管的设计秒流量确定。

从换热器或热水贮罐出来的热水进入各用热水器具之间的管网称为配水管网，配水管网的水力计算方法与冷水管网的水力计算方法相似，如设计秒流量公式、卫生器具热水给水额定流量、当量、支管管径和最低工作压力等。主要区别如下：

1）管道水力计算按“热水管道水力计算表”来查用。

2）热水管道内的水流速度较小，按表 8-11 所示选用。

表 8-11 热水管道的流速

公称直径/mm	15~20	25~40	≥50
流速/(m/s)	≤0.8	≤1.0	≤1.2

3）热水管网的局部水头损失一般可按沿程水头损失的 25%~30%进行估算，也可按照

局部水头损失的计算公式逐一计算后进行累加。

4）热水管网的管径不宜小于 20mm。

8.4.2　热水回水管网水力计算

回水管是在热水循环管系中仅通过循环流量的管段，即从各配水管网出来的部分热水回至换热器或热水贮罐之间的管网。回水管网由于流程长，管网较大，为保证循环效果，一般多采用机械循环方式。对于全日热水供应系统和定时热水供应系统应采取不同的计算方法。

1. 全日热水供应系统机械循环管网计算

（1）确定回水管管径　回水管管径应按循环流量经计算确定，初步设计时可按 8-12 所示确定。

表 8-12　热水回水管管径选用表

配水管管径/mm	20~25	32	40	50	65	80	100	125	150	200
回水管管径/mm	20	20	25	32	40	40	50	65	80	100

在高层建筑热水供应中，其回水管管径有时与其对应的热水供水管管径相同，这样以便改变系统的供水工况。

（2）计算配水管网各管段的热损失

$$Q_s = \pi DLK(1-\eta)\left(\frac{t_c + t_z}{2} - t_j\right) \tag{8-27}$$

式中　Q_s——计算管段的热损失（kJ/h）；

D——计算管段外径（m）；

L——计算管段长度（m）；

K——无保温时管道的传热系数；

η——保温系数，无保温时 $\eta=0$；简单保温时 $\eta=0.6$；较好的保温时 $\eta=0.7\sim0.8$；

t_j——计算管段周围空气温度（℃），可按表 8-13 所示确定；

t_c——计算管段的起点水温（℃）；

t_z——计算管段的终点水温（℃），t_z 可按以下方法计算

$$\Delta t = \frac{\Delta T}{F} \tag{8-28}$$

$$t_z = t_c - \Delta t \sum f \tag{8-29}$$

式中　Δt——配水管网中的面积比温降（℃/m^2）；

ΔT——配水管网起点和终点的温差，按系统大小确定：单体建筑 $\Delta T=5\sim10$℃；小区 $\Delta T=6\sim12$℃；

F——计算管路配水管网的总外表面积（m^2）；

t_z、t_c 同式（8-27）；

$\sum f$——计算管段的散热面积（m^2）。

表 8-13 管道周围空气温度

管道敷设情况	管道周围空气温度 t_j/℃
有供暖房间内明装	18~20
有供暖房间内暗装	30
敷设在不供暖房间顶棚内	采用1月份室外平均温度
敷设在不供暖的地下室	5~10
敷设在室内地沟内	35

（3）计算配水管网总的热损失　将各管段的热损失相加便得到配水管网总的热损失 Q_s，即

$$Q_s = \sum_{i=1}^{n} q_s \tag{8-30}$$

式中　q_s——各管段的热损失（kJ/h）；

Q_s——配水管网总的热损失（kJ/h）。

初步设计时，Q_s 也可按设计小时耗热量来估算，单体建筑为 $(3\%\sim5\%)Q_h$；小区为 $(4\%\sim6\%)Q_h$。其上下限可视系统的大小而定，系统服务范围大，配水管线长，可取上限；反之，取下限。

（4）计算总循环流量　求解热损失 Q_s 的目的在于计算管网的循环流量。循环流量是为了补偿配水管网在用水低峰时，管道向周围散失的热量。保持循环流量在管网中循环流动，不断向管网补充热量，从而保证各配水点的水温。管网的热损失只计算配水管网散失的热量。

将 Q_s 代入式（8-31）求解全日供应热水系统的总循环流量 q_x

$$q_x = \frac{Q_s}{c\rho_r \Delta T} \tag{8-31}$$

式中　q_x——全日供应热水系统的总循环流量（L/h）；

Q_s——配水管网总的热损失（kJ/h）；

c——水的比热容，$c=4.187$ [kJ/(kg·℃)]；

ρ_r——热水密度（kg/L）；

ΔT——同式（8-27），其取值根据系统的大小而定。

（5）计算循环管路各管段通过的循环流量　在确定 q_x 后，可从水加热器后第1个节点起依次进行循环流量分配，以图8-1为例，通过管段Ⅰ的循环流量 $q_{\mathrm{I}x}$ 即为 q_x，用以补偿整个配水管网的热损失；流入节点1的流量 $q_{\mathrm{I}x}$ 用以补偿1点之后各管段的热损失，即 $q_{AS}+q_{BS}+q_{CS}+q_{\mathrm{II}S}+q_{\mathrm{III}S}$，$q_{\mathrm{I}x}$ 又分流入A管段和Ⅱ管段，其循环流量分别为 q_{Ax} 和 $q_{\mathrm{II}x}$。根据节点流量守恒原理：$q_{\mathrm{I}x}=q_{\mathrm{I}x}$，$q_{\mathrm{II}x}=q_{\mathrm{I}x}-q_{Ax}$。$q_{\mathrm{II}x}$ 补偿管段Ⅱ、Ⅲ、B、C的热损失，即 $q_{\mathrm{II}S}+q_{\mathrm{III}S}+q_{BS}+q_{CS}$，$q_{Ax}$ 补偿管段A的热损失 q_{AS}。

按照循环流量与热损失成正比，及热平衡关系，$q_{\mathrm{II}x}$ 可按式（8-32a）确定

$$q_{\mathrm{II}x} = q_{\mathrm{I}x} \frac{q_{BS} + q_{CS} + q_{\mathrm{II}S} + q_{\mathrm{III}S}}{q_{AS} + q_{BS} + q_{CS} + q_{\mathrm{II}S} + q_{\mathrm{III}S}} \tag{8-32a}$$

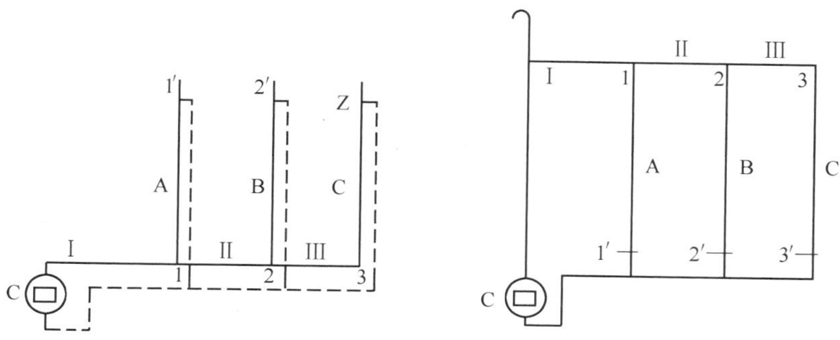

图 8-1　计算用图（一）

流入节点 2 的流量 q_{2x} 用以补偿 2 点之后各管段的热损失，即 $q_{\text{III}S}+q_{BS}+q_{CS}$，$q_{2x}$ 又分流入 B 管段和Ⅲ管段，其循环流量分别为 $q_{\text{III}x}$ 和 q_{Bx}。根据节点流量守恒原理：$q_{2x}=q_{\text{II}x}$，$q_{\text{III}x}=q_{\text{II}x}-q_{Bx}$。$q_{\text{III}x}$ 补偿管段Ⅲ和 C 的热损失，即 $q_{\text{III}S}+q_{CS}$，q_{Bx} 补偿管段 B 的热损失 q_{BS}。同理可得

$$q_{\text{III}x}=q_{\text{II}x}\frac{q_{CS}+q_{\text{III}S}}{q_{BS}+q_{CS}+q_{\text{III}S}} \tag{8-32b}$$

流入节点 3 的流量 q_{3x} 用以补偿 3 点之后管段 C 的热损失 q_{CS}。根据节点流量守恒原理：$q_{3x}=q_{\text{III}x}$，$q_{\text{III}x}=q_{Cx}$。管段Ⅲ的循环流量即为管段 C 的循环流量。

将式（8-32a）和式（8-32b）简化为通用计算式，即

$$q_{(n+1)x}=q_{nx}\frac{\sum q_{(n+1)S}}{\sum q_{nS}} \tag{8-33}$$

式中　q_{nx}、$q_{(n+1)x}$——n、$n+1$ 段所通过的循环流量（L/h）；

$\sum q_{(n+1)S}$——$n+1$ 段本段及其后各管段的热损失之和（kJ/h）；

$\sum q_{nS}$——n 段本段及其后各管段热损失之和（kJ/h）。

n 和 $n+1$ 管段如图 8-2 所示。

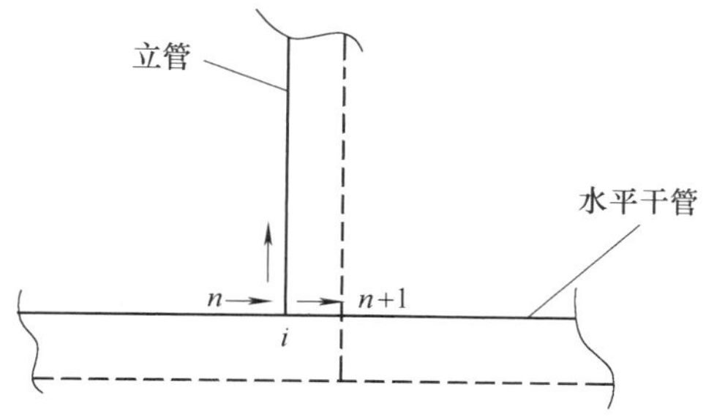

图 8-2　计算用图（二）

（6）复核各管段的终点水温

$$t'_z=t_c-\frac{q_S}{cq'_x\rho_r} \tag{8-34}$$

式中　t'_z——各管段终点水温（℃）；

t_c——各管段起点水温（℃）；

q_S——各管段的热损失（kJ/h）；

q'_x——各管段的循环流量（L/h）；

c——水的比热容，$c=4.187$ [kJ/(kg·℃)]；

ρ_r——热水密度（kg/L）。

计算结果如与原来确定的温度相差较大，应以式（8-29）和式（8-34）的计算结果，$t''_z=\frac{t_z+t'_z}{2}$作为各管段的终点水温，重新进行上述（2）~（6）的运算。

（7）计算循环管网的总压力损失（以最不利环路的循环压力损失计）

$$p=p_p+p_x+p_j \tag{8-35}$$

式中　p——循环管网的总压力损失（kPa）；

p_p——循环流量通过配水计算管路的沿程和局部压力损失（kPa）；

p_x——循环流量通过回水计算管路的沿程和局部压力损失（kPa）；

p_j——循环流量通过水加热器的压力损失（kPa）。

容积式水加热器和加热水箱，因容器内被加热水的流速一般均缓慢（$v\leqslant0.1$m/s），其流程短，故压力损失很小，在热水系统中可忽略不计。

对于快速式水加热器，被加热水在其中流速较大，流程也长，压力损失应以沿程和局部压力损失之和计算，即

$$\Delta p=10\times\left(\lambda\frac{L}{d_j}+\sum\xi\right)\frac{v^2}{2g} \tag{8-36}$$

式中　Δp——快速式水加热器中热水的压力损失（kPa）；

λ——管道沿程阻力系数；

L——被加热水的流程长度（m）；

d_j——传热管计算管径（m）；

ξ——局部阻力系数；

v——被加热水的流速（m/s）；

g——重力加速度（m/s²），一般取9.8m/s²。

计算循环管网配水管及回水管的局部压力损失可按沿程压力损失的20%~30%估算。

（8）选择循环水泵　热水循环水泵应选用热水泵，水泵壳体承受的工作压力不得小于其所承受的静水压力加水泵扬程相应压力。循环水泵宜设备用泵，交替运行。水泵由泵前回水管的温度控制开停。

热水循环水泵通常安装在回水干管的末端，水泵的出水量应为

$$Q_b\geqslant q_x \tag{8-37}$$

式中　Q_b——循环水泵的出水量（L/h）；

q_x——全日供应热水系统的总循环流量（L/h）。

循环水泵的扬程相应压力为

$$p_b\geqslant p_p+p_x+p_j \tag{8-38}$$

式中　　p_b——循环水泵的扬程相应压力（kPa）；

p_p、p_x、p_j——同式（8-35）。

2. 定时热水供应系统机械循环管网计算

一般定时循环热水供应系统的循环泵大都在供应热水前半小时开始运转，直到把水加热至规定温度，循环泵即停止工作。因定时供应热水的情况下，用水较集中，故在供应热水时，不考虑热水循环，循环泵的选择是按 1h 内循环管网中的水循环次数而定的，一般为 2~4 次，其上、下限的选择，可依系统的大小和水泵产品情况等确定。循环水泵的扬程与全日热水供应系统的计算相同。

8.4.3　热媒管网水力计算

热媒管网是指锅炉与换热器（或热水贮罐）间的循环管网，依热媒的不同分为热水热媒管网和蒸汽热媒管网。

1. 热媒为蒸汽的管网水力计算

蒸汽热媒量按式（8-5）和式（8-6）确定，根据热媒量和流速再根据允许比压降得管径、单位管长压力损失。

蒸汽热媒管径一般不大，常按允许流速法计算，高压蒸汽管道的常用流速见表 8-14。

凝结水管管径按一般热水管道系统进行计算。

表 8-14　高压蒸汽管道的常用流速

管径/mm	15~20	25~32	40	50~80	100~150	≥200
流速/(m/s)	10~15	15~20	20~25	25~35	30~40	40~60

2. 热媒为高温热水的管网水力计算

以热水为热媒时，热媒量按式（8-7）确定，根据热媒量和流速查热水管道水力计算表确定配、回水管管径，并计算出管路的压力损失。热水管道内的水流速度按表 8-11 所示选用。

当锅炉与水加热器或贮水器连接时，如图 8-3 所示，热媒管网的自然循环压力值应按式（8-39）计算

$$p_{zr} = 10\Delta h(\rho_1 - \rho_2) \tag{8-39}$$

式中　p_{zr}——第一循环管的自然压力值（Pa）；

Δh——锅炉或水加热器中心与贮水器中心的标高差（m）；

ρ_1——贮水器回水的密度（kg/m^3）；

ρ_2——锅炉或水加热器出水的热水密度（kg/m^3）；

10——重力加速度。

按照上述计算结果，对 p_{zr} 和 p_h 进行比较：当 $p_{zr}>p_h$ 时，能自然循环，为保证安全可靠的自然循环，要求 $p_{zr} \geq (1.10\sim1.15)p_h$；反之则不能自然循环，应选择循环水泵进行机械循环。

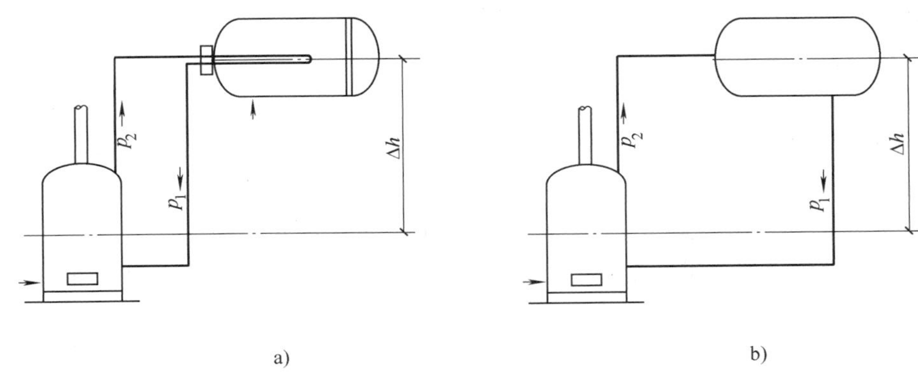

图8-3　热媒管网自然循环压力

a）热水锅炉与水加热器连接（间接连接）　b）热水锅炉与贮水器连接（直接连接）

思考题与习题

1. 某医院经计算所需40℃热水12.0m^3/h，50℃热水3.0m^3/h，60℃热水1.0m^3/h。该地区冷水温度为10℃。试计算出口水温为65℃的热水量。

2. 某住宅楼共80户，每户按3.5人计算，采用定时集中热水供应，热水用水定额取80L/(人·d)计(60℃)，冷水计算温度为10℃。每户设有2个卫生间，1个厨房。每个卫生间内设浴盆（带淋浴器）1个，小时用水量为300L/h，水温为40℃，同时使用百分数为70%；洗手盆1个，小时用水量为30L/h，水温为30℃，同时使用百分数为50%；大便器1个；厨房设洗涤盆1个，小时用水量为180L/h，水温为50℃，同时使用百分数为70%。试计算该住宅楼的设计小时耗热量；设计小时热水量（60℃）。

3. 某宾馆客房有300个床位，热水当量总数为$N=289$，有集中热水供应，全天供应，热水用水定额取平均值，设导流型容积式加热器，热媒为蒸汽。加热器出水温度为60℃，冷水计算温度为10℃，设计小时耗热量的持续时间取3h，试计算：（1）设计小时耗热量；（2）设计小时热水量（60℃）；（3）贮热总容积；（4）设计小时供热量。

若该建筑采用半容积式加热器，其他条件不变。上述计算结果有哪些变化？

若该建筑采用半即热式加热器，其他条件不变。上述计算结果有哪些变化？

4. 某建筑设集中热水供应，采用闭式上行下给全循环下置供水方式。系统设2台导流型容积式加热器，每台加热器的容积为2m^3，换热面积为7m^2，管道内热水总容积为1.15m^3。水加热器底部至生活饮用水水箱水面的垂直高度为36m。冷水计算温度为10℃，加热器出水温度为60℃，热水回水温度为45℃。膨胀水罐处管内压力最大允许压力取膨胀水罐处管内工作压力的1.05倍，计算膨胀水罐的总容积。

若该建筑采用开式上行下给全循环下置供水方式，设膨胀水箱，其他条件不变。试计算膨胀水箱的总容积。

若该建筑采用开式上行下给全循环下置供水方式，不设膨胀水箱，其他条件不变。试计算：（1）膨胀管的直径；（2）膨胀管高出生活饮用水水箱水面的垂直高度。

第9章
饮水供应

学习重点：

①冷饮水的制备方法与供应方式；②管道直饮水的制备；③管道直饮水管网系统的水力计算。

生活给水包括一般日常生活用水和饮用水两部分。一般来说，与饮水和烹饪有关的用水量只占日常生活用水量的2%~5%，每人每日需要3L左右，这部分水直接参与人体的新陈代谢，对人体健康影响极大，其水质应是优质的，需要进行深度处理。而其他95%~98%的生活用水，仅作为洗涤、清洁之用，对水质的要求并不一定很高，满足国家规定的《生活饮用水卫生标准》（GB 5749—2006）即可。直接饮用的水与生活用水的水质、水量相差比较大，如将生活给水全部按直接饮用水的水质标准进行处理，则太不经济，也没有必要。而分质供水就是根据人们用水的不同水质需要而提出的，是解决供水水质问题的经济、有效的途径。

目前直接利用市政自来水供给清洁、洗涤、冲洗等用水的系统，称为生活用水系统；采用先进技术和设备，对自来水或符合生活饮用水源水质标准的水进行深度净化处理，达到饮用净水标准，供人们直接饮用的系统，称为饮用净水（优质水）系统，又称为直饮水系统。

管道饮用净水系统是指原水经深度净化处理，通过管道输送，供人们直接饮用的供水系统。如果配置专用的管道饮用净水机与饮用净水管道连接，可从饮用净水机中直接供应热饮水或冷饮水，非常方便。

9.1 饮水供应系统及制备方法

饮水供应系统目前主要有开水供应系统、冷饮水供应系统（含管道直饮水系统）两类。采用何种系统应根据地区条件、人们的生活习惯和建筑物的性质确定。一般办公楼、旅馆、学生宿舍、军营等多采用开水供应系统；工矿企业生产车间和大型公共集会场所，如体育馆，展览馆、游泳场、车站、码头及公园等人员密集处，饮用开水很不方便，尤其在夏季，饮用温水、冷饮水更为适宜，故可采用冷饮水供应系统；而管道直饮水系统则适用于对饮用水水质有较高要求的居住小区及高级住宅、别墅、商住办公楼、星级宾馆、学校及其他公共场所。

饮水供应系统包括饮水的制备和饮水的供应两大部分。

9.1.1 开水的制备与供应

1. 开水的制备

开水的制备方式有集中制备开水和分散制备开水两种。

开水可以通过开水炉、电热炉直接将自来水烧开制得，这是一种直接加热方式，常采用的热源为燃油、燃气、蒸气、电等。另一种方法是利用热媒间接加热制备开水。这两种都属于集中制备开水的方式。

目前，在住宅、办公楼、科研楼、实验楼等建筑中，常采用小型的电开水器，灵活方便，可随时满足要求；还有的采用饮水机，既可制备开水，同时也可制备冷饮水，较好地解决了由气候变化引起的人们的需求，使用前景较好。这些都属于分散制备开水的方式。

为保证开水制备的安全，开水器应装设温度计和水位计，开水锅炉应装设温度计，必要时还应装设沸水箱或安全阀；开水器的通气管应引至室外。

2. 开水的供应

1）开水集中制备分散供应。在开水间集中制备开水，人们用容器取水饮用，如图 9-1 所示。这种方式适用于机关、学校等建筑。

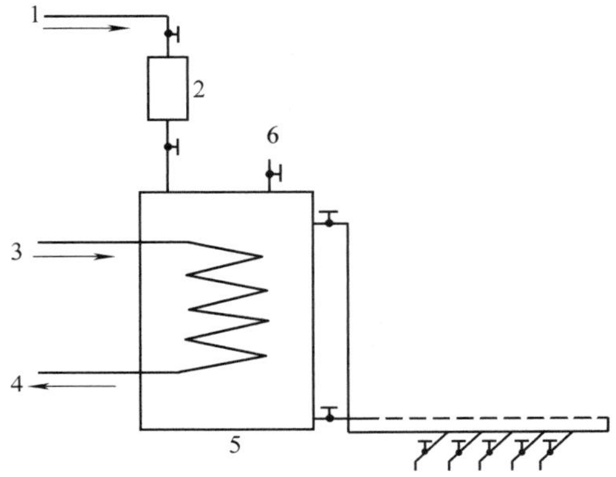

图 9-1　集中制备开水

1—给水　2—过滤器　3—蒸汽　4—冷凝水
5—水加热器（开水器）　6—安全阀

2）开水集中制备管道输送方式。在开水间统一制备开水，通过管道输送至各饮用点，如图 9-2 所示。为保证各开水供应点的水温，还应设置循环管道系统。

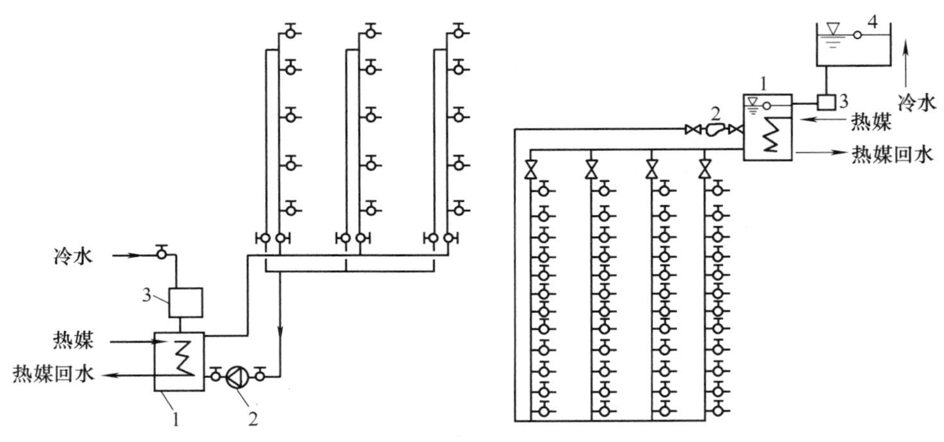

图 9-2　管道输送开水全循环方式

1—开水器（水加热器）　2—循环水泵　3—过滤器蒸汽　4—高位水箱

3）统一热源分散制备分散供应。在建筑中把热媒输送至每层制备点，在各制备点（开水间）制备开水，以满足各楼层的需要，如图9-3所示。这种方式使用方便，并能保证开水温度，在大型多层或高层建筑中常采用这种开水供应方式。

为保证开水的安全供应，其配水水嘴宜为旋塞。开水管道应选用工作温度大于100℃的耐腐蚀、内表面光滑、符合食品级卫生要求的薄壁不锈钢管、薄壁铜管。

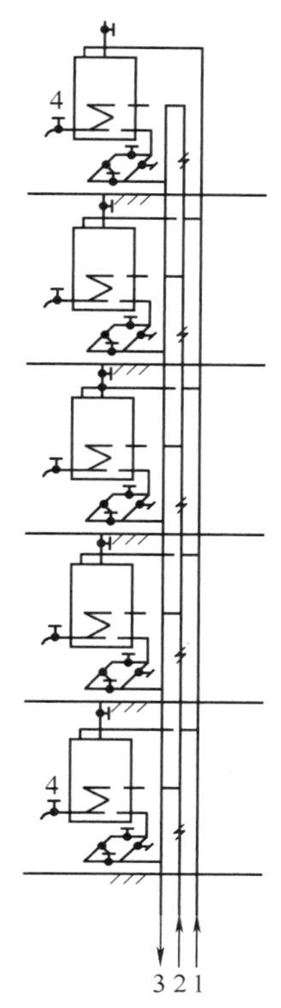

图9-3 每层制备开水
1—给水 2—蒸汽 3—冷凝水
4—开水器

9.1.2 冷饮水的制备与供应

1. 冷饮水的制备

为保证进入冷却设备的自来水达到饮用标准，一般要经过预处理进一步去掉杂质和消毒灭菌。通常采用砂滤、紫外线消毒或活性炭吸附等方法。处理水经制冷设备冷却后，应根据饮用要求，按一定标准投加调料，如食盐、糖浆、二氧化碳等。当制备的冷饮水量大且贮存时间长时，则应投加防腐剂。

目前，冷饮水主要分为纯净水、矿泉水与深度处理的优质水三大类。

1）纯净水是一种通俗的称谓，严格来讲应分为高（超）纯水、纯水、蒸馏水等。高纯水又称超纯水，指的是水中所有物质的阴、阳离子基本上已去除，只有H_2O的成分，其含盐量在0.05mg/L以下，在25℃，水的电阻率ρ在10MΩ·cm以上。将高纯水作为饮用水目前相对较少。而纯水作为饮用水目前市场上相对较多，其剩余含盐量一般在0.5mg/L以下，电阻率ρ为1~10MΩ·cm。蒸馏水是通过水加热汽化，再使蒸气冷凝而得，其纯度仅次于纯水，电阻率ρ为0.1~1.0MΩ·cm。目前市场上瓶装蒸馏水的供应量也较多。

2）饮用矿泉水分为天然矿泉水和人工矿泉水两类。人工矿泉水是使人工净化后的水进入到事先设计好的装有矿石的装置中进行矿化，成为含有人体所需的钙、镁，钾、锌、硒、氡等多种微量元素和矿物质的矿化水，再经消毒处理后，成为饮用矿泉水。天然矿泉水取自地下深部循环的地下水，其水质应符合《饮用天然矿泉水》（GB 8537—2008）的要求。

3）优质水是指以自来水为水源经过深度净化处理的水，可直接饮用和制冷饮水。优质水与纯净水的不同之处在于纯净水几乎除掉水中所有的无机盐类，而优质水则保留了水中对人体有益的矿物质和微量元素。

2. 冷饮水的供应

目前，我国实际使用的冷饮水的供应方式有如下三种。

（1）分散的净水器　在建筑物内分散设置各类家用净水器或集团用净水器，为用户提供矿泉水、蒸馏水、纯水、离子水等多种饮水，以提高一户或某一区域内人们直接饮用水的水质。

（2）桶装供水方式　在建筑物或居住小区内建设桶装水供应站，配合饮水机，用桶装供水的方式为本区域内公共场所和小区居民提供直接饮用水。

（3）统一供给的管道直饮水　在建筑物或小区内设置两套供水系统：自来水供水系统和管道直饮水供应系统。其中，自来水供水系统作为清洁、洗涤，淋浴、洗衣等其他生活用水；管道直饮水供应系统是将建筑物或小区的全部自来水集中进行深度净化处理，用专用管道系统为人们提供经过深度处理的饮用净水，用户通过专设的直饮水龙头取水饮用。

冷饮水的系统也有集中制备分散供应和集中制备管道输送等方式。饮水管道应选用耐腐蚀、内表面光滑、符合食品级卫生要求的薄壁不锈钢管、薄壁铜管、优质塑料管。

1）冷饮水集中制备分散供应。对中、小学校以及体育场（馆）、车站，码头等人员流动较集中的公共场所，可采用如图9-4所示的冷饮水供应系统，人们从饮水器中直接喝水。但在夏季不启用加热设备，预处理后自来水经制冷设备冷却后降至要求水温；在冬季，冷饮水温度要求与人体温度接近，一般取35~40℃。

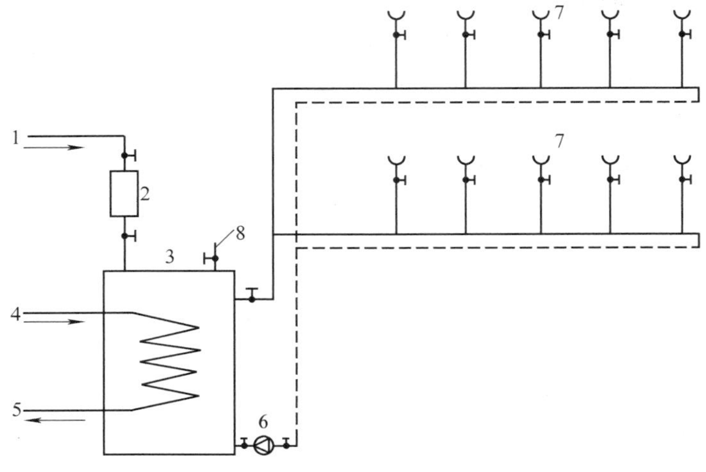

图9-4　冷饮水供应系统
1—给水　2—过滤器　3—水加热器（开水器）
4—蒸汽　5—冷凝水　6—循环水泵
7—饮水器　8—安全阀

饮水器如图9-5所示，其装设高度一般为0.9~1.0m，材料应采用不锈钢、铜镀铬或瓷质、搪瓷制品等，其表面应光洁易于清洗。饮水器应保证水质和饮水安全，不能造成水的二次污染。饮水器的喷嘴应倾斜安装，以免饮水后余水回落，污染喷嘴，同时喷嘴上还应有防护设备，避免饮水者接触喷嘴。此外，喷嘴孔的高度应保证排水管堵塞时喷嘴不被淹没。

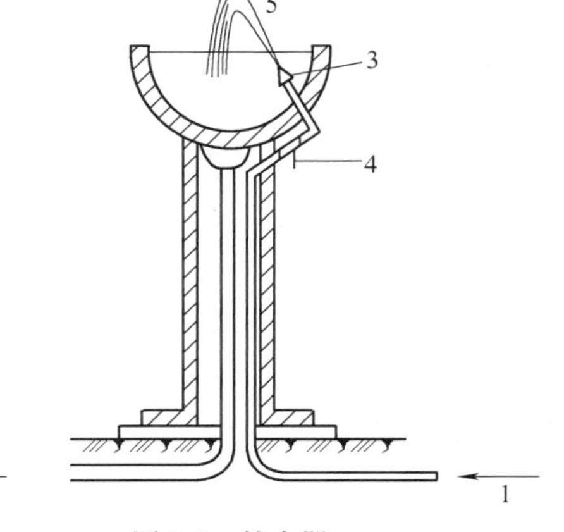

图9-5　饮水器
1—供水管　2—排水管　3—喷嘴　4—调节阀　5—水柱

2）冷饮水集中制备管道输送。根据制冷设备、饮水器循环水泵安装位置、管道布置情况等，冷饮水供应有制冷设备和循环水泵置于供、回水管下部或上部，采用上行下给的全循环方

式或下行上给的全循环方式。

9.1.3 管道直饮水

管道直饮水系统是指原水经深度净化处理，通过管道输送，供人们直接饮用的供水系统。

1. 管道直饮水的水质要求

（1）饮水水质　饮用水的水质是饮水供应的核心，饮用水的水质科学是一门涉及水处理、医学、卫生毒理学、营养学等复杂的科学。

管道直饮水应对原水进行深度净化处理，其水质应符合国家现行标准《饮用净水水质标准》（CJ 1994—2005）的规定。

（2）饮水定额　管道直饮水的用水量小，且其价格比一般生活给水贵得多，为了尽量避免饮水的浪费，直饮水不能采用一般额定流量大的水嘴，而应根据建筑物的性质和地区的条件，饮水定额及小时变化系数，按表9-1所示选用。饮水定额不包括制备冷饮水时冷凝器的冷却用水量。

表9-1　饮水定额及小时变化系数

建筑物名称	单位	饮水定额/L	K_h
热车间	每人每班	3~5	1.5
一般车间	每人每班	2~4	1.5
工厂生活间	每人每班	1~2	1.5
办公楼	每人每班	1~2	1.5
集体宿舍	每人每日	1~2	1.5
教学楼	每学生每日	1~2	2.0
医院	每病床每日	2~3	1.5
影剧院	每观众每场	0.2	1.0
招待所、旅馆	每客人每日	2~3	1.5
体育馆（场）	每观众每场	0.2	1.0

注：小时变化系数是指饮水供应时间内的变化系数。

设有管道直饮水的建筑最高日直饮水定额可按表9-2所示选用。

表9-2　最高日直饮水定额

用水场所	单位	最高日直饮水定额
住宅楼	L/(人·日)	2.0~2.5
办公楼	L/(人·班)	1.0~2.0
教学楼	L/(人·日)	1.0~2.0
旅馆	L/(床·日)	2.0~3.0

注：1. 此定额仅为饮用水量。
2. 经济发达地区的居民住宅楼可提高至4~5L/(人·日)。
3. 最高日管道直饮水定额也可根据用户要求确定。

(3) 饮水温度

1) 开水：为达到灭菌消毒的目的，应将水烧至100℃后并持续3min，计算温度采用100℃。饮用开水目前仍是我国采用较多的饮水方式。

2) 生饮水：随地区不同，水源种类不同而异，一般为10~30℃，国外采用这种饮水方式较多，国内随着各种饮用净水的出现，这种饮水方式逐渐为人们所接受。

3) 冷饮水：冷饮水温度因人、气候、工作条件和建筑物性质等不同而异，可参照下述温度采用：高温环境重体力劳动14~18℃；重体力劳动露天作业时10~14℃；轻体力劳动7~10℃；一般地区7~10℃；高级饭店、餐馆、冷饮店4.5~7℃。

2. 管道直饮水的制备

管道直饮水系统水量小、水质要求高，以自来水或其他符合生活饮用水源水质标准的水为原水，经过深度净化处理后制得。水的深度净化处理一般包括预处理、主处理和后处理三大部分。一般处理方法有机械处理、活性炭处理、膜处理和消毒处理等。目前常采用膜技术对其进行深度处理。对硬度和水中矿物质的调节则采用含矿物质的粒状介质过滤器进行处理。一般处理工艺如下。

(1) 预处理　预处理主要是降低水中的色度、浊度和臭味。以自来水为原水生产管道直饮水的预处理一般可分为粗滤、吸附过滤、精滤三个过程。也可根据原水水质采用其他组合工艺。

粗滤一般为机械过滤，它是采用砂滤或无烟煤或煤、砂双层滤料过滤。可用来去除水中较大的颗粒杂质。

吸附过滤是利用某些比表面积较大的吸附材料来过滤，吸附水中的杂质、有机物、异味等；在饮用水制备过程中，去除原水中的有机杂质，特别是水中的臭味物质，改善口感，吸附工艺是必不可少的。活性炭是首选的吸附剂，其他吸附剂如多孔合成树脂、活性炭纤维也得到了应用。活性炭有粉状活性炭（粉末炭）和粒状活性炭（粒状炭）两大类。为了改善和提高活性炭的处理效果，在活性炭过滤前投加臭氧，使水中微量有机物氧化降解，其中一部分变成H_2O和CO_2，以减轻后续活性炭过滤的有机负荷，而另一部分氧化降解变成小分子有机物质，易于吸收，改善和提高了活性炭的吸附能力。

精滤又称精密过滤，其过滤精度为5~10μm，用于进一步去除水中细小颗粒及胶体物质，延长膜或树脂的使用寿命。

(2) 主处理　主处理是净水的核心工序，可进一步去除预处理和常规处理中难以去除的小分子和无机盐，目前常采用离子交换法和膜分离技术。

离子交换法除盐是传统的除盐工艺，它利用离子交换树脂的活性基团将水中的阴阳离子去除。使用该法出水纯度高，但阴阳离子交换需要酸、碱再生，酸碱消耗量大，而且再生操作较复杂。

膜分离技术的净化机理是通过膜的微孔筛分作用，以截留微生物、悬浮固体，甚至是溶解盐。目前，应用于饮用水深度处理的膜分离技术有微滤（MF）、超滤（UF）、纳滤（NF）、反渗透（RO）四种，可视原水水质条件、工作压力、产品水的回收率及出水水质要求等因素进行选择。由于采用的膜孔径不同，它们截留去除的杂质尺寸和相对分子质量也不尽相同。故应根据原水中要去除的杂质的粒径来选择膜的孔径。微滤（MF）、超滤（UF）不能去除各种低分子物质，故单独使用时，出水水质较差，一般应与吸附、高级氧化等去除

有机物较为有效的工艺联合使用，同时对进入微滤装置的水质有一定的要求，尤其是浊度不应大于5NUT。反渗透（RO）有较强的去除率，可以得到无色、无味、无毒、无金属离子的超纯水。但它在去除有害物质的同时也去除了水中大量有益的无机离子，出水呈酸性，不符合人体需要，长期饮用会影响人体健康。而纳滤（NF）膜在去除有害物质的同时还能保留大多数人体必需的无机离子，且出水pH值变化不大。

（3）后处理　后处理的目的主要是通过消毒的方法将水中的细菌、病毒、微生物杀灭，并分离水中的残留有机物，达到保证净水水质、改善口感的目的；同时为使洁净水中含有适量的矿物盐，可以对水进行矿化。

确定管道直饮水消毒工艺应考虑以下几个因素：杀菌效果与持续能力、残余药剂的无毒性、管道直饮水的口感以及运行管理费用等。

管道直饮水生产中采用的消毒方式主要为臭氧消毒、紫外线消毒及电子消毒设备等几种。

1）臭氧作为强氧化剂杀菌，具有对细菌及病毒等杀灭效率高、不产生有害的卤代有机物等优点。但由于净水在消毒后可能会马上饮用，而刚刚加入水中的臭氧会影响水的口感，使人生厌，故臭氧杀菌也有一定的局限性。

2）紫外线杀菌是利用特定波长的紫外光照射一定时间，以达到饮用水消毒的一种方法。它具有安全可靠、运行和管理简单等优点，但也具有光源强度小、灯管寿命短等缺点。紫外线消毒是管道直饮水供应系统中常用的消毒技术。

3）电子消毒设备是在水流经电场时，利用微电流的电化学作用来杀灭水中的微生物菌类，具有占地小、使用方便、安全、无副作用的优点。

矿化是将膜处理后的水再进入装填有含矿物质的粒状介质（如木鱼石、麦饭石、珊瑚礁等）的过滤器中处理，使过滤出水含有一定的矿物盐。

自来水经预处理、主处理和后处理三段净水工艺后，其出水水质均能达到《饮用净水水质标准》（CJ 1994—2005）的要求，能够生产卫生、安全、健康的高品质的饮用水。

3. 管道直饮水系统供应

（1）管道直饮水的供应方式　管道直饮水的供应系统通常由供水水泵、循环水泵、供水管网、回水管网、消毒设备等几部分组成。根据管道直饮水水平干管的位置不同，有下行上给供水方式和上行下给供水方式。一般住宅、公寓每户仅考虑在厨房安装一个管道直饮水的水嘴，其他公共建筑则根据需要设置饮水点。

为了保证供水，选择一种经济、安全、可靠的供水设备，是管道直饮水供应的关键之一。管道直饮水供水方式有以下几种：

1）水泵和高位水箱供水方式。采用高位水箱和配套水泵供水，饮用净水车间和设备设于管网的下部。管网为上行下给供水方式，高位水箱出口设消毒器，并在回水管路中设置防回流器，以保证供水水质，如图 9-6

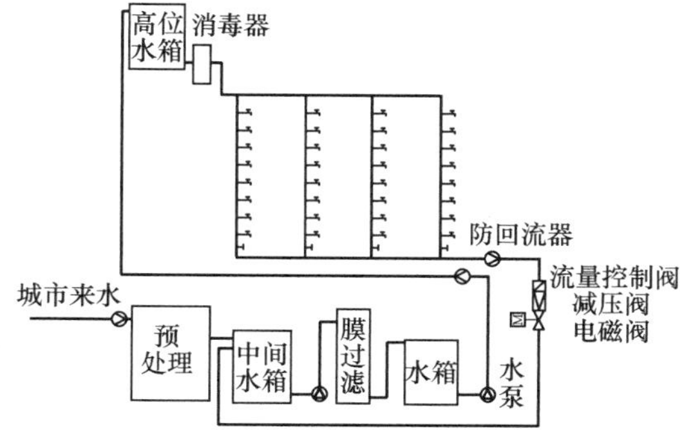

图 9-6　水泵和高位水箱供水方式

所示。

2）变频调速泵供水方式。应用变频器调整水泵转速，改变水泵出水量。饮用净水车间和设备设于管网的下部。管网为下行上给供水方式，在回水管路中设置防回流器，如图9-7所示。

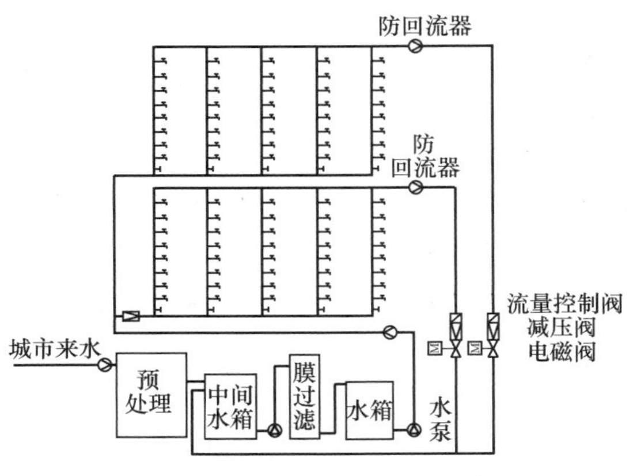

图9-7　变频调速泵供水方式

3）屋顶水罐（箱）重力流供水方式。采用屋顶水罐（箱）重力流供水，饮用净水车间和设备设于管网的上部。管网为上行下给供水方式，屋顶水罐（箱）出口设消毒器，并在回水管路中设置防回流器，以保证供水水质，如图9-8所示。

综上所述，选用何种供水设备，可依据用水量大小、投资多少及管理方式而定。有条件时应采用变频调速泵供水。为保证管道直饮水的水质，水泵应采用不锈钢材质。高位水箱、屋顶水罐（箱）重力流及变频泵设备选用与生活给水的确定方法相同。管道直饮水的供水方式与给水系统相同，但采用水泵和高位水罐（箱）供水方式或屋顶水罐（箱）重力流供水方式时存在着水箱二次污染问题。因此，宜采用调速泵组直接供水的方式，还可使所有设备均集中在设备间，便于管理控制。

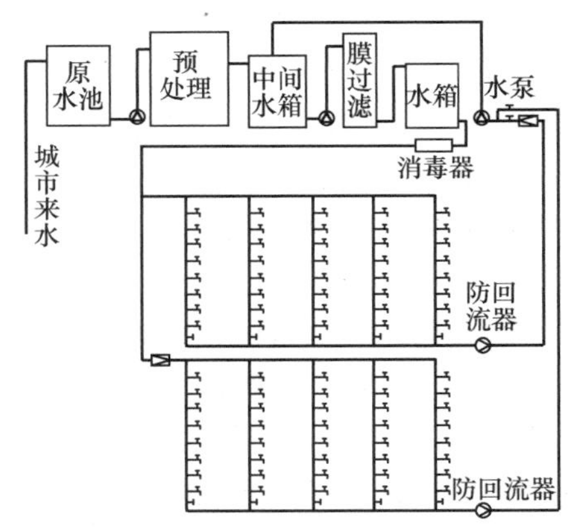

图9-8　屋顶水箱重力供水方式

（2）管道直饮水的系统设置　为了保证水质不受二次污染，管道直饮水的配水管网的设计应特别注意水力循环问题，配水管网应设计成密闭式，用循环水泵使管网中的水得以循环，以保证水质新鲜。

由于管道直饮水也是生活给水的组成部分，故管网定线与布置的方法与原则同生活给水管网的布置基本一致，但鉴于管道直饮水供应系统对水质要求高，故其配水管网布置应满足下列要求：

1）建议将管道直饮水的配水管网布置成环状管网，有利于水的循环更新，确保水质。

2）保护管道直饮水的水质，在设置配水管网的同时应设循环回水管道，使管道系统达到动态循环和循环消毒，循环管网内水的停留时间不应超过12h。

3）为防止循环短路，在设计中可参照热水供应系统的设计经验，应将供、回水管网设计成为同程式，使各回路管道阻力损失基本相同。

4）配水立管接至配水龙头的支管管段长段不宜大于3m，且应设防回流阀。

5）饮用净水在供配水系统中各个部分的停留时间不应超过4~6h。

6）管道直饮水的管网系统应独立设置，不得与非饮用净水管网相连。

7）一般应优先选用无高位水箱的供水系统，宜采用变频调速水泵供水系统。

8）配水管网循环立管上、下端头部位设球阀，管网中应设置检修门，在管网最远端设排水阀，管道最高处设置排气阀。排气阀处应有滤菌、防尘装置，排气阀处不得有死水存留现象，排水口应有防污染措施。

9）高层建筑管道直饮水系统应竖向分区，各分区最低处水嘴的静水压力：住宅不宜大于0.35MPa；办公楼不宜大于0.40MPa，且最不利配水点处的水压，应满足用水水压的要求；系统应设计成环状，并应保证足够的水量和水压。

10）管道直饮水各处水嘴的自由水头应尽量相近，且不宜小于0.03MPa。

11）饮水供应点不得设在易污染的地点，对于经常产生有害气体或粉尘的车间，应设在不受污染的生活间或小室内；设置位置应便于取用、检修和清扫，并应保证良好的通风和照明。

4. 管道直饮水系统中的水质防护

管道直饮水在管网中的保质输送，是管道直饮水管网系统设计中的关键。不仅要保证水处理设备出口处的水质符合标准，更要保证各个水嘴出水的水质符合标准。管道直饮水的系统需要向用户明确承诺，从水嘴流出的水是安全的，是可以直接饮用的。

但是从已建成的部分管道直饮水系统工程实例的运行情况看，有些管道直饮水系统存在着不可忽视的水质下降问题，如管道中经一、两周时间就有较明显的附壁物；水箱中的水在夏天细菌超标；因管网存在各种问题，建成后不能运行等。优质管道直饮水的二次污染可能出现在管网系统中的各个环节，因此管道直饮水管网系统若只在传统生活给水管网的概念上增加一套循环系统，则仍不能完全解决问题。优质管道直饮水管网系统除必须设置循环管网以外，还需采取积极主动的措施，以抑制、减少污染物的产生，并对可能产生的二次污染物应及时去除。管道直饮水系统的设计中一般应注意以下几点。

（1）管道、设备材料　管道直饮水系统的管材应优于生活给水系统。为了在输送过程中最大限度地减小二次污染的影响，管材的选择至关重要。在选择用于输送净水的管道的管材时，应从下面几方面来考虑：

1）有良好的化学稳定性。在常温下，管材中的成分不能溶于深度净化水中，且不易腐蚀与生锈。

2）有良好的物理稳定性。能够承受管道内外高压，刚度大，不变形，使用寿命长。

3）有良好的机械加工特性。管道容易加工，施工简单，安装质量得到保证。

4）管道有较好的性能价格比，其附属配件齐全，有较强的通用性。

综合以上要求，管道直饮水管道可选用耐腐蚀，内表面光滑，符合食品品质卫生要求的薄壁不锈钢管、薄壁铜管、优质塑料管（如交联聚乙烯PEX管、改性聚丙烯PPC、PPR管及ABS管等），一般应优先选用薄壁不锈钢管，因其强度高、受高温变化的影响小、热导率低、内壁光滑、耐腐蚀、对水质的不利影响极小，但使用薄壁不锈钢管一般比其他管道材料贵，比 PPR 管或铝塑管贵 10%左右。

此外，直饮水的机房以及与管道直饮水直接接触的管道连接件、阀门、水表、水嘴等选用材质均应符合食品级卫生要求，并应与管材匹配。

（2）水池、水箱的设置　水池水箱中出现的水质下降现象，通常是由于水的停留时间过长，使得生物繁殖、有机物及浊度增加造成的。管道直饮水系统中水池水箱没有与其他系统合用的问题，但是，如果贮水容积计算值或调节水量的计算值偏大，以及小区集中供应管道直饮水系统中，由于入住率低导致直饮水的用水量达不到设计值时，就有可能造成直饮水在水池、水箱中的停留时间过长而引起水质下降。为减少水质污染，应优先选用无高位水箱的供水系统，应选用变频给水机组直接供水的系统，另外应保证直饮水在整个供水系统中各个部分的停留时间不超过 4~6h。

（3）管网系统设计　严禁管道直饮水供应系统与其他水系统的管道串接。管道直饮水管网系统必须设置循环管道，并应保证干管和立管中饮用水的有效循环。并且采用压力传感器或电磁阀根据管网内压力，调节循环流量，使主干管内多余的水回流至净水站，以始终保持水的新鲜、优质。

管道直饮水管网系统应设置成环状，且上、下端横管应比配水立管管径大。循环回水管在配水环网的最末端，即距输水干管进入点最远处引出。如管网为枝状，若下游无人用水，则局部区域会形成滞水。当管网为环状时，这一问题便会缓解甚至消除，如果设计得当，即使某一立管无用水，也不易形成滞水。同时应尽量减少系统中的管道数量，各用户从立管上接至水嘴的支管也应尽量缩短，一般不宜超过 1m，以减少滞水管段，并尽量减少接头和阀门井。

直饮水的管道应有较高的流速，以防细菌繁殖和微粒沉积、附着在内壁上。

循环回水须经过净化与消毒处理方可再进入饮用净水管道。

（4）防回流污染　防回流污染的主要措施：若直饮水水嘴用软管连接且水嘴不固定，使用中可随手移动，则支管不论长短，均设置防回流阀，以消除水嘴侵入低质水产生回流的可能；小区集中供水系统，各栋建筑的入户管在与室外管网的连接处设防回流阀；禁止与较低水质的管网或管道连接。

循环回水管的起端应设防回流器以防循环管中的水“回流”到配水管网，从而造成回流污染。有条件时，分高、低区系统的回水管最好各自引回净水车间，以易于对高、低区管网的循环进行分别控制。

（5）管道直饮水供应系统中控制系统的设计　管道直饮水控制系统的设计内容包括水质监测方式、水压控制、水质控制、水量控制方式以及系统循环控制方式。设计基本要求如下：

1）管道直饮水供应系统的设备宜采用全自动控制，并应设事故报警系统。

2）管道直饮水的输送宜采用变频控制方式。

3）直饮水的生产管理宜采用中央监控系统，由计算机控制生产过程和供水过程。

9.2　饮水供应系统的水力计算

9.2.1　开水及冷饮水供应系统的水力计算

开水及冷饮水供应系统的水力计算，应考虑建筑物的性质、地区气候条件、经济发展水

平、人民生活习惯、水嘴流量特性、水价等因素，也可参考已建工程的经验，选择合适的设计参数进行计算。

1. 水量和水压

开水及冷饮水供应系统应保证向用户提供足够的水量和水压，额定水量包括居民日用水量和水嘴流量，水压是指水嘴处的出水水压。

饮水定额及小时变化系数按表9-1和表9-2所示选用。

其中开水按100℃计算，冷饮水温按建筑性质和地区条件选用。

管道直饮水的出水量和自由水头应满足使用的要求。由于管道直饮水的用水量小，价格比一般生活给水贵得多，为了避免饮水的浪费，管道直饮水不能采用一般额定流量的水嘴，应采用额定流量小的专用水嘴，采用不锈钢鹅颈水嘴，管道直饮水水嘴额定流量宜为0.04~0.06L/s，最低工作压力不得小于0.03MPa。高层建筑管道直饮水系统竖向分区各分区最低处配水点的静水压力：住宅不宜大于0.35MPa；办公楼不宜大于0.40MPa，且最不利配水点处的水压，应满足用水水压的要求。

2. 深度净化水站的设计规模

深度净化水站的设计规模可按建筑物或小区总人数来确定，也可按实际建设情况分期建设。

（1）最高日饮用净水流量

$$Q_d = nq_d \tag{9-1}$$

式中 Q_d——饮用净水最高日平均流量（m^3/d）；

n——建筑物、小区总人口（人）；

q_d——居民饮用水定额，$(4\sim8)\times10^{-3}m^3/(人\cdot d)$。

（2）饮用净水最高日最大时流量 根据调查，普通住宅约有40%的日用水量集中在做晚饭的1h内耗用（主要是做饭洗菜及烧开水），故推荐$Q_{yh}\geq0.4Q_{yd}$，Q_{yd}为系统日用水量。

设计最大时饮用水量应与饮用开水设计流量相同，可按式（9-2）计算

$$q_{E,\max} = K_h\frac{mq_E}{T} \tag{9-2}$$

式中 $q_{E,\max}$——设计最大时饮用水量（L/h）；

K_h——小时变化系数，按表9-1所示选用；

m——用水计算单位数（人数或床位数等）；

q_E——饮水定额［L/(人·d)］或［L/(床·d)］或［L/(观众·d)］，按表9-2所示选用；

T——供应饮用水时间（h）。

制备开水所需的最大时耗热量按式（9-3）计算

$$Q_k = (1.05\sim1.10)q_{E,\max}(t_k - t_l)c\rho_r \tag{9-3}$$

式中 Q_k——制备开水所需最大小时耗热量（kJ/h）；

$q_{E,max}$——同式（9-2）；

t_k——开水温度（℃），集中开水供应系统按100℃计算；管道输送全循环系统按105℃计算；

t_1——冷水温度（℃），按表8-3所示选用；

c——水的比热容，$c=4.187$［kJ/(kg·℃)］；

ρ_r——热水密度（kg/L）；

1.05~1.10——热损失系数。

在冬季需把冷饮水加热到35~40℃，制备冷饮水所需的最大时耗热量为

$$Q_E=(1.05\sim1.10)q_{E,max}(t_E-t_1)c\rho_r \tag{9-4}$$

式中　Q_E——冬季供应35~40℃冷饮水时所需最大小时耗热量（kJ/h）；

t_E——冬季冷饮水的温度，一般取40℃。

其他符号同式（9-3）。

开水供应系统和冷饮水系统中管道的流速一般不大于1.0m/s，循环管道的流速可大于2m/s，计算管网时采用95℃水力计算表。

（3）深度净化水处理设备的规模　深度净化水处理设备的规模可按式（9-5）确定，可参照表9-3所示选取。

$$Q_T=1.2\frac{Q_d}{T} \tag{9-5}$$

式中　Q_T——深度净化水处理设备的规模（m^3/h）；

Q_d——饮用净水最高日平均流量（m^3/d）；

T——深度净化水处理设备工作时间，一般为12~16h。

表9-3　深度净化水站的规模　（单位：m^3/h）

总户数	300以下	400~800	800~1200	1200~1600	1600~2000
规模	0.5	1.0	1.5	2.0	3.0

（4）贮水池和贮水罐容积

原水调节水池容积为

$$V=(0.5\sim1.0)Q_d \tag{9-6}$$

净水贮水罐容积为

$$V=T_0Q_h \tag{9-7}$$

式中　Q_h——饮用净水最高日小时流量（m^3/h）；

T_0——调节时间，一般按1~4h计。

9.2.2　管道直饮水管网系统的水力计算

管道直饮水管网系统的计算方法和步骤以及设备的选择方法与热水管网相同。

由于管道直饮水系统的用水在一天中每时每刻都是变化的，为保证用水可靠，应以最不利时刻的最大用水量为各管段管道的设计流量。对供水管网而言，管道的设计流量应为管道直饮水设计秒流量与回水量之和。对回水管道而言，如采用全天回流方式，每条支管回流量可以采用一个饮用净水水嘴的额定流量，系统的回流量为各支管回流量的总和。

1. 设计秒流量

管道直饮水系统配水管的设计秒流量应按式（9-8）计算

$$q_g = mq_0 \tag{9-8}$$

式中 q_g——计算管段的设计秒流量（L/s）；

m——计算管段上同时使用饮水水嘴的个数，按表9-4、表9-6所示确定；

q_0——饮水水嘴额定流量（L/s），取0.04~0.06L/s。

当计算管道中的水嘴数量 $n_0 \leqslant 24$ 时，m 值可以采用表9-4中的经验值。

表9-4 计算管段上饮水水嘴数量 $n_0 \leqslant 24$ 时的 m 值

水嘴数量 n_0/个	1	2	3~8	9~24
使用数量 m/个	1	2	3	4

当计算管道中的水嘴数量 n_0>24个时，m 值见表9-6。

水嘴同时使用概率 P_0 按式（9-9）计算

$$P_0 = \frac{\alpha q_d}{1800 n_0 q_0} \tag{9-9}$$

式中 P_0——水嘴同时使用概率；

α——经验系数，住宅楼取0.22，办公楼取0.27，教学楼取0.45，旅馆取0.15；

q_d——系统最高日直饮水量（L/d）；

n_0——饮水水嘴数量（个）；

q_0——饮水水嘴额定流量（L/s）。

2. 管径计算

在求得各管段的设计秒流量后，根据流量公式即可进行管径计算，即

$$d_j = \sqrt{\frac{4q_g}{\pi v}} \tag{9-10}$$

式中 d_j——计算管段的管内径（mm），一般不超过50mm；

q_g——计算管段的设计秒流量（m^3/s）；

v——计算管段中管内水流速（m/s）。

管道直饮水系统管道的控制流速不宜过大，可按表9-5所示进行选用。

表9-5　管道直饮水系统管道的流速

公称直径/mm	15~20	25~40	≥50
流速/(m/s)	≤0.8	≤1.0	≤1.2

3. 循环流量

管道直饮水系统必须设循环管道，并应保证干管和立管中饮水的有效循环。系统的循环流量 q_x 一般可按式（9-11）计算

$$q_x = \frac{V}{T_1} \tag{9-11}$$

式中　q_x——循环流量（L/s）；

V——闭合循环回路上供水系统这部分的总容积（L），包括贮存设备的容积；

T_1——管道直饮水系统允许的管网停留时间（h），可取4~6h。

在按上述公式进行循环回水管网总流量的计算时，应结合管道直饮水系统的供水工况，循环回水管网有以下三种情况：

1）净水用水高峰，管网流量为设计秒流量，管网水能自我维持更新，可不必循环，循环泵停止运行，循环回水管网流量按零流量考虑。

2）其他供水时间，管网用水量小于循环流量，管网水不能自我维持更新，循环泵运行，循环回水管网流量按最高日最大时流量考虑。

3）夜间居民用户流量接近零时，循环回水管网流量按确保管道直饮水系统在管网中停留时间不超过6h考虑。

循环回水管网的水力计算内容和方法与管道直饮水系统配水管网的水力计算基本相同，不同之处在于管径可较相应的净水配水管网减小1~2个等级，流速可相应提高20%~40%。

4. 供水泵

1）管道直饮水系统采用变频给水机组供水时，水泵流量计算公式为

$$Q_b = q_s + q_x \tag{9-12}$$

水泵扬程计算公式为

$$H_b = h_0 + z + \sum h \tag{9-13}$$

式中　Q_b——水泵流量（L/s）；

q_s——瞬间高峰用水量（L/s）；

q_x——循环流量（L/s）；

H_b——供水泵扬程（m）；

h_0——最不利点水嘴自由水头（m）；

z——最不利水嘴与净水箱的几何高度（m）；

$\sum h$——最不利水嘴到净水箱的管路总水头损失（m）。

水头损失的计算与生活给水的水力计算方法相同。

2）设置循环水泵的系统中，循环水泵的流量与式（9-13）相同，其扬程包括供水管网的水头损失和循环管网的水头损失两部分，即

$$H_b = h_p + h_x \tag{9-14}$$

表 9-6 计算管段上饮水水嘴数量 n_0>24 个时的 m 值

（单位：个）

n_0 \ m \ P_0	0.010	0.015	0.020	0.025	0.030	0.035	0.040	0.045	0.050	0.055	0.060	0.065	0.070	0.075	0.080	0.085	0.090	0.095	0.100
25	—	—	—	—	—	4	4	4	4	5	5	5	5	5	6	6	6	6	6
50	—	—	4	4	5	5	6	6	7	7	7	8	8	9	9	9	10	10	10
75	—	4	5	6	6	7	8	8	9	9	10	10	11	11	12	13	13	14	14
100	4	5	6	7	8	8	9	10	11	11	12	13	13	14	15	16	16	17	18
125	4	6	7	8	9	10	11	12	13	13	14	15	16	17	18	18	19	20	21
150	5	6	8	9	10	11	12	13	14	15	16	17	18	19	20	21	22	23	24
175	5	7	8	10	11	12	14	15	16	17	18	20	21	22	23	24	25	26	27
200	6	8	9	11	12	14	15	16	18	19	20	22	23	24	25	27	28	29	30
225	6	8	10	12	13	15	16	18	19	21	22	24	25	27	28	29	31	32	34
250	7	9	11	13	14	16	18	19	21	23	24	26	27	29	31	32	34	35	37
275	7	9	12	14	15	17	19	21	23	25	26	28	30	31	33	35	36	38	40
300	8	10	12	14	16	18	21	22	24	25	28	30	32	34	36	37	39	41	43
325	8	11	13	15	18	20	22	24	26	28	30	32	34	36	38	40	42	44	46
350	8	11	14	16	19	21	23	25	28	30	32	34	36	38	40	42	45	47	49
375	9	12	14	17	20	22	24	27	29	32	34	36	38	41	43	45	47	49	52
400	9	12	15	18	21	23	26	28	31	33	36	38	40	43	45	48	50	52	55
425	10	13	16	19	22	24	27	30	32	35	37	40	43	45	48	50	53	55	57
450	10	13	17	20	23	25	28	31	34	37	39	42	45	47	50	53	55	58	60
475	10	14	17	20	24	27	30	33	35	38	41	44	47	50	52	55	58	61	63
500	11	14	18	21	25	28	31	34	37	40	43	46	49	52	55	58	60	63	66

注：当 n_0 值与表中数据不符时，可用差值法求得 m。

思考题与习题

1. 有哪些常用的饮水供应系统?
2. 建筑内管道直饮水设计应注意哪些问题?
3. 直饮水系统中的深度净化处理有哪些方法?
4. 如何防止管道直饮水的二次污染?
5. 实际使用过程中管道直饮水系统中的水质防护应从哪些方面考虑?

第 10 章

居住小区给水排水工程

学习重点：

①居住小区给水系统水力计算；②居住小区生活排水系统水力计算。

10.1　居住小区给水系统

居住小区给水系统主要由水源、管道系统、二次加压泵房和贮水池等组成。

10.1.1　居住小区给水水源

居住小区给水系统既可以直接利用现有供水管网作为给水水源，也可以自备水源。位于市区或厂矿区供水范围内的居住小区，应采用市政或厂矿给水管网作为给水水源，以减少工程投资。远离市区或厂矿区的居住小区，可自备水源。对于离市区或厂矿区较远，但可以铺设专门的输水管线供水的居住小区，应通过技术经济比较确定是否自备水源。自备水源的居住小区给水系统严禁与城市给水管道直接连接。当需要将城市给水作为自备水源的备用水或补充水时，只能将城市给水管道的水放入自备水源的贮水（或调节）池，经自备系统加压后使用。在严重缺水地区，应考虑建设居住小区中水工程，用中水来冲洗厕所、浇洒绿地和道路。

10.1.2　居住小区给水系统与供水方式

居住小区供水既可以是生活和消防合用一个系统，也可以是生活系统和消防系统各自独立。若居住小区中的建筑物不需要设置室内消防给水系统，火灾扑救仅靠室外消火栓或消防车时，宜采用生活和消防共用的给水系统；若居住小区中的建筑物需要设置室内消防给水系统，如高层建筑，宜将生活和消防给水系统各自独立设置。

居住小区供水方式应根据小区内建筑物的类型、建筑高度、市政给水管网的资用水头和水量等因素综合考虑来确定。选择供水方式时首先应保证供水安全可靠，同时要做到技术先进合理，投资省，运行费用低，管理方便。居住小区供水方式可分为直接供水方式、调蓄增压供水方式和分压供水方式。

1. 直接供水方式

直接供水方式就是利用城市市政给水管网的水压直接向用户供水。当城市市政给水管网的水压和水量能满足居住小区的供水要求时，应尽量采用这种供水方式。

2. 调蓄增压供水方式

当城市市政给水管网的水压和水量不足，不能满足居住小区内大多数建筑的供水要求时，应集中设置贮水调节设施和加压装置，采用调蓄增压供水方式向用户供水。

3. 分压供水方式

当居住小区内既有高层建筑，又有多层建筑，建筑物高度相差较大时应采用分压供水方式供水。这样既可以减少动力消耗，又可以避免多层建筑供水系统的压力过高。

居住小区的加压给水系统，应根据小区的规模、建筑高度和建筑物的分布等因素确定加压站的数量、规模、水压以及水压分区。当居住小区内所有建筑的高度和所需水压都相近时，整个小区可集中设置并共用一套加压给水系统。当居住小区内只有一幢高层建筑或幢数不多且各幢所需压力相差很大时，每一幢建筑物宜单独设调蓄增压设施。当居住小区内若干幢建筑的高度和所需水压相近，且布置集中时，调蓄增压设施可以分片集中设置，条件相近的几幢建筑物共用一套调蓄增压设施。

10.1.3 居住小区管道布置和敷设

居住小区给水管道可以分为小区给水干管、小区给水支管和接户管三类，有时将小区给水干管和小区给水支管统称为居住小区室外给水管道。在布置小区管道时，应按干管、支管、接户管的顺序进行。

为了保证小区供水可靠性，小区给水干管应布置成环状或与城市管网连成环状，与城市管网的连接管不少于两根，且当其中一条发生故障时，其余的连接管应通过不小于70%的流量。小区给水干管宜沿用水量大的地段布置，以最短的距离向大户供水。小区给水支管和接户管一般为枝状。

居住小区室外给水管道，应沿区内道路平行于建筑物敷设，宜敷设在人行道、慢车道或草地下；管道外壁距建筑物外墙的净距不宜小于1.0m，且不得影响建筑物的基础。给水管道与建筑物基础的水平净距与管径有关，管径为100~150mm时，不宜小于1.5m；管径为50~75mm时，不宜小于1.0m。

居住小区室外给水管道尽量减少与其他管线的交叉，不可避免时，给水管应在排水管上面，给水管与其他地下管线及乔木之间的最小净距见表10-1。

表10-1 居住小区地下管线间的最小净距

种类 \ 净距/m \ 种类	给水管		污水管		雨水管	
	水平	垂直	水平	垂直	水平	垂直
给水管	0.5~1.0	0.1~0.15	0.8~1.5	0.1~0.15	0.8~1.5	0.1~0.15
污水管	0.8~1.5	0.1~0.15	0.8~1.5	0.1~0.15	0.8~1.5	0.1~0.15
雨水管	0.8~1.5	0.1~0.15	0.8~1.5	0.1~0.15	0.8~1.5	0.1~0.15
低压煤气管	0.5~1.0	0.1~0.15	1.0	0.1~0.15	1.0	0.1~0.15
直埋式热水管	1.0	0.1~0.15	1.0	0.1~0.15	1.0	0.1~0.15
热力管沟	0.1~0.15		1.0		1.0	
乔木中心	1.0		1.5		1.5	
电力电缆	1.0	直埋0.5 穿管0.25	1.0	直埋0.5 穿管0.25	1.0	直埋0.5 穿管0.25

（续）

种类 \ 净距/m \ 种类	给水管		污水管		雨水管	
	水平	垂直	水平	垂直	水平	垂直
通信电缆	1.0	直埋0.5 穿管0.15	1.0	直埋0.5 穿管0.15	1.0	直埋0.5 穿管0.15
通信及照明电缆	0.5		1.0		1.0	

注：1. 净距是指管外壁距离，管道交叉设套管时是指套管外壁距离，直埋式热力管是指保温管壳外壁距离。

2. 电力电缆在道路的东侧（南北方向的路）或南侧（东西方向的路）；通信电缆在道路的西侧或北侧。一般均在人行道下。

给水管道的埋深应根据土壤的冰冻深度、外部荷载、管道强度以及与其他管线交叉等因素来确定。管顶最小覆土深度不得小于土壤冰冻线以下0.15m，行车道下管线最小覆土深度不得小于0.7m。

为了便于小区管网的调节和检修，应在与城市管网连接处的小区干管上，与小区给水干管连接处的小区给水支管上，与小区给水支管连接处的接户管上及环状管网需调节和检修处设置阀门。阀门应设在阀门井或阀门套筒内。

居住小区内城市消火栓保护不到的区域应设室外消火栓，设置数量和间距应按《建筑设计防火规范》（GB 50016—2014）执行。当居住小区绿地和道路需洒水时，可设洒水栓，其间距不宜大于80m。

10.2 居住小区给水系统的水力计算

10.2.1 居住小区设计用水量

居住小区设计用水量包括居住小区的居民生活用水量、公共建筑用水量、绿化用水量、水景和娱乐设施用水量、道路和广场浇洒用水量、公共设施用水量、管网漏水水量及未预见水量、消防用水量。消防用水量仅用于校核管网计算，不计入正常用水量。

居住小区的居民生活用水量，应按小区人口和住宅最高日生活用水定额（表2-1）经计算确定。

居住小区内的公共建筑用水量，应按其使用性质、规模采用表2-2中的用水定额经计算确定。

绿化浇灌用水定额应根据气候条件、植物种类、土壤理化性状、浇灌方式和管理制度等因素综合确定。当无相关资料时，小区绿化浇灌用水定额可按浇灌面积1.0~3.0L/(m^2·d)计算，干旱地区可酌情增加。公共游泳池、水上游乐池和水景用水量可按《建筑给水排水设计规范》（2009年版）（GB 50015—2003）的规定确定。

小区道路、广场的浇洒用水定额可按浇洒面积2.0~3.0L/(m^2·d)计算。

小区消防用水量和水压及火灾延续时间，应按现行国家标准《建筑设计防火规范》（GB 50016—2014）确定。

小区管网漏失水量和未预见水量之和可按最高日用水量的10%~15%计。

居住小区内的公用设施用水量，应由该设施的管理部门提供用水量计算参数，当无重大公用设施时，不另计用水量。

10.2.2 居住小区给水系统设计流量

小区内建筑物的给水引入管的设计流量，应符合下列要求：

1）当建筑物内的生活用水全部由室外管网直接供水时，应取建筑物内的生活用水设计秒流量。

2）当建筑物内的生活用水全部自行加压供给时，引入管的设计流量应为贮水调节池的设计补水量；设计补水量不宜大于建筑物最高日最大时用水量，且不得小于建筑物最高日平均时用水量。

3）当建筑物内的生活用水既有室外管网直接供水，又有自行加压供水时，应按1）和2）的要求计算设计流量后，将两者叠加作为引入管的设计流量。

居住小区的室外给水管道的设计流量应根据管段服务人数、用水定额及卫生器具设置标准等因素确定，并应符合下列规定：

1）服务人数小于等于表10-2中数值的室外给水管段，住宅应按设计秒流量计算管段流量（具体计算方法详见第2章），居住小区内配套的文体、餐饮娱乐、商铺及市场等设施应按相应建筑的设计秒流量计算节点流量（具体计算方法详见第2章）。

2）服务人数大于表10-2中数值的给水干管，住宅应按最大时用水量作为管段流量；居住小区内配套的文体、餐饮娱乐、商铺及市场等设施的生活给水设计流量，应按相应建筑的最大时用水量确定节点流量。

3）居住小区内配套的文教、医疗保健、社区管理等设施，以及绿化和景观用水、道路及广场洒水、公共设施用水等，均以平均时用水量计算节点流量。

值得注意的是，凡不属于小区配套的公共建筑均应另计。

表10-2 居住小区室外给水管道设计流量计算人数

每户 N_g / q_0K_h	3	4	5	6	7	8	9	10
350	10200	9600	8900	8200	7600			
400	9100	8700	8100	7600	7100	6650		
450	8200	7900	7500	7100	6650	6250	5900	
500	7400	7200	6900	6600	6250	5900	5600	5350
550	6700	6700	6400	6200	5900	5600	5350	5100
600	6100	6100	6000	5800	5550	5300	5050	4850
650	5600	5700	5600	5400	5250	5000	4800	4650
700	5200	5300	5200	5100	4950	4800	4600	4450

注：1. 当居住小区内含有多种住宅类别及户内 N_g 不同时，可采用加权平均法计算。

2. 表中数据可用内插法。

当建筑设有水箱（池）时，应以建筑引入管设计流量作为室外计算给水管段节点流量。

小区的给水引入管的设计应符合下列要求：

1）小区给水引入管的设计流量应按小区室外给水管道设计流量的规定计算，并应考虑未预计水量和管网漏失量。

2）不少于两条引入管的小区室外环状给水管网，当其中一条发生故障时，其余的引入管应能保证不小于70%的流量。

3）当小区室外给水管网为支状布置时，小区引入管的管径不应小于室外给水干管的管径。

4）小区环状管道宜管径相同。

居住小区的室外生活、消防合用给水管道，应按上述要求计算设计流量（淋浴用水量可按15%计算，绿化、道路及广场浇洒用水可不计算在内）后，再叠加区内一次火灾的最大消防流量（有消防贮水和专用消防管道供水的部分应扣除），并应对管道进行水力计算校核，管道末梢的室外消火栓从地面算起的水压，不得低于0.1MPa。

设有室外消火栓的室外给水管道，管径不得小于100mm。

10.2.3 居住小区给水系统的水力计算

居住小区给水系统水力计算是在确定了供水方式，布置完管线后进行的，计算的目的是确定各管段的管径和压力损失，校核消防和事故时的流量，选择确定升压贮水调节设备。

居住小区给水管网水力计算步骤和方法与城市给水管网水力计算步骤和方法基本相同，首先确定节点流量和管段设计流量，然后求管段的管径和压力损失，最后是校核流量和选择设备。进行居住小区给水管网水力计算时应注意以下几点：

1）局部压力损失按沿程压力损失的15%~20%计算。

2）管道内水流速度一般可为1~1.5m/s，消防时可为1.5~2.5m/s。

3）环状管网需进行管网平差计算，大环闭合差应小于等于15kPa，小环闭合差应小于等于5kPa。

4）按计算所得外网须供的流量确定连接管的管径。计算所得的干管管径不得小于支管管径或建筑引入管的管径。

5）居住小区室外给水管道，不论小区规模及管网形状，均应以最大用水时的平均秒流量作为节点流量，再叠加区内一次火灾的最大消防流量（有消防贮水和专用消防管道供水部分应扣除），对管道进行水力计算校核，管道末梢的室外消火栓从地面算起的水压不得低于0.1MPa。

6）设有室外消火栓的室外给水管道，管径不得小于100mm。

10.2.4 水泵、水池、水塔和高位水箱

当城市给水管网供水不能满足居住小区用水需要时，小区须设二次加压泵站、水塔等设施，以满足居住小区用水要求。

水泵扬程应满足最不利配水点所需水压，小区给水系统有水塔或高位水箱时，水泵出水量应按最大时流量确定；当小区内无水塔或高位水箱时，水泵出水量按小区给水系统的设计流量确定。水泵的选择、水泵机组的布置及水泵房的设计要求，按《室外给水设计规范》（GB 50013—2006）的有关规定执行。

居住小区加压泵站的贮水池有效容积应根据小区生活用水量的调蓄贮水量和消防贮水量

确定。其中生活用水的调蓄贮水量，应按流入量和供出量的变化曲线经计算确定，资料不足时可按居住小区最高日用水量的15%~20%确定。消防贮水量应满足在火灾延续时间内室内外消防用水总量的要求，一般可按消防时市政管网仍可向贮水池补水进行计算。为了确保清洗水池时不停止供水，贮水池宜分成容积基本相等的两个格。

水泵-水塔（高位水箱）联合供水时，宜采用前置方式，其有效容积可根据小区内的用水规律和小区加压泵房的运行规律经计算确定，资料不足时可按表10-3所示确定。

表10-3 水塔和高位水箱（池）生活用水的调蓄贮水量

居住小区最高日用水量/m^3	<100	101~300	301~500	501~1000	1001~2000	2001~4000
调蓄贮水量占最高日用水量的百分数	30%~20%	20%~15%	15%~12%	15%~8%	8%~6%	6%~4%

【例10-1】 某小区有4栋住宅楼和一个商铺，每栋楼的户型一样，每栋楼42户，每户按3.5人计算，小区共居住人口588人。每户的给水 N_g 为5，用水定额 q_0 为200L/(人·d)，小时变化系数 K_h 为2.5。经计算，商铺进水管的设计秒流量为2.5L/s。采用小区加压泵站水泵集中供水方式，各建筑物要求的最小服务压力为160kPa（16mH$_2$O）。生活给水管道平面布置如图10-1所示，管道长度已在图中标出，地面标高均为62.00m，小区加压泵站贮水池最低水面标高为58.00m，管材采用铸铁管。试进行水力计算，并确定小区加压泵站水泵的扬程和流量。

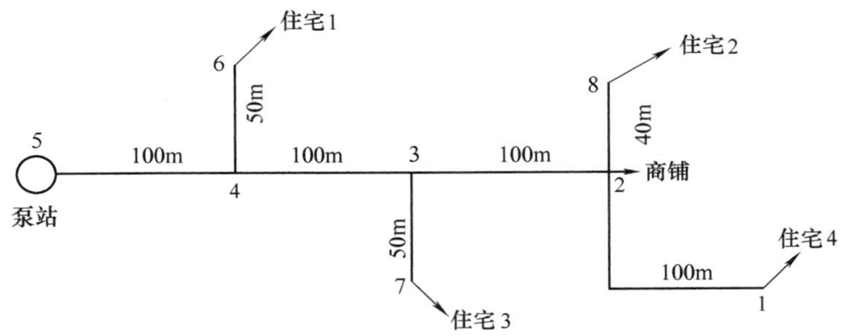

图10-1 生活给水管道平面布置图

【解】 （1）$q_0K_h=200\times2.5=500$，居住人口588人小于表10-2中 $q_0K_h=500$、每户的给水 N_g 为5时的人口数，因此住宅应按设计秒流量计算管段流量，商铺应设计秒流量计算节点流量。由于住宅的户型等都一样，所以 U_0 一样。

$$U_0=\frac{q_0mK_h}{0.2N_gT\times3600}\times100\%=\frac{200\times3.5\times2.5}{0.2\times5\times24\times3600}\times100\%=2.03\%$$

查表2-5得 $\alpha_c=0.01097$。代入 $U=100\times\frac{1+\alpha_c\ (N_g-1)^{0.49}}{\sqrt{N_g}}$（%）就可以算出每个计算管段的 U 值，进而计算出个管段的流量，具体见表10-4。应该注意的是，商铺的流量是作为节点流量直接加和的，但住宅不是直接加和的，是把计算管段所承担的住宅用水按设计秒流量公式重新

算出来的。例如 2-3 管段，承担住宅 4、住宅 2 和商铺的用水，计算住宅这一部分流量时，要将住宅 4 和住宅 2 的 N_g 加在一起，代入 $U=100\times\frac{1+\alpha_c(N_g-1)^{0.49}}{\sqrt{N_g}}$ (%) 算出 2-3 管段的 U 值，再计算出住宅的设计秒流量，然后加上商铺的流量就得到管段的设计流量。

(2) 因小区地形平坦，控制点选在离泵站最远的节点 1，设计计算管线为 5-4-3-2-1。各管段水力计算见表 10-4。

(3) 设计计算管线为 5-4-3-2-1 的沿程压力损失 $\sum p_y=86.84\text{kPa}$，局部压力损失按沿程压力损失的 15% 计算，则设计计算管线 5-4-3-2-1 的总压力损失 $p_2=\sum p=\sum p_y\times1.15=99.866\text{kPa}$。

(4) 水泵的扬程 $H_b=H_{ST}+\sum h=[(62.00-58.00+16)+9.9866]\text{m}=29.99\text{m}$。水泵的流量采用最大设计流量，即 10.02L/s（消防校核略）。

表 10-4 管道水力计算

管段编号	当量总数	节点流量/(L/s)	设计流量/(L/s)	管长/m	流速/(m/s)	管径/mm	i/(kPa/mm)	沿程水头损失/kPa
1-2	210		3.33	100	1.28	50	0.301	30.1
2-3	420	2.5	4.97+2.5=7.47	100	1.35	80	0.213	18.4
3-4	630	2.5	6.32+2.5=8.82	100	1.06	100	0.108	24.9
4-5	840	2.5	7.52+2.5=10.02	100	1.2	100	0.134	13.44 $\sum h_y=86.84$
2-8	210		3.33	40	1.28	50	0.301	30.1
3-7	210		3.33	50	1.28	50	0.301	30.1
4-6	210		3.33	50	1.28	50	0.301	30.1

10.3 居住小区排水系统

10.3.1 排水体制

居住小区排水体制分为分流制和合流制，采用哪种排水体制，主要取决于城市排水体制和环境保护要求；同时，也与居住小区是新区建设还是旧区改造以及建筑内部排水体制有关。新建小区一般应采用雨污分流制，以减少对水体和环境的污染。居住小区内需设置中水系统时，为简化中水处理工艺，节省投资和日常运行费用，还应将生活污水和生活废水分质分流。当居住小区设置化粪池时，为减小化粪池容积也应将污水和废水分流，生活污水进入化粪池，生活废水直接排入城市排水管网、水体或中水处理站。

10.3.2 居住小区排水管道的布置与敷设

居住小区排水管道的布置应根据小区总体规划、道路和建筑物布置、地形标高、污水、废水和雨水的去向等实际情况，按照管线短、埋深小、尽量自流排出的原则确定。居住小区排水管道的布置应符合下列要求：

1）排水管道宜沿道路或建筑物平行敷设，尽量减少转弯以及与其他管线的交叉，当不可避免时，与其他管线的水平和垂直最小距离应符合表10-1所示的要求。

2）干管应靠近主要排水建筑物，并布置在连接支管较多的一侧。

3）排水管道应尽量布置在道路外侧的人行道或草地的下面，不允许平行布置在铁路的下面和乔木的下面。

4）排水管道应尽量远离生活饮用水给水管道，避免生活饮用水遭受污染。

5）排水管道与其他地下管线及乔木之间的最小水平、垂直净距见表10-1。排水管道与建筑物、构筑物间的水平距离见表10-5。排水管道与建筑物基础间的最小水平净距与管道的埋设深浅有关，但管道埋深浅于建筑物基础时，最小水平净距不小于1.5m；否则，最小水平间距不小于2.5m。

表10-5　排水管道与建筑物、构筑物间的水平距离

建筑物、构筑物名称	水平净距离/m
建筑物	3.0
铁路中心线	4.0
城市型道路边缘	1.0
郊区型道路边缘	1.0
围墙	1.5
照明及通信电杆	1.0
高压电线杆支座	3.0

居住小区排水管道的覆土厚度应根据道路的行车等级、管材受压强度、地基承载力、土层冰冻等因素和建筑物排水管标高经计算确定。小区干道和小区组团道路下的管道，覆土厚度不宜小于0.7m，当小于0.7m时应采取保护管道防止受压破损的技术措施；生活污水接户管埋设深度不得高于土壤冰冻线以上0.15m，且覆土厚度不宜小于0.3m。

居住小区内雨水口的形式和数量应根据布置位置、雨水流量和雨水口的泄流能力经计算确定。雨水口的布置应根据地形、建筑物位置，沿道路布置。雨水口一般布置在道路交汇处和路面最低点，建筑物单元出入口与道路交界处，外排水建筑物的水落管附近，小区空地、绿地的低洼点，地下坡道入口处。沿道路布置的雨水口间距宜为20~40m。雨水连接管长度不宜超过25m，每根连接管上最多连接两个雨水口。平箅雨水口的箅口宜低于道路路面30~40mm，低于土地面50~60mm。雨水口的泄流量按表10-6所示采用。

表10-6　雨水口的泄流量

雨水口形式（箅子尺寸为750mm×450mm）	泄流量/(L/s)
平箅式雨水口单箅	15~20
平箅式雨水口双箅	35
平箅式雨水口三箅	50
边沟式雨水口单箅	20
边沟式雨水口双箅	35
联合式雨水口单箅	30
联合式雨水口双箅	50

10.3.3　居住小区内排水管材和检查井

居住小区内排水管道宜采用埋地排水塑料管、承插式混凝土管和钢筋混凝土管。当居住小区内设有生活污水处理装置时，生活排水管道应采用埋地排水塑料管。居住小区内雨水管道可选用埋地塑料管、承插式混凝土管、钢筋混凝土管和铸铁管等。

管道的基础和接口应根据地质条件、布置位置、施工条件、地下水位、排水性质等因素确定。

居住小区排水管与室内排出管连接处，管道交汇、转弯、跌水、管径或坡度改变处以及直线管段上一定距离应设检查井。小区内生活排水管道管径小于等于 150mm 时，检查井间距不宜大于 20m；管径大于等于 200mm 时，检查井间距不宜大于 30m；居住小区内雨水管道和合流管道上检查井的最大间距见表 10-7。检查井井底应设流槽。

表 10-7　雨水检查井最大间距

管径/mm	最大间距/m
150（160）	20
200~300（200~315）	30
400（400）	40
≥500（500）	50

注：括号内数据为塑料管的外径。

10.4　居住小区排水系统的水力计算

10.4.1　居住小区生活污水排水量与排水管道的设计流量

居住小区生活污水排水量是指生活用水使用后能排入污水管道的流量。由于蒸发损失及小区埋地管道的渗漏，居住小区生活污水排水量小于生活用水量。我国现行的《建筑给水排水设计规范》规定，居住小区生活排水系统排水定额是其相应的给水系统用水定额的 85%~95%。确定居住小区生活排水系统定额时，大城市的小区取高值，小区埋地管采用塑料管时取高值，小区地下水位高取高值。

居住小区生活排水系统小时变化系数与相应的生活给水系统小时变化系数相同。

公共建筑生活排水系统的排水定额和小时变化系数与相应的生活给水系统的用水定额和小时变化系数相同。

居住小区生活排水管道的设计流量不论是小区接户管、小区支管，还是小区干管都按住宅生活排水最大小时流量和公共建筑生活排水最大小时流量之和确定。

10.4.2　居住小区生活排水管道水力计算

居住小区生活排水管道水力计算的目的是确定排水管道的管径、坡度以及需提升的排水泵站设计。

居住小区生活排水管道水力计算方法与室外排水管道（或室内排水横管）水力计算方法相同，只是有些设计参数取值有所不同。

居住小区内生活排水的设计流量应按住宅生活排水最大小时流量与公共建筑生活排水最大小时流量之和确定。管道自净流速为0.6m/s，最大设计流速：金属管为10m/s，非金属管为5m/s。

当居住小区生活排水管道设计流量较小，排水管道的管径经水力计算小于表10-8所示最小管径时，不必进行详细的水力计算，按最小管径和最小坡度进行设计。居住小区生活排水管道最小管径、最小设计坡度和最大设计充满度见表10-8。

表10-8　居住小区生活排水管道最小管径、最小设计坡度和最大设计充满度

管别	管材	最小管径/mm	最小设计坡度	最大设计充满度
接户管	埋地塑料管	160	0.005	0.5
	混凝土管	150	0.007	
支管	埋地塑料管	160	0.005	
	混凝土管	200	0.004	0.55
干管	埋地塑料管	200	0.004	
	混凝土管	300	0.003	

注：接户管管径不得小于建筑物排出管管径。

居住小区排水接户管管径不应小于建筑物排出管管径，下游管段的管径不应小于上游管段的管径，有关居住小区排水管网水力计算的其他要求和内容，可按现行《室外排水设计规范》执行。

【例10-2】　某小区生活污水干管平面布置如图10-2所示，各建筑生活排水最大小时流量、管长均已在图中标出，地面标高列于表10-10中的第10、11项，管材采用钢筋混凝土污水管（n=0.014）。试进行水力计算。

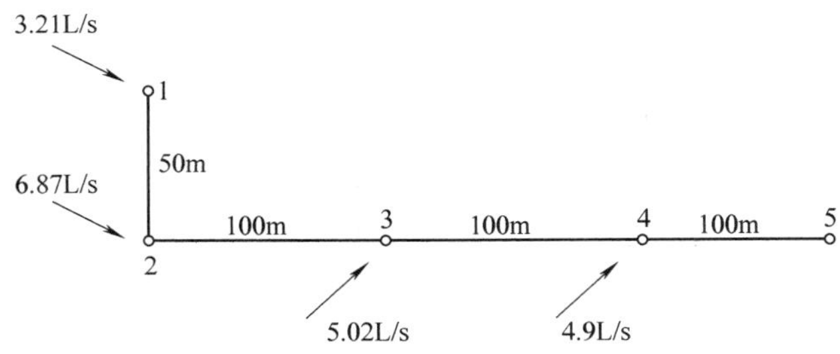

图10-2　某小区生活污水干管平面布置图

【解】　1）在进行管道水力计算前，先要进行节点编号，并划分设计管段。本例题的节点编号如图10-2所示。从图中可以看出，本例题共有4个设计管段：1-2、2-3、3-4、4-5。

2）从管道平面图上量出每一设计管段的长度，列入表10-10中第2项。

3）各设计管段的设计流量计算，计算结果见表10-9。列入表10-10中第4项。

表 10-9 设计流量计算表

管道编号	平均流量/(L/s)	小时变化系数	设计流量/(L/s)
1-2	3.21	2.3	7.38
2-3	10.08	2.15	21.67
3-4	15.10	2.0	30.20
4-5	20.00	1.9	38.00

4）将各节点处地面标高列入表 10-10 中第 10、11 项。

5）根据流量，并参考各个管段的地面坡度，查排水管道水力计算表确定出管径、坡度、流速和充满度，并分别列入表 10-10 中第 4、5、6、7 项。查排水管道水力计算表应满足坡度、流速和充满度等规定。对于 1-2 管段，由于流量较小，因此属于不计算管段，管径和最小坡度按居住小区生活排水管道最小管径、最小坡度确定。

6）根据求得的管径、充满度和降落量等，计算出设计管段上下游的水面标高、管内底标高，并分别列入表 10-10 中第 12、13、14、15 项。

7）根据地面标高、管内地底标高确定埋设深度。埋设深度＝地面标高－管内地底标高。如管段 4-5 上端的覆土厚度＝(66.48－64.739)m＝1.74m。

表 10-10 水力计算表

管段编号	管道长度/m	管径/mm	设计流量/(L/s)	坡度	流速/(m/s)	充满度		降落量/m	标高/m						埋设深度/m	
						h/D	h		地面		水面		管内地底			
									上端	下端	上端	下端	上端	下端	上端	下端
1	2	3	4	5	6	7	8	9	10	11	12	13	14	15	16	17
1-2	50	300	7.38	0.003				0.25	66.62	66.52			65.620	65.370	1.00	1.15
2-3	100	300	21.67	0.003	0.67	0.46	0.138	0.30	66.52	66.50	65.508	65.208	65.370	65.070	1.15	1.29
3-4	100	350	30.20	0.0026	0.69	0.47	0.165	0.26	66.50	66.48	65.185	64.925	65.020	64.760	1.34	1.72
4-5	100	350	38.00	0.0028	0.76	0.53	0.186	0.28	66.48	66.36	64.925	64.645	64.739	64.459	1.74	1.90

10.4.3 居住小区设计雨水流量与雨水管道水力计算

居住小区雨水排水系统设计雨水流量的计算与城市雨水（或屋面雨水）排水相同，按式（6-1）计算，但设计重现期、径流系数以及设计降雨历时等参数的取值范围不同。

设计重现期应根据汇水区域的重要程度、地形条件、地形特点和气象特征等因素确定，一般宜选用 1~3 年。

径流系数采用室外汇水面平均径流系数，即按表 10-11 所示选取，经加权平均后确定。如资料不足，也可以根据建筑稠密程度按 0.5~0.8 选用。北方干旱地区的小区一般可取 0.3~0.6。建筑稠密取上限，反之取下限。

表 10-11　径流系数

地面种类	径流系数
各种屋面	0.9
混凝土和沥青路面	0.9
块石路面	0.6
级配碎石路面	0.45
干砖及碎石路面	0.40
非铺砌路面	0.3
公园绿地	0.15

设计降雨历时按式（10-1）计算

$$t=t_1+mt_2 \tag{10-1}$$

式中　t——降雨历时（min）；

t_1——地面集流时间（min），根据距离长短、地面坡度和地面覆盖情况而定，一般取 5~10min；

m——折减系数，小区支管和接户管：$m=1$；小区干管：暗管 $m=2$，明沟 $m=1.2$；

t_2——排水管内雨水流行时间（min）。

居住小区排水系统采用合流制时，设计流量为生活排水量与设计雨水流量之和。生活排水量可取平均流量。计算设计雨水流量时，设计重现期宜高于同一情况下分流制小区雨水排水系统的设计重现期。

雨水和合流制排水管道按满管重力流设计，管内流速 v 按式（6-2）计算，但其值不宜小于 0.75m/s，以免泥砂在管道内沉淀；水力坡度 I 采用管道敷设坡度，管道敷设坡度应大于最小坡度，并小于 0.15。

对于位于雨水和合流制排水系统起端的计算管段，当汇水面积较小，计算的设计雨水流量偏小时，按设计流量确定排水管径不安全，应按最小管径和最小坡度进行设计。居住小区雨水和合流制排水管道最小管径和最小设计坡度见表 10-12。

表 10-12　居住小区雨水和合流制排水管道最小管径和最小设计坡度

管　别	最小管径/mm	最小设计坡度	
		铸铁管、钢管	塑料管
小区建筑物周围雨水接户管	200（225）	0.005	0.003
小区道路下干管、支管	300（315）	0.003	0.0015
13 号沟头的雨水口连接管	200（225）	0.01	0.01

注：表中铸铁管管径为公称直径，括号内数据为塑料管外径。

思考题与习题

1. 居住小区的供水方式有哪些？
2. 居住小区给水管网水力计算应注意哪些问题？
3. 居住小区给水引入管的设计应符合哪些要求？
4. 如何确定居住小区生活排水管道的设计流量？

第 11 章

建筑中水工程

学习重点：

①建筑中水系统的分类与组成；②中水系统的水量平衡计算；③中水处理工艺。

中水是指各种排水经处理后，达到规定的水质标准，可在生活、市政、环境等范围内杂用的非饮用水，是由上水（给水）和下水（排水）派生出来的。建筑中水工程是指民用建筑物或小区内使用后的各种排水如生活排水、冷却水及雨水等经过适当处理后，回用于建筑物或小区内，作为冲洗便器、冲洗汽车、绿化和浇洒道路等杂用水的供水系统。工业建筑的生产废水和工艺排水的回用不属于建筑中水，但工业建筑内的生活污水的回用属此范围。

建筑中水工程的设置，可以有效节约水资源，减少污废水排放量，减轻水环境的污染，特别适用于缺水或严重缺水的地区。建筑中水工程，相对于城市污水大规模处理回用而言，属于分散、小规模的污水回用工程，具有可就地回收处理利用、无须长距离输水、易于建设、投资相对较小和运行管理方便等优点。

《建筑中水设计规范（附条文说明）》（GB 50336—2002）中明确规定，缺水城市和缺水地区适合建设中水设施的工程项目，应按照当地有关规定配套建设中水设施。中水设施必须与主体工程同时设计，同时施工，同时使用。

建筑中水工程的设计应符合下列要求：

1）中水工程设计，应根据可利用原水的水质、水量和中水用途，进行水量平衡和技术经济分析，合理确定中水水源、系统形式、处理工艺和规模。

2）中水工程设计应由主体工程设计单位负责。中水工程的设计应与主体工程设计进度相一致，各阶段的设计深度应符合国家有关建筑工程设计文件编制深度的规定。

3）中水工程设计质量应符合国家关于民用建筑工程设计文件质量特性和质量评定实施细则的要求。

4）中水设施设计合理使用年限应与主体建筑设计标准相符合。

5）中水工程设计必须采取确保使用、维修的安全措施，严禁中水进入生活饮用水给水系统。

11.1 建筑中水系统的形式和组成

建筑中水是建筑物中水和小区中水的总称。建筑物中水是指在一栋或几栋建筑物内建立的中水系统。小区中水是指在小区内建立的中水系统。小区主要指居住小区，也包括院校、机关大院等集中建筑区。建筑中水系统是由中水原水的收集、储存、处理和中水供给等工程设施组成的有机结合体，是建筑或小区的功能配套设施之一。

11.1.1　建筑中水系统的形式

1. 建筑物中水系统形式

建筑物中水宜采用原水污、废分流，中水专供的完全分流系统。在该系统中，中水原水的收集系统和建筑物的原排水系统是完全分开的，同时建筑物的生活给水系统和中水供水系统也是完全分开的系统。

2. 建筑小区中水系统形式

建筑小区中水可以采用以下多种系统形式。

（1）全部完全分流系统　全部完全分流系统是指原水污、废分流管系统和中水供水管系统覆盖建筑小区内全部建筑物的系统。

“全部”是指分流管道的覆盖面，是全部建筑还是部分建筑；“分流”是指系统管道的敷设形式，是污废水分流、合流还是无管道。

完全分流系统管线比较复杂，设计施工难度较大，管线投资较大。该系统在缺水地区和水价较高的地区是可行的。

（2）部分完全分流系统　部分完全分流系统是指原水污、废分流管系统和中水供水管系统均为覆盖小区内部分建筑的系统，可分为半完全分流系统和无分流管系的简化系统。

半完全分流系统是指无原水污、废分流管系统，只有中水供水管系统或只有污水、废水分流管系统而无中水供水管的系统。前者指采用生活污水或外界水源，而少一套污水收集系统；后者指室内污水收集后用于室外杂用，而少一套中水供水管系。这两种情况可统称为三套管路系统。

无分流管系的简化系统是指建筑物内无原水的污、废分流管系统和中水供水管系统的系统。该系统使用综合生活污水或外界水源作为中水水源，建筑物内无原水的污、废分流管系统；中水不进入建筑物，只用于室外绿化、喷洒道路、水体景观和人工湖补水、地面冲洗和汽车清洗等，无中水供水管系统。这种情况下，建筑物内还是两套管路系统。

中水系统形式的选择，应根据工程的实际情况、原水和中水用量的平衡和稳定、系统的技术经济合理性等因素综合考虑确定。

11.1.2　建筑中水系统的组成

中水系统包括原水系统、处理系统和供水系统三部分，中水工程设计应按系统工程考虑。

1. 中水原水系统

中水原水系统是指收集、输送中水原水到中水处理设施的管道系统和一些附属构筑物，其设计与建筑排水管道的设计原则和基本要求相同。除此以外，还应注意以下几点：

1）原水管道系统宜按重力流设计，靠重力流不能直接接入的排水可采取局部提升等措施接入。

2）原水系统应计算原水收集率，收集率不应低于回收排水项目给水量的 75%。原水收集率按式（11-1）计算

$$\eta = \frac{\sum Q_{\mathrm{P}}}{\sum Q_{\mathrm{J}}} \times 100\% \tag{11-1}$$

式中　η——原水收集率；

$\sum Q_{\mathrm{P}}$——中水系统回收排水项目的回收水量之和（m^3/d）；

$\sum Q_{\mathrm{J}}$——中水系统回收排水项目的给水量之和（m^3/d）。

提出收集率的要求，目的是把可利用的排水都尽量收回。所谓可利用的排水，就是经水量平衡计算和技术经济分析，需要与可能回收利用的排水。凡能够回收处理利用的，应尽量收回，这样才能提高水的综合利用率，提高效益。

3）室内外原水管道及附属构筑物均应采取防渗、防漏措施，并应有防止不符合水质要求的排水接入的措施。井盖上应有“中水”标志。

4）原水系统应设分流、溢流设施和超越管，宜在流入处理站之前能满足重力排放要求。

5）当有厨房排水等含油排水进入原水系统时，应经过隔油处理后，方可进入原水集水系统。

6）当有粪便排水进入原水系统时，应经过化粪池处理后方可进入原水集水系统。

7）原水应计量，宜设置瞬时和累计流量的计量装置，当采用调节池容量法计量时应安装水位计。

8）当采用雨水为中水水源或水源补充时，要有可靠的调储容量和溢流排放设施。

2. 中水处理系统

中水处理系统是中水系统的关键组成部分，其任务是将中水原水净化为合格的回用中水。中水处理系统的合理设计、建设和正常运行是建筑中水系统有效实施的保障。

中水处理系统包括预处理、处理和深度处理。预处理单元一般包括格栅、毛发去除、预曝气等（厨房排水等含油排水进入原水系统时，应经过隔油处理；粪便排水进入原水系统时，应经过化粪池处理）；处理单元分为生物处理和物化处理两大类型，生物处理单元如生物接触氧化、生物转盘、曝气生物滤池、土地处理等，物化处理单元如混凝沉淀、混凝气浮、微絮凝等；深度处理单元如过滤、活性炭吸附、膜分离、消毒等。

3. 中水供水系统

中水供水系统的任务是将中水处理系统的出水（符合中水水质标准）保质保量地通过中水输配水管网送至各个中水用水点。该系统由中水贮水池、中水增压设备、中水配水管网、控制和配水附件、计量设备等组成。中水供水系统的设计应符合下列要求：

1）中水供水系统为杂用水系统，必须独立设置，不能以任何方式与自来水系统连接，单流阀、双阀加泄水等连接都是不允许的。

2）中水系统供水量按照《建筑给水排水设计规范》中的用水定额及分项给水百分率计算确定。

3）中水供水系统的设计秒流量和管道水力计算、供水方式及水泵的选择等按照《建筑给水排水设计规范》中给水部分执行。

4）中水供水管道宜采用塑料给水管、塑料和金属复合管或其他给水管材，不得采用非镀锌钢管。

5）中水贮存池（箱）宜采用耐腐蚀、易清垢的材料制作。钢板池（箱）内、外壁及其附属配件均应采取防腐处理。

6）中水供水系统上，应根据使用要求安装计量装置。

7）中水管道上不得装设取水水嘴。当装有取水接口时，必须采取严格的防止误饮、误用的措施。

8）绿化、浇洒、汽车冲洗宜采用有防护功能的壁式或地下式的给水栓。

11.2　中水水质、水量及水量平衡

11.2.1　中水水源及其水量、水质

1. 中水水源

中水水源可分为建筑物中水水源和小区中水水源。

建筑物中水水源可取自建筑的生活排水和其他可以利用的水源。建筑屋面雨水可作为中水水源或其补充；综合医院污水作为中水水源时，必须经过消毒处理，产出的中水仅可用于独立的不与人直接接触的系统；传染病医院、结核病医院污水和放射性废水，不得作为中水水源。

建筑物中水水源可选择的种类和选取顺序为：

1）卫生间、公共浴室的盆浴、淋浴等的排水。

2）盥洗排水。

3）空调循环冷却系统排污水。

4）冷凝水。

5）游泳池排污水。

6）洗衣排水。

7）厨房排水。

8）厕所排水。

实际中水水源不是单一水源，多为上述几种原水的组合。一般可分为下列三种组合。

（1）优质杂排水　杂排水中污染程度较低的排水，如冷却排水、游泳池排水、沐浴排水、盥洗排水、洗衣排水等，其有机物含量和悬浮物含量都低，水质好，处理容易，处理费用低，应优先使用。

（2）杂排水　民用建筑中除冲厕排水外的各种排水，如冷却排水、游泳池排水、沐浴排水、盥洗排水、洗衣排水、厨房排水等，其有机物含量和悬浮物含量都较优质杂排水高，水质相对较好，处理费用比优质杂排水高。

（3）生活排水　所有生活排水的总称，其有机物含量和悬浮物含量都很高，水质较差，处理工艺复杂，处理费用高。

中水水源应根据排水的水质、水量、排水状况和中水回用的水质、水量选定。为了简化中水处理流程，节约工程造价，降低运转费用，选择中水水源时，应首先选用污染物含量低、水量稳定的优质杂排水。

小区中水水源的选择要依据水量平衡和经济技术比较来确定，并应优先选择水量充裕稳定、污染物含量低、水质处理难度小、安全且居民易接受的中水水源。小区中水可选择的水源有：

1）小区内建筑物杂排水。

2）小区或城市污水处理厂出水。

3）相对洁净的工业排水。

4）小区内的雨水。

5）小区生活污水。

当城市污水回用处理厂出水达到中水水质标准时，小区可直接连接中水管道使用。当城市污水回用处理厂出水未达到中水水质标准时，可作为中水原水进一步处理，达到中水水质标准后方可使用。

2. 原水水量

中水原水是指被选作为中水水源而未经处理的水。中水水源的水量一般没有准确统计资料，多数情况下，根据建筑中作为中水水源的给水量的 80%～90%计算水量。

建筑物中水原水量按式（11-2）计算

$$Q_Y = \sum \alpha\beta Qb \tag{11-2}$$

式中　Q_Y——中水原水量（m^3/d）；

α——最高日给水量折算成平均日给水量的折减系数，一般取 0.67～0.91；

β——建筑物按给水量计算排水量的折减系数，一般取 0.8～0.9；

Q——建筑物最高日生活给水量，按《建筑给水排水设计规范》中的用水定额计算确定（m^3/d）；

b——建筑物用水分项给水百分率，各类建筑物的分项给水百分率应以实测资料为准，在无实测资料时，可参照表 11-1 选取。

表 11-1　各类建筑物分项给水百分数（%）

项目	住宅	宾馆、饭店	办公楼、教学楼	公共浴室	餐饮业、营业餐厅
冲厕	21.3～21	10～14	60～66	2～5	6.7～5
厨房	20～19	12.5～14	—	—	93.3～95
沐浴	29.3～32	50～40	—	98～95	—
盥洗	6.7～6.0	12.5～14	40～34	—	—
洗衣	22.7～22	15～18	—	—	—
总计	100	100	100	100	100

注：沐浴包括盆浴和淋浴。

用作中水水源的原水水量宜为中水回用水量的 110%～115%，以保证中水处理设施的安全运转。

建筑小区中水水源的水量应根据小区中水用量和可回收排水项目水量的平衡计算确定。小区中水原水量可按下列方法计算：

小区建筑物分项排水原水量按式（11-2）计算确定。

小区综合排水量，可按式（11-3）计算

$$Q_{YX}=\alpha\beta Q_X \tag{11-3}$$

式中 Q_{YX}——小区综合排水量（m^3/d）；

Q_X——小区最高日给水量，按《建筑给水排水设计规范》的规定计算确定（m^3/d）。

其他符号同式（11-2）。

3. 原水水质

原水水质一般随建筑物类型和用途不同而异，其污染成分和浓度也不相同。设计时建筑物中水原水水质应以实测资料为准；在无实测资料时，各类建筑物各种排水的污染物浓度可参照表11-2确定。

小区中水水源的设计水质应以实测资料为准。在无实测资料，当采用生活污水时，可按表11-2中综合水质指标取值；当采用城市污水处理厂出水为原水时，可按二级处理实际出水水质或相应标准执行。其他种类的原水水质则需实测。

表11-2 各类建筑物各种排水污染物浓度 （单位：mg/L）

类别	住宅			宾馆、饭店		
	BOD_5	CODcr	SS	BOD_5	CODcr	SS
冲厕	300~450	800~1000	350~450	250~300	700~1000	300~400
厨房	500~650	900~1200	220~280	400~550	800~1100	180~220
沐浴	50~60	120~135	40~60	40~50	100~110	30~50
盥洗	60~70	90~120	100~150	50~60	80~100	80~100
洗衣	220~250	310~390	60~70	180~220	270~330	50~60
综合	230~300	455~600	155~180	140~175	295~380	95~120

类别	办公楼、教学楼			公共浴室			餐饮业、营业餐厅		
	BOD_5	CODcr	SS	BOD_5	CODcr	SS	BOD_5	CODcr	SS
冲厕	260~340	350~450	260~340	260~340	350~450	260~340	260~340	350~450	260~340
厨房	—	—	—	—	—	—	500~600	900~1100	250~280
沐浴	—	—	—	45~55	110~120	35~55	—	—	—
盥洗	90~110	100~140	90~110	—	—	—	—	—	—
洗衣	—	—	—	—	—	—	—	—	—
综合	195~260	260~340	195~260	50~65	115~135	40~65	490~590	890~1075	255~285

11.2.2 中水回用基本要求及水质标准

建筑中水的用途主要是城市污水再生利用分类中的城市杂用水类，城市杂用水包括绿化用水、冲厕、街道清扫、车辆冲洗、建筑施工、消防等。污水再生利用按用途分类，包括农

林牧渔用水、城市杂用水、工业用水、景观环境用水、补充水源水等。

为了更好地开展中水利用，确保中水的安全使用，中水回用除了满足水量要求外，中水水质必须满足下列基本要求：

1）卫生上安全可靠，无有害物质，其主要指标有大肠菌指数、细菌总数、余氯量、悬浮物量、生化需氧量及化学需氧量等。

2）外观上无使人不快的感觉，其主要指标有浊度、色度、臭气、表面活性剂和油脂等。

3）不应引起管道、设备等的腐蚀、结垢和不造成维修管理困难，其主要指标有 pH 值、硬度、蒸发残留物及溶解性物质等。

对于不同用途的中水规定的水质标准不同，对于多种用途的中水水质应按最高要求来确定。

1）中水用作建筑杂用水和城市杂用水，如冲厕、道路清扫、消防、城市绿化、车辆冲洗、建筑施工等杂用，其水质应符合国家标准《城市污水再生利用　城市杂用水水质》（GB/T 18920—2002）的规定。

2）中水用于景观环境用水，其水质应符合国家标准《城市污水再生利用　景观环境用水水质》（GB/T 18921—2001）的规定。

3）中水用于食用作物、蔬菜浇灌用水时，其水质应符合国家标准《城市污水再生利用　农田灌溉用水水质》（GB 20922—2007）的规定。

4）中水用于供暖系统补水等其他用途时，其水质应达到相应使用要求的水质标准。

11.2.3　中水水量平衡

水量平衡是指对原水水量、处理量与中水用量和自来水补水量进行计算、调整，使其达到供与用的平衡和一致。

中水原水量、处理量、回用量三者应形成一定的平衡关系。由于原水量在一天内排放时间和回用时间并不一致，为满足总回用水量和瞬时回用水量的要求，就需要进行水量平衡计算和选用相应的调节措施。中水水量平衡首先是昼夜水量的平衡，即原水量、处理量、回用量三者昼夜水量基本一致。其次是使不均匀的原水量转换到基本均匀的处理量。再使均匀的处理量满足不均匀的使用量。

水量平衡是中水系统设计的关键，它既是确定设备处理能力的基本依据，也是中水系统可靠运行的保证，更是降低中水运行成本的前提。

1. 水量平衡计算

水量平衡计算应从两方面进行，一方面是确定可作为中水水源的污、废水可集流的流量，并进行原水量和处理量之间的平衡计算；另一方面是确定中水用水量并进行处理量和中水用水量之间的平衡计算。水量平衡计算可采用下列步骤进行。

（1）确定中水用水量　中水系统供水量按照《建筑给水排水设计规范》中的用水定额及表 11-1 所示各类建筑物分项给水百分数计算确定，同时应根据所定中水用户的用水时间及计算用量拟定中水用量逐时变化曲线，或参照已用的同类建筑用水情况拟定。

（2）确定可以集流的中水原水量　用作中水水源的原水水量宜为中水回用水量的 110%～115%，以保证中水处理设施的安全运转。

（3）根据中水处理设备的工作状况和工作制度绘制出中水产量的变化曲线 水处理设备的生产能力可按式（11-4）计算

$$q=(1+n)\frac{Q}{t} \tag{11-4}$$

式中 q——设计处理量（m^3/s）；

n——中水处理设施自耗水系数，一般取10%～15%；

Q——最大日中水用量（m^3/d）；

t——处理设备每日运行时间（h）。

（4）原水调节池（箱）调节容积计算 原水量和处理量之间的水量平衡是通过设置原水调节池（箱）来实现的。原水调节池（箱）调节容积应按照排水量的变化规律、处理规模（日处理量、小时处理量）和处理设备的运行方式来确定。

原水调节池（箱）的调节容积应按中水原水量及处理量的逐时变化曲线求算；当缺乏上述资料时，连续运行时，原水调节池（箱）的调节容积可按日处理水量的35%～50%计算；间歇运行时，原水调节池（箱）的调节容积可按处理工艺运行周期计算。

（5）中水贮存池（箱）调节容积计算 处理量和回用量之间的水量平衡是通过设置中水贮存池（箱）来实现的，其调节容积的计算方法类似于原水调节池。

中水贮存池（箱）的调节容积应按处理量及中水用量的逐时变化曲线求算。当缺乏上述资料时，连续运行时，中水贮存池（箱）的调节容积可按中水系统日用水量的25%～35%计算；间歇运行时，中水贮存池（箱）的调节容积可按处理设备运行周期计算。

当中水供水系统设置供水箱采用水泵-水箱联合供水时，其供水箱的调节容积不得小于中水系统最大小时用水量的50%；中水贮存池或中水供水箱上应设自来水补给管，其管径按中水最大时供水量确定。

2. 水量平衡图

进行水量平衡计算的同时，应绘制水量平衡图。水量平衡图将原水量、调节量、处理量、使用量之间的关系用图示方法表示出来，是水量平衡计算结果的直观表示。它主要包括以下内容：

1）建筑物的各用水点的总排放水量（包括中水原水量和直接排放水量）。

2）中水处理水量，原水调节水量。

3）中水总供水量及各用水点的供水量。

4）中水消耗量（包括处理设备自用水量、溢流水量和放空水量）、中水调节量。

5）自来水的总用水量（包括各用水点的分项水量及对中水系统的补充水量）。

6）给出自来水量、中水回用量、污水排放量三者的比率关系。

水量平衡示意图如图11-1所示。

3. 水量平衡措施

水量平衡措施是指通过设置调贮设备使中水处理水量适应原水量和用水量的不均匀变化，来满足一天内的原水量的处理和用水量的使用要求。调节水量平衡的措施主要有以下几种。

（1）贮存调节 设置原水调节池、中间水箱、中水调节池等贮存池来调节各种水量之间的不均匀性。根据贮存池的位置可分为前置贮存、中间贮存、后置贮存三种方式。前置贮

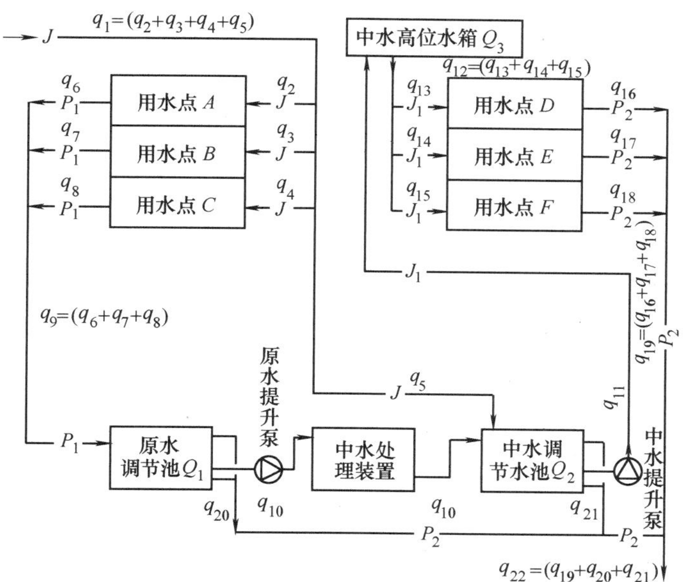

图 11-1　水量平衡示意图

J—自来水　P_1—中水原水　J_1—中水供水　P_2—直接排水　$q_1 \sim q_5$—自来总供水量及分项水量　$q_6 \sim q_9$—中水原水分项水量及汇总水量　q_{10}—中水处理水量　q_{11}—中水供水量　$q_{12} \sim q_{15}$—中水用水总量及分项水量　$q_{16} \sim q_{22}$—污水排放分项水量及汇总水量　Q_1—原水调节水量　Q_2—中水调节水量　Q_3—中水高位水箱调节水量

存为原水贮存，中间贮存为预处理后进入深度处理之前的贮存，后置贮存为中水贮存。

采用何种贮存方式应根据来水性质、用水要求和处理特征来确定，贮存容积可以按照前述原则计算确定。一般均应设置前置和后置贮存调节池，前置贮存调节池需要采取防止沉淀和腐败的措施（如设置预曝气等）；当不设前置贮存而设中间贮存时，预处理必须选用耐冲击负荷的设备；后置贮存的调节池，一般又分为设低位池和高位池两种，调节量可取两者之和。

（2）自动调节　利用自动控制系统使中水处理量随原水量或用水量的变化而自动调整。这种方式只适用于来水或用水比较均匀连续，且要求处理设备耐冲击负荷能力较大的场合。此时仍宜设置调节水池，但贮存容量可以减小。由于水量不可能完全均衡，这种调节方式必须考虑原水溢流和新鲜水补充的措施。

（3）溢流和超越　当原水量出现瞬时高峰设备来不及处理，或用水短时中断出现供大于求时，溢流方式是可采用的水量平衡措施之一。超越则是在中水处理设备故障检修或发生其他偶然事故时所采用的水量平衡措施。

（4）补充自来水　当设备故障或中水供水不足时，可在中水调节池或中水高位水箱内补充自来水进行水量平衡。自来水补充水管不允许与中水供水管道直接连接，必须采取隔断措施。

【例 11-1】　某城镇新建一幢 128 户住宅楼，拟建中水工程用于冲洗便器、庭院绿化和道路洒水。每户平均按 3.5 人计算，每户有坐便器、浴盆、洗面盆和厨房洗涤盆各一只，当地最高日用水量标准为300L/(人·d)。庭院绿化和道路洒水量按最高日用水量的10%计算。经调查，建筑物分项给水百分率 b 和各项给水量计算排水量的折减系数 β 见表11-3，建筑物最高日折算成平均日给水量的折减系数 $\alpha=0.85$，试进行水量平衡分析。

表11-3　各项用水占日用水量百分比及折减系数

	冲厕用水	厨房用水	沐浴用水	盥洗用水	洗衣用水
建筑物分项给水百分率 b（%）	21.0	19.0	31.0	7.0	22.0
给水量计算排水量折减系数 β	1	0.8	0.9	0.9	0.85

【解】 1. 住宅楼最高日总用水量 Q

$$Q=300\times128\times3.5/1000\text{m}^3/\text{d}=134.4\text{m}^3/\text{d}$$

2. 建筑物中水用水量 Q_d

冲厕用水量　$Q_{\text{d}1}=134.4\times0.21\text{m}^3/\text{d}=28.22\text{m}^3/\text{d}$

庭院绿化和道路洒水用水量　$Q_{\text{d}2}=134.4\times0.10\text{m}^3/\text{d}=13.44\text{m}^3/\text{d}$

最大日中水用水量　$Q_\text{d}=(28.22+13.44)\text{m}^3/\text{d}=41.66\text{m}^3/\text{d}$

3. 计算可集流水量 Q_Y

沐浴排水量　$Q_{\text{Y}1}=\alpha\beta Q_\text{d}b=0.85\times0.9\times134.4\times0.31\text{m}^3/\text{d}=31.87\text{m}^3/\text{d}$

盥洗排水量　$Q_{\text{Y}2}=\alpha\beta Q_\text{d}b=0.85\times0.9\times134.4\times0.07\text{m}^3/\text{d}=7.20\text{m}^3/\text{d}$

洗衣排水量　$Q_{\text{Y}3}=\alpha\beta Q_\text{d}b=0.85\times0.85\times134.4\times0.22\text{m}^3/\text{d}=21.36\text{m}^3/\text{d}$

厨房排水量　$Q_{\text{Y}4}=\alpha\beta Q_\text{d}b=0.85\times0.80\times134.4\times0.19\text{m}^3/\text{d}=17.36\text{m}^3/\text{d}$

冲厕排水量　$Q_{\text{Y}5}=\alpha\beta Q_\text{d}b=0.85\times1\times134.4\times0.21\text{m}^3/\text{d}=23.99\text{m}^3/\text{d}$

优质杂排水量　$Q_{\text{Y优}}=\sum\alpha\beta Q_\text{d}b=(31.87+7.20+21.36)\text{m}^3/\text{d}=60.43\text{m}^3/\text{d}$

杂排水量　$Q_{\text{Y杂}}=\sum\alpha\beta Q_\text{d}b=(31.87+7.20+21.36+17.36)\text{m}^3/\text{d}=77.79\text{m}^3/\text{d}$

生活总排水量　$Q_{\text{Y总}}=\sum\alpha\beta Q_\text{d}b=(31.87+7.20+21.36+17.36+23.99)\text{m}^3/\text{d}=101.78\text{m}^3/\text{d}$

4. 建筑物中水处理水量 Q_PY

$$Q_\text{PY}=(1+n)Q_\text{d}=(1+0.10)\times41.66\text{m}^3/\text{d}=45.83\text{m}^3/\text{d}<Q_{\text{Y优}}=60.43\text{m}^3/\text{d}$$

因此，可以选择优质杂排水作为中水水源。

5. 溢流的集流水量

$$(60.43-45.83)\text{m}^3/\text{d}=14.6\text{m}^3/\text{d}$$

【例11-2】 某小区有甲、乙两种类型住宅楼共20幢，其中甲类住宅10幢，每幢楼160人；乙类住宅10幢，每幢楼200人。小区内有托儿所一座，幼儿和保育人员共200人；综合楼一座，建筑面积为4000m²，卫生设备完善。当地最高日用水量标准：甲类住宅300L/(人·d)；乙类住宅200L/(人·d)；托儿所60L/(人·d)；综合楼25L/(m²·d)。该小区拟建中水工程，用于冲洗便器、庭院绿化和道路洒水，庭院绿化和道路洒水量按最高日用水量的10%计算。该小区室内外排水系统均为污废水分流制。经调查，各种用途的用水量占给水量的比例见表11-4，进入排水管道的水量占给水量的90%，其余10%为蒸发等各种损失水量，建筑物最高日折算成平均日给水量的折减系数 $\alpha=0.85$。试进行水量平衡分析。

表 11-4　各种用水量占给水量的百分数（%）

建筑类别	冲厕	厨房食堂	沐浴	洗衣	盥洗	绿化	合计
住宅	21	19	28	20	6	6	100
托儿所	45	2	18	10	15	10	100
综合楼	10	15	60	5	7	3	100

【解】 1. 甲类住宅各项水量计算

（1）最高日用水量 $Q_{甲}$

$$Q_{甲}=300\times10\times160/1000\text{m}^3/\text{d}=480\text{m}^3/\text{d}$$

（2）计算可集流水量 $Q_{Y甲}$

沐浴排水量　$Q_{Y甲1}=\alpha\beta Q_{甲}b=0.85\times0.9\times480\times0.28\text{m}^3/\text{d}=102.82\text{m}^3/\text{d}$

盥洗排水量　$Q_{Y甲2}=\alpha\beta Q_{甲}b=0.85\times0.9\times480\times0.06\text{m}^3/\text{d}=22.03\text{m}^3/\text{d}$

洗衣排水量　$Q_{Y甲3}=\alpha\beta Q_{甲}b=0.85\times0.90\times480\times0.20\text{m}^3/\text{d}=73.44\text{m}^3/\text{d}$

厨房排水量　$Q_{Y甲4}=\alpha\beta Q_{甲}b=0.85\times0.90\times480\times0.19\text{m}^3/\text{d}=69.77\text{m}^3/\text{d}$

冲厕排水量　$Q_{Y甲5}=\alpha\beta Q_{甲}b=0.85\times0.9\times480\times0.21\text{m}^3/\text{d}=77.11\text{m}^3/\text{d}$

优质杂排水量　$Q_{Y甲优}=\sum\alpha\beta Q_{甲}b=(102.82+22.03+73.44)\text{m}^3/\text{d}=198.29\text{m}^3/\text{d}$

杂排水量　$Q_{Y甲杂}=\sum\alpha\beta Q_{甲}b=(102.82+22.03+73.44+69.77)\text{m}^3/\text{d}=268.06\text{m}^3/\text{d}$

生活总排水量　$Q_{Y甲总}=\sum\alpha\beta Q_{甲}b=(102.82+22.03+73.44+69.77+77.11)\text{m}^3/\text{d}$

$=345.17\text{m}^3/\text{d}$

2. 乙类住宅各项水量计算

（1）最高日用水量 $Q_{乙}$

$$Q_{乙}=200\times10\times200/1000\text{m}^3/\text{d}=400\text{m}^3/\text{d}$$

（2）计算可集流水量 $Q_{Y乙}$

沐浴排水量　$Q_{Y乙1}=\alpha\beta Q_{乙}b=0.85\times0.9\times400\times0.28\text{m}^3/\text{d}=85.68\text{m}^3/\text{d}$

盥洗排水量　$Q_{Y乙2}=\alpha\beta Q_{乙}b=0.85\times0.9\times400\times0.06\text{m}^3/\text{d}=18.36\text{m}^3/\text{d}$

洗衣排水量　$Q_{Y乙3}=\alpha\beta Q_{乙}b=0.85\times0.90\times400\times0.20\text{m}^3/\text{d}=61.20\text{m}^3/\text{d}$

厨房排水量　$Q_{Y乙4}=\alpha\beta Q_{乙}b=0.85\times0.90\times400\times0.19\text{m}^3/\text{d}=58.14\text{m}^3/\text{d}$

冲厕排水量　$Q_{Y乙5}=\alpha\beta Q_{乙}b=0.85\times0.9\times400\times0.21\text{m}^3/\text{d}=64.26\text{m}^3/\text{d}$

优质杂排水量　$Q_{Y乙优}=\sum\alpha\beta Q_{乙}b=(85.68+18.36+61.20)\text{m}^3/\text{d}=201.24\text{m}^3/\text{d}$

杂排水量　$Q_{Y乙杂}=\sum\alpha\beta Q_{乙}b=(85.68+18.36+61.20+58.14)\text{m}^3/\text{d}=223.38\text{m}^3/\text{d}$

生活总排水量　$Q_{Y乙总}=\sum\alpha\beta Q_{乙}b=(85.68+18.36+61.20+58.14+64.26)\text{m}^3/\text{d}$

$=287.64\text{m}^3/\text{d}$

3. 托儿所各项水量计算

（1）最高日用水量 $Q_{托}$

$$Q_{托}=60\times200/1000\text{m}^3/\text{d}=12\text{m}^3/\text{d}$$

（2）计算可集流水量

沐浴排水量　$Q_{Y托1}=\alpha\beta Q_{托}b=0.85\times0.9\times12\times0.18\text{m}^3/\text{d}=1.65\text{m}^3/\text{d}$

盥洗排水量　$Q_{Y托2}=\alpha\beta Q_{托}b=0.85\times0.9\times12\times0.15\text{m}^3/\text{d}=1.36\text{m}^3/\text{d}$

洗衣排水量 $Q_{Y托3}=\alpha\beta Q_{托}b=0.85\times0.90\times12\times0.10\text{m}^3/\text{d}=0.92\text{m}^3/\text{d}$

厨房排水量 $Q_{Y托4}=\alpha\beta Q_{托}b=0.85\times0.90\times12\times0.02\text{m}^3/\text{d}=0.18\text{m}^3/\text{d}$

冲厕排水量 $Q_{Y托5}=\alpha\beta Q_{托}b=0.85\times0.9\times12\times0.45\text{m}^3/\text{d}=4.13\text{m}^3/\text{d}$

优质杂排水量 $Q_{Y托优}=\sum\alpha\beta Q_{托}b=(1.65+1.36+0.92)\text{m}^3/\text{d}=3.93\text{m}^3/\text{d}$

杂排水量 $Q_{Y托杂}=\sum\alpha\beta Q_{托}b=(1.65+1.36+0.92+0.18)\text{m}^3/\text{d}=4.11\text{m}^3/\text{d}$

生活总排水量 $Q_{Y托总}=\sum\alpha\beta Q_{托}b=(1.65+1.36+0.92+0.18+4.13)\text{m}^3/\text{d}=8.24\text{m}^3/\text{d}$

4. 综合楼各项水量计算

(1) 最高日用水量 $Q_{综}$

$$Q_{综}=25\times4000/1000\text{m}^3/\text{d}=100\text{m}^3/\text{d}$$

(2) 计算可集流水量 $Q_{Y综}$

沐浴排水量 $Q_{Y综1}=\alpha\beta Q_{综}b=0.85\times0.9\times100\times0.60\text{m}^3/\text{d}=45.90\text{m}^3/\text{d}$

盥洗排水量 $Q_{Y综2}=\alpha\beta Q_{综}b=0.85\times0.9\times100\times0.07\text{m}^3/\text{d}=5.36\text{m}^3/\text{d}$

洗衣排水量 $Q_{Y综3}=\alpha\beta Q_{综}b=0.85\times0.90\times100\times0.05\text{m}^3/\text{d}=3.83\text{m}^3/\text{d}$

厨房排水量 $Q_{Y综4}=\alpha\beta Q_{综}b=0.85\times0.90\times100\times0.15\text{m}^3/\text{d}=11.48\text{m}^3/\text{d}$

冲厕排水量 $Q_{Y综5}=\alpha\beta Q_{综}b=0.85\times0.9\times100\times0.10\text{m}^3/\text{d}=7.65\text{m}^3/\text{d}$

优质杂排水量 $Q_{Y综优}=\sum\alpha\beta Q_{综}b=(45.90+5.36+3.83)\text{m}^3/\text{d}=55.09\text{m}^3/\text{d}$

杂排水量 $Q_{Y综杂}=\sum\alpha\beta Q_{综}b=(45.90+5.36+3.83+11.48)\text{m}^3/\text{d}=66.57\text{m}^3/\text{d}$

生活总排水量 $Q_{Y综总}=\sum\alpha\beta Q_{综}b=(45.90+5.36+3.83+11.48+7.65)\text{m}^3/\text{d}=74.22\text{m}^3/\text{d}$

5. 小区可集流量计算

小区优质杂排水量 $Q_{YX优}=(198.29+201.24+3.93+55.09)\text{m}^3/\text{d}=458.55\text{m}^3/\text{d}$

小区杂排水量 $Q_{YX杂}=(268.06+223.38+4.11+66.57)\text{m}^3/\text{d}=562.12\text{m}^3/\text{d}$

小区生活总排水量 $Q_{YX总}=(345.17+287.64+8.24+74.22)\text{m}^3/\text{d}=715.27\text{m}^3/\text{d}$

6. 小区中水用水量 Q_d

冲厕用水量 $[(480+400)\times0.21+12\times0.45+100\times0.10]\text{m}^3/\text{d}=200.20\text{m}^3/\text{d}$

庭院绿化和道路洒水用水量 $(480+400+12+100)\times0.10\text{m}^3/\text{d}=99.20\text{m}^3/\text{d}$

小区最大日中水用水量 $(200.20+99.20)\text{m}^3/\text{d}=299.40\text{m}^3/\text{d}$

7. 小区中水处理水量 Q_{PY}

$$Q_{PY}=(1+n)Q_d=(1+0.15)\times299.40\text{m}^3/\text{d}=344.31\text{m}^3/\text{d}<Q_{YX优}=458.55\text{m}^3/\text{d}$$

因此,以小区优质杂排水为中水水源水。

8. 小区溢流的集流水量

$$(458.55-344.31)\text{m}^3/\text{d}=114.24\text{m}^3/\text{d}$$

11.3 建筑中水处理工艺及设施

11.3.1 中水处理工艺流程

中水处理工艺流程应根据中水原水的水质、水量及中水回用对水质、水量的要求进行选

择。进行方案比较时还应考虑场地状况、环境要求、投资条件、缺水背景、管理水平等因素，经过综合经济技术比较后择优确定。

（1）以优质杂排水或杂排水作为中水水源时　此时可采用以物化处理为主的工艺流程，或采用生物处理和物化处理相结合的工艺流程。

1）物化处理工艺流程（适用优质杂排水）：

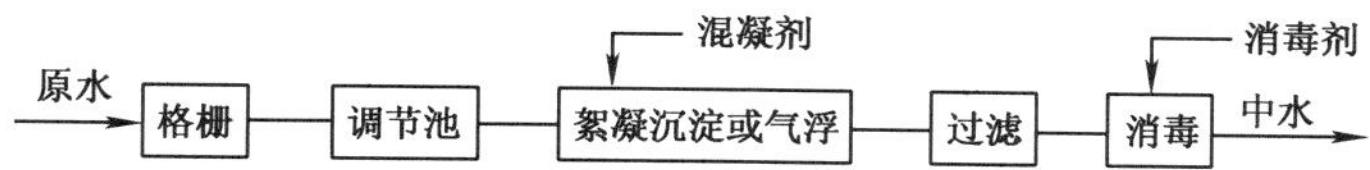

2）生物处理和物化处理相结合的工艺流程：

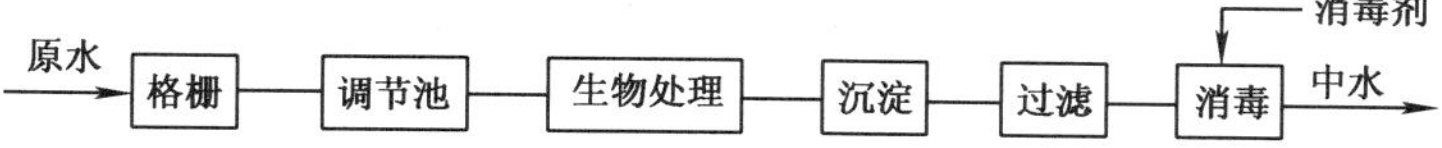

3）预处理和膜分离相结合的处理工艺流程：

优质杂排水是中水系统原水的首选水源，大部分中水工程以洗浴、盥洗、冷却水等优质杂排水为中水水源。对于这类中水工程，由于原水水质较好且差异不大，处理目的主要是去除原水中的悬浮物和少量有机物，因此不同流程的处理效果差异并不大；所采用的生物处理工艺主要为生物接触氧化和生物转盘工艺，处理后出水水质一般均能达到中水水质标准。

（2）当以含有粪便污水的排水作为中水原水时　宜采用二段生物处理与物化处理相结合的处理工艺流程。

1）生物处理和深度处理相结合的工艺流程：

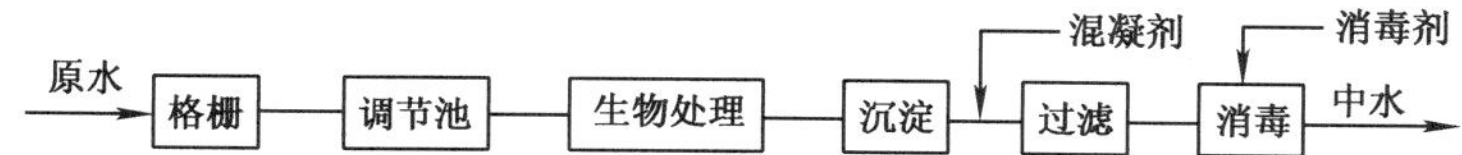

2）生物处理和土地处理相结合的工艺流程：

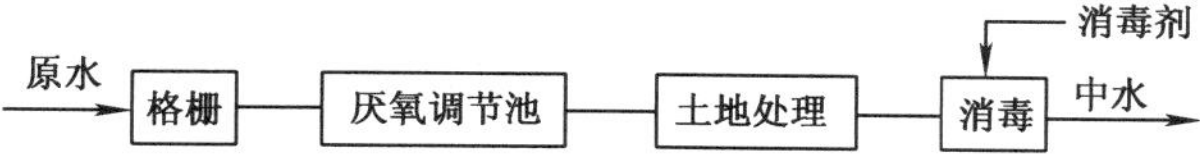

3）曝气生物滤池处理工艺流程：

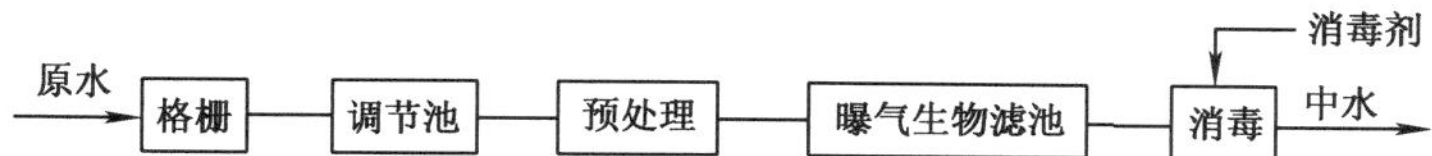

4）膜生物反应器处理工艺流程：

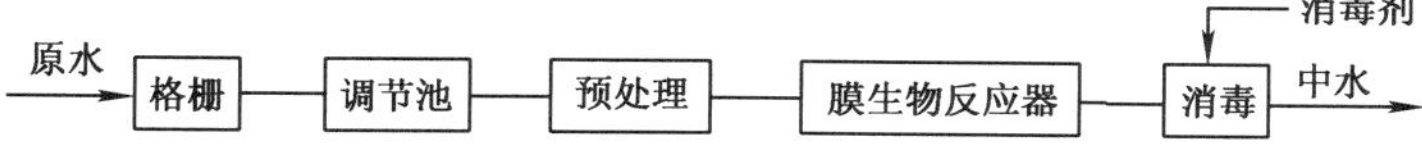

随着水资源紧缺矛盾的加剧，开辟新的可利用水源的呼声越来越高，以综合生活污水为原水的中水设施呈现增多的趋势。由于含有粪便污水的排水有机物浓度较高，这类中水工程一般采用生物处理为主且与物化处理结合的工艺流程，部分中水工程以厌氧处理作为前置处理单元强化生物处理工艺流程。上述工艺流程均有成功的实例，在应用中宜根据原水有机物的浓度、中水回用用途、场地条件等选择适宜的处理流程。

（3）利用污水处理站二级处理出水作为中水水源时　宜选用物化处理或与生化处理结合的深度处理工艺流程。

1）物化法深度处理工艺流程：

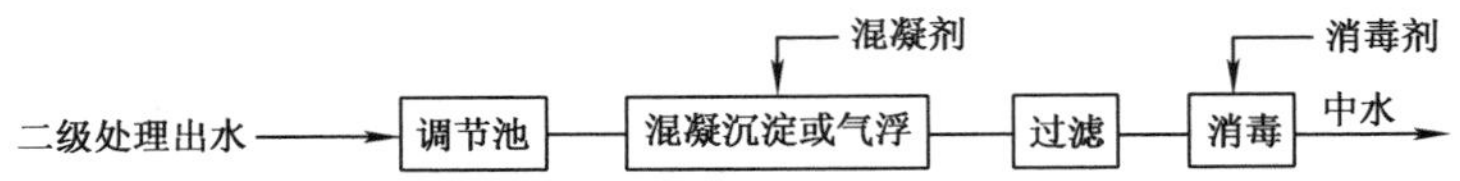

2）物化与生化结合的深度处理流程：

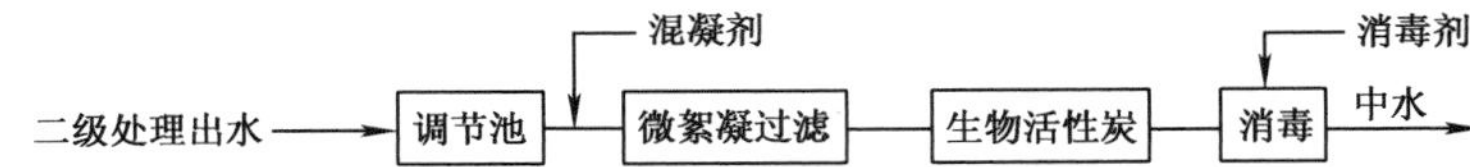

3）微孔过滤处理工艺流程：

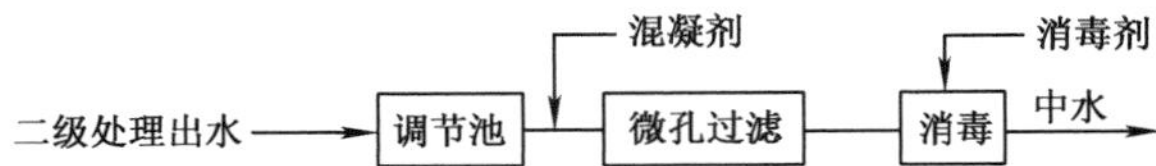

在确保中水水质的前提下，可采用耗能低、效率高，经过试验或实践检验的新工艺流程。

中水用于供暖系统补充水等用途，其水质要求高于杂用水，采用一般处理工艺不能达到相应水质标准要求时，应根据水质需要增加深度处理，如活性炭、超滤或离子交换处理等。

中水处理产生的沉淀污泥、活性污泥和化学污泥，当污泥量较小时，可排至化粪池处理；当污泥量较大时，可采用机械脱水装置或其他方法进行妥善处理。

近年来，随着水处理技术的发展，大量中水工程的建成，多种中水处理工艺流程得到应用，中水处理工艺工程突破了几种常用流程向多样化发展；随着技术、经验的积累，中水处理工艺的安全适用性得到重视，中水回用的安全性得到了保障；各种新技术、新工艺应用于中水工程，如水解酸化工艺、生物炭工艺、曝气生物滤池、膜生物反应器、土地处理等，大大提高了中水技术水平，使中水工程的效益更加明显；大量就近收集、处理回用的小型中水设施的应用，促进了小型中水工程技术的集成化、自动化发展；国家相关技术规范的颁布，加速了中水工程的规范化和定型化，中水工程工程质量不断提高。

11.3.2　中水处理单元设施

中水处理工艺包括预处理单元、处理单元和深度处理单元。预处理单元一般包括格栅、毛发去除、预曝气等；处理单元分为生物处理和物化处理两大类型，生物处理单元如生物接触氧化、生物转盘、曝气生物滤池、土地处理等，物化处理单元如混凝沉淀、混凝气浮、微絮凝等；深度处理单元如过滤、活性炭吸附、膜分离、消毒等。各单元常用处理设施的主要技术要点简述如下。

（1）化粪池　以生活污水为原水的中水处理工程，应在建筑物粪便排水系统中设置化粪池，化粪池容积按《建筑给水排水设计规范》规定计算。

（2）格栅　中水处理系统应设置格栅，用以去除原水中较大的固形污染物，格栅宜采用机械格栅。当原水为优质杂排水时，可设置一道格栅，格栅条空隙宽度应小于10mm；当原水为杂排水和生活污水时，可设置粗细两道格栅，粗格栅条空隙宽度为10~20mm，细格

栅条空隙宽度为 2.5mm。

格栅设在格栅井内时，其倾角不得小于 60°。格栅井应设置工作台，其位置应高出格栅前设计最高水位 0.5m，其宽度不宜小于 0.7m，格栅井应设置活动盖板。格栅过栅流速一般选用 0.6~1.0m/s。一般格栅均有定型产品，可供选用。

（3）毛发过滤器　在以洗浴（涤）排水为原水的中水系统中，为避免毛发对泵和其他设施正常运行的影响，在污水泵吸水管上应设置毛发过滤器，也可采用自动清污的机械细格栅去除毛发等杂物。毛发过滤器可按下列规定设计选用：

1）过滤筒（网）的有效过水面积应大于连接管截面面积的 2.0 倍。

2）过滤筒（网）的孔径宜采用 3mm。

3）具有反洗功能和便于清污的快开结构，过滤筒（网）应采用耐腐蚀材料制造。

（4）原水调节池　原水调节池主要用于调节水量和均衡水质，中、小型工程调节池可兼用作提升泵的集水井。调节池可按下列规定设计：

1）容积计算见本章 11.2.3。

2）调节池宜设置预曝气管，防止沉淀和水质腐败，曝气量宜为 $0.6m^3/(m^3 \cdot h)$。

3）调节池底部应设有集水坑和排泄管，池底应有不小于 0.02 的坡度，坡向集水坑，池壁应设置爬梯和溢水管。当采用地埋式时，顶部应设置人孔和直通地面的排气管。

中、小型工程调节池可兼作提升泵的集水井。

（5）沉淀/气浮

1）初次沉淀池的设置应根据原水水质和处理工艺等因素确定。当原水为优质杂排水或杂排水时，设置调节池后可不再设置初次沉淀池。生物处理后的二次沉淀池和物化处理的混凝沉淀池，其规模较小时，宜采用竖流式沉淀池或斜板（管）沉淀池；当规模较大时，应参照《室外排水设计规范》中有关部分进行设计。

2）斜板（管）沉淀池宜采用矩形，沉淀池表面水力负荷宜采用 $1 \sim 3m^3/(m^2 \cdot h)$，斜板（管）间距（孔径）应大于 80mm，板（管）斜长宜取 1000mm，斜角宜为 60°。斜板（管）上部清水深不宜小于 0.5m，下部缓冲层不宜小于 0.8m。

3）竖流式沉淀池的设计表面水力负荷宜采用 $0.8 \sim 1.2m^3/(m^2 \cdot h)$，中心管流速不得大于 30mm/s，中心管下部应设喇叭口和反射板，板底面距泥面不小于 0.3m，排泥斗坡度应大于 45°。

4）沉淀池宜采用静水压力排泥，静水头不应小于 1500mm，排泥管直径不宜小于 80mm。沉淀池集水应设出水堰，其出水最大负荷不应大于 $1.70L/(s \cdot m)$。

5）沉淀和气浮都是混凝反应后的有效固液分离手段，根据处理对象合理确定混凝剂的种类和投药量，对保证处理效果和节约运行费用有着重要意义。沉淀设备简单而体积大，气浮设备复杂而体积小，沉淀工艺由于管理简便，其使用比例高于气浮工艺。混凝沉淀对阴离子洗涤剂的处理效果差，而混凝气浮对阴离子洗涤剂具有一定处理效果，这是由于微小气泡可黏附带有极性的表面活性剂上浮分离造成的。

（6）生物处理　在中水工程中生物处理工艺主要用于去除水中胶体和可溶性有机物，降低污水的 COD、BOD_5、LAS 等指标。应用的工艺包括生物接触氧化、生物转盘、曝气生物滤池、土地处理等。近年来，膜生物反应器得到国内外广泛关注，该工艺将膜分离与生物处理紧密结合，具有处理效率高、出水水质稳定、装置紧凑、设备制造产业化等诸多特点，在中水处理中表现出显著优势。

建筑中水生物处理宜采用接触氧化池或曝气生物滤池，供氧方式宜采用低噪声的鼓风机加布气装置、潜水曝气机或其他曝气设备。接触氧化法设计要点如下：

1）接触氧化池处理洗浴废水时，水力停留时间不应小于2h；处理生活污水时，应根据源水水质情况和出水水质要求确定水力停留时间，但不宜小于3h。

2）接触氧化池宜采用易挂膜、耐用、比表面积较大、维护方便的固定填料或悬浮填料。当采用固定填料时，安装高度不小于2m；当采用悬浮填料时，装填体积不应小于池容积的25%。

3）接触氧化池曝气量可按BOD_5的去除负荷计算，宜为40~80m^3/kg（BOD）。

当采用曝气生物滤池、生物转盘法、厌氧处理法、活性污泥法等生物处理方法的设计时，应按国家现行的有关规范、规定执行。

（7）过滤　过滤几乎是中水处理中必不可少的后置工艺，是最常用的深度处理单元，对保证中水的清澈透明起着决定性作用。中水过滤处理宜采用滤池或过滤器，一般多选用压力过滤器。滤料材质有石英砂、陶粒、无烟煤、轻质滤料（如发泡塑料球、纤维球）等。普遍多用石英砂、无烟煤，因为其性能可靠、运行成熟。过滤速度宜采用8~10m/h。当采用新型滤器、滤料和新工艺时，可按试验资料进行设计。

（8）活性炭吸附　活性炭吸附主要用于去除常规处理方法难以降解和难于氧化的物质，是常用的深度处理工艺。其处理目的是除臭、除色及去除有机物、洗涤剂和有毒物质，对出水水质保障是有利的。采用生物活性炭可以将活性炭吸附与生物降解作用有机结合起来，大幅度提高活性炭使用周期。

活性炭吸附工艺一般多采用固定床。活性炭过滤流速一般为9~25m/h。活性炭装填高度，应根据出水水质要求和工作周期决定，一般不小于3m。接触时间，应根据出水水质要求决定，一般为10~30min。

（9）消毒　中水原水中含有大量的细菌和病毒，虽然经过相关处理单元处理后，细菌和病毒的含量有所降低，如不经消毒即投入使用，必将引起病菌的滋生和蔓延，危害人们的身体健康。消毒是中水回用的安全保障，中水处理系统必须设有消毒设施，消毒设备和装置均有定型产品可以直接选用，并应符合下列要求：

1）消毒剂宜采用次氯酸钠、二氧化氯或二氯异氰尿酸钠或其他消毒剂。当处理站规模较大并采取严格的安全措施时，可采用液氯作为消毒剂，但必须使用加氯机。

2）投加消毒剂应采用自动定比投加，与被消毒水充分混合接触。

3）采用氯化消毒时，加氯量宜为有效氯5~8mg/L，消毒接触时间应大于30min。当中水水源为生活污水时，应适当增加加氯量。

（10）污泥处理　中水处理产生的沉淀污泥、活性污泥和化学污泥，当污泥量较小时可排至化粪池处理；当污泥量较大时，可按《室外排水设计规范》中的有关要求采用机械脱水装置或其他方法进行妥善处理。

（11）成套中水处理设备　建筑中水的回用范围为单幢建筑物和小区，工程规模一般较小，流程选择不宜复杂，应尽量选用定型的成套中水处理设备。

成套中水处理设备具有结构紧凑、占地面积小、自动化程度高、使用可靠和节省投资等特点，所采用主要材料多为碳钢或玻璃钢，其一般是将中水回用处理的若干水处理单元组合

在一台设备内，特别适用于小型中水处理系统。

在选用中水一体化装置或组合装置时，应具有可靠的设备处理效果参数和组合设备中主要处理环节的处理效果参数，其出水水质应符合使用用途要求的水质标准。

11.3.3　中水处理站

1. 位置选择及基本设计要求

1）中水处理站位置应根据建筑的总体规划、中水原水的产生、中水用水的位置、环境卫生和管理维护要求等因素确定。处理站应设在便于收集污废水和便于使用中水的地点，应尽量做到隐蔽、隔离和美化环境的要求。以生活污水为原水的地面处理站与公共建筑和住宅的距离不宜小于 15m，建筑物内的中水处理站宜设在建筑物的最底层，建筑群（组团）的中水处理站宜设在其中心建筑的地下室或裙房内，小区中水处理站按规划要求独立设置，处理构筑物宜为地下式或封闭式。

2）处理站的大小可按处理流程确定，处理设备的选型应确保其功能、效果、质量要求。处理站除设置处理设备的房间外，还应根据规模和需要设置药剂贮存、配制、系统控制、化验及值班室等用房。对于建筑小区中水处理站，加药贮药间和消毒剂制备贮存间宜与其他房间隔开，并有直接通向室外的门；对于建筑物内的中水处理站，宜设置药剂储存间。

3）处理构筑物及处理设备应布置合理、紧凑，满足构筑物的施工、设备安装、运行调试、管道敷设及维护管理的要求，并应留有发展及设备更换的余地；还应考虑最大设备的进出要求。处理站应设有便捷的通道、出入口及便于设备安装运输检修的场地。

4）处理站应设有适应处理工艺要求的供暖（北方地区）、通风、换气、照明、给水、排水设施。供暖温度按 10℃，通风换气次数设在地下室时，不宜小于 6~8 次/h。处理站地面应设置集水坑，不能重力排出时，应设潜污泵排水。处理站应具备污泥、渣等的存放和外运设施。

5）处理站设计应满足主要处理环节运行观察、水量计量、水质取样化验监（检）测和进行中水处理成本核算的条件。

2. 隔声、减振及防臭措施

1）对处理站中机电设备所产生的噪声和振动应采取有效的降噪和减振措施，处理站产生的噪声值不应超过国家标准《城市区域环境噪声标准》的要求。中水处理设备尽量选用低噪声设备，中水处理站必须远离噪声要求较严的房间或采用严密的隔声措施，运转设备及其连接管道宜采用减振措施。

2）中水处理中产生的臭气，必须采取有效措施予以消除。其方法主要有：

a. 防止扩散：对产生臭气的设备加盖加罩或者局部排风。

b. 稀释：把臭气收集后排到不影响周围环境的大气中。

c. 吸附：可以采用活性炭过滤进行吸附。

d. 其他方法：化学清洗（如水洗、碱洗、氧化剂氧化等）；废气燃烧（指可燃废气）；土壤吸附（如透气好的土壤或把废气通入带有过滤装置的土壤中）。

3. 安全防护

1）中水管道严禁与生活饮用水给水管道连接，包括通过倒流防止器或防污隔断阀连接，以免误用和污染生活饮用水。

2）室内中水管道宜明装敷设，有要求时也可敷设在管井、吊顶内。除卫生间外，中水管道不宜暗装于墙体内，以便于检查维修。

3）中水池（箱）内的自来水补水管应采取自来水防污染措施，补水管出水口应高于中水贮存池（箱）内溢流水位，其间距不得小于2.5倍管径。严禁采用淹没式浮球阀补水。

4）中水管道与生活饮用水给水管道、排水管道平行埋设时，其水平净距不得小于0.5m；交叉埋设时，中水管道应位于生活饮用水给水管道下面，排水管道的上面，其净距均不小于0.15m。中水管道与其他专业管道的间距按国际标准《建筑给水排水设计规范》中给水管道要求执行。

5）中水贮存池（箱）设置的溢流管、泄水管，均应采用间接排水方式排出，以防止污染中水水质。溢流管和排气管应设隔网防止蚊虫进入。

6）中水管道应采取防止误接、误用、误饮的措施。中水管道外壁应按有关标准的规定涂色和标志；水池（箱）、阀门、水表及给水栓、取水口均应有明显的"中水"标志；公共场所及绿化的中水取水口应设带锁装置；工程验收时应逐段进行检查，防止误接。

4. 控制监测

中水处理系统的正常运行，除了处理工艺合理和设备可靠外，在日常的管理维护过程中采取必要的控制监测是安全运行的可靠保证。

1）中水处理站的处理系统和供水系统应采用自动控制装置，并应同时设置手动控制。

2）中水处理系统应对使用对象要求的主要水质指标定期检测，对常用控制指标（水量、主要水位、pH值、浊度、余氯等）实现现场监测，有条件的可实现在线监测。

3）中水系统的自来水补水宜在中水池或供水箱处，采取最低报警水位控制的自动补给。

4）中水处理站应根据处理工艺要求和管理要求设置水量计量、水位观察、水质观测、取样监（检）测的仪器、仪表。

5）中水处理站应对耗用的水、电进行单独计量。

6）中水水质应按现行的国家有关水质检验法进行定期监测。

7）管理操作人员应经专门培训。

思考题与习题

1. 什么叫中水？
2. 简述建筑中水系统的组成。
3. 以优质杂排水或杂排水作为中水水源时，可以采用哪些处理工艺？
4. 简述中水处理常用的单元设施。

第 12 章 专用建筑物给水排水工程

学习重点：

①游泳池用水量、循环流量计算；②游泳池供水方式和循环方式；③游泳池循环水的净化。

12.1 游泳池给水排水设计

游泳池是指供人们在水中以规定的各种姿势划水前进或进行活动的人工建造的水池；水上游乐池是指供人们在水上或水中娱乐、休闲和健身的各种游乐设施。游泳池和水上游乐池的设计应以实用性、经济性、节约水资源、技术先进、环境优美、安全卫生、管理维护方便为原则。

12.1.1 游泳池水质、水温、水源

1. 游泳池的水质要求

游泳池是供人们进行游泳比赛、健身的运动场所，根据使用要求可以分为比赛游泳池、训练游泳池、儿童游泳池、幼儿戏水池和跳水池等。游泳池的水质要求，根据游泳池的建设标准不同而有所不同。游泳池的水直接与人的皮肤、眼、耳、口、鼻接触，游泳池水水质的好坏直接关系到游泳者的健康，如游泳池水质出现问题将可能引起疾病流行，造成严重的后果。因此，游泳池的设计应保证其水质符合相应的卫生标准。

世界级比赛，如奥林匹克运动会、世界锦标赛、世界杯赛竞赛用的游泳池，循环水净化后进入游泳池的水质，应符合国际游泳协会（FINA）关于游泳池水水质卫生标准的规定。

国家级比赛，如全国运动会、全国大学生运动会等竞赛活动用游泳池以及学校的游泳池等，循环水净化后进入游泳池的水质，可以参照国际游泳协会（FINA）关于游泳池水水质卫生标准的规定执行。

其他游泳池的池水水质标准应符合表 12-1 所示的要求。

游泳池或水上游乐池的初次充水和正常使用过程中的补充水水质都应符合《生活饮用水卫生标准》（GB 5749—2006）的要求。

游泳池或水上游乐池的饮水、淋浴等生活用水水质，应符合《生活饮用水卫生标准》（GB 5749—2006）的要求。

表 12-1　人工游泳池池水水质卫生标准

序　号	项　目	标　准
1	水温/℃	22~26
2	pH 值	6.5~6.8
3	浑浊度（NTU)/度	≤5
4	尿素/(mg/L)	≤3.5
5	游离性余氯/(mg/L)	0.3~0.5
6	细菌总数/(mg/L)	≤1000
7	大肠菌数/(个/mL)	≤18
8	有毒物质	按《工业企业设计卫生标准》（GBZ 1—2010）执行

注：当地卫生防疫部门有规定时，按当地的卫生防疫部门的规定执行。

2. 水温要求

游泳池和水上游乐池的池水设计水温，应根据使用性质、使用对象、用途等因素确定，一般按表 12-2 中的数据进行设计。

表 12-2　室内游泳池和水上游乐池的池水设计温度

<table>
<tr><th>序　号</th><th>场　所</th><th>池的类型</th><th colspan="2">池的用途</th><th>池水设计温度/℃</th></tr>
<tr><td>1</td><td rowspan="5">室内池</td><td rowspan="3">专用游泳池</td><td colspan="2">比赛池、花样游泳池</td><td>25~27</td></tr>
<tr><td>2</td><td colspan="2">跳水池</td><td>27~28</td></tr>
<tr><td>3</td><td colspan="2">训练池</td><td>25~27</td></tr>
<tr><td>4</td><td rowspan="2">公共游泳池</td><td colspan="2">成人池</td><td>27~28</td></tr>
<tr><td>5</td><td colspan="2">儿童池</td><td>28~29</td></tr>
<tr><td>6</td><td rowspan="3"></td><td rowspan="3">水上游乐池</td><td rowspan="2">戏水池</td><td>成人池</td><td>27~28</td></tr>
<tr><td>7</td><td>幼儿池</td><td>29~30</td></tr>
<tr><td>8</td><td colspan="2">滑道跌落池</td><td>27~28</td></tr>
<tr><td>9</td><td rowspan="2">室外池</td><td colspan="3">有加热设备</td><td>26~28</td></tr>
<tr><td>10</td><td colspan="3">无加热设备</td><td>≥23</td></tr>
</table>

3. 水源

游泳池和水上游乐池的初次充水、重新换水和正常使用中的补充水，均应采用城市生活饮用水。当采用城市生活饮用水不经济或有困难时，公共使用游泳池和水上游乐池的初次充水、换水和补充水可采用井水（含地热水）、泉水（含温泉水）或水库水，但水质应符合表 12-1 所示的要求。

12.1.2　游泳池设计

1. 游泳池设计尺寸

游泳池的长度一般为 12.5m 的倍数，宽度根据泳道的数量确定，每条泳道的宽度一般为 2.0~2.5m，水深一般不大于 2m。

儿童游泳池的水深不得大于 0.6m，当不同年龄段所用的池子合建在一起时，应采用栏

杆将其分隔开。幼儿戏水池的水深宜为 0.3~0.4m，成人戏水池的水深宜为 1.0m。

各种不同类型的游泳池或游乐池的尺寸、平面形状不同，根据实际条件和使用要求设计。

2. 用水量

（1）充水　游泳池和水上游乐池的初次充水时间，应根据使用性质、城市给水水源条件等情况而定，一般宜采用 24h，最长不得超过 48h。

（2）补水　游泳池运行以后的补水，主要用于游泳池的水面蒸发损失、排污损失、过滤设备的反冲洗水量，以及水面溢流等水量。

大型游泳池和水上游乐池应采用平衡水池或补充水箱间接补水。游泳池和水上游乐池的补充水量可按表 12-3 所示确定。

表 12-3　游泳池和水上游乐池的补充水量

序　号	池的类型和特征		每日补充水量占池水容积的百分数（%）
1	比赛池、训练池 、跳水池	室内	8~5
		室外	5~10
2	公共游泳池、游乐池	室内	5~10
		室外	10~15
3	儿童池、幼儿戏水池	室内	不小于 15
		室外	不小于 20
4	家庭游泳池	室内	3
		室外	5

注：1. 游泳池和水上游乐池的最小补充水量应保证一个月内池水全部更新一次。
2. 如采用直流给水系统，或直流净化给水系统，每小时新鲜水补充量不得小于池水容积的 15%。
3. 家庭游泳池等小型游泳池如采用直接补水，补充水管应采取有效的防止回流污染的措施。

（3）初次充水时间　游泳池和水上游乐池的初次充水或因突然发生传染病菌等事故泄空池水后重新充水的时间，主要根据池子的使用性质和当地供水条件等因素确定，宜采用 24~28h。对于竞赛、训练及宾馆等使用的游泳池，其充水时间宜短一些；其他以健身、娱乐、消夏为主的池子，或是当地用水紧张，大量充水会影响周边用户正常用水时，充水时间可适当延长。

（4）辅助设施的用水量定额　游泳池辅助设施的用水量定额参照表 12-4。游泳池给水设施的供水能力应满足补充水量、附属设备及辅助设施的用水量之和，同时满足初次充水时间的用水要求。

表 12-4　其他用水量定额

项　目	单　位	定　额
强制淋浴	L/(人·场)	50
运动员淋浴	L/(人·场)	60
入场前淋浴	L/(人·场)	20
工作人员用水	L/(人·d)	40

（续）

项　目	单　位	定　额
绿化和地面洒水	L/(m²·d)	1.5
池岸和更衣室地面冲洗	L/(m²·d)	1.0
运动员饮用水	L/(人·d)	5
观众饮用水	L/(人·d)	3
大便器冲洗用水	L/(h·个)	30
小便器冲洗用水	L/(h·个)	180
消防用水		按消防规范

3. 循环流量

游泳池的循环流量是选用净化处理设备的主要依据，应按式（12-1）计算

$$q_x = \frac{\alpha_f V}{T_x} \tag{12-1}$$

式中　q_x——池水净化循环流量（m^3/s）；

α_f——管道和过滤净化设备的水容积附加系数，一般为1.05~1.10；

V——池水容积（m^3）；

T_x——池水循环周期（s），一般可按表12-5所示选用。

表12-5　游泳池和水上游乐池的池水循环周期

序　号	池子类型	有效水深/m	循环周期/h	循环次数/(次/d)
1	竞赛池	1.80~2.20	4~5	6~4.8
	训练池	2.5~3.0	5~6	4.8~4
2	跳水池	5m、7.5m、10m跳台	8	3
		1.0~3.5m跳板	6~8	4~3
3	儿童池	0.4~0.6	2~4	12~6
4	幼儿戏水池	0.3~0.4	1	24
5	公共池	1.0~1.2	3~4	8~6
	中小学池	1.2~1.4	4~5	6~4.8
	教学池	1.4~1.8	5~6	4.8~4
6	宾馆和俱乐部内附设的游泳池	1.2~1.4 1.4~1.6 1.6~1.8	4 5 6	6 4.8 4
7	家庭游泳池	≤1.0	8~10	3~2.4
8	造浪池	0~2.0	2	12
9	环流河	0.9~1.0	2~4	12~6
10	滑道池	1.0~1.10	4~6	6~4
11	探险池	≤1.0	6	4
12	气泡休闲池	≤1.0	1.5~2	18~12

（续）

序　号	池子类型		有效水深/m	循环周期/h	循环次数/(次/d)
13	蹊泳池		2~3	4~6	6~3
14	水力按摩池	公用	0.6~0.8	0.3~0.5	80~48
		专用	0.6	0.5~1.0	48~24

4. 循环水泵

游泳池循环水泵多采用各种类型的离心清水泵，水泵的选择一般应满足以下要求。

（1）水泵出水量　按循环流量确定，即按式（12-1）计算。

（2）水泵扬程　根据管路、过滤设备、加热设备阻力及安装高度确定，不得小于以下三项之和：

1）用水设施的几何高度。

2）管道（阀门、管件、毛发聚集器）、设备（过滤器、臭氧反应罐、活性炭吸附器、加热器等）、给水口、回水口等的水头损失。

3）流出压力，流出压力无资料时，可按 0.02~0.05MPa 确定。

循环水泵应尽量靠近游泳池，水泵的吸水管道内的水流速度一般采用 1.0~1.2m/s，水泵的出水管道内的水流速度一般采用 1.5~2.0m/s。

5. 游泳池或游乐池池水加热

（1）热量计算　游泳池和水上游乐池水加热所需热量由以下几项耗热量组成：

1）游泳池和水上游乐池水表面蒸发损失的热量为

$$Q_s = \frac{1}{\beta}\rho\gamma(0.0174v_w + 0.02299)(p_b - p_q)A_s\frac{B}{B'} \tag{12-2}$$

式中　Q_s——游泳池或水上游乐池水表面蒸发损失的热量（kJ/h）；

β——压力换算系数，取 133.32 Pa；

ρ——水的密度（kg/L）；

γ——与游泳池或水上游乐池水温相等的饱和蒸汽的蒸发汽化热（kJ/h）；

v_w——游泳池或水上游乐池水表面上的风速（m/s），按下列规定采用：室内游泳池或水上游乐池：0.2~0.5m/s；室外游泳池或水上游乐池：2~3m/s；

p_b——与游泳池或水上游乐池水温相等的饱和空气的水蒸气分压力（Pa）；

p_q——游泳池或水上游乐池的环境空气的水蒸气分压力（Pa）；

A_s——游泳池或水上游乐池的水表面面积（m^2）；

B——标准大气压（Pa）；

B'——当地的大气压（Pa）。

2）游泳池和水上游乐池池壁和池底，以及管道和设备等传导所损失的热量，按第 1）项的 20%计算确定。

3）补充新鲜水加热需要的热量为

$$Q_f = \frac{V_f c\rho(T_d - T_f)}{t_h} \tag{12-3}$$

式中　Q_f——游泳池或水上游乐池补充新鲜水加热所需的热量（kJ/h）；

c——水的比热容，$c=4.18$kJ/(kg·℃)

ρ——水的密度（kg/L）；

V_f——游泳池或水上游乐池新鲜水的补水量（L/d）；

T_d——池水设计温度（℃）；

T_f——补充新鲜水的温度（℃）；

t_h——加热时间（h）。

（2）加热方式与加热设备　游泳池和水上游乐池水的加热可采用间接加热或直接加热方式，有条件地区也可采用太阳能加热方式，应根据热源情况和使用性质确定。

间接加热方式具有水温均匀、无噪声、操作管理方便的优点，竞赛用游泳池应采用间接加热方式。将蒸汽接入循环水直接混合加热的直接加热方式，具有热效率高的优点，但是应有保证汽水混合均匀和防噪声的措施，有热源条件时可用于公共游泳池。中、小型游泳池可采用燃气、燃油热水机组及电热水器直接加热方式。

池水的初次加热时间直接受加热设备规模的影响，应考虑能源条件、热负荷和使用要求等因素，一般采用24~48h。对于比赛用游泳池，或是能源丰富、供应方便的地区，或是池水加热与其他热负荷（如淋浴加热，供暖加热）不同时使用时，池水的初次加热时间宜短些，否则可以适当延长。

加热设备应根据能源条件、池水初次加热时间和正常使用时补充水的加热等情况，综合技术经济比较确定。竞赛游泳池、大型游泳池和水上游乐池宜采用快速式换热器，单个的短泳池和小型游泳池可采用半容积式换热器或燃气、燃油热水机组直接加热。

不同用途游泳池的加热设备宜分开设置，必须合用时应保证不同池子和不同水温要求的池子有独立的给水管道和温控装置。加热设备按不少于两台同时工作来确定数量。为使池水温度符合使用要求，并节约能源，每台应装设温度自动调节装置，以便根据循环水出口温度自动调节热源的供应量。

将池水的一部分循环水加热，然后与未加热的那部分循环水混合，当达到规定的循环水出口温度时供给水池，这是国内外大多采用的分流式加热系统。被加热的循环水量一般不少于全部循环水量的20%，被加热循环水温度不宜超过40℃，并应有充分混合被加热水与未被加热水的有效措施。

对于全部循环水量都加热的系统，其加热设备的进水管口和出水管口的水温差应按式（12-4）计算

$$\Delta T_h=\frac{Q_s+Q_t+Q_f}{1000c\rho q_c} \tag{12-4}$$

式中　ΔT_h——加热设备进水管口与出水管口的水温差（℃）；

Q_s——池水表面蒸发损失的热量（kJ/h）；

Q_t——池子水表面、池底、池壁、管道、设备传导损失的热量（kJ/h）；

Q_f——补充新鲜水加热所需的热量（kJ/h）；

c——水的比热容，$c=4.18$kJ/(kg·℃)

ρ——水的密度（kg/L）；

q_c——循环流量（m^3/h）。

按式（12-4）计算后，当选不到合适的加热器时，可改为分流式加热系统。

6. 排水系统

游泳池应该设池岸排水装置。在池岸外侧沿看台或建筑墙，应设清洗池岸排水的排水槽。当有困难时，可设置地漏排水，但不得使清洗池岸排水流入游泳池。如果游泳池溢流水作为中水水源，池岸排水槽可与池子溢流水槽合用，但溢流水槽应为非淹没型。

设计事故泄水的泄空时间宜采用 4h，换水泄空时间宜采用 8h，重力泄水应有防止雨水或污水回流措施。压力式泄水应采用循环水泵和池水净化处理机房集水坑的潜污泵兼做排水泵。

12.1.3　游泳池供水系统

1. 供水方式

游泳池按设计要求分为浅水游泳池、训练游泳池和娱乐池等。浅水游泳池主要供儿童或幼儿园使用，使儿童习惯于水，多为圆形或椭圆形，且多配备泳具如滑台、喷水设备等。训练游泳池一般供各种比赛用，如跳水、水球比赛、花样游泳等。娱乐池是指配备有丰富娱乐设施的游泳池。

游泳池的池水使用有定期换水、定期补水、直流供水、定期循环供水、连续循环供水等多种方式。由于水资源是十分宝贵的，节约用水是节约能源的一个重要组成部分，通常情况下游泳池池水均应循环使用。

给水系统供水方式一般常用定期换水、直流供水和循环供水三种供水方式。

1）定期换水供水方式：每隔一定时间换水一次，一般 2～3d 换水一次，随时投加漂白粉消毒。这种方式卫生条件差，在我国不推荐使用。

2）直流供水方式：需要不断补充新水，约为 15%～20%，连续排污。这种方式系统简单，投资较省。当有充足水源时，可以采用。

3）循环供水方式：设置专用净化系统，对池水进行循环、净化、消毒、加热等处理。这种方式可以保证循环池水水质，符合卫生要求，适合各类泳池。目前我国多采用此种形式。

游泳池和水上游乐池的池水净化系统，应优先选用循环净化给水系统；水源充沛的地区，仅夏天使用的露天游泳池和水上游乐池经技术经济环境效益等比较后，可以采用直流净化给水系统；幼儿戏水池和儿童游泳池，宜采用直流给水系统或直流净化给水系统。

2. 循环方式

游泳池池水的循环方式，应保证配水均匀，不出现短路、涡流、死水区，有利于池水的全部交换和更新，防止水质恶化。常用的循环方式有：

1）顺流式循环方式：全部循环水量从游泳池两端壁或两侧壁（也可采用四壁）上部对称进水，由深水处的底部回水，底部回水口可以与排污口合用。这种方式可以使每个进水口的流量和流速基本保持一致，有利于防止形成涡流和死水区。目前国内游泳池多采用这种方式。图 12-1 所示为顺流式循环方式原理图。

2）逆流式循环方式：在池底均匀布置进水口，循环水从底部向上供水，周边溢流回水，这种方式配水均匀，底部沉积物少，利于池水表面的污物去除。它是国际泳联推荐的循环方式，但基建投资费用比较高。图 12-2 所示为逆流式循环方式原理图。

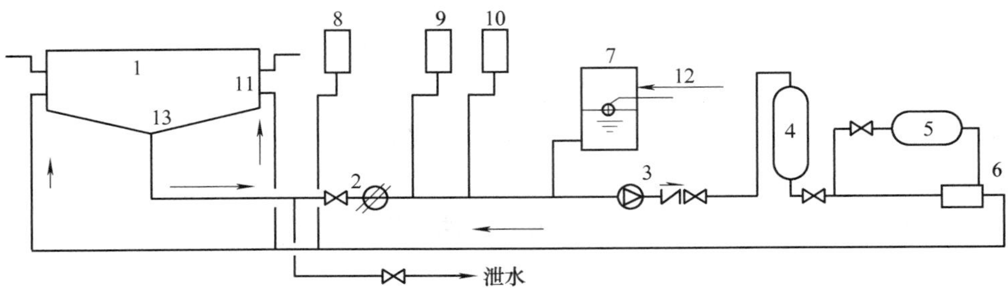

图 12-1　顺流式循环方式原理图

1—游泳池　2—毛发聚集器　3—循环水泵　4—过滤器　5—加热器　6—混合器
7—补水箱　8—消毒剂投加器　9—混凝剂投加器　10—中和剂（除藻剂）投加器
11—池壁布水口　12—补水管　13—回水口

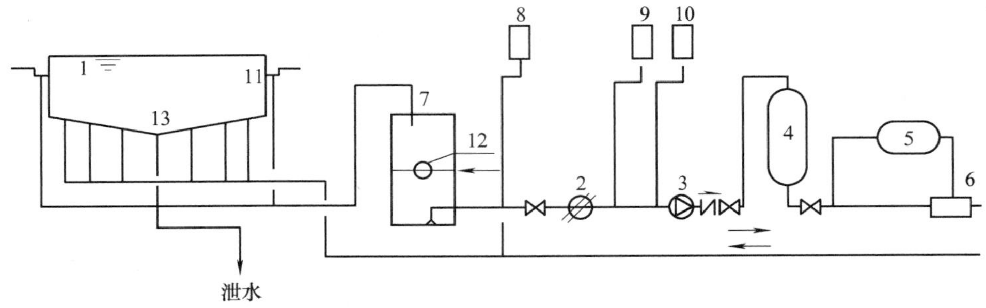

图 12-2　逆流式循环方式原理图

1—游泳池　2—毛发聚集器　3—循环水泵　4—过滤器　5—加热器　6—混合器
7—均衡水池　8—消毒剂投加器　9—混凝剂投加器　10—中和剂（除藻剂）投加器
11—池底布水口　12—补水管　13—泄水口

3）混流式循环方式：循环水从游泳池的底部和两端进水，从两侧溢流回水，这种方式水流比较均匀，池底沉积物少，如图12-3所示为混流式循环方式原理图。

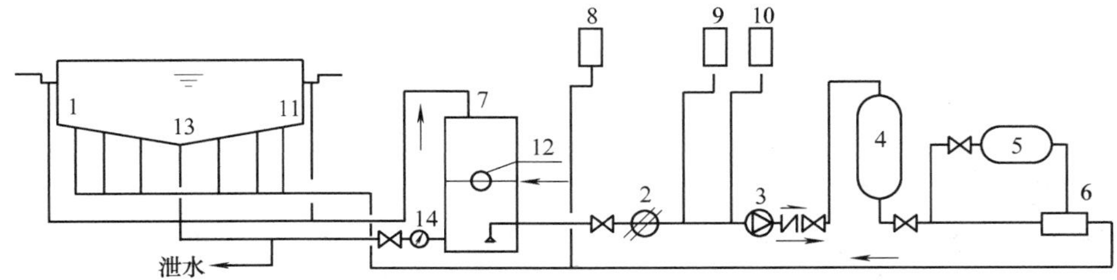

图 12-3　混流式循环方式原理图

1—游泳池　2—毛发聚集器　3—循环水泵　4—过滤器　5—加热器　6—混合器
7—平衡水池　8—消毒剂投加器　9—混凝剂投加器　10—中和剂（除藻剂）投加器
11—池底布水口　12—补水管　13—泄水口　14—水表

游泳池和水上游乐池的循环方式，应根据池子的形状、池水深度、池水体积、使用性质、池内设施等因素综合分析比较以后确定，一般情况下，竞赛游泳池、训练游泳池、宾馆

游泳池、多功能池等应采用逆流式循环方式或混流式循环方式；公共游泳池、露天游泳池宜采用顺流式循环方式；水上游乐池宜采用混流式循环方式。

3. 循环系统的设置

游泳池池水的循环系统的设计，是保证池水水质标准的关键因素，应保证以下基本要求：给水口和回水口的布置，应保证池中水流分布均匀、不发生短路、不产生旋涡、不出现死水区，防止局部水质恶化；保证被净化的水与池内的水能够有序交换更新；有利于施工安装、运行管理等。

（1）循环水泵　游泳池给水系统应设置循环水泵将游泳池中的池水抽吸出来，压送到过滤净化以及加热装置，净化过滤后再送回到游泳池。

使用性质相近似的水上游乐池，可以合并设置池水循环水泵；不同使用要求的游泳池，其循环水泵应各自独立设置，以避免各池不同时使用时运行管理的困难。

循环水泵应选用耐蚀性好的低转速水泵，并应按不少于两台水泵同时工作确定数量。循环水泵的设计应符合以下要求：

1）应设计成自灌式。

2）水泵吸水管的水流速度宜采用1.0~1.2m/s，水泵出水管内的水流速度宜采用1.5~2.0m/s。

3）水泵泵组宜靠近平衡水池或均衡水池，游泳池及水上游乐池等的吸水口。

（2）循环管道及附属装置　循环给水管道的材质应选用PVC塑料管或ABS塑料管。有特殊要求的加热器出水口与未被加热水混合处之间的管道，应选用铜管或不锈钢管，其工作压力宜为1.0MPa，并应考虑水温升高的管道，其允许承压能力会下降的因素。

逆流式游泳池循环系统，池两侧的回水管应分别接至均衡池，其管径应经过计算确定。回水管应有0.002的坡度坡向均衡水池。

循环水供、回水管道，当沿着水池周边埋地敷设时，管道应采取防腐和不被压坏的防护措施。

循环给水管道中的水流速度不得超过2.0m/s，循环回水管中的水流速度宜为0.7~1.0m/s。

游泳池和水上游乐池上给水口和回水口的设置，对水流组成很重要，其布置应符合以下要求：

1）数量应满足循环流量的要求。

2）位置应使池水水流均匀循环，不发生短流。

3）逆流式循环时，回水口应设在溢流回水槽内；混流式循环时，回水口分别设置在溢流回水槽和池底最低处；顺流式循环时，池底回水口的数量应按淹没流计算，但不得少于两个。

游泳池和水上游乐池的泄水口应设置在池底最低处，应按4h全部排空池水来确定泄水口的截面面积和数量。采用重力式泄水时，泄水管需设置空气隔断装置而不应与排水管直接连接。

溢流回水槽应设置在逆流式或混流式循环系统的池子两侧壁或四周，截面尺寸应按溢流水量计算，最小截面为200mm×200mm。槽内回水口数量应由计算确定，间距一般不大于3.0m。槽底以0.01的坡度坡向回水口。回水口与回水管采用等程连接，对称布置管路，并接入均衡水池。

游泳池的池岸应设置不少于四个冲洗池岸用的清洗水嘴，宜设在看台或建筑的墙槽内或阀门井内（室外游泳池），冲洗水量按 1.5L/(m^2·次）计，每日冲洗两次，每次冲洗时间以 30min 计。

游泳池和水上游乐池还应设置消除池底积污的池底清污器；标准游泳池和水上游乐池宜采用全自动池底消污器；中、小型游乐池和休闲池宜采用移动式真空池底清污器或电动清污器。

（3）平衡水池、均衡水池　平衡水池的作用是平衡池水水位。采用顺流式、混流式循环给水方式的游泳池和水上游乐池应设置平衡水池，循环水泵设计成自灌式时也应设置平衡水池。

平衡水池的有效容积，不应小于循环水系统的管道和过滤、加热设备的水容积，且不应小于循环水泵 5min 的出水量。平衡水池的最高水面应与游泳池或游乐池的池水表面相一致。

均衡水池的作用是平衡池水水量。采用逆流式循环给水方式的游泳池和水上游乐池应设置均衡水池，回收溢流回水，均衡游泳池或游乐池的水量浮动，同时可以贮存过滤器反冲洗用水和间接补水。

均衡水池的最高水表面应低于游泳池或游乐池溢流回水管管底 300mm 以上。

4. 循环水的净化

游泳池的池水使用有定期换水、定期补水、直流供水、定期循环供水、连续循环供水等多种方式。为了保证游泳者的健康，池水的水质必须达到相应的水质标准，游泳池水需经过预净化、过滤、加药和消毒处理，必要时还需进行加热等过程后循环使用，以节约用水。

（1）预净化　为防止游泳池或水上游乐池水夹带的固体杂质和毛发、树叶、纤维等杂物损坏水泵，破坏过滤器滤料层，从而影响过滤效果和水质，池水的回水首先进入毛发聚集器进行预净化。毛发聚集器外壳应为耐压、耐腐蚀材料；过滤筒孔眼的直径宜采用 3~4mm，过滤网眼宜采用 10~15 目，且应为耐腐蚀的铜、不锈钢和塑料材料所制成；过滤筒（网）孔眼的总面积应不小于连接管道截面面积的 2 倍，以保证循环流量不受影响。毛发聚集器装设在循环水泵的吸水管上，以截留池水中夹带的固体杂质。

为保证循环水泵正常运行，过滤筒（网）必须经常清洗或更换，否则会增加水流阻力、降低水泵扬程、减小水泵出水量、影响循环周期。

（2）过滤

1）过滤器。游泳池或游乐池的循环水具有处理水量恒定、浊度低的特点，为简化处理流程，减小净化设备机房占地面积，一般采用水泵加压一次提升的循环方式，过滤设备采用压力过滤器。

过滤器应根据池子的大小、使用目的、平面布置、人员负荷、管理条件和材料情况等因素统一考虑，应符合下列要求：

a. 体积小、效率高、功能稳定、能耗小、保证出水水质。

b. 操作简单、安装方便、管理费用低，且利于自动控制。

c. 对于不同用途的游泳池和水上游泳池，过滤器应分开设置，以利于系统管理和维修。

d. 每座池子的过滤器数目不宜少于两台，当一台发生故障时，另一台在短时间内采用提高滤速的方法继续工作。

e. 立式压力过滤器有利于水流分布均匀和操作方便，压力过滤器一般采用立式；当直径大于 2.6m 时，因运输困难，可采用卧式。

f. 重力式过滤器一般低于游泳池的水面，一旦停电可能造成溢流淹没机房等事故，所以应有防止池水溢流事故的措施。

g. 压力过滤应设置进水、出水、冲洗、泄水和放气等配管，还应设有检修孔、观察孔、取样管和差压计。

2）滤料及滤速。过滤器内的滤料应该具备比表面积大、孔隙率高、截污能力强、使用周期长、不含杂物和污泥、不含有毒和有害物质、化学稳定性能好、机械强度高、耐磨损、抗压性能好的性能。目前用于压力过滤器滤料的有石英砂、无烟煤、聚苯乙烯塑料珠、硅藻土等，国内使用石英砂的比较普遍。压力过滤的滤料组成、过滤速度和滤料层厚度经试验确定，也可按表 12-6 所示选用。

压力过滤器的过滤速度是确定设备容量和保证池水水质卫生的基本数据，应从保证池水水质和节约工程造价两方面考虑。对于竞赛池、公共池、教学池、水上游乐池等宜采用中速过滤；对于家庭池、宾馆池等可采用高速过滤。

表 12-6　压力过滤器的滤料组成和过滤速度

<table>
<tr><th rowspan="2">序号</th><th rowspan="2" colspan="2">滤料类型</th><th colspan="3">滤料组成粒径/mm</th><th rowspan="2">过滤速度/(m/h)</th></tr>
<tr><th>粒径/mm</th><th>不均匀系数 K</th><th>厚度/mm</th></tr>
<tr><td rowspan="2">1</td><td rowspan="2" colspan="2">单层
石英砂</td><td>$D_{min}=0.5$
$D_{max}=1.0$</td><td rowspan="2">≤2.0</td><td rowspan="2">≥700</td><td rowspan="2">10~15</td></tr>
<tr><td>$D_{min}=0.6$
$D_{max}=1.2$</td></tr>
<tr><td>2</td><td rowspan="2" colspan="2">单层
石英砂</td><td>$D_{min}=0.5$
$D_{max}=0.85$</td><td>≤1.7</td><td>≥700</td><td>15~25</td></tr>
<tr><td>3</td><td>$D_{min}=0.5$
$D_{max}=0.7$</td><td>≤1.4</td><td>>900</td><td>30~40</td></tr>
<tr><td rowspan="2">4</td><td rowspan="2">双层滤料</td><td>无烟煤</td><td>$D_{min}=0.8$
$D_{max}=1.6$</td><td rowspan="2">≤2.0</td><td>300~400</td><td rowspan="2">14~18</td></tr>
<tr><td>石英砂</td><td>$D_{min}=0.6$
$D_{max}=1.2$</td><td>300~400</td></tr>
<tr><td rowspan="3">5</td><td rowspan="3">多层滤料</td><td>沸石</td><td>$D_{min}=0.75$
$D_{max}=1.2$</td><td>≤1.7</td><td>350</td><td rowspan="3">20~30</td></tr>
<tr><td>活性炭</td><td>$D_{min}=1.2$
$D_{max}=2.0$</td><td>≤1.7</td><td>600</td></tr>
<tr><td>石英砂</td><td>$D_{min}=0.8$
$D_{max}=1.2$</td><td>≤1.7</td><td>400</td></tr>
</table>

注：1. 其他滤料如纤维球、硅藻土、树脂、纸芯等，按生产厂商提供并经有关部门认证的数据选用。

2. 滤料的相对密度：石英砂 2.6~2.65，无烟煤 1.4~1.6。

3. 压力过滤器的承托层厚度和卵石粒径，应根据配水形式按生产厂提供并经有关部门认证的资料确定。

3）过滤器反冲洗。过滤器在工作过程中由于污物积存于滤料器，使滤速减小，循环流量不能保证，而致使池水水质达不到要求，故必须对滤料利用水力作用使滤料悬浮起来，进行充分的洗涤后，将污物从滤料中分离出来，和冲洗水一起排出，这个过程称为过滤器反冲洗。

冲洗周期通常按照压力过滤器的压力损失和使用时间来决定，当滤料为石英砂、无烟煤和沸石时，过滤器的压力损失不超过0.06MPa；当过滤器使用时间超过5d，或是游泳池或水上游乐池在池水不泄空时计划停止使用时间超过5d，或是游泳池或水上游乐池泄空池水停止使用前，均应对过滤器进行反冲洗，以防止原滤料层表面上的污物在停用期间产生板结，使因滤料厚度不均匀而发生裂缝。

过滤器应采用水进行反冲洗，有条件时宜采用气、水组合反冲洗。反冲洗水源可利用城市生活饮用水或游泳池池水。压力过滤器采用水反冲洗时的反冲洗强度和反冲洗时间按表12-7采用；重力式过滤器的反冲洗应按有关标准和厂商的要求进行；气水混合冲洗时根据试验数据确定。

表12-7 压力过滤器的反冲洗强度和反冲洗时间

序 号	滤料类别	反冲洗强度/［$L/(s \cdot m^2)$］	膨胀率（%）	反冲洗时间/min
1	单层石英砂	12～15	40～45	7～5
2	双层滤料	13～16	45～50	8～6
3	三层滤料	16～17	50～55	7～5

注：1. 设有表面冲洗装置时，取下限值。
2. 采用城市生活饮用水冲洗时，应根据水温变化适当调整冲洗强度。
3. 膨胀率数值仅作压力过滤器设计计算之用。

（3）加药

1）投加混凝剂。由于游泳池和水上游乐池水的污染主要来自人体的汗等分泌物，仅使用物理性质的过滤不足以去除微小污物，故池水中的循环水进入过滤器之前需要投加混凝剂，以便把水中微小污物吸附聚集在药剂的絮凝体上，形成较大块状体经过滤去除。混凝剂宜采用氯化铝或精制硫酸铝、明矾等，根据水源水质和当地药品供应情况确定，宜采用连续定比自动投加，设计投加量可采用3～5mg/L。投加点选择在循环水泵的吸水管内（重力投加方式）或是循环水泵的出水管内（压力投加方式）。

2）pH值调整剂。pH值对混凝效果和氯消毒有影响，故宜在消毒之前投加pH值调整剂。设计投加量为1～5mg/L。而且pH值偏高或偏低均会对游泳者或游乐者的眼睛、皮肤、头发产生损伤，或有不舒适感。另外，pH值小于7.0时会对池子的材料设备产生腐蚀性。故应定期地投加纯碱或碳酸盐类，以调整池水的pH值在规定的范围。当pH值低于7.2时，应向池水投加碳酸钠；pH值高于7.6时，应向池水中投加盐酸或碳酸氢钠。pH值与总碱度（TA）、钙硬度和总溶解固体（TDS）相关。总碱度是受碳酸盐和碳酸氢盐影响的，总碱度小于75mg/L时，应向池水中投加碳酸氢钠，碱性越高，pH值变化的阻力就越大；当总碱度大于250mg/L时，就会使pH值调节难以实现，此时应采用增加新鲜水补充量的方法降低总碱度。

钙硬度与池水中碳酸钙、碳酸氢钙有关。钙硬度低于 75mg/L 时，池水具有腐蚀性，此时应向池水内投加氯化钙；钙硬度超过 500mg/L 时，池水的 pH 值或总碱度偏高，容易产生沉淀而使池水浑浊，此时应增加新鲜水补充量的方式降低钙硬度。

总溶解固体（TDS）是池水中所有金属、盐类、有机物和无机物等可溶性物质的质量。如果池水中 TDS 小于 50mg/L，池水呈现轻微绿色而缺乏反应能力；TDS 浓度过高（超高1500mg/L）会使水溶解物质的容纳力降低，悬浮物聚集在细菌和藻类周围而阻碍氯靠近，会影响氯的杀菌效能。所以池水中 TDS 浓度规定为 150~1500mg/L，偏小时应向池水中投加次氯酸钠，偏大时应增大新鲜水补充量以稀释 TDS 的浓度。

3）除藻剂。当池水在夜间、雨天或阴天不循环时，由于含氯不足就会产生藻类，使池水呈现黄绿色或深绿色，透明度降低。这时应定期向池水中投加硫酸铜药剂以消除和防止藻类产生。设计投加量应不大于 1mg/L，投加时间和间隔时间应根据池水透明度和气候条件确定。

（4）消毒　游泳池和水上游乐池的池水必须进行消毒杀菌处理，消毒方法和设备应符合杀菌力强、不污染水质，并在水中有持续杀菌的功能，对人体无刺激或刺激性很小；设备简单、运行安全、可靠，操作管理方便，建设投资和运行费用低等。消毒方式应根据池子的使用性质确定。

1）臭氧消毒。对于世界级和国家级竞赛和训练游泳池、宾馆和会所附设的游泳池，室内休闲池及有特殊要求的其他游泳池宜采用臭氧消毒。臭氧用于游泳池池水消毒的技术，在欧美国家应用得比较普遍，我国近几年才开始应用。臭氧是以空气为原料，通过无声放电方法制备而成的强氧化剂，杀菌能力强，不仅能杀灭细菌、大肠杆菌，还能杀死病毒；在氧化水中有机物时不产生三氯甲烷（THM），并能限制有机物和无机物的浓度。

对于竞赛游泳池以及池水卫生要求很高、人数负荷高的游泳池和水上游乐池，宜采用循环水全部进行消毒的全流量臭氧消毒系统，如图 12-4 所示，由于全部循环流量与臭氧充分混合、接触反应，故能保证消毒效果和池水水质，但该系统设备多，占地面积大、

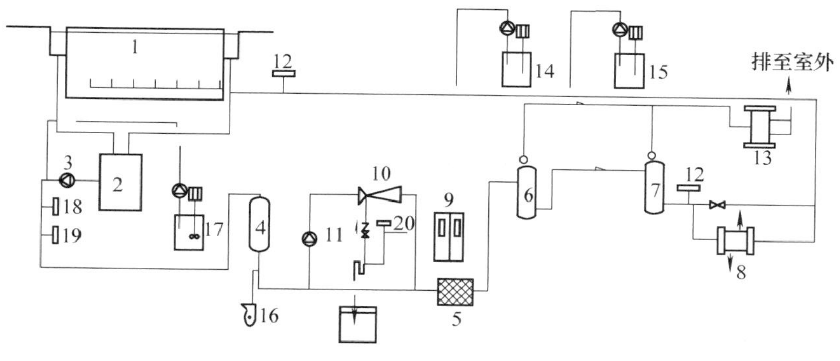

图 12-4　全流量臭氧投加系统

1—游泳池　2—均衡水池　3—循环水泵　4—砂过滤器　5—臭氧混合器
6—反应罐　7—剩余臭氧吸附过滤器　8—加热器　9—臭氧发生器
10—负压臭氧投加器　11—加压泵　12—臭氧监测器　13—臭氧尾气处理器
14—长效消毒投加装置　15—pH 值调整剂投加装置　16—风泵
17—混凝剂投加装置　18—pH 值探测器　19—氯探测器　20—臭氧取样点

造价高。由于臭氧是一种有毒气体，为了防止臭氧泄漏，应采用负压投加以保证安全；而且在采用全流量臭氧消毒方式时，应设置活性炭吸附过滤器或多介质滤料过滤器来作为剩余臭氧吸附装置，以脱除多余的臭氧，避免其在池水中浓度过大对人体产生危害和腐蚀设备。

由于只有溶解于水中的臭氧才有杀菌效用，因此需要设置反应罐让臭氧与水充分混合接触、溶解，以完成消毒过程，臭氧与水接触反应时间应满足式（12-5）的规定

$$Ct \geqslant 1.6 \tag{12-5}$$

式中　C——臭氧投加量（mg/L），宜为0.6~1.0mg/L，池水水面上空气中臭气浓度不得超过0.10mg/L；

t——臭氧与水接触反应所需要的时间（min）。

另外，臭氧的半衰期仅为30~40min，故应边生产边使用。臭氧分解时释放大量的热，在空气中的臭氧含量达到25%时容易爆炸，且浓度高于0.25mg/L时会影响人体健康，故其尾气应经过处理后排放。对臭氧发生和投加系统的自动化控制和监视、报警是确保臭氧系统安全的必要条件。

由于臭氧没有持续消毒功能，为了防止新的交叉感染和应付突然增加的游泳人数所造成的污染，应按允许余氯量向池内投加少量的氯，以保持池水余氯符合规定。

对于人员负荷一般，且人员较为稳定的新建游泳池和水上游乐池，或是现有游泳池增建臭氧消毒系统时，宜采用分流量臭氧消毒系统，如图12-5所示。这种系统仅对25%的循环流量投加臭氧消毒，然后再与未投加臭氧的75%循环水量混合，通过稀释利用分流消毒水中的剩余臭氧。这种系统可以减小反应罐的容量，取消残余臭氧吸附过滤装置，从而可以节省占地面积，降低投资，减小运行成本。

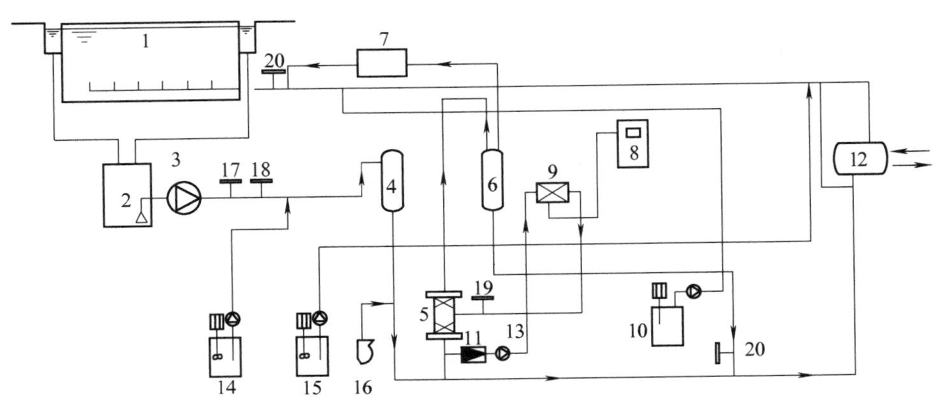

图12-5　分流量臭氧消毒系统

1—游泳池　2—均衡水池　3—循环水泵　4—砂过滤器　5—臭氧混合器　6—反应罐　7—臭氧尾气处理器　8—臭氧发生器　9—负压臭氧投加器　10—长效消毒剂投加装置　11—流量计　12—加热器　13—加压泵　14—混凝剂投加装置　15—pH值调整剂投加装置　16—风泵　17—pH探测器　18—氯探测器　19—臭氧取样点　20—臭氧监测器

2）氯消毒。用于游泳池和水上游乐池的氯消毒剂有氯气、次氯酸钠、氯片等品种，从

安全、简便、有效等方面综合比较，宜优先选用次氯酸钠，投加量（以有效氯计）宜按1~3mg/L设计，并根据池水中的余氯量进行调整。次氯酸钠采用湿式投加，配制浓度宜采用1~3mg/L，投加在过滤器之后（压力投加时）或循环水泵吸水管中（重力式投加时）。优先采用成品次氯酸钠消毒剂，但应避免运输和贮存，贮存时间不宜超过5d。现场制取氯酸钠时，制取设备不应少于两台，设备间应通风良好，设置防火、防爆等安全设施，且将制取设备的氢气管引到室外。

采用瓶装氯气消毒时，按1~3mg/L的投加量以负压自动投加。加氯设备应设置备用机组，以保持供水水源安全可靠且水压稳定，加氯设备与氯气瓶分别单独设置在两个房间，加氯间设置防毒、防火和防爆装置。

采用氯片消毒时，应配制成含氯浓度为1~3mg/L的氯消毒液后湿式投加；小型游泳池、家庭游泳池宜采用有流量调节阀的自动投药器投加。

（5）加热　为适应各类游泳池对池水温度的要求，提高游泳池的利用率，游泳池的补充水和循环水都需要进行加热处理。池水加热所需的热量为池水表面蒸发损失的热量、池壁池底传导损失的热量、管道和净化水设备损失的热量以及补充新鲜水加热所需的热量等的总和，应经计算确定。加热方式宜采用间接式。

5. 洗净设施

（1）浸脚消毒池　为减轻游泳池水和水上游乐池水的污染程度，进入水池的每位人员均应对脚部进行洗净消毒。必须在进入游泳池或水上游乐池的入口通道上设置浸脚消毒池，以保证进入池子的人员一一通过，不得绕行或跳越通过。浸脚消毒池的长度不小于2.0m，池宽与通道宽度相等，池内消毒液的有效深度不小于0.15m。

浸脚消毒池和配管应采用耐腐蚀材料制造，池内消毒液宜连续供给、连续排放，也可采用定期更换的方式，但更换时间不超过4h，以池中消毒液的余氯量保持在5~10mg/L为原则。

（2）强制淋浴　在游泳池和水上游乐池的入口通道设置强制淋浴，是清除游泳者和游乐者身体上污物的有效措施。强制淋浴宜布置在浸脚消毒池之前，强制淋浴通道的尺寸应使被洗洁人员有足够的冲洗强度和冲洗效果。强制淋浴通道长度为2.0~3.0m，淋浴喷头不少于3排，每排间距应不大于1.0m，每排喷头数不少于2只，间距为0.8m。当采用多孔淋浴管时，其孔径不小于0.8mm，孔间距不大于0.6m，喷头安装高度不宜大于2.20m，开启方式应采用光电感应的自动控制。

（3）浸腰消毒池　公共游泳池宜在强制淋浴之前设置浸腰消毒池，以对游泳者进行消毒。浸腰消毒池的有效长度不宜小于0.1m，有效水深为0.9m，池子两侧设扶手，采用阶梯形为宜。池水宜按连续供应，连续排放方式，采用定时更换池水的时间间隔不应超过4h。

浸腰消毒池靠近强制淋浴布置，当设置在强制淋浴之后时，池中余氯量不得小于5mg/L；设置在强制淋浴之前时，池中余氯不得小于50mg/L。

12.2　水景工程给水排水设计

12.2.1　水景工程的作用和形态

水景是由姿态变幻莫测、此起彼伏、有条不紊的水流组成，配有声、光、电以及各种控制设施形成的人工景观。水景最早出现在我国圆明园，近年来随着人民生活水平的不断提高，对居住环境的要求越来越高，水景工程随之也有了较大的发展和进步。

1. 水景的作用

（1）美化环境　大型室外水景、庭院水景、室内水景小品等水景工程以其变化各异的水姿、丰富多彩的艺术效果，可以构成景观中心，也可以加强、衬托或装饰其他景观和特定环境，使各种景观，如公园、艺术雕塑、建筑物及室内装饰等的艺术效果更加强烈、更加生动。动态的水环境，满足了人们亲近自然的愿望，同时又具有观赏性，可以美化环境。

（2）净化空气　水景工程可以增加周围环境的空气湿度，尤其在炎热的夏季作用更加明显；可以大大减少周围空气中的含尘量，起到除尘净化作用；还可以增加附近空气中负氧离子浓度，改善空气的卫生条件；使水景周围的空气更加洁净、凉爽、清新、湿润，使人感觉如临海滨，如置森林，心情愉悦。

（3）其他功能　①降温作用：水景工程可以兼作循环冷却水的喷水降温池，通过喷头的喷水起到降温作用。②贮水作用：水景工程的水池比较大，水流喷水循环，可以起到充氧、防止水质腐败的作用，可兼做消防贮水池或绿化贮水池。③养鱼池：水流循环有充氧作用，可以兼做养鱼池。④戏水池：水流的形态变化多端，适合儿童好奇、亲水、好动的特点，可以兼做儿童戏水池。

2. 水景的基本形态

水的形状由于受到地球引力的作用，表现为相对静止或运动。根据这一特性，将水景分为静水景观和动水景观两大类。静的水给人以宁静、安详、柔和的感受，动的水给人以激动、兴奋、欢愉的感受。

静水，就是水的运动变化比较平缓。静水一般表现在地平面比较平缓，无大的高差变化。静水可以产生镜像效果，产生丰富的倒影变化。一般适合做较小的水面处理。如果做大面积的静水，切忌空而无物、松散而无神韵。做大面积的静水形式应曲折、丰富、配以曲桥、雕塑、小岛等。静水有着比较良好的倒影效果，水面上的物体由于倒影的作用，给人诗意、轻盈、浮游和幻想的视觉感受。在现代的建筑环境中这种手法运用较多，可以取得丰富的环境效果。

动水景观根据水量的大小、落差大小以及是否承压可以概括为下列几种基本形态。

（1）流水　水流落差较小，流速小、流动缓慢，如蜿蜒的小溪，淙淙的流水使环境更富有个性与动感。

（2）落水　水源因蓄水和地形条件的影响而落差溅潭。水由高处下落则有线落、布落、挂落、条落、多级跌落、层落、片落、云雨雾落、壁落，时而潺潺细雨，幽然而落，时而奔腾磅礴，呼啸而下。落水的主要形式有瀑布和跌水两大类。

1）瀑布：瀑布是一种自然景观，是河床陡坎造成的。水从陡坎处滚落下跌形成瀑布恢宏的景观。瀑布可以分为面形和线形。面形瀑布是指瀑布宽度大于瀑布的落差，如尼亚加拉大瀑布，宽度为914m，落差为50m。线形瀑布是指瀑布宽度小于瀑布的落差，如萨泰尔连德瀑布，它的落差有580m。

2）跌水：跌水是指有台阶落差结构的落水景观，如美国新墨西哥州阿尔克基市中心广场的跌水、波特兰洛维角广场跌水等。

（3）压力水　压力水即喷水，原是一种自然景观，是承压水的地面露头。喷、涌、间

歇喷水犹如喷珠吐玉，千姿百态，是动态的美。喷水是城市广场中运用最广泛的人为景观，它有利于城市广场的水景造型，人工建造的具有装饰性喷水装置，可以湿润空气，减少尘埃，降低气温。喷水的细小水珠同空气分子撞击，能产生大量的负氧离子，改善城市面貌，提高环境景观质量。

12.2.2　水景工程给水排水系统

1. 水景工程的构成

图 12-6 所示为一个典型的水景工程，它由以下几部分组成：

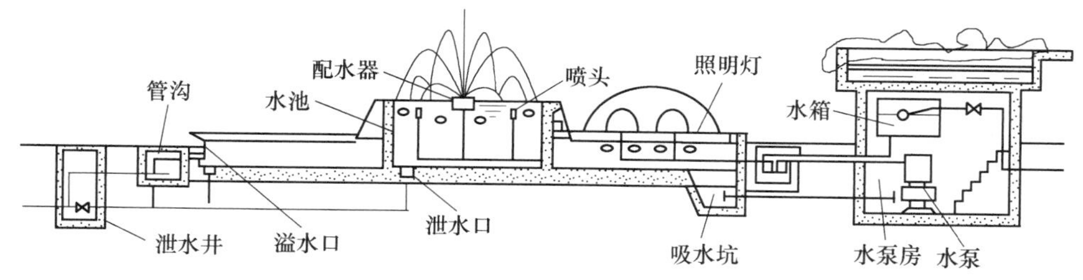

图 12-6　典型水景工程的组成

1）土建部分：即水泵房、水景水池、管沟、泄水井和阀门井等。

2）管道系统：即给水管道、排水管道。

3）造景工艺器材与设备：即配水器、各种喷头、照明灯具和水泵等。

4）控制装置：即阀门、电气自动控制设备和音响设备等。

2. 水景给水水量和水质

（1）水量

1）初次充水量。充水量应视水景池的容积大小而定。充水时间一般按 24~48h 考虑。

2）循环水量。循环水量应等于各种喷头喷水量的总和。

3）补充水量。水景工程在运行过程中，由于风吹、蒸发以及溢流、排污和渗漏等因素，要消耗一定的水量，又称为水量损失。对于水量损失，一般按循环流量或水池容积的百分数计算，其数值可参照表 12-8 所示选用。

表 12-8　水量损失

项目 / 水景形式	风吹损失	蒸发损失	溢流、排污损失［每天排污量占水池容积的百分数（%）］
	占循环流量的百分数（%）		
喷泉、水膜、冰塔、孔流	0.5~1.5	0.4~0.6	3~5
水雾类	1.5~3.5	0.6~0.8	3~5
瀑布、水幕、叠流、涌泉	0.3~1.2	0.2	3~5
镜池、珠泉			2~4

注：水量损失的大小，应根据喷射高度、水滴大小、风速等因素选择。

对于镜池、珠泉等静水景观，每月应排空换水 1~2 次，或按表 12-8 中溢流、排污百分率连续溢流、排污，同时不断补充等量的新鲜水。为了节约用水，镜池、珠泉等静水景观也可采用循环给水方式。

（2）水质

1）对于兼做人们娱乐游泳、儿童戏水的水景水池，其初次充水和补充给水的水质应符合《生活饮用水卫生标准》（GB 5749—2006）的规定，其循环水的水质应符合《人工游泳池水质卫生标准》的规定。

2）对于不与人体直接接触的水景水池，其补给水可使用生活饮用水，也可根据条件使用生产用水或清洁的天然水，其水质应符合现行的《地表水环境质量标准》（GB 3838—2002）中的规定。

12.2.3 喷泉系统设计

1. 设计步骤

水景设计的主要内容是与建筑师密切配合确定与主题建筑相适应的水景形式和艺术水姿以及水景水池的平面布置，进行水景管道系统和设备的设计计算，以达到要求的水景形式。其设计步骤如下：

1）根据总体规划，设计主题，环境尺度，因地制宜地确定意境独特的喷水造型及喷水规模，水池平面布置。

2）确定喷水方式，选择喷头的形式、数量，以满足所要求的艺术水姿。

3）喷头设计计算，确定喷头口径，喷头射流高度或射流半径，或射流轨迹。

4）计算喷头流量和喷头所需的水压。

5）确定喷水工艺流程动力设备。

6）设计水池、水泵房工艺尺寸，交由土建专业进行设计。

7）进行管道布置，并计算选择管道系统的管径、循环流量、管道的阻力以及循环泵所需的流量和扬程，选择循环水泵的型号。

8）确定水景艺术姿态变化形式，布置水下彩灯、照明及控制方式。

2. 设计内容

喷水工艺基本流程：水源（河湖、自来水）→ 泵房（水压若符合要求，可以省去，也可用潜水泵直接放于池内而不用泵房）→ 进水管将水引入分水槽，（以便喷头在等压下同时工作）→分水器，控制阀（如变速电动机、电磁阀等时控或声控）→ 喷嘴 → 喷出各种花色的图案，再辅以音乐和水下彩灯，万紫千红，美不胜收。所以，水景工程中的给水排水系统设计主要是喷头、配管、水池以及水泵等设备设计以及水景工程的运行控制和照明灯具的选用。

（1）喷头

1）常用喷头。喷头是形成水流形态的主要部件，是实现水景花形构思的重要保证，它应由不易锈蚀、经久耐用、易于加工的材料制成。喷头种类繁多，如图12-7所示，常用的喷头一般有以下几种：

a. 直流式喷头，它是形成喷泉射流的喷头之一，一般采用类似消防喷枪的形式，构造简单，价格便宜，在同样的水压下，可获得较高或较长的射流水柱，水声小，适用范围广，是喷头的基本形式。

b. 涌泉喷头，它是喷成水塔的喷嘴，带吸气管。吸气管隐藏水下，利用喷嘴造成射流，形成负压，吸入空气或水，在水柱中掺入大量气泡，增大水的表面流量和反光作用，使水柱

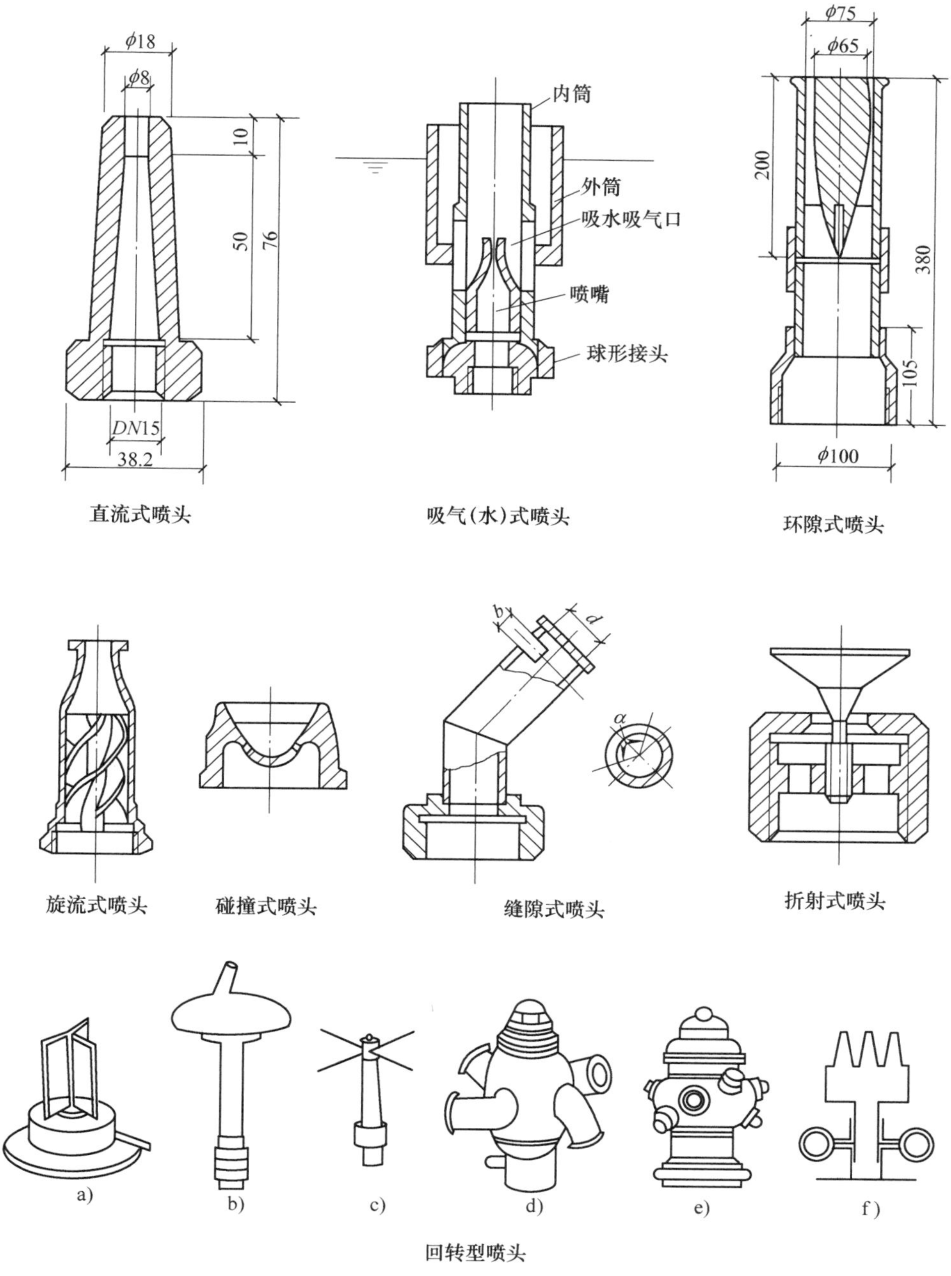

直流式喷头　　吸气(水)式喷头　　环隙式喷头

旋流式喷头　　碰撞式喷头　　缝隙式喷头　　折射式喷头

a)　b)　c)　d)　e)　f)

回转型喷头

图 12-7　部分喷头

成为矮粗雪白的冰塔，大大改善照明效果。但是这种喷头结构稍复杂，价格较贵。

c. 悬流式喷头，它是喷出水雾的喷头之一，有时可采用冷却塔式水雾和消防使用的喷头。其构造复杂，加工困难。

d. 缝隙式喷头，它是喷出平面或曲面的水膜之一。其出水口为条形缝隙，如果缝隙较窄，边界粗糙，水压较大时也能形成水雾。

e. 环隙式喷头，它是形成水膜的一种喷头。因其喷头口是环形缝隙，可使水柱的表观流量变大，以较少的水量造成较大观瞻。

f. 折射式喷头，它也是形成水膜的喷头形式之一。其水流在喷嘴外，经折射形式形成水膜，折射体形状不同，可形成不同形状水膜（如牵牛花形、马蹄莲形、灯笼形、伞形）。

g. 碰撞式喷头，它是喷成水雾的喷头形式之一，靠水流相互碰撞或水流与器壁碰撞而雾化。

h. 组合式喷头，由若干个同一形式或不同形式的喷头组装在一起构成，可喷出固定的姿态，或进行适当的调节，喷出不同的姿态。

2）喷头的水力计算。喷嘴的形式很多，不论哪种喷嘴，其基本计算公式都是相同的，对于不同的喷嘴，计算公式的形式和各种计算系数不同。喷嘴水力计算基本公式见式（12-6）

喷嘴出口流量

$$q = \varepsilon\varphi f\sqrt{2gH} \times 10^{-3} = \mu f\sqrt{2gH}\times 10^{-3} \tag{12-6}$$

式中 q——出流量（L/s）；

ε——断面收缩系数，与喷嘴形式有关；

μ——流量系数，$\mu=\varepsilon\varphi$；

f——喷嘴断面面积（mm^2）；

φ——流速系数，其值与喷头形状有关；

H——喷头喷口处水头（m）。

（2）管道系统 水景工程中，喷头一般分组布置，以满足各种水景花形的要求，因此喷水池中的配管，首先应满足喷头喷出水花的造型美观，不同特性的喷头应分别设置配水管。大型水景工程的管道可布置在管沟或管廊内，一般喷水池的管道直接敷设在水池内，为保证每组中所有喷头的喷水高度和流量相近，配水管宜环状布置或对称配管，流速一般为0.5~0.6m/s，压力损失宜控制在50~100Pa/m。为保持各喷头的水压基本一致，水池内的管道不宜有急转弯，改变方向处，宜采用直管煨弯或大转弯半径的弯头，不宜采用普通的弯头和三通配件。为使喷出的水柱密实性好，喷嘴前应有不小于20倍喷嘴口直径的直线管段，必要时可在喷头前管段内设整流装置。

配水管道的水头损失按管道沿途均匀泄流的水头损失计算，即

$$h = Alq_v^2 \tag{12-7}$$

式中 h——管段上的水头损失（m）；

A——管道的比阻，单位流量通过单位长度管道所损失的水头（s^2/m^6）；

l——管段长度（m）；

q_v——流量（m^3/s）。

用于水景工程的管道通常直接敷设在水池内，故应选用不锈钢等耐腐蚀的管材。对于室外水景工程，采用不锈钢管和铜管是比较理想的，唯一的缺点是价格比较昂贵；用于室内水景工程和小型移动式水景可采用塑料给水管。

（3）喷水池

1）水池的形式。水池有规则严谨的几何式和自由活泼的自然式之分；也有浅盆式（水

深≤600mm）与深水式（水深≥1000mm）之别；更有运用节奏韵律的错位式；半岛与岛式、错落式、池中池、多边形组合式、圆形组合式、多格式、复合式和拼盘式等。水池的形态种类众多，深浅、池壁和池底的材料也各不相同，大致是要求构图严谨，气氛肃穆庄重，则多用规则方整甚至多个对称之池；为使空间活泼更显水的变化和深水环境，则用自由布局，复合参差跌落之池；更有在池底或池壁运用嵌画、隐雕、水下彩灯等手法，使水景在工程配合下，在白天、夜间都非常奇妙。

2）水池的尺寸。水池的平面尺寸应在设计风速时使水不致被吹到池外。水滴在风力作用下，漂移的距离用式（12-8）计算

$$L=\frac{3}{4}\cdot\frac{\varphi\rho H\mu^2}{dg}=0.0296\frac{H\mu^2}{d} \tag{12-8}$$

式中　L——水滴漂移距离（m）；

φ——与水滴形状和直径有关的系数，一般近似将水滴看成球形，在直径为0.25~10mm时，可近似取0.3；

ρ——空气密度（kg/m^3），常温下取1.29；

H——水滴最大降落高度（m）；

μ——设计平均风速（m/s）；

d——水滴计算直径（mm），水滴直径取决于喷头形式，可查相关手册；一般螺旋式、碰撞式喷头：$d=0.25\sim0.50$mm；直流式喷头：$d=3.0\sim5.0$mm；

g——重力加速度（m/s^2）。

为防止溅水，喷水池的每边一般需要加大1m，喷水池的直径一般不应小于喷水高度。

3）水池的深度。水池的深度应根据具体情况确定。

当喷水池内安装水下灯，要求水下灯玻璃距离水面的距离为30~110mm，不可使玻璃面露出水面时，水池的深度为400~600mm。

喷水池池内布置管道、喷头比较多时，或要求管道分层布置时，应根据实际情况确定水深。

水池的水深在无特殊要求时，常采用0.4~0.6m，在兼做其他用途时，还应满足这些兼附用途的要求。水池超高一般采用0.25~0.30m。喷水池底部的坡度应不小于0.005，坡向排水井或吸水井。

也可不设水池，而采用集水盘，集水盘最小不应小于0.1m。水池和集水盘的底部坡度不小于0.01，坡向排水口或集水井。

4）水池的溢流、泄水和补给装置。水景水池应设置补充水管、溢流管、泄水管。在池的周围宜设排水设施。

溢流装置的作用在于维持一定的水位和进行表面排污，保持水面清洁。常用溢流形式有堰口式、漏斗式、管口式和连通管式等。溢流口的位置要求，溢流量计算参看相关设计手册。

为了便于清扫、检修和防止停用时水质腐败与冻结，水池应该设泄水装置。应尽量使用重力式泄水方式。在采用循环水系统时，水池进水口可兼作水泵吸水口。为防止泄水管堵塞，泄水口上应设置格栅。泄空时间一般可按24~48h计算。

补给装置用于向水池内充水或补充损失水量。补充水可用普通闸阀，但给水口应隐蔽设

置。喷泉用水应循环使用。循环系统的补给水一般用浮球阀供给，也应隐蔽设置，补充水量应根据蒸发、飘失、渗漏、排污等损失确定，室内工程宜取循环水流量的1%~3%，室外工程可取循环水流量的3%~10%。补给水可利用生活饮用水，生产用水或天然水体，水质应符合饮用水指标中的感官指标。

用生活饮用水补给，应防止回流而造成饮用水被污染，补水口与水池溢流水位之间应保持一定的空气隔断间隙，充水或补水管道出口与溢流水位之间的空气间隙小于出口管径2.5倍时，在充（补）水管上应设置管道倒流防止器或其他有效防止倒流污染的装置。

5）水池的结构。小型和临时性水景水池可采用砖结构，但要做素混凝土基础，用防水砂浆砌筑和抹面。对于大中型水景水池，常用钢筋混凝土结构，为了保证不漏水，宜采用水工混凝土，为防止裂缝应适当配置钢筋。大型水池还应考虑适当的伸缩缝和沉降缝，这些构造缝应设止水带用柔性防漏材料填塞。水池底和壁面穿越管道处、水池与管沟或水泵房等连接处，也宜设沉降缝并同样进行防漏处理。

水池的池壁也可采用花岗岩等石料砌筑，但要采用防水砂浆。管道穿池底和外壁时，应采取防漏措施，一般宜设防水套管。可能产生振动的地方应设柔性防水套管或柔性减振接头，只有在无振动，且不准备拆装检修时才在管道上设止水环直接浇筑在混凝土内。

（4）水泵和水泵房　水泵是喷泉的主要设备，合理地选择水泵是喷泉设计中的重要环节。水景循环水泵常用卧式离心泵及潜水泵。近年来，由于潜水泵的微型化及喷泉花型的复杂化，越来越多的水景工程采用潜水泵直接设置于水池底部或更深的吸水坑内，就地供水。大型水景也可采用卧式离心泵及潜水泵联合供水，以满足不同的要求。小型移动式水景也可以将喷头、配管和潜水泵组合在一起，定型化、设备化。成套设备放在水池内，即可运行喷出定型的花形。

水景工程循环水泵的流量和扬程应按所选喷头形式、喷水高度、喷嘴直径和数量，以及管道系统的压力损失等经计算确定。

循环水泵的扬程相应压力按式（12-9）计算

$$p = p_1 + p_2 + p_3 + p_4 + p_5 + p_6 \tag{12-9}$$

式中　p——水泵的扬程相应压力（mH_2O 或 kPa）；

p_1——喷口处实际要求供水压力（mH_2O 或 kPa）；

p_2——水面标高压力差（mH_2O 或 kPa）；

p_3——水泵出水管沿程压力损失（mH_2O 或 kPa）；

p_4——水泵吸水管沿程压力损失（mH_2O 或 kPa）；

p_5——局部压力损失（mH_2O 或 kPa）；

p_6——喷头处富裕水头相应压力，一般取 $2mH_2O$（mH_2O 或 kPa）。

水泵房多采用地下或半地下式，应考虑泵房地面的排水，地面应有不小于0.005的坡度，坡向集水坑。水泵房内宜设机械通风装置，尤其是在电气与自控设备设在水泵房内时，更应加强通风。

水泵房的建筑艺术处理是个重要的问题。为解决半地下室水泵房造型与环境艺术的不协调问题，常采取以下措施：

1）将水泵设在附近建筑物的地下室内。

2）将水泵或其出口装饰成花坛、雕塑或壁画的基座、观赏或演出平台等。

3）将水泵房设计成造景构筑物，如设计成亭台水榭，装饰成跃水陡坎，隐蔽在山崖瀑布的下边等。

给水排水工程只是水景工程的组成部分之一，现代化大型水景工程涉及各种工程技术，如建筑、机械、电子、自动化、计算机、音响、照明等，同时还要将绿化、雕塑、假山等艺术协调地组合成一体，才能建成一个完美的水景工程。

（5）水景工程的运行控制　水景工程的水流姿态，照明色彩和照度的变化，是改善水景景观效果的重要手段之一。对于大型水景工程，要达到丰富多彩的变化并使水的姿态变换与灯光色彩、照度以及音乐的旋律节奏相谐调，这就要求采取较复杂的自动控制措施。控制柜应按电气工程要求，设置于控制室内，控制室应干燥、通风。

目前常用的控制方式有以下几种：

1）手动控制方式。在水景设备运行后，喷水姿态固定不变，一般只需设置必要的手动调节阀，待喷水姿态调节满意后就不再变换。这是常见的简单的控制方式。

2）时间继电器控制方式。设置多台水泵或用电磁阀、气动阀、电动阀等控制各组喷头。利用时间继电器控制水泵、电磁阀、气动阀或电动阀的开关，从而实现各组喷头的姿态变换。照明灯具的色彩和照度也可同样实现变换。

3）音响控制方式。在各组喷头的给水干管上设置电磁阀或电动调节阀，将各种音响的频率高低或声音的强弱转换成电信号，控制电磁阀的开关或电动调节阀的开启度，从而实现喷水姿态的变换。

常用的音响控制方式有以下几种：

a. 简易音响控制法：一般是在一个磁带上同时录上音乐信号和控制信号。为使音乐与水姿同步变化，应根据管道布置情况，使控制信号超前音乐信号一定的时间。在播放音乐的同时，控制信号转换成电信号，控制和调节电磁阀的开关、电动调节阀的开启度、水泵的转速等。从而达到变换喷水姿态的目的。

b. 间接音响控制法：利用同步调节装置控制音响系统和喷水、照明系统协调运行。音响系统可采用磁带放音，喷水和照明系统采用程序带、逻辑回路和控制装置进行调节和控制。

c. 直接音响控制法：利用各种外部声源，经声波转换器变换成电信号，再经同步装置谐调后控制喷水和照明的变换运行。

d. 混合控制法：对于大、中型水景，让一部分喷头的喷水姿态和照明灯具的色彩和强度固定不变，而将其他喷头和灯具分成若干组，使用时间继电器使各组喷头和灯具按一定时间间隔轮流喷水和照明。在任意一组喷头和灯具工作时，再利用音响控制喷水姿态、照明的色彩和强度的变换。这样就可使喷水随着音乐的旋律而舞动，使照明随着音乐的旋律而变换，形成变化万千的水景姿态。

（6）喷水照明　红花要靠绿叶来扶衬，正是这个道理，喷水的姿态，就是用水下彩灯的照射来衬托的。尤其应当照射水幕、喷水溅落之处和喷射的顶端，通过水珠的反射更显得既鲜艳又朦胧。

喷水照明主要包括照明器的位置选择和光源与灯具的选择。

水池照明一般分为水上、水下和水面三种照明方式。

1）水上照明，灯具多安装于邻近的水上建筑设备上。此方式可使水面照度分布均匀，但往往使人们眼睛直接或通过水面反射间接地看到光源，使眼睛产生眩光，应加以调查。

2）水下照明，灯具多置于水中，导致照明范围有限，也不希望产生水面反射，灯具应具有抗腐蚀性与耐水性，以及抗水浪的冲击性能，一般在水面上看不到光源，而能清晰地看到观赏目标。

3）水面照明，灯具多置于水面或水面以下≤100mm处，以最大限度地发挥灯具照射喷头水柱的效率。

光源使用最多者当推“白炽灯泡”。其优点是调光、开关控制方便，但当喷水高度较高并预先开关时，可使用汞灯或金属卤化物灯。灯具为了隐蔽和发光正常，宜安装于水面以下300~100mm为佳。灯具既有在水中露明的小型简易型灯具，其灯泡限定为反射型灯泡，容易安装；也有多光源的密闭型灯具，它与其所使用的灯配套，灯则有反射型灯、汞灯、金属卤化物灯。

12.3 洗衣房给水排水设计

12.3.1 概述

由于宾馆、公寓、医院等公共建筑的卫生要求较高，且洗涤量很大，一般在这些公共建筑中常附设洗衣房，以洗涤床上用品、卫生间的织品、各种家具套和罩、窗帘、衣服、工作服、餐桌台布等。洗衣房常附设在建筑物地下室的设备用房内，也可单独设在建筑物附近的室外。由于洗衣房消耗动力和热量大，所以宜靠近变电室、水泵房、热水和蒸汽等供应源；位置应尽可能靠近被洗物的接收运输和发送都方便的地方；远离对卫生和安静程度要求较高的场所，以防机械噪声和干扰。

12.3.2 组成与布置

洗衣房由以下用房组成：

1）生产车间：指洗涤、脱水、烘干、烫平、压平、干洗、整理、消毒等工作所需用的房间。

2）辅助用房：指脏衣物分类、编号、贮存；洁净衣服存放，折叠整理；织补；洗涤剂库房；水处理、水加热、配电、维修等用房。

3）生活办公用房：指办公、会议、更衣、淋浴、卫生间等用房。

洗衣房的工艺布置应以洗衣工艺流程通畅、工序完善且互不干扰、占地面积少、减轻劳动强度、改善工作环境为原则。织品的处理应按收编号、脏衣存放、洗涤、脱水、烘干（或烫平）、整理折叠、洁衣发放的流程顺序进行；未洗涤织品和洁净织品不得混杂，沾有有毒物质或传染病菌的织品应单独放置、消毒杀菌；干洗设备与水洗设备应设置在各自独立用房，并考虑运输小车行走和停放的通道和位置。

12.3.3 工作量计算

1. 水洗织品的数量

水洗织品的数量应由使用单位提供数据，也可根据建筑物性质参照表12-9所示确定。

水洗织品的单件质量可按表 12-10 采用。

表 12-9　各种建筑水洗织品的数量

序号	建筑物名称		计算单位	干织品质量/kg	备注
1	居民		每人每月	6.0	旅馆等级见《旅馆建筑设计规范》（JGJ 62—2014）
2	公共浴池		每 100 席位每日	参考用 7.5	
3	理发室		每一技师每月	40.0	
4	食堂		每 100 席位每日	15~20	
5	旅馆	六级	每床位每月	10~15	
		四~五级	每床位每月	15~30	
		三级	每床位每月	45~75	
		一~二级	每床位每月	120~180	
6	集体宿舍		每床位每月	8.0	
7	医院	100 病床以下的综合医院	每一病床每月	50.0	
		内科和神经科	每一病床每月	40.0	
		外科、妇科和儿科	每一病床每月	60.0	
		妇产科	每一病床每月	80.0	
8	疗养院		每人每月	30.0	
9	休养院		每人每月	20.0	
10	托儿所		每一小孩每月	40.0	
11	幼儿园		每人每月	30.0	

表 12-10　水洗织品单件质量

序号	织品名称	规　　格	单位	干织品质量/kg	备　　注
1	床单	200cm×235cm	条	0.8~10	平均值
		167cm×200cm	条	0.75	
		133cm×200cm	条	0.50	
2	被套	200 cm×235cm	件	0.9~1.2	
3	罩单	215 cm×300cm	件	2.0~2.15	
4	枕套	80cm× 50cm	只	0.14	
5	枕巾	85cm×55 cm	条	0.30	
		60cm×45cm	条	0.25	
6	毛巾	55cm×35cm	条	0.08~0.1	
7	擦手巾		条	0.23	
8	面巾		条	0.03~0.04	
9	浴巾	160cm×80cm	条	0.2~0.3	
10	地巾		条	0.3~0.6	
11	毛巾被	200cm×235cm	条	1.5	
		133cm×200cm	条	0.9~1.0	
12	线毯	133cm×135cm	条	0.9~1.4	

（续）

序号	织品名称	规　　格	单位	干织品质量/kg	备　　注
13	桌布	135cm×135cm	件	0.3~0.45	平均值
		165cm×165cm	件	0.5~0.65	
		185cm×185cm	件	0.7~0.85	
		230cm×230cm	件	0.9~1.4	
14	餐巾	50cm×50cm	件	0.05~0.06	
		56cm×56cm	件	0.07~0.08	
15	小方巾	28cm×28cm	件	0.02	
16	家具套		件	0.5~1.2	
17	擦布		条	0.02~0.08	
18	男上衣		件	0.2~0.4	
19	男下衣		件	0.2~0.3	
20	工作服		套	0.5~0.6	
21	女罩衣		件	0.2~0.4	
22	睡衣		套	0.3~0.6	
23	裙子		条	0.3~0.5	
24	汗衫		件	0.2~0.4	
25	衬衣		件	0.25~0.3	
26	衬裤		件	0.1~0.3	
27	绒衣、绒裤		件	0.75~0.85	
28	短裤		件	0.1~0.2	
29	围裙		条	0.1~0.1	
30	针织外衣裤		件	0.3~0.6	

2. 干洗织品的数量

宾馆、公寓等建筑的干洗织品的数量可按0.25kg/(床·d)计算，干洗织品单件质量可参照表12-11选用。

表12-11　干洗织品单件质量

序号	织品名称	单位	干织品质量/kg
1	西服上衣	件	0.8~1.0
2	西服背心	件	0.3~0.4
3	西服裤	条	0.5~0.7
4	西服短裤	条	0.3~0.4
5	西服裙	条	0.6
6	中山装上衣	件	0.8~1.0
7	中山装裤	件	0.7
8	外衣	件	2.0

（续）

序号	织品名称	单位	干织品质量/kg
9	夹大衣	件	1.5
10	呢大衣	件	3.0~3.5
11	雨衣	件	1.0
12	毛衣、毛线衣	件	0.4
13	制服上衣	件	0.25
14	短上衣（女）	件	0.30
15	毛针织线衣	套	0.80
16	工作服	套	0.9
17	围巾、头巾、手套	件	0.1
18	领带	条	0.05
19	帽子	顶	0.15
20	小衣件	件	0.10
21	毛毯	条	3.0
22	毛皮大衣	件	1.5
23	皮大衣	件	1.5
24	毛皮	件	3.0
25	窗帘	件	1.5
26	床罩	件	2.0

3. 工作量及洗衣设备

洗衣房综合洗涤量（单位为kg/d）包括：客房用品洗涤量、职工工作服洗涤量、餐厅及公共场所洗涤量和客人衣物洗涤量等。宾馆内客房床位出租率按90%~95%计，织品更换周期可按宾馆的等级标准在1~10d范围内选取；床位数和餐厅餐桌数由土建专业设计提供；客人衣物的数量可按每日总床位数的5%~10%估计；职工工作服平均2d换洗一次。

洗衣房的工作量（单位为kg/h）根据每日综合洗涤量和洗衣房工作制度（有效工作时间）确定，工作制度宜按每日一个班次计算。

洗衣设备主要有洗涤脱水机、烘干机、烫平机、各种功能的压平机、干洗机、折叠机、化学去污工作台、熨衣台及其他辅助设备。洗涤设备的容量应按洗涤量的最大值确定，工作设备数目应不少于两台（可不设备用）。烫平、压平及烘干设备的容量应与洗涤设备的生产量相协调。

12.3.4　洗衣房设计

1. 洗衣房给水排水设计

洗衣房的给水水质应符合生活饮用水水质的要求，硬度超过100mg/L（$CaCO_3$）时考虑软化处理。由于用水量较大，给水管宜单独引入。一般采用用水量标准为40~60L/kg干衣，用水小时变化系数为1.5，工作时间为一班制，工作8h，对大型宾馆洗衣房工作时间可考虑两班制。管道设计流量可按每1kg干衣的给水流量为6.0L/min计算，也可按洗涤设备充水时间为1min计算。洗衣设备的给水管、热水管、蒸汽管上应装设过滤器和阀门，给水管和热水管接入洗涤设备时必须设置防止倒流污染的真空隔断装置，管道与设备之间应用软管连接。

洗衣房的排水宜采用带格栅或穿孔盖板的排水沟，洗涤设备排水出口下宜设集水坑，以防止泄水时外溢。排水管径应不小于100mm。

洗衣房设计应考虑蒸汽和压缩空气供应，蒸汽量可按1kg/[h·kg（干衣）]、无热水供应时按2.5~3.5kg/[h·kg（干衣）]估算，蒸汽压力以用汽设备要求为准，或参照表12-12。

表12-12　各种洗衣设备要求蒸汽压力

设备名称		洗衣机	熨衣机、人像机、干洗机	烘干机	烫平机
蒸汽压力	MPa	0.147~0.196	0.392~0.588	0.487~0.687	0.588~0.785
	kg/cm^2	1.5~2	4~6	5~7	6~8

压缩空气的压力和用量应按设备要求确定，也可按0.49~0.98MPa和0.1~0.3m^3/(h·kg干衣）估算，蒸汽管、压缩空气管及洗涤液管宜采用铜管。

2. 洗衣房土建、通风及电气设计

由于洗衣房用水、用汽、用电量较大，所以在总平面布置上应选择在公用动力区内，亦可与热交换站、锅炉房、浴室等合建在一起。

洗衣房面积取决于服务对象、洗涤工作量、设备型号、机械化程度等因素，对于旅馆类建筑可按每间客房所需洗衣房面积0.5~1.0m^2估算。洗衣房高度一般为3.5~5m，工作间的门宽为1.2m以上。

洗衣房内应有良好的供暖、通风及空调设施，生产车间和辅助用房的换气次数宜采用20次/h、15次/h；采暖温度为12~18℃，相对湿度一般不超过60%~70%。

洗衣房内宜以日光灯为光源，生产用房采用防水型灯具，并保证工作面的照度要求。设备动力用电可以按设备要求提供，也可按洗衣机容量进行估算：一般为0.13~0.20kW/kg；无蒸汽供应采用电气烘干、烫平、压平时为0.5kW/kg；没有干洗机时，每1kg干洗机容量加0.25~0.45kW估算。洗衣房室内湿度较大，配线宜采用铜线穿套管暗配。

12.4　营业性餐厅厨房、公共浴池给水排水设计

12.4.1　营业性餐厅厨房

餐厅的厨房除了炉灶、橱柜、搁板、冷柜、烤箱、消毒柜、洗碗机等厨具外，还配备有各类洗池，如洗涤池、洗米池、洗肉池、洗鱼池、洗瓜果池、洗碗池等，故需供应冷水、热水和蒸汽。排水多采用明沟，沟底坡度不小于0.01，尺寸为300mm×300mm~300mm×500mm，沟顶部采用活动式铸铁或铝制箅子。洗肉池、洗碗池排出的含油废水需经隔油器除油后再进入排水系统，常采用地上式隔油器，如图12-8所示。

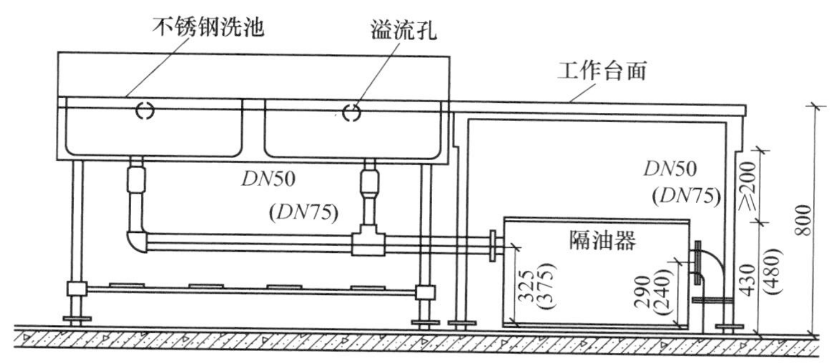

图 12-8 地上式隔油器

12.4.2 公共浴室给水排水

根据服务对象不同，公共浴池可分为城镇公共浴池和内部公共浴池。使用性质不同的公共浴室布置各不相同，营业性公共浴室设备较为完善，包括：淋浴间、盆浴间、浴池（热水池、温水池、冰水池）、桑拿间（干蒸间）、蒸汽间（湿蒸间）、盥洗间、烫脚池等，另外还有锅炉房以及休息床位、按摩间、机房、消毒间、美容美发室、厕所、更衣间、售票处、洗衣房、饮水间等，如图 12-9 所示。

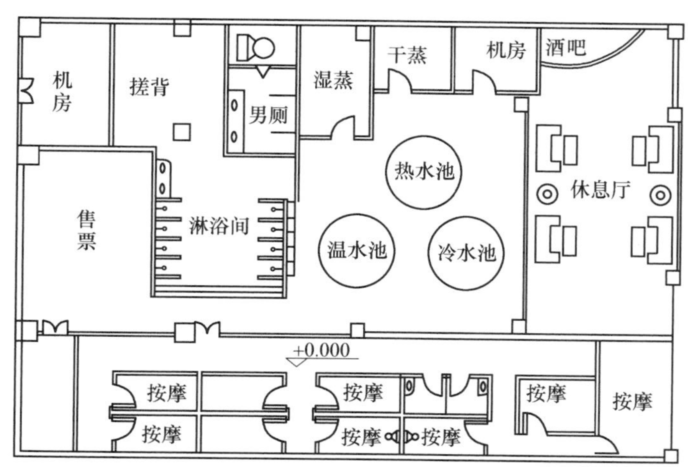

图 12-9 公共浴室布置示例

1. 公共浴室的用水要求

公共浴室的水质应符合现行的《生活饮用水卫生标准》要求，按 65℃计算，水量小于 $10m^3$ 的日用水量，加热前可不进行软化处理。在给水暂时硬度大于 150mg/L（以 CaO 计），用水量大于 $10m^3$（65℃）时，可进行适当处理。

水温可按表 12-13 所示要求采用。

表 12-13　浴室用水水温要求

名称		要求水温/℃	名称	要求水温/℃
浴池	加热池	65~70	淋浴器	37~40
	烫水池	45~50	浴盆	40
	热水池	40~42	洗脸盆	35
	温水池	35~37	热水锅炉或水加热器出口	65~70
	烫脚池	48~52		

卫生器具的一次和1h热水用量、当量、支管管径、流出水头、设计秒流量计算见第1章给水部分，热水用水量标准见第5章。计算设计耗热量时，一律按100%同时使用，浴池的充水和加热时间应与其他用水设备错开计算，浴池充水时间按1.5~2.5h计算，加热时间按1~2h计算。

2. 设备设置及布置

在学校、办公楼、企业等为职工、学生服务的公共浴室中一般有淋浴间、盆浴间、浴池等。淋浴器可采取单间设置、隔断设置、通间设置，还可附设在浴池间和盆浴间，如图12-10所示。淋浴器数量应根据淋浴器的设置定额和洗浴人数确定，参见表12-14。盆浴间分单盆浴间、双盆浴间，也可附设在浴池间和淋浴间内，浴盆设置定额为2人/(个·h)，盆浴间前室设有床位、衣柜、挂钩。盥洗间设有成排洗脸盆，其数量按10~16人/（个·h）确定。

表 12-14　淋浴器设置定额

设置位置	布置方式	负荷能力/[人/(个·h)]	备　注
设在淋浴间内	单间	2~3	以淋浴器为主要洗浴设备时
	隔断	4~5	
	通间	5~6	
附设在浴池或浴盆间内	隔断	8~10	以浴池或浴盆为主要洗浴设备时
	通间	10~12	

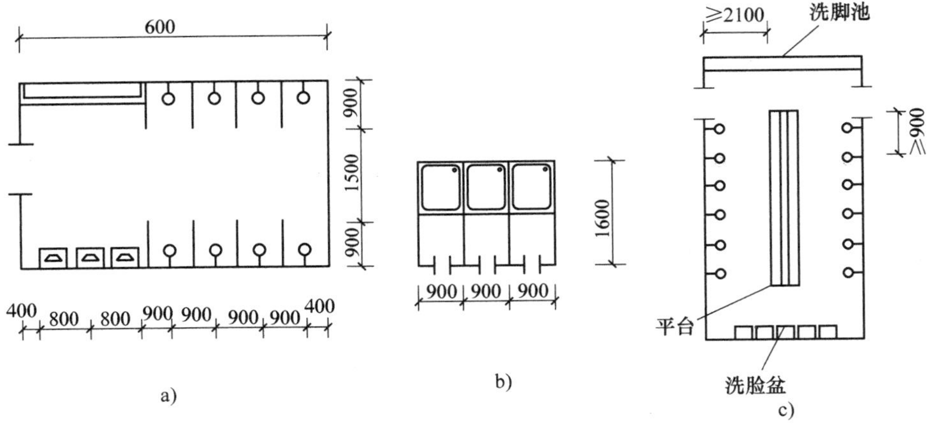

图 12-10　淋浴间布置示例

a）公共淋浴间　b）单间淋浴　c）通间淋浴

12.5　健身休闲设施

健身休闲设施是指利用水蒸气、水的冲击力或蒸汽温度以达到健身、康复的理疗方法，包括桑拿浴、蒸汽浴、水力按摩浴、多功能按摩淋浴、药浴等。由于健身休闲设施是利用水的冲击力或蒸汽温度来达到健身的目的，因此一般根据水的温度和有否水力按摩来分类，见表 12-15。

表 12-15　各种浴池水温和空气温度

浴池名称		水温/℃	空气湿度（%）	浴池名称		水温/℃	空气湿度(%)
桑拿浴	低温	70~80	100	蒸汽浴		45~55	100
	高温	100~110	100	水力按摩浴池	冷水池	8~13	
再生浴	低温	37~39	40~50		温水池	35~40	
	高温	55~65	40~50		热水池	40~45	
中药池		依药液而定					

桑拿浴（俗称干蒸）是利用设在桑拿房内的发热炉（即桑拿炉）产生热空气，并不断将水注入炉内，经过高温烧烤在石头上的水产生大量蒸汽可使浴房内的空气湿度达 100%，目前使用较多的是电加热炉。木制（白松木）的桑拿房有隔热层，条缝形木板下设有地漏，发热炉外壳亦有隔热层，且有防灼伤保护及自动熄灭功能。桑拿房内应有通风、照明设施，房外设淋浴喷头，浴房的平面尺寸根据使用人数和建筑空间条件确定，设计数据可参见表 12-16，图 12-11 所示为桑拿房布置示例。

表 12-16　桑拿浴设计数据

外形尺寸（长×宽×高）/(mm×mm×mm)	额定人数	电炉功率/kW	电压/V
930×910×2000	1	2.4	220
930×910×2000	1	3.0	380
1220×1220×2000	2	3.6	380
2000×1400×2050	4	7.2	380
2400×1700×2050	6	7.2	380
2400×2000×2050	8	10.8	380
2500×2350×2050	10	10.8	380

再生浴分为高温、低温两种。再生浴的温度、湿度与桑拿浴有区别，其浴房设计条件与桑拿浴房相同。发热炉和温控器配套选用。

桑拿浴和蒸汽浴都是传统的排除人体内毒素的自然健身法，桑拿浴者享受高温蒸烤至全身出汗，加速新陈代谢，使体内毒素随汗排出。蒸汽浴由蒸汽发生器、蒸汽器、蒸汽浴房及其管件组成。蒸汽发生器产生的蒸汽由蒸汽管输送至蒸汽浴房内，使浴室内空气湿度达 100%。蒸汽发生器设置在蒸汽浴房附近的机房内，可放置在机房的地面上或架空在墙壁上。蒸汽发生器的选用与蒸汽浴房的容积有关，见表 12-17。蒸汽浴房由玻璃纤维板件组合而成，浴房内蒸汽出口安装在距地面 0.30m 以上，浴房地面设置地漏以排除蒸汽的凝结水。浴房

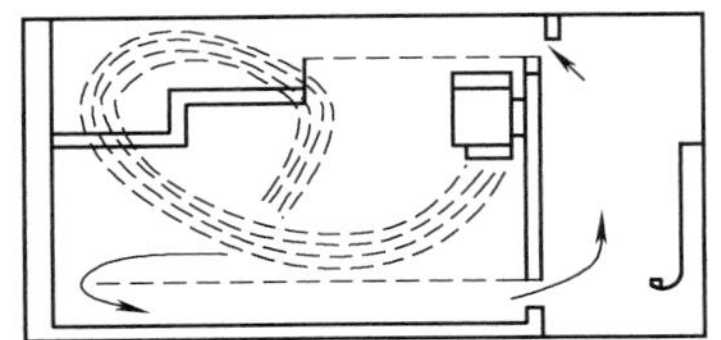
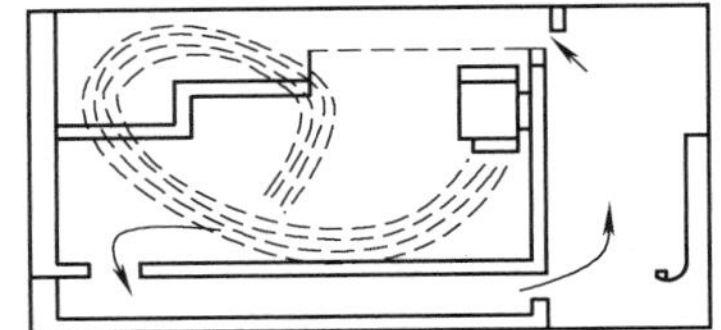

图 12-11　桑拿房布置示例

外还应设通风装置和淋浴喷头、冷水水嘴。

表 12-17　蒸汽房和蒸汽发生炉关系表

长×宽×高/（mm×mm×mm）	蒸汽炉功率/kW	长×宽×高/（mm×mm×mm）	蒸汽炉功率/kW	长×宽×高/（mm×mm×mm）	蒸汽炉功率/kW
1400×1300×2200	4	2200×1400×2100	6	2200×2600×2100	9
1550×1550×2200	6	2200×2200×2100	9	2200×3200×2100	9

在大、中型公共浴室中与桑拿浴、蒸汽浴配套的洗浴设施还有淋浴间、卫生间、按摩浴盆或按摩浴池（包括热水、温水、冷水池）。

设计蒸汽浴时应在进发生器之前的给水管道上设过滤器和阀门，并安装信号装置。过滤器功能是防止水中可能混有的颗粒污物进入发生器内，信号装置要保证断水时及时切断电源。蒸汽管道为铜管，管道上应避免锐角以免发生噪声，管道上不允许设阀门，管道长度宜小于 3m，如大于 6m 或环境温度低于 4℃，则应有保温措施；发生器上的安全阀和排水口应将蒸汽和水接至安全地方，以避免烫伤；蒸汽机房内地面设不小于 *DN*50 的排水地漏。

水力按摩浴近年来发展很快，一般分为成品浴盆和土建式温池两类。成品浴盆又可分为家用浴盆和公共浴盆，池水容量为 900～3500L，一般由浴盆、循环水泵、气泵、按摩喷嘴、控制附件和给水排水管道等组成，配套设备及性能如图 12-12 所示、并见表 12-18 和表 12-19；土建式温池也有两种：二温池（热水池水温 40℃左右、温水池水温 35～38℃）和三温池（热水池、温水池和冷水池水温 8～11℃），池水容量一般为 6～10m^3。

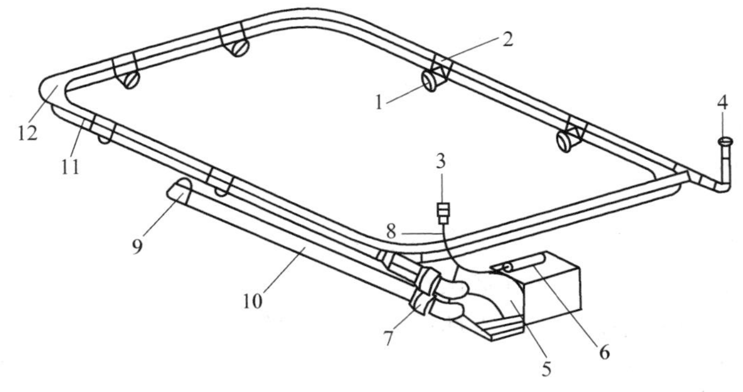

图 12-12　标准型水力按摩池管道配件图

1—水力按摩喷嘴　2—水力按摩喷嘴本体　3—空气按钮　4—无声空气控制器
5—按摩水泵　6—空气开关　7—连接体　8—空气传动管
9—吸水口管件　10—吸水管 *DN*50　11—供水管 *DN*25　12—空气管 *DN*25

表 12-18　家用浴盆配套设备性能（不连续使用）

设备性能 / 浴盆水容量	过滤罐直径	过滤水泵	按摩泵	换热器	气泵
最大 1200L	ϕ350mm 5000L/h	0.25kW 5000L/h	0.75kW 16000L/h	6kW	1.10kW 100m^3/h
最大 2200L	ϕ500mm 9000L/h	0.37kW 9000L/h	0.75kW 16000L/h	5kW	1.10kW 100m^3/h

表 12-19　公共浴盆配套设备性能（连续使用）

设备性能 / 浴盆水容量	过滤罐直径	过滤水泵	按摩泵	换热器	气泵
最大 1200L	ϕ450mm 8000L/h	0.25kW 8000L/h	0.75kW 16000L/h	6kW	1.10kW 100m^3/h
最大 2200L	ϕ450mm 8000L/h	0.37kW 8000L/h	0.75kW 16000L/h	6kW	1.10kW 150m^3/h
最大 2500L	ϕ650mm 13000L/h	0.55kW 13000L/h	1.10kW 21000L/h	6kW	1.10kW 150m^3/h

循环系统有水循环、水过滤共用一台水泵的单水泵循环（图 12-13a）和水循环、水过滤各由一台水泵分别完成双水泵循环（图 12-13b）两种循环系统。单水泵循环方式体积小，占地小，但循环水量小，在家庭水力按摩浴盆中采用较多；双泵循环方式可根据各自要求，分别配套设备，其调控容易，但占地大，多用于水容量较大的浴盆和土建式温池。

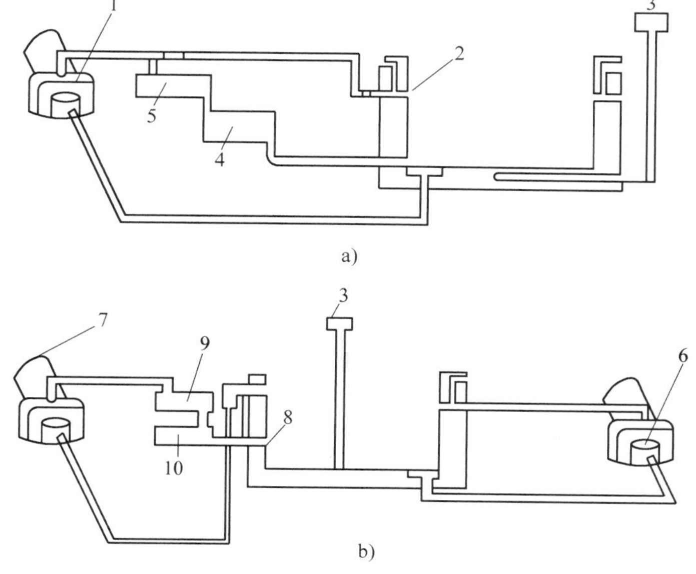

图 12-13　循环系统

a）单水泵循环　b）双水泵循环

1—单泵　2—喷嘴　3—气泵　4—加热器　5—过滤器　6—按摩水泵　7—过滤水泵　8—撇沫器　9—过滤缸　10—换热器

循环水泵的吸水口一般位于浴盆侧壁下方，吸水管管径不宜小于 *DN*50，压水管管径不宜小于 *DN*25，管道应对称布置成环，以保证水力按摩喷头处的压力相近，不同孔径喷头的出水量见表 12-20。循环水泵应根据喷头数量和喷头出水量确定，或根据配套水泵流量大小来配置合理的喷头数量。循环管道布置计算与水景中喷泉配水管有相似的要求。为降低噪声，减轻水泵、气泵的振动，易于拆除，循环管道的压力管路（水和气）宜用软管。

表 12-20 不同孔径的出水量 （单位：m^3/h）

孔径/mm 压力	7	8	9	10
70kPa	2.04	2.46	3.06	3.90

思考题与习题

1. 游泳池给水系统的供水方式有哪些?
2. 游泳池池水的循环方式有哪些?
3. 简述游泳池循环水净化常用的工艺过程。
4. 游泳池的洗净设施有哪些?

第 13 章

建筑给水排水设计程序、竣工验收及运行管理

学习重点：

①建筑给水排水系统设计程序和图样要求；②建筑给水排水设计常用的软件；③建筑给水排水工程竣工验收；④建筑给水排水设备的运行管理。

13.1 设计程序和图样要求

一个建筑物的兴建，一般都需要建设单位（通称甲方）根据建筑工程要求，提出申请报告（又称为工程计划任务书），说明建设用途、规模、标准、投资估算和工程建设年限，并申报政府建设主管部门批准，列入年度基建计划。经主管部门批准后，再由建设单位委托设计单位（通称乙方）进行工程设计。

在上级批准的设计任务书及有关文件（如建设单位的申请报告、上级批文、上级下达的文件等）齐备的条件下，设计单位才可接受设计任务，开始组织设计工作。建筑给水排水工程是整个工程设计的一部分，其程序与整体工程设计是一致的。

13.1.1 设计阶段的划分

一般的工程设计项目可划分为两个阶段，即初步设计阶段和施工图设计阶段。

规模较大或较重要的工程项目，可分为三个阶段，即方案设计阶段、初步设计阶段和施工图设计阶段。

13.1.2 设计内容和要求

1. 方案设计

进行方案设计时，应从建筑总图上了解建筑平面位置、建筑层数及用途、建筑外形特点、建筑物周围地形和道路情况；还需要了解市政给水管道的具体位置和允许连接引入管处管段的管径、埋深、水压、水量及管材；了解排水管道的具体位置、出户管接入点的检查井标高、排水管径、管材、排水方向和坡度，以及排水体制。必要时，应到现场踏勘，落实上述数据是否与实际相符。

掌握上述情况后才可进行以下工作：

1）根据建筑使用性质，计算总用水量，并确定给水、排水设计方案。

2）向建筑专业设计人员提供给水排水设备（如水泵房、锅炉房、水池、水箱等）的安装位置、占地面积等。

3）编写方案设计说明书，一般应包括以下内容：

a. 设计依据。

b. 建筑物的用途、性质及规模。

c. 给水系统：说明给水的用水定额及总用水量，选用的给水系统和给水方式，引入管平面位置及管径，升压、贮水设备的型号、容积和位置等。

d. 排水系统：说明选用的排水体制和排水方式，出户管的位置及管径，污废水抽升和局部处理构筑物的型号和位置，以及雨水的排除方式等。

e. 热水系统：说明热水用水定额、热水总用水量、热水供水方式、循环方式、热媒及热媒耗量、锅炉房位置，以及水加热器的选择等。

f. 消防系统：说明消防系统的选择，消防给水系统的用水量，以及升压和贮水设备的选择、位置、容积等。

方案设计完毕，在建设单位认可，并报主管部门审批后，可进行下一阶段的设计工作。

2. 初步设计

初步设计是将方案设计确定的系统和设施，用图样和说明书完整地表达出来。

（1）图样内容

1）给水排水总平面图：应反映出室内管网与室外管网如何连接。内容有室外给水、排水及热水管网的具体平面位置和走向。图上应标注管径、地面标高、管道埋深和坡度（排水管）、控制点坐标，以及管道布置间距等。

2）平面布置图：表达各系统管道和设备的平面位置。通常采用的比例尺为1：100，当管线复杂时可放大至1：50~1：20。图中应标注各种管道、附件、卫生器具、用水设备和立管（立管应进行编号）的平面位置，以及管径和排水管道的坡度等。通常是把各系统的管道绘制在同一张平面布置图上，当管线错综复杂，在同一张平面图上表达不清时，也可分别绘制各类管道的平面布置图。

3）系统布置图（简称系统图）：表达管道、设备的空间位置和相互关系。各类管道的系统图要分别绘制。图中应标注管径、立管编号（与平面布置图一致）、管道和附件的标高，排水管道还应标注管道的坡度。

4）设备材料表：列出各种设备、附件、管道配件和管材的型号、规格、材质、尺寸和数量，供概预算和材料统计使用。

5）图样目录：列出编有图样序号的所有图样和说明。

（2）初步设计说明书内容

1）计算书：各个系统的水力计算、设备选型计算。

2）设计说明：主要说明各种系统的设计特点和技术性能，各种设备、附件、管材的选用要求及所需采取的技术措施（如水泵房的防振、防噪声技术要求等）。

3. 施工图设计

（1）图样内容　在初步设计图样的基础上，补充表达设计不完善和过程必需的施工详

图，主要包括：

1）卫生间大样图（平面图和管线透视图）。

2）地下贮水池和高位水箱的工艺尺寸和接管详图。

3）泵房机组及管路平面布置图、剖面图。

4）管井的管线布置图。

5）设备基础留洞位置及详细尺寸图。

6）某些管道节点大样图。

7）某些非标准设备或零件详图。

（2）施工说明 施工说明是用文字表达工程绘图中无法表示清楚的技术要求，要求写在图样上作为施工图样。主要内容包括：

1）说明管材的防腐、防冻、防结露技术措施和方法，管道的固定、连接方法，管道试压、竣工验收要求以及一些施工中特殊技术处理措施。

2）说明施工中所要求采用的技术规程、规范和采用的标准图号等一些文件的出处。

3）说明（绘出）工程图中所采用的图例。

13.1.3 向其他有关专业设计人员提供的技术数据

1. 向建筑专业设计人员提供的技术数据

1）水池、水箱的位置及容积和工艺尺寸要求。

2）给水排水设备用房面积及高度要求。

3）各管道竖井位置及平面尺寸要求等。

2. 向结构专业设计人员提供的技术数据

1）水池、水箱的具体工艺尺寸，水的荷重。

2）预留孔洞位置及尺寸（如梁、板、基础或地梁等预留孔洞）等。

3. 向供暖、通风专业设计人员提供的技术数据

1）热水系统最大时耗热量。

2）蒸汽接管和冷凝水接管位置。

3）泵房及一些设备用房的温度和通风要求等。

4. 向电气专业设计人员提供的技术数据

1）水泵机组用电量，用电等级。

2）水泵机组自动控制要求，水池和水箱的最高水位和最低水位。

3）其他自动控制要求，如消防的远距离启动、报警等要求。

5. 向工程经济专业设计人员提供的技术数据

1）材料、设备表及文字说明。

2）设计图样。

3）协助提供掌握的有关设备单价。

13.1.4 管线综合

一个建筑物的完整设计，涉及多种设施的布置、敷设与安装。所以布置各种设备、管道时应统筹兼顾，合理综合布置，做到既能满足各专业的技术要求，又布置整齐有序，以便于施工和以后的维修。为达到上述目的，给水排水专业设计人员应注意与其他专业密切配合、相互协调。

1. 管线综合设计原则

1）电缆（动力、自控、通信）桥架与输送液体的管线应分开布置，以免管道渗漏时，损坏电缆或造成更大的事故。若必须在一起敷设，电缆应考虑设套管等保护措施。

2）先保证重力流管线的布置，并满足其坡度要求，以达到水流通畅的效果。

3）考虑施工的顺序，先施工的管线在里边，需保温的管线放在易施工的位置。

4）先布置管径大的管线，后布置管径小的管线。

5）分层布置时，由上而下按蒸汽、热水、给水、排水管线顺序布置。

2. 管线布置

（1）管沟布置　管沟有通行和不通行管沟之分。图13-1所示为不通行管沟，管线应沿两侧布置，中间留有施工空间，当遇事故时，检修人员可爬行进入管沟检查管线。图13-2所示为可通行管沟，管线沿两侧布置，中间留有信道和施工空间。

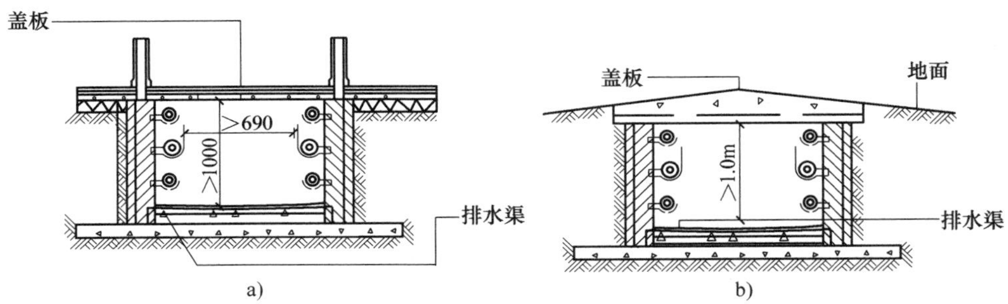

图13-1　不通行管沟管线布置

a）室内管沟　b）室外管沟

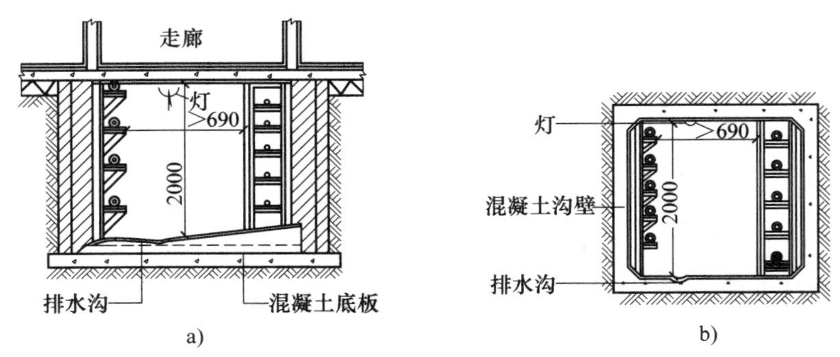

图13-2　可通行管沟管线布置

a）室内走廊下管沟　b）室外沟管

（2）管道竖井管线布置　分为能进入和不能进入的管道竖井两种。

图 13-3 所示为规模较大建筑的专用管道竖井。每层留有检修门，工作人员可进入管道竖井内施工和检修。因竖井空间较小，布置管线应考虑施工的顺序。

图 13-4 所示为较小型的管道竖井或称专用管槽。管道安装完毕后再装饰外部墙面，安装检修门。

（3）吊顶内管线布置　由于吊顶内空间较小，管线布置时应考虑施工的先后顺序、安装操作距离、支托吊架的空间和预留维修检修的余地。管线安装一般是先装大管，后装小管；先固定支、托、吊架，后安装管道。

图 13-5 所示为楼道吊顶内的管线布置。因空间较小，电缆也布置在吊顶内，故需设专用电缆槽保护电缆。

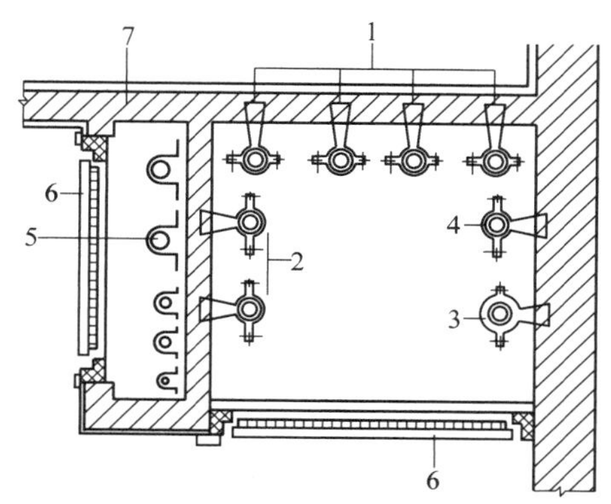

图 13-3　专用管道竖井

1—供暖和热水管道　2—给水和消防管道　3—排水立管　4—专用通气立管　5—电缆　6—检修门　7—墙体

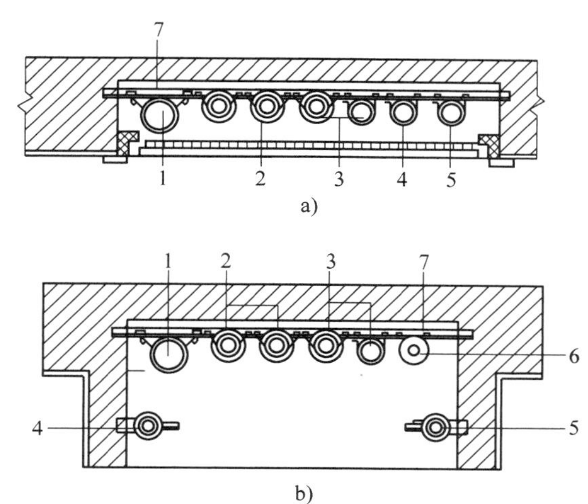

图 13-4　小型管道竖井

a）全部在墙内　b）部分在墙内

1—排水立管　2—供暖立管　3—热水回水立管　4—消防立管　5—水泵加压管　6—给水立管　7—角钢

图 13-6 所示为地下室吊顶内的管线布置。由于吊顶内空间较大，可按专业分段布置。此方式也可用于顶层闷顶内的管线布置。为防止吊顶内敷设的冷水管道和排水管道有凝结水下滴而影响天花板美观，故应对冷水管道和排水管道采取防结露措施。

（4）技术设备层内管线布置　技术设备层空间较大，管线布置也应整齐有序，以利于施工和今后的维修管理，故宜采用管道排架布置，如图 13-7 所示。由于排水管线坡度较大，可采用吊架敷设，以便于调整管道坡度。管线布置完毕，与各专业技术人员协商后，即可绘

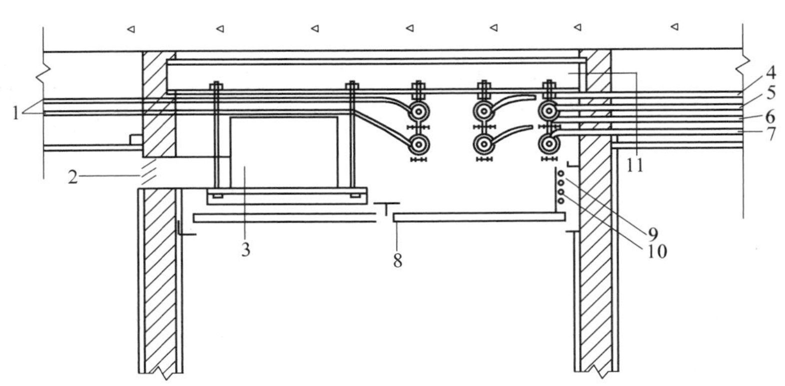

图 13-5　楼道吊顶内管线布置

1—空调管　2—风口　3—风管　4—供暖管　5—热水管　6—供暖回水管
7—给水管　8—吊顶　9—电缆槽　10—电缆　11—槽钢

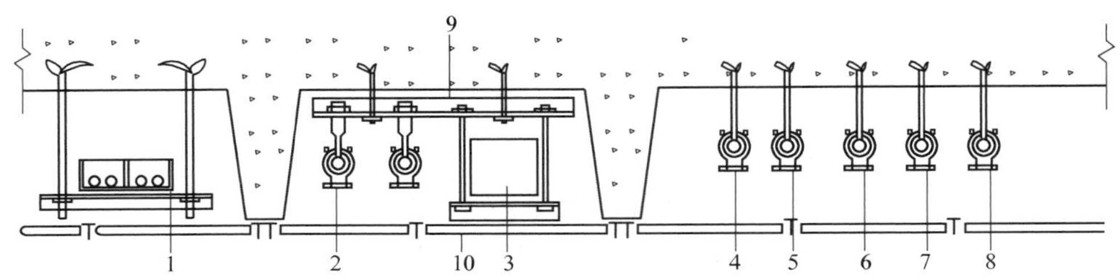

图 13-6　地下室吊顶内管线布置

1—电缆桥架　2—供暖管　3—通风管　4—消防管　5—给水管　6—热水供水管
7—热水回水管　8—排水干管　9—角钢　10—吊顶

制出各管道布置断面图，图中应标明管线的具体位置和标高，并说明施工要求和顺序，各专业即可按照给定的管线位置和标高进行施工设计。

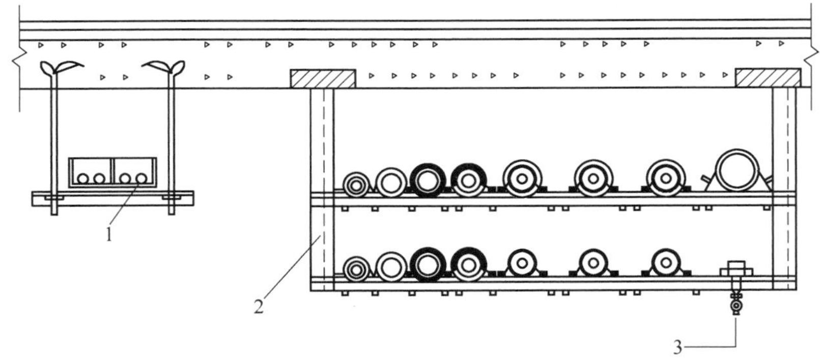

图 13-7　技术设备层内管线共架统一敷设

1—电缆桥架　2—管道桥架　3—排水干管吊架敷设

13.2　建筑给水排水计算机辅助设计

13.2.1　建筑给水排水工程 CAD 发展现状

随着全球科学技术的发展，计算机辅助设计（CAD）技术越来越多地被人们所重视，并逐渐成为工程设计的主要工具。在建筑给水排水工程设计中，CAD 代替了许多工作，成为工程设计人员的得力助手，为人们带来了很大的方便。

近年来，随着计算机硬件的不断更新，建筑给水排水应用软件的开发和应用发展很快，出现了一批较好的软件。这些软件的专业化、自动化水平不断提高，适用性不断增强，软件用户迅速增长。可以说，建筑给水排水的计算机辅助设计发展到今天，其水平是比较高的，从 AutoCAD 的使用来看，国内外几乎是同步的，今后还有更广阔的发展空间。

13.2.2　计算机辅助设计的优越性

1. 提高了设计工作效率

建筑给水排水设计中应用计算机可大大提高工作效率，据给水排水专业人员统计，用人工计算一栋大楼的自动喷水系统或其他气体灭火系统，以前需 5~10d，应用计算机计算只需 2~4h（包括数据整理和输入）。手工绘图平均每 3 天一张 2 号图，用计算机平均每天成图 2~4 张，提高工效 6 倍以上。另外，给水排水专业人员只需拷贝所需建筑专业图样，无需再手工描绘建筑专业图样，减少了许多重复劳动。当然，无论是手工计算绘图还是用计算机辅助设计都存在一个熟练程度问题，很难用十分准确的统计数据来说明，仅就这些局部统计即可看出计算机辅助设计的优越性。

2. 保障了设计质量

计算机设计计算程序是按国家有关规范、标准研制并经过鉴定和验收的，故其既符合国家有关规范规定的要求，又具有技术的先进性和计算的准确性，比以前那种一本计算书交给审核人把关的情况要简便可靠得多。绘图软件则是按给水排水制图标准和标准图编制的，绘制的设计图样更加符合要求。利用计算机计算和绘图可以进行多次运算优化，修改直至设计者满意，这就根除了手工作业那种怕返工不愿刮改而将就的弊端，使设计更加合理。

3. 减轻了设计人员的负担

计算机辅助设计把设计人员从繁杂、重复枯燥的工作中解放出来，以便去掌握更多的知识和信息。传统设计中有很多烦琐而又枯燥无味的工作，譬如，复杂的计算公式和数字，烦琐的查图、查表、查资料，大同小异的图形图样的反复绘制，出错时刀片刮改等，这些通过计算机都可迎刃而解，可以十分轻松地完成。故使设计人员可以有更多的时间去进行学习、调查、研究和总结。

计算机辅助设计具有高效、准确、省时、省力的优点，便于更多给水排水专业设计人员在设计中使用。现有的建筑给水排水软件经过反复的实践、改进、升级之后，功能将愈加完善，逐渐走向标准化、规范化、智能化。

13.2.3　建筑给水排水 CAD 设计软件基本功能

目前国内市场上推出的建筑给水排水设计软件有十几种，这些软件的开发思路、深度不尽相同，功能、适用范围及侧重点也有所不同。但它们都应具有以下基本功能：

1）提供了本专业的国标图库，并提供了扩充自定图库的接口。

2）设有与其他各类建筑软件的接口，并提供土建框图的绘制功能。

3）具备卫生洁具、管道、设备布置定位的功能。

4）具有文字标注功能。

5）能够根据用户输入的信息进行施工处理，如自动检测给排水管道与其他设备、管道、构件的碰撞问题等。

6）可根据给水排水条件图自动生成给水排水系统图，并可用 AutoCAD 命令任意编辑。

7）具有室内给水排水和自动喷洒的计算功能。

8）自动统计并填写设备及主要材料表。

9）自动生成施工图目录、国家标准图目录、施工总说明。

10）具有泵房平、立、剖面的设计功能。

11）具有总平面图设计功能，集计算、绘图于一体，自动生成纵断图。

此外，部分软件还具有联机帮助、数据库及图形库开放、项目管理等功能。

13.2.4 建筑给水排水设计软件的使用程序

1）直接拷贝建筑平面图或绘制给水排水条件图（即土建框图）。

2）管道、设备的定位输入。

3）施工处理。

4）由平面图自动生成系统图。

5）进行各系统的水力计算。

6）标注数据。

7）自动统计，形成材料表。

8）绘图输出。

13.3 建筑给水排水工程竣工验收

竣工验收是建筑给水排水工程建设的一个阶段，是施工全过程的最后一个程序，也是工程项目管理的最后一项工作。

13.3.1 建筑内部给水系统竣工验收

1. 验收步骤及注意事项

1）建筑内部给水系统施工安装完毕，进行竣工验收时，应出具下列文件：

a. 施工图样（包括选用的标准图集和通用图集）和设计变更。

b. 施工组织设计或施工方案。

c. 材料和制品的合格证或试验记录。

d. 设备和仪表的技术性能证明书。

e. 水压试验记录，隐蔽工程验收记录和中间验收记录。

f. 单项工程质量评定表。

2）暗装管道的外观检查和水压试验，应在隐蔽前进行。保温管道的外观检查和试验，应在保温前进行。无缝钢管可带保温层进行水压试验，但在试验前，焊接接口和连接部分不应保温，以便进行直观检查。

3）在冬季进行水压试验时，应采取防冻措施（北方地区），试压后应放空管道中的存水。

4）室内直埋给水管道（塑料管道和复合管道除外）应做防腐处理，埋地管道的防腐层材质和结构应符合设计要求。

5）给水管道必须采用与管材相适应的管件。生活给水系统管道在交付使用前必须进行冲洗和消毒，并经有关部门取样检验，待符合《生活饮用水卫生标准》（GB 5749—2006）后方可使用。

6）室内给水管道系统，在试验合格后方可与室外管网或室内加压泵房连接。

2. 室内给水系统的质量检查

室内给水系统应根据外观检查和水压试验的结果进行验收。

1）室内生活饮用和消防系统给水管道的水压试验必须符合设计要求，当设计未注明时，各种材质的给水管道系统试验压力均为工作压力的 1.5 倍，但不得小于 0.6MPa。水压试验的方法按下列规定进行：金属及复合管给水管道系统在试验压力下观测 10min，压力降不应大于 0.02MPa，然后降到工作压力进行检查，应不渗不漏；塑料管给水系统应在试验压力下稳压 1h，压力降不得超过 0.05MPa，然后在工作压力的 1.15 倍状态下稳压 2h，压力降不得超过 0.03MPa，同时检查各连接处不得渗漏。

2）室内给水管道系统验收时，应检查以下各项：

a. 管道平面位置、标高和坡度是否正确。

b. 管道的支吊架安装是否平整牢固，其间距是否符合规范要求。

c. 管道、阀件、水表和卫生洁具的安装是否正确及有无漏水现象。

d. 生活给水及消防给水系统的通水能力。室内生活给水系统，应按设计要求同时开放最大数量，配水点是否全部达到额定流量。高层建筑可根据管道布置采取分层、分区段的通水试验。

3）室内给水管道和阀门安装的允许偏差应符合表 13-1 所示的规定。

4）给水设备安装工程验收时，应注意以下事项：

表 13-1　管道和阀门安装的允许偏差和检验方法表

项次	项目			允许偏差/mm	检验方法
1	水平管道纵横方向弯曲	钢管	每 1m	1	用水平尺、直尺、拉线和尺量检查
			全长 25m 以上	<25	
		塑料管复合管	每 1m	1.5	
			全长 25m 以上	<25	
		铸铁管	每 1m	2	
			全长 25m 以上	<25	

（续）

项次	项目			允许偏差/mm	检验方法
2	立管垂直度	钢管	每 1m	3	吊线和尺量检查
			5m 以上	≤8	
		塑料管 复合管	每 1m	2	
			5m 以上	≤8	
		铸铁管	每 1m	3	
			5m 以上	≤10	
3	成排管段和成排阀门		在同一平面上间距	3	尺量检查

a. 水泵就位前的基础混凝土强度、坐标、标高、尺寸和螺栓孔位置必须符合设计规定，应对照图样用仪器和尺量检查。

b. 水泵试运转的轴承温升必须符合设备说明书的规定（可通过温度计实测检查）。

c. 立式水泵的减振装置不应采用弹簧减振器。

d. 敞口水箱的满水试验和密闭水箱（罐）的水压试验必须符合设计规定。检验方法：满水试验静置 24h 观察，应不渗不漏；水压试验在试验压力下 10min 压力不降，且不渗不漏。

e. 水箱支架或底座安装，其尺寸及位置应符合设计规定，埋设平整牢固，可对照图样，尺量检查。

f. 水箱溢流管和泄放管应设置在排水地点附近，但不得与排水管直接连接。

g. 室内给水设备安装的允许偏差应符合表 13-2 的规定。

h. 管道及设备保温层的厚度和平整度的允许偏差应符合表 13-3 的规定。

表 13-2　室内给水管道安装的允许偏差和检验方法

项次	项目			允许偏差/mm	检验方法
1	静置设备	坐标		15	经纬仪或拉线、尺量
		标高		±5	用水准仪、拉线、尺量检查
		垂直度（每 1m）		5	吊线和尺量检查
2	离心式水泵	立式泵体垂直度（每 1m）		0.1	水平尺和塞尺检查
		卧式泵体水平度（每 1m）		0.1	水平尺和塞尺检查
		联轴器	轴向倾斜（每 1m）	0.8	在联轴器互相垂直的四个位置上用水准仪、百分表和塞尺检查
		同心度	径向位移	0.1	

表 13-3　管道及设备保温层的允许偏差和检验方法

项次	项目	允许偏差/mm		检验方法
1	厚度	$+0.1\delta$ -0.05δ		用钢针刺入
2	表面平整度	卷材	5	用 2m 靠尺和楔形塞尺检查
		涂抹	10	

注：δ 为保温层厚度。

13.3.2　建筑消防系统竣工验收

建筑消防系统竣工后，应进行工程竣工验收，验收不合格不得投入使用。

1. 验收资料

建筑消防系统竣工验收时，施工建设单位应提供下列资料：

1）批准的竣工验收申请报告、设计图样、公安消防监督机构的审批文件设计变更通知单、竣工图。

2）地下及隐蔽工程验收记录，工程质量事故处理报告。

3）系统试压、冲洗记录。

4）系统调试记录。

5）系统联动试验记录。

6）系统主要材料、设备和组件的合格证或现场检验报告。

7）系统维护管理规章、维护管理人员登记表及上岗证。

2. 消防系统供水水源的检查验收要求

1）应检查室外给水管网的进水管的管径及供水能力，并应检查消防水箱和水池容量，均应符合设计要求。

2）当采用天然水源做系统的供水水源时，其水量、水质应符合设计要求，并应检查枯水期最低水位时确保消防用水的技术措施。

3. 消防泵房的验收要求

1）消防泵房设置的应急照明、安全出口应符合设计要求。

2）工作泵、备用泵、吸水管、出水管及出水管上的泄压阀、信号阀等的规格、型号、数量应符合设计要求。当出水管上安装闸阀时应锁定在常开位置。

3）消防水泵应采用自灌式引水或其他可靠的引水措施。

4）消防水泵出水管上应安装试验用的放水阀及排水管。

5）备用电源、自动切换装置的设置应符合设计要求。打开消防水泵出水管的放水试验阀，当采用主电源起动消防水泵时，消防水泵应起动正常；关掉主电源，主、备电源应能正常切换。

6）设有消防气压给水设备的泵房，当系统气压下降到设计最低压力时，通过压力开关信号应能起动消防水泵。

7）消防水泵接合器数量及进水管位置应符合设计要求，消防水泵接合器应进行充水试验，且系统最不利点的压力、流量应符合设计要求。

4. 室内消火栓灭火系统的验收要求

1）室内消火栓灭火系统控制功能验收时，应在出水压力符合现行国家有关建筑设计防火规范的条件下进行，并应符合下列要求：

a. 工作泵、备用泵转换运行1~3次。

b. 消防控制室内操作起、停泵1~3次。

c. 消火栓处操作起泵按钮按5%~10%的比例抽验。

以上控制功能应正常，信号应正确。

2）室内消火栓系统安装完成后，应取屋顶（北方一般在屋顶水箱间等室内）试验消火栓和首层取两处消火栓做试射试验，达到设计要求为合格。

3）安装消火栓水龙带，水龙带与水枪和快速接头绑扎好后，应根据箱内构造将水龙带挂放在箱内的挂钉、托盘或支架上。

4）箱式消火栓的安装应符合下列规定：

a. 栓口应朝外，且不应安装在门轴侧。

b. 栓口中心距地面为1.1m，允许偏差为±20mm。

c. 阀门中心距箱侧面为140mm，距箱后内表面为100mm，允许偏差为±5mm。

d. 消火栓箱体安装的垂直度允许偏差为3mm。

5. 自动喷水灭火系统的验收要求

1）自动喷水灭火系统控制功能验收时，应在符合现行国家标准《自动喷水灭火系统设计规范》（GB 50084—2017）的条件下，抽验下列控制功能：

a. 工作泵与备用泵转换运行1~3次。

b. 消防控制室内操作起、停泵1~3次。

c. 水流指示器、闸阀关闭器及电动阀等按实际安装数量的10%~30%的比例进行末端放水试验。

上述控制功能、信号均应正常。

2）管网验收要求如下：

a. 管道的材质、管径、接头及采取的防腐、防冻措施应符合设计规范及设计要求。

b. 管道横向安装宜设0.002~0.005的坡度，且应坡向排水管；当局部区域难以利用排水管将水排净时，应采取相应的排水措施。当喷头数量小于或等于5只时，可在管道低凹处加设堵头；当喷头数量大于5只时，宜装设带阀门的排水管。

c. 管网系统最末端、每一分区系统末端或每一层系统末端所设置的末端试水装置、预作用和干式喷水灭火系统设置的排气阀应符合设计要求。

d. 管网不同部位安装的报警阀、闸阀、止回阀、电磁阀、信号阀、水流指示器、减压孔板、节流管、减压阀、压力开关、柔性接头、排水管、排气阀、泄压阀等均应符合设计要求。

e. 干式喷水灭火系统容积大于1500L时，设置的加速排气装置应符合设计要求和规范的规定。

f. 报警阀后的管道上不应安装有其他用途的支管或水嘴。

g. 配水支管、配水管、配水干管设置的支架、吊架和防晃支架不应大于表13-4的规定。

表13-4 管道支架或吊架之间的距离

公称直径/mm	25	32	40	50	70	80	100	125	150	200	250	300
距离/m	3.5	4.0	4.5	5.0	5.5	6.0	6.5	7.0	8.0	9.5	11.0	12.0

3）报警阀组的验收应符合下列要求：

a. 报警阀组的各组件，应符合产品标准要求。

b. 打开放水试验阀，测试的流量、压力应符合设计要求。

c. 水力警铃的设置位置应正确。测试时，水力警铃喷嘴处压力不应小于0.05MPa，且

距水力警铃 3m 远处警铃声声强不应小于 70dB（A）。

d. 打开手动放水阀或电磁阀时，雨淋阀组动作应可靠。

e. 控制阀均应锁定在常开位置。

f. 与空气压缩机或火灾报警系统的联动程序，应符合设计要求。

4）喷头验收要求如下：

a. 喷头的规格、型号，喷头安装间距，喷头与楼板、墙、梁等的距离应符合设计要求。

b. 有腐蚀性气体的环境和有冰冻危险场所安装的喷头，均应采取防护措施。

c. 有碰撞危险场所安装的喷头应加防护罩。

d. 喷头公称动作温度应符合设计要求。

5）系统进行模拟灭火功能试验时，应符合下列要求：

a. 报警阀动作，警铃鸣响。

b. 水流指示器动作，消防控制中心有信号显示。

c. 压力开关动作，信号阀开启，空气压缩机或排气阀起动，消防控制中心应有信号显示。

d. 电磁阀打开，雨淋阀开启，消防控制中心应有信号显示。

e. 消防水泵起动，消防控制中心应有信号显示。

f. 加速排气装置投入运行。

g. 其他消防联动控制系统投入运行。

h. 区域报警器、集中报警控制盘有信号显示。

6. 七氟丙烷、泡沫、二氧化碳、干粉等灭火系统验收要求

七氟丙烷、泡沫、二氧化碳、干粉等灭火系统验收时，应在符合现行各有关系统设计规范的条件下，按实际安装数量的 20%~30%抽验下列控制功能：

1）人工启动和紧急切断试验 1~3 次。

2）与固定灭火设备联动控制的其他设备（包括关闭防火门窗、停止空调风机、关闭防火阀、落下防火幕等）试验 1~3 次。

3）抽一个防护区进行喷放试验（卤代烷系统应采用氮气等介质代替）。

上述试验控制功能、信号均应正常。

13.3.3　建筑内部排水系统竣工验收

建筑内部排水系统验收的一般规定如下。

1. 灌水试验

1）隐藏或埋地的排水管道在隐藏前必须做灌水试验，其灌水高度应不低于底层卫生器具的上边缘或底层地面高度。检验方法：满水 15min，待水面下降后，再灌满观察 5min，液面不下降，管道及接口无渗漏为合格。

2）安装在室内的雨水管道安装后应做灌水试验，灌水高度必须到达每根立管上部的雨水斗。检验方法：灌水试验持续 1h，不渗不漏。

2. 室内排水系统质量检查

验收室内排水系统时，应重点检查以下各项：

1）检查管道平面位置、标高、坡度、管径、管材是否符合工程设计要求；干管与支管

及卫生洁具位置是否正确，安装是否牢固，管道接口是否严密；排水栓和地漏的安装是否平整、牢固，并低于排水水面，周边应无渗漏，地漏水封高度不得小于50mm，可试水观察检查。室内排水管道安装的允许偏差应符合表13-5的规定。雨水钢管管道焊接的焊口允许偏差应符合表13-6的规定。

2）排水塑料管必须按设计要求及位置装设伸缩节。当设计无要求时，伸缩节间距不得大于4m。高层建筑中明设排水塑料管道应按设计要求设置阻火圈或放火套管。

3）排水主立管及水平干管管道均应做通球试验，通球的球径应不小于排水管道管径的2/3，通球率必须达到100%。

表13-5　室内排水和雨水管道安装的允许偏差和检验方法

<table>
<tr><th>项次</th><th colspan="4">项目</th><th>允许偏差/mm</th><th>检验方法</th></tr>
<tr><td>1</td><td colspan="4">坐标</td><td>15</td><td rowspan="12">用水准仪（水平尺）、直尺、拉线、尺量检查</td></tr>
<tr><td>2</td><td colspan="4">标高</td><td>±15</td></tr>
<tr><td rowspan="10">3</td><td rowspan="10">水平管道纵横方向弯曲</td><td rowspan="2">铸铁管</td><td colspan="2">每1m</td><td><1</td></tr>
<tr><td colspan="2">全长25mm以上</td><td><25</td></tr>
<tr><td rowspan="4">钢管</td><td rowspan="2">每1m</td><td>管径≤100mm</td><td>1</td></tr>
<tr><td>管径>100mm</td><td>1.5</td></tr>
<tr><td rowspan="2">全长25m以上</td><td>管径≤100mm</td><td><25</td></tr>
<tr><td>管径>100mm</td><td><38</td></tr>
<tr><td rowspan="2">塑料管</td><td colspan="2">每1m</td><td>1.5</td></tr>
<tr><td colspan="2">全长25m以上</td><td><38</td></tr>
<tr><td rowspan="2">钢筋混凝土管
混凝土管</td><td colspan="2">每1m</td><td>3</td></tr>
<tr><td colspan="2">全长25m以上</td><td><75</td></tr>
<tr><td rowspan="6">4</td><td rowspan="6">立管垂直度</td><td rowspan="2">铸铁管</td><td colspan="2">每1m</td><td>3</td><td rowspan="6">吊线和尺量检查</td></tr>
<tr><td colspan="2">全长5m以上</td><td><15</td></tr>
<tr><td rowspan="2">钢管</td><td colspan="2">每1m</td><td>3</td></tr>
<tr><td colspan="2">全长5m以上</td><td><10</td></tr>
<tr><td rowspan="2">塑料管</td><td colspan="2">每1m</td><td>3</td></tr>
<tr><td colspan="2">全长5m以上</td><td><15</td></tr>
</table>

表13-6　钢管管道焊接的焊口允许偏差和检验方法

<table>
<tr><th>项次</th><th colspan="3">项目</th><th>允许偏差/mm</th><th>检验方法</th></tr>
<tr><td>1</td><td>焊口平直度</td><td colspan="2">管壁厚10mm以内</td><td>管壁厚1/4</td><td rowspan="3">焊接检验尺和游标卡尺检查</td></tr>
<tr><td rowspan="2">2</td><td rowspan="2">焊缝加强面</td><td colspan="2">高度</td><td rowspan="2">1mm</td></tr>
<tr><td colspan="2">宽度</td></tr>
<tr><td rowspan="3">3</td><td rowspan="3">咬边</td><td colspan="2">深度</td><td>小于0.5mm</td><td rowspan="3">直尺检查</td></tr>
<tr><td rowspan="2">长度</td><td>连续长度</td><td>25mm</td></tr>
<tr><td>总长度（两侧）</td><td>小于焊缝长度的10%</td></tr>
</table>

13.3.4　建筑内部热水供应系统竣工验收

建筑内部热水供应系统验收的一般规定，与建筑内部给水系统基本相同。

1. 水压试验

热水供应系统安装完毕，管道保温之前应进行水压试验。试验压力应符合设计要求。当设计未注明时，热水供应系统水压试验压力应为系统顶点的工作压力加 0.1MPa。同时在系统顶点的试验压力应不小于 0.3MPa。检验方法：钢管或复合管道系统试验压力下 10min 内压力降不大于 0.02MPa，然后降至工作压力检查，压力应不降，且不渗不漏；塑料管道系统在试验压力下稳压 1h，压力降不得超过 0.05MPa，然后在工作压力 1.15 倍状态下稳压 2h，压力降不得超过 0.03MPa，连接处不得渗漏。

2. 室内热水供应系统质量检查

验收热水供应系统时，应重点检查以下各项：

1）管道的走向、坡向、坡度及管材规格是否符合设计图样要求。

2）管道连接件、支架、伸缩器、阀门、泄水装置、放气装置等位置是否正确；接头是否牢固、严密等；阀门及仪表是否灵活、准确；热水温度是否均匀，是否达到设计要求。

3）热水供应管道和阀门安装的允许偏差应符合表 13-1 的规定。热水供应系统应保温（浴室内明装管道除外），保温材料、厚度、保护壳等应符合设计规定。保温层厚度和平整度的允许低偏差应符合表 13-3 的规定。

4）热水供水、回水及凝结水管道系统，在投入使用以前，必须进行清洗，以清除管道内的焊渣、锈屑等杂物，此工作一般在管道压力试验合格后进行。对于管道内杂质较多的管道系统，可在压力试验前进行清洗。

清洗前，应将管道系统的流量孔板、滤网、温度计调节阀阀芯等拆除，待清洗合格后重新装上。当管道分支较多、末端截面较小时，可将干管中的阀门拆掉 1~2 个，分段进行清洗；如管道分支不多，排水管可以从管道末端接出，排水管截面面积不应小于被冲洗管道截面面积的 60%。排水管应接至排水井或排水沟，并应保证排泄和安全。冲洗时，以系统可能达到的最大压力和流量进行，直到出口处水的透明度与入口处检测一致为合格。

13.4　建筑给水排水设备的运行与管理

13.4.1　建筑给水排水设备的管理方式

目前，建筑给水排水设备的管理工作一般由房管单位和物业管理公司的工程部门主管，并由专业人员负责。基层管理有分散的综合性管理和集中的专业化管理等多种方式。建筑给水排水设备管理主要由维修管理和运行管理两大部分组成。维修与运行既可统一管理，也可分别管理。建筑给水排水系统的管理措施主要有：

1）建立设备管理账册和重要设备的技术档案。

2）建立设备卡片。

3）建立定期检查、维修、保养的制度。

4）建立给水排水设备大、中修工程的验收制度，积累有关技术资料。

5）建立给水排水设备的更新、调拨、增添、改造、报废等方面的规划和审批制度。

6）建立住户保管给水排水设备的责任制度。

7）建立每年年末对建筑给水排水设备进行清查、核对和使用鉴定的制度，遇有缺损现象，应采取必要措施，及时加以解决。

13.4.2 建筑给水排水设备的运行管理

1. 给水系统

（1）给水系统的运行管理 给水系统的运行管理包括以下几个方面：

1）防止二次供水的污染，对水池、水箱定期消毒，保持其清洁卫生。

2）对供水管道、阀门、水表、水泵、水箱进行经常性维护和定期检查，以确保供水安全。

3）发生跑水、断水故障，应及时抢修。

4）消防水泵要定期试泵，至少每年进行一次。要保持电气系统正常工作，水泵正常上水，消火栓设备配套应完整，检查报告应送交当地消防部门备案。

（2）给水管道的维修养护 给水管道的维修养护人员应十分熟悉给水系统，经常检查给水管道及阀门（包括地上、地下、屋顶等）的使用情况，经常注意地下有无漏水、渗水、积水等异常情况，如发现有漏水现象，应及时进行维修。在每年冬季来临之前，维修人员应注意做好室内外管道、阀门、消火栓等的防冻保温工作，并根据当地气温情况，分别采用不同的保温材料，以防冻坏。对已发生冰冻的给水管道，宜采用浇温水逐步升温或包保温材料的方法，让其自然化冻。对已冻裂的水管，可根据具体情况，采取电焊或换管的方法进行处理。

漏水是给水管道及配件的常见故障，明装管道可沿管线检查，即可发现。对于埋地管道，应首先进行观察，对地面长期潮湿、积水和冒水的管段进行听漏，同时参考原设计图样和现有的阀门箱位，准确地确定渗漏位置，进行开挖修理。

（3）水泵的维修养护 生活水泵、消防水泵每半年进行一次全面养护。养护内容主要有：检查水泵轴承是否灵活，如有阻滞现象，应加注润滑油；如有异常摩擦声响，则应更换同型号规格轴承；如有卡住、碰撞现象，则应更换同规格水泵叶轮；如轴键槽损坏严重，则应更换同规格水泵轴。检查压盘根处是否漏水成线，如是，则应加压盘根；清洁水泵外表，若水泵脱膝或锈蚀严重，则应彻底铲除脱落层油漆，重新刷油漆；检查电动机与水泵弹性联轴器有无损坏，如损坏，则应更换；检查机组螺栓是否紧固，如松弛，则应拧紧。

（4）水池、水箱的维修养护 水池、水箱的维修养护应每半年进行一次，若遇特殊情况可增加清洗次数，清洗时的程序如下：

1）首先关闭进水总阀，关闭水箱之间的连通阀门，开启泄水阀，抽空水池、水箱中的水。

2）泄水阀处于开启位置，用鼓风机向水池、水箱吹2h以上，排除水池、水箱中的有毒气体，吹进新鲜空气。

3）用燃着的蜡烛放入池底观察其是否会熄灭，以确定空气是否充足。

4）打开水池、水箱内照明设施或设临时照明。

5）清洗人员进入水池、水箱后，对池壁、池底洗刷不少于三遍。

6）清洗完毕后，排除污水，然后喷洒消毒药水。

7）关闭泄水阀，注入清水。

2. 排水系统

（1）排水系统的管理　排水系统的管理主要包括以下几个方面：

1）定期对排水管道进行养护、清通。

2）教育住户不要把杂物投入下水道以防止堵塞。下水道发生堵塞时应及时清通。

3）定期检查排水管道是否有生锈和渗漏等现象，发现隐患应及时处理。

4）室外排水沟渠应定期检查和清扫，及时清除淤泥和污物。

（2）排水管道的疏通　排水管道堵塞会造成流水不畅，排泄不通，严重的会在地漏、水池等处漫溢外淌。造成堵塞的原因多为使用不当所致，如有硬杂物进入管道，停滞在排水管中部、拐弯处、排水管末端，也有在施工过程中砖块、木块、砂浆等进入管中。修理时，可根据具体情况判断堵塞物的位置，在靠近的检查口、清扫口、屋顶通气管等处，采用人工或机械疏通。无效时可采用“开天窗”的办法，进行大开挖，以排除堵塞。

3. 消防设备的维修养护

消火栓每季度应进行全面试放水检查，每半年养护一次，主要检查消火栓玻璃、门锁、栓头、水带、连接器、阀门等是否齐全；对水带的破损、发黑与插接头的松动处进行修补、固定；更换变形的密封胶圈；将阀门杆加油防锈，并抽取总数的5%进行试水；清扫箱内外灰尘，将消火栓玻璃门擦净，最后贴上检查标志，标志内容应有检查日期、检查人、检查结果。

自动喷洒消防灭火系统的维修养护内容如下：

1）每天巡视系统的供水总控制阀，报警控制阀及其附属配件，以确保处于无故障状态。

2）每天检查一次警铃，看其启动是否灵活，打开警铃阀，水力警铃应发出报警信号，如果警铃不动作，应检查整个警铃管道。

3）每月对喷头进行一次外观检查，不正常的喷头应及时更换。

4）每月检查系统控制阀门是否处于开启状态，以保证阀门不会误关闭。

5）每两个月对系统进行一次综合试验，按分区逐一打开末端试验装置放水阀，以试验系统灵敏性。

当系统因试验或因火灾启动后，应在事后尽快使系统重新恢复到正常状态。

13.5　设计例题

13.5.1　设计任务、设计资料及文件

1. 设计任务

华北某城市拟建一栋 12 层普通旅馆，总建筑面积为 9000m^2，客房有一室一套及两室一套两种类型。每套设卫生间，内有浴盆、洗脸盆、坐便器各一件，共计 144 套（每层 12 套），504 个床位。设计任务为该工程的给水、排水、消防给水及热水供应等项目。

2. 设计资料

1）旅馆建筑剖面示意图如图 13-8 所示，建筑平面图如图 13-15 所示，建筑物各层平面图及轴测图如图 13-16～图 13-20 所示。该建筑地上共 12 层，地下一层。地上一层层高

3.3m，2~12层及地下一层层高为3.0m。12层顶部设高度为0.8m的闷顶。在对应于门厅的屋顶上有2层阁楼，水箱置于第二层阁楼内。室内外高差为1.0m，当地冰冻深度为0.8m。

2）该城市给水排水管道现状为：在该建筑南侧城市道路人行道下，有城市给水干管可作为建筑物的水源，管径为*DN*300，常年可提供的工作水压为210kPa（$21mH_2O$），接点管顶埋深地面以下1.0m。

城市排水管道在该建筑物北侧，其管径为*DN*400，管顶距地面下2.0m，坡度$i=0.005$，可接管检查井位置如图13-15所示中的有关部分。

3. 设计文件

1）上级主管部门批准的设计任务书。

2）现行建筑给水排水设计规范。

3）现行建筑设计防火规范。

4）现行高层民用建筑设计防火规范。

13.5.2 设计过程说明

1. 给水工程

根据设计资料，已知室外给水管网常年可保证的水压仅为210kPa，故室内给水拟采用上、下分区供水方式。即1~3层及地下室由室外给水管网直接供水，采用下行上给方式，4~12层设水泵、水箱联合供水方式，管网上行下给。因为市政给水部门不允许从市政管网直接抽水，故在建筑物地下室内设贮水池。屋顶水箱设水位继电器自动启闭水泵。

2. 排水工程

为减小化粪池容积和便于以后增建中水工程，室内排水系统拟使生活污水与生活废水分质分流排放，即在每个竖井内分别设置两根排水立管，分别排放生活污水与生活废水。生活污水经室外化粪池处理后，再与生活废水一起排至城市排水管网。

3. 热水供应工程

室内热水采用集中式热水供应系统，竖向分区与冷水系统相同：下区的水加热器由市政给水管网直接供给冷水，上区的水加热器由高位水箱供给冷水。上、下两区均采用半容积式水加热器，集中设置在底层，水加热器出水温度为70℃，由室内热水配水管网输送到各用水点。蒸汽来自城市热力管网，凝结水采用余压回水系统流回系统的凝结水池。下区采用下行上给供水方式，上区采用上行下给供水方式。冷水计算温度以10℃计。

4. 消防给水

本建筑属二类建筑，设室内、室外消火栓给水系统。室内、室外消火栓用水量分别为20L/s、20L/s，每根竖管最小流量为10L/s，每支水枪最小流量为5L/s。室内消火栓系统不分区，采用水箱和水泵联合供水的临时高压给水系统，每个消火栓处设直接启动消防泵的按钮。高位水箱贮存10min消防用水，消防泵及管道均单独设置。每个消火栓口径为65mm单栓口，水枪喷嘴口径为19mm，充实水柱为$12mH_2O$，采用麻质水带直径为65mm，长度为20m。消防泵直接从生活-消防合用水池吸水，火灾延续时间以2h计。

5. 管道的平面布置及管材

室外给水排水管道平面布置如图13-15所示。室内给水、排水及热水立管均设于竖井

内。下区给水的水平干管、热水的水平干管及回水干管、消防给水的水平干管和排水横干管等均设于地下室顶棚下面（排水的排出管位置如图13-16a所示）。消防竖管暗装。屋顶水箱的进水横管、容积式水加热器供水管等均设于闷顶之中，如图13-16和图13-17所示。

给水管室外部分采用给水铸铁管，室内部分采用硬质聚乙烯塑料管。排水管采用排水塑料管。消防管道采用焊接钢管。热水管材采用薄壁铜管。

13.5.3 设计计算

1. 室内给水系统的计算

（1）给水用水定额及小时变化系数 建筑物的性质和室内卫生设备之完善程度，由表2-2中选用 $q_d=300\text{L}/(\text{床}\cdot\text{d})$，小时变化系数 $K_h=2.0$。

（2）最高日用水量 按式（2-2）计算

$$Q_d=mq_d=\frac{504\times300}{1000}\text{m}^3/\text{d}=151.2\text{m}^3/\text{d}$$

（3）最高日最大时用水量 按式（2-3）计算

$$Q_h=\frac{Q_d}{T}K_h=\frac{151.2}{24}\times2.0\text{m}^3/\text{h}=12.6\text{m}^3/\text{h}$$

（4）设计秒流量 按式（2-20）计算

$$q_g=0.2\alpha\sqrt{N_g}$$

本工程为旅馆，由表2-8可查得 $\alpha=2.5$

所以

$$q_g=0.5\sqrt{N_g}$$

（5）屋顶水箱容积计算 由公式 $V=Cq_b/4K_b$ 知：

4~12层生活用冷水由水箱供水，1~3层生活用冷水虽然不由水箱供水，但考虑市政给水事故停水，水箱仍应短时供下区用水（上下区设连通管），故水箱容积应按供1~12层全部用水确定。又因水泵向水箱供水不与配水管网连接，故选 $q_b=Q_h=12.6\text{m}^3/\text{h}$

所以

$$V=\frac{2\times12.6}{4\times6}\text{m}^3=1.05\text{m}^3$$

消防贮水量的容积按贮存10min的室内消防水量计算

$$V_f=\frac{q_{xh}T_x\times60}{1000}=\frac{20\times10\times60}{1000}\text{m}^3=12.0\text{m}^3$$

水箱净容积 $V+V_f=(1.05+12.0)\ \text{m}^3=13.05\text{m}^3$

选用标准图S3：S_{151}（一）15m^3 方形给水箱，尺寸为3600mm×2400mm×2000mm。

（6）地下室内贮水池容积 本设计上区为设水泵、水箱的给水方式，因为市政给水管不允许水泵直接从管网抽水，故地下室设生活消防共用贮水池。其容积按下列公式计算

$$V=(Q_b-Q_1)\ T_b+V_g+V_f$$

进入水池的进水管径取 D_e50，按管中流速为1.0m/s估算进水量，则

$$Q_1=\frac{\pi d^2}{4}v=\frac{3.14\times(0.052)^2}{4}\times1.0\text{L/s}=2.12\text{L/s}=7.64\text{m}^3/\text{h}$$

因无生产用水，故 $V_s=0$。消防贮水按满足火灾延续时间内的室内消防用水量来计算，$V_f=\frac{20\times2\times3600}{1000}m^3=144m^3$。

水泵运行时间应为水泵灌满水箱的时间，在该时段水箱仍在向配水管网供水，此供水量即水箱的出水量按最高日平均小时来估算，为$\frac{151.2}{24}m^3/h=6.3m^3/h$，则 T_b 为

$$T_b=\frac{V}{q_b-Q_p}=\frac{1.05}{12.6-6.3}h=0.17h=10min$$

贮水池的有效容积为：$V=[(12.6-7.64)\times0.17+144]m^3=144.8m^3$。

校核：水泵运行间隔时间应为水箱向管网配水（水位由最高下降到最低）的时间。仍以平均小时用水量估算，则

$$T_1=\frac{V}{Q_p}=\frac{1.05}{6.3}h=0.17h,$$

$$Q_1T_1=7.64\times0.17m^3=1.30m^3$$

可见 $Q_1T_1>(q_b-Q_1)T_b=0.84m^3$，满足要求。

取贮水池总容积为 $165m^3$，其尺寸为：$10.0\times7.5\times2.2m^3=165m^3$。

（注：贮水池的调节容积亦可按最高日用水量取百分数进行估算）。

（7）室内所需的压力按下式计算

$$p=p_1+p_2+p_3+p_4$$

根据计算用图（图13-9），下区1~3层管网水力计算结果见表13-7。

$$\sum p_y=33.91kPa$$

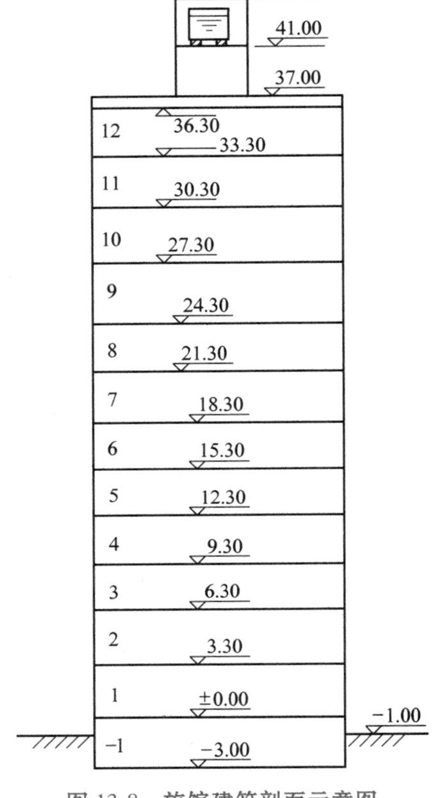

图13-8 旅馆建筑剖面示意图

根据图13-9及表13-7可知

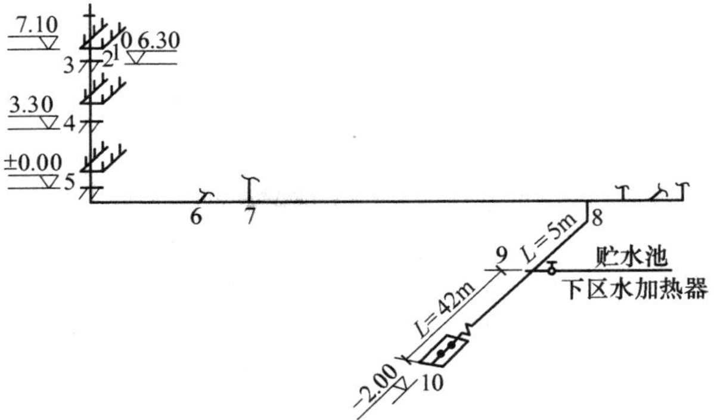

图13-9 1~3层给水管网水力计算用图

表 13-7　1~3 层室内给水管网水力计算表

顺序编号	管段编号		卫生器具名称数量、当量			当量总数	设计秒流量 q/(L/s)	管径/mm	流速/(m/s)	单阻/(kPa/m)	管长/m	沿程压力损失/kPa	备注
			浴盆	洗脸盆	坐便器								
	自	至	1.0	0.75	0.5	N_g							
1	0-1		1			1.0	0.2	15	0.99	0.94	0.5	0.47	① 0-9 管路当量按冷热水单独对应的当量值计算 ② 9-10 管段按冷热水总流量对应的当量值计算 ③ 9-10 管段按给水铸铁管水力计算表查 ④ 计算管路 0-10
2	1-2		1	1		1.75	0.35	20	0.92	0.56	0.4	0.22	
3	2-3		1	1	1	2.25	0.45	20	1.19	0.87	1.0	0.87	
4	3-4		2	2	2	4.5	0:9	25	1.36	0.80	3.0	2.40	
5	4-5		4	4	4	9.0	2.6	40	1.56	0.577	3.0	1.731	
6	5-6		6	6	6	13.5	2.94	40	1.77	0.72	4.9	3.53	
7	6-7		12	12	12	27.0	3.70	50	1.40	0.36	3.9	1.40	
8	7-8		18	18	18	40.5	4.28	50	1.62	0.46	19.0	8.76	
9	8-9		36	36	36	81.0	5.60	70	1.46	0.303	5.0	1.51	
10	9-10		114	114	114	256.5	9.11	100	1.18	0.31	42.0	13.02	

$$p_1 = [6.3 + 0.8 - (-2.0)]\mathrm{mH_2O} = 9.1\mathrm{mH_2O} = 91\mathrm{kPa}$$

（其中，0.8 为水嘴距室内地坪的安装高度）。

$$p_2 = 1.3\times\sum p_y = 1.3\times 33.91\mathrm{kPa} = 44.08\mathrm{kPa}$$

$p_4 = 15\mathrm{kPa}$（即最不利点水龙头的最低工作压力）。

水表压力损失按公式 $p_d = \dfrac{q_g^2}{K_b}$ 计算。

水表性能系数按公式 $p_d = \dfrac{q_g^2}{K_b}$ 及查表 LXL 水平螺翼式水表参数，选 LXL-100 得

$$K_b = \frac{q_{max}^2}{100} = \frac{120^2}{100} = 144$$

所以
$$p_d = \frac{(9.25\times 3.6)^2}{144}\mathrm{kPa} = 7.7\mathrm{kPa}$$

所以
$$p = (91 + 44.08 + 7.7 + 15)\mathrm{kPa} = 157.78\mathrm{kPa}$$

p 值小于市政给水管网工作压力 210kPa，可满足 1~3 层供水要求，不再进行调整计算。上区 4~12 层管网水力计算成果见表 13-8，计算用图如图 13-10 所示。

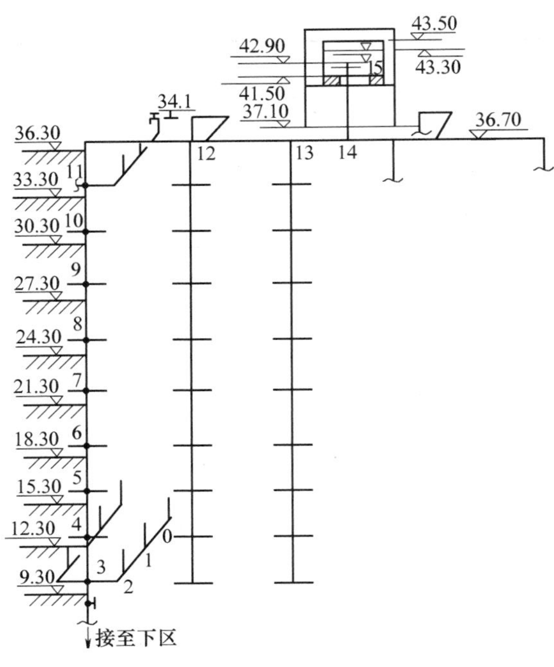

图 13-10 4~12 层给水管网计算用图

表 13-8 上区 4~12 层室内给水管网水力计算表

顺序编号	管段编号（自 至）	卫生器具名称数量、当量 浴盆 1.0	洗脸盆 0.75	坐便器 0.5	当量总数 N_g	设计秒流量 q /(L/s)	管径 /mm	流速 /(m/s)	单阻 /(kPa/m)	管长 /m	沿程压力损失 /kPa	备注
1	0-1	1			1.0	0.2	15	0.99	0.94	0.5	0.47	① 计算管路0′-15 ② 0′-11 的沿程压力损失同表 13-7 中 0~3，p_y 为 1.56kPa，0′-15 的沿程压力损失为 （1.56+4.00+0.758+1.972+1.786）kPa = 10.08kPa
2	1-2	1	1		1.75	0.35	20	0.92	0.56	0.4	0.22	
3	2~3	1	1	1	2.25	0.45	20	1.19	0.87	1.0	0.87	
4	3-4	2	2	2	4.5	0.9	25	1.36				
5	4-5	4	4	4	9.0	2.6	40	1.56				
6	5-6	6	6	6	13.5	2.94	40	1.77				
7	6-7	8	8	8	18.0	3.22	40	1.94				
8	7-8	10	10	10	22.5	3.47	50	1.32				
9	8-9	12	12	12	27.0	3.70	50	1.40				
10	9-10	14	14	14	31.5	3.91	50	1.48				
11	10-11	16	16	16	36.0	4.1	50	1.55				
12	11-12	18	18	18	40.5	4.28	50	1.62	0.46	8.7	4.00	
13	12-13	36	36	36	81.0	5.60	70	1.46	0.303	2.5	0.758	
14	13-14	54	54	54	121.5	6.61	80	1.19	0.17	11.6	1.972	
15	14-15	108	108	108	243.0	8.89	80	1.60	0.288	6.2	1.786	

由图 13-10 和表 13-8 可知

$$p=(42.9-34.1)\mathrm{mH_2O}=8.8\mathrm{mH_2O}=88\mathrm{kPa}$$

$$p_2=1.3\sum p_y=1.3\times10.08\mathrm{kPa}=13.10\mathrm{kPa}$$

$$p_4=15\mathrm{kPa}$$

即：$p_2+p_4=(13.10+15)\mathrm{kPa}=28.10\mathrm{kPa}$

$$p>p_2+p_4$$

水箱安装高度满足要求。

（8）地下室加压水泵的选择　如图 13-11 所示，本设计的加压水泵是为 4~12 层给水管网增压，供水箱不直接供水到管网，故水泵出水量按最大时用水量 12.6m³/h（3.5L/s）计。由钢管水力计算表可查得：当水泵出水管侧 $Q=3.5\mathrm{L/s}$ 时，$DN=80\mathrm{mm}$、$v=0.63\mathrm{m/s}$、$I=0.055\mathrm{kPa/m}$。水泵吸水管侧，同样可查得 $DN=100\mathrm{mm}$、$v=0.42\mathrm{m/s}$、$I=0.021\mathrm{kPa/m}$。

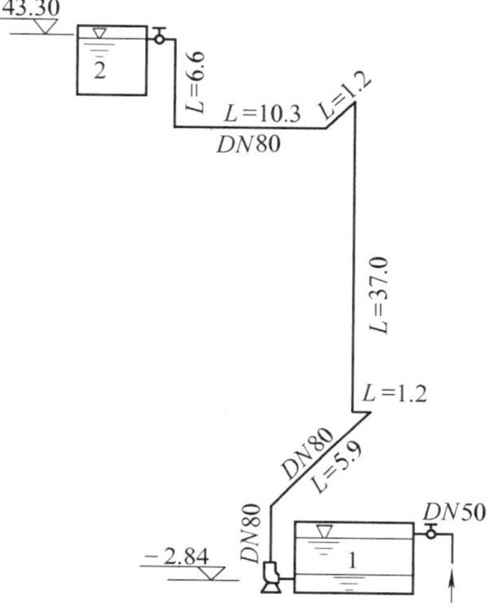

图 13-11　水泵选择计算用图

由图 13-11 可知，压水管长度为 62.2m，其沿程压力损失 $p_y=0.055\times62.2\mathrm{kPa}=3.42\mathrm{kPa}$。吸水管长度 1.5m，其沿程压力损失 $p_y=0.021\times1.5\mathrm{kPa}=0.03\mathrm{kPa}$。故水泵的管路总压力损失为 $(3.42+0.03)\times1.3\mathrm{kPa}=4.49\mathrm{kPa}$。

水箱最高水位与底层贮水池最低水位之差：$[43.3-(-2.84)]\mathrm{mH_2O}=46.14\mathrm{mH_2O}=461.4\mathrm{kPa}$，取水箱进水浮球阀的水流出压力为 20kPa。

所以水泵扬程相应的压力 $p_p=(461.4+4.49+20)\mathrm{kPa}=485.89\mathrm{kPa}$。

水泵出水量如前所述为 12.6m³/h

据此选得水泵 50DL-4（$p=532\sim424\mathrm{kPa}$、$Q=9.0\sim16.2\mathrm{m^3/h}$、$N=4\mathrm{kW}$）两台，其中一台备用。

2. 消火栓给水系统计算

该建筑总长 39.6m，宽度为 14.5m，高度为 37.10m，按规范要求，消火栓的间距应保证同层任何部位有两个消火栓的水枪充实水柱同时到达。

消火栓的保护半径应为

$$R=L_d+L_s=(16+3)\mathrm{m}=19\mathrm{m}$$

其中　$L_d=20\times0.8\mathrm{m}=16\mathrm{m}$，$L_s=0.7S_k=0.7\times\dfrac{H_1-H_2}{\sin45^\circ}=\left(0.7\times\dfrac{3-1.1}{\sin45^\circ}\right)\mathrm{m}\approx3.0\mathrm{m}$

消火栓采用单排布置时，其间距为

$$S\leqslant\sqrt{R^2-b^2}=\sqrt{19^2-(6+2.5)^2}\mathrm{m}=16.99\mathrm{m}\approx17\mathrm{m}$$

据此应在走道上布置四个消火栓（间距<17m）才能满足要求。另外，消防电梯的前室也须设消火栓。系统图如图 13-12 所示。

消火栓口处所需的水压按公式 $p_{xh}=p_q+p_d$ 计算。

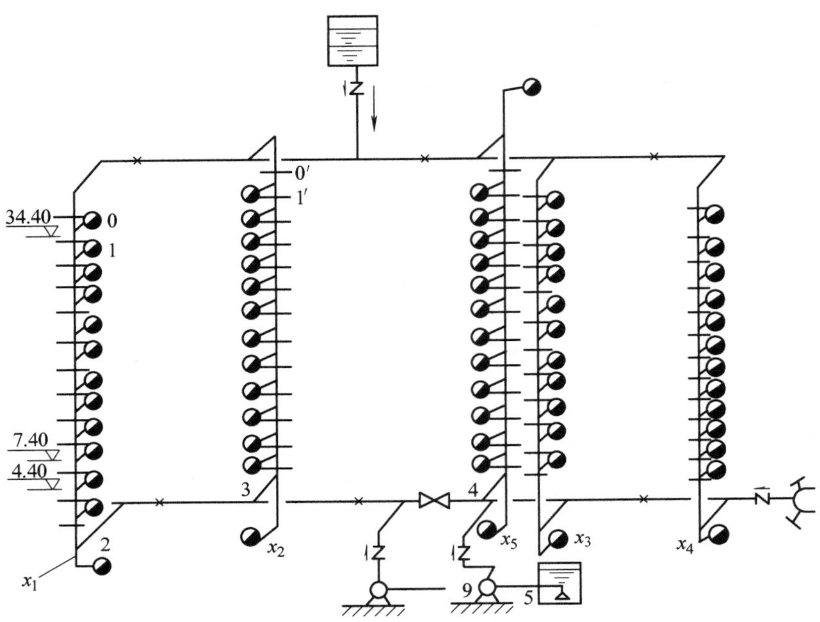

图 13-12　消火栓给水系统计算用图

其中，水枪喷嘴处所需水压由所选的水枪口径和充实水柱条件查表系数 φ 值、表系数 α_f 值按公式 $p_q=\dfrac{\alpha_f g p_m}{1-\varphi\alpha_f g p_m}$ 计算得

$$p_q=\frac{\alpha_f g p_m}{1-\varphi\alpha_f g p_m}=\left(\frac{1.21\times12}{1-0.0097\times1.21\times12}\right)\text{mH}_2\text{O}=16.9\text{mH}_2\text{O}=169\text{kPa}$$

水枪喷嘴的出流量按公式 $q_{xh}=\sqrt{BH_q}$，并查表水枪水流特性系数 B 计算得

$$q_{xh}=\sqrt{BH_q}=\sqrt{1.577\times16.9}\text{L/s}=5.2\text{L/s}>5.0\text{L/s}$$

水带阻力损失按公式 $p_d=A_zL_dq_{xh}^2$，并查表水带阻力系数 A_z 值计算得

$$p_d=A_zL_dq_{xh}^2=(0.0043\times20\times5.2^2)\text{mH}_2\text{O}=2.33\text{mH}_2\text{O}=23.3\text{kPa}$$

$$p_{xh}=(16.9+2.33+2.0)\text{mH}_2\text{O}=21.23\text{mH}_2\text{O}=212.3\text{kPa}$$

最不利点消火栓静水压力为：(41.50−34.40)mH_2O=7.1mH_2O=71kPa，按《建筑设计防火规范》(GB 50016—2014) 规定，可不设增压设施。

$$\sum p_y=49.54\text{kPa}$$

按照最不利点消防竖管和消火栓的流量分配要求，最不利消防竖管即 x_1，出水枪数为2支；相邻消防竖管即 x_2，出水枪数为2支。

$$p_{xh0}=p_d+p_q+p_k=21.23\text{mH}_2\text{O}=212.3\text{kPa}$$

$$\begin{aligned}p_{xh1}&=p_{xh0}+\Delta p+p\\&=(21.23+3.0+0.241)\text{mH}_2\text{O}=24.47\text{mH}_2\text{O}=244.7\text{kPa}\end{aligned}$$

其中　Δp——0和1点的消火栓间距；

p——0-1 管段的压力损失。

1 点的水枪射流量为

$$q_{xh1}=\sqrt{Bp_{q1}}$$

$$p_{xh1}=p_{q1}+p_d=\frac{q_{xh1}^2}{B}+AL_d q_{xh1}^2$$

所以
$$q_{xh1}=\sqrt{\frac{p_{xh1}}{\frac{1}{B}+AL_d}}=\sqrt{\frac{24.47}{\frac{1}{1.577}+0.0043\times20}}\text{L/s}=5.83\text{L/s}$$

进行消火栓给水系统水力计算时，按图 13-12 以枝状管路计算，配管水力计算成果见表 13-9。管路总压力损失为 $p_w=(49.54\times1.1)\text{kPa}=54.49\text{kPa}$

表 13-9　消火栓给水系统配管水力计算表

计算管段	设计秒流量 q/(L/s)	管长 L/m	管径 DN/mm	流速 v/(m/s)	单阻 i/(kPa/m)	沿程压力损失/kPa
0-1	5.2	3.0	100	0.60	0.0804	0.241
1-2	5.25+5.83=11.03	32.0	100	1.27	0.324	10.37
2-3	11.03	15.0	100	1.27	0.324	4.86
3-4	2×11.03=22.06	3.6	100	2.54	1.29	4.64
4-5	22.06	23.0	100	2.54	1.29	29.67

消火栓给水系统所需总水压 p_x 应为

$$\begin{aligned}p_x&=p_1+p_{xh}+p_w\\&=[34.4\times10-(-2.84)\times10+212.3+54.49]\text{kPa}=639.19\text{kPa}\end{aligned}$$

按消火栓灭火总用水量

$$Q_x=22.06\text{L/s}$$

选消防泵 100DL—3 型两台（一用一备）：$Q_b=20\sim35\text{L/s}$，$p_b=65.1\sim51.0\text{mH}_2\text{O}$（651～510kPa），$N=30\text{kW}$。

根据室内消防用水量，应设置两套水泵接合器。

3. 建筑内部排水系统的计算

本建筑内卫生间类型、卫生器具类型均相同。采用生活污水与生活废水分流排放。

（1）生活污水排水立管底部与出户管连接处的设计秒流量按式（5-1）计算

$$q_p=0.12\alpha\sqrt{N_u}+q_{max}=(0.12\times2.5\times\sqrt{12\times6\times2}+2.0)\text{L/s}=5.6\text{L/s}$$

此值小于表（排水立管最大允许排水流量）中无专用通气立管 D_e125mm 的排水量，故采用 D_e125mm 普通伸顶通气的排水系统。

出户管管径由第 5 章附录 5A 表 5A-1（建筑内部塑料排水管水力计算表）查得：$h/D=0.6$，$D_e=160\text{mm}$，相应坡度为 0.004 时，其排水量为 9.68L/s，流速为 0.85m/s，满足要求。

（2）生活废水排水立管底部与出户管相连处的设计秒流量按下式计算

$$q_p=0.12\alpha\sqrt{N_u}+q_{max}=[0.12\times2.5\times\sqrt{(0.75+3)\times12\times2}+1.0]\text{L/s}=3.85\text{L/s}$$

此值小于表（排水立管最大允许排水流量）中无专用通气立管 D_e110mm 的排水量，故可采用 D_e110mm 普通伸顶通气的排水系统。

出户管的管径由第5章附录5A表5A-1（建筑内部塑料排水管水力计算表）查得：$h/D=0.5$，D_e110mm，相应的坡度为0.01，流速为0.97m/s，对应的排水量为4.10L/s，满足要求。

4. 建筑内部热水系统计算

（1）热水量　按要求取每日供应热水时间为24h，取计算用的热水供水温度为70℃，冷水温度为10℃，取60℃的热水用水定额为150L/(床·d)。

则：下区（即1~3层）的最高日用水量为

$$Q_{dr}^{下}=(126\times150\times10^{-3})\text{m}^3/\text{d}=18.9\text{m}^3/\text{d}\ (60℃热水)$$

其中：126为下区的床位数。

上区（即4~12层）的最高日用水量为

$$Q_{dr}^{上}=(378\times150\times10^{-3})\text{m}^3/\text{d}=56.7\text{m}^3/\text{d}\ (60℃热水)$$

其中：378为上区的床位数。

折合成70℃热水的最高日用水量为：

70℃时最高日最大小时用水量为

$$Q_{dr}^{下}=\left(18.9\times\frac{60-10}{70-10}\right)\text{m}^3/\text{d}=15.75\text{m}^3/\text{d}$$

$$Q_{dr}^{上}=\left(56.7\times\frac{60-10}{70-10}\right)\text{m}^3/\text{d}=47.25\text{m}^3/\text{d}$$

下区按126个床位计，K_h 按旅馆的热水小时变化系数表可取为7.59；上区按378个床位计，K_h 按旅馆的热水小时变化系数表可取为5.28

则

$$Q_{h,max}^{下}=K_h\frac{Q_{dr}^{下}}{T}=\left(7.59\times\frac{15.75}{24}\right)\text{m}^3/\text{h}=4.98\text{m}^3/\text{h}=1.38\text{L/s}$$

$$Q_{h,max}^{上}=K_h\frac{Q_{dr}^{上}}{T}=\left(5.28\times\frac{47.25}{24}\right)\text{m}^3/\text{h}=10.40\text{m}^3/\text{h}=2.89\text{L/s}$$

再按卫生器具1h用水量来计算：下区浴盆数目36套：上区浴盆数目108套，$b=50\%$，$K_r=\frac{t_h-t_L}{t_r-t_L}=\frac{40-10}{70-10}=0.5$，查表卫生器具的1次和热水用水定额及水温，$q_h=300\text{L/h}$（40℃），代入公式 $Q=\sum K_r q_b n_0 b$ 得

$$Q_{dr}^{下}=(0.5\times300\times36\times50\%)\ \text{L/h}=2700\text{L/h}$$

$$Q_{dr}^{上}=(0.5\times300\times108\times50\%)\ \text{L/h}=8100\text{L/h}$$

比较 $Q_{h,max}^{下}$ 与 $Q_{dr}^{下}$，$Q_{h,max}^{上}$ 与 $Q_{dr}^{上}$，两者结果存在差异。为供水安全起见，取较大者作为设计小时用水量，即：$Q_r^{下}=1.38\text{L/s}$；$Q_r^{上}=2.89\text{L/s}$。

（2）耗热量　将已知数据代入式 $Q=c_p\Delta tQ_r\rho_r$ 得设计小时耗热量：

$$Q^{下}=4187\times(70-10)\times1.38\times0.983\text{W}=340790\text{W}$$

$$Q^{上}=4187\times(70-10)\times2.89\times0.983\text{W}=713683\text{W}$$

（3）加热设备选择计算　拟采用半容积式水加热器。设蒸汽表压为0.2MPa，相对应的

绝对压强为 0.3MPa，其饱和温度为 133℃，按公式 $\Delta t_j=\frac{t_{mc}+t_{mz}}{2}-\frac{t_c+t_z}{2}$ 计算出

$$\Delta t_j=\left(133-\frac{10+70}{2}\right)℃=93℃$$

根据半容积式水加热器有关资料，铜盘管的传热系数为 1047W/(℃ · m²)，ε 取 0.7，α 取 1.2，代入公式 $F=\frac{\alpha Q}{\varepsilon K\Delta t_j}$ 可得

$$F_p^{下}=\frac{1.2\times340790}{0.7\times1047\times93}=6.0$$

$$F_p^{上}=\frac{1.2\times713683}{0.7\times1047\times93}=12.56$$

半容积式水加热器的最小贮水容积，可按 15min 设计小时耗热量计算

$$V^{下}=(15\times60\times1.38)L=1242L=1.24m^3$$

$$V^{上}=(15\times60\times2.89)L=2601L=2.60m^3$$

根据计算所得对照样本提供的参数，选择下区、上区的水加热器型号。

（4）热水配水管网计算　热水系统计算用图如图 13-13 所示。下区、上区热水配水管网水力计算表见表 13-10、表 13-11。

热水配水管网水力计算中，设计秒流量公式与给水管网计算相同。应查热水水力计算表进行配管和计算压力损失。沿程压力损失

$$\sum p_y=23.71kPa$$

下区配水管网计算管路总压力损失为

$$(23.71\times1.3)kPa=30.82kPa\approx30kPa$$

水加热器出口至最不利点配水龙头的压差为：[6.3+0.8-(-2.5)] mH_2O = 9.6mH_2O = 96kPa 则下区热水配水管网所需水压为

p' = (96+30+15) kPa = 141kPa，室外管网供水水压可以满足要求。

表 13-10　下区热水配水管网水力计算表

顺序编号	管段编号		卫生器具名称数量、当量		当量总数	设计秒流量 q /(L/s)	管径 /mm	流速 /(m/s)	单阻/ (kPa/m)	管长 /m	沿程压力损失 /kPa
			浴盆	洗脸盆							
	自	至	1.0	0.75	N_g						
1	0-1			1	0.75	0.15	20	0.53	0.504	0.6	0.30
2	1-2		1	1	1.75	0.35	25	0.71	0.648	0.7	0.45
3	2-3		2	2	3.40	0.68	32	0.80	0.547	3.0	1.64
4	3-4		4	4	6.80	1.32	40	1.10	0.727	3.0	2.18
5	4-5		6	6	10.5	1.62	40	1.36	1.273	5.6	7.13
6	5-6		12	12	21.0	2.29	50	1.14	0.646	2.7	1.75
7	6-7		18	18	31.5	2.81	70	0.84	0.252	17.5	4.41
8	7-8		36	36	63.0	4.00	70	1.20	0.509	11.5	5.85

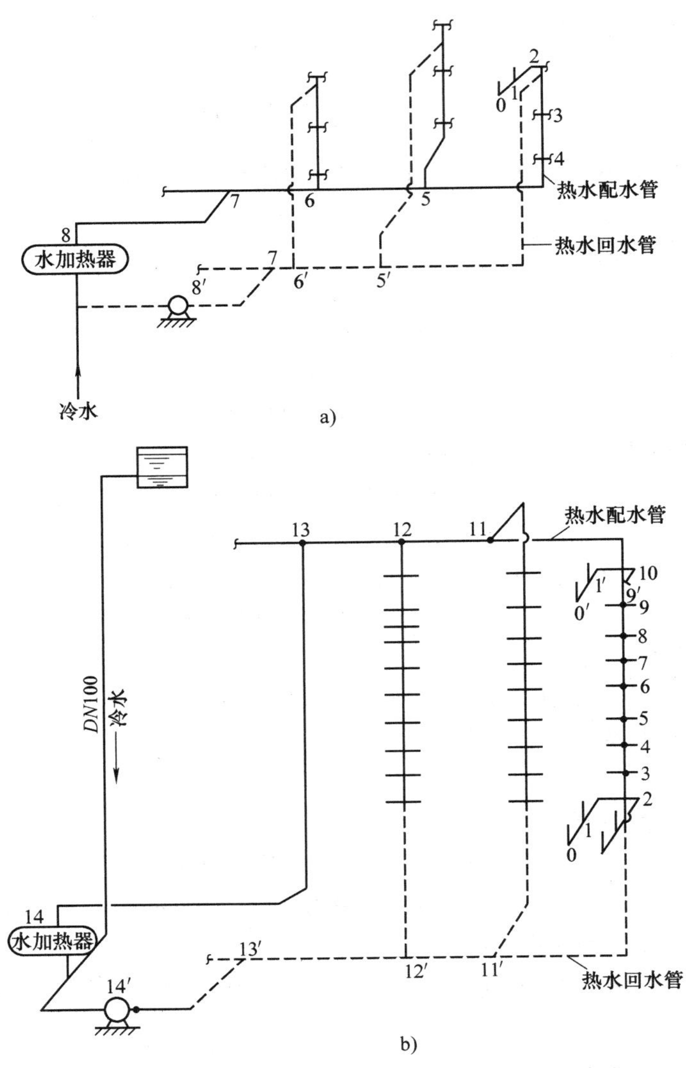

图 13-13　热水系统水力计算用图
a）下区　b）上区

表 13-11　上区热水配水管网水力计算表

顺序编号	管段编号		卫生器具名称数量、当量		当量总数	设计秒流量 q /(L/s)	管径 /mm	流速 /(m/s)	单阻/(kPa/m)	管长 /m	沿程压力损失 /kPa
			浴盆	洗脸盆							
	自	至	1.0	0.75	N_g						
1	0-1			1	0.75	0.15	20	0.53	0.504	0.6	0.30
2	1-2		1	1	1.75	0.35	25	0.71	0.648	0.7	0.45
3	2-3		2	2	3.50	0.68	32				
4	3-4		4	4	7.0	1.32	40				
5	4-5		6	6	10.5	1.62	40				

（续）

顺序编号	管段编号		卫生器具名称数量、当量		当量总数	设计秒流量 q /(L/s)	管径 /mm	流速 /(m/s)	单阻/(kPa/m)	管长 /m	沿程压力损失 /kPa
			浴盆	洗脸盆							
	自	至	1.0	0.75	N_g						
6	5-6		8	8	14.0	1.90	50				
7	6-7		10	10	17.5	2.12	50				
8	7-8		12	12	21.0	2.29	50				
9	8-9		14	14	24.5	2.51	50				
10	9-10		16	16	28.0	2.68	70				
11	10-11		18	18	31.5	2.81	70	0.84	0.252	5.6	1.41
12	11-12		36	36	63.0	4.00	70	1.2	0.509	2.7	1.37
13	12-13		54	54	94.5	4.86	80	0.99	0.265	7.5	1.98
14	13-14		108	108	189.0	6.87	100	0.83	0.129	50.5	6.50

$$\sum p_y = 12.0\text{kPa}$$

上区配水管网计算管路总压力损失为

$$(12.0\times1.3)\ \text{kPa}=15.6\text{kPa}$$

水箱中生活贮水最低水位为 42.90m，与最不利点配水点（即 0′点）的压差为：

$$[42.90-(33.30+0.8)]\text{mH}_2\text{O}=8.8\text{mH}_2\text{O}=88\text{kPa}$$

此值即为最不利点配水龙头的最小静压值。水箱出口至水加热器的冷水供水管，管径取 D_e100mm，其 q_q 亦按 6.87L/s（即 $q_{13\sim14}$）计，则查冷水管道水力计算表得知：$v=0.82\text{m/s}$，$i=6.86\text{mm/m}$，L 为 52.4m，故其 $p_y=(6.86\times52.4\times10^{-3})\text{mH}_2\text{O}=0.36\text{mH}_2\text{O}=3.6\text{kPa}$。

从水箱出口→水加热器→最不利点配水龙头 0′，总压力损失为：（15.6+0.36×1.3×10）kPa=20.28kPa，再考虑 15kPa 的最低工作压力后，此值远小于 8.8mH$_2$O（88kPa）。故高位水箱的安装高度满足要求。

（5）热水回水管网的水力计算　计算各管段的终点水温，可按面积比温降方法计算。计算管路的面积比温降为：$\Delta t=\dfrac{\Delta T}{F}$其中 F 为计算管路配水管网的管道展开面积，计算 F 时，立管均按无保温层考虑，干管均按 25mm 保温层厚度取值。

如图 13-14a 所示，下区配水管网计算管路的 $F^{下}$ 为

$$F^{下}=[0.3943\times(11.5+17.5)+0.3456\times2.7+0.3079\times4.8+0.1608\times(0.8+3.0)+0.1327\times3.0]\text{m}^2=14.82\text{m}^2$$

$$\Delta t^{下}=\frac{\Delta T}{F^{下}}=\frac{70-60}{14.82}=0.675℃/\text{m}^2\approx0.68℃/\text{m}^2$$

然后从第 8 点开始，按公式 $t_z=t_c-\Delta t\sum f$ 依次算出各节点的水温值，将计算结果列于表 13-12 中。例如：$t_8^{下}=t_c^{下}=70℃$；$t_7^{下}=70-0.68f_{7-8}=(70-0.68\times0.3943\times11.5)℃=66.92℃$；$t_6^{下}=66.92-0.68f_{6-7}=(66.92-0.68\times0.3943\times17.5)℃=62.23℃$；……$t_2^{下}=59.93℃$。

根据管段节点水温，取其算术平均值得到管段平均温度值，列于表 13-12 中。

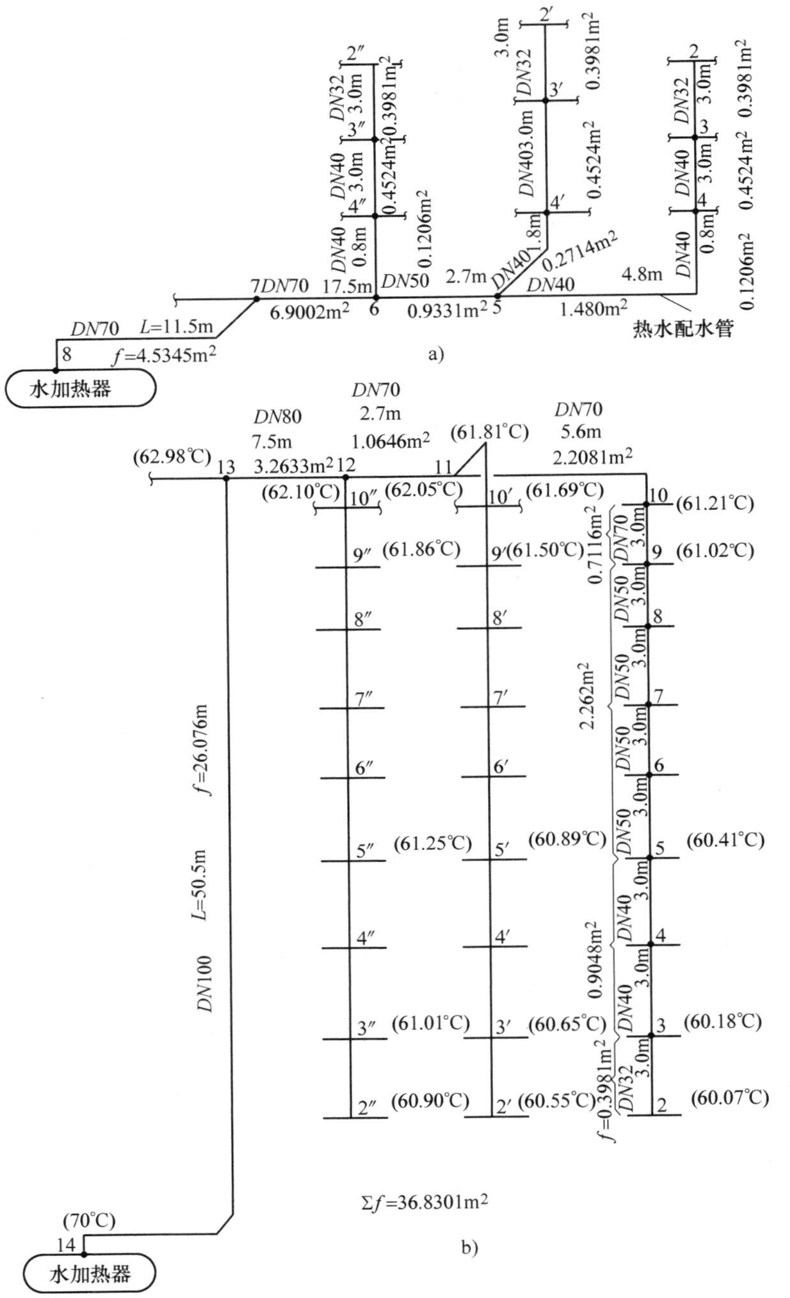

图 13-14 管段节点水温计算用图

a) 下区 b) 上区

配水管网各管段热损失 q_s 按公式 $q_s=\pi DLK(1-\eta)\left(\frac{t_c+t_z}{2}-t_j\right)=\pi DLK(1-\eta)\Delta t$ 计算，其中，D 取外径，K 取 41.9kJ/(m² · h · ℃)，则有

$$q_s=131.6DL(1-\eta)\Delta t$$

将计算结果列于表 13-12 中。

下区配水管网的总热损失为

$Q_s^{下} = q_{s7:8} + 2[q_{s7:6} + q_{s6:5} + q_{s5:4} + q_{s4:2} + q_{s5:2'} + q_{s6:2''}] = [2346.9 + 2(3285.4 + 357.5 + 705.5 + 764.8 + 669.2 + 472 + 1466.6 + 213.2 + 1492.5)]$ kJ/h = 21200.3kJ/h = 5.9kW = 5900W

代入公式 $q_x = \dfrac{Q_s}{c_p \Delta T}$可得总循环流量 q_x

$$q_x^{下} = \frac{5900}{4190 \times (70-60)} \text{L/s} = 0.142\text{L/s}$$

即管段 7-8 的循环流量为 0.142L/s。

因为配水管网以节点 7 为界两端对称布置，两端的热损失均为 9426.7kJ/h。按公式

$$q_{x(n+1)} = \frac{\sum Q_{s(n+1)}}{\sum Q_{sn} - Q_{sn}} q_{xn} \text{对 } q_x \text{ 进行分配。}$$

$$q_{7:6} = q_{8:7} \times \frac{9426.7}{9426.7 + 9426.7} = 0.071\text{L/s}$$

$$q_{6:5} = q_{7:6} \times \frac{705.5 + 764.8 + 669.2 + 472 + 1466.6 + 357.5}{213.2 + 1492.5 + 705.5 + 764.8 + 669.2 + 472 + 1466.6 + 357.5}$$
$$= 0.051\text{L/s}$$

$$q_{6:2''} = q_{7:6} - q_{6:5} = (0.071 - 0.051)\text{L/s} = 0.02\text{L/s}$$

用同样的方法计算其他管网热损失及循环流量，将计算结果列于表 13-12 和表 13-13 中。

表 13-12　下区热水配水管网热损失及循环流量计算

节点	管段编号	管长 L/m	管径 DN/mm	外径 D/m	保温系数 η	节点水温 /℃	平均水温 t_m /℃	空气温度 t_j /℃	温差 Δt /℃	热损失 q_s /(kJ/h)	循环流量 q_x/(L/s)
2						59.93					
	2-3	3.0	32	0.0423	0		60.07	20	40.07	669.2	0.027
3						60.21					
	3-4	3.0	40	0.048	0		60.32	20	40.36	764.8	0.027
4						60.51					
	4-5	0.8 4.8	40	0.048	0 0.6		61.06	20	41.06	705.5	0.027
5						61.60					
	5-4′	1.8	40	0.048	0		61.51	20	41.51	472.0	0.024
	4′-2′	计算方法同立管 4~2，过程见表 13-7								1466.6	0.024
	5-6	2.7	50	0.06	0.6		61.92	20	41.92	357.5	0.051
6						62.23					
	6-4′	0.8	40	0.048	0		62.19	20	42.19	213.2	0.02
	4″-2″	计算方法同立管 4~2，过程见表 13-7								1492.5	0.02
	6-7	17.5	70	0.08	0.6		64.58	20	44.58	3285.4	0.071
7						66.92					
	7-8	11.5	70	0.08	0.6		68.46	20	48.46	2346.9	0.142
8						70					

表 13-13　下区侧立管热损失计算表

节点	管段编号	管长 L/m	管径 DN/mm	外径 D/m	保温系数 η	节点水温 /℃	平均水温 t_m /℃	空气温度 t_j /℃	温差 Δt /℃	热损失 q_s /(kJ/h)
2′						60.85				
	2′-3′	3.0	32	0.0423	0		60.99	20	40.99	684.5
3′						61.12				
	3′-4′	3.0	40	0.048	0		61.27	20	41.27	782.1
4′						61.42				
4′-2′立管热损失累积：$\sum q_{s4':2'}=1466.6$kJ/h										
2						61.57				
	2″-3″	3.0	32	0.0423	0		61.71	20	41.71	696.6
3″						61.84				
	3″-4″	3.0	40	0.048	0		62.0	20	42.0	795.9
4″						62.15				
4″-2″立管热损失累积：$\sum q_{s4'':2''}=1492.5$kJ/h										

用同样的步骤和方法计算上区配水管网的热损失及循环流量，并以节点 14 点为起点：$t_{14}=70$℃推求出各节点的水温值，计算出各管段热损失，计算结果列于表 13-14 和表 13-15 中。

表 13-14　上区热水配水管网热损失及循环流量计算

节点	管段编号	管长 L/m	管径 DN/mm	外径 D/m	保温系数 η	节点水温 /℃	平均水温 t_m /℃	空气温度 t_j /℃	温差 Δt /℃	热损失 q_s /(kJ/h)	循环流量 q_x/(L/s)
2						60.07					
	2-3	3.0	32	0.0423	0		60.13	20	40.13	670.2	0.076
3						60.18					
	3-5	6.0	40	0.048	0		60.30	20	40.30	1527.4	0.076
5						60.41					
	5-9	12.0	50	0.06	0		60.72	20	40.72	3858.3	0.076
9						61.02					
	9-10	3.0	70	0.08	0		61.12	20	41.12	1298.8	0.076
10						61.21					
	10-11	5.6	70	0.08	0.6		61.51	20	41.51	978.9	0.076
11						61.81					

（续）

节点	管段编号	管长 L/m	管径 DN/mm	外径 D/m	保温系数 η	节点水温 /℃	平均水温 t_m /℃	空气温度 t_j /℃	温差 Δt /℃	热损失 q_s /(kJ/h)	循环流量 q_x/(L/s)
	11-2′	计算过程见表 13-9								8232.1	0.076
	11-12	2.7	70	0.08	0.6		61.96	20	41.96	477.1	0.152
12						62.10					
	12-2″	计算过程见表 13-9								7860.5	0.07
	12-13	7.5	80	0.0885	0.6		62.54	20	42.54	1486.3	0.222
13						62.98					
	13-14	50.5	100	0.114	0.6		66.49	20	46.49	14088.7	0.444
14						70					

表 13-15　上区侧立管热损失计算表

节点	管段编号	管长 L/m	管径 DN/mm	外径 D/m	保温系数 η	节点水温 /℃	平均水温 t_m /℃	空气温度 t_j /℃	温差 Δt /℃	热损失 q_s /(kJ/h)
2′						60.55				
	2′-3′	3.0	32	0.0423	0		60.6	20	40.6	678.0
3′						60.65				
	3′-5′	6.0	40	0.048	0		60.77	20	40.77	1545.2
5′						60.89				
	5′-9′	12.0	50	0.06	0		61.20	20	41.20	3903.8
9′						61.5				
	9′-10′	3.0	70	0.08	0		61.60	20	41.60	1313.9
10′						61.69				
	10′-11	1.8	70	0.08	0		61.75	20	41.74	791.2
11-2′立管的热损失累积为：$\sum q_{s11:2'}$ = 8232.1kJ/h										
2″						60.90				
	2″-3″	3.0	32	0.0423	0		60.96	20	40.96	684.0
3″						61.01				
	3″-5″	6.0	40	0.048	0		61.13	20	41.13	1558.9
5″						61.25				
	5″-9″	12.0	50	0.06	0		61.56	20	41.56	3937.9
9″						61.86				
	9″-10″	3.0	70	0.08	0		61.96	20	41.96	1325.3
10″						62.05				
	10″-12	0.8	70	0.08	0		62.08	20	42.08	354.4
12-2″立管的热损失累积为：$\sum q_{12:2''}$ = 7860.5kJ/h										

然后计算循环流量在配水、回水管网中的压力损失。取回水管径比相应配水管段管径小1~2级，见表13-16和表13-17。

表13-16 下区循环压力损失计算表

管路	管段编号	管长 L /m	管径 DN/mm	循环流量 q_x/(L/s)	沿程压力损失		流速 /(m/s)	压力损失总和 /Pa
					Pa/m	Pa		
配水管路	2-3	3.0	32	0.027	1.8	5.4	0.03	$p_p=1.3\sum p_y$ $=1.3\times32.66$Pa $=42.5$Pa
	3-5	8.6	40	0.027	0.9	7.74	0.03	
	5-6	2.7	50	0.051	0.6	1.62	0.03	
	6-7	17.5	70	0.071	0.3	5.25	0.02	
	7-8	11.5	70	0.142	1.1	12.65	0.04	
回水管路	2-5′	11.6	20	0.027	28.1	326	0.11	$p_p=1.3\sum p_y$ $=1.3\times394.2$Pa $=512.4$Pa
	5′-6′	2.7	32	0.051	4.4	11.9	0.06	
	6′-7′	17.5	50	0.071	1.1	19.25	0.04	
	7′-8′	10	50	0.142	3.7	37	0.07	

表13-17 上区循环压力损失计算表

管路	管段编号	管长 L /m	管径 DN/mm	循环流量 q_x/(L/s)	沿程压力损失		流速 /(m/s)	压力损失总和 /Pa
					Pa/m	Pa		
配水管路	2-3	3.0	32	0.076	8.9	26.7	0.09	$p_p=1.3\sum p_y$ $=1.3\times127.6$Pa $=166$Pa
	3-5	6.0	40	0.076	4.4	26.4	0.06	
	5-9	12.0	50	0.076	1.3	15.6	0.04	
	9-11	8.6	70	0.076	0.4	34.4	0.02	
	11-12	2.7	70	0.152	1.2	32.4	0.05	
	12-13	7.5	80	0.222	0.9	67.5	0.04	
	13-14	50.5	100	0.444	0.9	45.5	0.05	
回水管路	2-11′	15.5	20	0.076	146.9	2277	0.27	$p_p=1.3\sum p_y$ $=1.3\times2418.4$Pa $=3144$Pa
	11′-12′	2.7	50	0.152	4.2	5.4	0.08	
	12′-13′	7.5	50	0.222	7.0	53	0.10	
	13′-14′	10	70	0.444	8.3	83	0.14	

（6）选择循环水泵 根据公式 $Q_b\geqslant q_x$ 可知：

下区循环水泵流量应满足 $q_b^{下}\geqslant0.142$L/s(0.5m³/h)

上区循环水泵流量应满足 $q_b^{上}\geqslant0.444$ L/s(1.6m³/h)

按公式 $p_b\geqslant p_p+p_x+p_j$ 可知

$$p_b^{下}\geqslant(42.5+512.4)\text{Pa}=554.9\text{Pa}=0.55\text{kPa}$$

$$p_b^{上}\geqslant(166+3144)\text{Pa}=3310\text{Pa}=3.31\text{kPa}$$

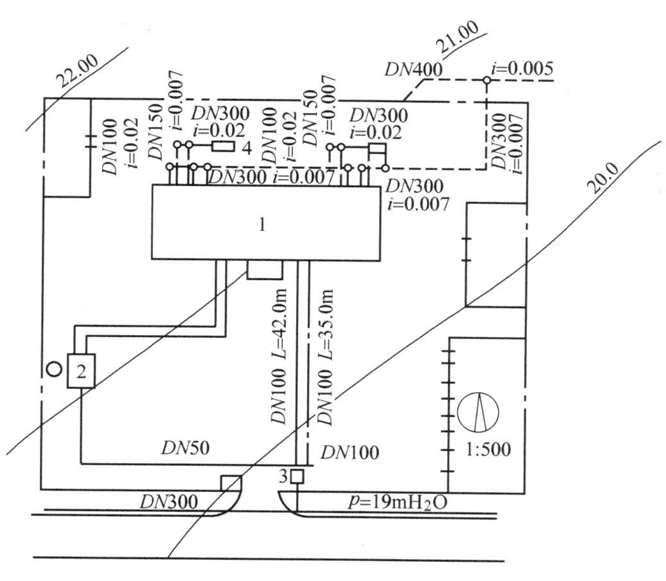

图 13-15　室外给水排水管道平面图

1—旅馆主楼　2—热交换站　3—水表井　4—化粪池

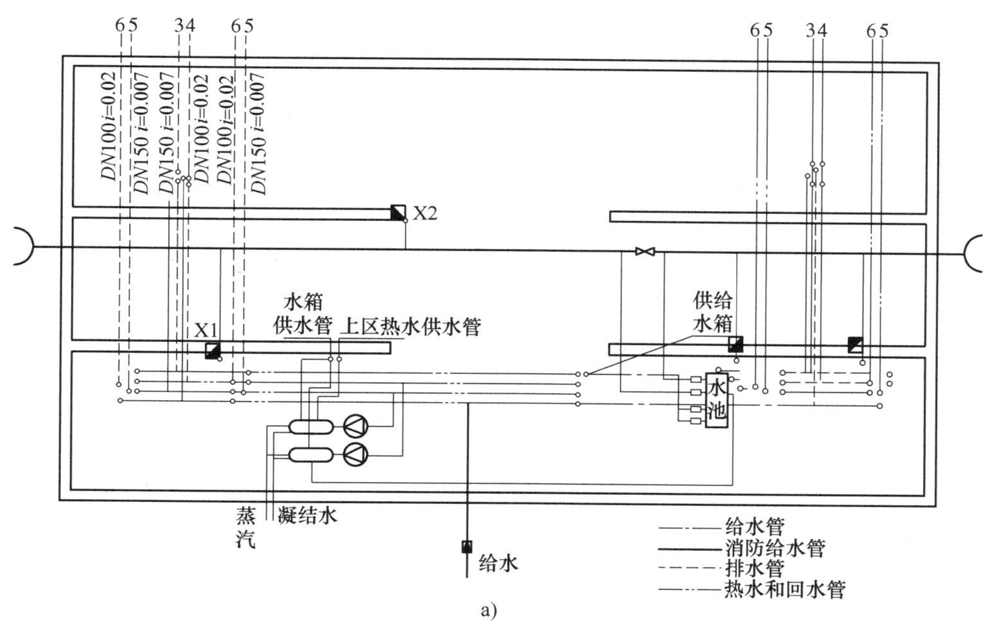

图 13-16　建筑内部给水、排水、热水平面图（1：100）

a）地下室给水、消防、排水、热水管道平面布置图

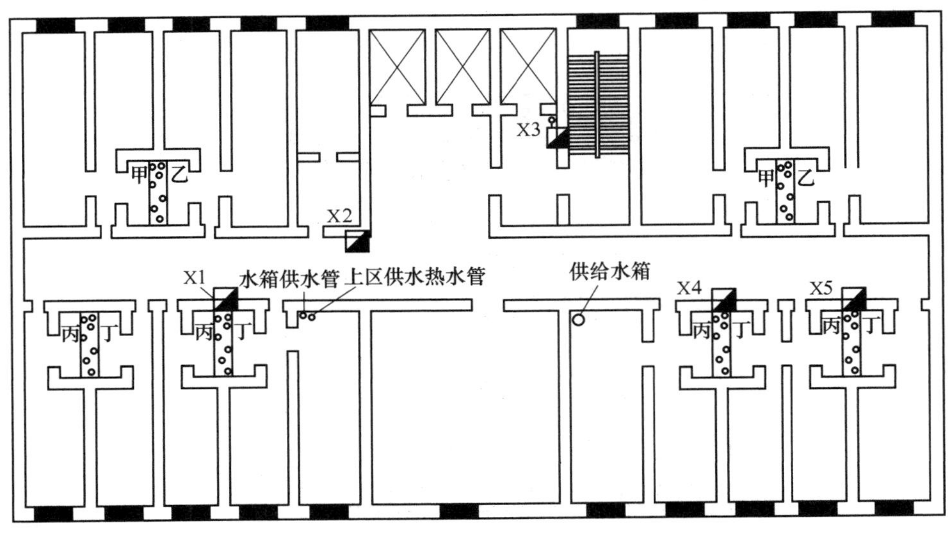

b)

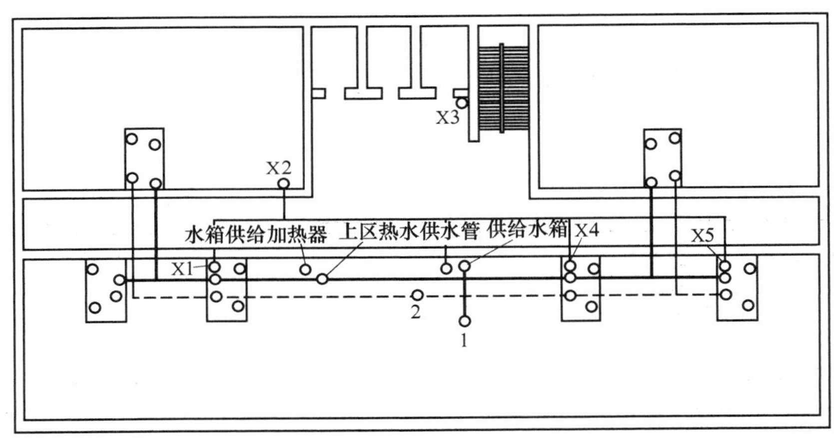

c)

图 13-16 建筑内部给水、排水、热水平面图（1∶100）（续）

b）1~12 层室内给水、消防、排水、热水管道平面布置图

c）闷顶层给水、消防、排水、热水管道平面布置图

根据 $q_b^下$、$p_b^下$ 和 $q_b^上$、$p_b^上$ 分别对循环水泵进行选型：均选用 G32 型管道泵（$Q_b=2.4\text{m}^3/\text{h}$，$p_b=12\text{mH}_2\text{O}$）。

（7）蒸汽管道计算 已知总设计小时耗热量为

$$Q=Q_下+Q_上=(340790+713683)\text{W}=1054473\text{W}=3796102.8\text{kJ/h}$$

蒸汽耗量按公式 $G_{mh}=(1.1\sim1.2)\dfrac{Q}{r_h}$ 得

$$G_{mh}=1.1\times\frac{3796102.8}{2167}\text{kg/h}=1927\text{kg/h}$$

蒸汽管道管径可查蒸汽管道管径计算表（$\delta=0.2\text{mm}$）选用 $DN100$，接下区水加热器的

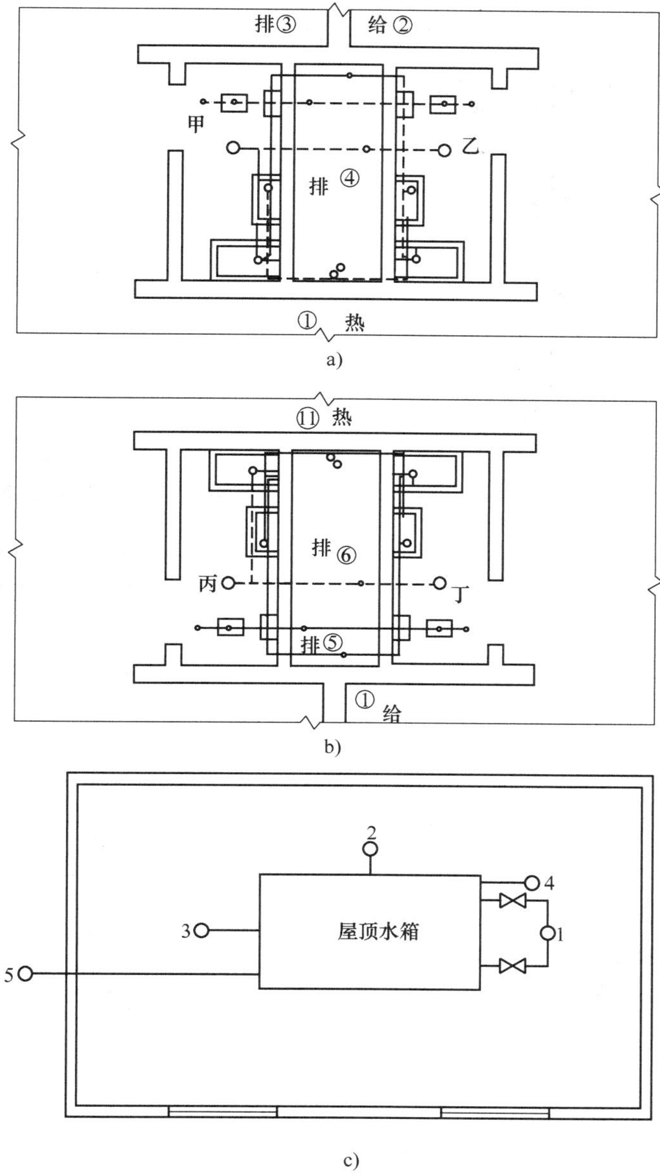

图 13-17　卫生间及水箱间给水、排水及热水管道平面布置

a）甲、乙型卫生间　b）丙、丁型卫生间　c）水箱间

1—水箱进水管　2—4~12 层供水管　3—水加热器供水管

4—消防供水管　5—溢水、泄水管（排至屋顶）

蒸汽管道管径选用 *DN*70，接上区水加热器的蒸汽管道管径选用 *DN*80。

（8）蒸汽凝水管道计算　已知蒸汽参数的表压为 2 个大气压。采用开式余压凝水系统。

水加热器至疏水器间的管径按表由加热器至疏水器间不同管径通过的小时耗热量选用：下区水加热器至疏水器之间的凝水管管径取 *DN*70；上区取 *DN*80。

疏水器后管径按表余压凝结水管 b-c 管段管径选择。选用：下区取 *DN*70；上区取

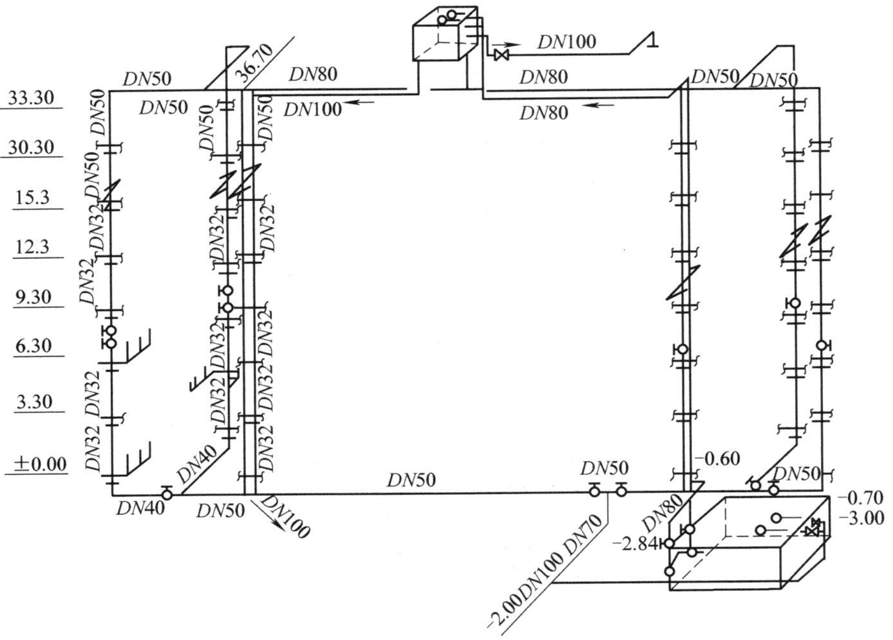

图 13-18　**给水管道轴测图** 1∶100

注：各层支管相同（图中标高以 m 计）。

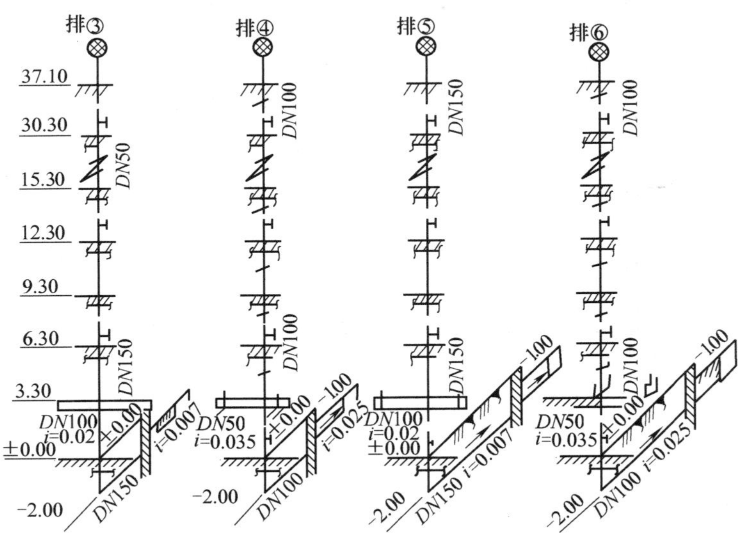

图 13-19　**排水管道轴测图** 1∶100

注：各排水立管上横支管均与二层相同。

*DN*70。总回水干管管径取 *DN*100。

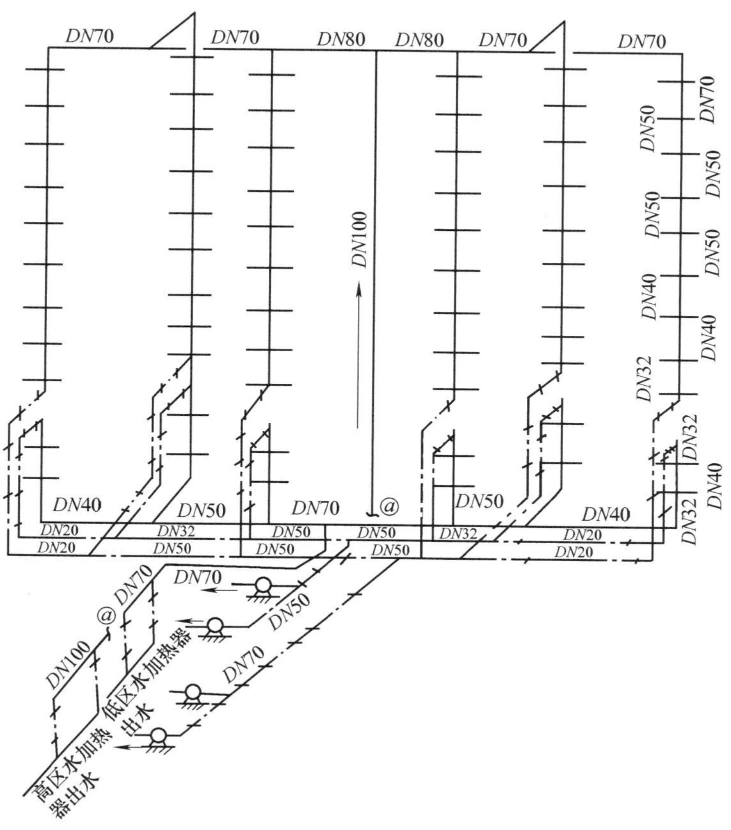

图 13-20　热水供应管道轴测图 1：100

参考文献

[1] 王增长，等．建筑给水排水工程［M］．5版．北京：中国建筑工业出版社，2005.

[2] 李亚峰，张胜，朴芬淑，等．高层建筑给水排水工程［M］．北京：机械工业出版社，2013.

[3] 李亚峰，等．建筑消防工程［M］．北京：机械工业出版社，2013.

[4] 李亚峰，蒋白懿，等．高层建筑给水排水工程［M］．2版．北京：化学工业出版社，2016.

[5] 高明远，岳秀萍．建筑给水排水工程学［M］．北京：中国建筑工业出版社，2002.

[6] 李亚峰，叶友林．建筑给水排水施工图识读［M］．3版．北京：化学工业出版社，2016.

[7] 中华人民共和国公安部．建筑设计防火规范：GB 50016—2014［S］．北京：中国计划出版社，2014.

[8] 上海市城乡建设和交通委员会．建筑给水排水设计规范（2009年版）：GB 50015—2003［S］．北京：中国计划出版社，2009.

[9] 中华人民共和国住房和城乡建设部．自动喷水灭火系统设计规范：GB 50084—2017［S］．北京：中国计划出版社，2017.

[10] 中华人民共和国公安部．自动喷洒灭火系统设计规范（2005年版）：GB 50084—2001［S］．北京：中国计划出版社，2005.

[11] 中华人民共和国公安部．消防给水及消火栓系统技术规范：GB 50974—2014［S］．北京：中国计划出版社，2014.

[12] 徐志嫱，李梅，等．消防工程［M］．北京：中国建筑工业出版社，2009.

[13] 北京市城市节约用水办公室．中水工程实例及评析［M］．北京：中国建筑工业出版社，2003.

[14] 李亚峰，马学文，张恒．建筑消防技术与设计［M］．北京：化学工业出版社，2005.

[15] 李亚峰，蒋白懿，刘强，等．建筑消防工程实用手册［M］．北京：化学工业出版社，2008.

[16] 中国人民解放军总后勤部建筑设计研究院．建筑中水设计规范（附条文说明）：GB 50336—2002［S］．北京：中国计划出版社，2002.

[17] 崔长起，任放．建筑消防设施·消防给水及消火栓系统工程设计规范解读［M］．北京：中国建筑工业出版社，2006.

[18] 李亚峰，邵宗义，李英姿，等．建筑设备工程［M］．2版．北京：机械工业出版社，2016.

[19] 刘德明．快速识读建筑给水施工图［M］．福州：福建科学技术出版社，2006.

[20] 李亚峰，崔焕颖，等．建筑工程给水排水实例教程［M］．北京：机械工业出版社，2015.

[21] 游映玖．建筑给水排水工程设计［M］．北京：机械工业出版社，2009.

[22] 郜生霞，乔庆云．给水排水工程设计实践教程［M］．北京：机械工业出版社，2007.

[23] 李玉华，苏德俭．建筑给水排水工程设计［M］．北京：中国建筑工业出版社，2006.

[24] 朴芬淑，吴昊．建筑给排水［M］．北京：机械工业出版社，2007.

信 息 反 馈 表

尊敬的老师：您好！

感谢您多年来对机械工业出版社的支持和厚爱！为了进一步提高我社教材的出版质量，更好地为我国高等教育发展服务，欢迎您对我社的教材多提宝贵意见和建议。另外，如果您在教学中选用了**《建筑给水排水工程》第3版（李亚峰　张克峰主编）**，欢迎您提出修改建议和意见。索取课件的授课教师，请填写下面的信息，发送邮件即可。

一、基本信息

姓名：________　性别：________　职称：__________　职务：________

邮编：________　地址：____

学校：____

任教课程：________　QQ：____________

电子邮件：__________________________________　手机：____________

二、您对本书的意见和建议

（欢迎您指出本书的疏误之处）

三、您对我们的其他意见和建议

请与我们联系：

100037　机械工业出版社·高等教育分社　刘涛

Tel：010—8837 9542

E-mail：ltao929@163.com

http://www.cmpedu.com（机械工业出版社·教育服务网）

http://www.cmpbook.com（机械工业出版社·门户网）

http://www.golden-book.com（金书网·机械工业出版社旗下网上书店）